内容简介

　　本书是一部科学性与艺术性、学术性与普及性、工具性与收藏性完美结合的贝类高级科普读物，详细介绍了全世界最具代表性的600种海洋贝类及其近似种。这些重要贝类分布范围遍及全球，栖息环境从潮间带延伸至深海，从寒冷的极地延伸至热带海洋。

　　每种小贝壳都配有两种高清原色彩图，一种图片与原物种真实尺寸相同，另一种为特写图片，能清晰辨识出该物种的主要特征。此外，每种贝壳标本均配有相应的黑白图片，并详细标注了尺寸。全书共1800余幅插图，不但真实再现了各种贝类的大小和形状多样性，而且也展现了它们美丽的艺术形态。

　　作者还简要介绍了贝类采集、收藏和鉴定的基本方法，以及贝壳的形态、地理分布图、栖息环境、大小尺寸、习性食性、发育过程和生物学特征等基本信息。特别是，本书为贝壳的分类，提出了重要依据。

　　本书既可作为贝类研究人员的重要参考书，也可作为收藏爱好者的必备工具书，还可作为广大青少年读者的高级科普读物。

世界顶尖贝类专家联手巨献

600幅地理分布图，再现全世界最具代表性的600种海洋贝类及其近似种

详解栖息环境、大小尺寸、习性食性、发育过程，以及采集、收藏和鉴定方法

1800余幅高清插图，真实再现各种贝类美丽的艺术形态

科学性与艺术性、学术性与普及性、工具性与收藏性完美结合

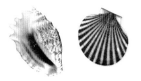

~→⊱⊰◈ 本书作者 ◈⊱⊰←~

M．G．哈拉塞维奇 （M．G．Harasewych），国际史密森学会无脊椎动物研究所负责人，收藏有全世界十分丰富的软体动物标本。他发现了很多新物种。

法比奥·莫尔兹索恩(Fabio Moretzsohn)，动物学博士，美国得克萨斯州哈特研究所研究员，《得克萨斯海贝百科全书》的作者之一。

The Book of Shells

贝壳博物馆

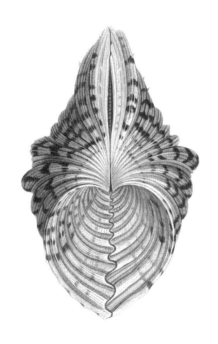

博物文库

总策划： 周雁翎

博物学经典丛书	策划： 陈　静
博物人生丛书	策划： 郭　莉
博物之旅丛书	策划： 郭　莉
自然博物馆丛书	策划： 邹艳霞
自然散记丛书	策划： 邹艳霞
生态与文明丛书	策划： 周志刚
自然教育丛书	策划： 周志刚
博物画临摹与创作丛书	策划： 焦　育

博物文库·自然博物馆丛书

The Book of Shells

贝壳博物馆

〔美〕M．G．哈拉塞维奇（M．G．Harasewych）

〔美〕法比奥·莫尔兹索恩（Fabio Moretzsohn）　著

王海艳　马培振　张振　张涛　译

张国范　何径　审校

北京大学出版社

PEKING UNIVERSITY PRESS

著作权合同登记号 图字：01–2015–4750

图书在版编目(CIP)数据

贝壳博物馆/ (美) 哈拉塞维奇 (M. G. Harasewych), (美) 莫尔兹索恩 (Fabio Moretzsohn) 著；王海艳等译. — 北京：北京大学出版社，2017.9
（博物文库·自然博物馆丛书）
ISBN 978–7–301–27981–6

Ⅰ. ①贝… Ⅱ. ①哈… ②莫… ③王… Ⅲ. ①贝类—介绍 Ⅳ. ①Q959.215

中国版本图书馆CIP数据核字(2017)第007842号

The Book of Shells by M. G. Harasewych, Fabio Moretzsohn
First published in the UK in 2010 by Ivy Press
An imprint of The Quarto Group
The Old Brewery, 6 Blundell Street, London N7 9BH, United Kingdom
© Quarto Publishing plc
Simplified Chinese Edition © 2017 Peking University Press
All Rights Reserved
本书简体中文版专有翻译出版权由The Ivy Press授予北京大学出版社

书　　　名	贝壳博物馆
	BEIKE BOWUGUAN
著作责任者	〔美〕M. G. 哈拉塞维奇 (M. G. Harasewych)
	〔美〕法比奥·莫尔兹索恩 (Fabio Moretzsohn) 著
	王海艳　马培振　张　振　张　涛 译
	张国范　何　径 审校
丛书主持	邹艳霞
责任编辑	李淑方
标准书号	ISBN 978–7–301–27981–6
出版发行	北京大学出版社
地　　　址	北京市海淀区成府路205 号　　100871
网　　　址	http://www.pup.cn　　　新浪微博：@ 北京大学出版社
微信公众号	通识书苑（微信号：sartspku）　科学元典（微信号：kexueyuandian）
电子邮箱	编辑部 jyzx@pup.cn　　　　总编室 zpup@pup.cn
电　　　话	邮购部 62752015　发行部 62750672　编辑部 62767857
印刷者	北京华联印刷有限公司
经销者	新华书店
	889毫米×1092毫米　16开本　41.25印张　450千字
	2017年9月第1版　2024年5月第4次印刷
定　　　价	680.00元

目　录

Contents

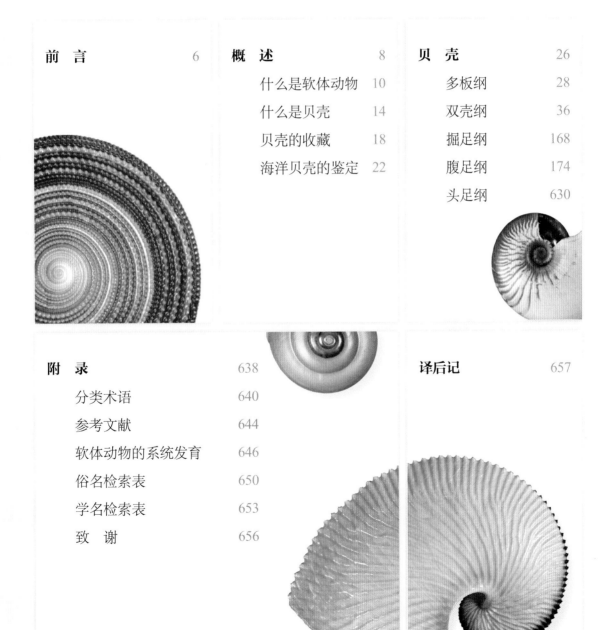

前　言

贝壳是软体动物表面一种特有的骨骼结构。如同古卷或石碑，贝壳可以记录软体动物生命的所有信息，通常从早期幼虫阶段开始，持续数年或数十年。某些特殊的软体动物甚至可以存活上百年。一旦形成化石，那么贝壳所携带的生命信息将能更稳定地保存几百万年。

如果贝壳保存良好，那么其蕴藏的信息将更便于被获取，例如，软体动物如何发育成以爬行方式生活的稚贝，无论是由受精卵直接孵化还是从卵袋中孵化，抑或是经过一段时期的浮游期幼虫然后经过变态形成等信息，都将在贝壳上留下痕迹。所有的软体动物都是通过在壳缘不断分泌钙质以形成新生壳来逐步扩大贝壳体积的，不同纲的软体动物分泌钙质的边缘位置也不同。多板纲的石鳖是在壳板的边缘位置分泌钙质，双壳纲是在贝壳腹部的边缘，腹足纲、掘足纲、头足纲动物则是在壳口的边缘处。正如树的年轮，时间在贝壳上雕刻出了连续的层纹，以此记录着软体动物的一生，但很多复杂的细节往往难以辨识。比如，有些潮间带双壳动物在涨潮的时候分泌钙质发育贝壳，在退潮的时候分泌溶解贝壳的物质，从而在整个潮汐过程中形成一个新的贝壳层纹。

有些贝壳的形成缓慢而有规律，有些则形成快速而具有间断性，因此，在某些软体动物种类中形成了厚薄不一的外唇。大多数软体动物按照规律性的模式迅速生长到成体阶段，然后其主要的能量供应将由用于生长转为用于繁殖；有些种类以恒定的模式继续生长，但生长速度明显减慢；有些种类，比如宝贝科动物，则终止生长，永久性地改变贝壳的形状。这些软体动物的成贝与稚贝在外形上有很大不同，它们可以继续使贝壳变厚以增加重量，但是贝壳的大小不会发生显著的改变。

贝壳最显著的特征大多是可以遗传的，并且以此为标准，我们可以区分不同的种类。比如扇贝、蜘蛛螺、鹦鹉螺等，通过仔细观察它们独特的壳形，我们可以轻易地鉴定出其各自所属的纲、目、科、属。贝壳的外形是软体动物适应其特有的栖息环境的结果，因此，不同种类的贝壳在外形上必然各不相同（而有些种类，如外形扁平的帽贝，则会由于适应独特的生活环境而产生个体上的形态差异）。

在外部形态上，贝壳的很多细微特点可以提供其群体或个体样本在生存环境方面的信息，这有助于我们进行物种鉴定。例如，大型螺层和棘突的存在说明这种贝类在坚硬的底质生存，而具有光滑的、锥形的或较长的贝壳是贝类可以钻入沙或泥的象征。同样，完好无损的、精致而镶褶的棘突代表着稳定的潮下带栖息环境，而磨损、腐蚀的贝壳则是其长期暴露在潮流中的结果。破损贝壳的修复痕迹或者不完整的凿洞痕迹说明贝类被捕食者袭击过，坚硬器官、钻孔海绵和共生体的种种痕迹也都可以提供相关的生活细节。

欣赏美好是人类的天性，而精致、美丽的贝壳标本则是完美的存在。每个贝壳都是一部软体动物的自传，值得我们细细品读。

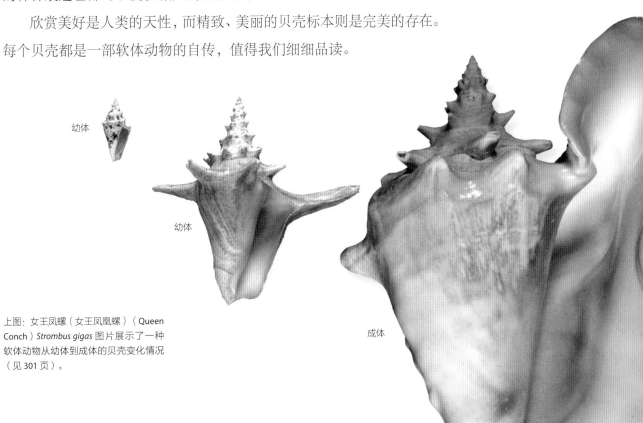

幼体

幼体

成体

上图：女王凤螺（女王凤凰螺）（Queen Conch）*Strombus gigas* 图片展示了一种软体动物从幼体到成体的贝壳变化情况（见301页）。

概　述

上图：松叶嫁蝛 (Black-lined Limpet)（黑线吊篮螺）*Cellana nigrolineata*（详见 181 页）

漫步在海边晶莹的沙滩上，或踏足于湖泊、河流的岸边，亦或穿越丛林和花园时，常常会邂逅精致的贝壳。有些人会将这些贝壳带回家，放到书架上、鞋盒里或花园中，只为变成个人收藏，却没有进行更深层的思考。只有少数人会思考不同软体动物贝壳形状的差异变化。每种贝壳都是长期历史进化、适应各自栖息环境的结果，因此，研究贝壳很有意义。

尽管海洋中所有的贝壳都是软体动物的，但并不是所有的软体动物都产生贝壳。产生贝壳的大部分种类生活在海洋中，栖息范围甚广，纬度上可以从热带到寒带，栖息环境上也可以从浪花触及的高潮线之上到神秘的海沟底部。尽管软体动物都在海洋中起源、分化，但却因栖息环境的不同而独立进化，目前很大一部分软体动物可以生活在陆地和淡水中。

就现存海洋物种的数量来说，软体动物多样化水平最高。尽管最易被大众熟知的软体动物往往都是个体较大、较常见的种类，但小型软体动物的种类更多，并主导着软体动物的多样性水平。调查显示，新喀里多尼亚（位于南太平洋，法国海外领地）的具壳软体动物壳长在 0.4mm 到 450mm 之间，但是平均尺寸仅为 17mm。平均来讲，仅有 16% 的种类壳长大于 50mm，大部分种类则很小。

在确定本书中所记录的 600 种贝壳的过程中，为了增强本书的学术普及意义，我们尽可能选择不同门类的软体动物以作为其所在分类单

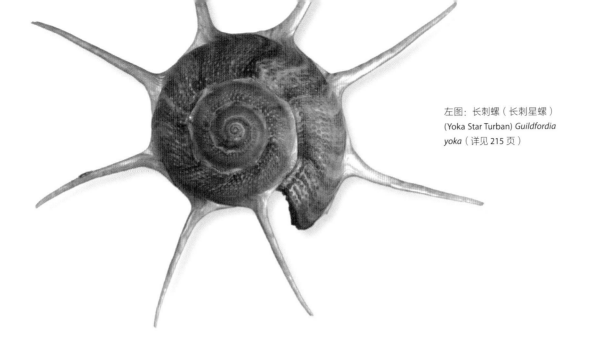

左图：长刺螺（长刺星螺）
(Yoka Star Turban) *Guildfordia
yoka*（详见 215 页）

元的代表。此外，我们尽量保证不同"门"软体动物数量上的均衡性，因此，本书中小型软体动物将在种数上占主导地位。本书呈现了绝大多数生活在海洋中的具壳软体动物的主要家系代表，并根据目前已知的系统演化情况进行排序。

下图：多皱裂江珧（竹
扫把江珧蛤）(Rugose
Pen Shell) *Pinna rugosa*
（详见 66 页）

尽管不同"纲"的软体动物的种类数量差异较大，但我们在确定每个纲的软体动物种类时更倾向于选择个体较大且易为人熟知的种类，然后辅以一些稀有种或者新种，当然，这些种类在个体上有大有小。由于软体动物有 600 多个"科"，因此，本书不可能涵盖所有科的软体动物，望读者谅解。少数科的软体动物介绍较为详细，并阐述了该种甚至近似种的壳长、壳形等信息。

本书中，同一科的种类根据拍照个体尺寸由小到大的顺序排列，不考虑进化关系，且每种贝壳都有真实尺寸的图片展示。为了尽量多地展示贝壳的细节，小于 5 毫米的贝壳，用扫描显微镜拍照，然后配以细节图片以及 19 世纪的画图作为补充。

什么是软体动物

软体动物是地球上最古老的的动物之一，也是最具多样性的动物之一。同所有生物类群一样，软体动物的家系关系非常明确。这意味着，它们具有共同的祖先，而软体动物门的所有动物，无论现存还是已经灭绝，都由共同祖先进化而来。

早期软体动物

最早的软体动物个体都很小（1—2mm），海生，两侧对称，头部位于前端，腹部为足。后部的外套腔内包含成对的鳃，以及被称为嗅检器的感觉器官，并有生殖器官和排泄器官的外表腔开口，和肛门结构。头部具口，口中有齿舌。齿舌是软体动物的特有器官，具有带状的摄食结构，像一把灵活的锉刀。足部延长，为运动器官。内脏团位于足之上，包含主要的器官系统，如心脏、肾脏、消化腺和性腺。神经系统包含三对神经节——头神经节、足神经节、脏神经节，分别位于头部、足部和内脏团。覆盖身体的角质层分泌钙质以形成骨针或鳞片。

在地质年代的整个进程中，共同祖先的后代逐渐分化并呈现多样化，分支增多，每个分支都有独特的结构和环境适应性。这些分支中，软体动物门是最基础的门类，在寒武纪时期形成分化。有一些纲，比如腹足纲、双壳纲和头足纲，在形态结构上发生了巨大的变化，产生了不同的特点以快速适应、开发利用新环境。其他纲（多板纲、单板纲、掘足纲）则保留了基本结构组成，直到今日，改进很少，相对多样性

左图：法螺（大法螺、凤尾螺）（Trumpet Triton Charonia tritonis），这是少数几种捕食海星的腹足类之一（见 381 页）。

程度较低。软体动物是如此古老和多样化，其特有的结构特征很少在所有纲中都普遍存在。

石鳖

石鳖（多板纲）具有加长的、平坦的、两侧对称的身体，并被 8 个横向的骨板组成的贝壳覆盖，由角质化的环带（肌肉环）包围。足部较长且肌肉发达，与环带中间形成腘体腔，腔内有多对鳃（通常 6—88 对）。头部退化，眼和触角消失。石鳖独有的感光细胞通过外套腔深入骨板中。所有的石鳖均生活在海洋中，大部分栖息于浅水区域的岩石表面，并于岩石表面舔食藻类和海绵。

单板类

单板类动物（单板纲）通常个体较小（0.7—37 mm），卵圆形，两侧对称，具有单个圆锥形、类似帽贝的贝壳，以及 8 对连续重复的肌肉质结构。单板类动物在之前被认为已经灭绝，但是 1957 年至今，已经发现 30 余种现生单板类，几乎所有的都分布于深海（174—6489 m），栖息于泥底、岩石底或碎石底。单板类动物以有机碎屑和底质中的小型动物为食。

双壳类

双壳类（双壳纲）是软体动物中第二大类。壳体两侧对称，被左右两个壳完全封闭住，左右两个壳由具弹性的韧带连接。头部简化，齿舌缺失。多数双壳类具有宽敞的外套腔，外套腔可容纳大型鳃。鳃除了作为呼吸器官，还可从水中过滤食物颗粒。一些原始种直接以细泥沙中的有机物质为食，少数类群从共生的藻类和细菌中汲取营养，其他分布在深水区的种捕食小型甲壳类动物和蠕虫。多数双壳类在砂质或者泥质内穴居，有些在木头、黏土或者珊瑚上穴居。一些种以丝状的线（足丝）固着在硬的基质上，其他种则以瓣膜上的胶状物质进行固着。几种不同的种群对淡水环境具有适应性。

上图：日本日月贝（Japanese Moon Scallep）*Amusium japonicum*，属于生活于海底的双壳贝类。

掘足类

掘足类（掘足纲）是一个小的类群，大约有600种现存种。壳体高，两侧对称，壳体完全包含在长、弯曲、锥形的管状壳内，贝壳两末端开口。掘足类没有眼睛和鳃。腹足自大的开口伸出，并在软质底掘穴。稍小的开口暴露在沉积物表面附近。掘足类以沉积物内的微小生物为食，用薄的、细丝状的被称为头丝（captacula）的触手（tentacles）捕获食物。

腹足类

腹足类（腹足纲）是软体动物中最大的纲。幼虫期，所有的腹足类身体扭曲，将原先后部的外套腔旋转至头部以上的某个位置，最终形成单旋的非对称的身体结构。腹足类贝壳样式多种多样，大小自微小（0.3mm）至极大（1m）。腹足类贝壳可能在外侧，也可能在内侧，有的可能完全丢失。像双壳类一样，腹足类在海洋和淡水内均可栖息。与其他软体动物不同的是，腹足类具有肺，自森林到高山沙漠均有可能分布。腹足类的食性可能为食草、食肉、寄生、滤食、食碎屑，甚至可能是化能自养型生物。

头足类

最早的头足类（头足纲）贝壳在外侧，内部的腔室由室管相互连通，使腔室充满气体，在水中可增大浮力。进化历程中，绝大多数的头足类外壳消失。包括乌贼、墨鱼和鱿鱼在内的一些种具有内部贝壳，这些贝壳退化程度不同。章鱼的贝壳则完全消失。一些头足类靠拨动它们的鳍片进行游动，就好像用喷射推进器一样。

头足类在海洋的所有深度均有分布。很多分布在沿岸的浅水水域，其他一些种类则浮游生活，整个生命过程在进行远距离的游泳或漂流在开放海域的表面、海滨或者底部。头足类长度自 25mm 至 14m 不等，包括巨乌贼和更大的鱿鱼在内。头足类是最大的无脊椎动物。所有种都是肉食性的，头部和口腔周围具有发达的肌肉，长有吸盘的触手用于捕捉猎物，用喙状颚片和齿舌进食。

左图：海床上的一个有房室的鹦鹉螺（Chambered Nautilus Nautilus pompillus）。它是头足类中很稀少的现存种之一，具有外壳（见 632 页）。鹦鹉螺通过调整进出房室的气流来控制自身的浮力。

什么是贝壳

广义上来说，壳是指坚硬的外在覆盖物，将特定的生物体包围，通常用于保护它们免受环境条件的伤害。很多生物体，包括微型的有孔虫至乌龟都会利用多种材料生成壳。

贝壳是怎么形成的？

壳由碳酸钙组成，很多无脊椎动物类群都分泌碳酸钙，如刺胞动物门（珊瑚）、节肢动物门（蟹类和藤壶）、棘皮动物门（海胆）、腕足动物门（腕足动物）和苔藓动物门（苔藓虫），然而专业的"贝壳"或者更具体的"海贝"一词，难免会让人联想到软体动物钙质的外部骨架。这本书的主题就是软体动物的壳，即贝壳。

贝壳由外套膜分泌的物质形成，每个软体动物都有这种专有组织。外套膜的一部分细胞产生一层薄的叫作珍珠蛋白的蛋白层，其他细胞分泌一种液体到动物组织和珍珠蛋白层之间狭窄的空间内，液体内析出碳酸钙结晶至珍珠蛋白层的内表面，产生连续的矿化贝壳。贝壳形成于所有软体动物的组织外。与脊椎动物的骨骼不同，贝壳内不含细胞和DNA。

所有的软体动物中，贝壳的生成是由于新的珍珠蛋白沿着已有的边缘不断生长，之后在此基础上形成碳酸钙结晶。珍珠蛋白和碳酸钙不断分泌，使贝壳加厚，由此形成壳内层。

双壳纲

双壳纲贝壳包含两个独立的壳。双壳类早期幼虫形成单一的、非钙化的杯状的贝壳，称作担轮。随着幼虫的成长，它逐渐被两个外套叶包围，每个外套叶都形成单独的钙化中心——面盘，部分贝壳在幼虫附着变态之后形成，呈现出成体贝的比例和特征。多数双壳类由两个壳组成，两个壳互呈镜像。贝壳通常包括三层：最外层的角质层（一些种很厚）、壳层（棱柱层）和底层（珍珠层）。外层形成如鳞片或棘刺类的表面特化结构。一些双壳类的贝壳已经退化，其他一些种的贝壳并入大的、圆柱形管内。

15

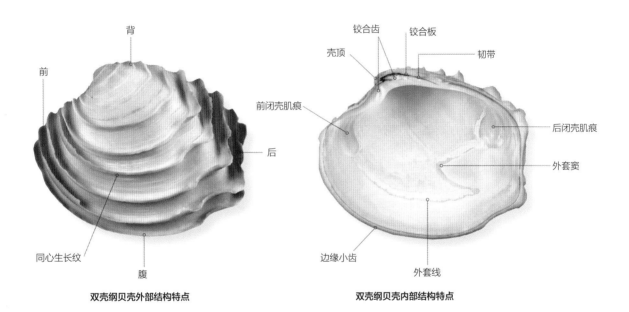

双壳纲贝壳外部结构特点

双壳纲贝壳内部结构特点

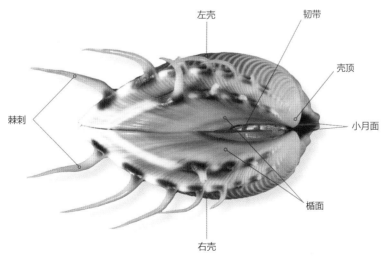

双壳纲贝壳背面结构特点

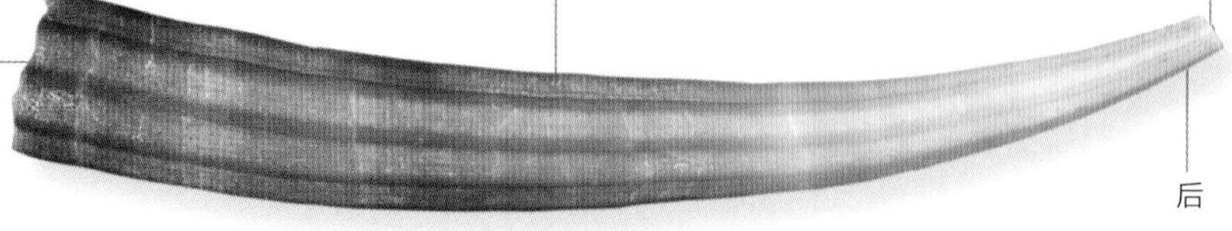

纵肋

壳顶

前

后

掘足纲贝壳外部结构特点

掘足纲

掘足纲管状贝壳源于幼虫期小的杯状贝壳。发育过程中，贝壳边缘扩张包围幼虫，反面逐渐溶解而形成管。附着变态期后，贝壳从前部圆形开口边缘处开始生长，形成包含一层角质层、2 到 4 层霰石层以及碳酸钙结晶的贝壳。随着不断生长，贝壳长度和前部圆形直径增加，壳内部加厚。后部开口以适合的直径得以保留，外套膜溶解、浓缩形成贝壳的一部分。

多板纲

多板纲贝壳有八块独立的壳板，包括一个头板、六个中间板和一个尾板。每个壳板都包含四个单独的壳层。最外层的壳层是角质层；第二层是表层；第三层是连接层，是最厚也是最硬的一层；最内层是内壳层，由柱状晶体组成。壳板间由肌肉和表皮的环带相连，环带位于表层和连接层之间。根据物种的不同，环带可能覆以蛋白质类的鬃毛，或者钙质的棘刺、斑粒或鳞片。

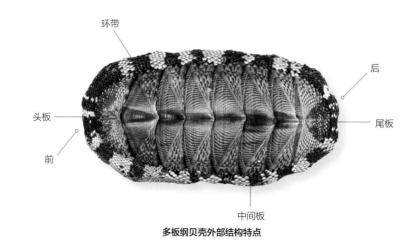

环带

后

头板

尾板

前

中间板

多板纲贝壳外部结构特点

腹足纲和头足纲

　　腹足纲和头足纲的贝壳在幼虫期形成，结构简单，呈帽状。随着个体生长，环状边缘变得粗糙，进而产生圆锥形的贝壳。在灭绝的头足纲祖先中，杯状的幼虫贝壳继续增长，成为长而窄的锥形管状。动物软体部留在锥形的底部，并且会周期性地用隔板将锥形的上部分隔离。现存的少量鹦鹉螺物种是唯一生活在现在且仍保留外壳的头足类动物。其他现存的头足类贝壳存留于体内，并且大大缩小，甚至有的贝壳缺失。

　　腹足纲幼体贝壳是杯状的。它们在幼虫期发生扭曲，身体发生180°的旋转，形成结构上非对称的贝壳。这就导致贝壳呈螺旋状卷曲，几乎都是右旋。由此产生的螺旋卷曲会形成非常多变的形状，很多形状是为了适应特殊的环境而形成。为了适应特殊的栖息环境，趋同进化导致亲缘关系远的腹足类具有相似形状的贝壳，这种现象也是很常见的。像头足类一样，腹足类的几个类群中，贝壳也退化、内化或者丢失。

17

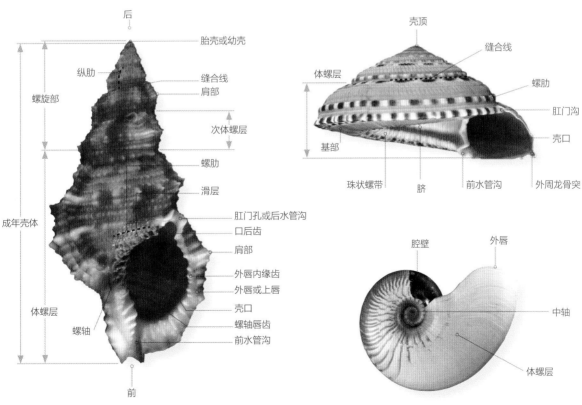

腹足纲贝壳外部结构特点　　　　头足纲贝壳外部结构特点

贝壳的收藏

自史前时代以来，人类就开始采集贝壳，并赋予它们高贵的地位：海贝曾经被用作工具和货币；贝壳被列为或者用作为观赏性或者仪式用物；贝壳对很多地方甚至是远离大海的文化也具有重要意义。

贝壳收藏历史

收集贝壳作为标本出售的商业活动至少可追溯到罗马时代。在庞贝遗址的艺术品中也包含收藏的贝壳。中世纪晚期版图的扩张使得欧洲人对从遥远地方带来的珍品非常入迷，商人和贵族收集的罕见珍藏品中包括贝壳，贝壳成为其财富和声誉的象征。学者们被雇佣去整理研究这些大量的珍藏品，并发表文章，大量珍贵贝壳的收藏为大型博物馆的建立奠定了基础。

USA
22

New England Neptune

上图：一些贝壳收集者把他们对贝壳的热爱体现在邮票上。贝壳收集的动力仅源于兴趣。

贝壳的收藏类型

多数的贝壳收藏是常规收藏，为的是获得更多的、各种各样的贝壳样品。有些收藏家关注的是更专业的收藏。有些可能仅限于特殊区域或者特殊栖息地的贝壳种类。宝贝（cowries）、芋螺（cones）、骨螺（murexes）、涡螺（volutes）、榧螺（olives）和扇贝（scallops）是最常见的收藏种类。另外，有些人喜欢收集小型软体动物，这些成体标本长度不超过 10mm。

发现标本

对于一个收藏家来说，增加样品数量本身就有着极大乐趣。采到贝壳是对个人努力的奖励：暴风雨后，有目的地在海滩上散步；退潮时，在多岩石的海岸线搜索；浮潜或者潜水；或者其他更专业的方式，如岩石擦洗、挖泥或者诱捕。在赋予收集者增加采集样品技能的同时，这些活动也为在自然环境中发现贝类、了解每种贝类对其环境产生的适应性提供了机会。但收藏新手应该意识到，在有些海域采集软体动物时需要通行证或者钓鱼执照，而有些地方限制或者禁止捕获活的样品。采集者需要保护自然栖息地生态环境，把对采集地的影响降到最小。例如，掀开岩石检查完下面后，应该按原方向把它们放回原来的位置。

采集设备

采集设备随采集类型的不同而有差异，每个采集者针对特定的栖息环境都会很快地制定一套个人设备方案。基础设备通常包括：一个塑料桶，几个塑料袋，用于从缝隙中取出小样品的钳子，用于取附着在岩石上的石鳖、帽贝或者双壳类的刀或者小铲，也许还有挖掘软体动物的一个花园铲和一个小筛网。其他装备可能包括一个数码相机和一个便携式 GPS，但最重要的工具是铅笔、一些标签和一个用于记录每个样品重要信息的笔记本。

记录数据

标本的价值不仅在于其稀有性和完整程度，还在于其样品信息的质量。所记录信息至少要包括：具体位置，深度，日期甚至采集时间，以及生态信息，如"退潮时暴露在岩石上"或者"埋栖在鳗草床的边缘的细沙中"。以便任何人读后都能根据标签的信息找到标本的采集地点。

样品的处理

20

如果采集者没有一个咸水水族箱，就必须在放到收藏装置之前将内部组织从贝壳中分离出来。将贝壳放在热水中，煮几分钟通常就可以使组织和贝壳分开。当贝壳冷却到可以触碰时，可以小心地用钳子或者牙科工具将组织从螺壳上挑出或者从双壳中拉出来。有时若难以取出，则需要煮第二次。

也可将采集袋放在冰箱内冷冻。经过一天左右的时间，将贝壳解冻，小心地将组织分离出来。样品经常需要反复地冷冻和解冻，使组织松弛以便整块分离。一些采集者（以及大多数博物馆）更加喜欢自然状态下的样品。也有人选择将样品浸泡在稀释过的漂白剂内将生物体的外包壳和角质层去除，然后用牙科工具和牙刷将样品取出、清洗。

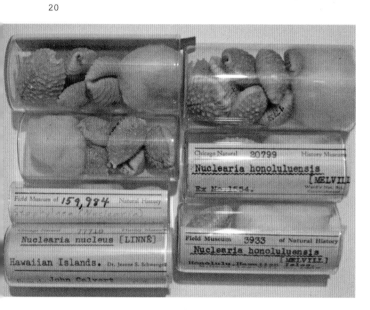

上图：对于专业收藏家来说，对每个贝壳都进行详细的信息标记是至关重要的。

收藏品的整理

采集时，同一时间、同一地点采集的同一种的所有样品应该放在一起，并用标签注明采集的详细信息。样品鉴定后，需要加标签注明属名和种名。很多采集者会有一个采集目录，有时是手写记录，大多数会在电脑上制成电子数据，以便于查找大量的采样信息并不断补充。

对于多数采集来说，重要的是要有专业的存储装置。很多采集者的采集量较大，他们具有与博物馆相似的存储系统，如铁皮柜，有很多浅的抽屉，抽屉内有一排排的纸托盘或者塑料盒子，每个盛放一个或者更多带有标签的样品。根据进化关系进行放置，将多数关系相近的种放置在同一个抽屉或者相近的抽屉里。这样，找特定种的时候相对简单，对比新的样品与已鉴定种也会更为高效。

很多采集者通过与其他采集者交换副本或者从贝类经销商处购买来补充样品。很多国家的城市都设有贝类俱乐部。一些俱乐部会举办一年一度的贝壳展会，展示他们采集的不同类别的样品。

下图：不同人的贝壳收集水平差异很大。大量的贝壳应该放置在橱柜的浅抽屉中，以防止贝壳在强光线照射下褪色。

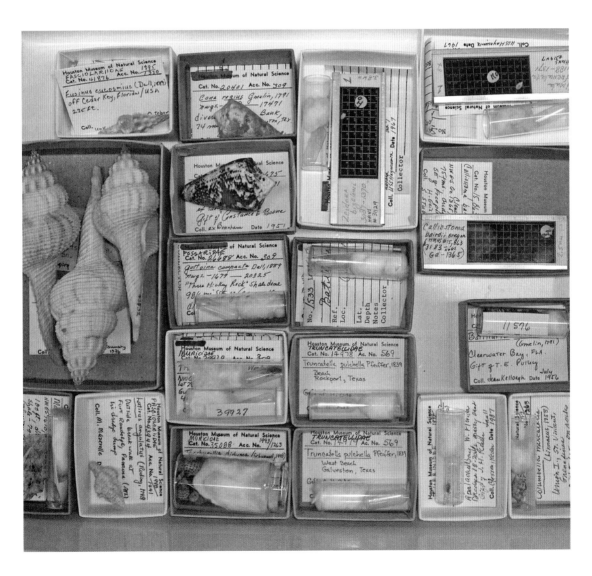

海洋贝壳的鉴定

鉴定贝壳是一个艰巨的任务，尤其是考虑到现存的软体动物大约有 100000 种。在鉴定的过程中要能逐渐地或者快速地将目标范围缩小。例如，鉴定海洋贝壳时，那些没有贝壳的软体动物及所有不在海洋中分布的种，应该立刻被排除掉而无须考虑。

纲的确定

种类鉴定的第一个以及最基本的阶段是确定样品所属的纲。可以由贝壳组成的数量来确定。

如果贝壳具有 8 个部分或者壳层，那么就是多板纲，多板纲中大约有 1000 个现存种；如果贝壳由两个壳组成，那么就是双壳纲（大约有 20000 种）；如果贝壳只有一个（不包含厣），那么可能是掘足纲（大约有 600 种），或者是头足纲（6 个种具有外壳），也可能是腹足纲（超过 50000 种）。

掘足纲具有长的锥形管状贝壳，两端均具有开口。头足纲贝壳大、平旋（单个平面旋转），被分割成几个与体管相连的腔室。很多以前被认为是头足纲的具有单个壳的贝类可能是海蜗牛（腹足纲）的一种。

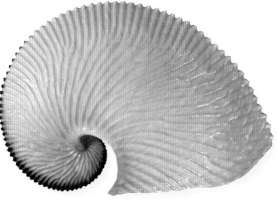

缩小鉴定范围

　　定到纲后，还需要将其定到纲以下的更小的分类单元中。鉴定过程一直到可以将待定种定为某一属中的几个种，最后定为此属中的一种。这需要将待定种直接与已知的样品或者图片进行比对，直到鉴定到最后确定的种。

　　需要清楚的是，本书只阐述了不到百分之一的海洋贝类已知种。本书将有助于鉴定很多常见的种，但是其他种的鉴定需要结合另外的文献或者互联网查询（见 644—645 页）。

掘足纲贝壳形状

　　掘足纲（tusk shells）的多样性水平相对低，只有大约600种。它们贝壳的差异也相对较小。

　　现存的掘足纲被分为两组。角贝目贝壳逐渐变尖，壳口的直径通常最宽。梭角贝目贝壳中部或者近壳口处最宽。每一组可根据横截面、纵肋和图案，以及纵向狭缝的存在与否或者壳后部开口处是否有长的裂缝进行进一步的划分。

壳口处最宽

见171页、172页和173页种类

最宽处在壳中部附近

见170页种类

腹足类贝壳形状

腹足类是迄今为止个体最大且种群最多的软体动物。它们被细分为几个主要的进化分支，包括笠形腹足目、仁螺总目、原始腹足目、珍珠蜓螺超目、新进腹足目和异腹足目。

一些腹足类贝壳有统一的形状；一些壳形则极具多样性且包括许多不同的形状。比如，所有的笠形腹足目都有低圆锥形帽状贝壳，但并不是所有的低圆锥形帽状贝壳都是笠形腹足目。帽状贝壳在软体动物中分布很广并且出现在腹足类每个主要的种群中。

将腹足类标本同以下基本壳形中的一种联系起来有助于缩小

鉴定范围——每种基本壳形会涉及一个科或者更多共用这个基础壳形的不同科。每种壳可能会有额外特征比如生长在壳上的刺。这些额外特征在鉴定的最后阶段十分重要。

在本书所述物种中可能会发现一个种与待鉴定标本匹配。然而，考虑到腹足类的多样性，可能只有一个相近种与之接近，最后只能将待鉴定贝类鉴定到科或属，而不是种。因此为了鉴定到物种，需要参考额外的研究成果。几个有用的参考文献和网站地址将在本书的 644—645 页推荐。

帽形	耳形	低锥形	高锥形	倒锥形

示例见179，182，186，192，208，247，309，317，386，452，628页	示例见200-201，207，223，357-358页	示例见218—219，222，227，231，271，273-276，278-279，410，608页	示例见248，259，264—268，307，387，392，429，599，616页	示例见540，586，589，598页

卵形	纺锤形（梭形）/双锥形	锤形（梅花形）	球形	扁球形

示例见226，493，505，623页	示例见186，293，299，343，375，377，438，444，474，550，581页	示例见372—373，408，461，472页	示例见245，359，389，470页	示例见199，228，240，243，269，280，282，356，612页

桶形	梨形	不规则/未盘曲	具末端延长的棘

示例见369—371，455，562，617页	示例见361—364，368，383页	示例见260—261，185，322—323，469，558，629页	示例见294，300，303页

双壳纲贝壳形状

双壳纲在软体动物中多样性水平居第二位，与腹足纲相比，其贝壳变化相对小。主要的鉴定特征是根据鳃的解剖结构。双壳纲包括原鳃亚纲、翼形亚纲、古多齿亚纲、异齿亚纲。

在砂质内穴居的双壳类通常双侧对称，而附着在硬基质上或者自由生活种的贝壳非对称、有不同程度的变化。与腹足纲一样，一些种的贝壳比较特殊，因而很容易辨认，而其他大多数壳形相

近的种可能需要根据它们的生态环境来进行更好的区分。

忽略棘刺或者其他表面特征，可将双壳类壳形分为几种基本的形状。其他特征如铰合齿类型、大小、颜色、表面花纹在鉴定科、属、种中很有用。参考资料部分（644—645 页）可作为额外的有用的鉴定参考。

圆盘形	三角、桨形	三角、斧形	扇形	不规则、非对称

示例见49，93，106，110，117，121，127，138，140，151页	示例见51，54，104，158页	示例见48，66，67，102，142，146页	示例见69—90，128页	示例见43，57，58—63，62，96—98，103，105，111，166—167页

船形	心形（后面观）	长椭圆形	矩形

示例见44，47，92，95，99，114—115，125，159页	示例见118—119，123，124页	示例见40，55，94，120，143，152—153，155，164—165页	示例见154，156页

多板纲贝壳形状

多板纲具有 8 个独立的壳板，被坚硬的环带包围。

所有现存的多板纲可归为四组：鳞侧石鳖亚目，单型石鳖亚目，锉石鳖亚目和毛肤石鳖亚目。这些分组是根据表层和插入板的有无进行划分的。为了观察到这些特征，需要拆分样品骨板。然而，很常见的种通过壳板上的图案就可以进行鉴定，或者通过斑粒、骨针、鳞片或者环带上的棘刺进行鉴定。

盾形

示例见33、34页

头足纲贝壳形状

虽然头足纲现存种的多样性很大，但只有 6 种原始种保留外壳——都是鹦鹉螺属的种类。其中 2 个种在贝壳的每一边都具有一个脐，其他 4 种没有脐。现存种中只有卷壳乌贼是卷曲的内壳。

头足纲中数百个种都具有退化的内壳，包括数十种乌贼，它们的贝壳是大家熟知的乌贼骨。船蛸是没有贝壳的章鱼的近亲，其极薄的卷曲状壳是雌性船蛸的卵袋。

头盔形

示例见632页

25

贝　壳

The Shells

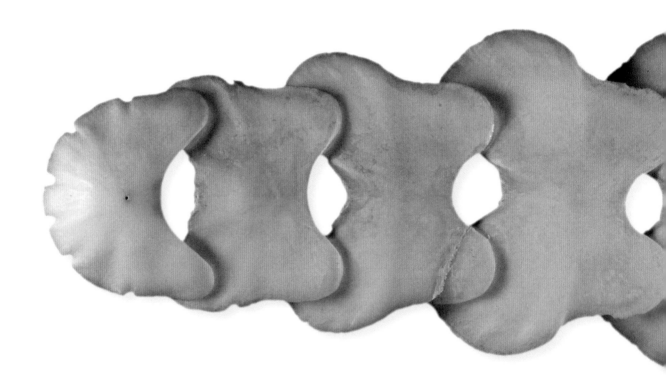

多板纲

Chitons

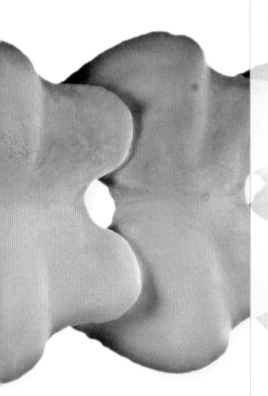

多板纲动物（石鳖）是一类较为原始的软体动物，贝壳通常由8块骨板组成，由富有肌肉的角质环带将其固定在合适位置。全球现生多板纲动物1000种左右，大小由3mm至40cm不等。所有石鳖都生活在海洋中，大部分栖息于热带或温带潮间带至潮下带浅海的岩石或坚硬底质上。石鳖使用一种特殊的器官在岩石表面刮取藻类和小型生物为食。部分石鳖为肉食性，以小型甲壳动物和环带附近其他的无脊椎动物为食。

科	锉石鳖科Ischnochitonidae
壳长	15—25mm
分布	欧洲，地中海，红海
丰度	常见
深度	潮间带至1000 m
习性	红钙藻
食性	植食性和碎屑食性

30

壳长范围
⅝ — 1 in
(15 — 25 mm)

标本壳长
1 in
(25 mm)

光滑欧洲石鳖
Callochiton septemvalvis
Smooth European Chiton
(Montagu, 1803)

光滑欧洲石鳖（执政石鳖，下同）是一种代表性的石鳖，和其他的石鳖一样具有8块壳板，而不是其拉丁名所暗示的7块壳板。蒙塔古（Montagu）认为该种的特征是只有7块壳板，这是因为他用来描述的标本丢失了1块壳板，不具代表性。光滑欧洲石鳖是一个常见物种，分布在从斯堪的纳维亚到加那利群岛以及地中海和红海的欧洲大部分浅水区。在红钙藻或者其他岩石岩礁区域可找到光滑欧洲石鳖，它以水藻和有机碎屑沉积物为食。在全世界范围内，锉石鳖科大约有200个现存物种。

近似种

威尔逊锉石鳖（威尔逊石鳖）*Ischnochiton wilsoni* Sykes，1896，壳更长、更细，白里透红，壳板中央有很多灰色的条纹，边缘区域棕褐色，从南澳大利亚到维多利亚海域均有分布。虫形石鳖（蜈蚣石鳖）*Stenochiton longicymba*（Blainville，1825），外形非常瘦长，其宽度小于其长度的五分之一，从澳大利亚西南部到塔斯马尼亚海域均有分布。

实际大小

光滑欧洲石鳖贝壳中等大小、光滑、宽阔、椭圆形，壳板中部隆起呈龙骨状，体宽为体长的一半或更多，壳板平滑，由肉眼能看到的斜脊和在放大镜下可见的小颗粒组成。环带显著，其上覆有小型棘刺，呈橘红色，具有几条白色的放射带，壳板外表的颜色为砖红色到橙色，有时带有绿色和橘黄色。

科	锉石鳖科Ischnochitonidae
壳长	25—40mm
分布	西澳大利亚到塔斯马尼亚
丰度	常见
深度	浅潮下带
习性	海草的叶鞘
食性	植食性，以海草和藻类为食

壳长范围
1 — 1½ in
(25 — 40 mm)

标本壳长
1½ in
(37 mm)

虫形石鳖
Stenochiton longicymba
Clasping Stenochiton
(Blainville, 1825)

虫形石鳖（蜈蚣石鳖）具有现存石鳖中最细长的壳，长宽比为 7:1，一些化石石鳖则具有更长的壳，长宽比可达到 32:1。虫形石鳖是澳大利亚的特有种，在西澳大利亚到塔斯马尼亚的海区均有分布。它的狭长体型是由于生物进化过程中要适应其栖息在浅潮下带的波喜荡海草 *Posidonia australis* 和其他海草的叶片和根鞘上的生活方式。它采食生长在潮下带浅水区的海草或藻类。

近似种

乳突锉石鳖（小瘤石鳖）*Ischnochiton papillosus*（C. B. Adams，1845），是一种小型浅水性石鳖，主要分布在西印度群岛到墨西哥海湾一带海域。它是得克萨斯州最常见的物种。壳板呈绿色，壳上具有细珠和分割线。魔幻石鳖（米兰达石鳖）*Nuttallochiton mirandus*（Thiele，1906），分布在南极洲海域，壳大并具宽的环带，壳板具有强壮的放射肋。

虫形石鳖贝壳中等长度、隆起，非常细长，体长是体宽的 6—7 倍，而体高超过体宽的一半。头板和尾板呈半椭圆形，中间板呈矩形，壳板的表面光滑，具有精美的网状花纹。环带非常狭窄，壳板的宽度向后缘略有增加。壳表棕褐色，具有乳白色的斑点和花纹。

实际大小

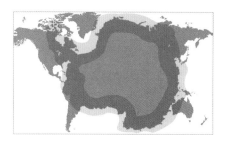

科	锉石鳖科Ischnochitonidae
壳长	30—120 mm
分布	南极洲
丰度	常见
深度	30—1400m
习性	硬底质
食性	植食性，以苔藓类和有孔虫类为食

壳长范围
1¼ — 4½ in
(30 — 120 mm)

标本壳长
1½ in
(38 mm)

魔幻石鳖
Nuttallochiton mirandus
Nuttallochiton Mirandus
(Thiele, 1906)

魔幻石鳖（米兰达石鳖）具有明显隆起的壳板，壳板周围具有宽阔而坚硬的环带。它是一种常见的分布于南极洲的极地石鳖，从近海到深海均有分布。魔幻石鳖主要以苔藓和有孔虫为食。这种石鳖能用它的齿舌吞下一大片苔藓虫集群，在活着时，后面壳板和前面一个壳板是重叠的，不像保存标本的照片所显示的那样。受精时雌雄石鳖身体的后部弯曲，分别释放卵子和精子到水体中，经常和六放海绵纲动物一起生活。

近似种

美丽女神石鳖（海德石鳖）*Nuttallochiton hyadesi*（Rochebrune，1889）分布于远离阿根廷火地岛的深海和南极圈附近的威德尔海。它的壳板与魔幻石鳖相似，只不过具有更小更精细的刻纹。光滑欧洲石鳖 *Callochiton septemvalvis*（Montagu，1803）分布在大西洋和地中海的欧洲海域，有宽阔而呈椭圆形的贝壳，壳色呈橙红色或砖红色。

实际大小

魔幻石鳖贝壳中等偏大，长椭圆形，侧面具有锯齿；壳板呈倒 V 形，高且易碎，中央有凹槽。壳板雕刻有 8—10 个强壮的放射肋，同细致的生长纹交叉排列。与其他壳板相比，顶部的壳板具有更粗壮的放射肋；具有宽阔坚硬的环带，覆盖细小和延长的针骨；壳色呈乳白色，有时着有红棕色。

科	鬃毛石鳖科Mopaliidae
壳长	35—76 mm
分布	阿拉斯加州到加利福尼亚半岛
丰度	常见
深度	潮间带
习性	岩石海岸
食性	夜间植食性

壳长范围
1⅜ — 3 in
(35 — 76 mm)

标本壳长
1⅞ in
(47 mm)

33

木质鬃毛石鳖
Mopalia lignosa
Woody Chiton
(Gould, 1846)

　　木质鬃毛石鳖（舌形毛帕石鳖）是一种常见的石鳖，分布于美国阿拉斯加到墨西哥加利福尼亚半岛的潮间带岩石区。它更喜欢在开阔海岸的大石块底部或侧面生活，在那里可以摄食海草、硅藻以及有孔虫和苔藓虫。和一些其他生活在岩石海岸的石鳖一样，木质鬃毛石鳖齿舌的齿尖上具磁铁矿，以减少磨损。鬃毛石鳖科动物通常具有宽广而坚硬的环带，环带上具有纤毛、鬃毛或者棘状突起，但没有其他科的一些石鳖那样的鳞片，全世界的鬃毛石鳖科动物约有 55 种，大约 20 种分布在东北太平洋。

近似种

　　青苔鬃毛石鳖 *Mopalia muscosa*（Gould，1846）同样分布在阿拉斯加到加利福尼亚半岛的海区，在其环带上生有大量粗硬毛发。被囊石鳖 *Katharina tunicata*（Wood，1815）是一种大型石鳖，分布在俄罗斯的堪察加半岛到阿留申群岛和美国加利福尼亚州南部海区，体长可达 130mm。它具有宽阔坚硬的环带，环带覆盖背部的大部分区域。8 块壳板中，每个壳板的背部都有一小块菱形区域。

木质鬃毛石鳖贝壳中等大小，呈阔卵形，厚的坚硬环带呈棕褐色（在照片中不明显），有时夹杂着绿色或浅棕色的斑点，具有短的体毛。一些壳板放射线不规则并且具有斑点。壳板的刻纹由粗大 V 字形脊突和细小的放射线组成。壳色多变，有浅棕色、绿色和深棕色，具有明显的浅棕色和浅绿色线条。

实际大小

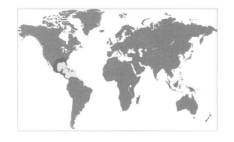

科	石鳖科Chitonidae
壳长	10—100 mm
分布	佛罗里达到委内瑞拉和西印度群岛
丰度	常见
深度	潮间带至4m
习性	岩石海岸
食性	夜间植食性，以藻类为食

壳长范围
⅜ — 4 in
(10 — 100 mm)

标本壳长
2½ in
(64 mm)

34

结节石鳖
Chiton tuberculatus
West Indian Chiton
Linnaeus, 1758

结节石鳖 贝壳中等大小，卵圆形，环带被覆鳞片。每块壳板背面的三角区域具 8—9 个粗壮、波浪状纵肋，中心区域光滑，末端具串珠结节；环带具有白色和墨绿色交错的彩带，壳板背面呈灰绿色和褐绿色，壳板底部洁净，呈绿白色或者青白色。

结节石鳖（疙瘩石鳖）是生长在加勒比海的最大型石鳖之一。它具有美丽的贝壳，环带被覆有白色和绿黑色交织似彩带的鳞片。和大部分石鳖一样，结节石鳖在夜间活动，觅食岩石上的藻类。它具有归巢习性，短暂的摄食活动以后会返回原来休息的地方。它能够存活 12 年之久。结节石鳖和其他石鳖在某些地区分布密集，会明显助长石灰岩的生物侵蚀。石鳖科生物在壳板的边缘具有梳状的细齿。全世界的现存石鳖科动物大约有 100 种。

近似种

银光石鳖（灰绿石鳖）*Chiton glaucus* Gray，1828，是新西兰的特有种，原产自新西兰，后被引进到澳大利亚南部，它具有深绿色、较光滑的壳板。颗粒花棘石鳖 *Acanthopleura granulata*（Gmelin，1791），分布于佛罗里达到加勒比海和墨西哥湾南部，是一种常见的石鳖，它和结节石鳖大小相近，但是体长更长，环带上具有短的棘状突起而不是鳞片。

实际大小

科	毛肤石鳖科Acanthochitonidae
壳长	100—400 mm
分布	日本北海道，阿留申群岛。阿拉斯加到加利福尼亚南部
丰度	产地常见
深度	潮间带至20m
习性	岩石海岸
食性	夜间植食性，以红藻为食

壳长范围
4 — 16 in
(100 — 400 mm)

标本壳长
6¼ in
(160 mm)

斯特勒氏隐石鳖
Cryptochiton stelleri
Gumboot Chiton
(Middendorf, 1846)

斯特勒氏隐石鳖（史德勒石鳖）是世界上最大的石鳖，体长可达到 400mm，体重可达 800g，个体通常会长到 150mm。它是唯一一种 8 个壳板完全被厚的粗糙外套覆盖的石鳖，这是这个种群的典型特征。足宽阔，呈黄色或橙色。尽管它的肉很硬，但斯特勒氏隐石鳖是当地传统的食物来源。它生长缓慢，通常约 20 年体长才会长到 150mm，能够存活超过 20 年。因为繁殖缓慢和过度捕捞，需要加强对它的保护。

斯特勒氏隐石鳖贝壳又大又厚，壳板之间连接松散。相较于硕大的身体，它的壳板小很多，并被粗糙外套膜完全覆盖。清洗干净后，这 8 个壳板类似于哺乳动物的脊椎。它的壳板大部分脱节，呈蝴蝶形状，壳板经常被冲上海岸，人们称它为"蝴蝶贝壳"。壳板呈白色或类似知更鸟蛋样的蓝色。

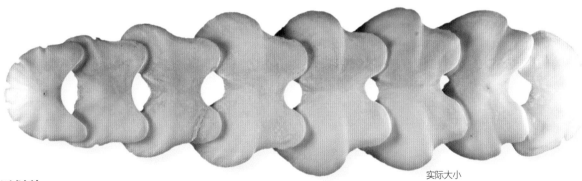

实际大小

近似种

斯特勒氏隐石鳖是本属的唯一物种，其他的近似石鳖有侏儒毛肤石鳖（矮石鳖）*Acanthochitona pygmaea* (Pilsbry，1893)，该石鳖分布于大西洋中心的西部区域。它是一个多彩的小石鳖，颜色呈橙黄或绿色。环带很宽并部分覆盖在壳板上，其上附有一簇簇的玻璃针状结构。

双壳纲

Bivalves

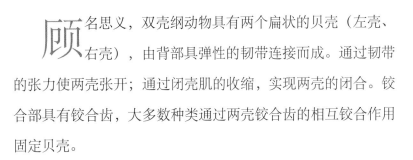

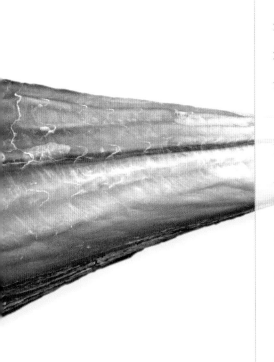

顾名思义，双壳纲动物具有两个扁状的贝壳（左壳、右壳），由背部具弹性的韧带连接而成。通过韧带的张力使两壳张开；通过闭壳肌的收缩，实现两壳的闭合。铰合部具有铰合齿，大多数种类通过两壳铰合齿的相互铰合作用固定贝壳。

目前已知现生双壳类动物共有大约20000种，大部分为水生。其分布区域极广，从潮间带到深海、从两极地区到热带海域均有发现。经过长期进化，很多双壳类动物已经能够在咸水河口和淡水的江河、溪流和湖泊中生活。

双壳纲动物，其壳长变化范围很大，小至1mm，大到1m。大部分双壳纲动物有一个宽阔的外套腔，内有瓣状的鳃，因此双壳纲又称瓣鳃纲。在绝大多数双壳纲动物中，鳃除了具有呼吸作用，还可以从水中过滤食物颗粒进行摄食。某些较为原始的种类则直接摄食沉积物中的有机物质，少数特化种可以从与其共生的藻类或细菌中摄取营养，还有一些深海种则捕捉、摄食小型甲壳动物和蠕虫。大多数双壳纲动物埋栖于沙或泥中，营穴居生活；有些种类则栖息在木头、黏土或珊瑚中；有些种类通过足丝（主要成分为蛋白质）附着于坚硬物质上，而有些种类则凭借一个壳永久地固着于他物。

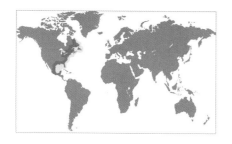

科	胡桃蛤科Nuculidae
壳长	3—10 mm
分布	加拿大的新斯科舍省至中美洲
丰度	丰富种
深度	5—30 m
习性	泥底
食性	腐食性
足丝	成体缺失

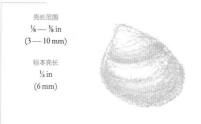

壳长范围
⅛ — ⅜ in
(3 — 10 mm)

标本壳长
¼ in
(6 mm)

38

大西洋胡桃蛤
Nucula proxima
Atlantic Nut Clam
Say, 1822

大西洋胡桃蛤贝壳很小，壳质薄，结实，斜卵圆形。两壳大小相等，形状相同。壳面光滑，内面有细小的放射纹。铰合部有很多强壮、平行而呈三角形的铰合齿，壳边缘具细齿。壳面灰白色，内面具白色珍珠质光泽。

大西洋胡桃蛤（大西洋银锦蛤）是一种较常见的小型双壳类动物，最大不超过 10mm。大西洋胡桃蛤是一种底栖双壳类动物，于泥底表面营埋栖生活，且在泥质表层摄取有机沉积物。本种有两个唇瓣，通过唇瓣摄取食物，并送入嘴中。目前全世界现存有 160 种胡桃蛤科动物，通常生活在深海。本科的很多种类是已知最小的双壳类，较大个体的壳长可达 50mm。

近似种

胡桃蛤（石头银锦蛤）*Nucula calcicola* Moore，1977，分布于佛罗里达群岛和墨西哥湾至哥伦比亚海区，是已知最小的双壳类动物之一。其贝壳极小，通常壳长不足 2mm，多生活在珊瑚砂中。指纹蛤 *Acila divaricata*（Hinds，1843），分布于日本至中国海域，其贝壳稍大，壳上具放射肋。

实际大小

科	胡桃蛤科Nuculidae
壳长	18—30 mm
分布	中国、日本
丰度	不常见种
深度	15—500 m
习性	泥底
食性	腐食性
足丝	成体缺失

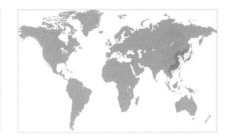

壳长范围
¾ — 1¼ in
(18 — 31 mm)

标本宽长
1¼ in
(31 mm)

39

指纹蛤
Acila divaricata
Divaricate Nut Clam
(Hinds, 1843)

指纹蛤（银锦蛤）是胡桃蛤动物的变种，又叫叉胡桃蛤。尽管所有已知指纹蛤的壳表刻纹均相似，但是根据指纹蛤的壳形等特征，已经发现一些指纹蛤的亚种。指纹蛤多栖息在泥沙底，于沉积性底质浅层生活。其栖息范围极广，从潮间带至稍深的浅海。指纹蛤的成体摄食沉积性食物，幼体则利用鳃滤食水中的有机颗粒。对于某些种类的指纹蛤，其成体依然以滤食方式摄食。

近似种

日本指纹蛤 *Acila insignis*（Goul，1861），分布于日本海区。相比于指纹蛤，日本指纹蛤贝壳更小、更椭圆，但壳表刻纹相似。大西洋胡桃蛤 *Nucula proxima* Say，1822，则分布于加拿大的新斯科舍省至中美海域，其壳小，壳面半滑，内面白色具光泽。

指纹蛤的贝壳较小，壳质较厚，卵圆形。壳顶突出，后倾。后腹缘有一浅的凹陷。壳表刻纹明显，具分枝的放射肋。壳皮厚、棕褐色。壳内面平滑、具白色光泽。两壳闭壳肌痕大小相同，均呈卵形。

实际大小

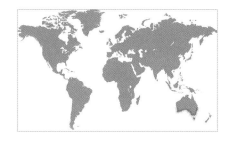

科	蛏螂科Solemyidae
壳长	30—59 mm
分布	澳大利亚南部，塔斯马尼亚岛
丰度	常见种
深度	潮下带至10 m
习性	泥底或沙底埋栖
食性	高等碎屑食性
足丝	缺失

壳长范围
1¼—2⅜ in
(30—59 mm)

标本壳长
1⅝ in
(43 mm)

40

澳洲蛏螂
Solemya australis
Australian Awning Clam

Lamarck, 1818

澳洲蛏螂（澳洲芒蛤）是一种原始的双壳类动物，埋栖生活在有机质含量较高的沙底或泥底等厌氧环境中。本种为高等食碎屑性生物，通过其鳃中共生的细菌对底质中硫化物进行氧化作用进而获取营养。一些蛏螂种类没有肠道，完全依靠共生有机体生存。贝壳有机质含量高，易碎，干壳标本通常破碎。蛏螂类动物营穴居生活，洞穴通常呈"U"形或"Y"形。全球现生蛏螂科动物约30种，除极地地区物种外，均生活在海洋较深处。该科的化石可追溯到泥盆纪。

近似种

大西洋蛏螂（大西洋芒蛤）*Solemya velum* Say，1822，分布于加拿大新斯科舍省至美国佛罗里达州海域，其贝壳与澳洲蛏螂相似，但偏小，壳皮黄棕色，具浅色放射色带。衣蛏螂 *Solemya togata*（Poli，1795），分布于冰岛至安哥拉及地中海，是该属的模式种，其贝壳在蛏螂科中较大，壳长可达90mm。

澳洲蛏螂壳形瘦长，呈长圆柱形；贝壳薄脆。鉴定特征为壳皮深棕色，光滑具光泽，常突出于贝壳边缘，形成镶边。铰合部无齿，壳顶近前方。两壳大小相等，形状一致。壳面宽平，有斜形放射肋；贝壳内面光滑，前、后闭壳肌痕大小不等。壳表深棕色，壳顶白色；内面灰色，周缘白色。

实际大小

科	吻状蛤科Nuculanidae
壳长	12—41 mm
分布	危地马拉西部至巴拿马
丰度	不常见种
深度	13—73 m
习性	沙泥底
食性	低等碎屑食性
足丝	成体缺失

壳长范围
½ — 1¾ in
(12 — 44 mm)

标本壳长
⅝ in
(15 mm)

光滑吻状蛤
Nuculana polita
Polished Nut Clam
(Sowerby I, 1833)

　　光滑吻状蛤因其贝壳较大、壳面刻纹特殊而极易辨认。大多数吻状蛤的贝壳具有强壮的同心生长纹，但光滑吻状蛤壳面大部分较光滑，无放射肋，仅在后半部饰有平行的雕刻线纹。吻状蛤为埋栖型贝类，贝壳的一部分埋栖于有机质含量丰富的沙底或泥底。吻状蛤是低等碎屑食性生物，同样也可以滤食。世界范围内共有200—250种现生吻状蛤科动物，大部分生活于深水。吻状蛤的化石最早可追溯到泥盆纪。

近似种

　　卡氏长吻蛤（卡氏吻状蛤）*Propeleda carpenteri*（Dall，1881），分布于北卡罗来纳州至阿根廷海域，其两壳稍凸，贝壳小，后缘极长。索氏吻状蛤 *Adrana suprema*（Pilsbry and Olsson，1935），则分布于墨西哥西部至巴拿马海域，是吻状蛤科中个体较大的种，壳长能够达到 100 mm。其贝壳前部和后部均具有加长的边缘。

实际大小

光滑吻状蛤贝壳在本科中相对较大，左右侧扁，外形近似长椭圆形。壳顶较小，位于铰合部近中央，后倾。铰合部发达，具有 V 字形铰合齿。两壳大小相等，形状一致。前部边缘圆，后部长，喙状。壳面大部分较光滑，具有规则而平行的雕刻线纹，同心生长纹细弱。壳面白色。

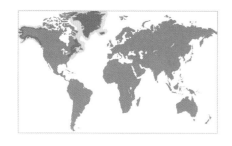

科	云母蛤科Yoldiidae
壳长	35—70 mm
分布	格陵兰至北卡罗来纳州；阿拉斯加州至普吉特海湾
丰度	常见种
深度	18—760m
习性	泥或沙埋栖
食性	碎屑食性
足丝	缺失

壳长范围
1⅜ — 2¾ in
(35 — 70 mm)

标本壳长
2¼ in
(55 mm)

42

宽云母蛤
Yoldia thraciaeformis
Broad Yoldia
Storer, 1836

宽云母蛤（宽面绫衣蛤）是一种埋栖型贝类，通常埋栖生活于泥底或沙底，以有机碎屑为食。其同样可以通过滤食作用摄食，具体是借助鳃纤毛的运动使海水通过水管，这种生物扰动作用可将沉积物搅动到海水中。在某些地区，云母蛤将有毒沉积物搅动到海水中，从而影响到其他生物，包括一些重要的经济物种。全球范围内现生云母蛤科动物约90种，生活于热带和温带海域。

近似种

北极梯形蛤（北冰洋绫衣蛤）*Portlandia arctica*（Gray，1824），分布于北冰洋两侧，贝壳较小，壳形多变，通常近正方形，较尖。衣蛏螂（北方芒蛤）*Solemya togata*（Poli，1795）隶属于亲缘关系较近的蛏螂科，本种分布于冰岛至安哥拉海域，贝壳细长，雪茄状，壳皮扩张呈镶边状。

实际大小

宽云母蛤的贝壳在本科中相对较大，左右侧扁，椭圆近方形。后端略宽，截形；前端圆。壳顶突出，偏前。铰合板宽，具有两排发达的铰合齿，由一个大的三角形内韧带槽分隔。壳表具同心生长纹。壳皮呈淡棕色，略有光泽。

科	蚶科Arcidae
壳长	50—120 mm
分布	红海至印度—西太平洋
丰度	常见种
深度	1—50m
习性	细沙质碎壳底质
食性	滤食性
足丝	有

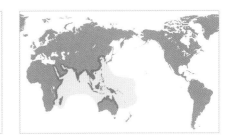

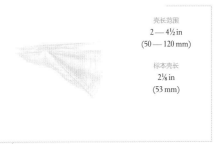

壳长范围
2 — 4½ in
(50 — 120 mm)

标本壳长
2⅛ in
(53 mm)

43

扭蚶
Trisidos tortuosa
Propellor Ark
(Linnaeus, 1758)

扭蚶（扭魁蛤）两壳明显扭曲，因此很容易辨别。扭蚶较为常见，分布很广，从红海到印度—西太平洋热带海区，以及日本南部至澳大利亚海域均有记录。通常，扭蚶半埋栖在浅水碎壳丰富的泥底或细沙底。扭蚶属的其他种类同样两壳扭曲，但扭蚶两壳扭曲最严重。扭蚶足丝极长，以此附着在碎壳上，帮助贝壳稳固在细沙中。

近似种

半扭蚶 *Trisidos semitorta*（Lamarck，1819），分布于印度—西太平洋海区，其两壳扭曲程度较扭蚶稍弱。尽管半扭蚶贝壳偏小，但两壳膨胀，因此，壳腔容积甚至比扭蚶要大。偏胀蚶（班马魁蛤）*Arca zebra*（Swainson，1833）分布于北卡罗来纳州至巴西海域，其铰合部较长，具有100多枚小的铰合齿。尽管据报道其口味略苦，但仍是一种可食用种类。

实际大小

扭蚶贝壳中等大小，加长，两壳侧扁，绕铰合部扭曲。铰合部直而长。壳面放射肋细密，同心生长纹更加细弱。壳顶位于背部前端约1/3处。贝壳顺时针扭曲近90°，因此，贝壳前缘和后缘几乎呈90°直角。壳面黄白色，内面色浅，壳皮棕色。

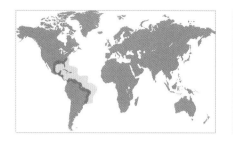

科	蚶科Arcidae
壳长	50—100 mm
分布	北卡罗来纳州至巴西
丰度	常见种
深度	潮间带至140 m
习性	附着于岩石和珊瑚礁
食性	滤食性
足丝	有

壳长范围
2 — 4 in
(50 — 100 mm)

标本壳长
2⅝ in
(66 mm)

偏胀蚶
Arca zebra
Atlantic Turkey Wing
(Swainson, 1833)

偏胀蚶贝壳中等大小，壳形细长，近矩形。铰合部直而长，有100枚小的铰合齿，壳顶突出。足丝孔较窄，位于腹部中央。壳面具24—30条不规则的放射肋，肋上有由同心线形成的皱纹。壳长约为壳高的2倍。壳面白色，具棕色或褐色不规则的条纹。壳内面中心白色，周缘红棕色。

偏胀蚶（班马魁蛤）是一种较为常见的种类，常发现于潮间带或浅水区域，以足丝附着在岩石或珊瑚礁下部。偏胀蚶贝壳白色，饰有曲折的棕色或褐色花纹，正如火鸡的翅膀，因此俗称大西洋火鸡翅。偏胀蚶幼体壳色鲜艳，但随着贝壳尺寸的增加而逐渐暗淡。同其他蚶类一样，其外套膜周边有很多小的对光敏感的眼，会对光强度的变化起反应。偏胀蚶是委内瑞拉一种重要的经济食物。

近似种

舟蚶（鹰翼魁蛤）*Arca navicularis* Bruguière，1789和扭蚶 *Trisidos tortuosa*（Linnaeus，1758）均为红海到印度—西太平洋海区广分布种。前者贝壳偏小，但壳形与偏胀蚶相似，是沿海重要的经济种。后者贝壳更大，但是比偏胀蚶更为扁平，且贝壳在铰合部近中央处扭曲。

实际大小

44

科	蚶科Arcidae
壳长	35—80 mm
分布	红海至印度—西太平洋
丰度	常见种
深度	潮间带至25 m
习性	足丝附着于岩石和珊瑚礁
食性	滤食性
足丝	有

壳长范围
1⅜ — 3¼ in
(35 — 80 mm)

标本壳长
2⅞ in
(74 mm)

45

棕蚶
Barbatia amygdalumtostum
Almond Ark
(Röding, 1798)

　　棕蚶（红杏胡魁蛤）是一种常见的贝类，栖息于浅海区域，以发达的足丝附着在岩石下部或缝隙中。棕蚶分布广泛，从红海南部至马达加斯加、穿过印度洋至西太平洋均有发现。幼体有两条从白色壳顶开始、延长呈放射状的白色色带，但是随着个体生长，色带逐渐不明显。同其他蚶类一样，棕蚶壳皮厚，具壳毛。两壳不等，其壳形根据生存空间大小而变化。

棕蚶贝壳中等大小，略扁，外形近矩形。壳顶低，近前端。铰合板白色，有很多小齿。背腹部边缘近平行，前端和后端圆。壳面放射肋细密，与同心纹相交形成念珠状结节。贝壳红棕色，表面具棕色、多毛的壳皮，壳内面白色或浅褐色。

近似种

　　格须蚶（网目魁蛤）*Barbatia clathrata*（Defrance，1816），分布于地中海至马德拉群岛海域，其贝壳较小，放射肋和同心纹突出，交织形成大结节突。大粗饰蚶（厚重魁蛤）*Anadara grandis*（Broderip and Sowerby I，1829）分布于墨西哥至秘鲁海域，是蚶科中个体最大的种类，壳长可以达到150 mm。大粗饰蚶是重要的经济贝类，具有极大的养殖潜力。

实际大小

科	蚶科Arcidae
壳长	75—150 mm
分布	加利福尼亚下州至秘鲁
丰度	常见种
深度	潮间带至潮下带浅海
习性	红树林泥底
食性	滤食性
足丝	有

壳长范围
3 — 6 in
(75 — 150 mm)

标本壳长
4¾ in
(121 mm)

46

大粗饰蚶
Anadara grandis
Grand Ark
(Broderip and Sowerby I, 1829)

大粗饰蚶（厚重魁蛤）是个体最大的蚶类之一，有记录的最大壳长为 156 mm。大粗饰蚶贝壳厚重，近三角卵圆形。这是一种可食用蚶类，在史前时代就被当作食物；墨西哥和秘鲁已经发现一定数量的贝壳堆。如今，大粗饰蚶的产量极大。加勒比海曾发现第三纪中新世的大粗饰蚶化石，但现今本种仅在太平洋东部有发现。世界范围内蚶科共有 250 种左右现生种，大多数种类生活在暖水中。蚶科种类历史悠久，可以追溯到恐龙时期。

近似种

魁蚶（布罗顿魁蛤）*Scapharca broughtonii*（Schrenck，1867），分布于日本至中国海域，其贝壳中等偏大，壳形与大粗饰蚶近似，但是相比较而言，魁蚶更小、更圆，放射肋数量更多。魁蚶也是一种经济贝类，可食用。偏胀蚶 *Arca zebra*（Swainson，1833）分布于北卡罗来纳州至巴西海域，贝壳形状近矩形，铰合板长而直，具有约 100 枚小齿。其贝壳表面白色，具有棕褐色曲折的条纹。

实际大小

大粗饰蚶贝壳大（就蚶科而言）、厚重，两壳膨胀，外形近三角卵圆形。壳顶大，突出，位于背部中央。铰合板发达，直，具 50 枚左右的小齿。两壳大小相等，后端比前端长。壳表具有 26 条发达而宽平的放射肋。壳面白色，覆盖着厚的棕色壳皮。壳内面瓷白色。

科	帽蚶科Cucullaeidae
壳长	60—120 mm
分布	东非至日本、澳大利亚
丰度	常见种
深度	5—250 m
习性	沙泥底
食性	滤食性
足丝	成体缺失

壳长范围
2½ — 4½ in
(60 — 120 mm)

标本壳长
4 in
(98 mm)

47

粒帽蚶
Cucullaea labiata
Hooded Ark
(Lightfoot, 1786)

粒帽蚶（园魁蛤）是帽蚶科仅存的现有种，帽蚶科有很悠久的历史，时间可追溯到侏罗纪时期。本科动物韧带结构与蚶科大为不同，可以此进行区分，同时本科动物壳内面有大突起供后闭壳肌粘附。粒帽蚶是一种生活在沙或泥底的大型蚶类，通常前端朝下，埋入沙或泥中。幼体有足丝，但成体缺失。

近似种

亲缘关系较近的蚶科有一些种与粒帽蚶形态相近，特别是粗饰蚶属，包括分布于日本和中国海区的毛蚶 *Anadara subcrenata* （Lischke，1869）。其贝壳较小，更短，具有强壮、平坦的放射肋，但是其铰合部较直、壳顶粗壮的特点均与粒帽蚶相似。

粒帽蚶的贝壳大型，壳质薄但坚固，两壳膨胀，壳形近三角形。壳顶高而突出，位于铰合部中央，铰合部长而直，中间的铰合齿小，两端的铰合齿较长。壳面具100多条放射线以及同心生长纹。壳内面有一弯曲的突起为后闭壳肌的附着位点。壳面紫褐色，有淡黄色角质层。壳内面紫色，边缘白色。

实际大小

科	蚶蜊科Glycymerididae
壳长	25—40 mm
分布	加利福尼亚湾至秘鲁
丰度	常见种
深度	4—24 m
习性	软沉积质
食性	滤食性
足丝	成体缺失

壳长范围
1—1½ in
(25—40 mm)

标本壳长
1½ in
(37 mm)

异侧蚶蜊
Glycymeris inaequalis
Unequal Bittersweet
(Sowerby II, 1833)

异侧蚶蜊（不对称蚶蜊）是加利福尼亚湾至秘鲁海区较为常见的一种双壳贝类，生活在离岸泥沙底。同其他蚶蜊一样，异侧蚶蜊幼体靠足丝附着生活，而成体则自由生活。少数个体较大的异侧蚶蜊可以作为食物。在美洲，异侧蚶蜊俗称苦甜蛤，这个名字在蚶蜊科较为有名，源于其独特口感。除极地地区和深海外，世界范围内现生蚶蜊科动物共 50 种。其化石可以追溯到白垩纪。

近似种

长蚶蜊 *Glycymeris gigantea*（Reeve，1843）分布范围较窄，仅在加利福尼亚湾至阿卡普尔科、墨西哥海域有分布，是蚶蜊科中个体最大的种类之一，有些个体的贝壳壳长能够达到 100 mm。美洲蚶蜊 *Glycymeris americana*（Defrance，1826），分布在北卡罗来纳州至得克萨斯州海区，可能是蚶蜊科中个体最大的种类，铰合部极宽广。

异侧蚶蜊贝壳中等大小，厚重，近三角卵圆形。铰合部弯曲，铰合齿弓形。两壳大小、形状近等。壳表具约 10 条发达的粗放射肋，贝壳中部的肋最为发达，肋间和肋上有更细的放射肋修饰，同细弱的生长纹相交。壳面白色，具横向或曲折的棕色条带；壳内面瓷白色。

实际大小

科	蚶蜊科Glycymerididae
壳长	12—110 mm
分布	北卡罗来纳州至得克萨斯州
丰度	稀有种
深度	潮间带至50 m
习性	沙底
食性	滤食性
足丝	成体缺失

壳长范围
½ — 4¼ in
(12 — 110 mm)

标本壳长
2¼ in
(57 mm)

美洲蚶蜊
Glycymeris americana
Giant American Bittersweet
(Defrance, 1826)

美洲蚶蜊（美国蚶蜊）是蚶蜊科中个体最大的种类之一，也是美洲地区个体最大的蚶蜊。美洲蚶蜊是一种不常见种，甚至为稀有种，通常在浅水区域有发现。其贝壳圆形，两壳扁平，有放射肋，肋间更有细肋。有些蚶蜊种类，如美洲蚶蜊，掘穴能力较差，仅生活在沙底表层以下，且仅在夜间较为活跃。大多数蚶蜊壳形均为圆形或卵圆形，通常饰有粗放射肋，有些种类壳表光滑。腹侧边缘具细齿状缺刻。

实际大小

近似种

欧洲蚶蜊 *Glycymeris glycymeris*（Linnaeus，1758），分布范围为挪威至加那利群岛和地中海，是蚶蜊科及蚶蜊属的典型物种。其肉味鲜美，食用口感极佳，是法国极受欢迎的食物。异侧蚶蜊 *Glycymeris inaequalis*（Sowerby II，1833），分布在加利福尼亚湾至秘鲁海域，是一种常见的较小型贝类，贝壳呈斜三角卵圆形，放射肋粗壮。

 美洲蚶蜊贝壳在该科中较大，圆形，壳质较厚，结实，两壳扁平。壳顶较小，位于近铰合部中央，铰合部较宽，有一排弯曲排列的铰合齿。两壳大小完全相等，壳宽略大于壳高，壳面饰有弱而细密的放射肋。腹缘有规则而强壮的缺刻。壳面灰褐色，有黄棕色斑块；壳内面瓷白色。

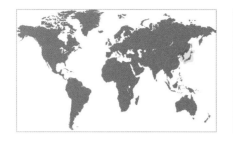

科	拟锉蛤科（笠蚶科）Limopsidae
壳长	20—33 mm
分布	日本海
丰度	不常见种
深度	100—800 m
习性	沙泥底
食性	滤食性
足丝	存在

壳长范围
¾ — 1¼ in
(20 — 33 mm)

标本壳长
1¼ in
(33 mm)

50

大拟锉蛤
Limopsis tajimae
Tajima's Limopsis
Sowerby III, 1914

大拟锉蛤（大笠蚶）被有深棕色、布满壳毛的壳皮。它生活在日本和中国台湾冷水团的深水区域，栖息在沙泥底质表面或埋栖很浅。大拟锉蛤足丝很小，因此其常附着在损坏的贝壳或小石块表面。由于其足丝不发达，同时掘穴能力弱，因此可以很轻松地将其从底质中移出。大拟锉蛤没有水管和触手，但外套膜边缘有单眼。世界范围内，拟锉蛤科动物现存约 25 种，大部分生活在深水、冷水和温水区。本科的化石可追溯到白垩纪。

实际大小

大拟锉蛤贝壳中小型，壳质较厚，结实，两壳扁平，外形为斜椭圆形。壳顶小，位于背部中央。铰合板直而发达，在每片壳上有数枚铰合齿。两壳大小、形状均大致相同，壳高大于壳长。壳面近光滑，生长线细致，但被厚的棕色壳皮覆盖，壳皮表面具壳毛。贝壳本身白色，壳内面瓷白色。

近似种

冠状拟锉蛤（齿缘笠蚶）*Limopsis cristata* Jeffreys，1876，分布于马萨诸塞州至佛罗里达州和墨西哥湾，其贝壳微小，形似小型的蚶蜊，近圆形，壳面有一层薄的浅黄色壳皮。巴拿马拟锉蛤（巴拿马笠蚶）*Limopsis panamensis* Dall，1902，分布在加利福尼亚巴哈至巴拿马海域，有小的卵圆形、两壳膨胀的贝壳，并被有带壳毛的壳皮。其生活在深水中，为常见种。

科	贻贝科Mytilidae
壳长	25—63 mm
分布	马萨诸塞州至中美洲
丰度	常见
深度	潮间带至0.6m
习性	靠足丝附着在岩石上
食性	滤食性
足丝	有

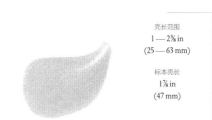

壳长范围
1 — 2⅜ in
(25 — 63 mm)

标本壳长
1⅞ in
(47 mm)

51

鹰嘴贻贝
Ischadium recurvum
Hooked Mussel
(Rafinesque, 1820)

鹰嘴贻贝是一种常见的底栖贻贝，附着在河口的牡蛎礁上，通过足丝固着在岩石或贝壳上。和其他贻贝 [如焦黄短齿蛤 *Brachidontes exustus*（Linnaeus，1758）] 相比，鹰嘴贻贝能承受更低盐度的海水。很多大型且数量多的贻贝种类被商业化开发利用。贻贝科动物通常在海底靠足丝营附着生活，但是也有一些种类在珊瑚礁和石灰石上钻孔生活。世界上贻贝科的现存物种在 250 至 400 种之间（结合专家观点和精确数据），从潮间带到深海区都有分布。最早的贻贝科化石可追溯到泥盆纪。

鹰嘴贻贝贝壳中等大小，壳质坚厚，中部微凸，三角形，前部钩状。壳顶位于前方，铰合部狭窄，具有 3 或 4 枚小齿。两壳大小、形状相似，壳面有凸起的放射肋，后缘分叉，和同心生长纹交错。壳面蓝灰色，边缘附近呈栗色，内侧为紫色，边缘为白色。

近似种

隔贻贝（孔雀壳菜蛤）*Septifer bilocularis*（Linnaeus，1758），分布在印度—西太平洋热带海域，和鹰嘴贻贝具有相似的大小、壳形和刻纹，只是壳顶端的鹰钩形状没那么明显。罗纹贻贝（半皱壳菜蛤）*Geukensia demissa*（Dillwyn，1817），分布在加拿大东部至美国佛罗里达州海域，和鹰嘴贻贝形态相似，只是贝壳更宽阔，顶端向前突出较少，壳面呈黄色或棕色。

实际大小

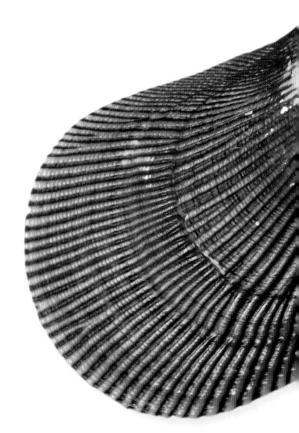

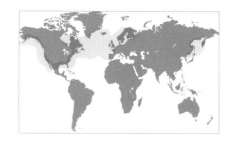

科	贻贝科Mytilidae
壳长	50—160 mm
分布	全球北部海域
丰度	丰富
深度	潮间带至40m
习性	靠足丝附着在岩石上
食性	滤食性
足丝	有

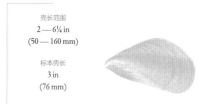

壳长范围
2 — 6¼ in
(50 — 160 mm)

标本壳长
3 in
(76 mm)

52

蓝贻贝
Mytilus edulis
Common Blue Mussel
Linnaeus, 1758

实际大小

　　蓝贻贝（食用壳菜蛤）是一种可食用的贻贝，特别是在欧洲，多个世纪以前已经被采集用作食物。无论是野生群体还是养殖群体，这种贝类已经被过渡开发。它广泛分布于欧洲沿岸的坚硬岩石上以及西大西洋和太平洋的北部海区，生长在潮间带的个体比生活在深水区域的要小得多。蓝贻贝的生长密度可达 1000 个 /m²，与其他动物一起通过足丝牢固地附着在岩石上。

近似种

　　加州贻贝 *Mytilus californianus* Conrad，1837 分布在阿拉斯加州到墨西哥海域，是贻贝科中个体最大的种类之一，壳长可达 250mm，可食用。翡翠贻贝 *Perna viridis*（Linnaeus，1758），原产于印度洋和印度—太平洋海区，现在作为入侵物种广泛分布。最近可能通过船舶的压舱水被引入佛罗里达州。

蓝贻贝贝壳中等偏大，结实，近三角形，壳后端圆形。壳顶位于前端，铰合部无齿，但是具有一些小细纹。壳表密布同心生长纹，壳色为棕色或近黑色，上有光亮近黑色的壳皮，壳内面有珍珠层，边缘宽，呈深紫色或蓝色。

科	贻贝科Mytilidae
壳长	50—115 mm
分布	加拿大东部至墨西哥湾
丰度	常见
深度	潮间带至浅潮下带
习性	盐碱滩，海草床
食性	滤食性
足丝	有

壳长范围
2 — 4½ in
(50 — 115 mm)

标本壳长
3 in
(77 mm)

罗纹贻贝
Geukensia demissa
Atlantic Ribbed Mussel
(Dillwyn, 1817)

罗纹贻贝（半皱壳菜蛤）通过足丝附着在岩石或者其他的贻贝上，埋栖于潮间带泥滩的松软底泥或沉积物中，通常生活在沼泽中互花米草 *Spartina alterniflora* 的根部间。它尤其喜欢生活在轻微污染海区，密度可达 10000 个 /m²，从而形成坚固的海底底质。由于深水区的捕食者较多，因此罗纹贻贝的死亡率随着海区深度的增加而增大，尽管这样，其生长速度在深水区依然很快。由于贻贝科的高密度生长，因此它在生态学上具有很重要的地位。在 18 世纪 80 年代，它和用作养殖的美洲牡蛎 *Crassostrea virginica* 一起被无意间引入加利福尼亚海区。

罗纹贻贝贝壳中等大小，壳质薄而结实，中部微膨，壳长，扇形。壳顶较低，接近于最前缘，铰合部狭窄、无齿。两壳大小、形状相同，腹缘近圆形。壳表有大量分叉的放射肋，内部光滑有光泽。壳色多变，呈黄棕色和暗棕色；壳内白色，有时呈彩虹色。

近似种

海湾贻贝（强肋壳菜蛤）*Geukensia granosissima*（Sowerby III，1914），分布于佛罗里达州至墨西哥金塔纳罗奥洲海域，其壳和罗纹贻贝相似，但是具有更多的放射肋。一些研究者认为它是罗纹贻贝的亚种。鹰嘴贻贝 *Ischadium recurvum*（Rafinesque，1820），分布在马萨诸塞州至中美洲海域，具突出鸟嘴状壳顶，壳小、硬而弯曲，壳面有分叉的放射肋。

实际大小

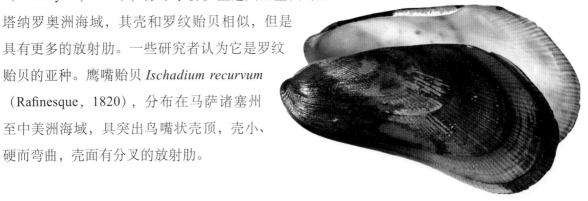

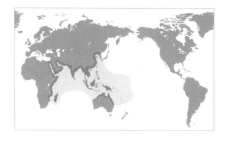

科	贻贝科Mytilidae
壳长	70—200 mm
分布	印度洋至西南太平洋
丰度	产地丰富
深度	潮间带至20m
习性	使用足丝附着在岩石上
食性	滤食性
足丝	有

壳长范围
2¾ — 8 in
(70 — 200 mm)

标本壳长
3¼ in
(83 mm)

54

翡翠贻贝
Perna viridis
Green Mussel
(Linnaeus, 1758)

翡翠贻贝是可食用的贻贝，最初分布在印度洋海岸，现在广泛分布在印度洋、太平洋海域。由于其生长迅速和环境耐受性强，因此是一个"成功的"入侵物种。它侵入包括佛罗里达州在内的很多地方，通常认为是通过商业船只的压舱水引进其幼虫。在西印度洋海区，它借助"列岛游"的方式传播。具有养殖价值，并且可被用作污染检测指示物种。翡翠贻贝壳长可达 200 mm，但大部分标本达不到这个尺寸的一半。

近似种

棕贻贝（火腿壳菜蛤）*Perna perna* Linnaeus，1758，分布于南大西洋的两岸，是一种大型贻贝，在潮间带和浅潮下带密布形成贻贝床，被商业开发利用。蓝贻贝 *Mytilus edulis* Linnaeus，1758，是另外一种商业贻贝，分布于北方海域，世界分布。这种贝类在欧洲特别盛行，是欧洲传统的海鲜。

实际大小

翡翠贻贝贝壳中等偏大，壳质略薄且硬，微膨胀，三角形。铰合部狭窄，右壳有一个小的铰合齿，左壳有两个。壳表由细小的生长纹和微弱的放射纹组成，幼体壳呈绿色，边缘蓝色；成体贝壳长有褐色斑块。壳内呈带荧光的浅蓝绿色。

科	贻贝科Mytilidae
壳长	75—130 mm
分布	印度洋—太平洋
丰度	常见
深度	潮间带至20 m
习性	石灰石和珊瑚礁钻孔
食性	滤食性
足丝	有

壳长范围
3 — 5 in
(75 — 130 mm)

标本壳长
4⅝ in
(118 mm)

光石蛏
Lithophaga teres
Cylinder Date Mussel
(Philippi, 1846)

光石蛏是贻贝科中个体最大的种类之一，是钻孔型的双壳类动物。光石蛏在死的珊瑚礁或石灰石上钻孔，而其他钻孔双壳类只在活的珊瑚礁上钻孔。后者需要钻孔口一直暴露以免被埋于生长的珊瑚中。石蛏属的物种通常在外套膜的酸性分泌物的帮助下钻孔，一些种类也使用它们的贝壳作为锉刀在岩石或者珊瑚礁上钻孔。双壳类在幼体时开始钻孔，能够利用窄的壳口来钻一个大洞。

近似种

暗棕肠蛤（棕色石蛏）*Botula fusca*（Gmelin，1791），分布在北卡罗来纳州至巴西海域，使用贝壳锉开松软的岩石，进而通过机械磨损的方法在石灰石上钻孔。它的壳很容易被损坏，需要不断修复。罗纹贻贝 *Geukensia demissa*（Dillwyn，1817），分布在佛罗里达州至委内瑞拉海区，需要集群生活来躲避潮间带的螃蟹。

光石蛏贝壳中等大小，两壳膨凸，长圆柱形。壳顶接近最前端，铰合部是壳长的一半，无铰合齿。壳的下半部分有很多肋纹，和连接前后的生长线垂直相交，上半部分光滑。壳表被覆有厚的棕色壳皮，内部呈彩虹色。

实际大小

科	珍珠贝科（莺蛤科)Pteriidae
壳长	75—300 mm
分布	红海至印度—太平洋
丰度	常见
深度	浅潮下带至65 m
习性	使用足丝附着在岩石上
食性	滤食性
足丝	有

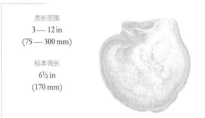

壳长范围
3 — 12 in
(75 — 300 mm)

标本壳长
6½ in
(170 mm)

56

珠母贝
Pinctada margaritifera
Pearl Oyster
(Linnaeus, 1758)

珠母贝（黑蝶珍珠蛤）是野生或养殖珍珠贝的主要种类。广泛分布在印度——太平洋地区，也曾被引入佛罗里达州。所有软体动物均具有生产珍珠的潜能，但是，珠母贝生产珍珠是最高效的。珍珠层和珍珠的颜色多样，有白色至灰色、黄色、玫瑰色或者绿色。还有最著名的塔希提岛黑珍珠，通常为暗灰色或者棕色。世界上该科现存物种约有60种，均生活在温水区域。

近似种

长鳞珠母贝 *Pinctada longisquamosa*（Dunker，1852），分布在佛罗里达州至委内瑞拉和加勒比海地区，壳倾斜歪曲，具长鳞片；壳内珍珠层很少。企鹅珍珠贝 *Pteria penguin*（Röding，1798），分布在印度—太平洋和红海，个体大，在菲律宾和越南养殖，用作食物或生产珍珠。

实际大小

珠母贝贝壳很大，坚厚，形状近圆形。前耳和后耳不发达。壳表面由平坦的同心鳞片组成，有的超出壳缘。铰合板平直，无铰合齿。壳表呈暗棕色或者绿色，上有白色的放射线。壳内具有厚实而有光泽的珍珠层，颜色多样，有银色、绿色或者暗黑色。壳缘不具珍珠层，黑色。

科	珍珠贝科Pteriidae
壳长	100—300 mm
分布	红海至印度—太平洋
丰度	常见
深度	浅潮下带至35m
习性	使用足丝附着在柳珊瑚和岩石上
食性	滤食性
足丝	有

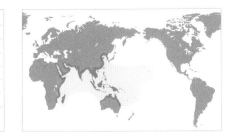

壳长范围
4 — 12 in
(100 — 300 mm)

标本壳长
7 in
(183 mm)

57

企鹅珍珠贝
Pteria penguin
Penguin Wing Oyster
(Röding, 1798)

企鹅珍珠贝（企业莺蛤）是半圆珠（马贝珍珠）的主要来源，珍珠形成并生长于壳的内侧。企鹅珍珠贝在菲律宾和越南养殖，常采集用作食物和生产珍珠。培育珍珠的方法是向外套膜中植入预期形状的珠子，然后珍珠贝用很多薄的珍珠层逐渐覆盖该珠子，几年后即形成为一颗珍珠。珍珠大小、形状和光泽是决定珍珠品质的几个方面。野生珍珠稀有而珍贵，尤其是圆形珍珠，而养殖的珍珠要便宜很多。

企鹅珍珠贝贝壳很大，壳质坚厚，斜卵圆形，膨胀，具有长长的翼。突出的特征是幼小的个体前部的翼非常长，壳的其他部分相对来说则显得很大。成贝具有相对短的翼和相对高的壳。壳表有同心生长纹。壳内覆有一层珍珠层，边缘宽阔，无珍珠层。壳表覆盖暗色坚厚的壳皮。

近似种

大西洋珍珠贝（大西洋莺蛤）*Pteria colymbus*（Röding，1798），分布在美国东南部至巴西海域，是一种常见的附着在柳珊瑚（扇珊瑚）上的珍珠贝。和企鹅珍珠贝幼体一样，大西洋珍珠贝具有很长的翼，但壳更小。珠母贝 *Pinctada margaritifera*（Linnaeus，1758），分布在红海和印度—太平洋，是最高品质珍珠的来源，包括著名的塔希提岛黑珍珠。

实际大小

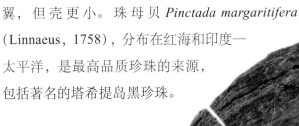

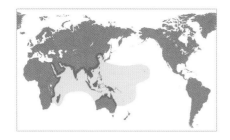

科	钳蛤科（障泥蛤科)Isognomonidae
壳长	80—140 mm
分布	印度—太平洋
丰度	常见
深度	潮间带至10m
习性	使用足丝附着在岩石和红树林根部
食性	滤食性
足丝	有

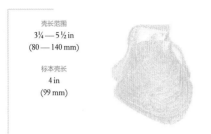

壳长范围
3¼ — 5½ in
(80 — 140 mm)

标本壳长
4 in
(99 mm)

58

扁平钳蛤
Isognomon ephippium
Saddle Tree Oyster
(Linnaeus, 1758)

扁平钳蛤贝壳中等大小，壳质较厚，呈不规则的圆形，宽和高近等。铰合板直线状，没有扩展的翼耳。大约有 12 条韧带沟垂直于无铰合齿的铰合板，每个韧带大约有 1mm 宽。壳表面由扁平的同心鳞片组成。壳内面具有珍珠层和宽阔的无珍珠层的边缘，近中心处具有单个较大的闭壳肌痕。壳色为黄褐色和紫褐色。

扁平钳蛤（马鞍障泥蛤）可以通过近圆形的贝壳和其他钳蛤科动物区分开来，该科大部分物种的贝壳形状更不规则。右壳具有足丝孔，大量足丝通过足丝孔附着在珊瑚根和岩石上。在泰国，扁平钳蛤可食用或销售。钳蛤科的特有特征是铰合板具有几个韧带沟。大部分化石种类比现生物种的壳更厚。该科全球大约有 20 个现存物种，大部分生活在温暖的热带水域。

近似种

钳蛤（太平洋障泥蛤）*Isognomon isognomon*（Linnaeus，1758），分布在印度—太平洋海域，壳形多变，但通常都是高比宽长，直立在海滩中生活。双色钳蛤 *Isognomon bicolor*（C. B. Adams，1845），分布于佛罗里达至巴西海域，贝壳卵圆形、小型、不规则，通常具有两种颜色（黄褐色和紫色），因此又被称作双色钳蛤，它通过足丝附着在潮间带至潮下带浅水区的岩石上，有时栖息密度很高。

实际大小

科	丁蛎科Malleidae
壳长	60—100 mm
分布	印度—太平洋
丰度	不常见
深度	5—10 m
习性	深嵌入海绵动物
食性	滤食性
足丝	成体缺失

壳长范围
2½ — 4 in
(60 — 100 mm)

标本壳长
3⅞ in
(98 mm)

59

单韧穴蛤
Vulsella vulsella
Sponge Finger Oyster
(Linnaeus, 1758)

单韧穴蛤（凤凰丁蛎）是一种可以深嵌入浅水区海绵动物体中的双壳类动物。幼贝具有足丝，随生长逐渐缺失。幼贝呈卵圆形，随着其逐渐长大，其背腹部渐渐伸长，形似手指，因此被称为"绵指牡蛎"。单韧穴蛤是滤食性动物，它通过进水孔进水并过滤水中的浮游生物。丁蛎科动物通常壳形不规则，尽管如此，有些种类如白丁蛎 *Malleus albus*，可营自由生活。全球丁蛎科的现存物种约有 15 种，分布在热带和亚热带地区。丁蛎科的化石记录可追溯到侏罗纪。

单韧穴蛤贝壳中等大小，壳质较薄，形状不规则。幼体具有斜卵形的贝壳，而较大的成体则背腹延伸。铰合板狭窄，无铰合齿，上有三角形凹陷和韧带。壳表由同心生长纹和不规则、不连续的放射线交错组成。壳内面具有珍珠层，边缘部位不具有珍珠层。

近似种

海绵单韧穴蛤（海绵丁蛎）*Vulsella spongiarum* Lamarck，1819，分布在澳大利亚海域，也是和海绵动物共栖，群居生活，在每 220g 的海绵动物（干重）中可生活 1800 个海绵单韧穴蛤个体。白丁蛎 *Malleus albus* Lamarck，1819，分布在印度—太平洋海区，个体很大，具有较长的铰合部和长形的贝壳，又称作"铁锤贝"（Hammer Shell）。

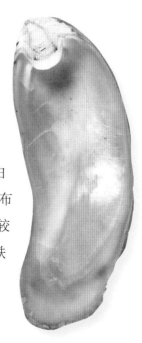
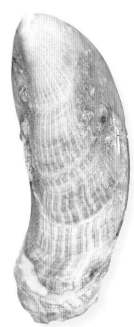

实际大小

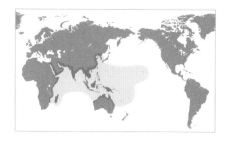

科	丁蛎科Malleidae
壳长	150—300 mm
分布	印度—太平洋
丰度	常见
深度	1—30m
习性	泥沙底
食性	滤食性
足丝	成体缺失

壳长范围
6—12 in
(150—300 mm)

标本壳长
7 in
(180 mm)

60

白丁蛎
Malleus albus
White Hammer Oyster
Lamarck, 1819

白丁蛎的贝壳非常有特点，形状像挖掘用的斧子或者铁锤。和其他的丁蛎科贝类一样，其壳形不规则，部分是由于壳自身的损坏和修复，因为外套膜修复损坏的贝壳相当迅速。幼体的贝壳较短，随着其成长而越来越长。丁蛎自由生活在沙泥底的表面，在生长的过程中失去足丝。铰合部较长，有助于其稳固在松软的沉积物中，以防被水冲翻。本种在一些区域大量聚集。

实际大小

近似种

黑丁蛎 *Malleus malleus*（Linnaeus，1758），分布在印度—太平洋海区，具有和白丁蛎相似的贝壳，"把柄"部分向其中的一侧弯曲。短耳丁蛎 *Malleus regula*（Forskål，1775），分布在印度—太平洋海区，和白丁蛎相比，壳更小、更加延伸，铰合部不扩展，栖息密度较高，和钳蛤 *Isognomon isognomon*（Linnaeus，1758）一起生活。

白丁蛎贝壳很大、壳质较厚、形状不规则，像铁锤。铰合部直而长，前端和后端极度延长。白丁蛎的"把柄"即腹部边缘，呈波浪状，在成体时极度发达。壳顶位于铰合部中央，接近背缘。壳表呈污白色，壳内面接近韧带的地方具灰色和蓝色的珍珠层。

科	牡蛎科Ostreidae
壳长	40—80 mm
分布	北卡罗来纳州至巴西
丰度	丰富
深度	潮间带至104m
习性	固着在珊瑚和岩石上
食性	滤食性
足丝	缺失

壳长范围
1½ — 3¼ in
(40 — 80 mm)

标本壳长
2¼ in
(54 mm)

叶状牡蛎
Lopha frons
Frond Oyster
(Linnaeus, 1758)

61

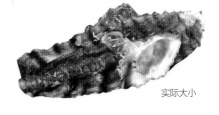

实际大小

叶状牡蛎（鸡冠牡蛎）是一种小型牡蛎，固着在珊瑚、岩石和其他硬基质上生活。壳形多变，在珊瑚上生活的个体，贝壳逐渐延长，左壳紧紧固着在柳珊瑚的茎上；在岩石上生活的个体，壳呈卵圆形。牡蛎在世界上具有重要的经济地位，是常见的食物来源。研究者对经济种类进行了充分研究，但叶状牡蛎并不是商业种类。全球牡蛎科的现存物种约有50种，分布在热带和温带水域。

叶状牡蛎贝壳很小，扁平，坚固，形状不规则，通常为长形或卵圆形。左壳固着在岩石或者在柳珊瑚的茎上。壳边缘呈细圆齿状或锯齿状。壳表通常被覆牡蛎或者其他的生物。壳色红色至深褐色。

近似种

鸡冠牡蛎（锯齿牡蛎）*Lopha cristagalli*（Linnaeus，1758），分布在印度—太平洋地区，具有非常有特色的贝壳，边缘呈"之"字形，紫色。和其他牡蛎一样，其固着在硬基质上生活。奥林匹亚牡蛎 *Ostrea conchaphila* Carpenter，1857分布在阿拉斯加至巴拿马，是东太平洋地方种。由于和非本地种牡蛎[如长牡蛎 *Crassostrea gigas*（Thunberg，1793）]进行竞争，因此是当前备受关注的一个物种。

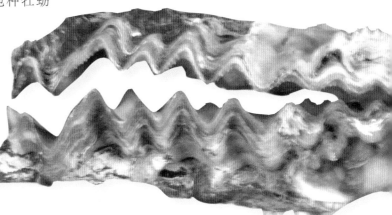

科	牡蛎科Ostreidae
壳长	75—200 mm
分布	印度—太平洋
丰度	常见
深度	5—30m
习性	固着在珊瑚和岩石上
食性	滤食性
足丝	缺失

壳长范围
3 — 8 in
(75 — 200 mm)

标本壳长
3¼ in
(79 mm)

62

鸡冠牡蛎
Lopha cristagalli
Cock's Comb Oyster
(Linnaeus, 1758)

鸡冠牡蛎（锯齿牡蛎）的贝壳非常有特色，两壳形成发达的有棱角的褶皱，边缘呈"之"字形。虽然大部分牡蛎科物种的贝壳呈白色或者暗灰色，但鸡冠牡蛎的壳呈灰紫色。它固着在潮下带浅水区的岩石或珊瑚上生活。"之"字形的边缘有助于调整双壳和阻止猎食者掘开。由于两壳具有褶皱，因此，壳内的空间很小。在西太平洋地区，鸡冠牡蛎可食用，但是，它的商业价值很小。

近似种

美洲牡蛎（美东牡蛎）*Crassostrea virginica*（Gmelin，1791）原产于西大西洋，后被引入到欧洲、北美和其他地方，具有重要的商业价值。太平洋牡蛎 *Crassostrea gigas*（Thunberg，1793），最初分布在日本和东南亚，现在被引至很多地方，是一种大型牡蛎，具有重要的商业价值。

实际大小

鸡冠牡蛎贝壳中等大小，卵圆形，有具棱角的褶皱。从壳顶伸出大约 4 个到 8 个大而锋利的褶皱，壳边缘很深，"∨"字形，两壳互锁。壳表具有细小的蠕虫状突起，在壳顶附近有一些棘状突起，小突起沿着壳内边缘分布；壳内面光滑。壳表颜色通常呈灰紫色，壳内呈棕褐色。

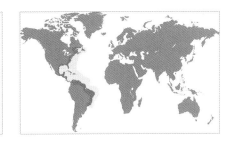

科	牡蛎科Ostreidae
壳长	100—300 mm
分布	加拿大至巴西，墨西哥湾
丰度	常见
深度	潮间带至9m
习性	固着在岩石、其他贝壳和硬基质上
食性	滤食性
足丝	缺失

壳长范围
4 — 12 in
(100 — 300 mm)

标本壳长
12 in
(300 mm)

美洲牡蛎
Crassostraea virginica
Eastern American Oyster
(Gmelin, 1791)

美洲牡蛎（美东牡蛎）是西大西洋地区的重要经济双壳类动物，已经采集和养殖以供食用达几个世纪之久。牡蛎是河口生物群落的主要组成部分，它会形成大量的牡蛎礁，给很多物种提供庇护场所，降低水体的浑浊度和消除水体中的悬浮颗粒。过滤速度可高达每小时38L。牡蛎通过左壳的一小块区域固着在硬基质上。美洲牡蛎是繁殖能力强的物种，繁殖季节单个雌性个体可产超过1亿粒卵，牡蛎被作为美食用来消费，可生吃、油炸、水煮，也可做罐头。

近似种

红树牡蛎（巴西牡蛎）*Crassostrea rhizophorae*（Guilding，1828）分布于佛罗里达州至乌拉圭海域，是一种河口牡蛎，附着在红树林的根上。由于被大量开发，一些种群因过度捕捞和水体污染而减少。近江牡蛎 *Crassostrea ariakensis*（Fujita，1913），始见于日本海域，壳大而重，在日本和东太平洋海区均可养殖。

美洲牡蛎贝壳很大，壳质较厚，垩白色，形状不规则。其壳形多变，正如图片那样，通常狭长或呈卵圆形。左壳（更小，固着在硬基质上）凹形，右壳扁平。左壳表面具有同心褶纹或者生长线。壳面呈灰白色；壳内呈有光泽的白中泛紫的颜色，闭壳肌痕圆形。

实际大小

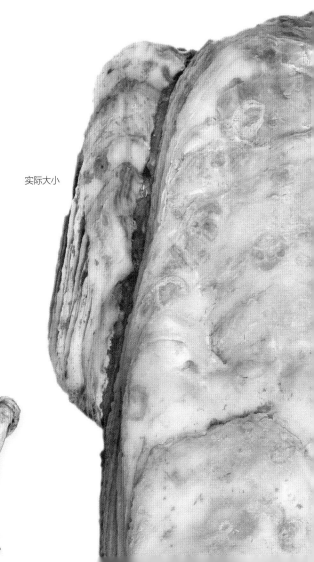

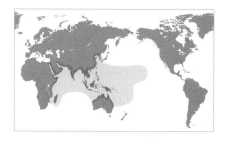

科	缘曲牡蛎科（罗锅蛤科)Gryphaeidae
壳长	100—300 mm
分布	印度—太平洋地区
丰度	不常见
深度	浅潮下带至35m
习性	固着在岩石和珊瑚上
食性	滤食性
足丝	缺失

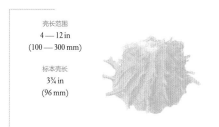

壳长范围
4 — 12 in
(100 — 300 mm)

标本壳长
3¾ in
(96 mm)

64

舌骨牡蛎
Hyotissa hyotis
Honeycomb Oyster
(Linnaeus, 1758)

舌骨牡蛎贝壳很大、厚重，形状为不规则卵圆形。左右两壳具有放射褶、中空的棘状突起以及鳞片。腹侧边缘呈波浪状，具有圆的"之"字形边缘；壳内侧肉眼看起来很光滑，但是放大看时，可见多孔的蜂巢状构造，有单个大的闭壳肌痕，近壳中央。壳表颜色多变，紫黑色至浅棕色；壳内面呈青白色。

舌骨牡蛎（舌骨罗锅贴）是一种大型牡蛎，最初分布在印度—太平洋热带海区，已经被引入到佛罗里达州。其壳在放大镜下看起来呈蜂巢状，因此俗名又称蜂巢牡蛎。贝壳的构造以及其他的特征可用来区分舌骨牡蛎和牡蛎科的其他物种。本种具有黑色至炭黑色的外套膜，甚至鳃也是黑色的。舌骨牡蛎固着在岩石、珊瑚、船舶残骸、石油钻井平台以及其他硬的基质上，壳上通常长满藻类或附着有其他有机体，以便伪装。全球缘曲牡蛎科现存物种有 5 种。

近似种

新硬牡蛎（冷水罗锅蛤）*Neopycnodonte cochlear* (Poli, 1795)，广泛分布在西大西洋、欧洲、印度—太平洋和红海，具有小而深凹的贝壳，其所生活的水层为牡蛎中最深，记录其深度可达 2100m。鸡冠牡蛎 *Lopha cristagalli* (Linnaeus，1758)，分布在印度—太平洋海区，具有强壮的锯齿状壳边以及紫色的贝壳。

实际大小

科	江珧科Pinnidae
壳长	35—235 mm
分布	红海至印度—太平洋
丰度	常见
深度	潮间带至40m
习性	岩石和碎砾底
食性	滤食性
足丝	有

壳长范围
1⅜ — 9¼ in
(35 — 235 mm)

标本壳长
5⅛ in
(131 mm)

囊形扭江珧
Streptopinna saccata
Baggy Pen Shell
(Linnaeus, 1758)

　　囊形扭江珧（袋状江珧蛤）是一种形状最不规则的江珧，也是扭江珧属唯一的物种。和其他的江珧一样，它突出的前端深深地埋在沙或碎石质底，通过足丝附着在岩石上。宽阔的后端露在底质外。壳面白色至蓝绿色，夹杂有白色和黑色的斑点。全球江珧科有 22 个现存物种，分布在热带和亚热带水域，大部分生活在印度—西太平洋海区。

囊形扭江珧贝壳中等大小，变化大，易碎，透明，三角形。形状不规则，壳形取决于生活的周围环境。壳表饰有 5—12 个光滑或者粗糙的放射肋，在前端附近具有一个光滑的三角形区域，后端宽阔，具有波浪状的边缘和裂口。壳内面具有珍珠质层。壳面呈灰白色、黄色至红棕色。

近似种

　　多皱裂江珧 *Pinna rugosa* Sowerby I，1835，分布在加利福尼亚半岛至厄瓜多尔和加拉帕戈斯群岛海域，是一种大型江珧，被西墨西哥当地的印第安人当作食物。壳上具有管状的棘状突起。半裸锯齿江珧 *Atrina seminuda*（Lamarck，1819），分布在美国东南部至阿根廷海域，是一种常见物种，与多皱裂江珧相似，但是个体更小一些。

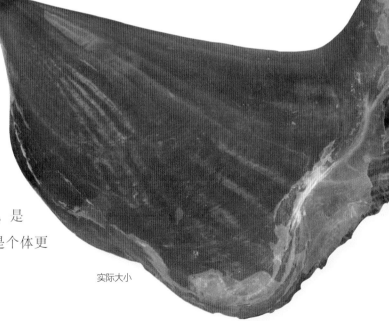

实际大小

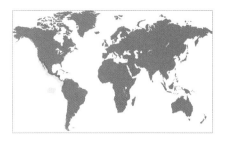

科	江珧科Pinnidae
壳长	100—590 mm
分布	加利福尼亚半岛至厄瓜多尔和加拉帕戈斯群岛
丰度	常见
深度	潮间带至浅潮下带
习性	红树林的泥底
食性	滤食性
足丝	有

壳长范围
4 — 23¼ in
(100 — 590 mm)

标本壳长
6⅜ in
(162 mm)

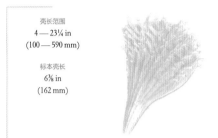

66

多皱裂江珧
Pinna rugosa
Rugose Pen Shell
Sowerby I, 1835

多皱裂江珧（竹扫把江珧蛤）是一种大型江珧，常见于平静的海湾和红树林的泥质滩涂中。它是墨西哥西部索诺拉省的土著印第安人的食物来源之一。江珧壳钙含量低，而有机质含量高，通过肌肉收缩就可灵活关闭双壳。干壳易碎并通常具裂缝。江珧又被称作笔蛤，是因为形状和旧式的书写用鹅毛笔有些相似。而江珧的其他名字，如剪刀蛤（razor clams），则是因为其锋利的前缘暴露在沉积物以外，形似剪刀，故此得名。

近似种

大江珧（大江珧蛤）*Pinna nobilis* Linnaeus，1758分布在地中海，是地中海最大的双壳类动物，也是世界上最大的双壳类之一。它的长足丝在罗马时代就被当作纺织品。大西洋江珧 *Pinna rudis* Linnaeus，1758，是欧洲的一种大型江珧，分布在地中海到加那利群岛海域，壳形多变。

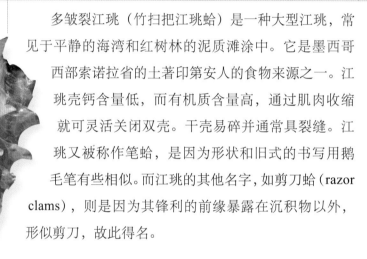

实际大小

多皱裂江珧贝壳很大，壳形多变，易碎，透明，长三角形。具有 8 行大的管状棘突，棘突在壳前端变大。早期标本的棘突都被磨损。贝壳前端细长，尖锐，光滑；后端宽阔，宽度大约为壳长的一半。壳表颜色为浅棕色或黄褐色，壳内面部分具珍珠光泽。

科	江珧科Pinnidae
壳长	150—300 mm
分布	北卡罗来纳州至墨西哥湾和西印度群岛
丰度	常见
深度	潮间带至11m
习性	沙泥底
食性	滤食性
足丝	有

壳长范围
6 — 12 in
(150 — 300 mm)

标本壳长
9¾ in
(249 mm)

锯齿江珧
Atrina serrata
Saw-toothed Pen Shell
(Sowerby I, 1825)

锯齿江珧是一种常见的江珧，分布在美国东南部、墨西哥湾以及西印度群岛。壳表面有许多行小而锋利的放射状鳞片，从而与其他种区分开来。江珧体长的一半或更多埋藏在沉积物中，通过足丝附着在小岩石上。壳质较脆、易碎，但碎掉后很快就能恢复。栉江珧属具有位于后部的较大的闭壳肌痕和大的珍珠质层；江珧属具有小的闭壳肌痕，位置更靠前，珍珠层区域更小，在背部和腹部具有沟槽。

近似种

硬江珧（杓子江珧蛤）*Atrina rigida*（Lightfoot，1786）和锯齿江珧的分布区域相似，通常会被冲到海岸，具有大的鳞片和放射肋，贝壳黑色，在墨西哥被当作食物。旗江珧 *Atrina vexillum*（Born，1778）分布在东非到玻利尼西亚海域，贝壳大，平滑而宽阔。壳面呈红棕色或黑色。

锯齿江珧贝壳中等大小，壳质较薄，易碎，轻而透明，近三角形。壳表饰有小而锋利的鳞片，放射肋大约30条。背部铰合板较直，无铰合齿，腹部边缘圆形，后部边缘近方形。闭壳肌痕大，居中，珍珠质层大约占壳长的 ¾。壳面浅棕色，珍珠层具光泽。

实际大小

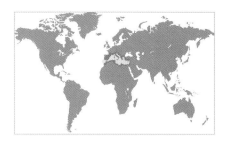

科	江珧科Pinnidae
壳长	200—1000 mm
分布	地中海
丰度	常见
深度	低潮线至60m
习性	沙质底，泥质底或者砂砾底
食性	滤食性
足丝	有

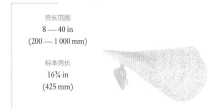

壳长范围
8 — 40 in
(200 — 1 000 mm)

标本壳长
16¾ in
(425 mm)

68

大江珧
Pinna nobilis
Noble Pen Shell
Linnaeus, 1758

大江珧（大江珧蛤）是个体最大的双壳贝类之一，壳长仅比大砗磲 *Tridacna gigas*（Linnaeus，1758）和多室滩栖船蛆 *Kuphus polythalamia*（Linnaeus，1767）小。和其他的江珧一样，大江珧一半埋于沉积物下，通过长足丝固定。从罗马时代到 19 世纪后期，其足丝就被用来生产高质量的珍贵衣服，这就是众所周知的"海上丝绸"。但是，由于过度捕捞以及海洋污染，大江珧濒临灭绝。亚里士多德那个年代就已知甲壳类的几个物种和江珧有关系。

近似种

二色裂江珧（双色江珧蛤）*Pinna bicolor* Gmelin，1791，是一种个体很大的江珧，分布广泛，遍布东非至夏威夷海域，壳形较长，其上浅棕色和深棕色两种颜色交织，正如其名。锯齿江珧 *Atrina serrata*（Sowerby I，1825），分布在美国东南部和西印度群岛海域，是一种常见的江珧，壳表具有小的棘状突起。

大江珧贝壳非常大，壳质厚，延长，桨叶形。壳上饰有重叠的鳞片，鳞片或多或少。幼体的贝壳鳞片更锋利，成体则更光滑。贝壳后部宽圆，向前部壳顶处逐渐收窄。壳表呈浅棕色，壳内面橙色，前半部分有珍珠光泽。

实际大小

科	锉蛤科（狐蛤科）Limidae
壳长	25—75 mm
分布	北卡罗来纳州至巴西
丰度	常见
深度	浅潮下带至225m
习性	近珊瑚礁的岩石底
食性	滤食性
足丝	有

壳长范围
1 — 3 in
(25 — 75 mm)

标本壳长
1⅜ in
(37 mm)

粗面锉蛤
Lima scabra
Rough Lima
(Born, 1778)

69

粗面锉蛤（粗面狐蛤）是少数能够游泳的双壳类动物之一。壳面橙黄色，具有很多长的、具有黏性的敏感触手。如果发现猎食者，它会切断足丝，通过迅速开合双壳快速离开岩石缝隙，这和扇贝一样。但是，与扇贝不同，粗面锉蛤在竖直方向上以弧形方式游动，有许多触手以助于划动。如果被袭击，粗面锉蛤会脱落掉触手以阻挡猎食者。全球锉蛤科的现存物种约有125种，分布在热带和温带海域。

近似种

多刺锉蛤（正狐蛤）*Lima lima*（Linnaeus，1758），分布在地中海，壳表多刺（粗面锉蛤在西大西洋海区的相似物种是加勒比锉蛤 *Lima caribaea* d'Orbigny，1853，而不是多刺锉蛤）。纳氏锉蛤 *Acesta rathbuni*（Bartsch，1913），是一种分布于菲律宾海域的不常见的深水物种，是个体最大的锉蛤，具有宽阔卵圆形、光滑的黄色贝壳。

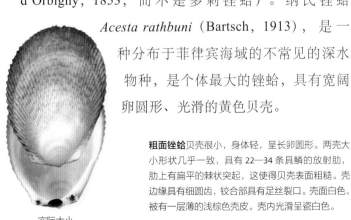

实际大小

粗面锉蛤贝壳很小，身体轻，呈长卵圆形。两壳大小形状几乎一致，具有 22—34 条具鳞的放射肋，肋上有扁平的棘状突起，这使得贝壳表面粗糙。壳边缘具有细圆齿，铰合部具有足丝裂口。壳面白色，被有一层薄的浅棕色壳皮。壳内光滑呈瓷白色。

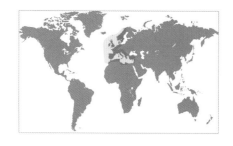

科	锉蛤科Limidae
壳长	90—200 mm
分布	挪威至亚速尔群岛，地中海
丰度	产地常见
深度	40—3200m
习性	和深水珊瑚礁在一起
食性	滤食性
足丝	有

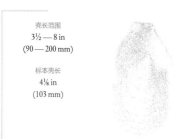

壳长范围
3½ — 8 in
(90 — 200 mm)

标本壳长
4⅛ in
(103 mm)

70

北欧大锉蛤
Acesta excavata
European Giant Lima
(Fabricius, 1779)

北欧大锉蛤贝壳大而薄，幼体时透明，形状为斜卵圆形。壳顶小而尖，居前。壳具后耳，铰合部无铰合齿，具有三角形的凹陷。两壳大小形状相同。壳上饰有细小的放射肋和同心生长纹，壳内有光泽。壳面浅灰色，可透过壳看到深灰色的放射线。

北欧大锉蛤（北欧狐蛤）是欧洲海域个体最大的锉蛤，它通过足丝附着在大陆架的珊瑚礁 *Lophelia pertusa* 上，有的也可在无珊瑚虫的海底陆坡上生活。在挪威，它分布在海湾近40m深的浅水区，较常见。在其他地方，它分布得更深。在地中海生活的北欧大锉蛤通常个体更小，是大锉蛤属的典型物种，橙色，具有很多触手。其不会游泳，这和其他的锉蛤类不同。

近似种

中国海大锉蛤 *Acesta marissinica* Yamashita and Habe，1969 分布于日本至中国海区，是该科个体最大的物种之一，在中国海域产量丰富，壳薄而宽，生活在深水中。粗面锉蛤 *Lima scabra*（Born，1778），分布在北卡罗来纳州至巴西海区，壳更小、更薄，放射肋上有很多鳞片。其擅长游泳，具红色、有黏性的触手。

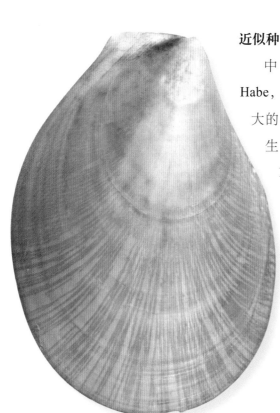

实际大小

科	扇贝科（海扇蛤科）Pectinidae
壳长	25—50 mm
分布	加利福尼亚至墨西哥西部
丰度	常见
深度	潮间带至250m
习性	附在海藻上
食性	滤食性
足丝	有

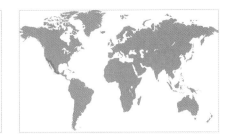

壳长范围
1 — 2 in
(25 — 50 mm)

标本壳长
1¼ in
(27 mm)

71

海草扇贝
Leptopecten latiauratus
Kelp Scallop
(Conrad, 1837)

海草扇贝（海草海扇蛤）是一种常见的扇贝，用足丝附着在大叶藻、岩石、海藻上，甚至有时附着在远洋蟹上。壳形多变，一些种群具有更为倾斜的贝壳。海草扇贝栖息深度范围极广，其贝壳的化石可追溯到加利福尼亚的中新世（500万年以前）。全球扇贝科的现存物种约有400种，在印度—太平洋、太平洋东部以及加勒比海的暖水海区的扇贝多样性水平最高。

近似种

巴韦扇贝 *Leptopecten bavayi* Dautzenberg，1900，分布在西印度群岛至巴西海区，贝壳非常小，呈扇形，大约有20条锋利的放射肋。美丽隐扇贝 *Cryptopecten speciosum*（Reeve，1853），分布在日本南部至新赫布里底群岛海域，大约有12条宽阔的具鳞片放射肋，壳色丰富多样。

实际大小

海草扇贝贝壳很小，壳质轻而薄，轻微凸起，椭圆形。壳表饰有12—16条宽阔的波浪状放射肋和细小的同心纹，放射肋和同心纹交错。壳耳相对于整个贝壳来说显得很宽，前后耳大小略有不同。前耳接近足丝孔，上有6条放射肋。壳面棕灰色或橙色，夹杂着白色或棕色的锯齿状花纹，壳内面具有相似的色带。

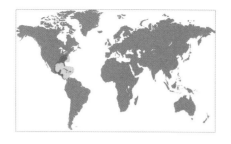

科	扇贝科Pectinidae
壳长	15—53 mm
分布	佛罗里达、墨西哥湾至哥伦比亚
丰度	常见
深度	1—20 m
习性	岩石和碎砾质底
食性	滤食性
足丝	有

壳长范围
⅝ — 2⅛ in
(15 — 53 mm)

标本壳长
1¼ in
(31 mm)

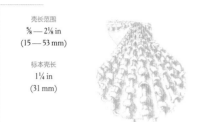

72

多瘤扇贝
Caribachlamys pellucens
Knobby Scallop
(Linnaeus, 1758)

多瘤扇贝最近被认为是一个无效的学名，这一物种最早被称为覆瓦栉孔扇贝 *C. imbricata*（Gmelin, 1791）。直到林奈手稿中这个物种的标签被博物馆发现，才确认林奈是这个物种的严格意义上的定名者。多瘤扇贝的外套膜具有 26 个微小的眼睛和 10 个长的触手以及很多短的触手。

近似种

华丽扇贝（巴西海扇蛤）*Caribachlamys ornata*（Lamarck，1819），分布在佛罗里达州至巴西和墨西哥湾海域，贝壳形状和多瘤扇贝相似，但具有 18 条放射肋，无瘤状结构。丽鳞奇异扇贝 *Chlamys squamata* Gmelin，1791，分布在红海和印度—太平洋，贝壳加长，放射肋上具鳞片可食用，但未被商业性捕捞。

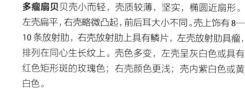

实际大小

多瘤扇贝贝壳小而轻，壳质较薄，坚实，椭圆近扇形。左壳扁平，右壳略微凸起，前后耳大小不同。壳上饰有8—10 条放射肋，右壳放射肋上具有鳞片，左壳放射肋具瘤，排列在同心生长纹上。壳色多变，左壳呈灰白色或具有红色矩形斑的玫瑰色；右壳颜色更浅；壳内紫白色或黄白色。

科	扇贝科Pectinidae
壳长	25—60 mm
分布	日本南部至新赫布里底群岛
丰度	常见
深度	潮下带浅水区至50m
习性	岩石和碎砾质底
食性	滤食性
足丝	有

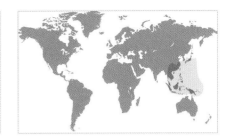

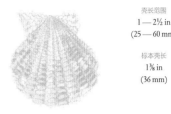

壳长范围
1 — 2½ in
(25 — 60 mm)

标本壳长
1⅜ in
(36 mm)

美艳荣套扇贝
Gloriapallium speciosum
Specious Scallop
(Reeve, 1853)

73

美艳荣套扇贝（鳞片海扇蛤）通常利用足丝附着在珊瑚礁、岩石和其他硬基质的底部。所有的扇贝都是底上动物，可在沉积物表面生活，也可自由生活或通过足丝附着生活；一些种类在幼体时自由生活，但成体时会永久地固着在硬基质上。因为扇贝为全球性分布，因此贝壳的形状、图案和颜色极具多样性，比如美艳荣套扇贝。扇贝科在贝壳收集者中是最受欢迎的一科。

实际大小

近似种

荣套扇贝（油画海扇蛤）*Gloriapallium pallium*（Linnaeus，1758），产量大，分布在印度—西太平洋海区，具有与美艳荣套扇贝形状相似的壳，但壳更大，具有约13—15条强壮的无鳞片放射肋。拟海菊足扇贝 *Pedum spondyloideum*（Gmelin，1791），分布在印度—太平洋热带海区，能在珊瑚中钻孔，生活在硬珊瑚的缝隙中。

美艳荣套扇贝贝壳很小、结实，壳质厚而轻，色彩丰富，卵圆形。两壳稍凸起，形状大小相同。前后耳大小不等。两壳具有12条发达的具鳞片的放射肋和横向的同心生长线，壳耳大约有4条具鳞片的放射肋。壳色随着白色背景上的褐斑不同而呈现黄色或橙色；与壳外颜色接近，壳内面为白色。

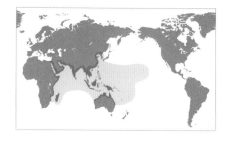

科	扇贝科Pectinidae
壳长	25—75 mm
分布	红海至印度—太平洋
丰度	不常见
深度	1—50m
习性	岩石和碎砾质底
食性	滤食性
足丝	有

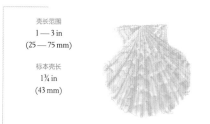

壳长范围
1 — 3 in
(25 — 75 mm)

标本壳长
1¾ in
(43 mm)

74

丽鳞奇异扇贝
Chlamys squamata
Scaly Pacific Scallop
Gmelin, 1791

丽鳞奇异扇贝（台湾海扇蛤）是一种可食用的扇贝，在菲律宾有时被采捕以供食用。所有的扇贝幼体时具足丝，有些成体可自由生活。和栉孔扇贝属中所有物种以及近似种一样，丽鳞奇异扇贝终生具有足丝并附着在岩石和碎砾上生活。由于扇贝的多样性水平高，因此它们的分类比较困难。一些小细节（如贝壳的微观图案、右壳上足丝孔的大小、壳耳的相对大小）在分类鉴定上非常重要。壳表通常具有放射肋或者细小的肋，有时具棘状突起或者鳞片。

实际大小

近似种

皇后扇贝（皇后海扇蛤）*Equichlamys bifrons*（Lamarck，1819），分布在南澳大利亚和塔斯马尼亚海区，是一种有商业捕捞价值的大型扇贝，外套膜边缘具有 64 个蓝色眼睛。多瘤扇贝 *Caribachlamys pellucens*（Linnaeus，1758）分布在佛罗里达南部至西印度群岛海区，贝壳具有 8—10 条放射肋，左壳上具足丝孔。

丽鳞奇异扇贝贝壳中等偏小，较薄，瘦长。左壳比右壳扁平，壳耳大小不等。右壳更凸，具有深深的足丝孔。两壳具有 10—12 条主放射肋，6—7 条中间放射肋，肋上有鳞片。壳耳也有几条放射肋。壳色变化大，随着不规则的条纹或斑点的不同而呈橙色、粉红色，或呈棕色、紫色。

科	扇贝科Pectinidae
壳长	25—58 mm
分布	红海至印度—太平洋热带海区
丰度	不常见
深度	潮下带浅水至20m
习性	沙质和砂砾质底
食性	滤食性
足丝	有

褶纹肋扇贝

Decatopecten plica

Plicate Scallop

(Linnaeus, 1758)

壳长范围
1 — 2¼ in
(25 — 58 mm)

标本壳长
2¼ in
(58 mm)

　　褶纹肋扇贝分布区域较广，但在大部分地区均不常见，只在苏伊士湾常见。其贝壳瘦长，上有几个大的放射肋，腹部边缘弯曲。通常生活在海草附近。在特殊情况时褶纹肋扇贝可以游泳，而有时在蟹笼中被捕获。因为个体较小，该种目前还未被商业化捕捞。扇贝的外套膜边缘具有小但是发育良好的眼睛。一些种类具有100个或者更多的色彩鲜艳的眼睛。这些眼睛能够感应到光强度的微小改变，它们如果检测到危险就会逃跑。

近似种

　　线纹肋扇贝 *Decatopecten striatus*（Schumacher，1817），分布在日本至热带西太平洋海域，壳形与褶纹肋扇贝相似，但放射肋的数目不同（4或5条），壳色更深。狮爪扇贝 *Lyropecten nodosus*（Linnaeus，1758），具有很大的贝壳，其放射肋上具有中空的瘤状结构。

褶纹肋扇贝贝壳中等大小，结实，延长。前后耳小但大小相同。两壳均具有约5—9个粗大的放射肋，肋间沟较宽，中间的放射肋最大，上有很多细致的放射纹并且和细小的生长线交织。壳内面近边缘具有更明显的放射肋。壳色变异大，白色至红色，具有明亮的斑点和条痕；壳内面为亮白色，边缘具有宽阔的棕色或红色的环带。

实际大小

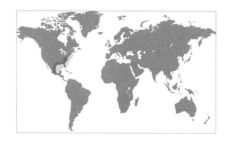

科	扇贝科Pectinidae
壳长	30—75 mm
分布	美国东部和墨西哥湾
丰度	不常见
深度	150—425 m
习性	沙质和砂砾底
食性	滤食性
足丝	成体缺失

壳长范围
1¼ — 3 in
(30 — 75 mm)

标本壳长
2⅜ in
(59 mm)

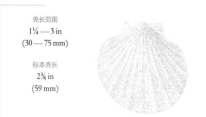

76

红肋海扇贝
Aequipecten glyptus
Tryon's Scallop
(Verrill, 1882)

红肋海扇贝（宝石雕海扇蛤）是一种食用扇贝，由于体型相对较小及数量少，因此不是商业捕捞对象。它生活在近海深处的砂砾底质，通过足丝附着在岩石和其他硬的物体上。具足丝的扇贝，如红肋海扇贝，在右壳的足丝凹口上有一系列的栉齿，这有助于足丝线束分开，从而增加附着效率。扇贝贝壳尺寸变化大，很小的到很大的都有，有些直径可达到 300mm。

近似种

劳伦特日月贝 *Euvola laurenti*（Gmelin，1791），分布于佛罗里达南端礁岛群至委内瑞拉海区，壳表近光滑，壳内面具有细小的放射肋，在委内瑞拉是一种经济物种。锉面海扇贝 *Aequipecten muscosus*（Wood，1828），分布于北卡罗来纳州至巴西海区，常见，小型，可食用，但不是商业捕捞对象。

红肋海扇贝贝壳中小型，较薄，两壳扁平，圆形。左壳比右壳更扁平，壳耳大小相同。壳上具有约 17 条放射肋，放射肋向边缘逐渐变宽和扁平。壳顶附近具小刺，壳上有细小的同心生长线。左壳放射肋呈红褐色或粉色，肋间白色，右壳放射肋颜色稍浅，壳内面呈白色。

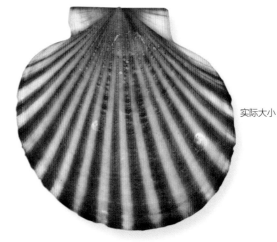

实际大小

科	扇贝科Pectinidae
壳长	30—75 mm
分布	印度—太平洋热带海区
丰度	常见
深度	潮下带浅水区
习性	用足丝附着在硬珊瑚的缝隙中
食性	滤食性
足丝	有

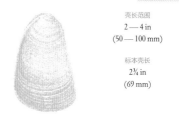

壳长范围
2 — 4 in
(50 — 100 mm)

标本壳长
2¾ in
(69 mm)

拟海菊足扇贝
Pedum spondyloideum
Pedum Oyster
(Gmelin, 1791)

拟海菊足扇贝（海菊海扇蛤）是珊瑚穿孔生活者，栖息在滨珊瑚属的几种硬珊瑚的缝隙中。其生活空间狭窄，因此贝壳多少有点不规则，扁平。这种动物具有漂亮的蓝绿色外套膜，上面具有红色眼睛能够感知危险，如果一个影子投影在扇贝上，它会快速地关闭两壳。已经证明拟海菊足扇贝能通过喷射水柱刺激猎食者来保护它寄宿的珊瑚，免于珊瑚猎食者如棘冠海星（*Acanthaster planci*）对珊瑚的猎食。

拟海菊足扇贝贝壳中型，较薄，扁平，亚四边形，微弱膨大和延长。幼贝时壳形呈圆形，随着在珊瑚缝隙中生长壳形逐渐延长，成贝的长度是宽度的两倍。右壳比左壳宽，上有一个深深的足丝凹口；左壳有许多精细的放射肋。壳面米白色，被有褐色的壳皮，壳内面呈白色，间有紫色斑块。

近似种

厚壳扇贝 *Hinnites gigantea*（Gray，1825），分布于阿留申群岛至墨西哥海区，是在坚硬物体上固着生活的少数几种扇贝之一，贝壳极大，使其更像牡蛎而不是扇贝。南极扇贝 *Adamussium colbecki*（E. A. Smith，1902），分布于南极洲海域，是浅水区的关键物种，产量极丰。其贝壳较薄，半透明，扁平。

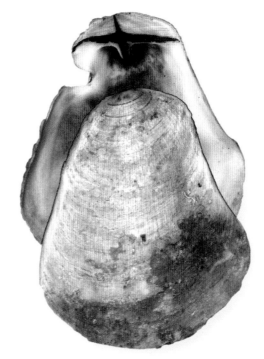

实际大小

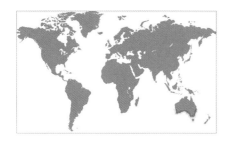

科	扇贝科Pectinidae
壳长	50—140 mm
分布	澳大利亚南部和塔斯马尼亚
丰度	常见
深度	潮间带至40m
习性	沙质底
食性	滤食性
足丝	成体缺失

壳长范围
2—5½ in
(50—140 mm)

标本壳长
3¼ in
(80 mm)

78

皇后扇贝
Equichlamys bifrons
Bifron's Scallop
(Lamarck, 1819)

皇后扇贝（皇后海扇蛤）是一种个体较大、自由生活的扇贝，曾经被商业化捕捞。其外套膜边缘具64个蓝色小眼睛。它分布在澳大利亚南部的冷水区域，其生长具有季节性规律，从晚春至晚秋开始生长，当水温下降的时候，生长变慢甚至停止生长，由此形成生长年轮。通过研究贝壳年轮可以确定扇贝的年龄。扇贝是滤食者，以浮游植物为食，通过鳃丝的活动将水吸入外套腔中，然后通过鳃丝的过滤，食物直接进入口中。

近似种

波斯栉孔扇贝（唐森海扇贝）*Chlamys townsendi*（Sowerby III，1895），分布在红海至巴基斯坦海区，是一种大型扇贝，呈褐色或紫色，贝壳较厚。褶纹肋扇贝 *Decatopecten plica*（Linnaeus，1758），分布较广，从红海至热带印度—西太平洋都有分布，壳形细长，壳上具有5—9个较大的放射肋。

实际大小

皇后扇贝贝壳较大而结实，圆形，两壳均凸起，左壳比右壳凸得更加厉害；前后耳大小一致，足丝孔为裂缝状。壳上有9条发达的圆形放射肋，肋间隙大；壳耳具脊；左壳呈紫色，在壳顶附近间有白色，右壳具白色放射肋和淡紫色的间隙，壳内面紫色。

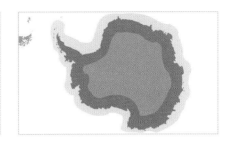

科	扇贝科Pectinidae
壳长	60—100 mm
分布	南极洲
丰度	丰富
深度	15—4850m
习性	沙质底
食性	滤食性
足丝	成体缺失

壳长范围
2½ — 4 in
(60 — 100 mm)

标本壳长
3⅜ in
(84 mm)

79

南极扇贝
Adamussium colbecki
Colbeck's Scallop
(E. A. Smith, 1902)

南极扇贝（南极海扇蛤）是南极洲最具有研究价值的软体动物之一，被认为是浅水区的关键物种，在潮下带浅水区至水深4850m均可发现。由于当地的天气状况，难以对其进行全年的生长观测，而只做了一部分研究，研究人员相信一年的大部分时间内它的生长和新陈代谢都很缓慢。只有在夏天，它的生长速度接近温带物种。

近似种

红肋海扇贝 *Aequipecten glyptus*（Verrill，1882），分布于美国东南部和墨西哥海湾，是一种可食用的深水扇贝，但不是商业捕捞对象。贝壳卵圆形，具17条微红的放射肋和白色的肋间隙。长肋日月贝 *Amusium pleuronectes*（Linnaeus，1758），分布于印度—西太平洋热带海域，是中国台湾进行大规模捕捞的商业物种。

实际大小

南极扇贝贝壳很大，极薄，半透明，圆形。左壳扁平，右壳轻微凸出。壳耳较小，大小相同。壳上具12条微弱的放射肋，壳顶附近放射肋更加明显，具有非常细的同心生长线。壳面白色和紫色，壳内面呈彩虹色。

科	扇贝科Pectinidae
壳长	60—100 mm
分布	佛罗里达至委内瑞拉
丰度	常见
深度	9—50m
习性	沙泥底
食性	滤食性
足丝	成体缺失

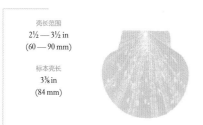

壳长范围
2½ — 3½ in
(60 — 90 mm)

标本壳长
3⅜ in
(84 mm)

80

劳氏日月贝
Euvola laurentii
Laurent's Moon Scallop
(Gmelin, 1791)

劳氏日月贝（劳氏海扇贝）和纸板日月贝 *E. papyracea*（Gabb，1873）一样，是委内瑞拉商业捕捞品种中最常见的扇贝。扇贝具有单一的闭壳肌，位于壳中央，某些扇贝的闭壳肌相当大。像劳氏日月贝等个体较大的扇贝种类均可食用。又大又圆的闭壳肌非常美味和珍贵，随着全球海鲜需求量的不断增加，扇贝在很多国家都是很重要的渔业经济种类。与牡蛎一样，鲜活扇贝的整个软体部都可以食用，但加工企业通常只利用闭壳肌。

近似种

纸板日月贝 *Euvola papyracea*（Gabb，1873），分布在佛罗里达至巴西海域，壳形和劳氏日月贝类似，但通常壳的内部和外部颜色更深，壳更大一些。小日月贝 *Amusium obliteratum*（Linnaeus，1758），分布在西太平洋海区，壳形与劳氏日月贝相似，但是更小一些，壳上具有 13 条放射肋。

实际大小

劳氏日月贝贝壳中等大小，平滑有光泽，壳质较薄，呈圆形。左壳几乎扁平或略凹，右壳凸起，以右壳附着。前后耳大小几乎相同。壳面比较光滑，壳内面大约有 20 对放射肋。左壳呈红褐色，右壳颜色较淡，内面呈奶油色。

科	扇贝科Pectinidae
壳长	80—140 mm
分布	新额里多尼亚和澳大利亚
丰度	常见
深度	潮间带至80 m
习性	沙底
食性	滤食性
足丝	有

壳长范围
3¼ — 5½ in
(80 — 140 mm)

标本壳长
3⅞ in
(98 mm)

81

巴乐氏日月贝
Amusium balloti
Ballot's Moon Scallop
(Bernardi, 1861)

巴乐氏日月贝或许是日月贝属中个体最大的种类，它是澳大利亚商业捕捞的对象。由于它游泳灵活，渔民需要使用单拖网捕捞，而其他大部分扇贝只需要捞网或耙网。一些扇贝通过猛力拍打双壳来游泳。当贝壳张开时，它们摄入水，贝壳关闭时推动水穿过铰合部，水的反作用力推动贝壳朝着壳板打开的方向前进。通过外套膜褶皱的喷水方向来改变前进方向。自由生活的扇贝种类一般会游泳，而通过足丝附着的种类很少会游泳。

巴乐氏日月贝贝壳较大，壳质薄而结实，有光泽，呈圆盘状。两壳大小相似，壳面近光滑，其上有极细的同心生长纹和放射条纹；两片贝壳的内部大约有42—50条成对的细放射肋。前后耳相当小，大小和形状相同；左壳呈深粉色，具有同心的棕红色线和一些斑点。右壳白色，具斑点，内面白色。

近似种

日本日月贝 *Amusium japonicum* Linnaeus，1758，分布在日本和西太平洋海区，与巴乐氏日月贝贝壳相似，但右壳内面具有 48—54 个肋条，壳面砖红色；被大量商业捕捞。麦哲伦扇贝 *Placopecten magellanicus*（Gmelin，1791），分布在加拿大的拉布拉多至美国的北卡罗来纳州北部海域，是美国扇贝中个体最大的种类，也被大量捕捞。

实际大小

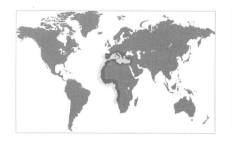

科	扇贝科Pectinidae
壳长	80—150 mm
分布	地中海，葡萄牙至安哥拉
丰度	常见
深度	25—250m
习性	沙泥底和砂砾底
食性	滤食性
足丝	成体缺失

壳长范围
3¼ — 6 in
(80 — 150 mm)

标本壳长
4¾ in
(128 mm)

82

朝圣大扇贝
Pecten maximus jacobaeus
St. James Scallop
(Linnaeus, 1758)

朝圣大扇贝以其是游泳最快的扇贝之一而闻名，有记录它在短短 3s 内就游了 3m 来摆脱捕食者海星。它是欧洲个体最大的扇贝，也是整个地中海的商业捕捞对象，尤其在意大利捕捞量更大。它也被称为朝圣者扇贝。据记载，中世纪传统的朝圣者会在帽子或者衣服上附上扇贝壳，然后去西班牙圣地亚哥大教堂进行朝拜。朝圣是为了纪念圣雅克（圣詹姆斯或者圣雅各），因此有了这个种名。

近似种

欧洲大扇贝 *Pecten maximus maximus*（Linnaeus，1758），分布在挪威至马德拉群岛和加那利群岛海区，和朝圣大海扇贝具有形状和大小相似的壳，但是背脊更加光滑。
劳氏日月贝 *Euvola laurentii*（Gmelin，1791）分布于佛罗里达群岛至委内瑞拉海域，壳面几乎是光滑的，内部具有细小的放射肋。

实际大小

朝圣大扇贝贝壳很大，结实，扇形。左壳扁平而重，右壳凸起而轻。前后耳大小几乎一致，合在一起为壳宽的一半，每个壳具有大约 14—17 条放射肋和细小的同心生长线。右壳白色，左壳通常为棕色、白色、黄色或者紫色。

科	扇贝科Pectinidae
壳长	50—170 mm
分布	加勒比海至巴西
丰度	常见
深度	潮间带至250m
习性	足丝附着于岩石上
食性	滤食性
足丝	有

壳长范围
2 — 6½ in
(50 — 170 mm)

标本壳长
5½ in
(140 mm)

83

狮爪扇贝
Lyropecten nodosus
Lion's Paw
(Linnaeus, 1758)

狮爪扇贝是西太平洋海域个体最大的扇贝之一。其贝壳非常独特，几个粗糙的放射肋上形成中空的突起；壳面大部分呈红棕色，但有时呈亮红色、黄色或者橙色。在美国南部的部分地区，它可以作为食物，其人工养殖仍然在开发中。在养殖过程中，狮爪扇贝在浅水区生长更快，而在深水中成活率更高。常附着在岩石和其他硬的物体上，包括沉船和人工鱼礁。

近似种

脆皮扇贝 *Nodipecten fragosus*（Conrad, 1849）分布在北卡罗来纳州至佛罗里达和墨西哥湾海域，经常和狮爪扇贝混淆，而狮爪扇贝的分布更偏南，有 7—8 个放射肋，放射肋上有几个突起。加拉巴哥扇贝 *Nodipecten magnificus*（Sowerby I, 1835），是加拉帕戈斯群岛的地方种，壳大，红色。

狮爪扇贝的贝壳很大，壳质较厚重，两壳稍凸起，呈宽阔扇形，每个贝壳大约有 7—10 条大而粗糙的放射肋，肋上在同心生长线处有空心突起。整个贝壳遍布粗壮的放射肋和交叉的同心生长纹。后耳大约是前耳长度的一半。壳内放射肋为沟槽式。壳色多样，有红棕色、橙黄色和黄色，内面紫褐色。

实际大小

科	扇贝科Pectinidae
壳长	120—200 mm
分布	加拿大拉布拉多至美国北卡罗来纳州
丰度	常见
深度	2—380m
习性	沙质底
食性	滤食性
足丝	成体缺失

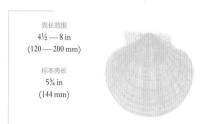

壳长范围
4½ — 8 in
(120 — 200 mm)

标本壳长
5¾ in
(144 mm)

84

麦哲伦扇贝
Placopecten magellanicus
Atlantic Deepsea Scallop
(Gmelin, 1791)

麦哲伦扇贝是美国个体最大的扇贝，是最重要的商业捕捞品种之一，栖息深度范围较大，近岸种的数量由于过度捕捞而锐减，远海资源量仍然保持良好。由于全球扇贝柱需求量的增加和野外捕捞量的减少，几种经济扇贝已经开始养殖，特别是在中国、日本、澳大利亚和欧洲等国家和地区。1984 年，日本扇贝养殖量占全世界养殖量的 94%。到 2004 年，中国变为最主要的扇贝生产国，扇贝养殖量占世界的 80%。

近似种

七肋扇贝 *Pseudoamussium septemradiatum*（Müller，1776），分布在挪威至非洲西部和地中海海域，壳小，呈圆形，具 7 个宽阔的波浪状放射肋。朝圣大扇贝 *Pecten maximus jacobaeus*（Linnaeus，1758），分布在葡萄牙至安哥拉和地中海海域，是欧洲个体最大的扇贝，也是重要的商业捕捞对象。

实际大小

麦哲伦扇贝的贝壳很大，呈圆形。两壳大小相同，圆形，微凸；前后耳大小相同。左壳有大量明显的放射线，虽然贝壳整体较平滑，但是微小的鳞片使它略显粗糙。左壳通常呈红棕色，有时呈薰衣草色和黄色；右壳灰白色。两壳内面奶油色，具光泽。

科	拟日月贝科Propeamussiidae
壳长	3—4.8 mm
分布	加利福尼亚半岛到厄瓜多尔
丰度	不常见种
深度	2—355 m
习性	沙质底
食性	滤食性
足丝	有

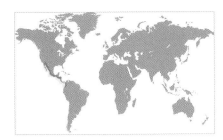

壳长范围
⅛ — ³⁄₁₆ in
(3 — 5 mm)

标本壳长
¼ in
(5 mm)

玻璃拟日月贝
Cyclopecten pernomus
Pernomus Glass Scallop
(Hertlein, 1935)

在巴拿马地区的拟日月贝中，玻璃拟日月贝（脆微拟日月）是个体最小的，成体壳长不到 5mm。其壳色多变，通常为带棕色或橙色斑点的白胡椒色。玻璃拟日月贝分布广泛，浅潮下带到深水均可生存。全球拟日月贝科大约有 200 种现存种类，大多生活在深水区和极地海区。该科化石记录可追溯到石炭纪。

近似种

编织日月贝 *Cyclopecten perplexus* Soot-Ryen，1960，分布于南大西洋，是个体最小的扇贝之一，壳长可达 1.5 mm，幼体在鳃中孵化，是首次发现的孵育型扇贝。沃氏拟日月贝 *Propeamussium watsoni*（Smith，1885），分布于西太平洋，壳大而质脆，壳内面具有放射肋。

玻璃拟日月贝贝壳小而脆，圆形。左壳具有细小的放射条纹，右壳肉眼看起来很光滑。左壳比右壳大，左壳壳耳比右壳壳耳略大。壳色多变，通常为白色，带有不规则的褐斑，斑点通常为黄色或者橙色，有时呈黄白色。

实际大小

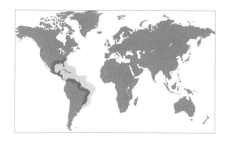

科	海菊蛤科Spondylidae
壳长	76—150 mm
分布	北卡罗来纳州至巴西
丰度	常见
深度	潮间带至460 m
习性	固着在硬基质上
食性	滤食性
足丝	缺失

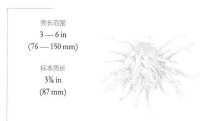

壳长范围
3 — 6 in
(76 — 150 mm)

标本壳长
3⅜ in
(87 mm)

86

美国海菊蛤
Spondylus americanus
American Thorny Oyster
Hermann, 1781

美国海菊蛤壳大而多刺，有优美的棘状突起，在墨西哥湾成千上万的海上石油钻井平台上特别常见。这个物种壳长的世界纪录为 241.5mm，可能包含棘状突起的长度。它通过右壳固着在岩石、珊瑚礁以及其他的硬基质上生长。贝壳表面覆盖大量的海绵动物、珊瑚以及其他的海洋生物，可以用来作为伪装。

近似种

莺王海菊蛤（猩猩海菊蛤）*Spondylus regius* Linnaeus，1758，分布于西太平洋，具有稀少而长的棘突，长突起间又有很多细小如发的棘状突起。猫舌海菊蛤 *Spondylus linguaefelis* Sowerby II，1847，分布于太平洋西部和中部，可能是海菊蛤中棘状突起最多的物种，但是其棘突短而细。

实际大小

美国海菊蛤 贝壳大而重，壳质坚厚，呈椭圆形或者圆形，两壳大小形状不同，均具有放射肋和 75 mm 长的棘状突起。右壳永久地固着在硬基质上，比左壳大。铰合部具有强大的铰合齿，形似球窝关节。壳色多样，有白色、黄色和红色，壳内面白色，边缘附近带有紫色。

科	海菊蛤科Spondylidae
壳长	80—130 mm
分布	西太平洋热带海区
丰度	常见
深度	5—50 m
习性	岩石和珊瑚碎片
食性	滤食性
足丝	缺失

壳长范围
3¼ — 5 in
(80 — 130 mm)

标本壳长
3½ in
(89 mm)

87

莺王海菊蛤
Spondylus regius
Regal Thorny Oyster

Linnaeus, 1758

莺王海菊蛤（猩猩海菊蛤）是最引人注目的多刺海菊蛤之一，突出特征是具有很长的棘状突起。拥有最长棘状突起的个体通常出现在平静而受保护的海区。铰合部具有两个较大的铰合齿，并形成球窝关节，这是该科所特有的特征。全球海菊蛤科大约有 70 个物种，大部分生活在热带和亚热带海区。

近似种

美国海菊蛤 *Spondylus americanus* Hermann，1781，分布于北卡罗来纳州至巴西海域，和莺王海菊蛤的贝壳相似，有时具有长的棘状突起，但通常比莺王海菊蛤的棘状突起更密集、更短。欧洲海菊蛤 *Spondylus gaederopus* Linnaeus，1758，分布于非洲西北部和地中海，和莺王海菊蛤相比，棘状突起相对较短及扁平。

莺王海菊蛤贝壳在该科中较大，壳质坚厚，壳面凸起，近圆形。两壳形状和大小几乎一致，下（右）壳和上（左）壳具有相同的刻纹，有 6 个主放射肋，上有稀疏、强大和略微弯曲的棘状突起。在主放射肋之间，有 6—7 个较小的放射肋，完整的标本还具有细小多刺的棘状突起。壳面红棕色或粉红色，橙色的标本不常见，壳内部为青白色。

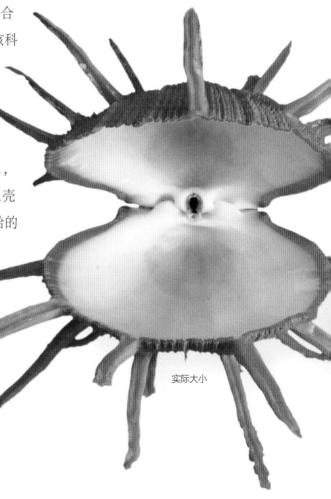

实际大小

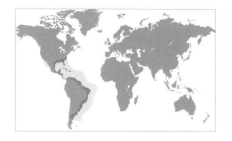

科	襞蛤科（猫爪蛤科）Plicatulidae
壳长	12—40 mm
分布	北卡罗来纳州至阿根廷
丰度	常见
深度	潮间带至120 m
习性	固着在硬基质上
食性	滤食性
足丝	缺失

壳长范围
½ — 1½ in
(12 — 40 mm)

标本壳长
1¼ in
(31 mm)

88

大西洋猫爪襞蛤
Plicatula gibbosa
Atlantic Kitten's Paw

Lamarck, 1801

大西洋猫爪襞蛤（大西洋猫爪蛤）数量丰富，通过右壳的一小部分固着在硬基质（如岩石、珊瑚或者其他的贝壳）上生活，它的分布范围为潮间带至潮下带浅水区，在更深的海水中也有发现。空壳被大量冲到海滩上。新鲜的标本具有丰富的红色线条，这种红色线条在海滩上的空壳中会很快褪去。铰合部上具有很大的铰合齿，防止贝壳打开过大。全球襞蛤科大约有10种现存物种，大部分生活在温暖的浅水区。

近似种

襞蛤（太平洋猫爪蛤）*Plicatula plicata*（Linnaeus，1767）和澳洲襞蛤 *P. australis* Lamarck，1819，两种襞蛤均分布范围较广，从红海至印度—西太平洋海区都有分布。前者和大西洋猫爪襞蛤的外形类似，刻纹相似；有时贝壳更长，尽管形状颇为多变。后者的壳为椭圆形，上有很多放射肋。

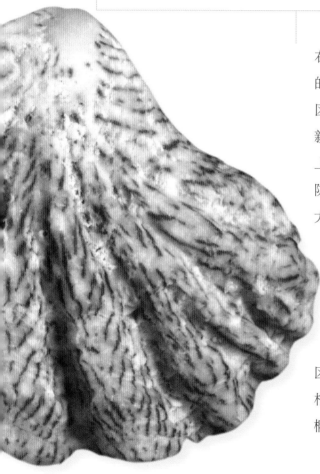

大西洋猫爪襞蛤贝壳小而坚厚，扁平，呈扇形或泪滴状。壳顶小，居中，在末端；每个贝壳的铰合板较短，各自带有两个大的铰合齿。两壳大小相同，右壳比左壳更加凸出。壳上具有5—12个宽阔的放射肋，壳内侧光滑。腹侧边缘有锯齿状褶皱。壳面灰白色，带有灰色或红色的线条，壳内侧呈白色。

实际大小

科	不等蛤科（银蛤科）Anomiidae
壳长	25—56 mm
分布	印度—西太平洋
丰度	常见
深度	潮间带
习性	生活在红树林的根部
食性	滤食性
足丝	有

壳长范围
1 — 2¼ in
(25 — 56 mm)

标本壳长
1⅜ in
(35 mm)

难解不等蛤
Enignomia aenigmatica
Mangrove Jingle Shell
(Sowerby I, 1825)

难解不等蛤（红树林银蛤）是最不寻常的双壳贝类之一，具有较长的帽贝状的贝壳，右壳有一个孔。它在红树林根部周围爬行或使用带状的足爬树。难解不等蛤半陆栖，能够长时间暴露在空气中。生长在红树林叶上的个体贝壳是金色的，生活在其他地方的则呈红紫色（如下图）。具有足丝，并可以弃去足丝而移动。全球不等蛤科现存物种约有 15 种，绝大部分分布在温带海区。该科的化石可追溯到侏罗纪时代。

难解不等蛤贝壳中等大小，壳质极薄脆，左右扁平，呈阔卵形。左壳（上壳）似帽贝，凸起，具有一条从中央壳顶到贝壳边缘的狭窄缝隙；右壳薄，呈凹状，具很大的中心孔来容纳柔软的足丝和狭窄的缝隙。两壳上有同心生长纹。上壳呈红棕色或金色，下壳呈半透明的银白色。

近似种

简易不等蛤（美洲银蛤）*Anomia simplex*（d'Orbigny，1853），分布在加拿大东部至阿根廷海域，贝壳呈不规则圆形和椭圆形，半透明，淡黄色。它是美国东部被冲上沙滩的最常见的贝壳之一。海月 *Placuna placenta*（Linnaeus，1758），分布在印度—西太平洋热带海区，贝壳很大，扁平状。早期贝壳透明，经常用作制作玻璃窗的替代物。

实际大小

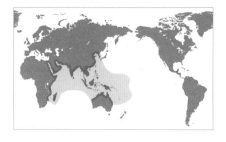

科	海月蛤科Placunidae
壳长	100—200 mm
分布	印度—西太平洋热带海区
丰度	丰富
深度	潮间带至100m
习性	泥沙底
食性	滤食性
足丝	有

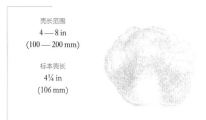

壳长范围
4—8 in
(100—200 mm)

标本壳长
4¼ in
(106 mm)

90

海月
Placuna placenta
Windowpane Oyster
(Linnaeus, 1758)

海月的贝壳中等偏大，较薄脆，半透明且近圆形。贝壳非常侧扁，右壳扁平，左壳微凸。壳表通常光滑，带有细小的生长纹。壳内有"V"字形的长脊。中心有单一的闭壳肌痕。壳面银白色，幼体贝壳接近无色透明。

海月（云母海月）无疑是最扁平的双壳贝类之一，难以想象这个动物能在如此狭小的空间中生活。海月多生活在平静的潟湖、海湾和红树林中，数量丰富，右壳朝下生活在沙滩上，左壳上被一层薄薄的泥土覆盖。足长且具有弹性，除具有运动的功能外，还具有清洗外套腔的功能。壳薄而透明，几个世纪以来经常用作制作玻璃的替代物，尤其是幼体透明的贝壳。

在菲律宾经常被用来制作工艺品和灯笼，是当地一个主要的经济种类。

近似种

鞍海月 *Placuna ephippium* (Philipsson，1788)，分布在西太平洋热带海区，和海月的壳相似，但比海月的壳更厚且不透明。美洲不等蛤（简易不等蛤）*Anomia simplex* d'Orbigny，1853，分布在加拿大至阿根廷海域，贝壳小，壳形不规则，透明，右壳具足丝孔，足丝通过足丝孔附着在物体上。

实际大小

科	三角蛤科Trigoniidae
壳长	25—50 mm
分布	澳大利亚地方种
丰度	常见
深度	6—80m
习性	泥栖和泥沙栖
食性	滤食性
足丝	有

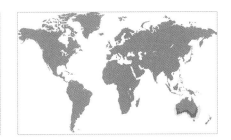

壳长范围
1 — 2 in
(25 — 50 mm)

标本壳长
1½ in
(37 mm)

91

三角蛤
Neotrigonia margaritacea
Australian Brooch Clam
(Lamarck, 1804)

三角蛤至少于 6.5 亿年前就已出现，并且这么长时间里变化较小，被认为是活化石。三角蛤科现存仅有 6 个物种。这个科在中生代（65.5 至 250 百万年前）多样性水平极高，在中生代时期，三角蛤科在全世界都有分布，现存物种仅在澳大利亚有分布。即使带有膨大的贝壳，三角蛤仍是一个非常灵活和快速的挖洞者。它一半埋在沙中或沙泥中。其极具光泽的珍珠质壳可用来制作珠宝。

近似种

现存的三角蛤属的贝壳具有相似的图案。拉氏三角蛤 *Neotrigonia lamarcki*（Gray，1838），分布在澳大利亚东部海域，和三角蛤的贝壳相似，但具有 24 条放射肋。壳面紫褐色。白兰地三角蛤 *Neotrigonia bednalli* Verco，1907，分布在澳大利亚南部海域，有 26 条放射肋，壳色多变，有白色、粉红、红色或紫色。

实际大小

三角蛤的贝壳小而坚厚，三角卵圆形。两壳分别具有 24 条粗壮带有结节的放射肋，放射肋和许多同心生长纹交织。壳内边缘具有和放射肋相对应的凹槽。铰合齿很大，"V"字形，带沟槽，和壳内颜色一样呈珍珠白或珍珠红色。壳表面被厚的棕色壳皮覆盖。

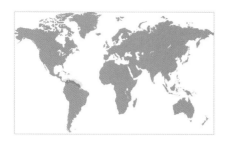

科	厚壳蛤科Crassatellidae
壳长	40—80 mm
分布	巴拿马至委内瑞拉
丰度	稀有
深度	29—38m
习性	软底
食性	滤食性
足丝	成体缺失

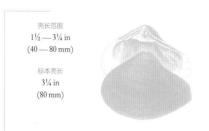

壳长范围
1½ — 3¼ in
(40 — 80 mm)

标本壳长
3¼ in
(80 mm)

92

安地列厚壳蛤
Eucrassatella antillarum
Antillean Crassatella
(Reeve, 1842)

安地列厚壳蛤是个体很大且稀有的厚壳蛤，生活在离岸很远的软质底。它从上新代生活至今，栖息在巴拿马和委内瑞拉海域。厚壳蛤作为浅穴居者，仅仅在松软沉积物的表面下生活。一些种类在外套腔中孵化。世界上，厚壳蛤科现存物种约有 40 种，绝大部分生活在热带和亚热带的浅水区。该科的化石可以追溯到泥盆纪。

近似种

亮厚壳蛤 *Eucrassatella speciosa*（A. Adams，1852），分布在北卡罗来纳州至哥伦比亚海区，和安地列厚壳蛤相比，壳更小、更细长，同心纹更加发达。斧厚壳蛤 *Eucrassatella donacina*（Lamarck，1818），分布在澳大利亚西部和南部海域，是厚壳蛤科中个体最大的一种，壳被澳大利亚的土著居民用作传统的工具。

实际大小

安地列厚壳蛤贝壳中等大小，壳厚，微凸，近圆三角形；壳顶突很大，稍后倾。两壳大小形状完全一致，后端鸟喙状；壳表光滑，带有细小的同心纹。铰合部厚而狭窄，具有大而呈三角形的韧带凹槽和2—3个斜长的铰合齿。壳面褐色，壳顶颜色稍浅，壳内面茶褐色，腹缘具有一条白色条带。

科	爱神蛤科Astartidae
壳长	10—35 mm
分布	北冰洋至西非，地中海
丰度	常见
深度	5—2000m至深海
习性	部分埋在泥或者砂砾底
食性	滤食性
足丝	成体缺失

欧洲爱神蛤

Astarte sulcata

Sulcate Astarte

(Da Costa, 1778)

壳长范围
⅜ — 1⅜ in
(10 — 35 mm)

标本壳长
1⅜ in
(35 mm)

欧洲爱神蛤是该属的典型种类，也是欧洲西北部常见的贝类，主要分布在大不列颠群岛海域，在地中海和非洲的南部到西北部海域也有分布。它是一种底栖贝类，多埋栖于泥底、沙底以及砂砾底。壳表通常粘满黑泥。尽管在浅水区也有发现，但欧洲爱神蛤在深海更常见。据报道，此种在水深 2000 米也有分布。爱神蛤科现存物种有 50 种，绝大部分分布在寒冷的北方海区和北冰洋。它的化石记录最早可追溯到泥盆纪。

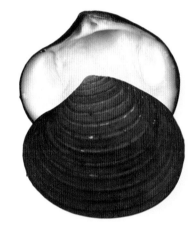

实际大小

近似种

北冰洋爱神蛤 *Astarte borealis*（Schumacher，1817），是一个北方种，分布在欧洲挪威到大不列颠群岛海区。它是爱神蛤科中个体最大的物种之一，体长可达 55mm，壳极其厚重，上覆有极厚的壳皮。史氏爱神蛤 *Astarte smithii* Dall，1886，分布在佛罗里达州和西印度群岛到墨西哥湾海域，是一种小型的深海性爱神蛤，壳面浅棕色。

欧洲爱神蛤的贝壳小且厚、坚实、卵圆形。壳顶突出，略微前倾，铰合板较厚，右壳有 2 枚铰合齿，左壳有 3 枚铰合齿。壳表具有 20 条粗壮光滑的同心肋。两壳大小形状一致，没有裂缝。腹缘锯齿状。壳面白垩色，上覆有厚的棕色壳皮，壳内面呈白色。

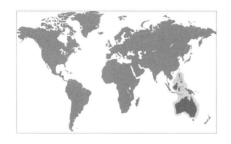

科	心蛤科（算盘蛤科）Carditidae
壳长	30—75 mm
分布	菲律宾至澳大利亚
丰度	常见
深度	潮间带至30m
习性	沙质底
食性	滤食性
足丝	有

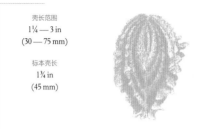

壳长范围
1¼ — 3 in
(30 — 75 mm)

标本壳长
1¾ in
(45 mm)

94

粗肋心蛤
Cardita crassicosta
Australian Cardita
Lamarck, 1819

粗肋心蛤（古董算盘蛤）是心蛤科中最重的带鳞片的物种之一。不像绝大部分心蛤仅生活在澳大利亚的特定区域，粗肋心蛤在澳大利亚所有的海区均有发现。心蛤通常具足丝，在岩石和砂砾的缝隙中生活，有几种甚至是浅层穴居者。绝大部分心蛤种类生活在浅水区域，有几种在深水区域也有发现。有些种类能够在外套腔中孵育幼体。世界上心蛤科的现存物种有 50 种。该科有很长的化石历史，可追溯到泥盆纪。

近似种

古心蛤 *Cardita antiquata*（Linnaeus，1758），分布在地中海和邻近的大西洋海域，贝壳很小，圆形，壳色极其多变，具有粗壮的放射肋。粗衣蛤 *Beguina semiorbiculata*（Linnaeus，1758），分布在红海至西太平洋，是心蛤科中个体最大的物种之一，体长可达 100mm，具有细小的放射肋。

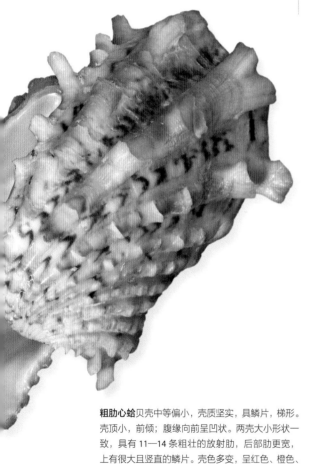

粗肋心蛤贝壳中等偏小，壳质坚实，具鳞片，梯形。壳顶小，前倾；腹缘向前呈凹状。两壳大小形状一致，具有 11—14 条粗壮的放射肋，后部肋更宽，上有很大且竖直的鳞片。壳色多变，呈红色、橙色、黄色、棕白色，壳内面白色。

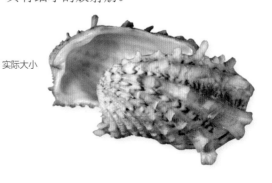

实际大小

科	笋螂科Pholadomyidae
壳长	75—130 mm
分布	加勒比海至哥伦比亚
丰度	极稀有
深度	浅潮间带至25m
习性	沙质底
食性	碎屑食性
足丝	无

壳长范围
2 — 5 in
(75 — 130 mm)

标本壳长
3¼ in
(79 mm)

笋螂
Pholadomya candida
Caribbean Piddock Clam
Sowerby I, 1823

笋螂是双壳类中最稀有的物种之一，被认为是活化石。有几个标本采集于 19 世纪早期。以前人们认为它已经灭绝，直到新的贝壳在哥伦比亚的加勒比海海岸被采到。人们还采集到一个活体标本，这个活体标本深埋在浅水区域的粗沙中。笋螂具有一对大的融合在一起的水管，从张开的双壳中伸出。笋螂科是古老的穴居双壳类，在侏罗纪和白垩纪时期非常繁盛，如今仅有大约 10 个现存物种。

近似种

笋螂科所有的现存物种均稀有，大部分生活在深海中，包括：太平洋笋螂 *Pholadomya pacifica* Dall，1907，分布在印度洋、太平洋；新西兰笋螂 *P. maoria* Dell，1963 分布在新西兰海域；塔卡笋螂 *P. takashinensis* Nagao,1943 和滑尾笋螂 *P. levicaudata* Matsukuma，1989，均分布在日本海域；欧洲笋螂 *Panacca loveni* （Jeffreys，1881），分布在欧洲海域。

笋螂的壳质薄而脆，后端延长，具有水管开口。壳顶显著，圆形，前倾，密闭非常紧。接近壳顶的边缘是张开的，铰合板近光滑，具有短的结节突和凹陷，外韧带短。壳上有强壮的放射肋，和同心生长纹交织。中部有 8—9 个明显的放射肋，和生长纹交织成网格状的珠结。壳内具有斑点和珍珠光泽。壳内外面均为白色。

实际大小

科	帮斗蛤科（屠刀蛤科）Pandoridae
壳长	13—40 mm
分布	英格兰至地中海，加那利群岛
丰度	常见
深度	低潮线至20m
习性	沙泥底
食性	滤食性
足丝	有

壳长范围
½ — 1½ in
(13 — 40 mm)

标本壳长
1¼ in
(31 mm)

不等壳帮斗蛤
Pandora inaequivalvis
Unequal Pandora
(Linnaeus, 1758)

不等壳帮斗蛤（不等屠刀蛤）平躺着栖息于浅水区的沙泥底表面或埋入浅浅的沙泥底。两壳大小明显不同，左壳比近扁平的右壳更大更凸起。两壳之间空间狭小。水管非常短，向上弯曲，以避免碰到底部的沉积物。不等壳帮斗蛤是该属的模式种。世界上帮斗蛤科现存物种有25种，大部分生活在北半球。该科化石可追溯到渐新纪。

近似种

锡兰帮斗蛤（锡兰屠刀蛤）*Pandora ceylanica* Sowerby I，1835，分布在红海和印度洋，壳小而脆，和不等壳帮斗蛤类似，壳非常扁平，后端末梢更长更突出。弓形帮斗蛤 *Pandora arcuata* Sowerby I，1835，分布在下加利福尼亚至秘鲁海区，如其名称所示，后背边缘呈弧形，它是厄瓜多尔和秘鲁海区最常见的帮斗蛤种类。

实际大小

不等壳帮斗蛤贝壳小而薄，扁平，新月形；壳顶很小，位于前半部分；铰合板较狭窄，无铰合齿（具有次生脊状齿），有内韧带，左壳比近扁平的右壳更大更凸起，壳表的图案由细小同心条纹组成，内部光滑具有光泽。壳表呈灰白色，壳内面为白色，在后缘附近呈粉色。

科	里昂司蛤科Lyonsiidae
壳长	15—31 mm
分布	北卡罗来纳州至巴西
丰度	常见
深度	5.5—11m
习性	在海绵动物中生长
食性	滤食性
足丝	有

壳长范围
⅝ — 1¼ in
(15 — 31 mm)

标本壳长
1¼ in
(31 mm)

珍珠长带蛤

Entodesma beana

Pearly Lyonsia

(d'Orbigny, 1853)

珍珠长带蛤是一种很小的贝类，在海绵动物中生活。因为其有效生活空间很狭窄，所以壳形不规则且多变。壳薄而透明，橙黄色，具有短而且分开的水管。和其他的里昂司蛤一样具有滤食性。大部分里昂司蛤垂直埋在松软的沉积物中，有的种类则穴居（如长带蛤属*Entodesma*的一些物种）生活在岩石的缝隙中或在海绵动物和海鞘的小孔里；一些种类具有稀少的长足丝以附着在砂砾上。全世界的里昂司蛤科现存物种约有45种。该科可以追溯到古新纪。

近似种

舟形长带蛤 *Entodesma navicula*（A. Adams and Reeve，1850），分布在阿留申群岛至加利福尼亚海域，可能是里昂司蛤中体长最大的，可达141mm。干壳薄而脆。透明里昂司蛤 *Lyonsia hyalina*（Conrad，1831），分布在新斯科舍至南卡罗来纳州海域，壳小而脆，壳内具珍珠光泽。在壳顶突周围，壳皮被腐蚀后可见珍珠层。

珍珠长带蛤贝壳中等偏小，薄脆而透明，呈不规则的椭圆形和四边形。壳顶突很小，位于前部；铰合板狭小无齿。两壳大小不等，左壳大于右壳，前方和后方都有开口。壳面有不规则的同心条纹和弱的、凸起的放射肋。壳半透明，具珍珠光泽。

实际大小

科	筒蛎科（滤管蛤科）Clavagellidae
壳长	75—200 mm
分布	印度—西太平洋
丰度	不常见
深度	40—80m
习性	泥底或沙底
食性	滤食性
足丝	缺失

壳长范围
3—8 in
(75—200 mm)

标本壳长
5⅓ in
(134 mm)

98

环纹盘筒蛎
Brechites penis
Common Watering Pot
(Linnaeus, 1758)

环纹盘筒蛎贝壳很小，卵圆形，嵌入大的钙化管道中。两壳大小变异大，铰合板缺失。钙化管道的前端边缘有一个多孔的盘状物，似褶皱的衣领，上具很多短管，管道逐渐变窄直至后端，后端开口，水管以此伸到沉积物表面。管上有很多细致的同心生长纹。壳和钙化管为亚白色。

环纹盘筒蛎（玉茎滤管蛤）是非常独特且与众不同的双壳类。幼体自由生活，壳形规则。成长的过程中，它会逐渐形成钙化的水管，退化的壳逐渐嵌入其中。该管的前端开阔，埋于表层沉积物中，上有一个圆圆的盘状物，具有许多短的水管和片状围领，令人想起雏菊植物或者喷水壶的喷口。管子后端狭窄，具开口，暴露在沉积物的表面。世界上筒蛎科现存物种约有15种。

实际大小

近似种

大盘筒蛎（大滤管蛤）*Brechites giganteus*（Sowerby III，1888），分布在日本海域，是体长最大的筒蛎，在阴暗的沙底生活，部分钙化管露出沉积物表面。菲律宾盘筒蛎（菲律宾虚管蛤）*Penicillus philippinensis*（Chenu，1843），分布在西太平洋热带海区，壳很小，形成一个类似环纹盘筒蛎的钙化管，通常有细沙、砂砾或贝壳碎屑附着在钙化管上。

科	鸭嘴蛤科Laternulidae
壳长	32—63 mm
分布	日本至中国香港
丰度	常见
深度	潮间带至潮下带浅水区
习性	泥地和红树林
食性	滤食性
足丝	缺失

壳长范围
1¼ — 2½ in
(32 — 63 mm)

标本壳长
2½ in
(60 mm)

斯氏鸭嘴蛤
Laternula spengleri
Spengler's Lantern Clam
(Gmelin, 1791)

斯氏鸭嘴蛤是一种泥居贝类，在潮间带和潮下带浅水区的温水中生活。它挖洞较慢，浅埋在沉积物中生活；大的个体移动位置后不能再次挖洞，因而不能再次埋藏在沉积物中。鸭嘴蛤不使用弹性韧带开壳，而是使用带弹性的薄壳打开。壳顶突，具有裂隙，有助于壳的打开。世界上鸭嘴蛤科的现存物种有 10 种，所有种在印度—西太平洋均有分布，其中 1 种分布在南极洲。该科的化石历史可追溯到三叠纪。该科物种之间的关系知之甚少。

斯氏鸭嘴蛤贝壳中等大小，很薄，极脆，透明，长椭圆形。壳顶突小，居中，具有横向裂沟。铰合部与别种贝类不同，无铰合齿，壳顶突下面具有一个延长的汤匙状支撑肋。壳表光滑，具有细小的同心生长纹，微小颗粒和棘状突起给人以砂纸样粗糙的感觉。壳面灰色，上有白色壳皮，壳内侧呈米白色或珍珠白色。

近似种

截形鸭嘴蛤 *Laternula truncata*（Lamarck，1818），分布在日本冲绳县至西太平洋热带海区，其壳和斯氏鸭嘴蛤相似，也许是同一物种。鸭嘴蛤 *Laternula anatina*（Linnaeus，1758），分布在印度—西太平洋海区，是该科最常见的物种之一。壳很长并且具有圆圆的后缘，使人联想到鸭嘴。

实际大小

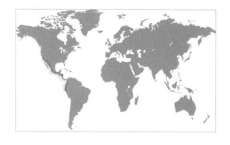

科	短吻蛤科（汤匙蛤科）Periplomatidae
壳长	40—65 mm
分布	南加利福尼亚至秘鲁
丰度	常见
深度	潮间带至20 m
习性	泥沙底
食性	滤食性
足丝	缺失

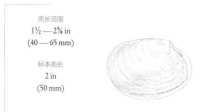

壳长范围
1½ — 2⅝ in
(40 — 65 mm)

标本壳长
2 in
(50 mm)

100

扁平短吻蛤
Periploma planiusculum
Western Spoon Clam
Sowerby I, 1834

扁平短吻蛤（扁平汤匙蛤）的壳顶下侧有一个勺子状的突起，叫着带板，是内韧带的附着点。它是一种常见的深潜于泥沙底的贝类，右壳朝上平躺在沙滩上。右壳比左壳更大更突出。其左壳扁平，如其名所示。全球短吻蛤科现存物种约有 35 种。

近似种

五指短吻蛤（猫爪汤匙蛤）*Periploma pentadactylus* Pilsbry and Olsson，1935，分布在太平洋沿岸的尼加拉瓜至巴拿马海域，壳很小且奇特，具有 5 个发达的爪状放射肋。珍珠短吻蛤 *Periploma margaritaceum*（Lamarck，1801），分布在南卡罗来纳州至巴西海区，贝壳很小，椭圆形，后端截形。

实际大小

扁平短吻蛤贝壳中等大小，壳质薄脆，扁平，近正方形。壳顶小而突出，朝向后端，后端比前端更短。铰合部狭窄，无铰合齿。长的着带板从壳顶突下延伸。两壳大小不等，右壳更大、更突出。壳表光滑，具有细小的同心线，有的具有疱状突起。壳面奶油色。

科	色雷西蛤科Thraciidae
壳长	40—100 mm
分布	欧洲至西非；地中海
丰度	不常见
深度	潮间带至60 m
习性	细沙，泥，砂砾底
食性	滤食性，碎屑食性
足丝	成体缺失

壳长范围
1½ — 4 in
(40 — 100 mm)

标本壳长
1⅞ in
(47 mm)

欧洲色雷西蛤
Thracia pubescens
Pubescent Thracia
(Pulteney, 1799)

　　欧洲色雷西蛤是生活在欧洲的个体最大的色雷西蛤之一。它埋栖于近海浅水的细沙质和泥质底中。其挖掘速度很慢，但是却可以脱离底质后重新掘洞。色雷西蛤通常具有很薄的贝壳。两个水管分开，具有两个分离的黏液沟。全球色雷西蛤科现存物种约为 30 种，大部分分布在温水至冷水区域。

近似种

　　北极色雷西蛤 *Thracia myopsis* Möller，1842，环北极分布，在不列颠哥伦比亚以南海域也有分布，贝壳中等大小，方卵圆形。卡库马色雷西蛤 *Thracia kakumana* Yokoyama，1927，分布在鄂霍次克海至日本北部海区，和欧洲色雷西蛤相似，具有大而厚的贝壳，但贝壳更宽、更短。

欧洲色雷西蛤的贝壳中等大小，薄而易碎，膨凸，长四边形。壳顶小，位于中间；铰合部窄，无铰合齿。壳顶下方的三角形韧带片是内韧带附着的地方。两壳大小不同，右壳更大。壳表饰有细小、不规则的同心生长纹，略显粗糙。壳面白色，上有橙色斑点，壳皮淡黄色，壳内面为瓷白色。

实际大小

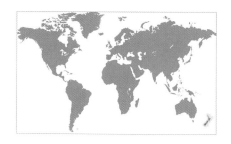

科	螂猿头蛤科（三角瓣蛤科）Myochamidae
壳长	30—40 mm
分布	新西兰
丰度	常见
深度	潮间带至20 m
习性	沙底
食性	滤食性
足丝	缺失

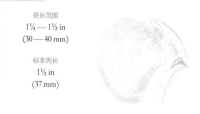

壳长范围
1¼ — 1½ in
(30 — 40 mm)

标本壳长
1½ in
(37 mm)

102

条纹螂斗蛤
Myadora striata
Striate Myadora
(Quoy and Gaimard, 1791)

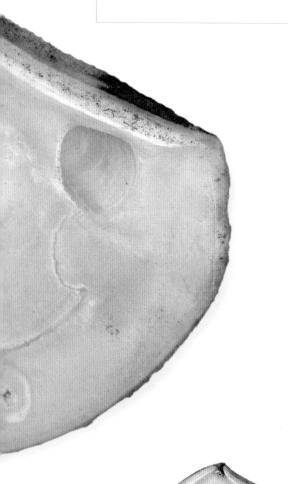

条纹螂斗蛤（三角瓣蛤）生活在潮间带和潮下带浅水区高能海滩的沙质里，是新西兰特有物种。两壳形状不一，左壳扁平、右壳略微凸起。螂斗蛤属的贝壳和帮斗蛤科的很多物种相似，具有延长的后缘和突出的壳顶，但是后者的右壳更加扁平。岩龙虾和笛鲷鱼以条纹螂斗蛤为食，是其猎食者。全球螂猿头蛤科现存物种约有20种，均分布在印度—太平洋。该科的化石种类可追溯到中新世。

近似种

螂猿头蛤科有两个属。螂斗蛤属的物种（如南澳大利亚的特有种娇美螂斗蛤 *M. delicata* Cotton，1931）都是自由生活的。螂猿头蛤属的物种，如南澳大利亚产的另一物种不等螂猿头蛤 *Myochama anomioides* Stutchbury，1830，则附着在其他软体动物的贝壳上生活，尤其是双壳类的贝壳。

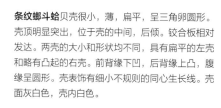

实际大小

条纹螂斗蛤贝壳很小，薄，扁平，呈三角卵圆形。壳顶明显突出，位于壳的中间，后倾。铰合板相对发达。两壳的大小和形状均不同，具有扁平的左壳和略有凸起的右壳。前背缘下凹，后背缘上凸，腹缘呈圆形。壳表饰有细小不规则的同心生长线。壳面灰白色，壳内白色。

科	旋心蛤科（银沙蛤科）Verticordiidae
壳长	13—23 mm
分布	东部大西洋
丰度	不常见
深度	120—1000 m
习性	软质底
食性	滤食性，碎屑食性
足丝	有

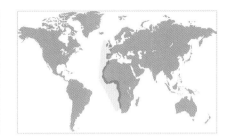

壳长范围
½ — 1 in
(13 — 23 mm)

标本壳长
¾ in
(18 mm)

103

细肋旋心蛤
Spinosipella acuticostata
Sharp-ribbed Verticord
(Philippi, 1844)

细肋旋心蛤（佛罗里达银沙蛤）是不常见的深水贝类，具有很大的、弯曲的壳顶。许多研究者报道细肋旋心蛤生活在大西洋西部沿海，但是最近的一项研究认为它只分布在大西洋东部。细肋旋心蛤的原学名 *Spinosipella acuticostata*（Philippi，1844）已按巴西海区该种特点被更改为 *S. agnes*（Simone and Cunha，2008）。旋心蛤科贝类具有很大的、弯曲的贝壳，通常具有粗壮的放射肋。全球旋心蛤科现存物种约有 50 种，大部分分布在澳大利亚海区。大多数物种生活在深水直至深渊中。该科的化石种可追溯至古新世。

细肋旋心蛤贝壳很小，厚而结实，两壳膨胀，近四边形。壳顶很大，向内弯曲，指向前端。铰合板弱小，右壳有 1 枚圆形的铰合齿，左壳具有 1 个相应的铰合齿槽。壳表有 12—14 条粗壮而尖锐的放射肋，内部的边缘也可见到。壳面白色或灰色，壳内面呈瓷白色。

近似种

棘刺旋心蛤 *Spinosipella ericia*（Hedley，1911），分布在澳大利亚海区，具有和细肋旋心蛤相似的壳，但是更小，并具有 18 条粗壮的放射肋，放射肋上具有微小的棘状突起。生活在深水中。女神蓑衣蛤 *Euciroa galathea*（Dell，1956），分布在新西兰和澳大利亚海区，具有更大的卵圆形的贝壳，壳表光滑，具有小放射肋，壳内有珍珠光泽。

实际大小

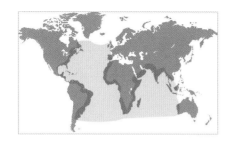

科	孔螂科Poromyidae
壳长	11—26 mm
分布	大西洋和印度洋
丰度	稀有
深度	2084—3730 m
习性	深水
食性	肉食性，以多毛类和其他的无脊椎动物为食
足丝	有

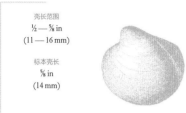

壳长范围
½ — ⅝ in
(11 — 16 mm)

标本壳长
⅝ in
(14 mm)

旋转孔螂
Poromya tornata
Turned Poromya
(Jeffreys, 1876)

104

　　旋转孔螂是深水区的小型肉食性贝类，因此很少被采集到。有报道称它分布在大西洋和印度洋。孔螂通常生活在深水，具有小而薄的壳。和其他近似种一样，孔螂是食肉动物，使用可扩大和可变形的红色进水管捕食小型无脊椎动物，如多毛类和甲壳类。它具有敏感的触手，可帮其定位猎物。全球孔螂科现存物种大约有 50 种，化石种类可追溯到白垩纪。

近似种

　　吻状孔螂 *Poromya rostrata* Rehder，1943，分布在佛罗里达州至乌拉圭海域，贝壳小而易碎，圆三角形，壳顶更小。它生活在比旋转孔螂更浅的水域。珍珠孔螂 *Poromya perla* Dall，1908，分布在巴拿马湾（东太平洋），具有和旋转孔螂相似的壳，但壳更小，也在深水中生活。

实际大小

旋转孔螂贝壳小而薄脆，膨胀，呈圆三角形。壳顶非常大，向内弯曲，位于壳的中央，前倾；铰合板狭窄，每壳均有 1 枚铰合齿。两壳大小相同。壳表光滑，具有细弱的同心生长线，上有微小的颗粒突起。壳面白色，具有棕黄色的壳皮，壳内面瓷白色。

科	杓蛤科Cuspidariidae
壳长	12—50 mm
分布	北大西洋至巴西
丰度	不常见
深度	120—2925 m
习性	软底
食性	肉食性，以无脊椎动物为食
足丝	缺失

壳长范围
½ — 2 in
(12 — 50 mm)

标本壳长
2 in
(50 mm)

长喙杓蛤
Cuspidaria rostrata
Rostrate Cuspidaria
(Spengler, 1793)

长喙杓蛤的后缘具有一个延伸很长的管状物，称作喙。本种是食肉动物，以小型无脊椎动物和原生动物为食，比如多毛类、甲壳类、有孔虫类。它埋藏在软的底质中生活，喙的顶端接近底质表面。水管顶端具有敏感的触须，能够侦查到猎物，一旦发现猎物，水管能够扩大至正常状态的两倍，吸吮猎物至外套腔。全球杓蛤科现存物种约有 200 种，大部分分布在深水区和深渊中。

实际大小

近似种

大杓蛤 *Cuspidaria gigantea* Prashad，1932，分布在澳大利亚的北部与西部海域，壳很大，具有一个比长喙杓蛤更长的喙；它在 1000 米深的深海生活；壳表饰有细小的同心线。短吻帚形蛤 *Cardiomya cleriana* （d'Orbigny，1846） 分布在智利海区，壳小，具有短而宽的喙；壳表饰有发达的放射肋。

长喙杓蛤贝壳中等大小，薄，凸起，卵圆形，具有一个很长、略有弯曲的管状喙。壳顶突出，铰合板窄，仅右壳具有 1 枚铰合齿。两壳大小和形状一致，前缘圆形，后缘具有喙，喙占壳长的一半。壳表饰有同心生长线。壳内面光滑具光泽。壳面白色，被有黄色壳皮，壳内面白色。

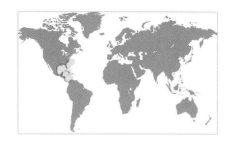

科	满月蛤科Lucinidae
壳长	12—37 mm
分布	北卡罗来纳州至中美洲
丰度	比较常见
深度	浅海至90 m
习性	软底
食性	滤食性
足丝	成体缺失

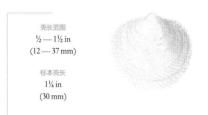

壳长范围
½ — 1½ in
(12 — 37 mm)

标本壳长
1¼ in
(30 mm)

106

锯齿满月蛤
Divaricella dentata
Toothed Cross-hatched Lucina
(Wood, 1815)

锯齿满月蛤的壳表饰有独特的嵌入式、倾斜的凹槽（肋间沟），以及数个明显的生长纹断层。和一些满月蛤动物一样，本种铰合板无铰合齿，命名依据其锯齿状的背部和腹部边缘。它分布在浅水区域和近海的软泥底中。近期估算全球满月蛤科现存物种多达 500 种，分布在潮间带至深渊。该科化石物种可追溯到志留纪。

锯齿满月蛤贝壳中等大小，薄，凸起，圆形。壳顶很小，居中；铰合板发达但不具铰合齿；腹缘和背缘锯齿状。两壳完全一致，不具开口。壳表饰有嵌入的倾斜凹槽，和4—7个生长线断层交错，壳内面光滑。壳面白色，内面也呈白色，带有黄色斑点。

近似种

薄片满月蛤 *Divaricella soyoae*（Habe，1951），分布在日本海域，贝壳和锯齿满月蛤大小相近、形状相似，但斜饰纹更粗糙，它生活在相对深的海区。长格厚大蛤 *Codakia tigerina*（Linnaeus，1758），分布在红海至印度—西太平洋海区，贝壳大而厚，具有发达的网格状雕刻，是商业捕捞对象。

实际大小

科	满月蛤科Lucinidae
壳长	25—60 mm
分布	马里兰至哥伦比亚
丰度	常见
深度	潮间带至3 m
习性	沙质底
食性	滤食性
足丝	成体缺失

壳长范围
1 — 2½ in
(25 — 60 mm)

标本壳长
1⅝ in
(43 mm)

107

宾州满月蛤
Lucina pensylvanica
Pennsylvania Lucina
(Linnaeus, 1758)

宾州满月蛤典型特征为壳圆形，在后腹缘形成深凹的放射沟，以此很容易和其他分布在西大西洋的满月蛤科动物区分开。和其他的满月蛤科动物一样，宾州满月蛤的鳃中生活有化能合成细菌，从而使该动物能生活在富含硫氢化合物的深水底质中。这种适应性使它能够在一个缺氧而不适合大部分贝类生存的栖息地繁衍。因此，宾州满月蛤通常是这些区域的优势贝类。

近似种

光明满月蛤 *Lucina leucocyma*（Dall，1886）和锯齿满月蛤 *Divaricella dentata*（Wood，1815），两种满月蛤分布在北卡罗来纳州至中美洲海区。前者贝壳很小，呈圆三角形，具有 4 个大的圆形放射纹，在贝壳边缘形成裂口；后者贝壳呈圆形，具有嵌入的倾斜沟槽，在前部形成"V"形。腹缘和背缘呈齿状。

宾州满月蛤的贝壳中等大小，凸起，呈圆形。壳顶极扭曲，前倾。壳表具有从近壳顶至后缘的深放射沟，壳的其他部分光滑，具有细小的同心生长线。壳面纯白色，被有黄色壳皮；壳内面光滑，白色。

实际大小

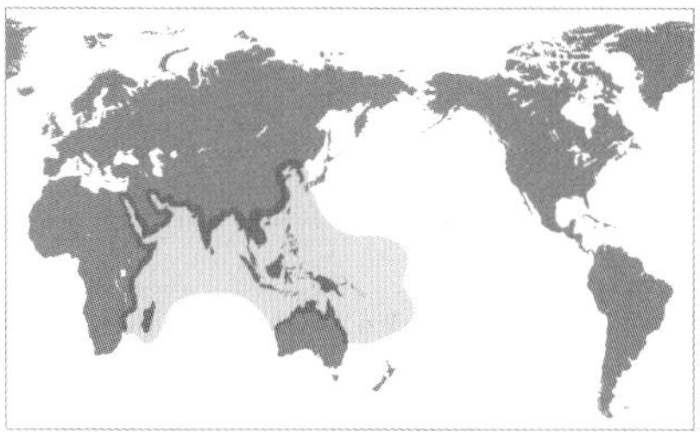

科	满月蛤科Lucinidae
壳长	50—100 mm
分布	东印度洋至西太平洋
丰度	常见
深度	潮间带至20 m
习性	珊瑚砂中底栖生活
食性	滤食性
足丝	成体缺失

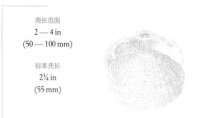

壳长范围
2—4 in
(50—100 mm)

标本壳长
2¼ in
(55 mm)

银边蛤

Fimbria fimbriata
Common Basket Lucina

(Linnaeus, 1758)

实际大小

银边蛤的贝壳中等偏大，壳质厚而结，长卵圆形。壳顶圆形，前倾。两壳的大小和形状基本一致，没有开口。壳表饰有大量的放射肋，以及相互交错的发达而带有鳞片的同心皱纹。壳面瓷白色，在背缘有浅粉色；壳内面灰白色，边缘粉红色，铰合板通常金黄色。

银边蛤（花篮蛤）的贝壳很大，卵圆形，具有浮雕状的同心皱纹和放射肋，形成网格状的装饰。有的全部埋在珊瑚沙中，有的完全暴露在浅水区域。银边蛤在日本南部和菲律宾作为食物采捕和销售。它的贝壳也可用作工艺品或制成石灰。不像其他的满月蛤科贝类，银边蛤具有一个很短的进水管（典型的满月蛤没有），由于这个原因以及解剖学上的差异，一些学者认为银边蛤应属于一个独立的科。

近似种

史氏银边蛤（崇华花篮蛤）*Fimbria soverbii*（Reeve，1841），分布在西南太平洋，具有比银边蛤稍大的贝壳，壳上具有更宽、空隙更大的同心鳞片。长格厚大蛤 *Codakia tigerina*（Linnaeus，1758），分布在红海至印度—西太平洋，其贝壳很大，近圆形，扁平，具有网格状的装饰，在产地常作为食物。

科	满月蛤科Lucinidae
壳长	20—75 mm
分布	红海至夏威夷
丰度	常见
深度	浅海至200 m
习性	泥质底
食性	滤食性
足丝	成体缺失

壳长范围
¾ — 3 in
(20 — 75 mm)

标本壳长
2½ in
(63 mm)

无齿蛤
Anodontia edentula
Toothless Lucina
(Linnaeus, 1758)

无齿蛤壳薄，壳形和表面装饰丰富多变。该物种生活在浅水区的泥质、泥沙质以及红树林中，分布在红海、印度—西太平洋至夏威夷海区。无齿蛤贝壳在夏威夷中途岛当地海滩很丰富。夏威夷的个体被命名为独立的物种，区别特征是绝大多数个体规格更小，但是有人又认为它们是同一个物种。无齿蛤是本属的典型物种。无齿蛤属 *Anodontia*，顾名思义，无铰合齿，而 "edeatula" 也是没有齿的意思。

近似种

黄里无齿蛤 *Anodontia alba* Link，1807 分布在北卡罗来纳州至委内瑞拉海区，是一种常见的贝类。贝壳薄，圆形，白色，壳内侧呈黄色，又被称作黄油无齿蛤，其壳通常用作贝类工艺品。银边蛤 *Fimbria fimbriata* （Linnaeus，1758）分布在东印度洋至西太平洋，壳厚、呈卵圆形，凸起的生长线形成格子状图案。

无齿蛤的贝壳中等大小、薄、凸起、亚圆形。壳顶突出，前倾，铰合板狭窄、无铰合齿。两壳大小和形状一致，无裂口。稚贝时，壳表主要是放射线，但随着生长，放射线逐渐消失而同心生长线变得越来越明显，其间有几个生长停顿期。壳内外面均为白色。

实际大小

科	满月蛤科Lucinidae
壳长	60—130 mm
分布	红海至印度—西太平洋
丰度	常见
深度	潮间带至20 m
习性	沙质底
食性	滤食性
足丝	成体缺失

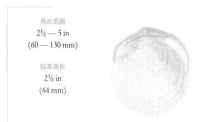

壳长范围
2½ — 5 in
(60 — 130 mm)

标本壳长
2½ in
(64 mm)

110

长格厚大蛤
Codakia tigerina
Pacific Tiger Lucine
(Linnaeus, 1758)

长格厚大蛤（豹形满月蛤）是一种常见的大型满月蛤科动物，分布广泛，从红海至西太平洋的浅温水区域都有分布。其埋在沙质底，尤其是近珊瑚礁的沙质底中生活。在菲律宾和汤加，该物种被采集当作食物，其肉也可以和槟榔一起咀嚼，壳被用作贝类工艺品或者制成石灰。贝壳很厚，上有网格状花纹，有 100 多条放射肋。要注意的是这个物种的名字经常拼错成"tigrina（虎纹）"。

近似种

红里厚大蛤 *Codakia distinguenda*（Tryon，1872），分布在下加利福尼亚至巴拿马海域，是满月蛤科中现存最大的贝类，壳长可达 150mm。红里厚大蛤的贝壳和黄里无齿蛤相似。银边蛤 *Fimbria fimbriata*（Linnaeus，1758）分布在东印度洋至西太平洋，是另外一种很大、可食用的贝类。镶边蛤的贝壳卵圆形，具有突出的鳞片状同心生长纹和放射肋。

长格厚大蛤的贝壳很大，重，结实，扁平，亚圆形。壳顶很小，位于厚的铰合部中间，前倾。壳表有网格状纹，具有粗细和间隔相同的同心生长纹和放射肋；触摸时有粗糙感。壳表面呈奶油白，有时壳顶上着有黄色或者粉红色，壳内面为黄色，边缘白色，背缘着有粉红色。

实际大小

科	蹄蛤科Ungulinidae
壳长	12—27 mm
分布	葡萄牙至塞内加尔和地中海
丰度	常见
深度	潮间带至5 m
习性	岩石缝隙
食性	滤食性
足丝	有

壳长范围
½ — 1⅛ in
(12 — 27 mm)

标本壳长
1⅛ in
(27 mm)

玫瑰蹄蛤
Ungulina cuneata
Rosy Diplodon
(Spengler, 1782)

玫瑰蹄蛤是一种生活在缝隙中的小型双壳类，分布在葡萄牙至塞内加尔和地中海的浅水区域，在西地中海最常见。由于它的生长受限于缝隙的可用空间，因此其贝壳形状多变。蹄蛤科的贝壳通常具有粗糙的同心生长纹，铰合部的中间铰合齿分成两个。玫瑰蹄蛤是本属的典型物种。全球蹄蛤科的现存物种约有 50 种，大部分物种分布在冷水或深水区域。

近似种

圆双齿蛤 *Diplodonta rotundata*（Montagu，1803），分布在不列颠群岛至安哥拉海区，贝壳圆形，具有同心线，分布于潮间带至 3850m 深海底。疹双齿蛤 *Phlyctiderma semiaspera*（Philippi，1836），分布在北卡罗来纳州至阿根廷和墨西哥湾海域，贝壳很小，白垩色，近圆形。壳面看起来比较光滑，但在同心生长纹上具有微小的凹陷。

玫瑰蹄蛤的贝壳很小但壳质厚，壳表略凸起、呈不规则圆形。其壳多变，壳表饰有或强或弱的同心线。铰合板具有 2 枚主铰合齿，中间的一个分裂成两半。壳面铁锈色或者橄榄褐色，壳内面粉红色。

实际大小

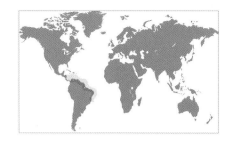

科	猿头蛤科（猴头蛤科）Chamidae
壳长	25—50 mm
分布	墨西哥的金塔纳罗奥州至巴西
丰度	不常见
深度	2—76 m
习性	碎壳和粗粒质底
食性	滤食性
足丝	缺失

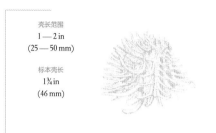

壳长范围
1 — 2 in
(25 — 50 mm)

标本壳长
1¾ in
(46 mm)

112

真刺猿头蛤
Arcinella arcinella
True Spiny Jewel Box
(Linnaeus, 1767)

真刺猿头蛤的贝壳中等偏小，壳质厚而结实，呈不规则的圆形或者近四方形。壳顶低。其鉴别特征是有 16—25 个放射肋，肋上具细长的棘刺，放射肋之间具有粗糙的颗粒。它能通过左壳或者右壳固着在硬基质上。壳面为白色至黄色或者粉色，壳内着有紫红色斑块。

真刺猿头蛤（刺猬猴头蛤）是猿头蛤科中的多刺物种之一。猿头蛤的大部分物种具有一些刺状突起或者鳞片。幼体固着在硬基质中生活，成体在碎壳或者粗粒底中自由生活。猿头蛤有点像牡蛎，但是不同之处在于其具有两个闭壳肌而不是一个。另外，同牡蛎不同，猿头蛤能够通过左壳或右壳固着在硬基质，随着物种的不同而变化。壳顶前倾。现存猿头蛤科的物种约有70种，分布在热带的浅水区域。该科的化石可追溯至白垩纪。

近似种

海蟾猿头蛤 *Arcinella cornuta* Conrad，1866，分布在北卡罗来纳州至得克萨斯州海域，具有和真刺猿头蛤相似的贝壳，贝壳略小，更重更宽，具有少量的棘刺。菊花猿头蛤 *Chama lazarus*（Linnaeus，1758），分布在印度—西太平洋，但贝壳很大，具有宽阔的叶状棘刺，终生固着生活在硬基质上。

实际大小

科	猿头蛤科Chamidae
壳长	50—140 mm
分布	红海至印度—西太平洋
丰度	常见
深度	潮间带至30 m
习性	固着在碎石底
食性	滤食性
足丝	缺失

壳长范围
2 — 5½ in
(50 — 140 mm)

标本壳长
2¼ in
(58 mm)

113

菊花猿头蛤
Chama lazarus
Lazarus Jewel Box
(Linnaeus, 1758)

菊花猿头蛤可能是猿头蛤科中棘状突起最大的种类。它是红海至印度—西太平洋海域的常见贝类。两壳上具有很多长的褶边棘状突起和鳞片。其栖息于洁净的浅水区域，不能在有太多悬浮颗粒或者苦咸水中生活。该物种在开放的海岸更加常见。有时被沿海居民采捕作为食物，但由于其贝壳很美观，更多地被采来用于收藏。它通过左壳固着在硬基质中，左壳比右壳浅。

菊花猿头蛤的贝壳中等偏大，壳质厚而结实，呈卵圆形或圆形。壳顶很小，略微前倾。铰合板宽阔而发达。通过左壳固着，左壳比右壳更薄、更小。两壳的同心线上都被长宽不一的棘状突起覆盖，壳边缘具细圆齿。壳面灰色至黄白色，饰有浅棕色、红色或者粉红色的斑纹；壳内面棕色。幼体贝壳颜色比成体的更加鲜艳。

近似种

复叶猿头蛤 *Chama frondosa* Broderip，1835，分布在加利福尼亚湾至厄瓜多尔和加拉帕戈斯群岛海区，两壳具有很多叶状鳞片。其完整的标本很难被采集到。

真刺猿头蛤 *Arcinella arcinella*（Linnaeus，1767），分布在墨西哥金塔纳罗奥州至巴西海域，幼体固着在硬基质上生活，成体自由生活。两壳具有很多细长的棘状突起。

实际大小

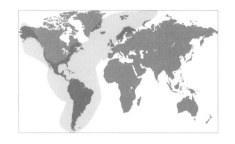

科	缝栖蛤科（潜泥蛤科）Hiatellidae
壳长	20—70 mm
分布	北大西洋至阿根廷，东太平洋，南极洲
丰度	常见
深度	潮间带至90 m
习性	通过足丝固着在岩石的缝隙中
食性	滤食性
足丝	有

壳长范围
¾ — 2¾ in
(20 — 70 mm)

标本壳长
1¼ in
(30 mm)

114

北极缝栖蛤
Hiatella arctica
Arctic Saxicave
(Linnaeus, 1767)

北极缝栖蛤的贝壳中等大，壳质结实，壳形不规则、波纹状、长椭圆形。壳顶略有突出，靠近前端，壳前端比后端短多。两壳大小相同，但是由于其不规则的生长，大小也会有不同。壳表面饰有不规则的波纹状的同心生长纹，壳面亚白色，被有棕色壳皮，壳内面呈白色、具光泽。

北极缝栖蛤（北极潜泥蛤）分布广泛，从北大西洋两岸向南至阿根廷，以及东太平洋和南极洲都有分布。它形状多变，是分布广泛的物种。但是，最近通过对巴西标本的产卵时间、卵的颜色、壳上放射肋以及其他的特征为基础的研究认为，该群体至少包含两个不同的物种。该科的贝壳通常非常多变，群体的分类需要加以修正。全球公认的该科现存物种约有25种，一些物种生活在寒冷和近南极的水域。

近似种

澳洲缝栖蛤（南方潜泥蛤）*Hiatella australis*（Lamarck，1818），分布在澳大利亚和新西兰海域，贝壳长，形状多变，上有粗糙的同心褶皱。它通过足丝附着在缝隙中生长。欧洲海神蛤 *Panopea glycymeris*（Born，1778），分布在西班牙至纳米比亚、西非和西地中海海域，是一种具有长水管的大型贝类。贝壳厚重，在很深的沙泥底中穴居。

实际大小

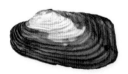

科	缝栖蛤科Hiatellidae
壳长	150—300 mm
分布	西班牙至纳米比亚；西地中海
丰度	不常见
深度	10—100 m
习性	沙质底，泥质底，碎砾底
食性	滤食性
足丝	有

壳长范围
6 — 12 in
(150 — 300 mm)

标本壳长
9 in
(231 mm)

欧洲海神蛤
Panopea glycymeris
European Panopea
(Born, 1778)

115

　　欧洲海神蛤（欧洲象拔蚌）是欧洲海域最大的蛤类，也是世界最大的穴居蛤类。本种壳质厚重，在边缘具有 3 个裂口。该物种具有很长的水管，可达 450mm。水管不能完全缩入贝壳中。欧洲海神蛤深深地埋在沙质底、泥质底或者碎砾底。它自己不能够挖掘，不能主动移动来躲避猎食者，而是通过缩短水管来抵御大部分敌害。甚至人类（它的主要捕食者）也很难将它从洞里挖掘出。其寿命可达 168 年。

实际大小

近似种

　　太平洋海神蛤（太平洋象拔蚌）*Panopea abrupta*（Conrad，1849），分布在阿拉斯加州至加利福尼亚，至日本南部海域，与欧洲海神蛤具有相似的贝壳，是该科最大的物种之一。被称作"geoduck"，一个美国本土名字，意思为"深的挖掘者。"北极缝栖蛤 *Hiatella arctica*（Linnaeus，1767），分布在北大西洋两岸至阿根廷、东太平洋和南极洲海域，贝壳很小，具有同心褶皱。

欧洲海神蛤的贝壳很大，壳质厚重，近方形。壳顶低而宽阔，位于背部中间。两壳的铰合部各具有 1 枚铰合齿。两壳的大小和形状相似，具有宽阔的裂口。壳表饰有发达的不规则同心生长纹。壳面灰白色，具有浅棕色壳皮，壳内面为瓷白色。

科	开腹蛤科Gastrochaenidae
壳长	20—30 mm
分布	北卡罗来纳州至巴西
丰度	不常见
深度	10—60 m
习性	钻入死的珊瑚中
食性	滤食性
足丝	有

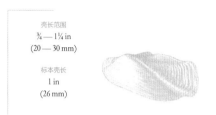

壳长范围
¾ — 1¼ in
(20 — 30 mm)

标本壳长
1 in
(26 mm)

116

大西洋开腹蛤
Spengleria rostrata
Atlantic Spengler Clam
Linnaeus, 1758

实际大小

大西洋开腹蛤的贝壳中等偏小，壳质薄而结实，长方形、后端呈截形。在前腹缘具有一个宽阔的裂口；贝壳的后背部被发达的放射凹槽分隔开，形成1个突出的三角形区域，上有横向的肋状条纹，这个区域具有黄褐色的壳皮。壳的其他部分光滑，具有细致的同心生长线。壳面白色。

大西洋开腹蛤在石灰岩中钻孔生活，在其中它能很安全地生活并可阻止捕食者。为滤食性贝类，其水管很长，进水管和出水管在岩石表面分开，呈"Y"形。它通过贝壳的边缘磋磨基质和外套膜分泌物的辅助来完成机械性钻孔，并能破坏珊瑚石和细小钙质沉积物的形成。该科的现存物种全球约有15种，分布在热带和亚热带的浅水区域。

近似种

贻形开腹蛤 *Spengleria mytiloides*（Lamarck，1818）和楔形开腹蛤 *Gastrochaena cuneiformis* Spengler，1783 是分布在热带西太平洋的两个近似种。前者具有和大西洋开腹蛤大小和形状相似的贝壳；后者是日本冲绳县最常见的珊瑚钻孔者之一，它在石灰岩中更常见，也分布在珊瑚礁区域。

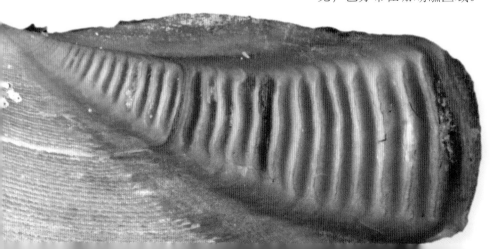

科	北极蛤科Arcticidae
壳长	67—130 mm
分布	北大西洋两岸
丰度	丰富
深度	15—255 m
习性	细小至粗糙的沙质底
食性	滤食性
足丝	缺失

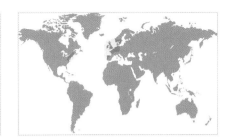

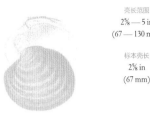

壳长范围
2⅝ — 5 in
(67 — 130 mm)

标本壳长
2⅝ in
(67 mm)

北极蛤
Arctica islandica
Ocean Quahog
(Linnaeus, 1767)

北极蛤被认为是最长寿的一种贝类，也是一种不具扩散性的无脊椎动物：最新的研究发现一个北极蛤已经活到405至410岁之间。该物种成长非常缓慢，它在7至14岁之间首次性成熟。无水管，能够在无氧的环境中生活好几天。该物种已被商业开发，尤其在欧洲，它的肉被用来食用，用其肉制作的寿司很受欢迎。厚而光滑的壳皮很容易从干燥的贝壳上脱落。作为大量出现在三叠纪的双壳类，北极蛤是目前仅有的幸存者。

北极蛤的贝壳中等偏大，壳质厚重，近圆形。壳顶发达，圆形，近前端。铰合部很厚，两壳各具有3枚主铰合齿。两壳大小和形状完全一致，壳上饰有细小的同心生长纹。壳的内腹缘光滑。壳表灰白色，覆盖有很厚的棕色或灰色壳皮。

近似种

非近似种的硬壳蛤 *Mercenaria mercenaria*（Linnaeus，1758）（帘蛤科）和北极蛤在大小和形状上相似，但是具有一些不同的贝壳特征，如外套窦的存在。

北极蛤科亲缘关系最近的科是棱蛤科，如长棱蛤 *Trapezium oblongum*（Linnaeus，1758），分布在印度—太平洋热带海区，贝壳长、近方形。

实际大小

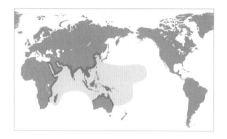

科	同心蛤科Glossidae
壳长	20—40 mm
分布	红海至热带印度—西太平洋
丰度	常见
深度	7—70 m
习性	沙泥底
食性	滤食性
足丝	成体缺失

壳长范围
¾—1½ in
(20—40 mm)

标本壳长
1½ in
(38 mm)

118

绵羊同心蛤
Meiocardia moltkiana
Moltke's Heart Clam
(Spengler, 1783)

绵羊同心蛤是一种小型蛤类，具有一条自壳顶突至后腹部边缘的发达龙骨。壳顶很大，向内弯曲，转向前方，因此，从前缘看很像哺乳动物的心脏。关于该科的研究很少，需要进一步的研究。近期研究发现，一些物种的分布范围比已有的研究结果要广，如绵羊同心蛤。本种的足丝很细，仅在幼体时才有几条细足丝线。全球同心蛤科现存物种仅有 10 种，大部分分布在印度洋和太平洋。该科可追溯至古新世。

近似种

夏威夷同心蛤 *Meiocardia hawaiiana* Dall，Bartsch，and Rehder，1938 分布在日本至夏威夷海域，贝壳很小，近方形，从前缘看呈心形。具有一个从后缘至腹缘的角状龙骨。龙王同心蛤 *Glossus humanus*（Linnaeus，1758），分布在挪威至摩洛哥和地中海海域，贝壳很大、薄，壳面膨胀，是个体最大的同心蛤类之一。

实际大小

绵羊同心蛤的贝壳很小、厚而结实，壳面膨胀，呈心形。壳顶大，内转，前倾；铰合板发达，每个壳上有 2 枚铰合齿。两壳大小和形状一致，具有发达的后腹部龙骨，壳上有尖锐的同心肋，同心肋在龙骨突处消失。壳内面光滑。壳面白色，有时着有红棕色的斑，壳内面白色。

科	同心蛤科Glossidae
壳长	50—120 mm
分布	挪威至摩洛哥和地中海
丰度	产地丰富
深度	7至250 m
习性	沙泥底
食性	滤食性
足丝	成体缺失

壳长范围
2—4½ in
(50—120 mm)

标本壳长
3⅛ in
(79 mm)

龙王同心蛤
Glossus humanus
Oxheart Clam
(Linnaeus, 1758)

　　龙王同心蛤是欧洲一种知名的蛤类，壳顶弯曲，使贝壳看起来和哺乳动物的心脏相似。根据壳顶突的形状可以很容易地把它跟其他的欧洲蛤类区分开来。尽管在聚居地产量丰富，但是由于它分布在近海因而也不容易被采集到。该物种很少被作为食物销售。它在中等直至很深的海区浅埋于沙泥底中生活。无水管，在外套膜边缘形成进水和出水区域，可过滤水中的颗粒。壳皮很厚，近壳顶处壳皮通常被侵蚀掉。

近似种

　　绵羊同心蛤 *Meiocardia moltkiana*（Spengler，1783），分布在印度—西太平洋海区，贝壳很小，背部具有尖锐的龙骨突，壳顶向下弯曲。和该科其他的物种一样，绵羊同心蛤贝壳呈心形。同心蛤 *Meiocardia vulgaris*（Reeve，1845），分布在西太平洋海区，贝壳和绵羊同心蛤相似，但更小，在浅水沙质底生活。

龙王同心蛤的贝壳中等大小，壳质薄但结实，很轻，膨胀似球状，形状和哺乳动物的心脏相似。壳顶很大，向下弯曲，前倾。铰合板发达，每壳均具有2枚铰合齿。两壳的形状和大小相同，壳表饰有细小的同心线，壳内面光滑。壳面灰白色或者淡黄褐色，具有很厚的红棕色壳皮，壳内面白色。

实际大小

科	囊螂科Vesicomyidae
壳长	150—260 mm
分布	下加拉帕戈斯群岛，近深海温泉附近
丰度	产地常见
深度	2450—2750 m
习性	深海温泉系统的浅水底
食性	化能自养和细菌共生
足丝	成体缺失

壳长范围
6 — 10¼ in
(150 — 260 mm)

标本壳长
8 in
(200 mm)

120

壮丽伴溢蛤
Calyptogena magnifica
Magnificent Calypto Clam
Boss and Turner, 1980

壮丽伴溢蛤的贝壳很大，壳质厚重而结实，壳面微凸、近方形。壳顶发达但低，位于前部。铰合部发达，但铰合齿相对较小。两壳大小和形状相似，具有裂口。壳表饰有不规则的同心生长线。壳面垩白色，具有浅棕色壳皮，壳内面为瓷白色。

在 1977 年加拉帕戈斯群岛海底裂缝被发现前，所有的深海生物都被认为以从浅水区域掉下的食物为食，食物最终来源于阳光。壮丽伴溢蛤是首次被发现有例外的生物之一，其共生系统中的硫氧化菌可从来自海底缝隙中的碳氢化合物获得能量。壮丽伴溢蛤、管虫以及其他生命的繁衍是因为有大量的海底热液喷出和冷甲烷渗出。全球囊螂科现存物种约有 30 种，大部分分布在深水区域，包括一些富硫温泉和冷甲烷的区域。

近似种

全角伴溢蛤 *Calyptogena diagonalis* Barry and Kochevar，1999，分布在哥斯达黎加和俄勒冈州海底的甲烷渗出区域，具有和壮丽伴溢蛤一样大的贝壳。索约伴溢蛤 *Calyptogena soyoae* Okutani，1957，分布在日本德相模湾，也生活在碳氢化合物渗出区，密度可达每平米 1000 个，和壮丽伴溢蛤栖息在岩石上不同，它是软泥底质的底栖动物。

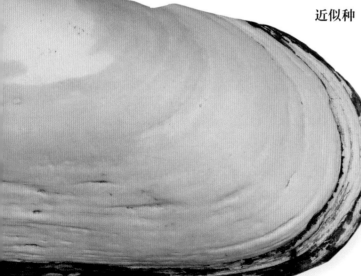

实际大小

科	鸟蛤科Cardiidae
壳长	20—60 mm
分布	佛罗里达至巴西，安哥拉至佛得角
丰度	不常见
潮间带	潮间带至20 m
习性	沙底和海藻床
食性	滤食性
足丝	成体缺失

壳长范围
¾ — 2½ in
(20 — 60 mm)

标本壳长
⅞ in
(23 mm)

花纸鸟蛤
Papyridea soleniformis
Spiny Paper Cockle
(Bruguière, 1789)

　　花纸鸟蛤在大西洋两岸均有发现，分布在佛罗里达州至墨西哥湾和巴西，以及西非的安哥拉至佛得角海域。其贝壳壳质薄脆，形状和颜色多变。鸟蛤类的足强壮、肌肉发达，能够通过快速挖掘以及短距离游泳逃避敌害。全球鸟蛤科现存物种约有 250 种，大部分物种分布在温带和热带的浅水区域。该科最早的化石可追溯至三叠纪。

花纸鸟蛤的贝壳中等偏小，壳质薄脆，两壳扁平、近卵圆形。壳顶低，位于中央偏前。两壳大小和形状相同，后部有裂口。壳表饰有 40—48 条主放射肋，和细小的同心线交错，壳内光滑。壳后缘呈齿状，后部的放射肋具刺。壳面白色或者粉红色，着有红棕色的斑点。壳内面白色，隐约看到壳表颜色和花纹。

近似种

　　薄纸鸟蛤 *Papyridea aspersa*（Sowerby I，1833），分布在下加利福尼亚至秘鲁海区，贝壳大小、形状和色彩与花纸鸟蛤相似，被一些人归为花纸鸟蛤的亚种。心鸟蛤 *Corculum cardissa*（Linnaeus，1758），分布在红海至印度—西太平洋，贝壳垂直方向非常扁平，但是旁边扩展很大，具有的强壮的龙骨突使其它看起来呈心形。

实际大小

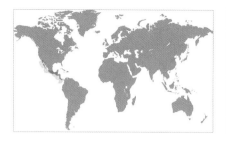

科	鸟蛤科Cardiidae
壳长	20—40 mm
分布	加利福尼亚南部至厄瓜多尔
丰度	常见
深度	潮间带至100 m
习性	沙底和海藻床
食性	滤食性
足丝	缺失

壳长范围
¾ — 1½ in
(20 — 40 mm)

标本壳长
1¼ in
(30 mm)

122

美西草莓鸟蛤
Americardia biangulata
Western Strawberry Cockle
(Broderip and Sowerby I, 1829)

美西草莓鸟蛤中等偏小、近方形，壳上有很多宽阔扁平的放射肋。它是浅水区岩石附近沙质底或者碎石底的常见种，在近海和深水区也有分布。在下加利福尼亚，该物种的化石可追溯至上新世。鸟蛤类由于两壳在一起像心形而曾被归为心蛤。鸟蛤壳形和大小变化大，小型到大型都有，如砗磲（以前归为砗磲科），大部分种类具有放射肋。闭壳肌大小相等。

近似种

大篮扁鸟蛤 *Clinocardium nuttallii*（Conrad，1837），分布在太平洋北部，从日本至加利福尼亚海区，是北太平洋个体最大的鸟蛤，壳长可达 140mm。壳上具有许多粗壮的放射肋。巨肋鸟蛤 *Cardium costatum*（Linnaeus，1758），分布在西非海域，贝壳非常有特色，壳大而宽阔，具有尖锐的、细而中空的放射肋。

美西草莓鸟蛤的贝壳中等偏小，壳质厚，略有光泽、近方形。壳顶突出，位于背部中央，后倾。铰合板很厚，两壳具有不同大小的发达铰合齿。两壳大小和形状相似，前端圆，后端截形。壳表饰有 26 条宽阔扁平的放射肋。壳面黄色，具有棕色的斑点。壳内面白色，着有紫色或红色的斑点。

实际大小

科	乌蛤科Cardiidae
壳长	15—55 mm
分布	红海至印度—西太平洋
丰度	丰富
深度	潮间带至50 m
习性	沙泥底
食性	滤食性
足丝	缺失

壳长范围
⅝ — 2¼ in
(15 — 55 mm)

标本壳长
1½ in
(37 mm)

太平洋陷月乌蛤
Lunulicardia auricula
Pacific Half Cockle
(Niebuhr *in* forsskÅl, 1775)

太平洋陷月乌蛤（耳形乌蛤）的贝壳近梯形，上有一个发达的放射龙骨，龙骨的高大于宽。此种广泛分布在红海至印度—西太平洋，产量丰富，把潮间带的沙质作为庇护所。在澳大利亚西北部被用于商业捕捞。该种没有水管，具有很大的镰形足，能够快速挖掘，尽管该种埋藏得很浅。其肌肉足能够使贝壳从底质中跳起，蹦跳着逃避海星类等敌害。

实际大小

近似种

半心脊乌蛤(半心鸡心蛤)*Fragum hemicardium*(Linnaeus，1758)，分布在红海，贝壳与太平洋陷月乌蛤相似，近梯形，壳上有一条放射龙骨，它比太平洋陷月乌蛤的壳更宽，具有更多的放射肋。心乌蛤 *Corculum cardissa*(Linnaeus，1758)，分布在红海至印度—西太平洋，贝壳背部的前方扁平，后部扩展，壳上具有尖锐的龙骨，使其呈心形。

太平洋陷月乌蛤的贝壳中等大小，壳质结实，膨胀，呈梯形。壳顶突出而尖锐，位于后部。铰合板发达、弯曲，靠近壳顶部增厚。壳顶前部(小月面)深凹陷。两壳大小和形状相似。壳表饰有 18—27 条放射肋，上有圆形瘤状物，有一条尖锐的放射龙骨。壳内外面都呈白色，外表面具有棕色标记。

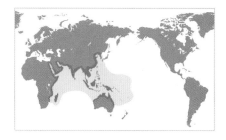

科	鸟蛤科Cardiidae
壳长	40—80 mm
分布	红海至印度—西太平洋
丰度	丰富
深度	潮间带至20 m
习性	珊瑚礁的沙底
食性	滤食性
足丝	有

壳长范围
1½ — 3¼ in
(40 — 80 mm)

标本壳长
1⅝ in
(41 mm)

124

心鸟蛤
Corculum cardissa
True Heart Cockle
(Linnaeus, 1758)

心鸟蛤具有不常见的弯曲状贝壳：贝壳垂直方向急剧扁平，向两侧边缘延伸，形成尖锐的龙骨突，使其呈心形。贝壳一端凹陷，一端凸起。它是珊瑚礁附近的常见物种，高密度分布。其水平栖息在浅水区的沙质底，扁平的一端朝下。两壳很薄，具有小而透明的"窗户"，可使光线照进壳的内部。和亲缘关系相近的砗磲一样，心鸟蛤的外套膜和鳃里有藻类共生，可提供营养给心鸟蛤。其贝壳可用作工艺品。

近似种

女神心鸟蛤 *Corculum dionaeum*（Broderip and Sowerby I，1829），分布在南太平洋，壳形与心鸡蛤相似，但更小些，壳长可达 20mm。它可能是心鸡蛤的同物异名。大砗磲 *Tridacna gigas*（Linnaeus，1758），分布在东印度洋和西太平洋热带，是现存最大的双壳贝类，上有共生的黄藻，可为它提供能量从而使它生长更快。

实际大小

心鸟蛤的贝壳中等大小，很薄，前后扁平，但横向急剧扩展，呈心形。两壳壳顶重叠并急剧弯曲。两壳大小和形状不同，形状多样。壳表饰有放射肋，壳的边缘具有发达的带刺突的龙骨。壳面颜色多变，有白色、黄色和粉色，壳内面颜色和壳外面相似。

科	鸟蛤科Cardiidae
壳长	100—125 mm
分布	毛里塔尼亚至安哥拉
丰度	不常见
深度	近海至70m
习性	沙底
食性	滤食性
足丝	缺失

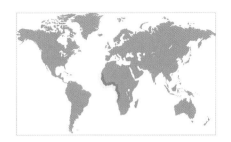

壳长范围
4 — 5 in
(100 — 125 mm)

标本壳长
4¼ in
(107 mm)

巨肋鸟蛤
Cardium costatum
Great Ribbed Cockle
Linnaeus, 1758

　　巨肋鸟蛤（女神鸟尾蛤）具有引人注目的贝壳，由于其具有粗壮的龙骨状放射肋而很容易被辨认。它沿着非洲的西海岸分布，遍布毛里塔尼亚至安哥拉海区，埋藏在近海的软泥底质。偶尔成千上万的个体会被暴风雨冲到海岸。在安哥拉的罗安达上新世的沉积物中，古贝壳形状的沉积物含量丰富，实际现生贝类很稀有。

巨肋鸟蛤的贝壳很大，薄，两壳膨胀，后端具有开口。该物种最与众不同的特点是每个壳都具有16—17个粗壮的龙骨状放射肋，使每条放射肋形状都接近三角形。壳内宽阔的扁平凹槽和壳面放射肋相对应。壳表的放射肋和同心生长纹交织。铰合板长、近直线形，具有发达的主铰合齿和侧铰合齿。壳面纯白色或者灰白色，放射肋之间部分橙棕色。

近似种

　　印度鸟蛤 *Cardium indicum* Lamarck，1819，分布在西地中海和西北非海区，与巨肋鸟蛤的区别在于壳前部和后部的放射肋具有鳞片，壳上有一个宽阔的裂口，呈粉红色或浅黄褐色。多刺糙鸟蛤 *Trachycardium egmontianum* （Shuttleworth，1856），分布在北卡罗来纳州至巴西海域，是一种常见的物种，具有粗壮的轴状放射肋，上有覆瓦状鳞片。巨鸟蛤 *Plagiocardium pseudolima*（Lamarck，1819），分布在印度—太平洋，是个体最大的鸟蛤之一，心形，壳上有许多宽阔的扁平覆瓦状放射肋。

实际大小

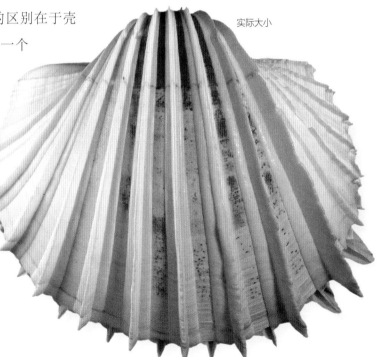

科	鸟蛤科Cardiidae
壳长	70—150 mm
分布	红海至印度—西太平洋
丰度	常见
深度	浅潮下带至近海
习性	泥沙底
食性	滤食性
足丝	缺失

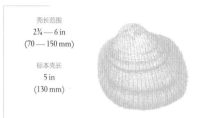

壳长范围
2¾ — 6 in
(70 — 150 mm)

标本壳长
5 in
(130 mm)

126

巨鸟蛤
Plagiocardium pseudolima
Giant Cockle
(Lamarck, 1819)

巨鸟蛤是鸟蛤类个体最大的物种之一（除了最近被归为鸟蛤科的砗磲）。大部分壳长为 150mm 左右，目前已知的最大标本采自莫桑比克，长度达 181mm。此种在分布区域被当地人采集当作食物。和其他的鸟蛤一样，巨鸟蛤具有发达的足，非常活跃和好动。鸟蛤的典型特征是具有粗壮的放射肋以及具有向外弯曲的铰合齿的铰合部。壳内具有两个闭壳肌痕。

近似种

大西洋大鸟蛤 *Dinocardium robustum* （Lightfoot，1786），分布在弗吉尼亚州至得克萨斯州和墨西哥海域，是另外一种大型鸟蛤，可以作为食物。壳高大于壳宽，呈斜卵圆形。花纸鸟蛤 *Papyridea soleniformis* （Bruguière，1789），分布在佛罗里达州至巴西海域，也分布在东大西洋，具有很薄、长卵圆形的贝壳。它生活在浅水区域的海藻床中。

实际大小

巨鸟蛤的贝壳非常大，壳质重，两壳膨胀，呈心形。两壳均是各自的镜像（完全一致），具有很大的圆形的壳顶突。壳表饰有 36—40 条扁平的放射肋，肋上中部至腹缘具有杯状棘突。同心生长纹和放射肋交错。壳皮上具毛刺，对应着放射肋上的棘突。壳面淡黄色至红棕色，近腹缘具有紫罗兰的同心色带。壳内面白色。

科	鸟蛤科Cardiidae
壳长	150—400 mm
分布	热带印度—西太平洋
丰度	常见
深度	潮间带至6m
习性	硬质底（幼体）；沙质底（成体）
食性	食共生海藻
足丝	成体缺失

壳长范围
6 — 16 in
(150 — 400 mm)

标本壳长
5¾ in
(147 mm)

127

砗磲
Hippopus hippopus
Bear Paw Clam
(Linnaeus, 1758)

砗磲是壳表饰纹最发达的三角形砗磲类动物。其壳形及壳上的几条发达的放射肋、肋间鳞片突起，使它很容易跟其他砗磲区分开。幼体通过足丝附着在硬基质上，但随着个体长大，足丝逐渐脱落，成体在沙质底自由生活。砗磲被采集作为食物和贝壳工艺品。现存砗磲有 9 种，归为两个属：砗磲属 *Hippopus* 有 2 个物种；砗磲属 *Tridacna* 有 7 个物种。后者过去被归为独立的科——砗磲科 Tridacnidae，但近期的研究发现它还是属于鸟蛤科。

近似种

瓷砗磲 *Hippopus porcellanus* Rosewater，1982，分布在菲律宾、印度尼西亚和新几内亚海域。其具有更薄的贝壳，以及半圆形的轮廓和稍微扁平的光滑的放射肋。无鳞砗磲 *Tridacna derasa*（Röding，1798），分布在西太平洋热带海区，贝壳光滑，也是栖息最深的砗磲之一，可达 35m 深。

实际大小

砗磲的贝壳很大，非常厚重，呈三角卵球形。壳表饰有 7—12 条主放射肋和具有很多短鳞片的细肋。铰合部大约为壳长的一半，腹缘（终生保持直立）很长，呈波纹状。幼体具有足丝孔，但成体几乎关闭。壳面乳白色，具紫色和棕色斑点，壳内面白色。

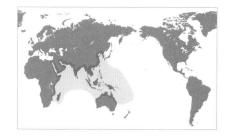

科	鸟蛤科Cardiidae
壳长	150—450 mm
分布	夏威夷以外的印度—太平洋
丰度	产地常见
深度	潮间带至10m
习性	受保护区域的珊瑚礁
食性	食共生海藻
足丝	有

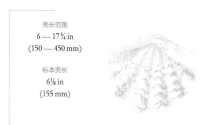

壳长范围
6 — 17¾ in
(150 — 450 mm)

标本壳长
6⅛ in
(155 mm)

128

鳞砗磲
Tridacna squamosa
Fluted Giant Clam

Lamarck, 1819

鳞砗磲的重量位于鸟蛤科第二位，仅次于大砗磲 *Tridacna gigas*（Linnaeus，1758）。它在干净的浅水区域生活，终生附着在珊瑚礁上。和其他的砗磲一样，被采集用作食物，贝壳可作为商品进行贸易。由于过度捕捞，曾经产量丰富的砗磲类动物已经处于濒危状态，1983年通过了关于禁止采集其贝肉和贝壳的全球禁令。从那以后，其水产养殖业得到逐步发展，不仅改善了生态环境，生产的肉还可以作为食物。砗磲在水产养殖业中越来越受欢迎。

鳞砗磲的贝壳非常大，壳质厚重，半圆形。两壳在幼体时略扁平，成体时明显膨胀。足丝孔中等大小，上有6—8条细皱镶边。壳表饰有5—6条宽阔的放射肋，上有锋利的刀片状同心鳞片，鳞片很脆、易碎。壳表通常灰白色，有时分布有橙色或者黄色斑点，壳内面瓷白色。

近似种

大砗磲 *Tridacna gigas*（Linnaeus，1758），分布在东印度洋和西太平洋热带海区，是最大和最重的带壳软体动物。壳和鳞砗磲相似，但缺少叶片状的鳞片，腹缘更弯曲。无鳞砗磲 *Tridacna derasa*（Röding，1798），分布在西太平洋，是砗磲中第二大的品种，重量却比稍小于其的鳞砗磲轻。

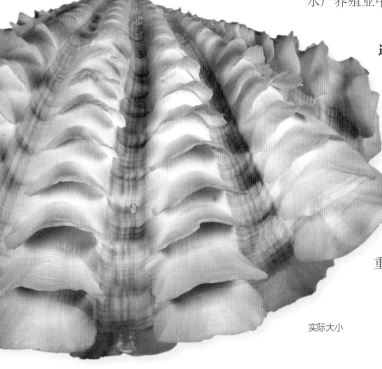

实际大小

科	鸟蛤科Cardiidae
壳长	170—350 mm
分布	红海至印度—西太平洋
丰度	常见
深度	浅潮下带至20m
习性	固定在浅水区域的珊瑚礁中
食性	食共生海藻
足丝	有

壳长范围
6½ — 14 in
(170 — 350 mm)

标本壳长
6½ in
(171 mm)

长砗磲
Tridacna maxima
Elongate Giant Clam
(Röding, 1798)

长砗磲通过挖掘珊瑚中的浅凹地，可部分或全部嵌入该基质中生活，幼体和成体均通过足丝附着其中。它是砗磲中最长的种类。砗磲幼体时为滤食性，随着逐渐长大，它们和生活在其大的外套膜中的一种藻类（zooxanthellae）形成了共生系统。砗磲最佳的生活环境为干净的浅温水。其腹缘开口很大，使其外套膜可暴露在阳光下生活。共生海藻得到了保护，砗磲也得到了藻类制造的营养。

长砗磲的贝壳很大，壳质厚重，长卵圆形。壳表饰有 6—12 条宽阔而凸起的放射褶皱，中间的 5—6 条放射褶皱更强壮；每个放射褶皱上均具有间隔大而低的、竖立的同心鳞片。铰合部长度小于壳长的一半，足丝孔很大，边缘具有褶皱。壳内和壳表面均呈灰白色，有时着有粉橘色或者黄色斑点。

近似种

番红砗磲 *Tridacna crocea* Lamarck，1819，分布在东印度洋和西太平洋，贝壳与长砗磲相似，但更小一些，形状更接近三角卵圆形。也终生靠足丝附着生活。鳞砗磲 *Tridacna squamosa* Lamarck，1819，分布广泛，从红海至印度—西太平洋都有分布，具有一个与众不同的具刀片状鳞片的贝壳。

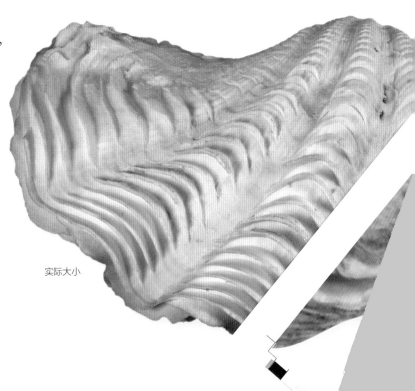

实际大小

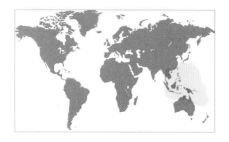

科	鸟蛤科Cardiidae
壳长	300—1370 mm
分布	东印度洋及热带西太平洋
丰度	以前很常见
深度	2—20m
习性	珊瑚礁附近的沙质底
食性	食共生海藻
足丝	成体缺失

壳长范围
12 — 54 in
(300 — 1 370 mm)

标本壳长
30¼ in
(756 mm)

130

大砗磲
Tridacna gigas
Giant clam
(Linnaeus, 1758)

大砗磲是最大和最重的现生双壳贝类；壳长可达1370mm，大部分标本壳长可达最大壳长的一半。除了其无与伦比的壳长，其长三角形腹缘也很容易被识别出来。大砗磲雌雄同体，大个体一个季度可产超过1亿粒卵。著名的安拉珍珠就产自大砗磲，源于砗磲内不规则、无光泽的核珠，它是世界上最大的珍珠，直径达到240mm。大部分砗磲种类都很容易受到破坏，应避免国际交易而给予保护。

近似种

长砗磲 *Tridacna maxima*（Roding，1798），分布在红海至印度—西太平洋热带海区，嵌入珊瑚礁的底质中生活。它的外套膜鲜艳，色彩变化多样。砗磲 *Hippopus hippopus*（Linnaeus，1758），分布在印度—西太平洋热带海区，是砗磲中最接近三角形的种类；有几个褶状放射肋。

实际大小

大砗磲贝壳超级大，壳质结实、厚重，两壳膨胀、亚卵圆至扇形。两壳大小形状相似，上有 4—6 个深的放射褶，褶皱上有细弱的放射沟纹，与同心生长纹交织。壳腹缘突出，呈三角形。壳面白色，经常被厚重的海洋碎屑覆盖。壳内面瓷白色。

科	帘蛤科Veneridae
壳长	3—5 mm
分布	新斯科舍—得克萨斯州和巴哈马群岛
丰度	产地丰富
深度	潮间带至5 m
习性	海湾和河口
食性	滤食性
足丝	有

壳长范围
⅛ — ¼ in
(3 — 5 mm)

标本壳长
⅛ in
(3 mm)

宝石文蛤
Gemma gemma
Amethyst Gem Clam
(Totten, 1834)

宝石文蛤是帘蛤科个体最小的种类之一。栖息在海湾和河口的泥滩，密度可达 100000 个 /m²。它具有一个简单的足丝，使壳固定在软沉积质上。其在东大西洋分布广泛，和牡蛎一起不慎被引入加利福尼亚和华盛顿，被当作入侵物种。尽管宝石文蛤不具有威胁性，但作为入侵者可能替代当地的蛤类。帘蛤科是现存双壳类中种类数最多的，全球现存物种约有 800 种，温带和热带海区都有分布。

近似种

微小帘蛤 *Parastarte triquetra*（Conrad，1846），分布在佛罗里达州至得克萨斯州海域，是另外一种非常小的帘蛤科贝类，其壳和宝石文蛤相似，但是更高一些，壳色为黄褐色或棕色。蛋糕帘蛤 *Bassina disjecta*（Perry，1811），是澳大利亚南部海区的地方性种，壳表具有宽阔的具鳞片的同心肋。

宝石文蛤贝壳很小，壳质薄而结实，膨胀。贝壳的形状多变，呈阔卵形或三角形，壳高和壳宽相等。壳顶位于背部中央附近，壳面光滑且具光泽，具有同心生长纹。壳色多变，灰色至淡紫色，壳顶突附近紫色，壳内侧白色。

实际大小

科	帘蛤科Veneridae
壳长	30—80 mm
分布	墨西哥西部至秘鲁
丰度	常见
深度	潮间带至25 m
习性	沙质底的底栖动物
食性	滤食性
足丝	缺失

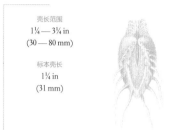

壳长范围
1¼ — 3¼ in
(30 — 80 mm)

标本壳长
1¼ in
(31 mm)

132

长刺卵蛤
Pitar lupanaria
Spiny Venus
(Lesson, 1830)

长刺卵蛤是色彩最绚丽的蛤类之一，具有长而直的棘刺，贝壳色彩丰富。它是帘蛤科卵蛤属中仅有的几个壳上具有棘刺的物种之一，其中又以长刺卵蛤的棘刺最长；卵蛤属中其他的多数物种不具棘刺。本种埋于浅水的沙质底生活，水管周围的触须朝上露在外面。触须可以保护水管而不被猎食者捕食。特别是暴风雨过后，长刺卵蛤通常被冲到沙质海滩上。

近似种

短刺卵蛤 *Pitar dione*（Linnaeus，1758），分布于佛罗里达州至委内瑞拉海域，是加勒比海长刺卵蛤的姐妹种，和长刺卵蛤相比，通常具有更短的棘刺，但在壳形和大小上非常相似。网纹皱纹蛤 *Periglypta reticulata*（Linnaeus，1758），分布非常广泛，从红海至夏威夷都有分布，是一种大型帘蛤，被当地人采捕可供食用。其壳结实，上有发达的同心鳞片。

实际大小

长刺卵蛤贝壳中等大小，壳质结实、中等厚度，膨胀，三角卵圆形。壳上具有宽的直立同心肋，越靠前越发达，后端2行同心肋退化成2行短的尖锐的棘刺。壳顶突出，前倾。壳表呈乳白色至桃红色，带有紫罗兰色，在体刺基部具有紫罗兰色的斑块；壳内面白色。

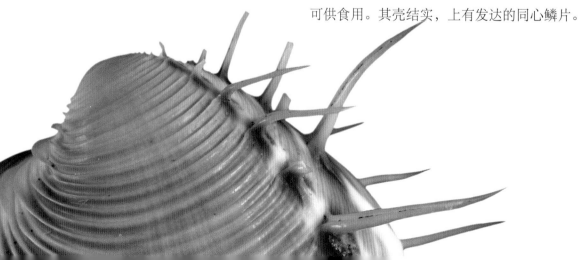

科	帘蛤科Veneridae
壳长	30—60 mm
分布	红海至印度—太平洋
丰度	常见
深度	潮下带浅水区至25m
习性	珊瑚礁的沙质底
食性	滤食性
足丝	缺失

壳长范围
1¼ — 2½ in
(30 — 60 mm)

标本壳长
1¾ in
(44 mm)

133

光壳蛤
Lioconcha castrensis
Camp Pitar Venus
(Linnaeus, 1758)

光壳蛤（秀峰文蛤）的壳非常漂亮，深受收藏家喜爱。它是印度—太平洋珊瑚礁区域的浅沙质底的常见物种。在一些国家，它被捕捞以供食用，其贝壳可作为工艺品。和很多底栖双壳类一样，它的足可插入沙中，类似锚的功能；足可改变形状，缩足使壳进入沙子中。帘蛤科包括形状多样、大小不同的物种，其中很多种是重要的经济种。

近似种

长刺卵蛤 *Pitar lupanaria*（Lesson，1830），分布在墨西哥西部至秘鲁海区，其长刺特征很容易被区分。盘镜蛤 *Dosinia discus*（Reeve，1850），分布在西大西洋海域，是具有近卵形及扁平壳形的几种帘蛤科物种之一。

光壳蛤贝壳重、近卵圆形，壳宽大于壳高。壳顶突出且呈圆形，位于壳的前半部分。壳表光滑且有光泽，具有细小的生长线。两壳大小和形状相等，略微膨胀。铰合板强壮，每个壳具有3枚主铰合齿（前侧面的铰合齿更加发达）。壳内面光滑且有光泽，呈白色，具有非常浅的外套线。壳面呈乳白色，具有大的帐篷状的棕色或黑色花纹。

实际大小

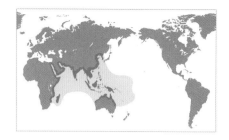

科	帘蛤科Veneridae
壳长	35—80 mm
分布	红海至热带印度—西太平洋
丰度	常见
深度	潮间带至20m
习性	浅泥滩和沙质底
食性	滤食性
足丝	缺失

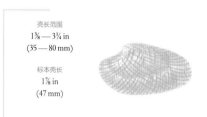

壳长范围
1⅜ — 3¼ in
(35 — 80 mm)

标本壳长
1⅞ in
(47 mm)

134

织锦巴非蛤
Paphia textile
Textile Venus
(Gmelin, 1791)

织锦巴非蛤 贝壳中等大小，壳质结实，略微膨胀，长椭圆形。壳顶突且明显靠前，位于背部前端约1/3处。两壳的大小和形状一致，无开口。后缘直，腹缘略有弯曲。壳表光滑且有光泽，仅有细弱的同心生长线。壳面奶油色至红棕色，带有浅棕色的锯齿形花纹，壳内面呈白色。

织锦巴非蛤的分布范围非常广泛，从红海至印度—西太平洋热带海区都有。它是通过苏伊士运河向北迁移至地中海的几个物种之一，是东地中海的深水区软体动物种群的优势种。在正常情况下，织锦巴非蛤与波纹巴非蛤 *Paphia undulata*（Born，1778）共同生活，在相关文献中，两者经常被混淆。

近似种

多雨大仙女蛤 *Macrocallista nimbosa*（Lightfoot，1786），分布在北卡罗来纳州至墨西哥湾海域，是帘蛤科个体最大的物种之一，壳长可达180mm，其壳像一个巨型的织锦巴非蛤。美洲住石蛤 *Petricola pholadiformis*（Lamarck，1818），分布在加拿大东部至西印度洋，其钻进黏土和软岩石中生活，贝壳和一种俗称"天使之翼"[羽翼海笋 *Cyrtopleura costata*（Linnaeus，1758）]的海笋相似。

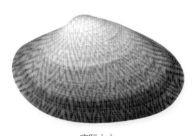

实际大小

科	帘蛤科Veneridae
壳长	25—70 mm
分布	加拿大东部至西印度群岛，引入大西洋东部
丰度	常见
深度	潮间带至8m
习性	钻入黏土和软岩石中
食性	滤食性
足丝	成体缺失

壳长范围
1 — 2¾ in
(25 — 70 mm)

标本壳长
2 in
(51 mm)

135

美洲住石蛤
Petricola pholadiformis
False Angel Wing
(Lamarck, 1818)

美洲住石蛤原产于大西洋西北部，分布在加拿大东部至西印度群岛和墨西哥湾。18世纪后期，它和牡蛎一起被引进大西洋东部。它潜入潮间带和潮下带浅水区的泥炭、泥土、黏土或者石灰岩中生活。由于钻入硬基质中生活而使其壳形变得不规则。它的壳和更大更具吸引力的海笋——羽翼海笋 *Cyrtopleura costata*（Linnaeus，1758）的相似。美洲住石蛤被采捕以供食用或者作为诱饵。近期研究表明，这种贝类可作为一个单独的科——住石蛤科，隶属于帘蛤科。

近似种

星状住石蛤 *Petricola stellae* Narchi，1975分布在巴西至乌拉圭海域，具有与美洲住石蛤相似的壳，但是个头更小，放射肋更少，解剖结构不同。一些标本栖息在被潮间带多毛类 (*Phragmatopoma lapidosa*) 覆盖的礁石上。平行翼住石蛤 *Petricola parallela*（Pilsbry and Lowe，1932），分布在北卡罗来纳州至尼加拉瓜海域，是住石蛤属中贝壳最细长的物种。

实际大小

美洲住石蛤贝壳中等大小，易碎，膨胀，长卵圆形。壳顶低，位于前部。铰合板狭窄，左右两壳分别具有2枚和3枚铰合齿（这个特征有助于区别于缺少铰合齿的海笋）。壳表具有大约60条放射肋，以及交错的同心生长线，前端的10条比其他的放射肋更强壮。壳面垩白色或者灰白色，偶尔为粉色。

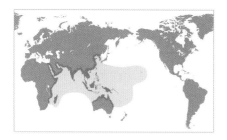

科	帝蛤科Veneridae
壳长	50—100 mm
分布	红海至印度—太平洋
丰度	常见
深度	潮间带至25m
习性	珊瑚礁附近的沙泥底
食性	滤食性
足丝	缺失

壳长范围
2—4 in
(50—100 mm)

标本壳长
2⅛ in
(54 mm)

136

网纹皱纹蛤
Periglypta reticulata
Reticulate Venus
(Linnaeus, 1758)

网纹皱纹蛤分布范围较广，从红海至印度—太平洋都有分布。其贝壳很大，颜色和形状多变，近圆形至正方形。它是潮间带至浅水区域常见的物种，通常在珊瑚礁附近的沙质或者泥质底营底栖生活。其两壳密闭，因此，网纹皱纹蛤需要轻微打开双壳以使水管伸出到沉积质的表面。外套膜边缘形成"之"字形的封口，可以使外套腔关闭得严严实实，仅水管处形成开口。

近似种

多肋皱纹蛤 *Periglypta multicostata*（Sowerby I，1835），分布于下加利福尼亚至秘鲁和加拉帕戈斯群岛海域，是帘蛤科个体最大的物种之一，壳长可达150mm，其壳具有发达的脊状同心生长纹。硬壳蛤 *Mercenaria mercenaria*（Linnaeus，1758），分布在加拿大东部至墨西哥湾海域，也具有很大的贝壳，饰有同心脊状生长纹。以上两个物种均可作为食物。

网纹皱纹蛤贝壳中等偏大，壳质厚而结实，壳面膨胀、近圆形至方形。壳顶大，前端扁平。铰合板宽阔，两壳均具有3枚发达的铰合齿。壳表饰有波浪状的同心生长线，和放射肋交织呈网格状。壳表奶油色，带有棕色褐斑，壳内面白色，铰合部橙色。

实际大小

科	帘蛤科Veneridae
壳长	40—75 mm
分布	新南威尔士州至南澳大利亚
丰度	常见
深度	潮下带浅水区至50m
习性	沙泥底滩
食性	滤食性
足丝	成体缺失

壳长范围
1½ — 3 in
(40 — 75 mm)

标本壳长
2½ in
(63 mm)

137

蛋糕帘蛤
Bassina disjecta
Wedding Cake Venus
(Perry, 1811)

蛋糕帘蛤具有漂亮而独特的贝壳,呈圆形和三角形,同心肋上镶有薄片。通常分布在热带和温带水域潮下带浅水区的沙泥底滩。它埋藏很浅,壳的后缘接近泥滩表面。它具有两个水管,一个进水管,一个出水管,可使其一直埋在沉积质中,通过纤毛摆动使水循环起来。肋上的鳞片可使贝壳在细泥沙中保持稳定。

近似种

厚叶帘蛤 *Bassina pachyphylla*(Jonas,1839),分布范围和蛋糕帘蛤相似, 但贝壳的形状、颜色和雕刻是非常不同的。壳面光滑,具有浅或者黑棕色的放射带。长刺卵蛤 *Pitar lupanaria*(Lesson,1830),分布在墨西哥西部至秘鲁海域,贝壳有光泽、三角卵圆形,后缘有两排放射状长棘和竖直的同心肋。

蛋糕帘蛤贝壳中等大小,壳薄但结实,两壳扁平,三角卵圆形,其最显著特点是具有间隔较宽的薄片状同心生长纹,生长纹的后部弯曲而上折。壳顶很小,前倾。两壳大小和形状一致。壳面白色,有时在鳞片的下边具有粉红色,壳内面呈白色。

实际大小

科	帘蛤科Veneridae
壳长	60—100 mm
分布	红海至印度—西太平洋
丰度	常见
深度	潮间带至20m
习性	沙质底
食性	滤食性
足丝	缺失

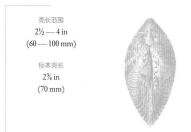

壳长范围
2½ — 4 in
(60 — 100 mm)

标本壳长
2¾ in
(70 mm)

138

棕带仙女蛤
Callista erycina
Reddish Callista
(Linnaeus, 1758)

棕带仙女蛤是一种栖息在潮间带和浅水区域的帘蛤，可埋栖于沙质底。其贝壳有华丽光泽，壳上具有稍凸起的扁平同心肋纹，饰有断续的棕色和褐色放射线。此种在当地被采集作为食物，但不是主要的经济种类。帘蛤科缺少特别的环境适应机制，通常在结构上具有一致性。棕带仙女蛤具有一对大小相似的闭壳肌。帘蛤科动物两壳大小和形状通常一致，个体间大小相差很大，差别可达 100 倍，壳长从 1.5mm 到超过170mm 都有。

近似种

光滑仙女蛤 *Callista chione*（Linnaeus，1758），分布在不列颠群岛至西北非和地中海海区，具有很大的壳，和棕带仙女蛤的壳形态相似，但更光滑，在地中海地区已被商业开发。厚重镜蛤 *Dosinia ponderosa*（Gray，1838），分布在下加利福尼亚至秘鲁和加拉帕戈斯群岛海区，具有厚重的贝壳，在史前被美洲原著民采集作为食物，也用作工具。

实际大小

棕带仙女蛤贝壳中等偏大，壳质厚重，两壳膨胀、圆形。壳顶很大，圆形，位于前方。铰合板很厚，两壳分别具有 3 枚铰合齿和相对长的外韧带。壳表饰有凸出的同心线，形成宽而凸出的肋纹。壳内侧光滑，具有 2 个大的闭壳肌痕。壳表呈淡黄色，饰有棕色放射线，壳内面为白色，边缘橙色。

科	帘蛤科 Veneridae
壳长	75—150 mm
分布	加拿大东部至墨西哥湾
丰度	常见
深度	潮间带至15m
习性	近海草的软底
食性	滤食性
足丝	缺失

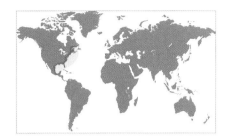

壳长范围
3 — 6 in
(75 — 150 mm)

标本壳长
4⅛ in
(104 mm)

139

硬壳蛤
Mercenaria mercenaria
Northern Quahog
(Linnaeus, 1758)

硬壳蛤是美国东海岸主要的养殖蛤类，在价值上仅次于牡蛎，排在第二位。该种被美国土著居民作为食物已有数千年历史，海岸线上有大量的硬壳蛤贝壳。常用的名字"quahog"，是美国土著居民对该种的称呼。土著居民使用硬壳蛤的壳制作被称作贝壳念珠的小珠子，可当作货币；紫色的念珠由其外套窦周围的贝壳制成，具有特别的价值。学名 *Mercenaria mercenaria* 来源于拉丁文，意为"工资"，故也称"薪蛤"。该壳也是罗德岛州的州贝。

硬壳蛤的贝壳很大，壳质厚重，三角卵圆形。壳顶突大，圆形，向前扭曲。两壳大小和形状一致，除壳中央外，遍布密集粗糙的同心皱纹，成贝壳光滑。腹缘细齿状。壳表呈深灰色至灰白色，壳内面为白色，通常在边缘着有紫色。

近似种

墨西哥硬壳蛤 *Mercenaria campechiensis*（Gmelin，1791），分布在美国新泽西州至中美洲海域，和硬壳蛤在壳表雕刻和形状上相似，但全壳遍布同心皱纹，尺寸更大。曾经被当作硬壳蛤的亚种，但是分子生物学的研究确定它是一个独立的种。

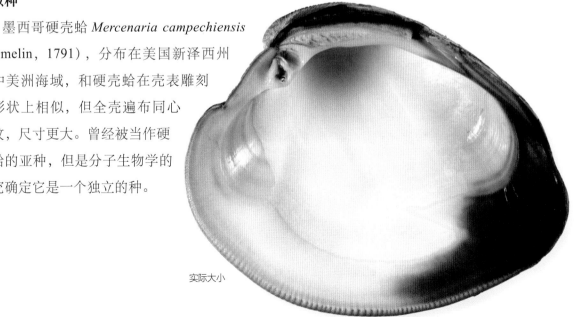

实际大小

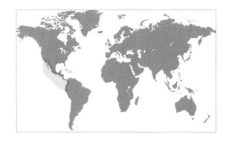

科	帘蛤科Veneridae
壳长	75—150 mm
分布	下加利福尼亚至秘鲁和加拉帕戈斯群岛
丰度	常见
深度	3—60 m
习性	泥沙底和海草
食性	滤食性
足丝	成体缺失

壳长范围
3 — 6 in
(75 — 150 mm)

标本壳长
5 in
(129 mm)

140

厚重镜蛤
Dosinia ponderosa
Ponderous Dosinia
(Gray, 1838)

厚重镜蛤是镜蛤属、甚至帘蛤科中个体最大的物种之一。史前时代，美洲印第安人经常打开壳的腹缘，以用作工具。但是，它更常被采集以供食用。厚重镜蛤埋栖在靠近海草的泥质底或沙质底。它是浅水区域常见种，在秘鲁北部和厄瓜多尔的上新世和中新世化石层中常见。

近似种

盘镜蛤 *Dosinia discus*（Reeve，1850），分布在弗吉尼亚至得克萨斯州和巴哈马群岛海域，与厚重镜蛤壳形相似，但壳更小，饰有细小的同心生长纹。棕带仙女蛤 *Callista erycina*（Linnaeus，1758），分布在红海至西太平洋，具有很大、很厚的三角卵圆形贝壳，以及发达的同心生长纹和不同颜色的放射带。

实际大小

厚重镜蛤贝壳很大，壳质厚重，两壳稍膨胀、近圆形。壳顶尖，急剧前倾，位于厚铰合板的中间。两壳大小和形状一致，中心部分光滑且有光泽，饰有同心生长纹。壳内面光滑，具有 2 个大小和形状不同的闭壳肌痕。壳面白色，壳皮褐色，壳内面为白色。

科	樱蛤科Tellinidae
壳长	8—15 mm
分布	北卡罗来纳州至巴西
丰度	丰富
深度	5—180 m
习性	沙质底、近海
食性	滤食性
足丝	缺失

小豆细纹樱蛤
Strigilla pisiformis
Pea Strigilla
(Linnaeus, 1758)

壳长范围
⅜ — ⅝ in
(8 — 15 mm)

标本壳长
⅖ in
(11 mm)

小豆细纹樱蛤是近海产量丰富的小型蛤类，在巴哈马群岛经常被大量冲到海岸上。尤其在佛罗里达州，贝壳经常被用作工艺品。它具有和细纹樱蛤属其他物种相似的饰纹。樱蛤动物具有两个大小相同的闭壳肌，但是形状不同。它们挖掘速度很快，能深深地埋在软质底生活；具有很长的水管，水管扩展后可超过壳长的 5 倍。全球樱蛤科现存物种约有 350 种。

近似种

奇异细纹樱蛤 *Strigilla mirabilis*（Philippi，1841），分布在北卡罗来纳州至巴西海域，和小豆细纹樱蛤具有相同大小的贝壳和相似的壳面雕刻，但是为亚卵圆形，后缘有 4—6 个褶皱。叶樱蛤 *Phylloda foliacea*（Linnaeus，1758），分布在印度—西太平洋海区，具有大型宽阔的卵圆形贝壳，可供食用，贝壳被用作工艺品。

小豆细纹樱蛤贝壳很小，壳质薄，两壳膨胀，卵圆形。壳面光滑，饰有倾斜细纹，后缘具有 2 个褶皱。铰合部狭窄，韧带短。壳顶粉红色，位于前端。壳表呈白色；壳内面白色，在壳内最深的部分略带有粉红色。

实际大小

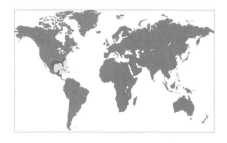

科	樱蛤科Tellinidae
壳长	25—40 mm
分布	北卡罗来纳州至中美洲
丰度	不常见
深度	潮间带至10 m
习性	沙质底
食性	悬浮物食性
足丝	缺失

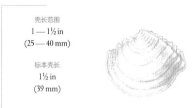

壳长范围
1 — 1½ in
(25 — 40 mm)

标本壳长
1½ in
(39 mm)

142

白冠樱蛤
Tellidora cristata
White Crested Tellin
(Récluz, 1842)

白冠樱蛤具有独特的形状：壳呈三角形，腹缘圆形，前缘和后缘呈锯齿状，这些特征使该物种很容易与其他种区分。和其他樱蛤动物不同，白冠樱蛤浅埋在软沉积质底，分布在海湾、潟湖以及河口，以悬浮颗粒为食。它是一种不常见的物种。由于生物量丰富，大部分樱蛤在生态上起重要作用，很多种类被人类或动物食用。该科的化石可追溯到白垩纪。

近似种

伯氏樱蛤 *Tellidora burneti*（Broderip and Sowerby I，1829），分布在加利福尼亚湾至厄瓜多尔海域，是太平洋同源种，壳比白冠樱蛤略大，但形状相似。辐射樱蛤 *Tellina radiata* Linnaeus，1758，分布在南卡罗来纳州至巴西海区，贝壳很大，具有宽的粉红色放射肋，类似日出的景象，因此又被称为日出樱蛤。

白冠樱蛤贝壳小而薄、非常扁平、三角形。壳顶突出，位于壳的中央。铰合线狭窄，韧带相当短。两壳的大小相似，但是左壳比右壳更扁平。壳上饰有细小却尖锐的同心生长线，在前缘和后缘具有少量的锯齿。壳内外面均呈纯白色。

实际大小

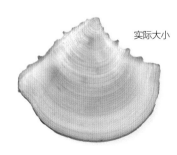

科	樱蛤科Tellinidae
壳长	50—105 mm
分布	南卡罗来纳州至巴西
丰度	常见
深度	潮间带至100 m
习性	沙质底底栖动物
食性	悬浮物食性
足丝	缺失

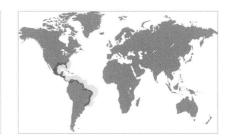

壳长范围
2 — 4⅛ in
(50 — 105 mm)

标本壳长
2⅞ in
(73 mm)

辐射樱蛤
Tellina radiata
Sunrise Tellin
Linnaeus, 1758

辐射樱蛤是樱蛤科中个体最大的物种之一，在浅水中比较常见，经常埋栖于沙质中。其壳美观，呈白色，上有粉红色的放射肋，类似日出时的景象，因此又被称为日出樱蛤。全球知名的壳牌石油公司是以扇贝（以欧洲物种朝圣大扇贝 *Pecten jacobaeus* 为基础）为徽标而家喻户晓的，而在 1900 年，这个公司被称作壳牌运输贸易公司，公司徽标是以辐射樱蛤为基础设计的。这个有名的红黄扇贝徽标在 1904 年被采用，随着时间变化而设计成现今的形状和颜色。

近似种

黑斑樱蛤 *Tellina cumingii* Hanley，1844，分布在墨西哥的加利福尼亚半岛至哥伦比亚海域，贝壳延长，后端收窄，饰有细致的片状同心线。梦幻樱蛤 *Tellina magna* Spengler，1798，分布在北卡罗来纳州至西印度群岛海区，可能是现存个体最大的樱蛤动物，壳长超过 140mm。

辐射樱蛤贝壳在樱蛤科中相对较大，壳质坚厚，壳面光滑，长卵圆形。前缘呈圆形，后缘略收窄。两壳通常光滑、非常光亮，具有细小的同心纹。壳内2 个大的闭壳肌痕接近铰合部。壳面白色，具有粉红或玫瑰色的放射肋和鲜红的壳顶。壳内面发红，中央呈黄色，腹缘的颜色跟壳表接近。

实际大小

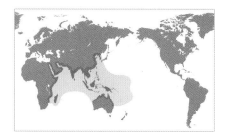

科	樱蛤科Tellinidae
壳长	75—100 mm
分布	波斯湾至印度—西太平洋
丰度	产地常见
深度	潮间带至50 m
习性	沙泥质底
食性	碎屑食性和滤食性
足丝	缺失

壳长范围
3—4 in
(75—100 mm)

标本壳长
3½ in
(87 mm)

144

叶樱蛤
Phylloda foliacea
Foliated Tellin
(Linnaeus, 1758)

叶樱蛤具有大且颜色漂亮的贝壳，主要分布在潮间带至50m水深的沙质底。樱蛤科动物在底质沉积物中埋藏很深，贝壳水平栖息。两个长水管分开且具有不同的功用，进水管比出水管更长。进水管吸收沉积物表面的有机碎片，如吸尘器一样。

近似种

分布于西大西洋的两种很小的白色樱蛤，在背缘都具有发达的细褶皱。一种是鳞片樱蛤*Phyllodina squamifera*（Deshayes，1855），分布在北卡罗来纳州至巴西海域，另一种是白冠樱蛤*Tellidora cristata*（Récluz，1842），分布在北卡罗来纳州至中美洲海域。前者贝壳呈三角形，腹缘圆形；后者呈长卵圆形。

实际大小

叶樱蛤贝壳很大，壳质轻而薄，两壳极扁平，呈宽阔的三角形。壳顶很小，位于中心，铰合部狭窄，右壳具有2枚铰合齿，左壳没有。两壳开口略靠前，前部呈圆形，后部呈截形。两壳具有细致的同心生长纹，后缘具有倾斜的脊突和几个刺状棘突。壳表呈黄橙色或者红色，壳内着有粉色。

科	斧蛤科Donacidae
壳长	12—25 mm
分布	弗吉尼亚至墨西哥湾西部
丰度	产地季节性丰富
深度	潮间带至0.3 m
习性	沙质海滩
食性	滤食性
足丝	缺失

壳长范围
½ — 1 in
(12 — 25 mm)

标本壳长
⅝ in
(17 mm)

多变斧蛤
Donax variabilis
Coquina Donax
Say, 1822

多变斧蛤生活在裸露的沙质海滩的碎浪带。这种小型的浅层埋栖型贝类在沙滩上可随着波浪的波动上下移动，波浪消退后又会快速把自己重新埋藏起来。不同多变斧蛤个体的颜色差异很大。生物学家认为这种多样性是适应防止被猎食的结果，以阻止鸟类（主要猎食者之一）对这个物种的单一颜色形成固定印象而进行目标搜索。此种极易被人类大量采集，用来做美味可口的汤。全球斧蛤科现存物种约有60种。

近似种

金黄斧蛤 *Donax serra* Röding，1798，分布在纳米比亚至南非海域，具有更大和更接近截形的贝壳，壳后缘更突出。在南非，金黄斧蛤常见，可用作食物和诱饵。皮革斧蛤 *Hecuba scortum*（Linnaeus，1758），分布在印度洋，具有三角形的贝壳，后缘突出、延长。

多变斧蛤贝壳很小、结实，呈长楔形。壳顶相对小，位于后端，铰合部发达，每壳各有2枚铰合齿。两壳的大小和形状一致；壳上饰有放射肋，越靠近后端放射肋越粗壮；后缘呈截形；前端圆形，腹缘内部有褶皱。壳色非常多变，纯白色至黄色、红色、紫色和粉红色，有的具有放射带、有的不具有放射带，壳内面颜色也多变。

实际大小

科	斧蛤科Donacidae
壳长	50—90 mm
分布	印度—西太平洋
丰度	常见
深度	潮间带至浅潮下带
习性	泥质海湾
食性	滤食性
足丝	缺失

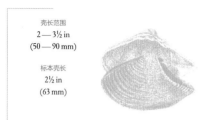

壳长范围
2 — 3½ in
(50 — 90 mm)

标本壳长
2½ in
(63 mm)

146

皮革斧蛤
Hecuba scortum
Leather Donax
(Linnaeus, 1758)

皮革斧蛤贝壳中等大小，壳质厚，两壳膨胀，三角形。壳顶突出，大致位于中间，弯向后方。铰合部发达，每壳均具有 2 枚铰合齿。两壳的大小和形状相同，后端延长和突出。壳上饰有放射线，与不规则的同心生长纹交织，在中心形成一个格子状的图案，有时在壳后端具有刺状突起。壳面灰白色，内部呈紫色。

皮革斧蛤很容易被辨认，突出特征是其壳呈三角形，具有延长而突出的后缘和尖锐、弯曲的龙骨脊。它是斧蛤科中一个大型物种，斧蛤科大多数物种的壳都比它小得多。在印度—西太平洋分布非常广泛。在印度，皮革斧蛤是商业捕捞对象。皮革斧蛤在潮间带和浅水区的泥质湾区的表面以垂直方位埋栖生活，两壳不具有开口，因而紧紧闭合。水管相对较短。

近似种

三角斧蛤 *Donax deltoides* Lamarck，1818，分布在澳大利亚海域，其贝壳三角形，是新南威尔士最常见的大型双壳贝类。其贝壳在沿岸贝冢中经常被发现，可以推断它以前被澳大利亚土著居民作为重要食物。多变斧蛤 *Donax variabilis* Say，1822，分布在美国新泽西州至中美洲和墨西哥湾海域，在潮间带生活，含量丰富，具有很小、呈楔形的贝壳，颜色变化多样。

实际大小

科	紫云蛤科Psammobiidae
壳长	12—20 mm
分布	佛罗里达州南部至巴西
丰度	产地常见
深度	潮间带至1m
习性	沙质海滩的斜坡
食性	滤食性
足丝	缺失

壳长范围
½ — ¾ in
(12 — 20 mm)

标本壳长
½ in
(14 mm)

147

双斑异斧蛤
Heterodonax bimaculatus
Small False Donax
(Linnaeus, 1758)

双斑异斧蛤是一种小型双壳贝类，色彩丰富，栖息在沙质海滩斜坡上，它能够快速埋藏于深度可达其体长十倍的沙质底中。当波浪到来时，双斑异斧蛤可过滤水中的悬浮物。该物种的命名参考了壳内2个很大的呈椭圆形的深红色斑点，斑点在一些壳中可能褪色。鱼是双斑异斧蛤的主要捕食者，它们会咬住双斑异斧蛤长水管的末端以此猎食。该种水管末端能够自切（抛弃），以防止被捕食。全球紫云蛤科现存物种大约有130种，主要分布在热带和温带海域的浅水至深水区域。

双斑异斧蛤贝壳很小，壳质结实，两壳扁平，呈圆三角形。壳顶突出，略靠近后端；壳表光滑，具有细小的同心生长纹; 壳内具光泽，具有2个闭壳肌痕。壳色多变，从奶油白至橙色或紫色，具有紫色斑点的放射带或者放射线。壳内面比壳表面颜色更丰富。

实际大小

近似种

双线紫蛤 *Soletellina diphos*（Linnaeus，1771），分布在印度—西太平洋热带海区，是一种生活在泥质底中的大型蛤类。它是中国台湾重要的商业物种，在其他分布区域，它被采捕以供食用。红树林塑蛤 *Asaphis deflorata*（Linnaeus，1758），分布在北卡罗来纳州至巴西海域，是砾石砂质底常见的种类。由于它的体内多沙，常被采集作为诱饵，而不是用于食用。

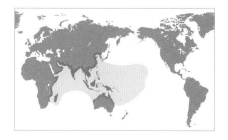

科	紫云蛤科Psammobiidae
壳长	50—120 mm
分布	热带印度—西太平洋
丰度	常见
深度	潮间带至30m
习性	泥质底底栖生物
食性	碎屑食性和滤食性
足丝	缺失

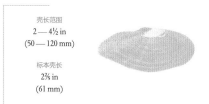

壳长范围
2 — 4½ in
(50 — 120 mm)

标本壳长
2⅜ in
(61 mm)

148

双线紫蛤
Soletellina diphos
Diphos Sanguin
(Linnaeus, 1771)

双线紫蛤是中国台湾的一种重要的商用紫云蛤，在当地被采集以供食用。在菲律宾，双线紫蛤也被当作美味的食物。不过，由于它能积聚赤潮毒素，食用过多可引起贝类中毒。和其他的紫云蛤一样，双线紫蛤挖掘能力很强，能够埋于浅水区深达 30cm 的泥质底。其壳有裂口，强壮而扁平的足从前缘裂口中伸出，长水管从后端伸出。双线紫蛤是该属典型的种类。

近似种

长紫蛤 *Gari elongata*（Lamarck，1818）和对生塑蛤 *Asaphis violascens*（Forsskål，1775），两者均分布在红海至西太平洋热带海区，和其他常见的紫云蛤一样，肉能食用且味美，因而被采集。但是一些物种，如分布在佛罗里达州至巴西海域的红树林塑蛤 *Asaphis deflorata*（Linnaeus，1758），由于其体内多沙而不常被人类食用。

实际大小

双线紫蛤贝壳很薄，壳质结实，两壳扁平，长卵圆形。壳顶低矮，位于前端，前缘近圆形，后端较窄，有时尖。两壳大小相同，前端和后端略开口。壳表无明显雕刻，仅有细小的同心生长纹。壳表呈黑紫色，被有棕色壳皮，具两条白色放射线纹，内面呈深紫色。

科	紫云蛤科Psammobiidae
壳长	45—75 mm
分布	红海至印度—太平洋
丰度	常见
深度	潮间带至20m
习性	粗的沙质底
食性	悬浮物食性
足丝	缺失

壳长范围
1¼ — 3 in
(45 — 75 mm)

标本壳长
2⅝ in
(66 mm)

对生塑蛤
Asaphis violascens
Pacific Asaphis
(Forsskål, 1775)

149

对生塑蛤是一种深层埋栖蛤类，挖掘深度约20 cm。它在粗糙的沙质底和碎石底栖息。在热带浅水水域常见，分布在红海、印度洋至太平洋中部。对生塑蛤作为食物而被用于商业交易，其壳可用作贝壳工艺品。在中国，对生塑蛤的密度可达 60 个 /m²。紫云蛤是底栖双壳类，通常在有机质含量高的沉积质中生活。尽管有些种类是滤食性的，但大多数种类是食碎屑动物。

对生塑蛤贝壳中等大小，稍膨胀，壳质坚厚，长卵圆形。壳顶圆形，位于前部，两壳铰合部均具有 2 枚铰合齿。壳前缘呈圆形、后缘呈截形。壳表饰有大量粗壮的放射肋和较弱的同心生长线。壳面白色，饰有紫色或橙色的放射线，壳内面黄色和紫色。

近似种

红树林塑蛤 *Asaphis deflorata*（Linnaeus，1758），分布在佛罗里达州至巴西海域，形态和对生塑蛤非常相似，但在组织学结构上有区别，比如消化道结构差异和壳表较细的放射肋。双斑异斧蛤 *Heterodonax bimaculatus*（Linnaeus，1758），分布在佛罗里达州南部至巴西海域，是一种活跃的埋栖型贝类，在保护区的沙质海滩上栖息，壳很小，色彩丰富。

实际大小

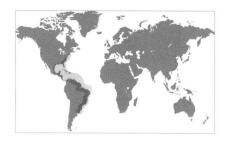

科	双带蛤科（唱片蛤科）Semelidae
壳长	25—34 mm
分布	北卡罗来纳州至乌拉圭
丰度	常见
深度	1—20 m
习性	沙泥底
食性	沉积质和悬浮物食性
足丝	缺失

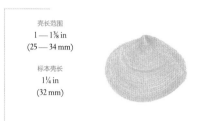

壳长范围
1—1⅜ in
(25—34 mm)

标本壳长
1¼ in
(32 mm)

150

紫纹双带蛤
Semele purpurascens
Purplish American Semele
(Gmelin, 1791)

　　紫纹双带蛤有很大的经度分布范围，从北卡罗来纳州至乌拉圭海域都有分布。作为活跃的埋栖者，它深深地埋入富含有机质的沙泥底。作为沉积物和悬浮物摄食者，它利用长的入水管收集海底表面的沉积物，它也通过鳃过滤水来收集悬浮颗粒。全球双带蛤科现存物种大约有 65 种，约有一半的物种生活在东太平洋。该科的化石可追溯到始新世。

近似种

　　大西洋双带蛤 *Semele proficua*（Pulteney，1799），和紫纹双带蛤分布范围相似，但是更偏南，可分布到阿根廷，壳的大小相近，但是壳缘为椭圆形至圆形，壳表更光滑，呈白色。厚重双带蛤 *Semele solida*（Gray，1828），分布在麦哲伦省（包括智利和阿根廷）海域，具有极厚重的大型卵圆形贝壳，壳也呈白色。

紫纹双带蛤贝壳很薄、略微膨胀、椭圆形。壳顶很小，突出，稍偏后；铰合部狭窄，每个壳上具有两个主齿和一个内韧带。两壳的大小、形状完全一致，边缘圆形。壳表光滑，具有细小的同心生长纹。壳面灰色或奶油色，具有紫色和橙色的斑纹，壳内部有光泽，具有紫色、橙色或棕色的斑块。

实际大小

科	双带蛤科Semelidae
壳长	40—80 mm
分布	秘鲁和智利
丰度	常见
深度	潮间带至20 m
习性	沙质底
食性	滤食性
足丝	缺失

壳长范围
1½ — 3¼ in
(40 — 80 mm)

标本壳长
2¼ in
(56 mm)

151

厚重双带蛤
Semele solida
Solid Semele
(Gray, 1828)

　　厚重双带蛤（厚壳唱片蛤）是一种重要的经济贝类，产于秘鲁至智利海区，出口到很多国家，特别是亚洲的国家。它是该区域用作商业捕捞的十种蛤类之一，以新鲜、冷冻或者腌制的方式销售，有的仅有肉，有的带有单壳。由于海洋上升流的作用，秘鲁和智利的海岸是世界上经济物种最丰富的地区之一。厚重双带蛤是底栖动物，埋藏在沙质底中生活，分布范围从潮间带至潮下带浅水海域。智利地区的研究发现，厚重双带蛤的平均密度为 13 个 /m^2，寿命可达 11 年。

近似种

　　截形双带蛤（树皮唱片蛤）*Semele decisa*（Conrad，1837），分布在加利福尼亚至加利福尼亚半岛海域，是双带蛤科中个体最大的物种之一。壳很厚、椭圆形，具有一条放射脊，同心褶皱厚重。紫纹双带蛤 *Semele purpurascens*（Gmelin，1791），分布在北卡罗来纳州至乌拉圭海域，贝壳小而薄，壳内部色彩丰富，壳边缘白色、间有紫色斑块。

厚重双带蛤贝壳中等大小，壳质厚重，两壳扁平，近圆形。壳顶很小、居中、略弯向前方。铰合部非常发达，每壳均具有 2—4 枚铰合齿。两壳的大小和形状相同，壳表具有厚重的同心褶皱，稍微不规则。壳面灰白色，具有棕色壳皮，壳内面为白色。铰合部呈淡紫色。

实际大小

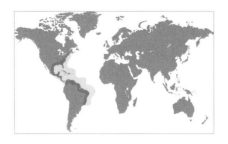

科	截蛏科Solecurtidae
壳长	50—100 mm
分布	马萨诸塞州至巴西
丰度	常见
深度	潮间带至10 m
习性	泥质底
食性	沉积质和悬浮物食性
足丝	缺失

壳长范围
2 — 4 in
(50 — 100 mm)

标本壳长
2¾ in
(68 mm)

152

美国截蛏
Tagelus plebeius
Stout American Tagelus

Lightfoot, 1786

美国截蛏是底栖双壳贝类，能深深地埋入富含有机质的沙质底或泥质底。由于美国截蛏摄食沉积质和悬浮物，因此它在盐泽地、红树林沼泽或者泥泽中常见。美国截蛏被当地人采集以作为食物。截蛏科有些物种不被人食用，但是可以作为饵料。截蛏生活在比较固定、垂直的洞穴中。一些物种具有不能完全缩进壳中的长水管。全球热带和温带水域的截蛏科现存物种大约有40 种。该科化石可追溯到白垩纪。

近似种

加州截蛏 *Tagelus californianus*（Conrad，1837），分布在加利福尼亚至墨西哥海域，是截蛏科个体最大的物种之一，壳长可超过 120mm。其壳比美国截蛏更长、更厚，其肉可用作鱼饵。地中海截蛏 *Solecurtus strigilatus*（Linnaeus，1758），分布在地中海和西非，是浅水区的常见物种，采捕以供食用。

美国截蛏贝壳中等大小、中度膨胀、长椭圆形到近矩形。壳顶低平，位于壳中间；铰合部具有 2 枚小的主铰合齿。两壳大小和形状一致，在两端具有圆形、宽阔的开口。表面光滑，具有不规则、弱的同心生长纹。壳面白色或褐色，具有厚的棕黄色或棕色壳皮。壳内面白色。

实际大小

科	截蛏科Solecurtidae
壳长	50—100 mm
分布	地中海至西非
丰度	常见
深度	潮间带至15 m
习性	沙泥底质
食性	沉积质和悬浮物食性
足丝	缺失

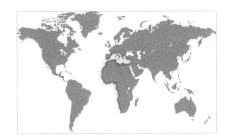

壳长范围
2 — 4 in
(50 — 100 mm)

标本壳长
3 in
(77 mm)

153

地中海截蛏
Solecurtus strigilatus
Scraper Solecurtus
(Linnaeus, 1758)

地中海截蛏凭借其大贝壳、丰富的颜色和倾斜的纹饰而很容易地与该地区的其他蛏子区分开。它埋入沙泥底，深度可达 200mm；长而粗的水管不能够完全缩进壳中。地中海截蛏能挖掘倾斜、呈"Y"字形的洞，壳在洞中，水管分别在"Y"的每一支臂上。它是一个活跃的埋栖者，在逃跑的过程中，能排出外套腔中的水以助于挖掘泥沙。该物种被当地人采捕以供食用和销售。

近似种

总角截蛏 *Solecurtus divaricatus*（Lischke，1869），分布在印度—西太平洋，与地中海截蛏贝壳的大小和形状相似，但是具有更明显的纹饰，壳上具有交错的放射肋和同心生长纹。在东南亚，它被采捕用作食物。美国截蛏 *Tagelus plebeius* Lightfoot，1786，分布在马萨诸塞州至巴西海域，壳更加细长、延伸、光滑，上附有很厚的壳皮。

地中海截蛏贝壳中等大小、薄而结实，两壳膨胀，近矩形；壳顶很低、居中。右壳铰合部有 2 枚铰合齿，左壳只有一枚。两壳的大小和形状相似，壳之间有开口。壳表有发达的粗糙生长线，和倾斜的波浪形放射线交错。壳面褐色至粉红色，具有 2 条白色的射线，壳内面白色，着有粉红色。

实际大小

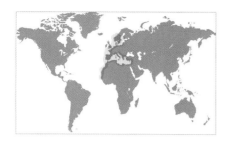

科	竹蛏科Solenidae
壳长	75—170 mm
分布	挪威至塞内加尔；地中海
丰度	常见
深度	潮间带至20 m
习性	沙泥底质
食性	滤食性
足丝	缺失

壳长范围
3 — 6½ in
(75 — 170 mm)

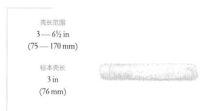

标本壳长
3 in
(76 mm)

154

厚边竹蛏
Solen marginatus
Grooved Razor Clam
Pulteney, 1799

厚边竹蛏是竹蛏科中个体最大的物种之一，是埋栖在干净砂层或泥底中的常见物种，挖掘速度很快。在地中海地区，厚边竹蛏被当地人采捕以供食用并销售。采集方法之一是向类似钥匙眼开口的洞穴中倒盐，迫使它钻出沙面。全球竹蛏科现存物种约为 60 种，大多数生活在温带和热带地区。该科的化石种类可追溯到始新世。

厚边竹蛏贝壳质薄脆，伸长近矩形。壳顶低平、不明显；铰合部狭窄，每壳分别具有 1 枚铰合齿。两壳的大小和形状一致，前部具裂口。壳上饰有同心生长线，在背部边缘具有明显的垂直凹槽。壳面浅橙棕色，具有浅棕色壳皮，壳内面为白色，嵌有粉红色。

近似种

大竹蛏 *Solen grandis* Dunker，1861，分布在日本至印度尼西亚海域，如其名所示，为该科中贝壳最大的种类之一，其肉非常美味。锡兰竹蛏 *Solen ceylonensis* Leach，1814，分布在西印度洋海域，是竹蛏科中另外一种很大的物种，壳的边缘非常直，两壳末端垂直。

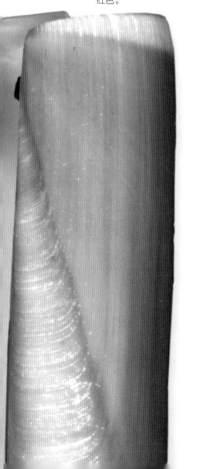

实际大小

科	灯塔蛤科（毛蛏科）Pharidae
壳长	40—80 mm
分布	印度—西太平洋
丰度	常见
深度	5—35 m
习性	沙泥地
食性	滤食性
足丝	缺失

壳长范围
1½ — 3¼ in
(40 — 80 mm)

标本壳长
2 in
(50 mm)

辐射荚蛏
Siliqua radiata
Sunset Siliqua
(Linnaeus, 1758)

辐射荚蛏的壳内侧从壳顶至腹缘具有一条明显的、发达的白色放射状隆起线。隆起线位置和壳表面的白色放射带对应。辐射荚蛏是荚蛏属的代表种，该属的其他物种具有相似的隆起线，但近似属曲蛏属 *Ensis* 的壳不具有。辐射荚蛏是潮下带浅水的细沙或泥质底中常见的物种。全球该科的现存物种有 65 种；化石可追溯到白垩纪。

实际大小

近似种

伸展荚蛏 *Siliqua patula*（Dixon，1789），分布在阿拉斯加至俄罗斯海域，贝壳长椭圆形。作为商业对象，它被大量采捕以供食用。大刀蛏 *Ensis siliqua*（Linnaeus，1758），分布在挪威至伊比利亚半岛和地中海海区，壳长而窄。

辐射荚蛏贝壳中等大小，壳质薄脆，壳面具光泽、非常扁平、长椭圆形。壳顶不明显，居前，具有一个狭窄的铰合部和小铰合齿。两壳的大小和形状一致，壳表饰有细小的同心线和模糊的放射线。壳内侧具有一条从壳顶突到腹缘的发达的放射状隆起线。壳面白色，具有 4 条宽阔的紫色射线；内部颜色和壳表相似。

科	灯塔蛤科Pharidae
壳长	150—230 mm
分布	挪威至伊比利亚半岛，地中海
丰度	常见
深度	潮间带至70m
习性	细沙和泥底
食性	滤食性
足丝	缺失

壳长范围
6 — 9 in
(150 — 230 mm)

标本壳长
6⅜ in
(162 mm)

156

大刀蛏
Ensis siliqua
Giant Razor Shell
(Linnaeus, 1758)

大刀蛏的贝壳很大，壳质薄脆，两壳膨胀，长矩形。壳顶不显著，位于近前缘。壳表饰有光滑的同心线和从壳顶突至后腹缘的斜线。两壳大小和形状相同，末端有开口。壳面白色，间有紫褐色，壳皮黄褐色。壳内侧为白色，带有紫色的斑点。

大刀蛏（大毛蛏）是灯塔蛤科个体最大的物种，壳长可达230mm、壳宽可达25mm。壳狭长，和旧式剃须刀相似，因此，俗称"剃须刀蛤"或者"大折刀蛤"。大刀蛏垂直生活在潮间带和近海的细沙质底。它能够快速地把自己埋栖在6m深的底质中。刀蛏属种类的贝壳近似，其闭壳肌痕可用作鉴别分类特征。以前，大刀蛏在比利时产量丰富，现在大西洋刀蛏 *Ensis directus* 占优势地位。

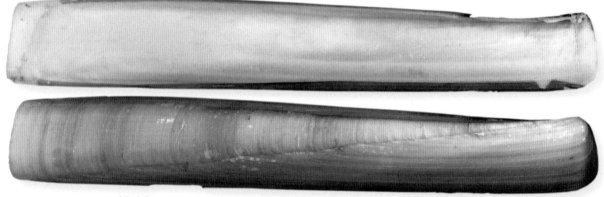

实际大小

近似种

热带刀蛏 *Ensis tropicalis* Hertlein and Strong，1955，分布在西巴拿马海域，贝壳比大刀蛏更小、更长。其壳长是壳宽的10倍，两壳略呈弓形。辐射荚蛏 *Siliqua radiata* (Linnaeus，1758)，分布在印度—西太平洋海区，贝壳呈长椭圆形，具有宽阔、紫黑色的放射带，俗称"日落蛏"。

科	蛤蜊科（马珂蛤科）Mactridae
壳长	38—83 mm
分布	美国新泽西州至阿根廷
丰度	常见
深度	潮间带至11m
习性	沙底
食性	滤食性
足丝	缺失

壳长范围
1½ — 3¼ in
(38 — 83 mm)

标本壳长
2¾ in
(70 mm)

157

卷肋勒特蛤
Raeta plicatella
Channeled Duck Clam
(Lamarck, 1818)

卷肋勒特蛤（卷肋马珂蛤）是常见的蛤蜊科物种。单独生活，空壳通常被冲到海边，活体标本很难被发现。铰合部是贝壳最厚的部分，通常贝壳的极薄部分才会在沙滩上被发现。卷肋勒特蛤是底栖贝类，能用富含肌肉的足快速挖掘。壳顶下呈勺子状的大韧带是蛤蜊科的重要特点。全球蛤蜊科现存物种约有150种，大部分分布在浅水区域。该科最早记录可追溯到白垩纪。

近似种

鸭嘴蛤（美洲鸭马珂蛤）*Anatina anatina*（Spengler，1802），分布在北卡罗来纳州至巴西海域，贝壳和卷肋勒特蛤类似，但更长、更光滑。大西洋浪蛤 *Spisula solidissima*（Dillwyn，1817），分布在新斯科舍至北卡罗来纳州海域，是重要的经济蛤类，是西大西洋最大的双壳类之一，具有结实和厚重的贝壳。

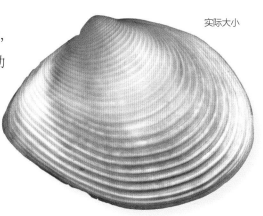

实际大小

卷肋勒特蛤的贝壳极薄而轻、膨胀，宽卵圆形。壳顶小而突出，朝向窄而突出的壳前缘。铰合部发达，左壳具有 3 个铰合齿，右壳具有 2 个，壳顶下为勺子状的内韧带。壳表饰有光滑的同心肋，壳内有与壳表对应的凹槽。壳呈白色。

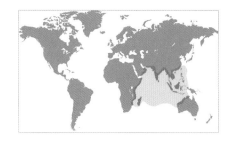

科	蛤蜊科Mactridae
壳长	40—95 mm
分布	印度洋至菲律宾
丰度	常见
深度	1—20m
习性	沙底
食性	滤食性
足丝	缺失

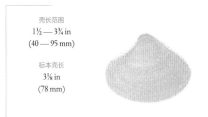

壳长范围
1½ — 3¾ in
(40 — 95 mm)

标本壳长
3⅛ in
(78 mm)

158

紫罗兰蛤蜊
Mactra violacea
Violet Mactra
Gmelin, 1791

紫罗兰蛤蜊（紫罗兰马珂蛤）是一种可食用的蛤蜊，在印度被作为商业捕捞对象，在其他地方也是重要的食用贝类。它埋栖在浅水区域的沙质底，能够生长到相对较大的体型。很多蛤蜊体型都很大，产量丰富，通常被用来食用或用于商业化捕捞。据报道，其肉稍微有点辛辣。进出水管不分离，通常蜷缩在位于贝壳后缘的角质鞘上，能够缩进贝壳中。该物种具有发达的足，能够快速地挖掘泥沙。

近似种

宽大蛤蜊（盒子马珂蛤）*Tresus capax*（Gould，1850），分布在阿拉斯加至加利福尼亚的浅水区域，是蛤蜊科个体最大的物种，也是阿拉斯加最大的潮间带蛤类。其贝壳厚重，壳长可达 280 mm。大西洋浪蛤 *Spisula solidissima*（Dillwyn，1817），分布在新斯科舍至北卡罗来纳州海域，是大西洋个体最大的蛤类之一，产量丰富。

实际大小

紫罗兰蛤蜊的贝壳中等大小，壳质薄脆，壳面光滑，呈圆三角形。壳顶显著，位于壳的中间，略向前倾。铰合部相对较厚，壳顶下具有很大的勺子状韧带，左壳具有 3 枚铰合齿，右壳具有 2 枚。两壳大小相同，壳表光滑，具有细小的同心线。壳表颜色从白色至紫色，壳顶突附近颜色通常更深；壳内面浅紫色。

科	蛤蜊科Mactridae
壳长	80—120 mm
分布	越南至澳大利亚南部
丰度	常见
深度	潮间带至15m
习性	沙底或泥底
食性	滤食性
足丝	缺失

壳长范围
3¼ — 4½ in
(80 — 120 mm)

标本壳长
3¼ in
(84 mm)

长鼻獭蛤
Lutraria rhynchaena
Snout Otter Clam
Jonas, 1844

长鼻獭蛤是澳大利亚南部和东部的常见蛤蜊。越南也有分布，在那里产量丰富并被用于商业捕捞，目前也被用于养殖，是一种重要的经济蛤类。养殖的蛤仔长到市场规格大约需要一年。其肉味道芳香，是富含蛋白质的美味佳肴。长鼻獭蛤深埋在高潮线以下的沙质或泥质底。它的长水管露在表面，利用这个唯一的特征可以找到其埋在沉积质中的蛤仔。

近似种

獭蛤 *Lutraria lutraria* （Linnaeus，1758），分布在挪威至摩洛哥和地中海海域，贝壳更大、更椭圆。在分布地区可作为食物消费，但肉的品质不是很高。卷肋勒特蛤 *Raeta plicatella* （Lamarck，1818），分布在美国新泽西州至阿根廷海域，贝壳极薄，在海边经常发现其单个的贝壳。

实际大小

长鼻獭蛤贝壳中等大小、厚而结实、凸起，长椭圆形。壳顶很小，接近前缘；铰合部很厚，具有勺形大凹槽。两壳大小和形状相同，具有宽的开口。壳前缘很短，呈方圆形；后端呈长圆形；背腹缘接近平行。壳面灰白色，上附一层褐色壳皮；壳内为瓷白色。

科	蛤蜊科Mactridae
壳长	102—200 mm
分布	新斯科舍至北卡罗来纳州
丰度	丰富
深度	潮间带至130m
习性	沙底底栖生活
食性	滤食性
足丝	缺失

壳长范围
4 — 8 in
(102 — 200 mm)

标本壳长
4½ in
(116 mm)

160

大西洋浪蛤
Spisula solidissima
Atlantic Surf Clam
(Dillwyn, 1817)

大西洋浪蛤（美东马珂蛤）是西大西洋个体最大的双壳类之一；长度可达226mm，寿命可达30年。作为重要的经济物种，它是新泽西州和乔治斯浅滩的主要捕捞种类。暴风之后，贝壳常被冲到沙滩；有一次，估计有5亿个大西洋浪蛤被冲到16km长的海滩上。其名称来源于此种的贝壳经常在沙质海滩的碎浪带被发现，但是其商业捕捞的地点主要在近海。该物种能用肌肉足跳跃，以逃避巨螺和海星等敌害的捕捉。

近似种

半叶蛤蜊（海斐尔马珂蛤）*Spisula hemphillii*（Dall, 1894），分布在中加利福尼亚至下加利福尼亚海区，是东太平洋中几个比较大的蛤蜊品种之一。贝壳和大西洋浪蛤相似，但前端更长。紫罗兰蛤蜊 *Mactra violacea* Gmelin, 1791 分布在印度—西太平洋热带海区，贝壳和大西洋浪蛤相似，但壳更小。壳表被有浅褐色壳皮，通常在壳顶周围会脱落，露出淡紫色的贝壳。

大西洋浪蛤贝壳很大，壳质坚厚，呈三角卵圆形。壳顶高而尖锐，位于壳的中央，朝向前方；铰合部很厚，具有一个大的勺形凹槽，即内韧带附着的部位。壳面光滑，具有细小的同心生长线。壳表灰白色，附着一层很薄的黄褐色壳皮，壳内面白色。

实际大小

科	中带蛤科Mesodesmatidae
壳长	13—57 mm
分布	加拿大纽芬兰至美国新泽西州
丰度	常见
深度	潮间带至100m
习性	沙底
食性	滤食性
足丝	缺失

壳长范围
½ — 2¼ in
(13 — 57 mm)

标本壳长
1¼ in
(30 mm)

161

北极中带蛤
Mesodesma arctatum
Arctic Wedge Clam
(Conrad, 1831)

北极中带蛤是一种生活在沙质底中的底栖贝类，通常生活在有机质丰富的潮间带海滩中。和其他具有相同习性的双壳贝类一样，北极中带蛤具有很大的可以快速挖掘的肌肉足。其楔形的贝壳直立在沉积物中，前部尖端指向下方以便更容易地潜入沉积质中。在南塔克特岛，北极中带蛤的更新世化石分布在活体周边。在新西兰和智利，中带蛤科的一些大个体物种是经济捕捞物种。全球该科的现存物种约有 40 种。

北极中带蛤的贝壳中等大小，壳质厚而结实，两壳扁平、光滑，三角形。壳顶突出，紧挨着后缘；铰合部很厚，上有发达的铰合齿，壳顶下具有勺形凹槽。壳后缘很短，导致壳成楔形；前端圆形。两壳大小和形状相同，具有细小的同心线。壳内闭壳肌痕非常明显。壳面白色，具有黄色壳皮，壳内面为奶油色。

近似种

斧形中带蛤 *Mesodesma donacium*（Lamarck，1818），分布在秘鲁至智利海区，具有一个楔形的大贝壳，它被大量捕捞以供食用和作为鱼饵。宽幅中带蛤 *Mesodesma ventricosa*（Gray，1843），新西兰的本地种，可能是中带蛤科中最大的物种，壳长可达 100mm。大部分生活在潮间带的沙质海滩上。它曾经是重要的捕捞种类，目前被保护并禁止捕捞。

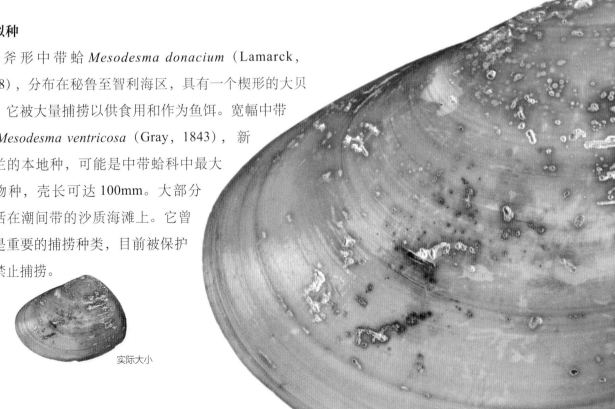

实际大小

科	海螂科Myidae
壳长	75—150 mm
分布	拉布拉多至北卡罗来纳州，西欧。引入阿拉斯加至加利福尼亚
丰度	常见
深度	潮间带至75m
习性	沙泥底
食性	滤食性
足丝	成体缺失

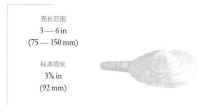

壳长范围
3 — 6 in
(75 — 150 mm)

标本壳长
3⅝ in
(92 mm)

162

砂海螂
Mya arenaria
Soft Shell Clam
Linnaeus, 1758

砂海螂是一种很大的食用蛤类，产自大西洋北部的两岸。它和牡蛎一起被无意中引入太平洋，分布在阿拉斯加至加利福尼亚海区。深潜入沙质、泥质或者碎砂砾质底，仅水管的顶部暴露在沉积质的表面。受到干扰时，它会切除长水管（类似于"脖子"）。在美国，它是第三重要经济蛤类。砂海螂是海象和鳕鱼等大型捕食者的主要食物。全球海螂科现存物种约有 25 种，大部分分布在北半球。

近似种

截形海螂 *Mya truncata* Linnaeus，1758，是一种北方物种，如其名所示，具有一个截形的贝壳，壳后缘急剧缩短。它是格陵兰岛和冰岛常见的蛤类，在当地是很受欢迎的食物。脆壳楔海螂 *Sphaenia fragilis*（H. Adams and A. Adams，1854），分布在乔治亚州至乌拉圭海域，具有很小、很脆的贝壳，依靠足丝附着在岩石缝隙中生活。

砂海螂的贝壳中等偏大、略厚而结实、膨胀，长卵圆形。壳顶强壮，靠近后缘；左壳壳顶下面的铰合部具有一个直立的、勺子状的突起——着带板。右壳比左壳略大，两壳之间有宽阔的裂沟。壳表饰有褶皱的同心生长线。壳色为亚白色，被有很薄的灰色或者黄褐色壳皮，壳内面白色。

实际大小

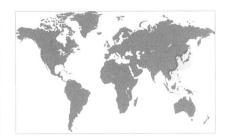

科	篮蛤科（抱蛤科）Corbulidae
壳长	20—28 mm
分布	日本至越南和中国
丰度	常见
深度	潮间带至30m
习性	泥底
食性	滤食性
足丝	成体缺失

壳长范围
¾ — 1⅛ in
(20 — 28 mm)

标本壳长
1 in
(26 mm)

163

红齿篮蛤
Corbula erythrodon
Red-toothed Corbula
(Lamarck, 1818)

红齿篮蛤（红唇抱蛤）是一种大型篮蛤，大部分蓝蛤的贝壳都比它小。分布在日本至越南和中国，在分布区是一种常见的蛤类，生活在潮间带至潮下带浅水区。和其他的篮蛤一样，它是一种底栖滤食者，埋栖在泥质底中生活。具有很细的足丝，使其附着在碎砾石上。其双壳紧紧闭合，没有裂口。篮蛤能够承受巨大的环境变化，比如盐度、溶氧的变化以及环境污染。全球篮蛤科现存物种约有100种，大部分分布在浅水区。该科的化石可追溯至侏罗纪。

红齿篮蛤的贝壳中等大小，壳质厚重，两壳膨胀、呈三角卵圆形。壳顶很大、略向后弯曲。铰合部发达，右壳具有唯一一枚强壮的铰合齿。右壳比左壳更大、更膨胀。壳表饰有间距宽阔的粗壮同心线，壳内光滑，具有明显的闭壳肌痕。壳表呈白色，被有很薄的褐色壳皮，壳内面呈白色，具有紫红色的斑块。

近似种

变异篮蛤（凸壳抱蛤）*Varicorbula gibba*（Olivi，1792），分布在挪威至安哥拉和地中海海域，是一种生活在潮间带至深海的产量较大物种，其贝壳小而多样。红顶篮蛤（红顶抱蛤）*Corbula amethystina*（Olsson，1961），分布在巴拿马至厄瓜多尔海域，具有一个很厚很大的贝壳，大小和红齿篮蛤相似，但后缘具有更长的喙状突出结构，壳顶突更小，同心线更弱小。

实际大小

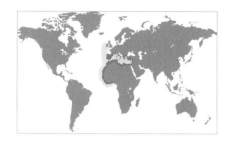

科	海笋科（欧蛤科）Pholadidae
壳长	15—40 mm
分布	爱尔兰至海牙海岸；地中海
丰度	常见
深度	潮下带浅水至300m
习性	底栖生活在泥底、木头以及砂砾中
食性	滤食性
足丝	缺失

壳长范围
⅝ — 1½ in
(15 — 40 mm)

标本壳长
1⅛ in
(30 mm)

164

纸海笋
Pholadidea loscombiana
Paper Piddock
Goodall in Turton, 1819

纸海笋是一种常见的在水中的木材、泥底以及砂砾上钻孔的物种。其幼虫具有很小的足，可以从前腹缘的侧裂口伸出；一旦长成成体，该足就会退化，裂口会关闭。它的水管很长且进出水管融合在一起。该种贝类的外套膜具有生物发光器官。虽然壳易碎，却被用来钻相对硬的基质。由于海笋科具有一个额外的板，即副板，它们最初被林奈定义为"多板"，与藤壶和多板纲一样。该科最古老的化石可追溯到石炭纪。

近似种

羽翼海笋 *Cyrtopleura costata*（Linnaeus，1758），分布在美国马萨诸塞州至巴西海域，具有一个大的、薄而长的白色贝壳。壳表具有凸起的放射肋，上有具凹槽的鳞片。漂亮的贝壳使人想起天使的翅膀，因此，俗名为"天使之翼海鸥蛤"。东方海笋 *Pholas orientalis* Gmelin，1791，分布在印度—西太平洋，贝壳和羽翼海笋相似，但更小、更长。

实际大小

纸海笋的贝壳中等大小，壳质薄脆，膨胀、呈长卵圆形。壳顶很低，内弯，位于前端；成体的铰合部无铰合齿。两壳大小和形状相似。幼虫前端有裂口；成体后前腹缘裂口被脆的石灰质封闭，在腹缘长出一个脊状管状物。壳表饰有同心鳞片状皱纹，被一个深的中央放射沟（背腹沟）分隔开。壳面灰白色。

科	海笋科Pholadidae
壳长	100—200 mm
分布	马萨诸塞州至巴西
丰度	产地常见
深度	潮间带至1m
习性	泥质底
食性	滤食性
足丝	缺失

壳长范围
4 — 8 in
(100 — 200 mm)

标本壳长
7⅛ in
(183 mm)

165

羽翼海笋
Cyrtopleura costata
Angel Wing
(Linnaeus, 1758)

羽翼海笋（天使之翼海鸥蛤）无疑是海笋科中最漂亮的，同时也是最大的种类。海笋是底栖双壳贝类，在泥底、黏土、石灰岩、页岩以及木头上钻洞生活。它们的贝壳很薄，通常延长、具放射肋以及鳞片，在肌肉足的辅助下钻洞。羽翼海笋是当地潮下带浅水域常见的物种，在软泥中钻洞可达 1m 深。在古巴和墨西哥，羽翼海笋是商业捕捞种类。由于其生长速度快，也是具有水产养殖潜力的物种。全球现生海笋科大约有 100 种。

近似种

坎培基海笋 *Pholas campechiensis* Gmelin，1791，和羽翼海笋具有相似的分布范围和贝壳。但是贝壳更小、更长。欧洲海笋 *Pholas dactylus* Linnaeus，1758 分布在地中海，贝壳突起相对较弱，延伸很长，壳表刻纹不突出。卷羽铃海笋 *Jouannetia quillingi* Turner，1955，分布在南卡罗来纳州至墨西哥湾海域，具有更小的球状贝壳，在软页岩中钻孔生活。

实际大小

羽翼海笋的贝壳大型，薄而易碎，延长。两壳大小和形状相同，膨胀，裂口在前部。壳表饰有凸起的放射肋，在同心线结合部形成短棘状突起；壳内具有放射肋和凹痕，和壳表一一对应。铰合部无铰合齿，边缘光滑，隐藏着壳顶突。和其他的海笋类一样，具有成对的勺形龙骨突（隔板），从壳顶下部延伸出来，用于肌肉附着。骨突和第三个板，以及中板在空壳中消失。壳面亚白色，有的具有粉红色斑块。

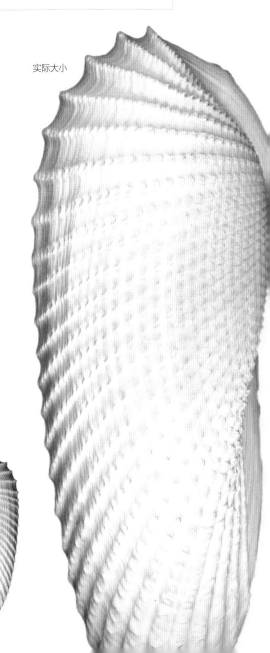

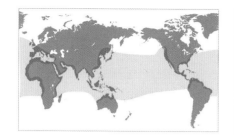

科	船蛆科Teredinidae
壳长	2—12 mm
分布	世界性
丰度	常见
深度	潮间带至8m
习性	先钻进木材
食性	主要以木材为食，也滤食性
足丝	缺失

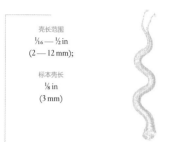

壳长范围
¹⁄₁₆ — ½ in
(2 — 12 mm);

标本壳长
⅛ in
(3 mm)

166

船蛆
Teredo navalis
Naval Shipworm
Linnaeus, 1758

船蛆可能是造成最严重经济损失的双壳贝类，它会钻孔而破坏木船、防洪堤以及其他的木质结构。船蛆具有一个简化的贝壳，和一个长的蠕虫似的身体，以及钙质结构。这个钙质结构被称作铠片，堵塞洞穴的入口。铠片这一特征在物种鉴定方面比贝壳重要，因不同物种间壳形区别很小。该种通过使用改良的贝壳机械性磨损钻孔。全球船蛆科的现存物种有 70 种，大部分分布在热带浅水海区。

近似种

滩栖船蛆 *Kuphus polythalamia*（Linnaeus，1767），分布在印度—太平洋海区，具有很小的贝壳，但是可形成一个很厚的钙质管，生长得比碎碛的贝壳还要长。不像其他的船蛆，该物种生活在红树林的泥质底。脊节铠船蛆 *Bankia carinata*（Gray，1827），世界性分布，其贝壳和船蛆的类似，但其铠片分段。

船蛆的贝壳退化、小而薄、膨胀、三叶状，头盔形。两壳大小和形状相同，前后两端都具有宽阔的裂口，具有一个深的直角凹槽。贝壳的前表面饰有多行小齿，被用于钻磨木材。壳顶附近具有一个很长的狭窄的肋。其贝壳呈白色，和简单的脚掌状的铠片颜色一样。

实际大小

科	船蛆科Teredinidae
壳长	150—1532 mm
分布	印度—太平洋
丰度	常见
深度	浅潮下带
习性	红树林里的泥质底
食性	滤食性
足丝	缺失

壳长范围
6 — 60 in
(150 — 1532 mm)

标本壳长
34 in
(863 mm)

167

滩栖船蛆
Kuphus polythalamia
Mud Tube Clam
(Linnaeus, 1767)

滩栖船蛆是具壳的软体动物中壳最长的物种。虽然它的贝壳规格很小，却能长出一根比砟碟的壳还要长的钙质管（如图），长度可达 1532mm。和其他在浸于水中的木材上钻孔的船蛆不同，滩栖船蛆生活在红树林里的泥质底中，滤食性。船蛆具有简化的贝壳和长的蠕虫状身体，有时形成钙质的管子。它们是共生菌的寄主，共生菌可帮助其消化纤维素。

实际大小

近似种

船蛆科动物的贝壳很小且很难采集和鉴别，因此，在爱好者和收藏者中不流行。船蛆 *Teredo navalis* Linnaeus，1758，一种常见的世界性物种，是最著名的船蛆之一。热内船蛆 *Neoteredo reynei*（Bartsch，1920）和法斯蒂船蛆 *Nausitora fusticula*（Jeffreys，1860）是西大西洋的两个在红树林钻孔的物种。

滩栖船蛆的贝壳相对较小，但产生的钙质管重且非常长。管子不规则、圆柱状，前端为圆形，往后慢慢变尖，末端以两个黏合在一起的管子结束（如上图），在这里它的进、出水管得以伸出。有一个1000mm 长的标本，管子前部的直径为 120mm，末端直径仅为 40mm。两壳相对很小，长度仅几厘米，镶嵌在白色的钙质管中。

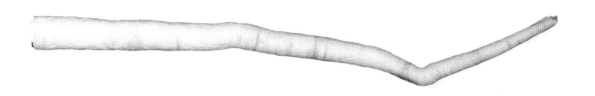

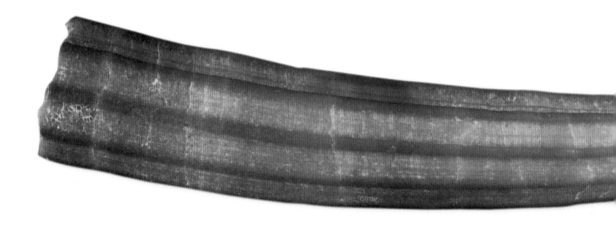

掘足纲

Scaphopods

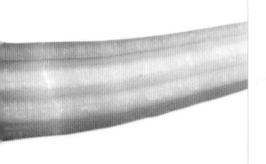

掘足纲软体动物，贝壳很长，一端逐渐变细、呈管状弯曲，两端开口。壳形和象牙相似，只是稍有弯曲。贝壳表面很光滑、有光泽，或者具有纵向的肋。一些小型物种的中间比两端更宽阔。贝壳大小从3mm至15cm不等。所有近600种现存物种生活范围遍及潮下带至极深海，它们埋栖在软基质中生活。壳前端的开口大，足通过这里延伸并朝下挖掘软基质。其更小的后端开口暴露在基质的表面。掘足纲软体动物通过头部上方触角叶上多个长而薄的头丝伸出底质以摄食。具专门的齿舌以磨碎食物。

掘足纲的物种由于生活在潮下带，以及具有埋栖的习性，其活体很少会被采集到，偶尔有贝壳被冲到沙滩上。

科	梭角贝科（鼓象牙贝科）Gadilidae
壳长	4.0—4.3 mm
分布	南太平洋西部
丰度	不常见
深度	10—285m
习性	珊瑚砂和泥质底
食性	杂食性，以有孔虫类为主

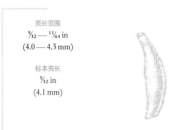

壳长范围
⁵⁄₃₂ — ¹¹⁄₆₄ in
(4.0 — 4.3 mm)

标本壳长
⁵⁄₃₂ in
(4.1 mm)

170

相似梭角贝
Cadulus simillimus
Cadulus Simillimus
Watson, 1879

相似梭角贝是一种分布于西太平洋热带海区的非常小的梭角贝科动物。它在浅、深水域均有分布，埋栖在珊瑚砂或者泥质底。和其他的梭角贝科物种一样，壳的两端狭窄，管状贝壳的中间部分最宽。大部分掘足类的贝壳小而薄、光滑，有时透明。相似梭角贝的贝壳特别短而肥胖，像略有弯曲的粗瓶子一样。一些梭角贝科物种顶部有缺口，壳口斜形。

近似种

毛利梭角贝 *Gadila mayori*（Henderson，1920），分布在佛罗里达州和墨西哥湾海域，贝壳很小、半透明，中间膨胀，两端狭窄，在近海的沙质底以及泥质底中生活。大多缝角贝 *Polyschides magnus*（Boissevain，1906），分布在日本中部至西太平洋热带海区，具有在同科中相对较大的贝壳，壳长可达 30 mm。贝壳稍弯曲、光滑，顶端具有 4 个缺口。壳口仅比贝壳的最宽处稍窄。

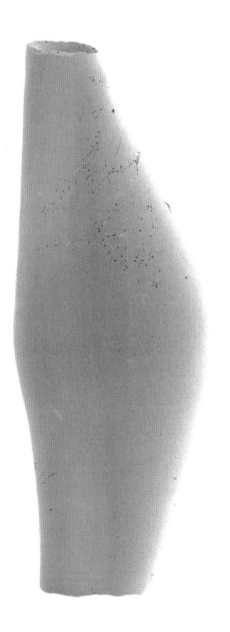

相似梭角贝的贝壳非常小而薄，壳面光滑、半透明，两端狭窄，壳体略有弯曲，杯状。壳顶狭窄，圆形，光滑，没有缺口。壳口圆形，边缘薄，壳口宽度是壳顶的两倍。在壳的凹面有一个轻微凸出的部分。壳表光滑，壳色白色、半透明。

实际大小

科	角贝科Dentaliidae
壳长	50—100 mm
分布	红海至澳大利亚
丰度	不常见
深度	潮间带至40m
习性	沙质底
食性	杂食性，主要以有孔虫类为食

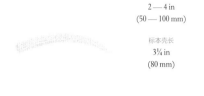

壳长范围
2 — 4 in
(50 — 100 mm)

标本壳长
3¼ in
(80 mm)

象牙角贝
Dentalium elephantinum
Elephant Tusk
Linnaeus, 1758

象牙角贝（绿色牙贝）是一种大型、壳厚的掘足类，壳前部的黑绿色使其很容易被区分出来，后部逐渐褪去呈白色。它埋栖在沙质底中，后端伸出露在沙质底表面。象牙角贝是该属的典型种类。掘足类的空壳通常被寄居蟹、星虫和蠕虫使用。一些寄居蟹已经进化成专门生活在掘足类空壳中的形状，具有一个类似厣的螯足伸出贝壳。全球角贝科现存物种约有 200 种。该科的化石可追溯至中三叠纪。

近似种

大角贝 *Dentalium vernedei* Sowerby II，1860，分布在日本至菲律宾海域，可能是个体最大的掘足类动物，壳长可达 150mm，壳细长，逐渐变尖，呈黄色。青角贝 *Dentalium aprinum* Linnaeus，1758，分布在印度—太平洋，壳和象牙角贝相似，但更小、更细长。壳色呈浅绿色，是常见的角贝类。

象牙角贝的贝壳大，壳质结实而厚重，色彩丰富、略有弯曲。前端呈圆形、宽阔，宽度是后端的三倍。壳表饰有约10条从前端到后端的粗壮的圆形纵肋，上有细小的生长纹。壳前部附近呈黑绿色，向后端开口处逐渐褪去而呈白色。

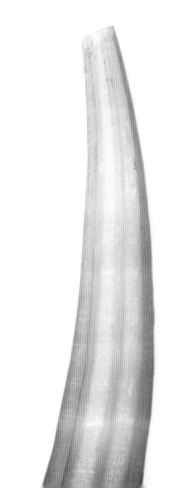

实际大小

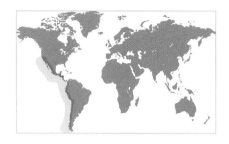

科	角贝科 Dentaliidae
壳长	50—100 mm
分布	加利福尼亚至智利
丰度	常见
深度	1500—3300m
习性	沙泥质底
食性	微杂食性，主要以有孔虫类为食

壳长范围
2 — 4 in
(50 — 100 mm)

标本壳长
3¾ in
(95 mm)

172

具肋缝角贝
Fissidentalium megathyris
Costate Tuskshell
(Dall, 1890)

具肋缝角贝的贝壳大而厚，壳质结实，壳面宽阔。前端开口呈圆形，宽度是后部开口的7倍。壳顶（后端）的凸面有一个很长的狭缝。贝壳略有弯曲。壳表饰有许多遍布全壳的纵向条纹，以及相互交错的细小生长线。前端壳口区域周围通常形成光滑而薄的环珠结构。壳面垩白色，具有浅褐色壳皮。

具肋缝角贝（麦加角贝）是一种生活在深水中的大型掘足类，分布在加利福尼亚州至智利海域。和许多掘足类动物一样，主要以海底有孔虫为食。在一个标本的胃中曾发现有188个有孔虫。由于其规格很大，是有孔虫的主要猎食者。掘足类通过触手捕获食物，然后在食袋中通过齿舌磨碎食物。掘足类的其他食物也包括介形虫、贝类幼虫以及卵。大部分掘足类生活在深海中，目前没有关于浅水种类的深入研究。

近似种

光滑光角贝 *Laevidentalium lubricatum*（Sowerby II，1860），分布在澳大利亚海区，是潮间带至1000m海区常见的物种，中等大小，贝壳细长、光滑，略有弯曲。象牙角贝 *Dentalium elephantinum* Linnaeus，1758，分布在红海至澳大利亚海域，其贝壳大而宽阔，具有粗纵。前端深绿色，向后端逐渐褪成白色。

实际大小

科	角贝科Dentaliidae
壳长	60—90 mm
分布	红海至印度—西太平洋
丰度	不常见
深度	45—155 m
习性	沙质底
食性	微杂食性，主要以有孔虫类为食

壳长范围
2½ — 3½ in
(60 — 90 mm)

标本壳长
3¾ in
(96 mm)

173

长安塔角贝
Antalis longitrorsa
Elongate Tusk
(Reeve, 1843)

长安塔角贝有一个细长的光滑贝壳。其在近海生活，埋栖在沙质底中。分布广泛，从红海至印度—西太平洋都有分布。和其他掘足类动物一样，本种贝壳中空、弯曲，两端开口都有圆锥形管。前端通常最宽，是圆柱形的肌肉足的伸出口。后端是壳顶；通常有一个或多个凹槽或者裂缝。壳顶会被定期丢弃，以便增加开口直径，从而让呼吸水流更加顺畅通过。

近似种

美丽角贝（锦红象牙贝）*Dentalium formosum* Adams and Reeve，1850，分布在日本至菲律宾海区，贝壳中等偏大，相对较短。其贝壳呈矮胖状，上有多条低矮的纵肋，是壳表色彩最丰富的掘足类动物之一，壳色呈栗色至砖红色。象牙角贝 *Dentalium elephantinum* Linnaeus，1758，分布在红海至澳大利亚海区，贝壳大而厚，具有 10 条粗纵肋，是另外一种色彩丰富的掘足类动物，前部深绿色，向后逐渐褪成白色。

长安塔角贝的贝壳中等大小、薄而细长，略有弯曲。前端呈圆形，与其他种相比相对狭窄，宽度是后端的三倍。贝壳越往后越细。壳表光滑，具有非常细小的生长线。壳面半透明，呈橙色至灰白色。

实际大小

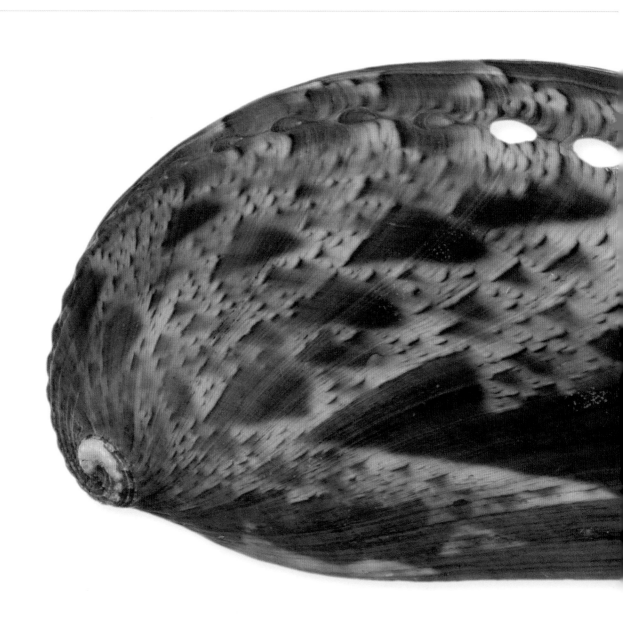

腹足纲

Gastropods

腹足纲现存物种约有100 000种，是软体动物门中种数最大、多样化水平最高的一个纲。在幼虫阶段，所有腹足纲动物的身体要经过扭转（即通过扭曲身体产生不对称的过程），直到最初的后部外套腔旋转至头部。腹足纲以具有单个螺旋状的贝壳为主要特征，有一些种类的贝壳呈帽状，其他一些种类的贝壳缩小或者消失。绝大部分腹足纲动物的贝壳不对称并向右旋转，也有突变个体的例子（如向左旋转），它们呈镜像对称。

腹足纲动物在所有的海洋环境中均有栖息，从潮间带至最深的海沟，从赤道至两极都有分布。一些种群可在淡水中生活，有的类群已经进化到能够直接呼吸空气进而能在不同的陆地环境中生活，包括大山和沙漠。

腹足纲动物的壳长大小从1/3mm至1m不等，绝大部分可以自由移动，在不同的基质上爬行或在不同的底质中掘洞生活。一些粘附在硬基质上生活，其他的为其他生物体内或体外的寄生物种。腹足纲动物的食性多样，有植食性、肉食性、寄生、滤食性、腐食性，甚至稀有的化能自养型。

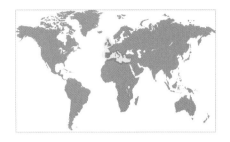

科	帽贝科（笠螺科）Patellidae
壳长	20—70mm
分布	西欧和地中海
丰度	丰富
深度	潮间带
习性	岩石海岸
食性	植食性，以海藻为食
厣	缺失

壳长范围
¾ — 2¼ in
(20 — 70 mm)

标本壳长
1 in
(25 mm)

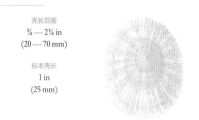

176

欧洲帽贝
Patella vulgata
Common European Limpet
Linnaeus, 1758

欧洲帽贝（欧洲笠螺）是帽贝科和帽贝属的典型物种。产量丰富，尤其是在英国和爱尔兰海岸，在地中海也有分布。它生活在潮间带的岩石上。相比于平静水域的岩石，它在强浪中暴露的岩石上更常见。相比于较低位置的个体，生活在岩石更高处的欧洲帽贝具有更高的贝壳。与其他帽贝一样，此种为雄性先成熟型——经历一次性别改变，开始为雄性，长大时变为雌性。几个世纪以来一直被人类当作食物。世界上帽贝科现生物种超过 70 种。

近似种

铁锈帽贝（铁锈笠螺）*Patella ferruginea*（Gmelin，1791），壳上具有许多粗的放射肋，是地中海特有物种，为欧洲水域中最濒危的海洋生物。多变帽贝 *Patella variabilis* Krauss，1848，分布于南非海域，顾名思义，有一个尺寸、形状和颜色变化非常大的贝壳；勺形帽贝 *Patella cochlear* Born，1778，分布于南非海域，贝壳为勺形或水滴形。

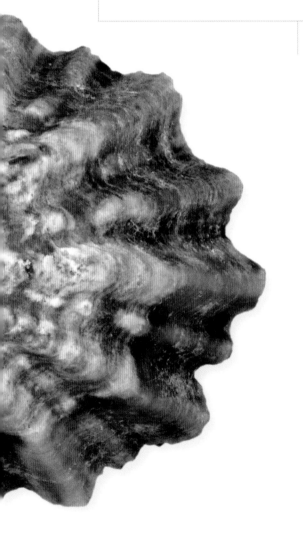

欧洲帽贝贝壳为圆锥状、有高有低、卵形。壳上有粗糙的放射肋，许多贝壳表面近乎平滑，其边缘为褶皱或平滑。壳顶位于中心或靠近中心，稍靠近前部。壳面浅棕色或灰色，内面为浅橙色，肌痕通常颜色更浅。

实际大小

科	帽贝科Patellidae
壳长	50—100mm
分布	南非到莫桑比克
丰度	常见
深度	潮间带
习性	岩石海岸
食性	植食性，以附在岩石上的褐藻为食
厣	缺失

壳长范围
2 — 4 in
(50 — 100 mm)

标本壳长
2⅜ in
(60 mm)

长肋帽贝
Patella longicosta
Long-Ribbed Limpet
Lamarck, 1819

尽管其壳形变化较大，但是在几种星形帽贝中，具有长放射肋的长肋帽贝（大星笠螺）还是很容易被辨认。放射肋使贝壳强度增强，也有助于分散波浪击打贝壳所产生的力。长肋帽贝是一种生活在潮间带岩石上的常见帽贝，大多数生活在南非，但是在莫桑比克海域也有发现。它的生态学习性目前已经知晓，研究显示长肋帽贝是一种地盘性帽贝，与一种壳状的褐藻 *Ralfsia verrucosa* 互助共生，在它的地盘周围建造有一个褐藻"花园"，以便其能顺利返回。

近似种

须肋帽贝 *Patella barbara* Linnaeus，1758，分布于南非海域，与长肋帽贝相比，有一个更小的星形贝壳，具更多且更尖的放射肋；查氏帽贝 *P. chapmani* Tension-Woods，1876，分布于南澳大利亚海域，也有一个更小的星形贝壳，具 8 根放射肋；勺形帽贝 *P. cochlear* Born，1778，分布于南非海域，贝壳为勺子或泪滴形。

长肋帽贝贝壳较大，壳质厚且坚固，星形。其上有 10 根主要肋脊，伸向四周呈辐射状，像细长的星星一样，中间还有一些更小的肋脊。壳低且宽，壳面深棕或浅棕色，贝壳通常被藻类包裹。壳内部为珠光白色，中央肌痕浅棕色。

实际大小

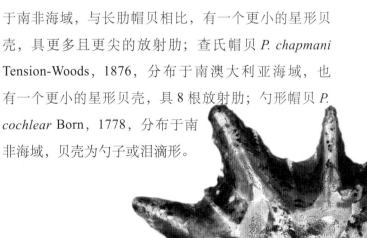

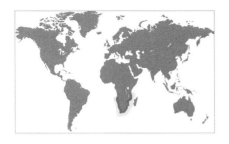

科	帽贝科Patellidae
壳长	20—70mm
分布	非洲南海岸特有
丰度	丰富
深度	潮间带
习性	岩石海岸
食性	植食性，以馅珊瑚藻为食
厣	缺失

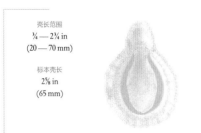

壳长范围
¼ — 2¾ in
(20 — 70 mm)

标本壳长
2⅝ in
(65 mm)

178

勺形帽贝
Patella cochlear
Spoon Limpet
Born, 1778

勺形帽贝贝壳为圆锥形、较低，前部收缩，使它们呈独特的勺子或泪滴形，不同个体的轮廓稍有变化且不规则。背部有较宽而较小的放射槽，通常被腐蚀成硬壳。不同于孔蜮，它的壳顶没有孔。壳内面有光泽，为浅灰色、浅蓝色到棕色，有一个深灰色或黑色的马蹄形肌痕。

勺形帽贝（人面笠螺）有一个独特的勺形贝壳。因为它是南非几个帽贝物种中最常见且较容易被采集到的一种，因此其生态学研究已经相当深入。以硬壳珊瑚藻为食，并且同其他帽贝一样，它有领地意识并会保护它的藻场不受其他帽贝的侵犯。帽贝有一个宽的肌肉，足可以使它们紧紧地附着在富含有机食物的海岸岩石上，这使其成为世界上潮间带岩石海岸的优势物种。有些帽贝可以用来食用，其中一些的味道很鲜美。因为生长速度缓慢并被过度捕捞，许多帽贝已经濒危，对它们的捕捞现在已经被限制。

近似种

通用名"帽贝"是指几类贝壳形状相似但是却独立进化的软体动物。真正的"帽贝"仅仅指笠形腹足目中的腹足类，包括帽贝科的软体动物，比如长肋帽贝 *Patella longicosta* Lamarck，1819，大部分分布于南非海域；星状帽贝*P. flexuosa* Quoy and Gaimard，1834，分布于印度—太平洋。现存最大的帽贝是墨西哥大帽贝*P. mexicana* Broderip and Sowerby I，1829，分布于下加利福尼亚到秘鲁海区，这个物种的生存正受到严重威胁。

实际大小

科	帽贝科Patellidae
壳长	40—120 mm
分布	纳米比亚和南非
丰度	常见
深度	潮下带浅水至7 m
习性	大型海藻森林
食性	植食性，以附生藻类为食
厣	缺失

壳长范围
1½ — 4½ in
(40 — 120 mm)

标本壳长
2¾ in
(69 mm)

179

扁平帽贝
Patella compressa
Kelp Limpet

Linnaeus, 1758

扁平帽贝（局促笠螺）贝壳极其细长，以此可与其他帽贝区分。与大部分帽贝一样，它并不生活在岩石上，而是适应生活在大昆布 *Ecklonia maxima*（这是海洋中最大的褐藻）上。扁平帽贝以大型褐藻表面的附生藻类为食，并且在褐藻的柄（茎或叶柄）上面和下面移动，保护其领地不受其他帽贝侵害。成体扁平帽贝生活在大型褐藻的叶柄上，而幼体通常聚集在叶子上，以此避免竞争。随着贝壳的长大，其基部变得下凹以适应褐藻圆柱形的叶柄。

实际大小

扁平帽贝贝壳较大，长椭圆形，较扁平。其高度适中，有一个接近中心的后弯壳顶。幼体的贝壳较短，但是随着其长大贝壳也变得越来越长。壳表由放射细肋和模糊螺旋褶皱构成，靠近壳顶的区域平滑。壳面浅橙棕色到灰色，与大型褐藻的颜色一致；内面为灰白色，靠近边缘的部分为橙色。

近似种

朱红帽贝（朱红笠螺）*Patella miniata* Born，1778 和蜘蛛网帽贝 *P. granatina* Linnaeus，1758，都分布于南非海域，贝壳相似，都为卵圆形并且有许多放射肋，但是前者肌痕为白色，而后者肌痕为深棕色。欧洲帽贝 *P. vulgata* Linnaeus，1758，分布于西欧和地中海海域，贝壳多变，上有粗肋，许多个体的壳高较大。

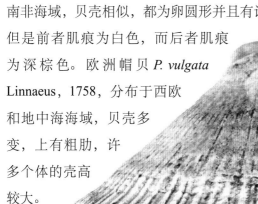

科	帽贝科Patellidae
壳长	150—350mm
分布	下加利福尼亚到秘鲁
丰度	以前常见
深度	潮间带至潮下带浅水
习性	岩石海岸
食性	植食性，以藻类为食
厣	缺失

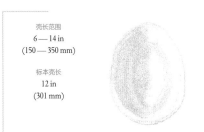

壳长范围
6 — 14 in
(150 — 350 mm)

标本壳长
12 in
(301 mm)

180

墨西哥大帽贝
Patella mexicana
Giant Mexican Limpet
Broderip and Sowerby I, 1829

墨西哥大帽贝贝壳较大，壳质非常厚重，较宽，壳形为卵圆形。幼体的贝壳有凸出的超出壳边缘的肋，但是随着其生长，贝壳轮廓变得更加平滑。成体的贝壳通常被腐蚀为亚白色。壳前部比后缘略狭窄，侧面低。壳面白色，与内部一样。肌痕为浅棕色，马蹄形。

实际大小

墨西哥大帽贝（霸王笠螺）是所有帽贝中个体最大的物种，长度可超过305mm，但是近30年发现的绝大多数个体的壳长都不足该尺寸的一半。从前它是一个常见物种，但是因为其肉非常鲜美，因此被过度捕捞，目前已经濒临灭绝。在墨西哥它受到保护，在加利福尼亚湾则已经灭绝，目前在其分布范围内的大部分地区只能采到小型个体。它现在只在人类难以到达的地方生存，在那里它们被汹涌的海浪所保护。壳面黑色，上有许多白色斑纹。这种帽贝可以用来制作贝壳吊坠，托尔特克人用其来制作护身符。

近似种

长肋帽贝 *Patella longicosta* Lamarck，1819，分布于南非海域，壳上具有放射状长肋，整体呈星形；

南非帽贝 *P. argenvillei* Krauss，1848，分布于纳米比亚到南非海域，贝壳与墨西哥大帽贝相似但更小，贝壳上有细放射肋。克岛帽贝 *P. kermadecensis* Pilsbry，1894，分布于新西兰的克马德克群岛海区，有一个大且宽的贝壳。

科	花帽贝科（吊篮螺科）Nacellidae
壳长	30—80mm
分布	日本到韩国和中国台湾
丰度	常见
深度	潮间带
习性	岩石海岸
食性	植食性，以藻类为食
厣	缺失

壳长范围
1¼ — 3¼ in
(30 — 80 mm)

标本壳长
1¼ in
(31 mm)

181

松叶嫁蝛
Cellana nigrolineata
Black-lined Limpet
(Reeve, 1854)

松叶嫁蝛（黑线吊篮螺）是一种分布于日本到韩国和中国台湾的潮间带常见帽贝。并不都如其名字所示，其贝壳通常有橙色条纹（如图所示），间有黑色条纹。贝壳形状和颜色多变。与大多数花帽贝一样，松叶嫁蝛可食用并且被大量捕捞，味道鲜美。许多花帽贝在外套腔中产卵并孵育成幼贝。世界上花帽贝科大约有40种，大多数生活在印度—太平洋海区。尽管许多种花帽贝摄食大型海藻，但大多数种类为岩石海岸潮间带植食性动物。

近似种

小笠原嫁蝛（小笠吊篮螺）*Cellana mazatlandica*（Sowerby I，1839），为日本小笠原群岛海域特有物种，有一个大的卵形贝壳，壳上有40根高且圆润的放射肋。贝壳边缘有圆齿，壳面浅棕色或橙色。圆盾花帽贝 *Nacella clypeater*（Lesson，1831），分布于秘鲁到智利海域，贝壳从卵形到圆形，轮廓为低圆锥形。它有许多低的放射肋，壳内面为珠光色，中心黑色。

实际大小

松叶嫁蝛贝壳中等大小，壳质薄且轻，圆锥形。壳顶相对较高，偏离中心，更靠近前缘。壳表由放射状低肋和同心生长细线组成，贝壳有的有光泽、有的粗糙。壳面颜色从浅黄色底色间有黑色放射线到灰色底色间有橙色放射线。壳内面具珍珠质，中心橙棕色。

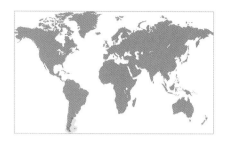

科	花帽贝科Nacellidae
壳长	14—48mm
分布	阿根廷和智利南部
丰度	常见
深度	潮间带至100m
习性	岩石海岸
食性	植食性，以大型藻类为食
厣	缺失

壳长范围
½ — 1⅞ in
(14 — 48 mm)

标本壳长
1⅝ in
(43 mm)

182

琥珀花帽贝
Nacella mytilina
Mytiline Limpet
(Helbling, 1779)

琥珀花帽贝（琥珀吊篮螺）是一种壳很薄但坚固的帽贝，大部分生活在潮间带，但是有的也生活在深水中。它是捕食者，用其长齿舌刮食海岸岩石上的藻类。齿舌是软体动物的挫磨器官，上有上百个微型牙齿。花帽贝科的许多物种，因为齿舌经常磨损，齿舌带长度可能比贝壳长五倍。花帽贝属 *Nacella* 的物种分布限于亚南极和南极地区，而其他花帽贝科物种通常生活在热带地区。南美大陆南部的花帽贝科物种多样性水平最高。

近似种

火地岛花帽贝（福兰克吊篮螺）*Nacella fuegiensis*（Reeve，1855），分布于火地岛，南美的南端，阿根廷和智利之间，贝壳中等大小，上有 40—60 根放射肋。其颜色多变，黑棕色到红棕色。松叶嫁蝛 *Cellana Nigrolineata*（Reeve，1854），分布于日本到中国台湾海域，贝壳卵圆形，上有黑色或橙色放射状条纹。

实际大小

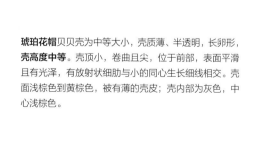

琥珀花帽贝贝壳为中等大小，壳质薄、半透明，长卵形，**壳高度中等**。壳顶小，卷曲且尖，位于前部，表面平滑且有光泽，有放射状细肋与小的同心生长细线相交。壳面浅棕色到黄棕色，被有薄的壳皮；壳内部为灰色，中心浅棕色。

科	花帽贝科Nacellidae
壳长	45—90mm
分布	日本小笠原群岛特有
丰度	丰富
深度	潮间带
习性	岩石海岸
食性	植食性，以大型藻类为食
厣	缺失

壳长范围
1¼ — 3½ in
(45 — 90 mm)

标本壳长
2⅛ in
(53 mm)

小笠原嫁蝛
Cellana mazatlandica
Bonin Island Limpet
(Sowerby II, 1839)

小笠原嫁蝛是一种分布区域非常窄的帽贝；仅分布于小笠原群岛（小笠原诸岛）——位于东京正南部大约1000km处30个岛屿组成的岛群，在东京和关岛之间。它在原产地产量丰富，生活在潮间带岩石上。研究表明，其寿命大约为三到四年。1966年，关岛尝试引种发展渔业但是遭到失败，而在小笠原群岛移植实验却获得成功。种名中，墨西哥西部马萨特兰（Mazatlan）是错误的。Pilsbry 在 1891 年提议用一个更好的名字"*boninensis*"来代替，但是种名"*mazatlandica*"更优先。

近似种

龟甲蝛 *Cellana testudinaria*（Linnaeus，1758），分布于印度—西太平洋热带区域，有一个刻纹模糊的半透明贝壳。黄足嫁蝛 *Cellana sandwicensis* Pease，1861，为夏威夷特有种，被称为"皮西 (opihi)"，类似于小笠原嫁蝛，有发达的辐射状肋，但是更小、更长。因为味道鲜美而受到欢迎，现在黄足嫁蝛的捕捞已受到控制，以免被过度捕捞。

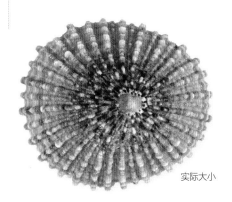

实际大小

小笠原嫁蝛贝壳为中等大小，壳质相对较薄，圆锥状、卵圆形。壳顶尖且位置稍微偏离中心，更靠近前缘。壳表大约有 40 条粗壮且呈辐射状具鳞片的放射肋，肋间具细肋，放射肋与不同颜色的同心生长线相交。贝壳边缘为扇形。壳面通常为暗浅褐色到橙色，内部银色，边缘浅棕色，肌痕棕色。

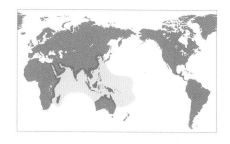

科	花帽贝科Nacellidae
壳长	35—100mm
分布	热带印度—西太平洋
丰度	丰富
深度	潮间带至潮下带浅水
习性	岩石海岸
食性	植食性，以大型藻类为食
属	缺失

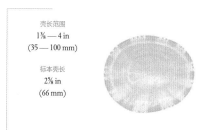

壳长范围
1⅜ — 4 in
(35 — 100 mm)

标本壳长
2⅝ in
(66 mm)

184

龟甲蝛
Cellana testudinaria
Common Turtle Limpet
(Linnaeus, 1758)

龟甲蝛贝壳大、半透明、低、近锥状、卵圆形。壳顶在壳中线上，距离前缘大约三分之一。壳表刻纹模糊，有许多圆润的低放射肋和同心圆形生长线。壳面浅绿棕色，有深棕色放射线，形成锯齿形或人字形纹理。壳内面为蓝银色，肌痕灰白色到黄棕色。

龟甲蝛（龟甲吊篮螺）是分布于太平洋西南部热带海域的一种常见帽贝。它生活在裸露海岸的潮间带或仅是潮线下的火山岩上。齿舌有几个强大且细长的牙齿，牙齿上有氧化铁，以提高从岩石上刮食藻类时的耐磨性。嫁蝛属的一些物种的齿舌带非常长，可达贝壳长度的五倍，齿舌和壳长比为腹足类中最高。许多花帽贝科物种在壳下的育仔囊中孵育幼贝；当卵孵化后幼贝爬出。龟甲蝛在分布区被当作食物。

近似种

橘边嫁蝛（壮实吊篮螺）*Cellana solida*（Blainville，1825），分布于南澳大利亚海域，有圆齿状边缘和发达的圆形放射肋。小笠原嫁蝛 *Cellana mazatlandica*（Sowerby II，1839），分布于印度—太平洋海区，有一个类似橘边嫁蝛的宽壳，但是中心斑痕和壳缘都为浅棕色。

实际大小

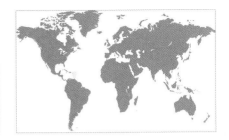

科	笠贝科（青螺科）Acmaeidae
壳长	15—21mm
分布	小安的列斯群岛，西印度群岛
丰度	不常见
深度	415—1050m
习性	粗糙的沙子和破碎的贝壳上附着
食性	植食性
厣	缺失

壳长范围
⅝ — ⅞ in
(15 — 21 mm)

标本壳长
⅞ in
(21 mm)

弓形栉齿贝
Pectinodonta arcuata
Arcuate Pectinodont
Dall, 1882

弓形栉齿贝（尖头青螺）是一种深水小帽贝，分布于西印度群岛的圣托马斯和圣露西亚岛海域。它生活在海洋底部，栖息在粗糙沙子、碎贝壳和熔岩砂以及底泥上。这种动物没有视力，与其他笠贝相比，每排齿舌的牙齿更少。弓形栉齿贝是栉齿贝属中的典型物种。该属仅有其他几个物种被鉴定，大部分分布在新西兰和澳大利亚海域。原先被认为笠贝科的许多物种现在被重新归类于笠帽贝科 Lottiidae。因此，目前笠贝科只有 10 个现存物种。

近似种

微圆笠贝 *Acmaea subrotundata* Carpenter，1865，分布于尼加拉瓜太平洋海岸到巴拿马海域，有一个近乎圆形的棕色小壳，壳顶位于中心或略微偏离中心。白帽笠贝 *Acmaea mitra*（Rathke，1833），分布于阿拉斯加到下加利福尼亚海域，有一个高圆锥形的白色小壳。其表面有的很平滑，有的具同心生长纹。

弓形栉齿贝贝壳小，壳质薄而结实，呈长椭圆形，壳顶高。壳顶圆形、光滑，朝向壳前缘。倾斜面凸出。壳面有大量的放射肋，与同心生长线相交形成网纹状。壳边缘光滑或有小的锯齿。壳内外都为白垩色，内部边缘和中心部都为米黄色。

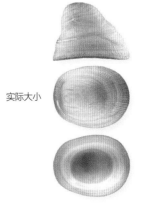

实际大小

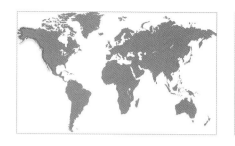

科	笠贝科Acmaeidae
壳长	19—38mm
分布	阿拉斯加到下加利福尼亚
丰度	常见
深度	低潮间带至30m
习性	岩石底
食性	植食性
厣	缺失

壳长范围
¾ — 1½ in
(19 — 38 mm)

标本壳长
1⅛ in
(29 mm)

186

白帽笠贝
Acmaea mitra
White-cap Limpet
(Rathke, 1833)

实际大小

白帽笠贝（高帽青螺）有一个比大多数笠贝更高的贝壳；其壳高度可以达到壳长度的大约80%。它分布于阿拉斯加到下加利福尼亚海域，生活在潮间带低潮线到近海的冷水中。主要以生长在岩石上的藻类为食。其空壳经常被冲上岸。笠贝分布于世界各地，从潮间带低潮线到深海都有分布。大多数笠贝生活在岩石底，但是栉齿贝属的许多物种生活在木头和深海蠕虫的管中。相比于栖息在浅水中的笠帽贝科 Lottiidae，笠贝科与无鳃笠贝科 Leptidae 中的深水帽贝亲缘关系更接近。

近似种

日本笠贝 *Bathyacmaea nipponica* Okutani，Tsuchida，and Fujikura，1992，分布于日本相模湾，生活在深水中，分布范围为水下1100—1200m。其贝壳较小，有一个相对高的壳顶，卵圆形，壳上有许多宽的放射肋。弓形栉齿贝 *Pectinodonta arcuate* Dall，1882，是一个生活在小安的列斯群岛的深水帽贝。壳薄、长卵形，壳顶高，边缘凸起。

白帽笠贝贝壳为中等大小，壳质厚，卵圆形，侧面为高圆锥状。其壳顶尖，位置靠近中心，更接近前缘。斜面的前缘微凸，后缘直或略凹。壳面有同心生长线，但是它们通常被生长的珊瑚藻覆盖。壳边缘薄且锋利。壳色为垩白色，内面为灰色。

科	无鳃笠贝科Lepetidae
壳长	11—25mm
分布	日本北部、白令海到华盛顿州
丰度	丰富
深度	潮下带浅水至145m
习性	泥质底质中的岩石
食性	碎屑食性
厣	缺失

壳长范围
½ — 1 in
(11 — 25 mm)

标本壳长
⅞ in
(21 mm)

187

环纹无鳃笠贝
Cryptobranchia concentrica
Ringed Blind Limpet
(Middendorff, 1851)

　　环纹无鳃笠贝是无鳃笠贝中最大、最常见的物种之一。它生活在太平洋北部和北极的冷水中，分布范围从潮下带浅水到更深的海域。如其英文名所示，动物视觉退化至完全消失。它也缺少鳃以及化学感受器官（嗅检器），而其他腹足类可用嗅检器这种器官来寻找食物。与大多数笠贝不同，它是以沉积物为食而不是以藻类为食。无鳃笠贝科仅有少数现存物种，可能不到20种。绝大多数物种通常生活在深海冷水中。

近似种

　　白无鳃笠贝 *Limalepeta lima* Dall，1918，分布于日本北部千岛群岛到北海道海域，有一个相对该科其他种类而言较大的贝壳，长度大约30mm。其壳卵形、低圆锥状。朽叶无鳃笠贝 *Lepeta fulva*（Müller，1776），分布于斯堪的纳维亚到亚速尔群岛海域，贝壳非常小，通常为红色或橙色。它分布于潮下带浅水区到深海中。

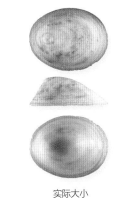

实际大小

环纹无鳃笠贝贝壳较小，壳质薄而结实，卵形，有一个相对低的圆形壳顶，有的尖、有的不尖。壳顶指向前方，且位置靠近前缘。壳表由同心生长线和放射状细肋组成，生长线可能较细或镶褶边。壳边缘平滑且薄。壳面灰白色，内面瓷白色。

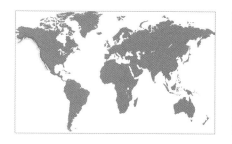

科	笠帽贝科（罗特螺科）Lottiidae
壳长	10—38mm
分布	南阿拉斯加到下加利福尼亚
丰度	丰富
深度	潮间带至潮下带浅水
习性	海藻茎或固着海藻
食性	植食性，以藻类为食
厣	缺失

壳长范围
⅜ — 1½ in
(10 — 38 mm)

标本壳长
½ in
(13 mm)

188

海藻笠贝
Lottia insessa
Seaweed Limpet
(Hinds, 1842)

海藻笠贝（藻生罗特螺）是一种产量丰富的帽贝，生活在羽毛围巾海带 *Egregia menziesii* 的茎和固着处。它以巨型褐藻上的其他藻类及巨型褐藻本身为食。本种分布于南阿拉斯加到下加利福尼亚，但是在俄勒冈州北部不常见。这个物种在冬季死亡率高。甚至最大的标本也通常活不过一年。世界上笠帽贝科大约有 100 种现存物种，北美西海岸的多样性水平最高。大多数笠帽贝科生物以潮间带岩石上生长的藻类为食。

近似种

鸟爪拟帽贝 *Patelloida saccharina*（Linnaeus，1758），分布于印度—西太平洋海区，壳形多变，有突起的放射状肋，使得壳轮廓呈星形。大猫头鹰笠贝 *Lottia gigantean*（Sowerby I，1834），分布于华盛顿州到下加利福尼亚海域，是笠帽贝科中个体最大的物种。它在其栖息地是主要物种，如果它消失了，帽贝和藻类的多样性水平将最终降低。

海藻笠贝贝壳为中等大小，壳质相对较厚，壳面略有光泽，壳形多变，从卵圆形到长卵圆形。壳顶圆形，位置更靠近前缘。壳高度可达到壳长的 **3/4**。壳表有放射状细线和同心圆生长线交织，并且非常平滑。壳面浅棕到红棕色，内部颜色相似，但是靠近边缘的部分颜色更浅，中心颜色更深。

实际大小

科	笠帽贝科Lottiidae
壳长	15—50mm
分布	印度—西太平洋热带海域
丰度	丰富
深度	潮间带至6m
习性	岩石海岸
食性	食植性
厣	缺失

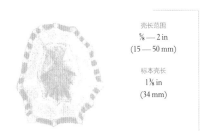

壳长范围
⅝ — 2 in
(15 — 50 mm)

标本壳长
1⅜ in
(34 mm)

189

鸟爪拟帽贝
Patelloida saccharina
Pacific Sugar Limpet
(Linnaeus, 1758)

鸟爪拟帽贝（鹩足罗特螺）是一种产量丰富的帽贝，生活在潮间带到潮下带浅水处暴露海岸的岩石岸边。分布范围从斯里兰卡到美拉尼西亚，以及从日本到澳大利亚海域。其壳为星形，在菲律宾用于贝壳工艺。根据其组织解剖学分析，笠帽贝科以及其他相关帽贝是最原始的腹足动物。然而，并不是所有贝壳像帽贝的腹足动物都有近的亲缘关系。这种形状是几个种群独立进化以适应栖息地环境。马掌螺科 Hipponicidae 中的马唇螺 *Cheilea equestris* 和骨螺科 Muricidae 的似鲍罗螺 *Concholepas concholepas* 就是两种例子。

近似种

圆锥拟帽贝（高锥罗特螺）*Patelloida conulus* Dunker, 1871，分布于韩国海域，壳小，卵圆形，螺旋部非常高，高度与壳长几乎一样。林氏笠贝 *Lottia lindbergi* Sasaki and Okutani, 1994，分布于日本和韩国海域，贝壳与鸟爪拟帽贝大小相似，幼体有一个卵圆形壳，壳顶尖，壳上具弱肋，随着其生长，壳变得更加平滑。

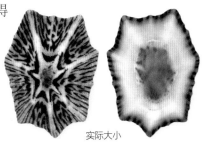

实际大小

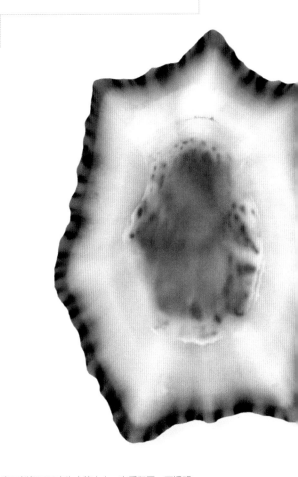

鸟爪拟帽贝贝壳为中等大小，壳质坚固、不透明，形状类似蹼足。壳顶相对较高，位置靠近中心，并且经常被侵蚀。壳表饰有 7—9 条强壮突出的放射肋和更小的中间肋，放射肋凸起超过壳面。壳面颜色多变，范围从深色到浅色，主肋之间有或没有装饰，壳内面白色，边缘黑色。

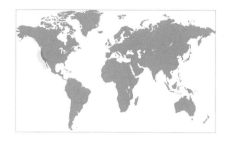

科	笠帽贝科Lottiidae
壳长	38—121mm
分布	华盛顿州到下加利福尼亚
丰度	常见
深度	高或中潮间带
习性	岩石海岸
食性	植食性
厣	缺失

壳长范围
1½ — 4½ in
(38 — 121 mm)

标本壳长
3¼ in
(82 mm)

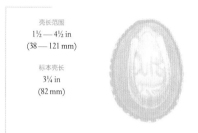

190

猫头鹰笠贝
Lottia gigantea
Giant Owl Limpet
(Sowerby I, 1834)

猫头鹰笠贝贝壳较大，壳质轻，卵形，侧面低矮。壳顶位于前缘附近大约 1/8 壳长处。壳表面通常被侵蚀，边缘附近通常可以看到斑驳纹理。壳内部中心区域为浅棕色；肌痕为蓝白色、马蹄形，前缘开口。壳内边缘有一条棕色带。

猫头鹰笠贝（霸王罗特螺）因为其相对较小的基因组，获得深入研究，并且可能成为有其全部基因组测序的首批软体动物之一。相比其他软体动物（平均大约18亿碱基对），它的基因组相对小（大约5亿碱基对）。它是一种有领土意识的动物，积极保护大约1000cm² 的岩石，在其地盘的周围生长了一个藻类"花园"。

猫头鹰笠贝是其栖息地的一个关键物种，并且当其离开时，其他帽贝的密度暂时增加，直到它们耗尽藻膜。导致大多数物种随后死亡。

近似种

盾形笠贝 *Tectura scutum*（Rathke，1833），分布于阿拉斯加到下加利福尼亚海域，壳顶偏离中心，壳面布满斑点，侧面较低。光笠贝 *Scurria scurra*（Lesson，1830），分布于秘鲁到马尔维纳斯群岛（英称福克兰群岛）海域，其壳小而平滑，侧面较高。隆肋拟帽笠贝 *Patelloida alticostata* Angas，1865，分布于澳大利亚南部海区，壳较小，上有大约20条圆形的放射肋。

实际大小

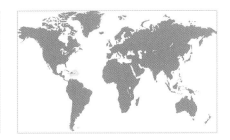

科	科库螺科Cocculinidae
壳长	3—5 mm
分布	波多黎各海沟
丰度	稀有
深度	5200—8600 m
习性	沉船木
食性	食植性
厣	缺失

莫氏科库螺
Macleaniella moskalevi
Moskalev's Macleaniella
Leal and Harasewych, 1999

壳长范围
⅛ — ¼ in
(3 — 5 mm)

标本壳长
¼ in
(5 mm)

191

实际大小

莫氏科库螺是一种栖息在深海的软体动物。它在8600m水深处被采集，靠近波多黎各海沟最深的部分，是大西洋最深的地区。波多黎各海沟的两侧陡峭，来自周围岛屿的木材和腐烂植物经常会下降到海沟。莫氏科库螺可在海上漂浮的木头碎片上发现，随后会被水浸透而下沉。世界上大约有50种现存科库螺科贝类，大部分生活在深海和超深渊带，其他生活在浅水区。

近似种

开曼科库螺 *Fedikovella caymanensis*（Moskalev，1976），分布于开曼岛和牙买加之间的开曼海沟，是另一种已知的栖息深海的科库螺。它有一个具网格状雕刻的更小的贝壳，生活在略浅的水域。日本科库螺 *Cocculina japonica* Dall，1907，分布于日本海域，有一个更大的长卵形贝壳。其壳顶小、位于中心；壳上饰有辐射状斑点和同心生长线。

莫氏科库螺贝壳非常小，壳质薄，高凸，长卵形。其壳顶内弯，位置靠后，在最高点下方，高度大约为壳长的一半。壳表面很平滑，但是在电子显微镜下观察发现一种网格状细纹，由低的放射线和同心生长细线组成。壳顶宽，边缘平滑，壳顶内部有一隔片。

科	爱迪森螺科Addissoniidae
壳长	8—20mm
分布	地中海到亚速尔群岛；美国东北部
丰度	不常见
深度	70—1830m
习性	沙质底
食性	碎屑食性
厣	缺失

壳长范围
⅜ — ¾ in
(8 — 20 mm)

标本壳长
¾ in
(19 mm)

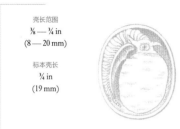

192

美环爱迪森螺
Addisonia excentrica
Paradoxical Blind Limpet
(Tiberi, 1857)

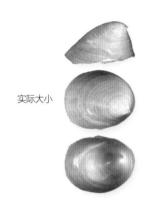

实际大小

美环爱迪森螺为一种栖息于深海、形似帽贝的中小型螺类。它分布较广，范围从地中海到美国东北部的亚速尔群岛。它有一个高度适中的圆锥形壳，被有薄的壳皮。它有一对不对称的大型鳃，相对简单的齿舌，没有眼睛。它生活在鲨鱼和鳐鱼孵化卵鞘上或卵鞘（俗称美人鱼的钱包）内，以有机残余物为食。如果你找到这些卵鞘，可以检查里面看是否有这种罕见的腹足动物。全球爱迪森螺科仅有 4 个现生物种。

美环爱迪森螺贝壳小，壳质薄而易碎，相对较高。它非对称且为帽贝状。壳顶尖，卷曲，位于后部，在壳最高部分的下方。幼螺壳在早期发育中折断。其壳表饰有同心生长细线，壳内面平滑。壳顶为宽阔的卵圆形，边缘平滑。壳外面和壳内面均为白色。

近似种

布氏爱迪森螺 *Addisonia brophyi* Mclean，1985，分布于太平洋东部海区，贝壳与美环爱迪森螺相似，但个体更小。光滑爱迪森螺 *Addisonia enodis* Simone，1996，分布于巴西东南部海区，生活在水下 80m 深的沙质底。其壳类似美环爱迪森螺，但是壳顶更圆、更低。

科	开曼深渊螺科（开曼螺科）Caymanabyssiidae
壳长	3mm
分布	开曼海沟，加勒比
丰度	稀有
深度	超深渊带，6740—6800m
习性	沉积物中的动物和植物碎片
食性	植食性，以植物碎片为食
厣	缺失

壳长范围
最大 ⅛ in
(3 mm)

标本壳长
⅛ in
(3 mm)

193

棘刺开曼深渊螺
Caymanabyssia spina
Caymanabyssia Spina

Moskalev, 1976

棘刺开曼深渊螺是栖息在深海的软体动物之一。它生活在比北美和欧洲任何一座山的海拔都大的深度。已知只有少数其他软体动物生活在更深的水域。它是一种非常小的帽贝形腹足动物，贝壳被厚厚的有机壳皮覆盖。因为巨大的深度和压力，如果其暴露出水面，钙质壳将会被海水溶解。因为其栖息地没有光，所以此种贝类没有眼睛；取而代之的，它们用嘴巴附近的短触角来寻找和定位食物。它们以来自周围较浅区域的木头（源自陆地）表面的细菌膜为食。

近似种

深成开曼深渊螺 *Amphiplica plutonica* Leal and Harasewych，1999，也分布于开曼海沟的深渊深处，是开曼深渊螺科中个体更大的成员，但是仍然较小，壳长低于13mm。里欧开曼深渊螺 *Copulabyssia riosi* Leal and Simone，2000，分布于巴西南部海域，是另一种帽贝形的腹足动物，分布于水下1320m的深海平原。

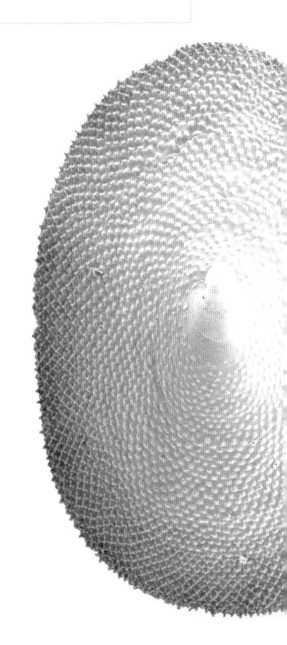

棘刺开曼深渊螺贝壳非常小，壳质薄，帽贝状，轮廓为卵形。其贝壳侧面低，幼螺壳圆且平滑，更靠近后缘。其椭圆壳其余部分被同心分布的短刺覆盖。其壳皮厚，是腹足类中有机蛋白含量最高的几种贝类之一。壳内部平滑。壳面颜色为黄白色，壳内部白色。

实际大小

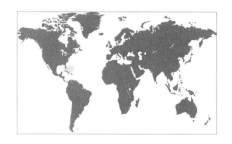

科	拟帽贝科（假科库螺）Pseudococculinidae
壳长	3mm左右
分布	巴哈马群岛
丰度	稀有
深度	半深海区，520m
习性	泥质和碎片底部
食性	植食性，以植物碎片为食
厣	缺失

壳长范围
最大 ⅛ in
(3 mm)

标本壳长
⅛ in
(3 mm)

194

杨氏假科库螺贝
Notocrater youngi
Young's False Cocculina

Mclean and Harasewych, 1995

杨氏假科库螺贝（杨氏假科库螺）是一种非常小的帽贝形腹足动物，产自巴哈马群岛的深海中。与其他深海帽贝一样，因为其生活在黑暗中，所以没有眼睛；取而代之的，它依赖其他感觉器官，比如覆盖短绒毛的头部触角来摄食。它以来自浅水的植物碎片为食，比如藻类的根，或者来自附近海岸的腐烂木头。它生活深度的碳酸盐浓度高于补偿浓度，所以其薄的钙质外壳不会在海水中溶解。因此，其壳只有一层薄的壳皮。生活在低于碳酸盐补偿浓度的海水深度的软体动物贝壳可能会在周围环境中被溶解，并需要一个完整壳皮的保护。

近似种

霍氏假科库螺 *Notocrater houbricki* McLean and Harasewych，1995 也分布于巴哈马群岛，但是生活在更浅的水区（410m）。它比杨氏假科库螺更小，壳顶位置更靠近中心。艾氏假科库螺 *Kaiparapelta askewi* McLean 和 Harasewych，1995 分布于查尔斯顿、南卡罗来纳州海域，也有一个非常小但是更宽的贝壳。贝壳及其上的壳皮较薄，上有微弱的生长线。

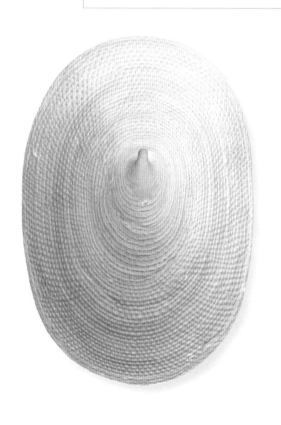

实际大小

杨氏假科库螺贝壳非常小，壳质薄，卵圆形，高度适中。用肉眼看其幼螺壳平滑，壳顶靠近后缘。壳顶附近装饰有微弱的同心肋和放射细条纹；它在靠近壳边缘的地方变为串珠同心线。壳边薄且锋利。壳内部的肌痕不明显。壳面颜色为白色，壳皮薄。

科	鳞足螺科Peltospiridae
壳长	2—5mm
分布	东太平洋热液喷口特有
丰度	稀有
深度	2635m
习性	限于热液喷口
食性	碎屑食性
厣	角质，圆形，多环

壳长范围
小于⅛—¼ in
(2—5 mm)

标本壳长
不到⅛ in
(2 mm)

光滑厚皮螺
Pachydermia laevis
Smooth Pachyderm Shell
Warén and Bouchet, 1989

光滑厚皮螺是一种微型腹足动物，为沿东太平洋深海中热液喷口处所特有。它与多毛蠕虫 *Alvinella pompejana* 的管一起生活，这种蠕虫生活在靠近热液喷口的极端深度和温度中。鳞足螺科动物雌雄异体，但是雄性没有交配器；精子释放到水中并且设法找到雌性，在卵巢中进行受精。目前鳞足螺科大约有 15 个现存物种，所有物种都仅生活在太平洋的热液喷口。

近似种

平衡迪普螺 *Depressigyra planispira*，网状鞘勒螺 *Solutigyra reticulata* 和腐生里拉螺 *Lirapex humata* 均为瓦伦和布歇（Warén and Bouchet）在 1989 年描述，其分布也限制在东太平洋的热液喷口。因为人们对深海仍然知之甚少，所以那里可能会有更多的物种被发现，目前只采集到了一小部分样品。

光滑厚皮螺贝壳非常小，壳质薄脆，盘成螺旋形，有一个相对较高的螺旋部。其螺旋部和体螺层卷曲成圆形。然而，最后1/4螺层卷曲更松散，并且可碰到前面的螺层。肉眼看到壳上刻纹平滑，但是在扫描电镜下可见明显的生长细线。壳口圆形，唇平滑。壳面白色，壳口没有珠光色。

实际大小

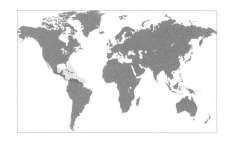

科	翁戎螺科Pleurotomariidae
壳长	45—66mm
分布	墨西哥湾南部到西印度群岛
丰度	稀有
深度	130—550m
习性	深水中的岩石栖息地
食性	肉食性，以海绵和软珊瑚为食
厣	角质，圆形

壳长范围
1¾ — 2½ in
(45 — 66 mm)

标本壳长
2⅛ in
(52 mm)

196

可雅那翁戎螺
Perotrochus quoyanus
Quoy's Slit Shell
(Fischer and Bernardi, 1856)

可雅那翁戎螺是一种稀有的深水腹足动物，以海绵和软珊瑚为食。翁戎螺科的现存物种被认为是活化石：它们看起来像已经灭绝的近似种，并且百万年来改变很少。可雅那翁戎螺是第一个被发现的现存翁戎螺，在那之前，只在恐龙时代的化石中被发现。该科贝类典型特征是沿着壳口中部有一条裂缝，此处是用于排出水和废物的排泄管。随着贝壳的生长，裂缝背部被填充形成一条裂带或裂隙带，在早期螺层可见。

近似种

阿当嵩翁戎螺 *Entemnotrochus adansonianus*（Crosse and Fisher，1861），分布于墨西哥湾、百慕大到巴西海域，有一条长裂缝。龙宫翁戎螺 *Entemnotrochus rumphii*（Schepman，1879），分布于日本到菲律宾海域，贝壳在该科中最大。缝螺科 Scissurellidae 动物是微型腹足类，也有具浅缝的贝壳，与翁戎螺科亲缘关系较远。

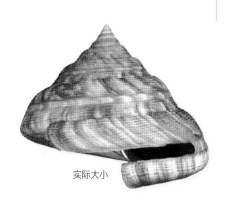

实际大小

可雅那翁戎螺贝壳小、车轮状（轮状），在体螺层上有一条短裂隙。螺层侧面凸起，缝合线清晰。螺层周缘有裂带，曾是裂缝开口。裂带上部和下部均有螺旋线，但是裂带下方和基部上的螺旋线更加明显。基部凸起、无脐。壳口卵形，螺轴扭曲。壳面颜色多变，从浅红色到奶油色。

科	翁戎螺科Pleurotomariidae
壳长	100—250mm
分布	日本南部到菲律宾
丰度	稀有
深度	深水至300m
习性	岩石底
食性	肉食性，以海绵为食
厣	角质，多环、大

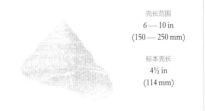

壳长范围
6 — 10 in
(150 — 250 mm)

标本壳长
4½ in
(114 mm)

197

龙宫翁戎螺
Entemnotrochus rumphii
Rumphius' Slit Shell
(Schepman, 1879)

龙宫翁戎螺是翁戎螺中个体最大的物种。与其他翁戎螺一样，它生活在深水中并以海绵为食。所有的翁戎螺都有角质厣；许多物种，比如红翁戎螺 *Mikadotrochus hirasei*，有一个小厣，但是所有龙宫翁戎螺属 *Entemnotrochus* 的种类都有一个可塞住壳口的大型厣。翁戎螺的祖先来自最古老的腹足动物，大约在 5 亿年前出现。翁戎螺科曾经种类很多，但是现在已知只有大约 30 个现生种。因为其深水栖息环境，大多数物种被认为很稀有，但是最近的数据表明，一些物种在其栖息地很常见。

龙宫翁戎螺 贝壳较大、重但是脆。它有一个高的螺旋部和一条狭窄并且非常长的裂缝。缝合线清晰。螺层略突出，狭窄裂带把螺层大约一分为二。壳上饰有螺旋细线和倾斜轴线，与奶油白色背景上的浅红色条纹重合。壳口大、具珍珠层，脐宽且深。

近似种

可雅那翁戎螺 *Perotrochus quoyanus*（Fischer and Bernardi，1856），分布于墨西哥湾南部到西印度群岛海域，有一个具短裂隙的小型贝壳。红翁戎螺 *Mikadotrochus hirasei* -Pilsbry，1903，分布于日本和菲律宾海域，贝壳中等大小，螺旋部高，裂缝宽且浅；有时可发现白化壳。

实际大小

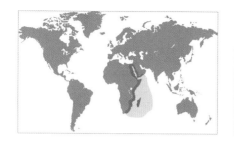

科	缝螺科Scissurellidae
壳长	小于1—2mm
分布	红海，西印度洋
丰度	常见
深度	潮间带至3m
习性	沙质底和海藻上
食性	碎屑食性
厣	角质，圆形和多环壳

壳长范围
小于 ⅛ in
(1—2 mm)

标本壳长
小于 ⅛ in
(1 mm)

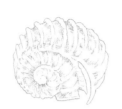

罗塔缝螺
Scissurella rota
Rota Scissurelle

Yaron, 1983

罗塔缝螺（辐射缝螺）是一种分布于红海和东非的常见微型软体动物。它在潮间带和潮下带浅水域的沙质底和海藻上生活，以细碎屑为食。肩部上裂缝的存在使它们看起来与微型翁戎螺相似，但缝螺可以轻易被辨认出来。缝螺贝壳通常白色，有的半透明，并且有细网格状或轴向刻纹。世界上现存缝螺科至少有170种，但是许多物种仍然没有被命名。缝螺分布在所有海域的潮间带到深海中。

近似种

冠冕缝螺（皇冠缝螺）*Scissurella coronata* Watson，1885，分布于日本到澳大利亚和斐济海域，有一个小而低的贝壳，有明显的对角轴向升高的肋纹，与螺旋细线交叉。其裂隙狭窄并且短。皱边鸭肩螺 *Anatoma crispata*（Fleming，1828），分布范围更广，从地中海到亚速尔群岛、西印度群岛、加利福尼亚和日本都有分布。其贝壳球形，螺旋部高度适中。其缝隙狭窄，长度大约为螺层长度的 1/4。

🐚 实际大小

罗塔缝螺贝壳非常小，壳质薄脆，球形，卷曲，螺旋部扁平。其螺旋部小，缝合线清晰，体螺层大。壳表饰有16条放射肋，与约15条轴向肋交叉。裂缝边缘有凸起的镶边，并且约为螺层长度的1/4，裂带为凸起的新月形。壳口宽，外唇薄、螺轴平滑，脐宽且深。壳面白色、半透明。

科	缝螺科Scissurellidae
壳长	可达1—4mm
分布	地中海，北大西洋到西印度群岛和日本
丰度	常见
深度	15—600m
习性	沙质底和海藻上
食性	细碎屑食性
厣	角质，圆形，多环壳

壳长范围
最大 ⅛ in
(1—4 mm)

标本壳长
⅛ in
(4 mm)

皱边鸭肩螺

Anatoma crispata
Crispate Scissurelle
(Fleming, 1828)

皱边鸭肩螺（纱布缝螺）是鸭肩螺属 *Anatoma* 中的典型物种。它通常在沙质和贝壳底质及海藻上生活。其分布广泛，从地中海、北大西洋到西印度群岛、日本和阿拉斯加到下加利福尼亚都有分布。与翁戎螺一样，缝螺上的裂缝用于排出废物和配子。大多数缝螺被认为是微型软体动物，尽管一些物种壳长可以超过10mm。许多缝螺在夜间成千上万聚集在一起大规模产卵。它们可被光吸引并且有持续游泳的能力。

近似种

日本鸭肩螺 *Anatoma parageia* Geiger and Sasaki，2009，产自日本相模湾，是来自浅水的鸭肩螺属 *Anatoma* 的稀有种代表。其壳非常小且低，体螺层后部有一条相对较宽而短的裂缝。罗塔缝螺 *Scissurella rota* Yaron，1983，分布于红海到西印度洋，壳小，有16条放射肋，与15条轴向肋交叉。

皱边鸭肩螺贝壳非常小，壳质薄且脆，球形，轮廓为圆锥形。其螺旋部高度适中，缝合线清晰，螺层凸起。螺层后部的开放裂缝狭窄，长度约为螺层长度的1/4，被凸起边缘镶边。雕刻由放射状细肋和螺旋线交叉形成。壳口宽，外唇薄，螺轴平滑，螺轴边缘褶皱。脐狭窄且深。壳面颜色为白色。

实际大小

科	鲍科Haliotidae
壳长	7—28mm
分布	西太平洋
丰度	不常见
深度	潮间带至40m
习性	珊瑚礁
食性	植食性，以藻类为食
厣	缺失

壳长范围
¼ — 1⅛ in
(7 — 28 mm)

标本壳长
½ in
(14 mm)

200

侏儒鲍
Haliotis jacnensis
Jacna Abalone

Reeve, 1846

侏儒鲍是鲍鱼中最小的物种之一。它生活在西太平洋热带水域，分布于日本到印度尼西亚，西至波利尼西亚。它在潮间带到近海的硬底基质和珊瑚礁旁生活。

与所有鲍鱼一样，它有一排呼吸孔或螺旋排列的孔洞；侏儒鲍的呼吸孔通常突起。其壳色极其多变，从棕色到颜色鲜艳的红色或黄色。壳纹也多变；有的壳有具鳞片的放射肋和轴向生长线，而有的壳纹会比较模糊。

近似种

巴西鲍 *Haliotis pourtalesii* Dall，1881，分布于墨西哥湾到南美北部海域，是一种不常见的鲍鱼，通常在深水中生活。其壳小、橙色。活标本很少被采集到。耳鲍 *Haliotis asinina* Linnaeus，1758，产自印度—西太平洋热带水域，有一个薄而平滑的长形壳，壳长、壳宽比是该科中最大的。

侏儒鲍贝壳在该科中相对较小，壳质薄，较低，长卵形。其螺旋部低且靠近后缘，缝合线并不清晰。壳表通常由具鳞片螺旋状放射肋和轴向生长线组成，但是可能更平滑。壳内表面平滑且富含珍珠层。背部呼吸孔突起，最后 3 或 4 个呼吸孔是开放的。壳色多变，为浅棕色或者鲜艳的红色或黄色。

实际大小

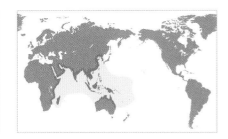

科	鲍科Haliotidae
壳长	27—80mm
分布	红海，印度—西太平洋
丰度	常见
深度	潮间带
习性	岩石底
食性	植食性，以藻类为食
厣	缺失

壳长范围
1⅛ — 3¼
(27 — 80 mm)

标本壳长
1¾ in
(44 mm)

201

多变鲍
Haliotis varia
Variable Abalone
Linnaeus, 1758

多变鲍是一种常见且分布广泛的鲍，分布于红海到印度—西太平洋热带海域。它生活在潮间带到潮下带浅水区的岩石底、珊瑚礁或石头下面。顾名思义，其壳面刻纹和颜色极其多变。因为分布广、变化大，它有很多曾用名；林奈第一个描述此种，因此种本名"varia"被优先使用。此种可作为食物，贝壳通常用于制作工艺品。其呼吸孔略微升高，最后4或5个孔是开放的。

多变鲍贝壳中等大小，两壳略膨胀，长卵形。其螺旋部低且位于后方，螺层的肩部明显。呼吸孔为卵形，略微升高，最后4或5个孔是开放的。壳纹多变，由不规则放射状褶皱和不同大小的低螺旋肋交叉组成。壳内表面平滑且有珍珠光泽。壳面棕色或绿色，有时有奶油色斑块。

近似种

赤鲍 *Haliotis rubra* Leach，1814，是澳大利亚特有物种，分布于新南威尔士到塔斯马尼亚海域，是一种用于商业捕捞的大型鲍。其贝壳通常为红棕色、卵形，有或大或小的背部轴向褶皱。孔雀鲍 *Haliotis fulgens* Philippi，1845，分布于俄勒冈州到下加利福尼亚州海域，是鲍科中个体最大的物种之一。孔雀鲍曾被过度捕捞，现在它的捕捞被严格监管。由于其肉和外壳的商业价值而被养殖。

实际大小

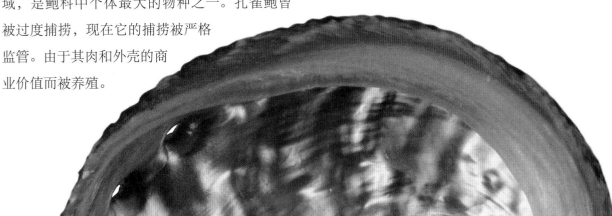

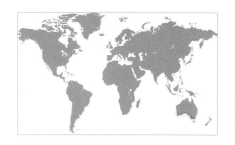

科	鲍科Haliotidae
壳长	48—60mm
分布	澳大利亚南部特有
丰度	常见
深度	潮下带至30m
习性	岩石底
食性	植食性，以藻类为食
厣	缺失

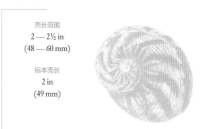

壳长范围
2 — 2½ in
(48 — 60 mm)

标本壳长
2 in
(49 mm)

202

台风眼鲍
Haliotis cyclobates
Whirling Abalone
Péron, 1816

台风眼鲍的贝壳容易被辨认，相对该科中其他物种有较高的螺旋部，壳形近乎圆形。其壳表面刻纹为倾斜的放射状褶皱和螺旋肋，饰有弯曲的奶油色放射线。它是澳大利亚南部特有物种，分布于西澳大利亚的南部区域到维多利亚海域。它生活在低潮线至浅海岩石底或者附着于大型贝壳上。雄性和雌性台风眼鲍在水中释放大量的配子，并在体外受精。足大且肌肉发达，外套膜除有两根头触角之外，还有几个小触角。

近似种

几种澳大利亚特有鲍，包括花轮鲍 *Haliotis roei* Gray，1862，分布于澳大利亚南部海域，有一个较大的红色或红棕色壳，内部有高质量的珍珠层。因为其肉和壳的商业价值，它在西澳大利亚被大量捕捞。旋梯鲍 *Haliotis scalaris* Leach，1814，分布于澳大利亚西部到南部海域，是最漂亮和最好辨认的鲍鱼之一，壳上刻纹复杂，主要为发达的辐射状肋。

实际大小

台风眼鲍贝壳为中等大小，壳面凸起、近乎圆形，有一个突出的螺旋部。其螺旋部在该科中较高，有 3 个圆形螺层，位于后部。其壳纹由许多串珠样螺旋肋与模糊倾斜放射状褶皱交叉形成；壳内面平滑且有珍珠光泽。呼吸孔为卵形，略微升高，有 5 或 6 个孔是开放的。壳面棕色和绿色，有倾斜的奶油色放射线。

科	鲍科Haliotidae
壳长	70—100mm
分布	西澳大利亚特有
丰度	不常见
深度	浅潮下带至20m
习性	岩石底
食性	植食性，以藻类为食
厣	缺失

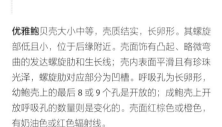

壳长范围
2¾ — 4 in
(70 — 100 mm)

标本壳长
2⅝ in
(66 mm)

优雅鲍
Haliotis elegans
Elegant Abalone

Philippi, 1874

优雅鲍生活在岩石底，通常隐藏在石头下面或者在珊瑚礁的缝隙里，所以优雅鲍活体很难被找到。它是西澳大利亚特有物种。因为其非常细长的外形，贝壳类似普通的耳鲍。然而，耳鲍的壳平滑，而优雅鲍有紧密的中型螺旋肋形成的壳纹。在壳内部，螺旋肋对应的地方显示为凹槽。其足宽且非常强壮，能利用其强大的吸附力抓紧岩石。

优雅鲍贝壳大小中等，壳质结实，长卵形。其螺旋部低且小，位于后缘附近。壳面饰有凸起、略微弯曲的发达螺旋肋和生长线；壳内表面平滑且有珍珠光泽，螺旋肋对应部分为凹槽。呼吸孔为长卵形，幼鲍壳上的最后8或9个孔是开放的；成鲍壳上开放呼吸孔的数量则是变化的。壳面红棕色或橙色，有奶油色或红色辐射线。

近似种

欧洲鲍 *Haliotis tuberculata* Linnaeus，1758，分布于地中海和西非海域，贝壳中等偏大，有与放射状生长线交叉的螺旋肋。因为其食用价值和高质量的珍珠层，几个世纪以来一直被捕捞。多变鲍 *Haliotis varia* Linnaeus，1758，分布于红海到印度—西太平洋海区，贝壳卵形，壳纹和颜色极其多变。这个物种被采集作为食物，壳可用于贝壳工艺。

实际大小

科	鲍科Haliotidae
壳长	60—100mm
分布	澳大利亚西部到南部特有
丰度	常见
深度	潮间带至潮下带浅水区
习性	岩石底
食性	植食性，以藻类为食
厣	缺失

壳长范围
2½ — 4 in
(60 — 100 mm)

标本壳长
2⅝ in
(66 mm)

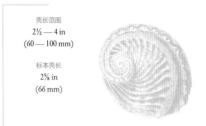

204

旋梯鲍
Haliotis scalaris
Staircase Abalone
Leach, 1814

实际大小

旋梯鲍贝壳为中等大小，壳质薄，卵形。其螺旋部略升高，位于后缘附近，有大约 3 个螺层。呼吸孔突出于壳面，最后 4 到 6 个呼吸孔开放。壳纹主要为发达的中央螺旋褶皱，其上有从褶皱到前部螺层分布的倾斜鳞片。壳上也有一些微弱的辐射状和螺旋状刻纹；壳面大刻纹在壳内部有相对应的轮廓，壳内面平滑且有珍珠光泽。壳面颜色为橙红色，有卷曲的奶油色放射线。

旋梯鲍是澳大利亚鲍科中最独特、最漂亮的种类之一。其外部壳纹复杂，主要特点是中央具有螺旋状褶皱，从中央褶皱到前部螺层形成放射状片层。它是澳大利亚特有种，分布于西澳大利亚到南澳大利亚海域。它生活于潮间带到潮下带岩石下；常见但是产量不丰富。与其他鲍一样，旋梯螺贝壳低平，呈稀疏的螺旋。

近似种

西氏鲍 *Haliotis gigantea* Gmelin，1791，分布于日本海域，壳大型，红色到棕色，有相对模糊的放射线和螺旋刻纹，内部有具明亮光泽的珍珠层。台风眼鲍 *Haliotis cyclobates* Péron，1816，为澳大利亚南部特有，有一个近乎圆形的贝壳以及一个高的螺旋部。壳面颜色为棕色和绿色，具有斜行的奶油色放射线。

科	鲍科Haliotidae
壳长	60—120mm
分布	印度—西太平洋
丰度	丰富
深度	潮间带至10m
习性	岩石
食性	植食性，以藻类为食
厣	缺失

壳长范围
2½ — 4½ in
(60 — 120 mm)

标本壳长
3 in
(77 mm)

205

耳鲍
Haliotis asinina
Donkey's Ear Abalone
Linnaeus, 1758

耳鲍是印度—西太平洋热带海域的常见物种。鲍是植食性，以岩石基质的藻类为食。它们有巨型的肌肉足，逃避天敌时可以爆发出短暂的"快速"运动。壳上有孔列，称为呼吸孔，靠近螺层边缘，用于呼出水。当壳生长时，旧的呼吸孔被填满，在壳边缘形成新的呼吸孔。鲍可以被大型生物捕食。它们富含珍珠光泽的贝壳可以用作珠宝。

近似种

多变鲍 *Haliotis varia* Linnaeus，1758，分布于印度—西太平洋海区，壳小型、内部纯白色；格鲍 *H. clathrata* Reeve，1846，分布于东非到萨摩亚群岛海域，壳小、颜色多变；杂色鲍 *H. diversicolor* Reeve，1846，分布于日本到印度尼西亚海域，是另一种小型鲍。

耳鲍贝壳薄、椭圆形，壳顶位于壳边缘附近。由于其细长的贝壳，很容易被辨认，其长宽比值在该科中最高。它有 6 或 7 个开放的椭圆形呼吸孔。壳表平滑，有轴向生长线，与低螺旋状肋交叉。壳面颜色多变，通常为橄榄绿色，有棕色和奶油色斑块。内部白色、具珍珠光泽，略显绿色。

实际大小

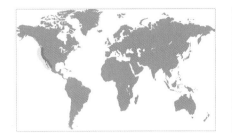

科	鲍科Haliotidae
壳长	75—150mm
分布	俄勒冈到下加利福尼亚
丰度	以前丰富
深度	潮间带至5m
习性	岩石底
食性	植食性，以藻类为食
厣	缺失

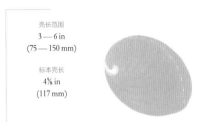

壳长范围
3 — 6 in
(75 — 150 mm)

标本壳长
4⅝ in
(117 mm)

206

黑鲍
Haliotis cracherodii
Black Abalone
Leach, 1814

黑鲍是一种分布于俄勒冈到下加利福尼亚海域的中等偏大的可食用鲍。它曾经是潮间带产量最丰富的软体动物，然而，因为过度捕捞，近几十年其数量急剧下降。同时，枯萎病使其足受影响，从而导致其在岩石上的附着力下降，也导致其数量下降。据估计，在1985—1992年间，大约有20%的黑鲍死于该病。现在它已被列为濒危物种，在美国其捕捞受到控制。黑鲍壳面光滑且颜色深，从深蓝色或绿色到黑色均有。

近似种

勘察加鲍 *Haliotis kamtschatkana* Jonas，1845，分布于阿拉斯加到加利福尼亚和日本海域，贝壳中等到大型，壳表面褶皱，上有相对较大的呼吸孔。由于过度捕捞，在加拿大已不能渔获此物种。孔雀鲍 *Haliotis fulgens* Philippi，1845，分布于俄勒冈到下加利福尼亚海域，是个体最大的鲍之一。它仍然被捕捞但是采捕受到严格控制。其贝壳是用于珠宝的美丽的珍珠层的来源。

实际大小

黑鲍贝壳为中等偏大，壳质厚，卵形。其螺旋部低小，靠近后缘。壳面接近平滑，具同心生长线；内部具珍珠光泽，有生长纹，比绝大多数鲍更加不规则。呼吸孔为卵形，略微上升，并且最后5—7个孔是开放的。壳面颜色从深蓝色或绿色到黑色，内部为具珍珠光泽的银色或金色。

科	鲍科Haliotidae
壳长	150—250mm
分布	俄勒冈到下加利福尼亚
丰度	常见
深度	潮间带至20m
习性	岩石岸
食性	植食性，以藻类为食
厣	缺失

壳长范围
6 — 10 in
(150 — 250 mm)

标本壳长
8 in
(205 mm)

孔雀鲍
Haliotis fulgens
Green Abalone
Philippi, 1845

实际大小

孔雀鲍是个体最大的鲍之一。曾经常见于太平洋西北部的潮间带和浅水区，由于过度捕捞，这种大型鲍已成为稀缺资源，其大型捕捞作业已受到严格控制。现在它被人工养殖，不仅因为其美味的肉，其贝壳也是用于珠宝和装饰的珍珠层的来源。

近似种

布氏耳鲍 *Haliotis brazieri* Angas，1869，产自澳大利亚南部海域，以及麻绳鲍 *H. queketi* E. A. Smith，1910，产自南非海域，都分布在热带水域；扁鲍 *H. planata* Sowerby II，1882 和 法 图 鲍 *H. fatui* Geiger，1999，都分布于印度—西太平洋海区，是典型的热带物种，通常比那些冷水种的壳更小。澳大利亚的鲍种类特别丰富，有几种是这个区域的特有种。

孔雀鲍贝壳较大，壳质厚重，卵形，螺旋部扁平，壳顶近后端，螺层迅速扩大。螺层边缘有由略微突出的呼吸孔排成的螺旋排列，最后 5—7 个呼吸孔是开放的。壳表面有 30—40 个螺旋褶皱和放射状生长线形成的壳纹。壳内面为彩虹面，有蓝色和绿色的斑点。巨大的肌痕位于壳顶中心。壳表面为暗红棕色，通常镶嵌有大量的其他有机体。

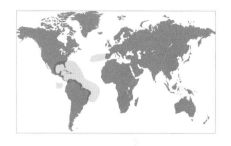

科	钥孔蝛科（透孔螺科）Fissurellidae
壳长	6—24mm
分布	加拉帕戈斯群岛，乔治亚到巴西南部，葡萄牙到亚速尔群岛
丰度	不常见
深度	10—1170m
习性	岩石底
食性	植食性，以藻类为食
厣	缺失

壳长范围
¼ — 1 in
(6 — 24 mm)

标本壳长
1 in
(24 mm)

208

网纹凹缘蝛
Emarginula tuberculosa
Tuberculate Emarginula

Libassi, 1859

网纹凹缘蝛贝壳较小、卷曲、极剧后弯、卵形，壳顶较高。壳顶小，位于壳最高点的下方。壳前部斜面凸起，后部斜面凹陷。壳表有大约 26 条粗壮的放射肋，肋间有大量细肋，与许多同心线交叉；放射肋和同心线在壳表形成一个网状纹理，在交叉处和肋间凹陷处有突出的串珠。壳边缘为锯齿状，前部裂隙短。下方图片的侧面图显示了生长痕。壳面灰白色。

网纹凹缘蝛（网纹透孔螺）是一种小型钥孔蝛，在前缘有短裂缝。它分布在潮下带浅水到深海的硬的岩石或珊瑚礁上。其分布广泛，在大西洋两岸和加拉帕戈斯群岛都有分布。绝大多数钥孔蝛都有一个背孔（开放）；其他种则类似网纹凹缘蝛，在前缘有一条缝隙或缺口；只有少数几种钥孔蝛缺乏孔和缝隙。世界上现存几百种钥孔蝛。最早的钥孔蝛化石可以追溯到三叠纪。

近似种

皮斯凹缘蝛（皮氏透孔螺）*Emarginula peasei* Thiele, 1915，分布于阿拉伯湾和阿拉伯海，壳小而扁平，前部有一条狭窄且短的缝隙。鸭嘴楯蝛 *Scutus antipodes* （Montfort，1810），分布于澳大利亚和新西兰海域，其独特的贝壳不同于钥孔蝛科的大部分种类，缺少"钥匙孔"或者缝隙。它有一个长椭圆形到矩形的近乎扁平的壳，看起来更像是双壳类的壳而不是帽贝类的壳。

实际大小

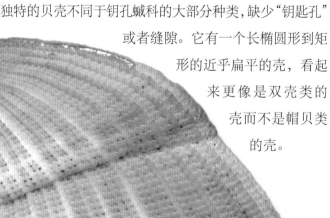

科	钥孔蝛科Fissurellidae
壳长	16—45mm
分布	佛罗里达州到巴西
丰度	常见
深度	潮间带至3m
习性	岩石岸
食性	植食性，以藻类为食
厣	缺失

壳长范围
⅝ — 1¼ in
(16 — 45 mm)

标本壳长
¼ in
(31 mm)

利氏孔蝛
Diodora listeri
Lister's Keyhole Limpet
(d'Orbigny, 1842)

209

钥孔蝛科贝类特点是有帽形壳，有的具前槽，有的是更常见的背孔——"钥匙孔"。壳内面为瓷质，并且有一个蹄形肌痕，肌痕在壳前端开放。钥孔蝛科帽贝分布在世界各地，绝大多数分布在暖水区，但是也有生活在温水区的，它们通常生活在潮下带浅水的岩石基质上，以藻类为食。与其他钥孔蝛科帽贝一样，利氏孔蝛在当地被用作食物，但是这个物种没有被商业捕捞。

近似种

刺青钥孔蝛（刺青透孔螺）*Fissurella picta*（Gmelin，1791），分布于厄瓜多尔到阿根廷海域，壳较大，上有深色和浅色的放射纹。大口钥孔蝛 *F. aperta* Sowerby I，1825，南非特有物种，有一个大的呼吸孔以及长形壳；大钥孔蝛 *Megathura crenulata*（Sowerby I，1825），分布于加利福尼亚到下加利福尼亚海域，是最大的钥孔蝛帽贝之一，能长长 132mm，有一个长度大约为壳长度1/6 的背孔。

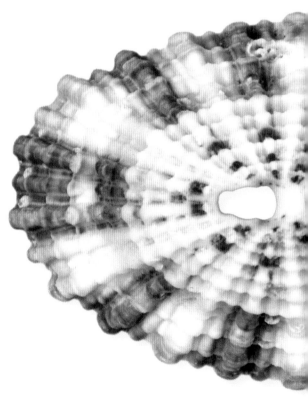

利氏孔蝛（李氏透孔螺）贝壳为圆锥状，壳质厚，稍高，整体呈椭圆形。其壳上有粗壮的放射肋与小的放射肋交替出现，肋之间有细条纹（即三种尺寸的放射肋）。它们与发达的同心生长线交叉，形成一个同心网纹，上有圆形或鳞片状的结节。壳顶部有锁孔形状的小孔，略微靠近前端。壳面奶油色到棕色，上有深色放射状斑点，壳内部为白色到浅绿色。

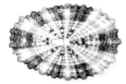

实际大小

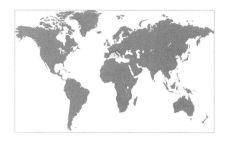

科	钥孔蝛科Fissurellidae
壳长	15—50mm
分布	北地中海
丰度	常见
深度	潮间带至潮下带浅水
习性	岩石岸
食性	植食性
厣	缺失

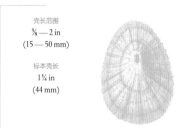

壳长范围
⅝ — 2 in
(15 — 50 mm)

标本壳长
1¾ in
(44 mm)

210

意大利孔蝛
Diodora italica
Italian Keyhole Limpet
(Defrance, 1820)

意大利孔蝛（意大利透孔螺）是分布于北地中海的一种常见钥孔蝛。它栖息于潮间带或潮下带浅水区的岩石下。其壳纹、尺寸和颜色变化很大，因而有很多曾用名。它可能是几种类似物种的综合体；对该种各群体的分子生物学研究将对其分类鉴定和遗传关系的确定有所帮助。壳面橙黄色，头上有两根短的触角。每排齿舌上有许多牙齿，总共有上千枚小齿。

近似种

巴塔哥尼亚孔蝛（巴达贡透孔螺）*Diodora patagonica* d'Orbigny，1847，分布于智利到阿根廷南部海域，是一种常见的潮下带物种。其壳为卵形、厚、相对较高，有一个小孔和许多放射肋，放射肋与同心生长线交结。网纹缘凹蝛 *Emarginula tuberculosa* Libassi，1859 分布非常广泛，生活在加拉帕戈斯群岛、西大西洋和欧洲海域。其壳小，壳顶卷曲，前缘有一条缝隙。

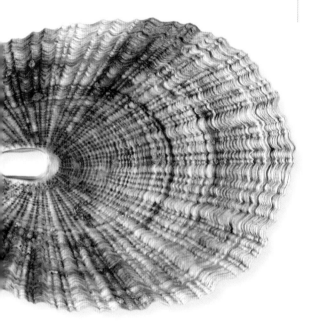

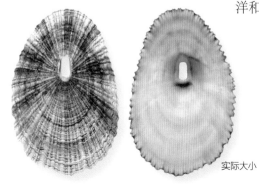

意大利孔蝛贝壳为中等大小，壳质厚且坚固，卵形。壳顶稍高，在最高点处有锁孔形小孔，靠近前缘。后缘比前缘更宽，整个边缘呈锯齿状。壳纹由突出的轴向放射肋和同心生长线交叉形成，使其表面呈网格状。壳内部平滑，孔附近有胼胝。壳面颜色为奶油色或灰色，有茶绿色放射线，内部白色。

实际大小

科	钥孔蝛科Fissurellidae
壳长	60—132mm
分布	加利福尼亚到下加利福尼亚
丰度	常见
深度	潮间带至潮下带浅水
习性	岩石岸
食性	植食性，以藻类和被囊动物为食
厣	缺失

壳长范围
2½ — 5¼ in
(60 — 132 mm)

标本壳长
3½ in
(92 mm)

211

大钥孔蝛
Megathura crenulata
Great Keyhole Limpet
(Sowerby I, 1825)

大钥孔蝛（火山透孔螺）是大型的钥孔蝛科贝类之一。属名来自希腊语的"大门"，参考其壳上的大型卵形锁孔。这是一种常见的帽贝，通常被发现在潮下带浅水区岩石上的海藻丛中爬行，以海藻和群居被囊动物为食。大钥孔蝛在帽贝中较独特，其黑色或灰色外套膜覆盖了绝大部分或整个壳，只有"锁孔"露出。其血淋巴（"血液"）在生物医学上有应用前景，因此许多公司目前正在投资其养殖业。

近似种

利氏孔蝛 *Diodora listeri*（d'Orbigny，1842），分布于佛罗里达到巴西海域，贝壳小，壳上有放射肋和同心肋形成的网格状纹理。刺青钥孔蝛 *Fissurella picta*（Gmelin，1791），分布于厄瓜多尔到阿根廷海域，是一个大型的钥孔蝛科帽贝，有一个小且狭窄的锁孔和规则的放射条纹。宏洞拟钥孔蝛 *Fissurellidea megatrema*（d'Orbigny，1841），分布于巴西海域，是一个中等大小的帽贝，壳顶有一个异常大的孔，可以达到贝壳长度的一半大小。

实际大小

大钥孔蝛贝壳较大、较低，壳质厚、椭圆形。背孔，即锁孔较大，卵形且靠近中心。其壳纹包括间隔规则的轴向细放射肋和同心线。壳边缘不规则，有许多小细齿。背部颜色从红棕色到灰色，壳内部白色有珍珠光泽。锁孔边缘为白色。

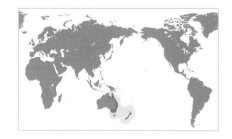

科	钥孔蝛科Fissurellidae
壳长	25—125mm
分布	澳大利亚东部到新西兰
丰度	常见
深度	潮间带至潮下带浅水
习性	岩石底
食性	植食性
厣	缺失

壳长范围
1 — 5 in
(25 — 125 mm)

标本壳长
4⅝ in
(119 mm)

212

鸭嘴楯蝛
Scutus antipodes
Short Shield Limpet
(Montfort, 1810)

鸭嘴楯蝛是钥孔蝛科中最引人注目的物种之一。其贝壳缺少一个背孔（如钥孔蝛属 *Fissurella*）或者一条边缘裂隙（如凹缘蝛属 *Emarginula*），而有一个坚固的闭锁、盾形贝壳。该种为黑色，较大且多肉，部分到整体肌肉覆盖贝壳。它有两个大且长的头上触角，肌肉坚韧。它是潮间带和潮下带浅水区的常见钥孔蝛，栖息在岩石或卵石下。它分布于昆士兰到塔斯马尼亚和新西兰海域。在澳大利亚它也被称为"大象蜗牛"。

近似种

中华楯蝛（中华鸭嘴螺）*Scutus sinensis*（Blainville，1825），分布于日本到泰国海域，类似鸭嘴楯蝛，但是壳更小，后缘有一条模糊的肛门沟。它生活在潮间带的岩石下。意大利孔蝛 *Diodora italica*（Defrance，1820），分布于地中海北部，有一个典型的钥孔蝛贝壳，圆锥形，壳的最高点有一个锁孔形小孔。壳面色浅，上有茶绿色放射线。

实际大小

鸭嘴楯蝛贝壳为中到大型，壳质厚且结实、平滑、下凹、长卵形到矩形。壳顶低而小，位于前缘大约 1/4 壳长处。壳表面平滑，上有同心生长纹，壳内部完全平滑。贝壳边缘平滑且厚。壳面白色或灰白色，内部为白色。

科	蝾螺科Turbinidae
壳长	30—80mm
分布	西太平洋
丰度	不常见
深度	50—200m
习性	碎石底
食性	植食性，以藻类为食
厣	钙质，厚，椭圆形

壳长范围
1¼ — 3¼ in
(30 — 80 mm)

标本壳长
2¼ in
(56 mm)

213

雷神盔星蛾
Bolma girgylla
Girgylla Star Shell
(Reeve, 1861)

雷神盔星螺（雷神星螺）是本属中最引人注目的物种：其贝壳颜色鲜艳，上有可长达壳直径一半长度的叶状刺。这些刺是空心的且非常脆弱；有完整刺的理想标本很少被采到。在菲律宾，雷神盔星螺最近被列为珍稀物种，因此禁止出口。其长刺表明它生活在安静的深水中。与其他蝾螺一样，它是食草动物，以藻类为食。其厣厚且为钙质。

雷神盔星螺贝壳壳质薄，圆锥形，有一个高高的螺旋部。螺层上部有串珠样脊形成的螺旋排列。有两排长且突出的叶状刺，上排的刺更加发达。壳口为椭圆形，螺轴光滑而强壮。壳面常为浅黄色到亮橙色、浅绿色或者棕色。壳口可能有黄色或橙色斑块。

近似种

沙纸盔星螺（沙纸星螺）*Bolma guttata*（Adams，1863），也分布于西太平洋，形状类似雷神盔星螺，但贝壳更小，体螺层下部分有一排短的空心棘刺。帝王海豚螺*Angaria delphinus melanacantha*（Reeve，1842）分布于菲律宾到越南海域，螺旋部扁平，有一排沿着肩部的长且卷曲的棘刺。

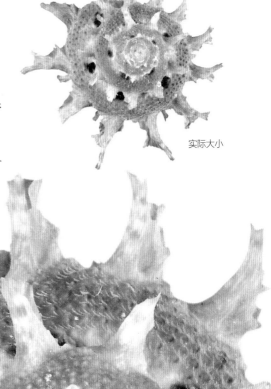

实际大小

科	蝾螺科Turbinidae
壳长	35—70mm
分布	西太平洋
丰度	产地丰富
深度	深水
习性	珊瑚礁和硬质底
食性	植食性，以藻类为食
厣	角质，同心，圆形

214

壳长范围
1⅜ — 2¾ in
(35 — 70 mm)

标本壳长
2¾ in
(69 mm)

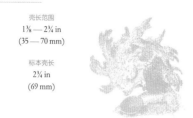

帝王海豚螺
Angaria delphinus melanacantha
Imperial Delphinula

Reeve, 1842

帝王海豚螺（帝王棘冠螺）是生活在深水珊瑚礁旁的常见且产量丰富的物种。在菲律宾，通常都用缠结的网来采集这种螺和其他一些腹足动物。其壳上具生长过程中形成的长短不一的刺，且在许多标本上可以相当长，平静水域中个体的棘刺比强水流水域中的棘刺更长。壳上通常附着有藻类、珊瑚和其他生物，在整理时为了显露出完美的贝壳，需要认真仔细地对它们进行清洁。厣为圆形，多环壳，角质，不同于其他绝大多数有钙质厣的蝾螺。

近似种

小球海豚螺 *Angaria sphaerula*（Kiener，1839），分布于西太平洋，壳形类似帝王海豚螺，但是其刺更长、螺旋部略高。宏凯海豚螺 *Angaria vicdani* Kosuge，1980，也分布于菲律宾海域，有更长的刺，其长度与贝壳直径相等。黑白海豚螺 *Angaria tyria*（Reeve，1842），分布于太平洋西南部，有的个体有短刺而有的缺少刺，有一条宽的螺旋带。

帝王海豚螺贝壳壳质厚、中间下凹，刺多，螺旋部低。壳上有一个明显的大的体螺层。肩部有向上和向内卷曲的长刺，而贝壳的其余部分被几个螺旋状刺排覆盖。脐深且有刺。壳色为灰紫色到棕色，壳口圆形，珍珠白色。

实际大小

科	蝶螺科Turbinidae
壳长	70—125mm
分布	日本区域
丰度	常见
深度	100—500m
习性	沙底
食性	植食性，以藻类为食
厣	钙质，厚

壳长范围
2¼ — 5 in
(70 — 125 mm)

标本壳长
4 in
(102 mm)

215

长刺螺
Guildfordia yoka
Yoka Star Turban

Jousseaume, 1888

　　长刺螺（长刺星螺）是壳形最独特的海洋贝类之一。其贝壳扁平，上有向外辐射的极长的棘刺。棘刺生长在贝壳边缘，因此增加了其有效尺寸。这也使其天敌更难把它的壳翻过来以暴露壳口。长刺螺生活在平静的深水中，最深可到水下500m。据报道，最近在菲律宾深海中发现两个类似长刺星螺的新物种。

近似种

　　刺螺 *Guildfordia triumphans*（Philippi，1841），分布于日本到澳大利亚东北部海域，贝壳与长刺螺非常相似，但是壳更小更短，有的壳有更多的刺。波缘星螺 *Lithopoma undosa*（Wood，1828）分布于加利福尼亚到下加利福尼亚海域，贝壳为高大的陀螺形，沿着螺层的边缘有起伏的脊。

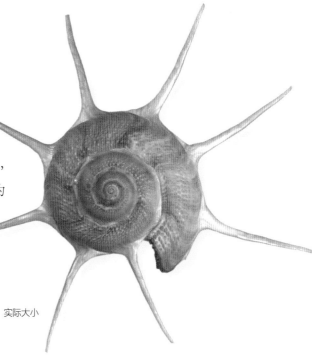

实际大小

长刺螺的贝壳为中等大小，扁平、盘形，有7—9根辐射状长刺。其螺旋部短，有一条浅缝合线。背部表面点缀有螺旋状排列的环珠，腹部表面有倾斜的轴向细线，脐周围有发达胼胝。有直的或卷曲的极其长的辐射状棘刺，它们可能与贝壳直径一样长。贝壳背部颜色为闪光的青铜色，而底部为奶油色。

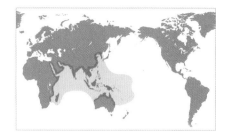

科	蝶螺科Turbinidae
壳长	30—100mm
分布	红海到印度—西太平洋
丰度	常见
深度	潮间带至40m
习性	珊瑚礁和岩石岸
食性	植食性
厣	钙质，厚，蓝绿色

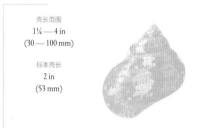

壳长范围
1¼ — 4 in
(30 — 100 mm)

标本壳长
2 in
(53 mm)

216

蝶螺
Turbo petholatus
Tapestry Turban

Linnaeus, 1758

蝶螺（独眼蝶螺）是最漂亮的蝶螺科动物之一，贝壳鲜艳，饰以织锦样图案。它的厣厚、圆形，中心为绿色，因此，它的另外一个俗名为"猫眼螺"。蝶螺生活在潮间带到浅水区的珊瑚礁旁和硬质底上的静水中。蝶螺因为其肉和贝壳而被珍藏，而其厣则用在珠宝制造中。该科中有200多个现存种，绝大多数分布于热带和亚热带区域。最早的蝶螺科化石源于白垩纪。

近似种

分布于澳大利亚海域的大蝶螺 *Turbo jourdani* Kiener，1839 和分布于东非到太平洋中部的夜光蝶螺 *Turbo marmoratus* Linnaeus，1758 是两种个体最大的蝶螺科动物。前者贝壳平滑、类似蝶螺，但壳更大，壳顶更尖。后者贝壳巨大且厚重，有三条粗螺旋肋，表面粗糙。

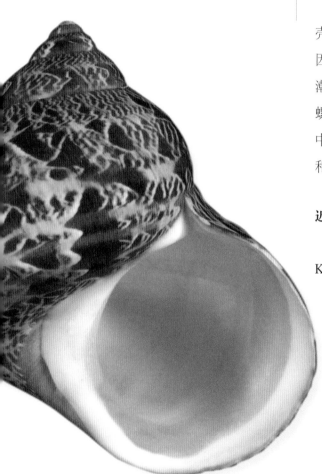

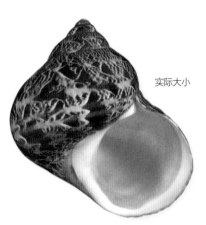

实际大小

蝶螺的贝壳中等大小，壳质重且厚，表面具光泽，陀螺形，螺旋部高度适中。螺层圆形、膨凸，缝合线凹入。贝壳表面平滑且具光泽。壳口为卵形，外唇厚、边缘锋利，螺轴平滑。贝壳通常为红色、橙色或棕色，饰有棕色螺带，螺带上有浅色纵向"Z"字形或波浪线。厣平滑、具光泽，为蓝绿色。

科	蝾螺科Turbinidae
壳长	70—115mm
分布	新西兰
丰度	不常见
深度	深水，达200m
习性	岩石底
食性	植食性，以藻类为食
厣	钙质，少环壳，卵形

壳长范围
2¾ — 4½ in
(70 — 115 mm)

标本壳长
4½ in
(115 mm)

217

新西兰蝾螺
Astraea heliotropium
Sunburst Star Shell
(Martyn, 1784)

新西兰蝾螺（向日葵星螺）的第一个标本发现于库克船长到新西兰的航程中。据报道，这种蝾螺因挂在"奋进号"皇家海军舰艇的锚链上而被发现。新西兰蝾螺被带回英国并被描述，且很快受到了收藏家们的喜爱。它的贝壳通常布满珊瑚和珊瑚藻，这使它难以被清理。它是深水中的常见物种，但是分布范围有限，是新西兰特有种，因此在收集品中不常见。

近似种

光芒星螺 *Astralium phoebium*（Röding，1798），分布于佛罗里达州到巴西海域，贝壳与新西兰蝾螺相似但是更小，有更多刺。雷神盔星螺 *Bolma girgylla*（Reeve，1861），分布于西太平洋热带海域，贝壳更高，有叶状刺，无脐。长刺螺 *Guildfordia yoka* Jousseaume，1888，分布于日本到菲律宾海域，贝壳扁平，有7到9根长的辐射状棘刺。

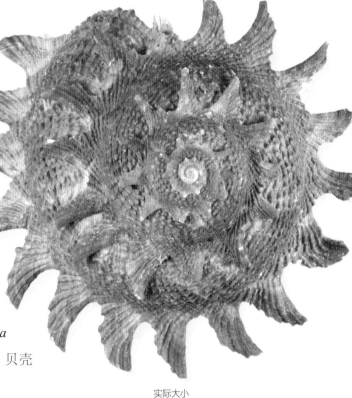

实际大小

新西兰蝾螺的贝壳较大，壳质厚，螺旋部相对于该科高度适中。螺层圆形，基部扁平，各螺层边缘有一排下凹的三角形大鳞片。壳面覆盖有螺旋排列的结节，基部的结节多鳞片。脐深且宽。壳表面灰白色，壳口为珍珠白。厣钙质，较厚，外侧为白色，与螺轴接触的地方为棕色。

科	蝶螺科Turbinidae
壳长	40—120mm
分布	南非特有
丰度	丰富
深度	浅潮下带
习性	岩石岸
食性	植食性
厣	钙质，厚，圆形，有疱状突起

壳长范围
1½ — 4½ in
(40 — 120 mm)

标本壳长
3⅝ in
(92 mm)

218

南非蝶螺
Turbo sarmaticus
South African Turban

Linnaeus, 1758

实际大小

南非蝶螺是南非特有物种，它是南非最大的蝶螺。在当地被称为"Alikreukel"或者巨型滨螺（真正的滨螺，littorinids，与其无关并且更小）。它可食用，且美味；坚韧的肌肉部分可被煮熟、切碎和油炸。南非蝶螺的捕捞受到监管，目前每人每张许可证只能捕捞少量的南非蝶螺。本种壳面绿色，有斑点，夹杂白色和深绿色，腹足底为黄色至橙色。贝壳厚重，厣钙质，圆形，外表面有大的疱状突起。

近似种

里氏蝶螺 *Turbo reevei* Philippi，1847，分布于菲律宾到印度尼西亚海域，贝壳中等大小，具光泽。贝壳颜色多变，从浅黄褐色到亮黄色、绿色或者红棕色。大蝶螺 *Turbo jourdani* Kiener，1839，为澳大利亚特有物种，是蝶螺科中个体最大的物种之一。它螺旋部相当高，厣白色、圆形、平滑。

南非蝶螺的贝壳较大，壳质厚重，粗糙，膨胀，头巾状。螺旋部略短，壳顶圆形，缝合线内凹。螺层凸起为圆形；表面粗糙，肩部有螺旋排列的结节，有螺旋细线和纵向生长线。壳口大，为卵形，外唇厚且边缘锋利，螺轴平滑。贝壳颜色多变，从浅绿色到棕色。当被外物侵蚀时，其极有可能会孕育一颗美丽的珍珠。壳口为白色。

科	蝾螺科Turbinidae
壳长	75—230mm
分布	澳大利亚南部和西部特有种
丰度	不常见
深度	潮间带至浅潮下带
习性	潮池和绿叶褐藻中
食性	植食性
厣	钙质，圆形，厚

壳长范围
3 — 9 in
(75 — 230 mm)

标本壳长
8½ in
(217 mm)

219

大蝾螺

Turbo jourdani
Jourdan's Turban

Kiener, 1839

大蝾螺（乔丹大蝾螺）是蝾螺科中个体最大的物种之一，并且是澳大利亚最大的蝾螺。它生活在潮间带到潮下带浅海，是不常见种。它常生活在绿叶褐藻中，有时也发现于潮间带潮池中。大蝾螺因其肉和巨型贝壳而广受欢迎，其贝壳被收藏家所珍视。肉体部分为红棕色。在南澳大利亚还有其近似种——维尔大蝾螺 *Turbo verconis* Iredale，1937。该种与大蝾螺略微不同，它有较大的卵形钙质厣，且外部白色。

近似种

蝾螺 *Turbo petholatus* Linnaeus，1758，分布于红海到印度—西太平洋，贝壳头巾状。贝壳具光泽，且装饰有华丽的螺旋线和纵线。它类似于大蝾螺但体型较小，螺旋部较低，并且颜色较鲜艳。角蝾螺 *Turbo cornutus* Lightfoot，1786，分布于日本、中国和菲律宾海域，贝壳壳质厚，陀螺状，贝壳上有两排发达的螺旋脊，或者有 5 条螺肋。

大蝾螺的贝壳非常大，壳质厚重，表面光亮，为头巾状。其螺旋部高，壳顶尖，缝合线清晰，螺层膨圆。体螺层大，壳口宽、卵形，外唇相对较薄，螺轴平滑；没有脐。壳表面平滑，有细的生长线，有的有低螺旋脊。贝壳颜色为深红棕色，内面瓷白色。厣卵形、较大，厣外侧白色，内侧有一个棕色的薄角质层。

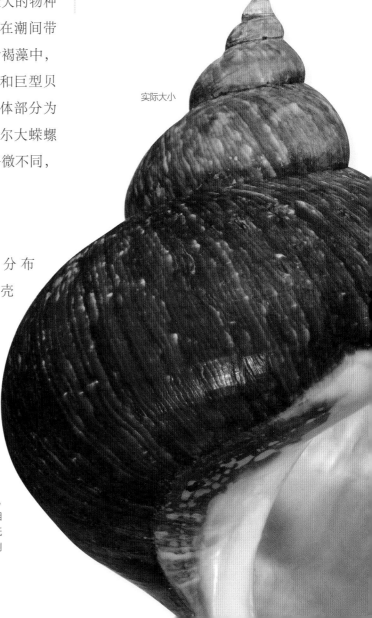

实际大小

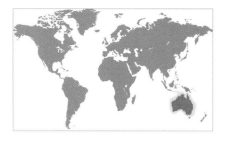

科	雉螺科Phasianellidae
壳长	25—50mm
分布	澳大利亚特有种
丰度	常见
深度	潮间带至10m
习性	海带上和岩石下
食性	植食性
厣	钙质，卵形，白色

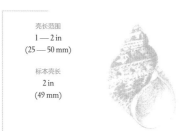

壳长范围
1 — 2 in
(25 — 50 mm)

标本壳长
2 in
(49 mm)

220

偏胀雉螺
Phasianella ventricosa
Swollen Pheasant

Swainson, 1822

偏胀雉螺是一种常见雉螺，壳表彩色图案极其多变，具有螺旋带、斜带和纵向条纹。它是澳大利亚特有种。偏胀雉螺幼体生活在岩石下的珊瑚礁上，成体生活在潮间带到潮下带浅水域的海藻上。经常有大量的偏胀雉螺被冲上海岸，尤其是在新南威尔士州南部。世界上雉螺科大约有 20 种现存种。

近似种

澳洲雉螺 *Phasianella australis*（Gmelin，1791），分布于南澳大利亚和塔斯马尼亚海域，是该科中个体最大的物种，可长达 100mm。地中海雉螺 *Tricolia speciosa*（Mühfeld，1824），类似于微型澳洲雉螺，但是略微细长。

偏胀雉螺的贝壳中等大小，壳质厚重，壳面平滑、具光泽，轮廓为圆柱球形。螺旋部较高，缝合线明显，螺层圆形、膨凸。偏胀雉螺表面平滑且有光泽，无壳皮。贝壳颜色极其多变，底色通常色浅，螺旋带或纵向带、不规则线以及条纹为粉色、奶油色、红棕色、白色或棕色等。

实际大小

科	马蹄螺科（钟螺科）Trochidae
壳长	5—21mm
分布	印度—西太平洋
丰度	丰富
深度	潮间带至5m
习性	沙泥底
食性	植食性
厣	角质，圆形，多环壳

壳长范围
¼ — ¾ in
(5 — 21 mm)

标本壳长
⅝ in
(17 mm)

221

蜎螺
Umbonium vestiarium
Common Button Top
(Linnaeus, 1758)

蜎螺（彩虹蜎螺）是一种小型马蹄螺科动物，在印度—西太平洋的浅水中产量丰富。它的贝壳圆形且扁平，平滑有光泽，颜色变化很大。尽管它体型较小，但可作为食物。贝壳广泛用于贝壳工艺，并用来制作贝壳窗帘和贝壳项链。世界上马蹄螺科有几百种现存种，尤其是在热带和亚热带浅水的硬质底质上。已知最古老的马蹄螺化石始于三叠纪。

近似种

大蜎螺 *Umbonium giganteum*（Lesson，1831），分布于日本海域，看起来像是蜎螺的放大版，但形状微呈圆锥形，且颜色变化更少。广口滑石螺 *Stomatella planulata*（Lamarck，1816），分布于日本到太平洋西南部海区，贝壳较小，体螺层扩张，形状似鲍，但是螺层边缘缺少一排小孔。

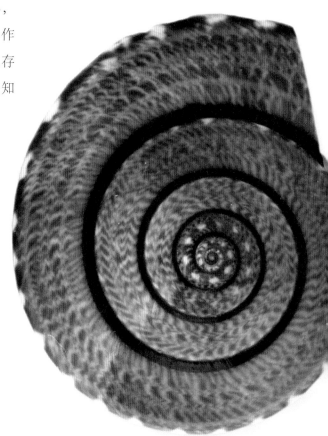

实际大小

蜎螺的贝壳小且薄、扁平、表面平滑、圆形。贝壳螺旋部非常低、凸起，缝合线细致，通常有螺旋带标记。贝壳表面有光泽，且体螺层边缘圆。壳口近似三角形，外唇薄，螺轴平滑。贝壳通常灰色、淡黄色、棕色或者淡粉色，并有螺旋带、火焰花纹或者条纹。

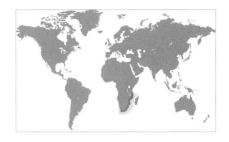

科	马蹄螺科Trochidae
壳长	13—22mm
分布	坦桑尼亚到南非
丰度	常见
深度	潮间带至2m
习性	岩石下
食性	植食性
厴	角质，薄且易弯曲

壳长范围
½ — ⅞ in
(13 — 22 mm)

标本壳长
¾ in
(20 mm)

222

草莓隐螺
Clanculus puniceus
Strawberry Top
(Philippi, 1846)

草莓隐螺（草莓钏螺）是一种颜色和花纹类似草莓的独特、引人注目的马蹄螺。它是潮间带和浅潮下带水域常见种，常发现于岩石碎石下，有时量非常大。由于其贝壳中融有色素，因此草莓隐螺是腹足类中少数几种贝壳能在紫外线下发光或颜色鲜艳的种之一。

近似种

红莓隐螺 *Clanculus pharaonius*（Linnaeus，1758），分布于红海和印度洋，贝壳与草莓隐螺的贝壳相似，但是略微大一些，有较多的螺旋串珠，单一白色或黑色交替出现。大马蹄螺 *Trochus niloticus* Linnaeus，1767 分布于印度—太平洋，贝壳大且重、陀螺形，壳面白色，有红棕色火焰样的纹理。

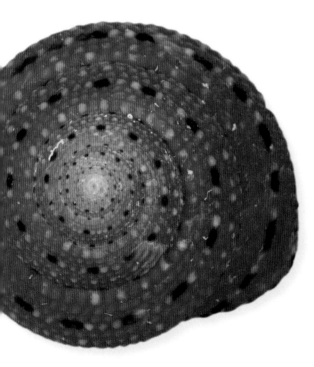

实际大小

草莓隐螺的贝壳小，壳质厚而结实，有光泽，形状类似陀螺。其螺旋部高度适中，有膨凸的螺层和清晰的缝合线。其雕刻由几排圆形串珠状螺肋构成，成体脐深，周围被齿包围。壳口小，被螺轴和外唇的突起所保护；外唇内衬黑齿。贝壳颜色为深红或者亮红色，壳表有串珠状螺旋排，每四个珠子中有一枚黑色珠。壳口白色。

科	马蹄螺科Trochidae
壳长	15—30mm
分布	日本到菲律宾
丰度	常见
深度	潮间带至10m
习性	岩石下，珊瑚礁上
食性	植食性
厣	缺失

壳长范围
⅝ — 1¼ in
(15 — 30 mm)

标本壳长
1 in
(25 mm)

广口滑石螺
Stomatella planulata
Flattened Stomatella
(Lamarck, 1816)

广口滑石螺（平广口螺）的体螺层极扩张，除了边缘没有孔列外，贝壳类似鲍。这种贝壳形态的形成与栖息地相关，广口滑石螺生活在潮间带到浅潮下带水域的岩石下。其壳顶和中心螺层非常小且靠近后缘。它没有厣，其壳内侧有珍珠层。当受到干扰时，它可以分离部分足，与壁虎分裂自己尾巴的方式一样。

近似种

血红滑石螺（鸡血广口螺）*Stomatollina sanguinea*（A. Adams，1850），分布于日本到菲律宾海域，贝壳小，螺层圆润，螺旋部中等高度，壳顶尖。贝壳颜色较浅，范围从红色到浅黄色。草莓隐螺 *Clanculus puniceus*（Philippi，1846），分布于坦桑尼亚到南非海域，为显著的深红色，有串珠状螺旋肋。有四条螺肋，螺肋上三个红色颗粒与一个黑色颗粒相间排列。

广口滑石螺的贝壳小而薄，扁平，较长，为耳状。其螺旋部近乎扁平，壳顶非常小，靠近后缘，体螺层极扩张。表面平滑，有细生长线和浅螺沟；内部具珍珠质，有细螺旋线。壳口非常大，外唇和螺轴平滑。贝壳颜色多变，通常为浅绿色或者浅棕色，有螺旋线或不规则羽毛状斑纹。通过内侧的珍珠质层可看到贝壳外表面颜色。

实际大小

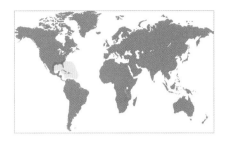

科	马蹄螺科Trochidae
壳长	20—30mm
分布	佛罗里达州到西印度群岛，墨西哥湾北部
丰度	稀有
深度	230—1060m
习性	软底
食性	植食性
厣	角质，多环壳

壳长范围
¾ — 1¼ in
(20 — 30 mm)

标本壳长
1¼ in
(30 mm)

224

费氏宝库钟螺
Gaza fischeri
Fischer's Gaza

Dall, 1889

费氏宝库钟螺是一种漂亮的腹足动物，生活在佛罗里达州到西印度群岛和墨西哥湾的深水中。新鲜标本有彩虹光泽，颜色从浅绿色到金色和浅粉色。尽管该种在其栖息地可能常见，但可采集到的较少，这与其姐妹种宝库钟螺 *Gaza superba* 相似。宝库钟螺属中的许多种通过拍打它们的宽足进行游泳进而逃避天敌。目前该属中已命名的种有 7 个，均生活在深水中。

近似种

宝库钟螺 *Gaza superba* Dall，1881，有同样的分布范围，贝壳类似费氏宝库钟螺，但略大，缝合线以上更扁平。成体螺的胚壳丢失，部分脐被覆盖。大扭柱螺 *Tectus niloticus*（Linnaeus，1767），分布于印度—太平洋热带海域，是所有马蹄螺贝壳中最大、最重的种。其贝壳曾用于制作纽扣，其肉可做食物。

实际大小

费氏宝库钟螺的贝壳小，壳质薄且轻，为陀螺形，螺层圆润。其螺旋部短，壳顶通常缺失，留下一个小小的圆形针孔与脐相连。贝壳表面平滑，只有细小的生长纹和螺旋线。唇具光泽且较厚，成体螺有一个宽胼胝，完全覆盖宽且深的脐。贝壳颜色似珍珠，为浅石灰绿色，并且有紫色或金色着色。

科	马蹄螺科Trochidae
壳长	36—50mm
分布	白令海到智利
丰度	不常见
深度	350—2140m
习性	沙质和泥质底
食性	表层沉积物捕食者
厣	角质，圆形，薄

壳长范围
1⅜ — 2 in
(36 — 50 mm)

标本壳长
1⅜ in
(36 mm)

225

贝氏深海钟螺
Bathybembix bairdii
Baird's Bathybembix
(Dall, 1889)

贝氏深海钟螺分布较广，纬度跨度较宽，生活在阿拉斯加到智利的深水中。在沙质和泥质海域中，以拖网的方式捕捞该种。它是海底表层沉积物的捕食者，食物来源主要为巨藻 *Macrocystis pyrifera*、有孔虫和微生物，包括许多生活在浮游生物上但是死去时沉到海底的微生物。当有更多食物时，深海腹足动物捕食效率大增。世界上深海钟螺属 *Bathybembix* 大约有9个现存种，均生活在深水中。

近似种

丽珠深海钟螺 *Bathybembix crumpii*（Pilsbry，1893），分布于日本到中国东海，贝壳类似贝氏深海钟螺。不同的是，它的贝壳更宽且更小，雕刻上的结节更清晰。费氏宝库钟螺 *Gaza fischeri* Dall，1889，分布于佛罗里达州到西印度洋和墨西哥湾北部海域，是另一种有薄壁贝壳的深水型马蹄螺。与贝氏深海钟螺不同，其贝壳表面平滑。

贝氏深海钟螺的贝壳中等大小，壳质薄且轻，高大于宽。其螺旋部高度适中，且通常被侵蚀。壳表雕刻由内凹的缝合线上的三排钝结节螺肋，缝合线下几条小串珠螺旋排，以及细生长线组成。壳口大，厣圆形、薄；外唇同螺轴一样平滑。贝壳无脐。贝壳颜色为白色，被浅黄色或浅橙色薄壳皮覆盖；壳口为白色或浅黄色。

实际大小

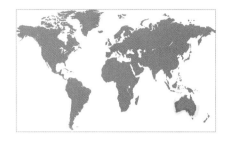

科	马蹄螺科Trochidae
壳长	20—40mm
分布	新南威尔士州到西澳大利亚
丰度	常见
深度	潮间带至3m
习性	海草上
食性	植食性
厣	角质，薄

壳长范围
¾ — 1½ in
(20 — 40 mm)

标本壳长
1⅜ in
(37 mm)

226

橄榄雉钟螺
Phasianotrochus eximius
Green Jewel Top
(Perry, 1811)

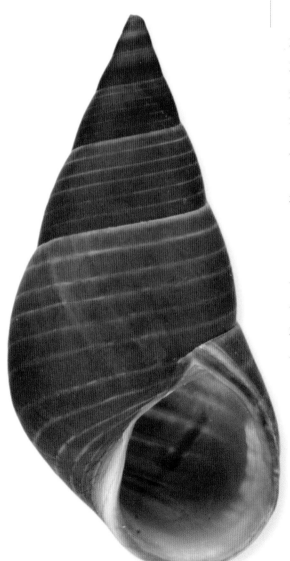

　　橄榄雉钟螺是一种常见的马蹄螺，生活在潮池和浅水中的海草上，以及沿着开阔海岸和半保护区内的海草上，分布于新南威尔士州到西澳大利亚。该种颜色和花纹变化极大。看起来像是分布于南澳大利亚的澳洲雉螺的微型版。橄榄雉钟螺除了一对头触角外，在足边有少量可起感觉作用的触角。

近似种

　　华丽雉钟螺 *Phasianotrochus bellulus*（Philippi, 1845），分布于南澳大利亚海域，贝壳更小更宽，螺轴上有两颗齿。其贝壳的颜色和纹理也非常多变。西印度鸟螺 *Cittarium pica*（Linnaeus，1758），分布于西印度群岛和巴哈马群岛，贝壳呈陀螺形，贝壳常有黑色和白色条带。

实际大小

橄榄雉钟螺的贝壳中等大小，平滑有光泽，为长圆锥形。其螺旋部高，螺层微凸，缝合线内切，壳顶小而尖。贝壳表面平滑，上层螺层有 4 条螺旋沟，体螺层上有 10 条。壳口为卵形，外唇平滑且薄，有时厚；成熟标本的螺轴上有 1 颗齿。贝壳颜色多变，多为绿色、玫瑰色、灰色或棕色，有不规则线纹。壳口较为光亮。

科	马蹄螺科Trochidae
壳长	38—64mm
分布	南加利福尼亚到下加利福尼亚
丰度	不常见
深度	6—30m
习性	岩石底
食性	植食性
厣	角质，薄，圆形

壳长范围
1½ — 2½ in
(38 — 64 mm)

标本壳长
1¾ in
(43 mm)

227

女王瓦螺
Tegula regina
Queen Tegula
Stearns, 1892

女王瓦螺（女王钟螺）是一种不常见的马蹄螺，分布于加利福尼亚、圣塔卡丽娜岛和墨西哥的下加利福尼亚州海域。瓦螺属 *Tegula* 大约 40 个现存物种，约一半生活在东太平洋、加勒比海的热带和亚热带水域，而其他种则生活在美国北部、南部以及东亚太平洋海岸的温带水域中。亲缘关系较近的几个种的种群在相同区域里共存，而没有被宽阔的生物地理或温度屏障分离，这说明它们沿着单一海岸线进行扩散。

女王瓦螺的贝壳中等大小，壳质厚，为陀螺形。其螺旋部高度适中，边缘平，缝合线突起、具细齿。壳面具许多斜行纵肋和基部的拱形片层。壳口小且倾斜，外唇具小齿，螺轴有一个褶襞。贝壳颜色通常为深灰色或黑色，但是有一条橙色带（如图所示）；基部为黑色或灰色，壳口多色，有黄色痕迹。

实际大小

近似种

黑瓦螺（加州黑钟螺）*Tegula funebralis*（Adams，1855），分布于加拿大温哥华到墨西哥的下加利福尼亚州海域，为潮间带岩石上的常见种。贝壳颜色从深灰色到黑色，螺旋部通常被侵蚀，露出橙色至棕色壳顶。红脚马蹄螺 *Norrisia norrisii*（Sowerby II，1838），分布范围与女王瓦螺相同，其贝壳更大，螺旋部低，具脐，表面平滑。

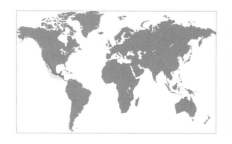

科	马蹄螺科Trochidae
壳长	30—67mm
分布	加利福尼亚湾到墨西哥西部
丰度	一般常见
深度	近海
习性	海藻床
食性	植食性
厣	角质，圆形

壳长范围
1¼ — 2¾ in
(30 — 67 mm)

标本壳长
1¾ in
(44 mm)

228

红脚马蹄螺
Norrisia norrisii
Norris's Top
(Sowerby II, 1838)

红脚马蹄螺（诺里丝钟螺）的贝壳形状在马蹄螺科中比较独特，贝壳平滑，螺层圆润。曾被归为蝾螺科，但是解剖学研究认为它应属于马蹄螺科。其角质厣有一个独特的簇状螺旋。红脚马蹄螺壳面亮红色。

近似种

宽脐瓦螺（宽脐钟螺）*Tegula euryomphala*（Jonas，1844），分布于秘鲁到智利海域，贝壳较小，表面光滑，脐深，螺旋部较高，灰色。彩带瓦螺 *Tegula fasciata*（Born，1778），分布于佛罗里达州到巴西海域，贝壳小，平滑，球形。贝壳颜色为浅色或深色。

红脚马蹄螺的贝壳膨胀，螺旋部非常低。其基部膨凸，有狭长的脐，体壁边缘为绿色。壳口非常大、圆形，后沟浅。内面有珍珠光泽，外面颜色从黄褐色到栗色，除生长线外，壳面平滑。

实际大小

科	马蹄螺科Trochidae
壳长	25—136mm
分布	加勒比海
丰度	常见
深度	潮间带至7m
习性	公海岩石
食性	植食性
厣	角质，圆形

西印度鸟螺
Cittarium pica
West Indian Top
(Linnaeus, 1758)

壳长范围
1 — 5⅜ in
(25 — 136 mm)

标本壳长
2¼ in
(58 mm)

229

西印度鸟螺（加勒比海钟螺）是西印度洋中一种常见的可食用种。尽管烹饪相当困难并且需要充分的烹饪准备，但仍常用于做汤。它群栖于开放海区的岩石上或岩石下。因其贝壳具显眼的黑色和白色斑纹，被收藏家认为是喜鹊壳。

近似种

玫瑰底钟螺 *Oxystele sinensis*（Gmelin，1791）常栖息于南非水域中的岩石上，大小约接近西印度鸟螺的一半，但比例相近，表面也粗糙。壳面深灰色，壳顶白色。脐部白色，并有玫瑰色镶边，厣黄色。

实际大小

西印度鸟螺的贝壳重，表面粗糙且不均匀，灰白色，绿黑色纵带上有绿色斑点。其螺旋部相当短，缝合线较清晰，肩部倾斜。其壳口圆形，螺轴白色，具滑层。贝壳内侧珠光色，被绿棕色多环壳的厣封闭。

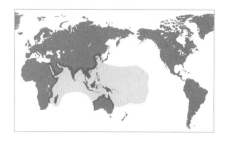

科	马蹄螺科Trochidae
壳长	50—150mm
分布	印度—太平洋
丰度	丰富
深度	潮下带至20m
习性	珊瑚礁上或旁边
食性	植食性
厣	角质，圆形

壳长范围
2 — 6 in
(50 — 150 mm)

标本壳长
3⅞ in
(97 mm)

230

大扭柱螺
Tectus niloticus
Commercial Top
(Linnaeus, 1767)

大扭柱螺（大马蹄螺）应用广泛，常作为纽扣和珍珠生产的原材料，因此俗称为"经济马蹄螺"。它是个体最大的马蹄螺，其巨大的腹足可煮或熏制；因其可食用，受到渔民的格外青睐。目前被适量捕捞，绝大多数用于装饰和贸易。因其贝壳迷人，受到收藏家和室内设计师的欢迎。

近似种

尖角马蹄螺 *Tectus conus*（Gmelin，1791）是一种个体较小的马蹄螺，分布更加广泛，延伸至红海。它也因可以生产珍珠而被重视，尖角马蹄螺唇和底部为圆形，螺旋部尖细，具细珠或结节状螺旋雕刻，和深粉红色纵带。

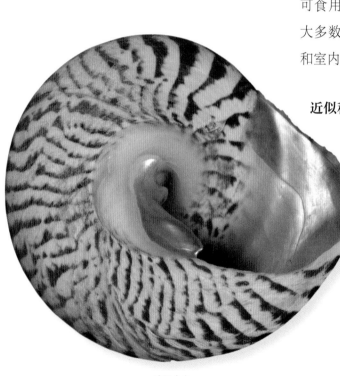

实际大小

大扭柱螺的贝壳从侧面看似等边三角形，除胚壳外，壳面平滑，在早期螺层上有凹陷的纵向结节。成体标本的后期螺层宽且凸起。贝壳白色，有红棕色纵向宽带图案。底部凹，缺少脐。壳口非常开放且向下倾斜，有一个薄外唇，螺轴上有一个唇脊。

科	马蹄螺科Trochidae
壳长	40—105mm
分布	红海，印度洋西北部
丰度	常见
深度	潮下带至10m
习性	珊瑚礁里或珊瑚礁附近
食性	植食性
厣	角质，圆形

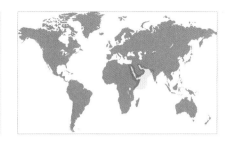

锯齿扭柱螺
Tectus dentatus
Dentate Top
(Forskål *in* Niebuhr, 1775)

壳长范围
1⅝ — 4⅛ in
(4 — 105 mm)

标本壳长
4 in
(103 mm)

231

所有的马蹄螺都是食草动物，大多数以海藻为食，也有不少同时以海绵和苔藓虫为食。锯齿扭柱螺在珊瑚礁内或周围一定范围内寻找藻类，分布限于红海和印度洋的西北角。其资源在分布区一般比较丰富。锯齿扭柱螺腹足发达，触手发育良好。从侧面看，贝壳像积雪覆盖的冷杉树。

近似种

塔形扭柱螺 *Tectus pyramis*（Born，1778）与锯齿扭柱螺大小相似，但在印度—太平洋分布更为广泛。其螺旋部较短，结节很少成型，特别是成熟个体的底部螺层（杂有棕色和绿色斑点），有很多小的成簇的疣突。结节扭柱螺 *T. pyramis noduliferus*（Lamarck，1822），作为一个罕见的变异种，它与锯齿扭柱螺的形状和壳纹更接近。

实际大小

锯齿扭柱螺的贝壳高，表面粗糙，灰白色。在螺层上，缺刻状细缝合线以上或部分重叠区，形成一条具有间隔均匀、延伸、大结节的螺旋带。贝壳底部扁平且光滑，基部上有蓝绿色带。

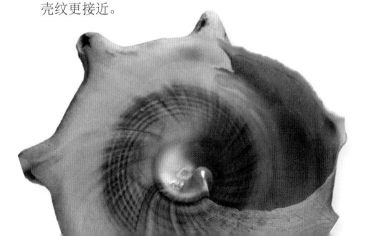

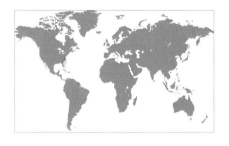

科	丽口螺科Calliostomatidae
壳长	30—39mm
分布	卡罗来纳州到佛罗里达礁群
丰度	不常见
深度	120—365m
习性	硬质底
食性	肉食性，以海绵和被囊动物为食
厣	圆形，角质，多环壳

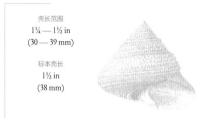

壳长范围
1¼ — 1½ in
(30 — 39 mm)

标本壳长
1½ in
(38 mm)

232

塞伊丽口螺
Calliostoma sayanum
Say's Top
Dall, 1889

塞伊丽口螺的贝壳有串珠状螺旋雕刻，十分漂亮。这种不常见的螺栖息于深水区。丽口螺科动物通常生活在硬底质上，常潜伏在其食物附近，包括海绵、柳珊瑚和被囊动物等。以前，它们被归为与马蹄螺科相近的一个亚科中，但最近被归为一个独特的科。全世界的丽口螺科现存种超过 200 个。

近似种

欧洲丽口螺 *Calliostoma zizyphinum*（Linnaeus，1758），分布于欧洲西部到卡纳利群岛和地中海海域，贝壳形态多变。虎斑毛利丽口螺 *Maurea tigris*（Martyn，1784），分布于新西兰海域，是这个科中个体最大的种类，其贝壳底色为米黄色，有棕色火焰状环纹。

实际大小

塞伊丽口螺的贝壳从小型到中等均有，坚固，有脐，陀螺形。其螺旋部尖，呈大约90°夹角，缝合线较清晰。螺层通常扁平，边缘圆润。有由串珠状的螺肋组成的雕刻，边缘大约有 8—10 条，基部有大约 15 条。脐狭窄且深，被发达的串珠状螺肋包围。壳口近似方形，外唇平滑，螺轴略厚。壳面金棕色，螺层边缘红色，壳口白色。

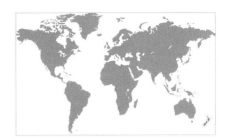

科	丽口螺科Calliostomatidae
壳长	50—100mm
分布	新西兰特有物种
丰度	一般常见
深度	潮间带至210m
习性	卵石中
食性	肉食性
厣	角质，圆形，淡黄色

虎斑毛利丽口螺
Maurea tigris
Tiger Maurea
(Martyn, 1784)

壳长范围
2 — 4 in
(50–100 mm)

标本壳长
2¼ in
(57 mm)

233

虎斑毛利丽口螺（虎斑丽口螺）是丽口螺科中个体最大的种类，也是毛利丽口螺属 *Maurea* 中最大的。丽口螺科有几个属，多样性方面毛利丽口螺属在该科中排第二，仅次于丽口螺属 *Calliostoma*。与其他毛利丽口螺属的物种一样，虎斑毛利丽口螺是新西兰特有物种，在整个主岛岛屿中均有分布。该种常分布于潮间带到深水中，栖息在岩石基底上。虎斑毛利丽口螺的化石始于更新世。

近似种

芝麻毛利丽口螺（芝麻丽口螺）*Maurea punctulata*（Martyn，1784），是新西兰另一特有种，贝壳螺旋部平钝，肩部较圆润，宽的串珠状螺肋被生长线隔成珠状结构。这些凸起的串珠为奶油色，嵌于具有斑点的浅色到中等黄褐色的壳面上。壳口内的水管角不太明显。

实际大小

虎斑毛利丽口螺的贝壳为奶油色，有橙棕色纵向宽的"Z"字形图案。其螺旋部高，至锋利的壳顶变得陡峭。所有的螺层都覆有螺旋串珠结构，且略微凸起；体螺层到基部非常膨胀。壳口十分开阔且为圆形，水管沟上有一个明显的角。

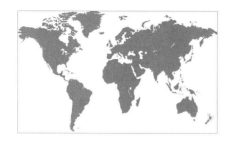

科	丽口螺科Calliostomatidae
壳长	30—60mm
分布	新西兰北部和中部
丰度	当地丰富
深度	潮间带至90m
习性	沙滩
食性	肉食性
厣	角质，圆形

壳长范围
1¼ — 2⅜ in
(30–60 mm)

标本壳长
2¼ in
(58 mm)

234

毛利丽口螺
Maurea selecta
Select Maurea
Dillwyn, 1817

毛利丽口螺（精致丽口螺）是该属中个体最大的物种之一，和大多数丽口螺科种类相似，是新西兰特有种。该种资源丰富，尤其是威灵顿西海岸。贝壳为陀螺形，壳壁薄，小结节组成的细螺肋显得优雅漂亮。它通常生活在潮间带沙滩到近海。相比浅水个体，来自深水的个体更大、更重，其螺旋部更高。

近似种

透明毛利丽口螺（清丽口螺）*Maurea pellucida*（Valenciennes，1846）仅发现于新西兰北部海域。贝壳表面的结节雕刻与毛利钟螺相似，但该种的雕刻延伸至底部。肩部周围，特别是体螺层上，常有更大的黄褐色斑点。

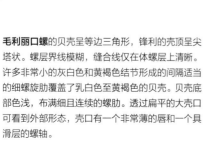

毛利丽口螺的贝壳呈等边三角形，锋利的壳顶呈尖塔状。螺层界线模糊，缝合线仅在体螺层上清晰。许多非常小的灰白色和黄褐色结节形成的间隔适当的细螺旋肋覆盖了乳白色至黄褐色的贝壳。贝壳底部色浅，布满细且连续的螺肋。透过扁平的大壳口可看到外部形态，壳口有一个非常薄的唇和一个具滑层的螺轴。

实际大小

科	陀螺科（塞圭螺科）Seguenziidae
壳长	4—5mm
分布	西大西洋，从北卡罗来纳州到巴西
丰度	不常见
深度	100—1235m
习性	细沙和泥质底
食性	碎屑食性
厣	圆形，薄，凹

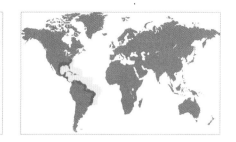

壳长范围
⅛ — ⅛ in
(4 — 5 mm)

标本壳长
⅛ in
(4 mm)

235

三棱卡伦陀螺
Carenzia trispinosa
Three-rowed Carenzia
(Watson, 1879)

三棱卡伦陀螺（三刺塞圭螺）与陀螺科中的其他物种相似，是一种栖息于深海细泥质底中的小型贝类。这些动物消化吸收沉积物中的有机成分。尽管体型比较小，但是该科中的许多物种都有非常精细的贝壳雕刻，通常有多个隆起和复杂刻痕，以及向外扩张的唇。

三棱卡伦陀螺的贝壳小，呈锥形，底端圆形，脐宽、深。螺旋部高，呈细微的阶梯状。壳口大、近矩形，沿着贝壳边缘形成一条狭窄隆突，缝合线附近有一条宽的、多结节的肋，这些结构之间有一条弱带。螺轴有复杂褶皱。贝壳白色，通过薄的贝壳层，隐约可以看到珍珠质的光彩内层。

近似种

龙骨卡伦陀螺（龙骨塞圭螺）*Carenzia carinata*（Jeffreys，1877），栖息于巴西南部、大西洋、亚速尔群岛和加那利群岛较深海域。贝壳短、宽且平滑，缺少结节。美丽卡伦陀螺 *Thelyssa callisto* Bayer，1971，分布于巴哈马深海平原，接近三棱卡伦陀螺大小的两倍，贝壳平滑、非阶梯状，底端接近扁平，壳口长菱形。线纹陀螺 *Seguenzia lineata* Watson，1879，是另一种分布于墨西哥和巴西的近似种，贝壳更高，缺少脐，但外唇轮廓更复杂。

 实际大小

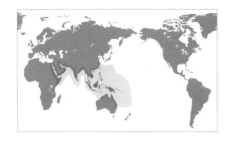

科	拟蜑螺科Neritopsidae
壳长	13—35mm
分布	红海到冲绳和新喀里多尼亚
丰度	不常见
深度	潮间带至40m
习性	洞穴和其他隐蔽栖息地
食性	不清楚
厣	钙质，厚，梯形，白色

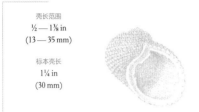

壳长范围
½ — 1⅜ in
(13 — 35 mm)

标本壳长
1¼ in
(30 mm)

236

齿舌拟蜑螺
Neritopsis radula
Radula Nerite
(Linnaeus, 1758)

齿舌拟蜑螺是一种活化石。它是有很长化石历史群体的典型代表，可以追溯到大约 3.5 亿年前的中泥盆世时期。该科中大约有 100 个化石物种。齿舌拟蜑螺在距今 250 年前就为人所认知，并被认为是该科中的唯一物种，直到 1973 年在古巴发现该科内的第二个物种。最近，在红海和法属波利尼西亚发现了该科中的几种现存种。齿舌拟蜑螺常见于水下洞穴和其他隐蔽栖息地，但关于其生物学知识仍然知之甚少。

齿舌拟蜑螺的贝壳小，壳质厚，近球形，螺旋部稍低。贝壳雕刻由串珠状螺肋与生长线交叉组成，形成一个类似于齿舌的粗糙纹理，因此得名。它的壳口为卵圆形，外唇细齿状；内唇在螺轴中部有近似方形的 U 形缺刻。厣为钙质，较厚，呈梯形，有一个方形凸起，与螺轴缺刻对应。壳面灰白色、奶油色或浅棕色。壳口为白色，有光泽。

实际大小

近似种

大西洋拟蜑螺 *Neritopsis atlantica* Sarasúa，1973，是分布于古巴到特立尼达海域的稀有物种；贝壳小，类似于齿舌拟蜑螺。里彻拟蜑螺 *Neritopsis richer* Lozouet，2009，最近在法属波利尼亚岛被描述发现。其贝壳与齿舌拟蜑螺的不同在于，串珠更小，但是有更多的螺肋。

科	蜑螺科Neritidae
壳长	3—10mm
分布	美国佛罗里达州到巴西，西班牙西部到非洲西北部，地中海，红海
丰度	常见
深度	潮间带至3m
习性	牧场和海草床
食性	植食性
厣	钙质，半圆形

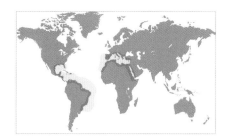

壳长范围
⅛ — ⅜ in
(3 — 10 mm)

标本壳长
¼ in
(7 mm)

237

绿宝石蜑螺
Smaragdia viridis
Emerald Nerite
(Linnaeus, 1758)

蜑螺科是一个非常大的科，但科内的种多为小型贝类，其中绿宝石蜑螺是个体最小的蜑螺之一。它广泛分布于南北大西洋的东部和西部亚热带海岸。几乎所有的水生环境中都有蜑螺的分布，包括深海和淡水湖，许多物种甚至生活在树上。这是因为它们拥有非常贴身的厣，厣后面可以蓄水以便能在相对干燥的地方生活一段时间。

近似种

奥莱彩螺 *Theodoxus oualaniensis*（Lesson，1831），分布于印度—太平洋浅海草床上。表面高度光亮，通常为橄榄绿色或灰白色，有非常多变的花纹，其间有黑边奶油色的宽螺旋带，蓝黑色网状花纹，纵向之字形标记，很多时候具一些或者所有这些花纹的组合。

实际大小

绿宝石蜑螺的贝壳平滑且为球形，螺旋部几乎完全凹陷。壳面呈浅黄绿色，饰有几行白色纵向条纹，有时镶以紫黑色边。来自深水的标本常为白色，仅边缘为深色。螺轴上有 7—9 个齿，滑层白色或浅绿色。

科	蜑螺科Neritidae
壳长	5—10mm
分布	美国东南部到加勒比和百慕大
丰度	丰富
深度	潮间带至1m
习性	潮间带岩石海岸和潮池
食性	植食性，以藻类为食
厣	钙质，少环壳，有一个内部凸起

壳长范围
⅕ — ⅖ in
(5 — 10 mm)

标本壳长
½ in
(12 mm)

238

斑马蜑螺
Puperita pupa
Zebra Nerite
(Linnaeus, 1767)

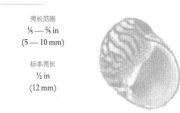

实际大小

斑马蜑螺是生活在潮间带和浅水中的小型海螺，其生物量丰富。壳型可随盐度变化，生活在淡水流附近的贝壳大多为黑色，并有白色斑点。其变种被命名为小斑马蜑螺 *P. pupa* form *tristis*（d'Orbigny，1842）。如果移植到盐度不同的区域，贝壳花纹将会改变且分泌形成新的唇。厣有内部凸起可帮助螺保持紧密闭合状态。世界范围内的热带水域中生活的蜑螺有上百种，许多在咸水和淡水中都有分布。

近似种

几个近似种都有类似于斑马蜑螺的花纹，其中包括斑马游螺 *Neritina zebra*（Bruguière，1792），分布于洪都拉斯和巴西海域，贝壳橙色或红色，有黑色斜行的"Z"字形花纹。美洲游螺 *N. virginea*（Linnaeus，1758），分布于佛罗里达州、加勒比海岛和巴西海域，贝壳色彩斑斓；雨丝游螺 *N. turrita*（Gmelin，1791），分布于西太平洋，贝壳黄色，有不规则的黑色斜行宽带。

斑马蜑螺的贝壳小，球形，壳质厚且坚固。螺旋部低，通常被侵蚀；体螺层大，圆形且平滑，有细弱的纵向生长线和螺旋线。大多数蜑螺的壳口呈半月形，被同样形状的钙质厣封闭。螺轴直，有4个小齿和滑层。贝壳颜色为白色，有不规则的斜行黑色条纹形成的漂亮花纹；壳口为黄色或橙色。像其他蜑螺一样，任何两个贝壳的花纹都不同。

科	蜑螺科Neritidae
壳长	20—30mm
分布	太平洋南部和西部
丰度	丰富
深度	潮间带
习性	红树林
食性	植食性
厣	钙质，半圆形

壳长范围
¼ — 1¼ in
(20 — 30 mm)

标本壳长
1 in
(24 mm)

239

大花蜑螺
Neritodryas cornea
Horny Nerite
(Linnaeus, 1758)

除了如大花蜑螺和血齿蜑螺 *N. pelaronta* 等少数几个物种外，其他蜑螺多被收藏家忽略。这种现象令人惊讶；因为在种间甚至在种内，很少有几个科的种类能展示出如此变化多样的颜色和纹理，并且还具有如此统一的贝壳形状。它们能够适应从盐水到淡水的各种水环境，这可能造成了其装饰的多样化，比如生活在红树林盐水环境的大花蜑螺。

近似种

紫游螺 *Neritina violacea*（Gmelin，1791），也栖息于太平洋南部和西部，能够自我调节从而适应不同的盐度的生境，这使其能够生活在红树林旁。壳面白色，有粗细适中的浅紫色或紫色纵向"Z"字形图案。壳口（滑层相对更扩展）为深橙棕色。

实际大小

大花蜑螺的贝壳为球形，螺旋部非常低。贝壳为黑色，螺体上分布有斜行短线形成的 2 条螺旋带，呈奶油色或黄褐色。同样的短线在螺旋部和贝壳底部分布较凌乱。壳口开口略微向下，唇和螺轴非常白，内部可以看见外部纹理。

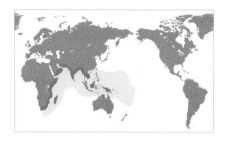

科	蜑螺科Neritidae
壳长	17—35mm
分布	东非到太平洋中部
丰度	常见
深度	潮间带
习性	岩石
食性	植食性
厣	钙质，半圆形

壳长范围
¾ — 1⅜ in
(17 — 35 mm)

标本壳长
1 in
(27 mm)

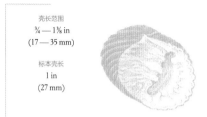

240

肋蜑螺
Nerita costata
Ribbed Nerite
Gmelin, 1791

肋蜑螺是蜑螺中最不显眼的物种之一，许多蜑螺科物种可以通过颜色和花纹的复杂变化被区别开，但是其外部规律性变化的壳纹常掩盖了蜑螺内部经典的分类特征（非常厚的唇和螺轴、半圆形的嘴，以及两排齿）。与所有的蜑螺一样，肋蜑螺是食草动物，以生长在温暖的潮间带浅水岩石上的藻类为食。

近似种

花雕蜑螺 *Nerita exuvia*（Linnaeus，1758），是另一种具肋的蜑螺，生活在太平洋西南部的红树林附近的潮间带岩石上。其肋为深棕色，被奶油色或黄褐色的螺旋沟所分隔。它们比肋蜑螺具更多更狭窄的唇齿；螺轴上的齿更不突出，但是内唇上有一排微小的粒状突起。

实际大小

肋蜑螺的贝壳为球形，螺旋部凹入，只在体螺层上看到壳顶。壳面深棕色，粗的螺肋上只有浅色纵向生长线。外唇有 7 或 8 个齿，螺轴有 3 或 4 个齿；所有的齿都较厚且为白色，后者有胼胝并且形成薄滑层延伸至螺层和壳顶。

科	蜑螺科Neritidae
壳长	20—38mm
分布	墨西哥西部到秘鲁，加拉帕戈斯群岛除外
丰度	不常见
深度	潮间带，浅水
习性	小河口里的岩石
食性	植食性
厣	钙质，半圆形

壳长范围
¾ — 1½ in
(20 — 38 mm)

标本壳长
1¼ in
(32 mm)

241

宽游螺
Neritina latissima
Widest Neritina
(Broderip, 1833)

游螺属 *Neritina* 与其他蜑螺不同，其外唇薄且平滑，螺轴上有几个褶皱而不是小齿。它们最大的特点是除了用于紧紧吸附底质表面的厣外还有一个小的臂状结构。宽游螺（艳口蜑螺）群居生活于小河和溪流处潮汐影响到的河口的岩石上，这说明宽游螺有适应缺水（低潮）和不同盐度（从盐水到淡水）生境的能力。

近似种

双耳游螺（耳朵蜑螺）*Neritina auriculatum*（Lamarck，1816），滑层向各方向更加扩张，因此其名字为双耳蜑螺。"耳朵"（壳口上部和下部）和外唇为紫灰色，螺轴白色，贝壳表面其余部分为橄榄棕色，有细螺沟。

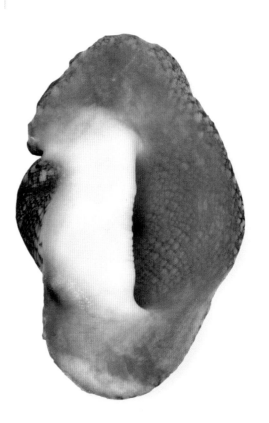

实际大小

宽游螺的贝壳为球形，螺旋部下凹。壳面奶油色到黄褐色，有淡紫色到橄榄棕色的网状纹理。壳顶白色。然而，螺体被极度扩张的唇和螺轴所遮盖，螺轴延伸至体螺层上部或下部。唇为浅色到中紫灰，滑层白色到黄色。螺轴上有大量小褶皱。

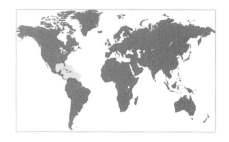

科	蜑螺科Neritidae
壳长	20—49mm
分布	美国佛罗里达东南部到委内瑞拉，加勒比
丰度	丰富
深度	潮间带至潮上带
习性	面向公海的岩石
食性	植食性
厣	钙质，半圆形

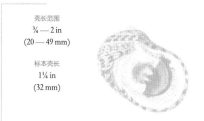

壳长范围
¾ — 2 in
(20 — 49 mm)

标本壳长
1¼ in
(32 mm)

242

血齿蜑螺
Nerita peloronta
Bleeding-tooth Nerite
Linnaeus, 1758

血齿蜑螺的贝壳为球形，螺旋部低。浅奶油色螺肋上有深红色和灰黑色斑点形成的纵向"Z"字形色带。唇上有细齿列，白色螺轴上有 4 颗明显的齿。内部黄色，白色滑层在整个螺层表面延伸，形成薄的覆盖层。

血齿蜑螺具有极具视觉冲击的外观，表面有血状花纹，螺轴具齿，齿间隙大，看起来像只色彩斑斓的海鹦。这种彩色斑纹往往掩盖了螺体表面本身的漂亮。它的厣与壳口贴合紧密，可将水分困住并保留在壳内，因此它可以生活在高潮线以上。厣鲜艳：外部部分红色、部分蓝绿色，内部为深橙色。

实际大小

近似种

四齿蜑螺 *Nerita versicolor* Gmelin，1791，与血齿蜑螺有同样的分布和栖息地。螺轴全白且具齿，外唇内有两个突出的齿。螺肋相对更加明显，其上黑色和红色的小点太少，不足以形成同血齿蜑螺一样明显的纵向色带。

科	蜑螺科Neritidae
壳长	13—40mm
分布	红海到印度—西太平洋
丰度	丰富
深度	潮间带
习性	沙附近的岩石
食性	植食性
厣	钙质，半圆形

壳长范围
½ — 1⅝ in
(13 — 40 mm)

标本壳长
1⅜ in
(36 mm)

243

锦蜑螺
Nerita polita
Polished Nerite
Linnaeus, 1758

锦蜑螺（玉女蜒螺）颜色和图案的不同组合使人眼花缭乱。并没有一个单一的标本可以作为其模式标本，尽管研究人员试图确认出几个亚种，但不成功这并不奇怪。在澳大利亚北部的古董蜑螺 *Nerita polita antiquata* 是最鲜艳的蜑螺之一，该种可通过跨越螺轴和外唇的黄橙色连续色带被辨认出，色带边缘为白色。与所有蜑螺一样，锦蜑螺在大型群体中群居，并以藻类为食，这些藻类在热带潮间带水域中很茂盛。

锦蜑螺的贝壳为球形，螺旋部几乎完全下凹。贝壳平滑且通常为奶油色、白色或浅绿色，有橙色、白色、奶油色或红色螺旋色带，色带可能是水平的、斜向的或者纵向排列的。螺轴有弱的褶皱，外唇有非常细的齿肋。壳口的边缘可能为浅黄色。

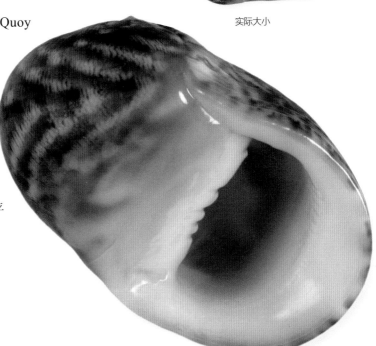

实际大小

近似种

红斑游螺 *Neritina communis*（Quoy and Gaimard，1832），是几个被广泛收藏的蜑螺之一，壳色变化极大，这使其看起来更加鲜艳且更加明显。螺旋色带宽，可能是粉色、红色、黑色、黄色或奶油色等，被斜向或纵向黑色条纹分离。仅分布于太平洋西南部海域。

科	蜑螺科Neritidae
壳长	20—50mm
分布	非洲东部到太平洋西部
丰度	常见
深度	海岸线
习性	高岩石
食性	植食性
厣	钙质，半圆形

壳长范围
¾ — 1 in
(20 — 50 mm)

标本壳长
1½ in
(36 mm)

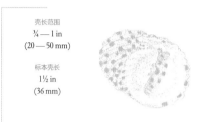

244

织锦蜑螺
Nerita textilis
Textile Nerite
Gmelin, 1791

　　厚而紧闭的厣使许多蜑螺科物种有抵御栖息地恶劣环境的能力。通过这些独特的特点，它们可以在壳内存水，以在水外存活较长时间，或者甚至——像织锦蜑螺一样——生活在高潮线以上的岩石表面上，仅仅被浪花飞溅到而永远不会被海水没及。可能是不受波浪侵蚀的影响，这一点使得织锦蜑螺进化成具有最多螺肋雕刻的蜑螺。

近似种

　　波纹蜑螺 *Nerita undata* Linnaeus，1758，与织锦蜑螺相比，螺旋部小、坚固，螺肋更扁平。肋上黑色或橄榄色短线状的条带相结合形成纵向火焰状图案，而背景为奶油色到黄褐色。贝壳更小，生活在印度—太平洋海域潮间带岩石上。

织锦蜑螺的贝壳雕刻明显，螺旋部扁平。螺旋肋发达，被生长线隔断，使螺肋外观呈扭曲状。壳面白色，常有细长黑色斑点，与相邻肋上的斑点很少接触，因此看起来像交织的黑丝带。壳口有齿，为白色或浅黄色；螺轴具细齿，滑层基部为浅橙色。

实际大小

科	蜑螺科Neritidae
壳长	14—51mm
分布	加利福尼亚湾到厄瓜多尔，加拉帕戈斯群岛
丰度	常见
深度	潮间带至潮上带
习性	岩石
食性	植食性
厣	钙质，半圆形

壳长范围
⅜ — 1 in
(14 — 51 mm)

标本壳长
1⅝ in
(40 mm)

糙肋蜑螺
Nerita scabricosta
Rough-ribbed Nerite
Lamarck, 1822

糙肋蜑螺是个体最大的蜑螺之一，是在规律性暴露的高潮带中生活的几种贝类之一。在其分布范围的北部是最常见的，在更远的南部则被亚种粗齿蜑螺 *N. s. ornata* 所取代，粗齿蜑螺的螺肋更平滑，也更浅、更规则。糙肋蜑螺有时被认为隶属于褶皱蜑螺亚属 *Ritena*，该亚属最重要的特点是螺轴滑层上有宽的不均匀褶皱。

糙肋蜑螺的贝壳为球形，螺旋部短，壳口后面的体螺层更加膨胀。壳面具不均匀深灰色到黑色螺旋肋，肋上偶尔有长形的斑点，体螺层上有橙色条纹，螺旋部上的条纹为白色。壳口白色。唇厚，内具细齿，螺轴上有 4 个深褶，滑层上有不规则褶状肋。

近似种

细绳蜑螺 *Nerita funiculata*（Menke，1851），与糙肋蜑螺有相同的分布范围。它的贝壳小，中灰色螺体上有间隔相对较宽的螺旋细肋和一个相当平的浅灰色螺旋部。唇有细齿，滑层上有不规则长形疱状突起。

实际大小

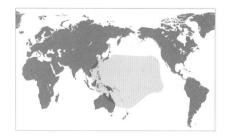

科	蜒螺科Neritidae
壳长	20—42mm
分布	太平洋西部和中部
丰度	不常见
深度	潮间带
习性	岩石
食性	植食性
厣	钙质，半圆形

壳长范围
¾ — 1¾ in
(20 — 42 mm)

标本壳长
1⅝ in
(41 mm)

246

巨蜒螺
Nerita maxima
Maximum Nerite
Gmelin, 1791

巨蜒螺在夜间捕食，夜间可以看到它们在岩石裂缝和珊瑚礁隐蔽角落以及潮间带其他地方活跃觅食。可食用，顾名思义，其个体很大；是太平洋中部地区珊瑚礁中的常见食用贝类。它们通过人们的采收活动（无论是商业捕捞还是自给自足式捕捞）完成了由潮间带海洋生物到经济物种的顺利转变。这一工作通常由女人来承担。

近似种

褶蜒螺 *Nerita plicata* Linnaeus，1758，分布于印度—太平洋海区，有更多的界限清晰的螺肋。该种常有深灰色斑块，以及参差不齐的轴向条纹，但壳面通常为灰白色到奶油色。唇齿由更少更深的褶皱形成，螺轴齿细长，穿过滑层。

巨蜒螺的贝壳为球形，壳口饱满，向下倾斜。其螺旋部非常低，壳顶白色；贝壳其余部分为白色或灰白色，有微弱的深灰色斑块。壳面螺肋精致，肋间沟细，与轴向生长线交织使贝壳外观呈方格状。壳口白色，细齿唇和具方形齿的螺轴为杏黄色。

实际大小

科	扁帽螺科Phenacolepadidae
壳长	13—25mm
分布	红海到印度和斯里兰卡
丰度	当地常见
深度	潮间带岩石和卵石下
习性	沙内岩石和泥质底
食性	碎屑食性
厣	残留

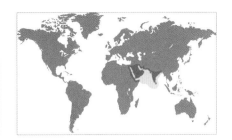

金星扁帽螺

Plesiothyreus cytherae
Venus Sugar Limpet

(Lesson, 1831)

壳长范围
½ — 1 in
(13 — 25 mm)

标本壳长
⅞ in
(21 mm)

尽管与蜑螺亲缘关系较近，但扁螺科具有与帽贝更相似的形状。它们大多数生活在热带和亚热带区域，附着在岩石上，部分埋栖于浅水的泥里。扁帽螺科的一个特定群体的生活范围局限于深海热液喷口，为食碎屑者。它们有腹足动物中不常见的红细胞（血红细胞）而不是蓝细胞，血液里有呼吸蛋白——血蓝蛋白。

金星扁帽螺的贝壳大且宽，两侧对称。贝壳呈帽状，前部极其凸出，后部直，略凹。雕刻由从壳顶辐射的大量粗肋组成。随着贝壳的生长，相邻肋之间的距离增大并且它们之间形成新的肋。壳口为宽卵形，肌痕马蹄形且前部开放。贝壳颜色为白色。

近似种

鳞片扁帽螺 *Plesiothyreus galathea*（Lamarch，1819），分布于印度—太平洋热带海域，贝壳更小更薄更长，贝壳上有更多细的串珠状放射肋。糙扁帽螺 *Phenacolepas asperulata*（A. Adams，1858），分布于印度洋，也有一个更小且更狭窄的卵形贝壳，贝壳上有更细的串珠状放射肋。橘红扁帽螺 *Cinnalepeta pulchella*（Lischke，1871），分布于日本到越南海域，有一个更小的橙色贝壳，壳顶延伸超过壳口后缘。

实际大小

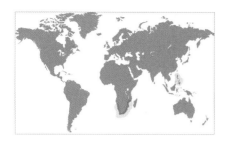

科	深海黄金螺科Abyssochrysidae
壳长	30—50mm
分布	南非，菲律宾
丰度	稀有
深度	500—2800m
习性	泥质底
食性	碎屑食性
厣	角质，薄，软

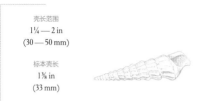

壳长范围
1¼ — 2 in
(30 — 50 mm)

标本壳长
1⅜ in
(33 mm)

248

非洲深海黄金螺
Abyssochrysos melanioides
Melanioid Abyssal Snail

Tomlin, 1927

非洲深海黄金螺（锥形黄金螺）是腹足纲一个较小科的代表，生活在非常深的海域。因为其栖息的深度大，可采集到的样品很少，但是在其泥质栖息地中可能常见。它分布于南非和菲律宾，但是进一步深海探索显示它可能也生活在印度洋的其他区域。因为其生活的深度超过阳光穿透的深度，所以该种视力退化至完全消失。世界上的深海黄金螺科中只有 6 个现存物种，均生活在深水中。其可能与 2 亿年前繁盛的假横肋螺科 Pseudozygopleuridae 为近缘种。

近似种

梅氏深海黄金螺（梅氏黄金螺）*Abyssochrysos melvilli*（Schepman，1909），分布于南非、菲律宾和印度尼西亚海域，贝壳细小。壳皮橄榄绿色。巴西深海黄金螺 *Abyssochrysos brasilianum* Bouchet，1991，分布于巴西东南部海域，贝壳类似非洲深海黄金螺，但是更小，螺层更少。

非洲深海黄金螺的贝壳为中等大小，壳薄，较长，圆锥形。其螺旋部非常高，并且占据了壳长的大约80%，有大约14 个螺层；缝合线清晰。各螺层具大约 12—14 条纵肋，每条肋的底部形成结节。外唇薄而锋利，螺轴光滑，壳口为卵形。壳面白色，被橄榄棕色壳皮覆盖，使贝壳略显金色。壳口白色。

实际大小

科	蟹守螺科Cerithiidae
壳长	3—6mm
分布	夏威夷到法国波利尼西亚
丰度	丰富
深度	潮间带
习性	沙子和泥滩
食性	植食性
厣	角质，少环壳

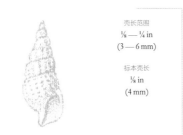

壳长范围
⅛ — ¼ in
(3 — 6 mm)

标本壳长
⅛ in
(4 mm)

贫瘤小比底螺
Ittibittium parcum
Poor Ittibittium
(Gould, 1861)

249

小比底螺属 *Ittibittium* 已确定的种包括一组微型蟹守螺，共同特征是胚壳形状和解剖结构独特。该种产下大型卵，每个卵在一个单独卵囊中，许多卵囊在一个胶质短管中。幼虫在卵囊中发育，并且孵化成为可爬行的幼螺。与所有蟹守螺一样，它们以藻类和其他在泥滩丰富环境中可找到的有机废料为食，在泥滩中群居生活。贫瘤小比底螺（帕库姆蟹守螺）是该属中个体最大的物种。

近似种

日本小比底螺 *Ittibittium nipponkaiense*（Habe and Masuda，1990）出现在日本水域，而锥小比底螺 *I. turriculum*（Usticke，1969）则分布于大西洋西部的维尔京群岛。

贫瘤小比底螺的贝壳有光泽且微小，螺旋部非常高，缝合线深。螺层有适度圆润且宽度不同的螺肋和不明显的纵肋，有时肩部上有结节——早期螺层肩部上的结节略微上凸。壳面灰白色到奶油色，有栗色轴向条纹。壳口卵形，有薄唇和深水管沟。

实际大小

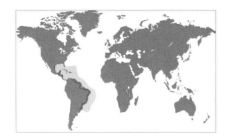

科	蟹守螺科Cerithiidae
壳长	15—36mm
分布	佛罗里达东南部到巴西
丰度	常见
深度	潮间带至50m
习性	沙子和泥滩
食性	植食性
厣	角质，少环壳

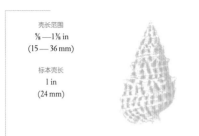

壳长范围
⅝—1⅜ in
(15—36 mm)

标本壳长
1 in
(24 mm)

250

密码蟹守螺
Cerithium litteratum
Stocky Cerith
(Born, 1778)

蟹守螺科中有几百个物种，分布于全世界的热带和温带海域，而在欧洲水域明显较少。它们都是食草动物，以泥质或沙质底上的藻类为食。其水管沟通常发育良好，用来适应长的水管。大多数蟹守螺贝壳细长，上有不同程度的表面雕刻。*Litteratum*，意为"字母标记"，与彩色螺旋纹理有关，这些纹理看起来像是文件中整齐排列的字母。

近似种

飞蝇蟹守螺 *Cerithium muscarum* Say，1832，是一种壳形更细的蟹守螺，生活在与密码蟹守螺相对区域的北部浅水区。螺旋斑点间隔更宽，每个螺层上有3或4排螺旋结节，常轴向连接形成脊。

密码蟹守螺的贝壳为球根状，螺旋部高且凸起，呈锥形。壳面白色到奶油色，有不均匀的深棕色螺旋带，被纵向生长线不规则隔断。缝合线下有低到中度高的螺旋结节。壳口卵形，前后沟深，滑层壁短而薄，外唇具褶皱。

实际大小

科	蟹守螺科Cerithiidae
壳长	35—53mm
分布	巴哈马群岛，古巴北部
丰度	稀少
深度	潮间带至1m
习性	沙子和泥滩
食性	植食性
厣	角质，少环壳

壳长范围
1⅜ — 2⅛ in
(35 — 53 mm)

标本壳长
1¼ in
(32 mm)

251

龙骨伪蟹守螺
Fastigiella carinata
Carinate False Cerith
Reeve, 1848

龙骨伪蟹守螺（龙骨蟹守螺）是伪蟹守螺属 *Fastigiella* 中唯一的现存种，尽管可能有一些始新世近缘种化石记录。自其贝壳被发现以来，本种已经被多次重新分类。然而，直至 20 世纪 80 年代，首次发现现存种标本，才肯定了 Reeve 最初对其属的划分。如今，其数量仍极为稀少，已知的标本仅几百枚。

近似种

伪蟹守螺属 *Fastigiella* 被认为与分布于印度—西太平洋的假蟹守螺属 *Pseudovertagus* 相近。鸮蟹守螺 *Pseudovertagus aluco*（Linnaeus，1758）是典型的假蟹守螺属种，其螺旋部极高，各螺层呈较陡的阶梯状，肩部具大结节状螺肋。壳面奶油色，具纵向的深斑，尤其是贝壳前部，斑块更明显。

龙骨伪蟹守螺的贝壳瓷白色，圆锥形，螺旋部高，螺层由具细小缺刻的缝合线隔开。贝壳表面雕刻有螺旋状的深沟和凸出的螺肋，紧接缝合线下方的螺肋极凸。而紧靠缝合线上方的螺肋较为平坦。壳口卵圆形，前水管沟深，后水管沟窄小。轴唇中部有一栗色褶襞。

实际大小

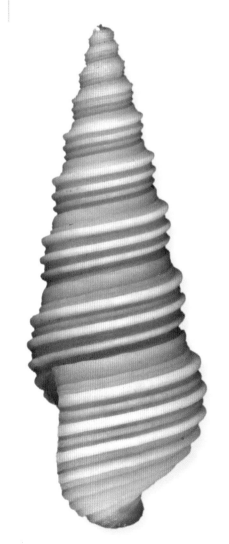

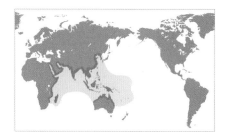

科	蟹守螺科Cerithiidae
壳长	25—50 mm
分布	印度—西太平洋
丰度	不常见种
深度	潮间带
习性	红树林附近的沙底
食性	植食性
厣	角质，缺失

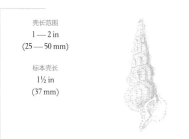

壳长范围
1 — 2 in
(25 — 50 mm)

标本壳长
1½ in
(37 mm)

252

枸橼蟹守螺
Cerithium citrinum
Yellow Cerith

Sowerby II, 1855

蟹守螺科的所有动物都以藻类和植物腐屑为食，其食物在岸滩较为常见，因此，蟹守螺是浅滩环境中最常见的腹足纲动物之一。蟹守螺的主要聚集区在印度—西太平洋海区。由于红树林及其周边植物性有机食物充足，因此，很多种类的蟹守螺在此栖息，包括枸橼蟹守螺。

近似种

阶梯蟹守螺 *Cerithium novaehollandiae* Sowerby II,1855 分布在澳大利亚北部海域，同枸橼蟹守螺形态相近。其缝合线稍深，纵肋不甚明显，螺体下半部的螺纹常白色而略带棕色。壳口较枸橼蟹守螺窄，水管沟较短、弯曲。外唇边缘缺刻不明显。

枸橼蟹守螺贝壳呈圆锥形，缝合线较浅。各螺层稍凸，纵肋粗大，螺肋紧密、不均匀。体螺层为柠檬黄色，顶部颜色略浅，壳面具有近白色的纵肿肋。壳口近圆形，前水管沟长。外唇边缘具齿状缺刻。螺轴和绷带均白色，绷带末端深红色。

实际大小

科	蟹守螺科Cerithiidae
壳长	27—52mm
分布	印度尼西亚东部和新巴布几内亚
丰度	采集的很少
深度	潮下带至20m
习性	泥质或细沙质海底
食性	植食性
厣	角质，核心偏于一端

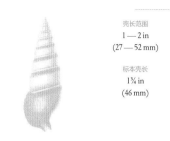

壳长范围
1 — 2 in
(27 — 52 mm)

标本壳长
1¼ in
(46 mm)

253

带蟹守螺
Clavocerithium taeniatum
Ribbon Cerith
(Quoy and Gaimard, 1834)

带蟹守螺分布范围较窄，仅限于印度尼西亚东部和巴布亚新几内亚之间的浅水和近海海域。尽管它在当地可能常见，但是在馆藏中较稀有。其贝壳的刻纹和颜色多样：许多标本，如图所示，缝合线附近有亮色螺旋带，而其他标本的颜色可能较浅。齿舌微小。

近似种

两种分布于印度—西太平洋的物种——普通锉棒螺 *Rhinoclavis vertagus*（Linnaeus，1758）和带纹锉棒螺 *Rhinoclavis fasciata*（Bruguière，1792），看上去像带蟹守螺。前者与带蟹守螺的不同在于壳口更小，贝壳更细更大。后者的不同在于贝壳稍大稍细；带纹锉棒螺贝壳颜色花样多变，但是通常有螺旋色带或斑点。

带蟹守螺贝壳中等大小，壳质结实且坚固，螺旋部较高，纺锤形。螺旋部大部分螺层有螺肋和纵肋，并且中间螺层的纵肋更发达；最后两个螺层基本光滑。壳口为卵形，前水管沟向后弯曲。外唇厚，螺轴内凹且光滑。贝壳颜色为蛋黄白色，缝合线附近有粉色或黄褐色宽带；外唇和螺轴为橙棕色，壳口白色。

实际大小

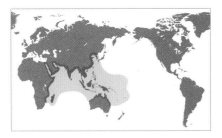

科	蟹守螺科Cerithiidae
壳长	35—95mm
分布	红海到印度—西太平洋
丰度	丰富
深度	潮下带至18m
习性	生物礁附近的细沙
食性	植食性
厣	角质，少环壳

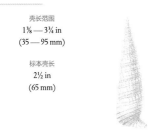

壳长范围
1⅜ — 3¾ in
(35 — 95 mm)

标本壳长
2½ in
(65 mm)

254

带纹锉棒螺
Rhinoclavis fasciata
Striped Cerith
(Bruguière, 1792)

带纹锉棒螺（长笋蟹守螺）具有引人注目的贝壳，长期受收藏家欢迎并且有许多英文俗名，如 Banded Creeper，Banded Vertagus，Punctate，White Cerith，以及 Pharaoh's Horn(在西部地域最适合用此名字）。它以生长在近海岩石旁的沙子中的海藻为食。同许多蟹守螺一样，其贝壳变化很大，这使得它们显示出不同的壳纹特点，比如条带的宽度和颜色，以及雕刻的深度。

近似种

粗纹锉棒螺（秀美蟹守螺）*Rhinoclavis aspera*（Linnaeus，1758），与带纹锉棒螺相比螺旋部更短、更粗壮、更膨凸，而多样化的壳纹比较相似。壳表的纵肋说明带纹锉棒螺已经发育完全，尽管它们没有在相邻的螺层上整齐排列。前水管沟并非急剧弯曲。

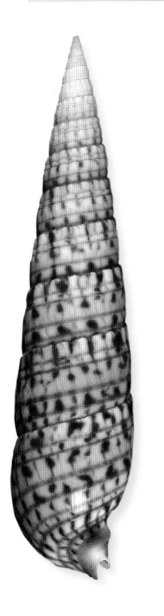

带纹锉棒螺螺旋部非常高、略微凸起，通常有 13—14 个螺层。缝合线中等深，下方有微弱的纵肋，尤其是在上部螺层的纵向棕色短条纹之间。在其白色到奶油色表面上可能有几条或粗或细的棕色或深棕的螺旋带。唇部为白色且较厚，螺轴中间有一枚褶襞，前水管沟非常陡且后弯。

实际大小

科	蟹守螺科Cerithiidae
壳长	60—150mm
分布	印度—太平洋
丰度	丰富
深度	潮间带至浅潮下带
习性	沙子，碎石和礁滩
食性	植食性，以微藻的碎屑为食
厣	角质，卵形，有较少的螺旋纹

壳长范围
2½ — 6 in
(60 — 150 mm)

标本壳长
4 in
(98 mm)

255

结节蟹守螺
Cerithium nodulosum
Giant Knobbed Cerith

Bruguière, 1792

结节蟹守螺是蟹守螺属中个体最大的种类，而且是现存最大的蟹守螺之一。它在印度—太平洋海域分布广泛，在浅水的沙滩、碎石、礁滩靠近珊瑚礁边缘的地方比较多。大多数蟹守螺比较难以辨认，因为许多种类都是多变的，并且有相似的贝壳，结节蟹守螺非常容易辨认，因为其贝壳较大并且壳面具有很多结节。它被用作食物及用于贝壳交易。雌性结节蟹守螺产下基部厚而直立的卵囊，并粘附于底质上，每根含卵长丝上大约有66000个卵。

近似种

红海蟹守螺 *Cerithium erythraeonense* Lamarck，1822，分布于红海到马达加斯加海域，与结节蟹守螺亲缘关系较近，并且有时候被认为是结节蟹守螺的亚种。它与结节蟹守螺贝壳相似，但是更小且更细长。枸橼蟹守螺 *Cerithium citrinum* Sowerby II，1855，分布于东非到西太平洋海域，贝壳较细长、中等大小、浅黄色，前水管沟长且弯曲。

结节蟹守螺的贝壳相对于蟹守螺科而言较大，壳质厚且坚固，壳形长，有较深的刻纹。螺旋部高，缝合线清晰，螺层在外缘有发达的棱角。每个螺层有发达的结节形成的一条螺旋肋和其他较弱的螺肋。体螺层和壳口都大，成体蟹守螺的外唇厚、向外张开并且外缘为细齿状。贝壳颜色为污白色，有灰棕色斑点。壳口为白色。

实际大小

科	滩栖螺科（拔梯螺科）Batillariidae
壳长	12—40mm
分布	墨西哥西部到智利
丰度	丰富
深度	潮下带至27m
习性	河口的岩石下
食性	植食性
厣	角质，少环壳

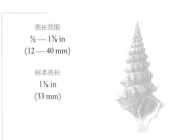

壳长范围
½ — 1⅝ in
(12 — 40 mm)

标本壳长
1⅜ in
(33 mm)

256

犀牛滩栖螺
Rhinocoryne humboldti
Rhino Cerith
(Valenciennes, 1832)

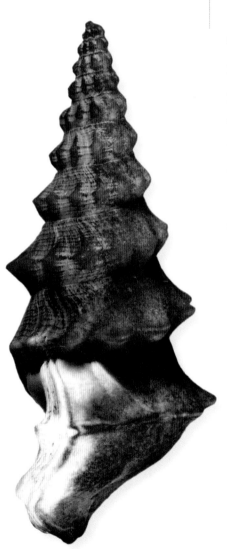

同滩栖螺科的其他物种一样，犀牛滩栖螺栖息在温带和热带东太平洋的河口泥滩和红树林。这些动物能承受温度和盐度的大幅变化，以及长时间的饥饿和干燥。犀牛滩栖螺是滩栖螺科的非典型物种，其贝壳有锋利的肩部，有明显的纵向雕刻和相对较长的前水管沟。本种分布非常广，从美国中部的热带沙洲到智利南部的奇洛埃群岛周围的温带海域均有分布。

近似种

太平洋蟹守螺 *Cerithium lifuensis* （Melvill and Standen，1895），在太平洋中部地区常见。它的贝壳更加坚固，为栗棕色，肩部有大的白色结节排成的螺旋带，以及中间两条更小突起形成的螺旋带，均在外唇缺刻处终止。

犀牛滩栖螺的贝壳坚固，螺旋部高且平（搁浅标本的壳顶有时是损坏的）。贝壳为栗棕色，通常会有细的白色纵向条纹或螺旋条纹。大结节形成的一条螺肋布满了每个螺层，形成肩部，并在外唇一个大的轴向缺刻处终止。壳口卵形，白色，内部黑色，有一条深且向后弯曲的前沟。

实际大小

科	天螺科（迪亚螺科）Dialidae
壳长	2—7mm
分布	印度—太平洋
丰度	丰富
深度	潮间带
习性	藻类和珊瑚碎石上
食性	植食性，以红色和棕色藻类为食
厣	角质，卵形

白点天螺
Diala albugo
White Spotted Diala
(Watson, 1886)

壳长范围
不到 ⅛ — ¼ in
(2 — 7 mm)

标本壳长
不到 ⅛ in
(3 mm)

257

白点天螺（阿布迪亚螺）是生活在潮间带软沉积物、藻类和珊瑚碎石海底的小型腹足类动物。它分布于印度—太平洋热带海域。直到 1992 年，天螺科的分类仍然没有完全确定，许多不相关但是相似的物种也被归为天螺科。最近天螺科的修订确认了 8 种现存种类，全部都为天螺属 *Diala* 的种。这些物种个体偏小，壳形多变，并且为印度—太平洋海域特有。天螺属贝壳小，通常为 3—7mm 长，螺旋部高，只有螺旋刻纹。

近似种

多色天螺（变化霄螺 / 可变迪亚螺）*Diala varia* A. Adams，1860，原产于红海和印度—太平洋海域，经由苏伊士运河引入地中海东部。其贝壳形状和大小与白点天螺相似，但是螺层边缘更加扁平。沟天螺 *Diala flammea*（Pease，1868），分布于印度—西太平洋热带海域，是许多热带淡水湖软沉积底上的主要软体动物。密度大约为每勺沙子 50 个。

白点天螺的贝壳非常小，壳质薄而易碎，表面光滑，长圆锥形。其螺旋部高，有大约 7 个略凸的螺层，壳顶光滑，缝合线具缺刻。贝壳刻纹由细小的螺肋组成，并且没有纵肿肋。壳口为卵形，没有前水管沟；外唇薄且光滑，同螺轴一样；没有脐。壳面奶油色，有橙棕色间断螺旋条纹；内部颜色与外部相似。

实际大小

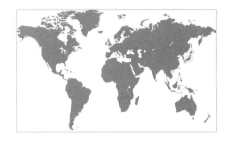

科	锥螺科Turritellidae
壳长	18—40mm
分布	日本特有
丰度	稀有
深度	700—1100m
习性	沙泥海底
食性	滤食性
厣	角质，同心圆状，多环壳

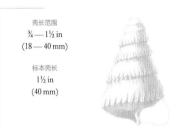

壳长范围
¾ — 1½ in
(18 — 40 mm)

标本壳长
1½ in
(40 mm)

258

尖塔高耸蟹守螺
Orectospira tectiformis
Pagoda Cerith
(Watson, 1880)

尖塔高耸蟹守螺（宝塔锥螺）是一种日本特有的稀有深水腹足动物。它生活在沙泥质海底。其贝壳为宝塔形，科学家曾因其独特的特征而对其分科感到棘手。因此，其分类地位被更改过好几次，绝大多数基于贝壳特点。齿舌特征显示它属于锥螺科，但是许多学者将其归类为一个独立的科，即高耸蟹守螺科Orectospiridae。

近似种

高耸蟹守螺属中只有少量已知物种，包括环瘤高耸蟹守螺 *Orectospira shikoensis*（Yokoyama，1928），也为日本特有。其贝壳与尖塔高耸蟹守螺相似但是更小更细长。笋锥螺 *Turritella terebra*（Linnaeus，1758），分布于印度—西太平洋海域，资源量丰富，并且是该科中个体最大的物种之一。

尖塔高耸蟹守螺贝壳中等大小，壳质薄，圆锥形，并且像宝塔一样。螺旋部高，有许多螺层，缝合线清晰；壳顶通常消失。贝壳表面大多光滑，有纵向生长细线，缝合线上方、螺层的前部有小结节形成的螺肋。每个螺层微突出于下一螺层上。壳口近似方形，外唇薄，螺轴光滑、具光泽。贝壳不论里面还是外面都是白色或米黄色。

实际大小

科	锥螺科Turritellidae
壳长	60—170mm
分布	印度—西太平洋
丰度	丰富
深度	浅潮下带至30m
习性	沙质、泥质海底
食性	食悬浮动物
厣	角质，同心状

壳长范围
2½ — 6½ in
(60 — 170 mm)

标本壳长
5½ in
(141 mm)

259

笋锥螺
Turritella terebra
Great Screw Shell
(Linnaeus, 1758)

笋锥螺又被称为大锥螺、普通锥螺或旋锥螺。笋锥螺是锥螺科中个体最大、资源最丰富的种类，为近海的食草动物。尽管它螺旋部非常高，精美，但是这种螺并没有受到收藏家的喜爱，最有可能的原因是它壳面为均匀的棕色，缺乏任何标记或花纹。虽然笋锥螺总体上资源比较丰富，但是在新加坡，由于陆地开垦，被列为"易受威胁种"。

近似种

佛塔锥螺 *Turritella duplicata*（Linnaeus，1758），分布于印度洋海域，螺旋部高且形状规则，壳口为整齐的圆形，但是比笋锥螺更矮更短，螺层有两条独特的螺旋肋。双带锥螺 *Turritella bicingulata*（Lamarck，1822），分布于西非的加那利群岛和佛得角群岛海域，纵肋更少更圆，从缝合线到每个螺层的第一条螺肋都有火焰状花纹。

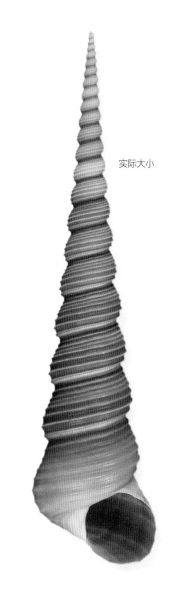

实际大小

笋锥螺的贝壳引人注目的是其长度和尖耸的螺旋部，成体笋锥螺大约有 30 个螺层。每个螺层被深的缝合线分开，有 6 条清晰的螺肋，螺旋肋之间有更小的脊。壳口呈几乎完美的圆形，螺轴细，外唇尖。壳面颜色从浅到深棕色。

科	壳螺科（蚯蚓螺科）Siliquariidae
壳长	40—150mm
分布	卡罗来纳州北部到巴西北部
丰度	普通
深度	25—730m
习性	嵌入海绵内
食性	滤食性
厣	角质，圆锥形

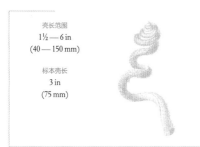

壳长范围
1½ — 6 in
(40 — 150 mm)

标本壳长
3 in
(75 mm)

260

鳞壳螺
Tenagodus squamatus
Slit Worm Snail
(Blainville, 1827)

鳞壳螺 贝壳中等大小，壳质薄且易碎，呈不规则卷曲。螺旋部起初为圆锥形，但是通常缺失。螺层松散卷曲或不卷曲，有一个长的连续裂缝，裂缝常光滑或狭窄。其贝壳表面光滑或者带有鳞片的螺旋脊。壳口圆，外唇简单且薄。前部裂缝开口更大。贝壳表面为米黄色，沿裂缝为浅橙棕色。

鳞壳螺（鳞蚯蚓螺）的壳呈不规则螺旋，螺层之间完全分开。它生活在海绵里，并且与海绵一样，是滤食动物。由于海绵承载着贝壳，其贝壳形态上的许多功能被局限，结果形成了一个非常不规则的贝壳。鳞壳螺需要跟上海绵的生长速度来保证其贝壳壳口向外开放。全世界现存的壳螺科动物大约有20种。许多（但不是所有的）物种贝壳上都有连续裂缝，比如鳞壳螺。

实际大小

近似种

如玉壳螺（如意蚯蚓螺）*Tenagodus ponderosus* (Mörch, 1861)，分布于印度—太平洋海域，有壳螺科中最大的贝壳，长度可达400mm。开始的几个螺层是规则的，但是稍微有点松散、卷曲，贝壳最后部分不卷曲。秀丽壳螺 *Tenagodus modestus* (Dall, 1881)，分布于佛罗里达西部和墨西哥湾到加勒比海和巴西海域，贝壳大小更加适中，具卵形孔组成的一条缝隙。

科	壳螺科Siliquariidae
壳长	40—150mm
分布	佛罗里达西部到巴西
丰度	不常见
深度	35—1470m
习性	嵌入海绵内
食性	滤食性
厣	角质，圆锥形

壳长范围
1½ — 6 in
(40 — 150 mm)

标本壳长
3⅝ in
(93 mm)

261

秀丽壳螺
Tenagodus modestus
Modest Worm Snail
(Dall, 1881)

秀丽壳螺（虾白蚯蚓螺）生活在近海浅水或深水，嵌在海绵内。与鳞壳螺 *T. squamatus* 在形状和大小上相似，但是很难被采到。最开始的螺层长得与正常的卷曲腹足动物类似，与锥螺相似且有一个高螺旋部，然而，壳顶通常缺失。厣圆锥形，并且有长刚毛。该种头触手短，触手基部有眼睛，具一个短足，外套膜上面有与贝壳裂隙对应的裂缝。

秀丽壳螺的贝壳中等大小，壳质薄而易碎，表面光滑，不规则卷曲。最开始的几层螺层卷曲，并且可能像一个锥螺，但是接下来的螺层为圆形，并且呈松散卷曲或完全不卷曲。贝壳表面光滑，有细生长线。裂缝由一系列的椭圆小孔构成。壳口圆形，外唇可能是加厚或者较薄。贝壳颜色从白色到浅橙色。

实际大小

近似种

刺壳螺（刺蚯蚓螺）*Tenagodus anguina*（Linnaeus，1758），分布于西太平洋海域，贝壳更小，螺旋脊上有竖立的短刺。一系列卵形孔组成裂缝。鳞壳螺 *Tenagodus squamatus*（Blainville，1827），分布于卡罗来纳州北部到巴西北部海域，贝壳与秀丽壳螺大小相似，但是其表面可能光滑或者有鳞状脊排成的螺肋。通过其连续的裂缝可以将它与秀丽壳螺区分开。

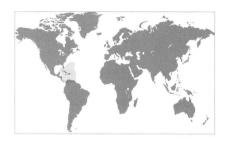

科	平轴螺科Planaxidae
壳长	10—17mm
分布	佛罗里达南部到委内瑞拉，百慕大
丰度	丰富
深度	潮间带至3m
习性	岩石
食性	植食性
厣	角质，卵形

壳长范围
⅜ — ⅝ in
(10 — 17 mm)

标本壳长
⅝ in
(17 mm)

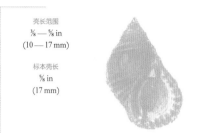

262

核平轴螺
Planaxis nucleus
Black Atlantic Planaxis
(Bruguière, 1789)

平轴螺科是热带水域螺类中相当大的科，与滨螺科类似，但因为壳口有明显水管沟而与之不同。在解剖水平上，与雄性平轴螺不同，雄性滨螺有交接器。平轴螺卵在顶端的卵袋内孵化，新生个体有时会在浮游幼虫期被释放，有时在输卵管内一直到它们可以爬行。平轴螺科有 6 个属，并且可生活于淡水和盐水环境中。

近似种

条纹平轴螺 *Planaxis lineatus*（da Costa，1778），是分布于大西洋的平轴螺属 *Planaxis* 中较为矮小的种，大小为核平轴螺的一半。其分布更广，甚至在巴西的南部都有发现。它的螺旋部相对较高，并且螺旋沟穿越整个体螺层。

实际大小

核平轴螺（小瘤平轴螺）的贝壳为球形，螺旋部中等大小，贝壳颜色为米黄色到紫棕色，螺轴浅橙色，内面深色。螺层凸出，缝合线下方有一条细螺旋沟。缝合线下方的体螺层有三条深沟，多穿过底部。外唇具细长的肋状齿，壳口有清晰狭窄的前水管沟和后水管沟。

科	平轴螺科Planaxidae
壳长	13—35mm
分布	印度—西太平洋
丰度	丰富
深度	潮间带到浅潮下带
习性	岩石
食性	植食性
厣	角质，薄

平轴螺
Planaxis sulcatus
Ribbed Planaxis
(Born, 1778)

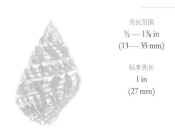

壳长范围
½ — 1⅜ in
(13 — 35 mm)

标本壳长
1 in
(27 mm)

平轴螺已经适应了低水位或低水位以下有遮蔽的岩石环境，这些地方波浪很少，不会干扰它们的食物——微藻。当退潮被暴露时，在岩石缝隙或凹陷处可以看到平轴螺挤成一团。活的平轴螺具粗糙、纤维质地的黄褐色到橙棕色壳皮。所有个体的螺旋部都相对尖锐，没有脐。

近似种

拉氏平轴螺 *Planaxis labiosa*（Adams，1853），是分布于太平洋的平轴螺属 *Planaxis* 中较为矮小的种，比平轴螺的一半还小，螺旋部高。其贝壳光滑且有光泽，具浅的螺旋沟，但是螺肋不完整，有大量细的黄褐色到暗红色螺旋带，这些螺旋带醒目且图案多变。

实际大小

平轴螺的贝壳呈球状，螺旋部高度适中，密布狭窄且平坦的螺肋。贝壳白色，螺肋上有深棕色短线，螺肋常与纵向"Z"字形图案交叉或者甚至完全覆盖体螺层。壳口白色，边缘为橙色，有深且狭窄的前水管沟和肛门沟。外唇厚，内面有长且深的肋沟。

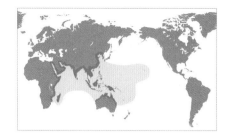

科	汇螺科（海蜷科）Potamididae
壳长	20—50mm
分布	印度—西太平洋
丰度	丰富
深度	潮间带
习性	红树林和泥滩
食性	腐食性，以有机饲料碎屑为食
厣	角质，圆形

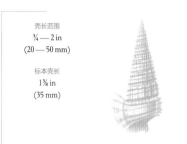

壳长范围
¾ — 2 in
(20 — 50 mm)

标本壳长
1⅜ in
(35 mm)

264

珠带拟蟹守螺
Cerithidea cingulata
Girdled Horn Shell
(Gmelin, 1791)

珠带拟蟹守螺（栓海蜷）属于小型具触角螺类，与汇螺科的其他物种一样，在产地比较丰富，种群密度可达到 500 个 /m²。同在红树林沼泽和泥潭中一样，珠带拟蟹守螺也可在低盐或高盐鱼塘中生长，以硅藻、细菌和其他有机碎屑为食。在许多地区，尤其是菲律宾，珠带拟蟹守螺被认为是有害动物，它的绝对丰度对遮目鱼 milkfish 的养殖有不利影响。

近似种

沟纹笋光螺 *Terebralia sulcata*（Born，1778），也分布于印度—西太平洋海域，贝壳为更均匀的灰色到灰棕色，像是缺少微弱结节的珠带拟蟹守螺，但体螺层明显更圆。钝拟蟹守螺 *Cerithidea obtusa*（Lamarck，1822），同样分布于印度—西太平洋海域，也有一个更膨圆的体螺层；它没有螺旋沟，有珠带拟蟹守螺的结节状外观。

珠带拟蟹守螺的贝壳特点为：体螺层扁平，有明显的纵肋，与 2 根深色螺旋深沟交叉，形成 3 排扁平的米黄色结节。唇的两端都有很大的扩张，进而形成细长的壳口。一般来说，个体颜色差异极大，灰色到浅棕色，每层有 2—3 条浅色带。

实际大小

科	汇螺科Potamididae
壳长	25—65mm
分布	印度—西太平洋
丰度	丰富
深度	潮间带
习性	河口泥滩
食性	腐食性，以有机饲料碎屑为食
厣	角质，多环壳，圆形

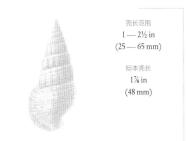

壳长范围
1 — 2½ in
(25 — 65 mm)

标本壳长
1⅞ in
(48 mm)

沟纹笋光螺
Terebralia sulcata
Sulcate Swamp Cerith
(Born, 1778)

265

沟纹笋光螺（刻纹海蜷）是一种分布在马达加斯加到美拉尼西亚海域的小型而产量丰富的汇螺科物种。它生活在红树林树木的根和茎上，贝壳外唇扁平，它利用外唇贴在海底来抵抗干燥等不良环境和天敌。尽管它很小，但是在菲律宾被广泛用在食品和石灰原料中。因为许多物种都比较丰富，该科在生态系统中扮演了一个重要的角色。世界上汇螺科有 100 多种，在印度—太平洋热带地区多样化程度最高。

近似种

沼笋光螺（澳洲泥海蜷）*Terebralia palustris*（Linnaeus，1767），分布于东非到西太平洋海域，其贝壳与沟纹笋光螺相似但更长，同样也可食用。褶拟蟹守螺 *Cerithidea pliculosa*（Menke，1829），分布于墨西哥湾和加勒比海海域，是一种生活在低盐沼泽中的小型汇螺。

沟纹笋光螺的贝壳小，壳质厚重，长纺锤形，螺旋部高，外唇向外扩张。它有许多螺层，缝合线缺刻较深。刻纹由 4 或 5 根有纵向脊的螺肋构成，形成方形结节状花纹。体螺层有串珠状螺肋，外唇厚且外扩，螺轴光滑。壳面浅棕或深棕色，壳口为奶油色。

科	汇螺科Potamididae
壳长	48—120mm
分布	印度—西太平洋
丰度	丰富
深度	潮间带
习性	红树林和泥潭
食性	腐食性，以有机碎屑为食
厣	角质，多环壳，圆形

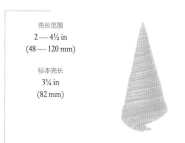

壳长范围
2 — 4½ in
(48 — 120 mm)

标本壳长
3¼ in
(82 mm)

266

望远蟹守螺
Telescopium telescopium
Telescope Snail
(Linnaeus, 1758)

实际大小

望远蟹守螺（望远镜海蜷）被发现于红树林高潮间带和潮间带泥潭中，较丰富，以有机碎屑为食。一次可能会看到几千只望远蟹守螺聚集在一起。望远蟹守螺是一种两栖螺类，可以离开水生活较长时间，但是在低潮期，它们会同其他螺类聚集在一起并变得不活跃。与其他汇螺科种类一样，除了头触角上的一双眼睛以外，它的身体表面上还有第三只眼睛，这第三只眼睛具有感光能力。本种在东南亚地区被用作食物。

近似种

沼笋光螺 *Terebralia palustris*（Linnaeus，1767），分布于东非到西太平洋海域，是汇螺科中个体最大的物种。其贝壳也是圆锥形，但是缺少望远蟹守螺那样发达的螺旋条纹。西非笋光螺 *Tympanotonus radula*（Linnaeus，1758），分布于西非和佛得角海域，贝壳螺旋部高，有大型三角形棘刺突起形成的螺旋结节。

望远蟹守螺的贝壳为中等大小，壳质厚重，圆锥形，螺旋部高。螺旋部有很多螺层，缝合线不清晰。4条强且平、大小不均匀的螺肋和深螺沟交替出现形成了螺旋部的刻纹。螺旋部基部平，体螺层边缘为圆形。壳口相对较小，为倾斜的四边形，螺轴极度扭曲。其贝壳颜色为深棕或黑色，有时有一条浅棕色带，壳口略带紫色。

科	汇螺科Potamididae
壳长	40—190mm
分布	东非到西太平洋
丰度	丰富
深度	潮间带
习性	红树林和泥滩
食性	幼年时腐食性，成年时植食性
厣	角质，多环壳，圆形

壳长范围
1½ — 7½ in
(40 — 190 mm)

标本壳长
4½ in
(121 mm)

267

沼笋光螺
Terebralia palustris
Mud Creeper
(Linnaeus, 1767)

沼笋光螺（澳洲泥海蜷）是汇螺科中个体最大的物种。与其他具触角螺类一样，它生活在红树林中的潮间带，但是幼体沼笋光螺和成体沼笋光螺分布于红树林的不同区域。沼笋光螺的齿舌从幼体到成体在微观上有变化，并且它的食物从细碎屑变为红树林落叶和水果。沼笋光螺是一个资源丰富且引人注目的红树林种，在其分布范围内被广泛采集用作食物。

近似种

沟纹笋光螺 *Terebralia sulcata*（Born，1778），分布于印度—西太平洋海域，也是一种生活在红树林的汇螺科物种，但它更喜欢坚实的沙泥沉积物。它的身体表面没有第三只眼，并且贝壳比沼笋光螺的小。半纹笋光螺 *Terebralia semistriata*（Mörch，1852），分布于澳大利亚北部海域，与沼笋光螺类似但是更小，并且外唇具光泽。

实际大小

沼笋光螺的贝壳较大，壳质厚重，圆锥形，螺旋部高。螺旋部有许多边缘扁平的螺层。4条大小相等、扁平的螺旋肋和发达的纵肋构成贝壳刻纹，纵肋在后部螺层退化。壳口为卵形并有沟，外唇外扩且呈缺刻状。前水管沟短，螺轴有强结节。螺旋部可能颜色较浅并被侵蚀，但贝壳大部分为均匀的深褐色。

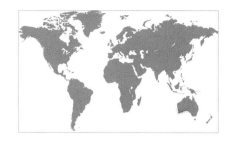

科	方口螺科Diastomatidae
壳长	30—50mm
分布	澳大利亚西部南海岸特有
丰度	不常见
深度	水下1—5m
习性	沙质海底和海草床
食性	以微藻和碎屑为食
厣	角质，椭圆形

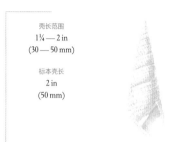

壳长范围
1¼ — 2 in
(30 — 50 mm)

标本壳长
2 in
(50 mm)

268

散纹方口螺
Diastoma melanioides
Melanioid Diastoma
(Reeve, 1849)

散纹方口螺的贝壳中等大小，壳质粗糙，角塔形。螺旋部高，缝合线清晰，壳顶尖，螺层边缘平或略凸。早期螺层的纵肋和许多螺旋线交叉形成刻纹。纵肋到体螺层退化。壳口半圆形，外唇薄，螺轴中间有一褶襞。贝壳颜色为白色或奶油色，有橙棕色斑点或之字形条纹，内面白色。

方口螺科的种类从古新世到更新世多种多样，而散纹方口螺（长锥方口螺）是方口螺科中唯一的现存种，为世界性分布，生活在浅水和潮下带的沙质海底和海草床上。活着的时候，其贝壳被带有细毛的薄壳皮覆盖，使其看起来毛茸茸的。目前对它的生态学特征知之甚少，可能以微藻和碎屑为食。根据其幼虫贝壳特点，认为它是直接发育的，这意味着它没有浮游幼虫期。

近似种

几种有相似外观的腹足动物曾被错误分类到对口螺科，现在归为亲缘关系近的科，包括滑螺科 Litiopidae、天螺科 Dialidae、微雕螺科 Scaliolidae、蟹守螺科 Cerithiidae 等。

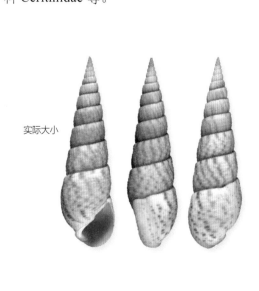

实际大小

科	独齿螺科（壶螺科）Modulidae
壳长	15—30mm
分布	东非到菲律宾
丰度	常见
深度	潮间带
习性	杂草，沙质海底
食性	植食性
厣	角质，薄，圆形

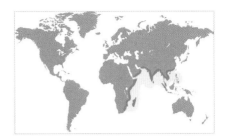

壳长范围
⅝ — 1¼ in
(15 — 30 mm)

标本壳长
1⅛ in
(28 mm)

269

平顶独齿螺
Modulus tectum
Tectum Modulus
(Gmelin, 1791)

平顶独齿螺（高壶螺）是独齿螺科中个体最大的种，独齿螺科中只有一个独齿螺属 *Modulus*，不到 24 个种。它们的壳形均为陀螺形，特点为螺轴基部有小齿。平顶独齿螺在温暖的浅水中生活，尤其是河口海草床。平顶独齿螺英文名也被称为是屋顶独齿螺 Covered Modulus 或多结螺 Knobby Snail，以微藻为食。

近似种

独齿螺（大西洋壶螺）*Modulus modulus*（Linnaeus，1758），分布于美国东南部到巴西和百慕大海域，与平顶独齿螺相比螺旋部更高更尖，并且一般更小。盘独齿螺 *Modulus disculus*（Philippi，1846），分布于加利福尼亚湾到巴拿马海域，通常个体比较小并且有波浪状的外唇。

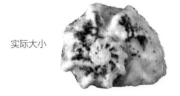

实际大小

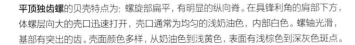

平顶独齿螺的贝壳特点为：螺旋部扁平，有明显的纵向脊。在具锋利角的肩部下方，体螺层向大的壳口迅速打开，壳口通常为均匀的浅奶油色，内部白色。螺轴光滑，基部有突出的齿。壳面颜色多样，从奶油色到浅黄色，表面有浅棕色到深灰色斑点。

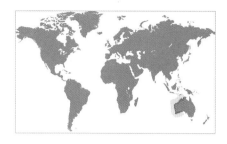

科	坎帕螺科（钟楼螺科）Campanilidae
壳长	80—215mm
分布	澳大利亚西部
丰度	当地常见
深度	1—10m
习性	沙质海底
食性	植食性
厣	角质，核心偏于中心下方

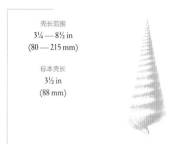

壳长范围
3¼ — 8½ in
(80 — 215 mm)

标本壳长
3½ in
(88 mm)

钟形坎帕螺
Campanile symbolicum
Bell Clapper
Iredale, 1917

钟形坎帕螺贝壳较大，壳质厚重，壳形为塔状。螺旋部高，缝合线缺刻状并且弯曲，螺层边缘平或略凹。壳面刻纹通常被侵蚀，由缝合线附近的钝结节形成的螺旋肋以及弱的螺旋线和纵线构成。壳口相对较小，为圆形；外唇光滑，成体外唇具光泽。前水管沟短而扭曲。壳面是粉白色。

钟形坎帕螺（钟楼螺）是坎帕螺科中唯一的现存种。该科化石历史悠久，可以追溯到白垩纪时期，至少有 700 个物种。许多化石物种很大并且长度可以超过 1m；它们是有史以来最大的腹足类动物中的一类。据推测，与凤螺的生态竞争可能导致坎帕螺几乎全部灭绝。钟形坎帕螺贝壳大，呈白垩色，通常被侵蚀，有被马掌螺吸附的痕迹，形成一个化石状的外观。

近似种

与钟形坎帕螺亲缘关系最近的是光塔螺科 Plesiotrochidae 的种类，光塔螺科是一个贝壳小于 24mm 的小型腹足动物种群。该科中的物种之一为粗带光塔螺 *Plesiotrochus penetricinctus*（Cotton，1932），分布于澳大利亚海域，贝壳小、宝塔形。

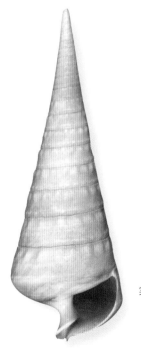

实际大小

科	滨螺科（玉黍螺科）Littorinidae
壳长	3—5mm
分布	印度—太平洋
丰度	当地丰富
深度	潮上带到浅潮下带
习性	岩石海岸和海藻垫
食性	植食性
厣	角质，圆形，多环壳

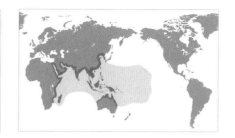

壳长范围
⅛ — ¼ in
(3 — 5 mm)

标本壳长
⅛ in
(4 mm)

小滨螺
Peasiella tantilla
Trifle Peasiella
(Gould, 1849)

小滨螺（小玉黍螺）是一种小型滨螺（或称玉黍螺）代表。在其广泛分布的印度—太平洋海域的许多地方产量较丰富，比如在夏威夷，它生活在暴露的潮间带岩石岸上，在水平线以上以及潮间带潮池、裂缝和岩石上。它也出现在潮下带浅水域中的珊瑚藻上。贝壳颜色丰富，从黄色到红棕色。世界上的滨螺科大约有200个现存物种。绝大多数物种生活在潮间带岩石岸或者低潮线以上。已知最古老的滨螺化石可以追溯到上古新世时期。

小滨螺的贝壳非常矮小，壳形为圆锥形。螺旋部高度适中，壳顶尖，缝合线清晰。壳面具有螺旋沟，螺体边缘具发达的肋，使成体的螺层形成螺旋状龙骨突。壳口为卵形，外唇有角，螺轴光滑。脐孔狭窄且深。贝壳颜色范围从黄色到红棕色，有白色斑点和棕色细线。内面颜色与外面类似。

实际大小

近似种

圆锥小滨螺（矮锥玉黍螺）*Peasiella conoidalis*（Pease, 1868），分布于印度—西太平洋热带海域，贝壳小、圆锥形，边缘有结节。它看起来更像是一个微型马蹄螺而不是滨螺。珠粒滨螺 *Cenchritis muricatus*（Linnaeus, 1758），分布于佛罗里达州到西印度和南美北部海域，贝壳表面粗糙，具许多结节排成的螺旋结构。它生活在低潮线以上，或者在岩石岸上。

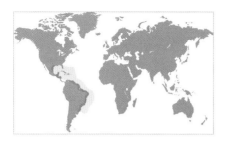

科	滨螺科Littorinidae
壳长	10—23mm
分布	佛罗里达州东南到巴西
丰度	丰富
深度	潮间带
习性	岩石
食性	植食性
厣	角质

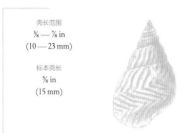

壳长范围
⅜ — ⅞ in
(10 — 23 mm)

标本壳长
⅝ in
(15 mm)

272

电光滨螺
Echinolittorina ziczac
Zigzag Periwinkle
(Gmelin, 1791)

电光滨螺（电光玉黍螺）是加勒比海域的地方种，自20世纪末起出现在巴拿马西海岸。滨螺是雌雄异体动物，电光滨螺，雌性个体单独产卵，卵产在漂浮的卵囊内。滨螺的其他物种将卵产在水中或者胶状物质中，或者在动物体内的输卵管或者卵袋中孵化。

近似种

浪纹滨螺（浪纹玉黍螺）*Echinolittorina lineolata*，曾被认为是电光滨螺的幼体，但是现在认为是不同的种。它的贝壳略小，与电光滨螺贝壳外观类似，但是少了一个螺层。螺轴更坚硬，为深红棕色。

实际大小

电光滨螺的贝壳白色，壳形为球形，螺旋部高度适中，有5或6个凸出的螺层，上面有浅的螺旋沟。缝合线上有一条浅色到深棕色螺旋带，体螺层上形成"Z"字形线状的红棕色条带；壳内面为白色，有非常宽的深色侧带，使外部花纹略显模糊。外唇薄，螺轴厚，淡红色。

科	滨螺科Littorinidae
壳长	13—22mm
分布	普吉特海湾到阿拉斯加北部和日本北部
丰度	丰富
深度	潮间带
习性	岩石海岸
食性	植食性
厣	角质，圆形，多环壳

壳长范围
½ — ⅞ in
(13 — 22 mm)

标本壳长
¾ in
(18 mm)

西提卡滨螺
Littorina sitkana
Sitka Periwinkle
Philippi, 1846

西提卡滨螺（曲管玉黍螺）是一种产量丰富的有发达螺旋肋的小型滨螺，分布范围从普吉特海湾到阿拉斯加北部和日本北部海域。与其他滨螺一样，它生活在潮间带岩石下，尤其是潮间带上部。它用齿舌刮岩石表面来捕食硅藻和其他藻类。据推测，在高密度区域，这些滨螺每 16 年可以啃食 10mm 潮间带的岩石。

西提卡滨螺的贝壳小，壳质结实有光泽。螺旋部高度中等，壳顶尖，螺层凸出，缝合线明显。贝壳的长和宽几乎一样。贝壳刻纹主要由大约 12 条发达的螺旋肋构成。壳口为椭圆形，外唇锋利，螺轴光滑。它没有前水管沟或者肛门沟。壳面颜色从暗白色到锈棕色，螺轴白色。有时会有白色螺旋带。

近似种

普氏滨螺（平庸玉黍螺）*Echinolittorina placida* Reid，2009，是最近在墨西哥湾发现的滨螺。墨西哥湾以前很少有天然的岩石堤，但是在过去的 100 年，防浪堤的建造使其分布区扩张了 4500km。普氏滨螺起源于墨西哥湾的西南部，现在向北达到北卡罗来纳州海域。

实际大小

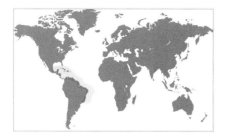

科	滨螺科Littorinidae
壳长	13—30mm
分布	佛罗里达州南部，西印度，南美北部
丰度	丰富
深度	潮上带
习性	岩石
食性	植食性
厣	角质

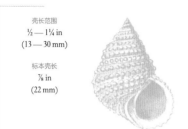

壳长范围
½ — 1¼ in
(13 — 30 mm)

标本壳长
⅞ in
(22 mm)

274

珠环滨螺
Cenchritis muricatus
Beaded Periwinkle
(Linnaeus, 1758)

由于滨螺在潮间带上群居生活，因此最为常见。它们可以在低潮线上方生活，通过非常有效、紧致的厣来帮助它们在退潮时保持身体的水分。珠环滨螺（粒塔玉黍螺）栖息在潮上带的岩石甚至是树上，能达到高潮标志以上 10m。它们把单个卵产在水中的菱形漂浮卵囊内。

近似种

结节滨螺（结瘤玉黍螺）*Nodilittorina tuberculata* （Menkle，1828），壳形更小，与珠环滨螺有相似的发达结节。高度为珠环滨螺的一半，上面有较少的螺旋排列和更少的结节；螺层上的结节多为垂直对齐，像是串珠状纵肋。它们相当锋利，因此有个俗名为多刺滨螺（Common Prickly Winkle）。

珠环滨螺的贝壳为球形，体螺层膨胀。规则的螺旋行上饰有间隔适度的结节，体螺层大约10行结节，螺旋部各螺层大约有5行结节。结节并不是垂直排列。壳口宽、圆形，外唇薄，内面为栗色到暗红色。壳面米黄色，每个肩部有一条宽的灰棕色螺旋带。

实际大小

科	滨螺科Littorinidae
壳长	15—35mm
分布	印度—太平洋
丰度	丰富
深度	潮间带
习性	红树林
食性	植食性
厣	角质

壳长范围
⅝ — 1⅜ in
(15 — 35 mm)

标本壳长
1 in
(26 mm)

粗糙滨螺
Littorina scabra
Mangrove Periwinkle
(Linnaeus, 1758)

滨螺在环太平洋海岸均可生活。它们的分布范围从智利和澳大利亚北部通过热带海域延伸到西伯利亚北极区和阿拉斯加。许多滨螺从水边或水中的礁体和石头表面刮食藻类；其他的滨螺，包括粗糙滨螺，以红树林内或周围含盐水域里的腐烂植物为食。

近似种

美国粗纹滨螺（美国粗纹玉黍螺）*Littorina scabra angulifera*（Laamarck，1822），生活在西大西洋热带海区的红树林里，尖的螺旋部变得更窄。尽管其体螺层缺乏凸起的螺旋线，但是它的表面刻纹同粗糙滨螺是一样的。壳口后部开口较小，外唇到螺轴紧致。

实际大小

粗糙滨螺（粗纹玉黍螺）的贝壳为球形，螺旋部高度适中。凸起的螺层被深凹的缝合线分开。贝壳颜色为奶油色到米黄色，细螺旋肋上有栗色到灰色的短线，有几处凝聚成火焰状或纵行之字形；各螺层肩部的一条肋凸起。内部有一条白色带超过唇，与螺轴形成一个前部钝角。

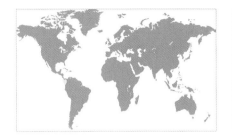

科	滨螺科Littorinidae
壳长	20—32mm
分布	哥斯达黎加到哥伦比亚
丰度	一般常见
深度	潮间带
习性	红树林
食性	植食性
厣	角质

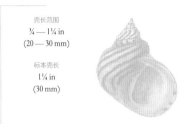

壳长范围
¾ — 1¼ in
(20 — 30 mm)

标本壳长
1¼ in
(30 mm)

276

斑马滨螺
Littorina zebra
Zebra Periwinkle
Donovan, 1825

斑马滨螺（斑马玉黍螺）被收藏家认为是该属最具吸引力的物种之一，贝壳颜色不同寻常。同许多滨螺一样，它生活在红树林的根和茎上。它是美国中部的西海岸相对狭窄地区的特有种，这说明这个物种对栖息地和温度变化的耐受性低。

近似种

朴实滨螺 *Littorina modesta*（Philippi，1846），生活在美国西部海岸较大的范围内。贝壳更小，淡奶油色，螺层和螺旋线圆，壳口黄色、近乎圆形，外唇薄并且不外扩。

实际大小

斑马滨螺的贝壳为方形球，体螺层肩部明显增高，螺旋部稍低，但缝合线深。贝壳为浅橙棕色，有与非常细的螺旋线交叉的棕色斜条纹。壳口为宽椭圆形，外唇薄且向外扩张，围绕内部边缘有一排棕色斑点花纹。

科	滨螺科Littorinidae
壳长	16—53mm
分布	欧洲西部和美国东北部
丰度	丰富
深度	潮间带
习性	岩石
食性	植食性
厣	角质

壳长范围
⅝ — 2⅛ in
(16 — 53 mm)

标本壳长
1¼ in
(44 mm)

277

厚壳滨螺
Littorina littorea
Common Periwinkle
(Linnaeus, 1758)

　　滨螺科的大部分成员一般都比较小而且没有太多的颜色或者花纹，因此不受贝壳收藏家的欣赏。它们拥有的是细微的美，大多在螺旋部和壳口有微小的变化。厚壳滨螺（厚壳玉黍螺）在大西洋北海岸的潮间带岩石上很常见，在那里它们被食用已有数百或上千年历史。

近似种

　　平滑滨螺*Littorina littoralis* Linnaeus，1758，分布区域比厚壳滨螺向南延伸到新英格兰和地中海海域。比厚壳滨螺的一半还小，螺体更加圆、光滑、膨胀，螺旋部平。体螺层和螺带的颜色均多变。

实际大小

厚壳滨螺的贝壳颜色多样，通常为深栗色到深灰棕色。螺旋部中等低，缝合线清晰，体螺层上的生长线形成相当深的纵沟。贝壳通常装饰有细螺旋色带，到壳顶颜色越来越浅。厚壳滨螺内面通常为深色但是壳口通常为白色，外唇薄而锋利，后水管沟短且有角。

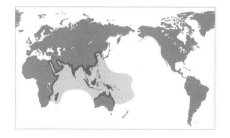

科	滨螺科Littorinidae
壳长	30—65mm
分布	印度—西太平洋
丰度	常见
深度	潮间带，潮上带
习性	岩石
食性	植食性
厣	角质

壳长范围
1¼ — 2⅜ in
(30 — 65 mm)

标本壳长
2⅛ in
(55 mm)

巨塔屋顶螺
Tectarius pagodus
Pagoda Prickly Winkle
(Linnaeus, 1758)

巨塔屋顶螺（宝塔玉黍螺）是屋顶螺属 *Tectarius* 中个体最大的物种，滨螺属包括了滨螺科的许多个体较大的物种。与所有的滨螺一样，巨塔屋顶螺也是食草动物，最高可栖息在潮上带的岩石上。因此，这种螺很少被淹没，并且抗干燥。雨季或高湿度时期，巨塔屋顶螺在夜间活动。滨螺属的物种有不同的繁殖方式。大多数产生喂养或非喂养的浮游幼虫，但是两种方式的卵均保留在雌性巨塔屋顶螺体内直至孵化。

近似种

疏瘤屋顶螺（疏瘤玉黍螺）*Tectarius tectumpersicum*（Linnaeus，1758），个体比巨塔屋顶螺略小，并与其有相同的分布范围。它的体螺层边缘更窄，刻纹更粗糙，有随着螺层升高而减少的肩部结节。基部上的螺旋珠饰更大。

巨塔屋顶螺的贝壳为白色到奶油色，龙骨结节上很大一部分都被黄褐色到深棕色的条带所遮蔽。其贝壳被不平坦的细珠状螺旋带覆盖，锐角形的龙骨结节上分布有明显的波状纵肋。在其高螺旋部的肩部，纵肋的末端为大而翘起的结节；龙骨结节下部的螺旋线更细且为白色。壳口白色；壳内面为淡褐色并且有宽肋沟。

实际大小

科	皮克螺科Pickworthiidae
壳长	1—3mm
分布	佛罗里达州到波多黎各和墨西哥湾
丰度	不常见
深度	5—710m
习性	软沉积物
食性	未知
厣	未知

疣桑氏螺
Sansonia tuberculata
Tuberculate Sansonia
(Watson, 1886)

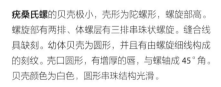

壳长范围
小于 ⅛ in
(1 — 3 mm)

标本壳长
小于 ⅛ in
(1 mm)

疣桑氏螺（疙瘩皮克螺）是皮克螺科的一种。皮克螺科大部分物种的贝壳最大不超过 5mm。在潮下带沉积物中有很多空壳，活的个体很少能被采到，因此对其生物学知识仍知之甚少。皮克螺科的贝壳形状从高锥形到近乎扁平盘状，通常有发达的纵向或螺旋壳纹。

近似种

艾莉森桑氏螺（阿莉皮克螺）*Sansonia alisonae* Le Renard and Bouchet，2003，分布于红海和夏威夷海域，贝壳与疣桑氏螺类似，但是有更大且更锋利的壳纹和较尖的螺旋部。奇异皮克螺 *Sherbornia mirabilis* Iredale，1917，分布于圣诞岛到波利尼西亚及太平洋中部海域，唇翼状扩张，且非常发达，唇比整个贝壳还大。

疣桑氏螺的贝壳极小，壳形为陀螺形，螺旋部高。螺旋部有两排、体螺层有三排串珠状螺旋。缝合线具缺刻。幼体贝壳为圆形，并且有由螺旋细线构成的刻纹。壳口圆形，有增厚的唇，与螺轴成 45°角。贝壳颜色为白色，圆形串珠结构光滑。

实际大小

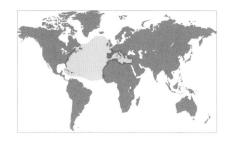

科	似篷螺科Skeneopsidae
壳长	1—3mm
分布	大西洋北部；地中海
丰度	常见
深度	潮间带至70m
习性	潮池的藻类上
食性	捕食微藻
厣	角质，圆形

壳长范围
小于 ⅛ in
(1 — 3 mm)

标本壳长
小于 ⅛ in
(1 mm)

280

扁平似篷螺
Skeneopsis planorbis
Flat Skeneopsis
(Fabricius, 1780)

扁平似篷螺（扁平尘埃螺）是在潮池和离岸带的藻类上分布的一种微小腹足动物，有时数量众多。在北大西洋两岸均有发现，范围从格陵兰到佛罗里达州，从冰岛到亚速尔岛，以及地中海海域。贝壳光滑且半透明，圆盘形，螺旋部短。在一年中的任何时候都可以繁殖，但是多发生在春季。雌性扁平似篷螺产下微小卵囊，附着在藻丝上。胚胎直接发育，扁平似篷螺稚螺从卵囊孵出。似篷螺科的现存物种很少。

近似种

斯塔基螺（斯塔基尘埃螺）*Starkeyna starkeyae*（Hedley，1899），分布于澳大利亚的新南威尔士州海域，贝壳微型，与扁平似篷螺类似，但它的脐闭合。似篷螺科物种间的亲缘关系尚未明确，尽管贝壳形状不同，但是它们似乎与滨螺科 Littorinidae 是近缘的。似篷螺的分子生物学研究对阐述该科的系统分类地位会有帮助。

扁平似篷螺的贝壳微小，壳质薄且半透明，有光泽，壳形为盘状。螺旋部短，缝合线很明显，壳顶近乎平的，螺层圆形。肉眼看到的表面是光滑的，但是在显微镜下（如上图所示），有细生长线。壳口圆，外唇薄，螺轴光滑。脐宽且深。新鲜的贝壳颜色为浅褐色，搁浅的贝壳发白。

实际大小

科	衣铜螺科Eatoniellidae
壳长	2—4mm
分布	南极洲
丰度	常见
深度	10—260m
习性	细沙和泥质海底
食性	植食性
厣	小，内表面有爪

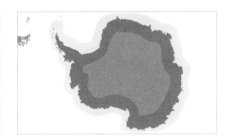

壳长范围
小于 ⅛ — ⅛ in
(2 — 4 mm)

标本壳长
⅛ in
(3 mm)

凯岛衣铜螺
Eatoniella kerguelensis
Kerguelen Island Eatoniella
(Smith, 1915)

衣铜螺科的特点是贝壳较小、简单、圆锥形，螺旋部高，螺层圆。厣很小，内部表面有一个独特加厚爪样突起。凯岛衣铜螺在南极和亚南极潮下带水域，分布有成百上千个个体组成的大群体，已经发现了几个来自不同岛群的亚种。本种以硅藻土膜、碎屑和藻类为食。

近似种

扁衣铜螺 *Eatoniella depressa* Ponder and Yoo，1978，分布于澳大利亚南海岸，贝壳更扁平，螺旋部更低，壳口更大更圆。小衣铜螺 *Eatoniella exigua* Ponder and Yoo，1978，也分布于南澳大利亚海域，贝壳更小更扁平，螺层较少。薄壳朱砂螺 *Barleeia subtenuis*（Carpenter，1864），分布于阿拉斯加到下加利福尼亚海域，贝壳较宽，螺层较少，壳口更长。

实际大小

凯岛衣铜螺的贝壳为圆锥形，螺旋部高，前部圆。胚壳光滑；成体螺层均匀圆润且光滑。壳口简单，略呈卵形，有窄边。螺轴边缘增厚，前部可能外展。壳表面仅有细生长纹。内面浅灰色，壳口壳面白色。

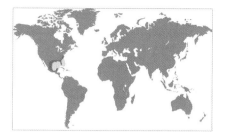

科	齿轮螺科Tornidae
壳长	2—3mm
分布	美国北卡罗来纳州到墨西哥尤卡坦半岛
丰度	常见
深度	20—1170m
习性	软沉积物
食性	腐食性
厣	角质，圆形，多环壳

壳长范围
小于 ⅛ in
（2—3 mm）

标本壳长
小于 ⅛ in
（2 mm）

282

隐士张口螺
Teinostoma reclusum
Recluse Vitrinella
(Dall, 1889)

隐士张口螺的贝壳很小，壳质光滑，壳形为陀螺形。螺旋部略微高，螺旋部和体螺层圆润。贝壳光滑，壳口近圆形。成体螺的贝壳基部有一个滑层，而幼体螺的贝壳基部常有一个凹陷的脐。贝壳颜色为白色或奶油色。

隐士张口螺（微小齿轮螺）是一种微小的腹足动物，属于一个分类地位尚不明确的大群体，甚至其科名最近都刚被修改过。齿轮螺科大多数物种都很小，有些有螺旋刻纹，螺旋部通常扁平，贝壳盘形且光滑。许多物种与穴居的无脊椎动物生活在一起。因为其体型较小，对它们的生物学和解剖学特征知之甚少。世界上现存齿轮螺大约有几百种，分布于温带到热带水域。在墨西哥湾已被确认的至少有 45 种。

近似种

德州张口螺（德州齿轮螺）*Circulus texanus*（Moore，1965），分布于得克萨斯海域，贝壳微型、半透明，螺旋部平，轮廓近乎圆形。大小约为隐士张口螺的一半。比氏圆孔螺 *Cyclostremiscus beauii*（Fischer，1857），分布于北卡罗来纳州到巴西和墨西哥湾海域，是美国较大的齿轮螺科物种之一，最大约 13mm，并且是少数几个对其生物学特征有所研究的齿轮螺科物种之一。

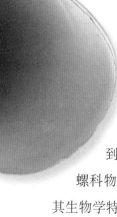

实际大小

科	朱砂螺科（巴厘螺科）Barleeiidae
壳长	2—3mm
分布	阿拉斯加到下加利福尼亚
丰度	常见
深度	浅潮下带
习性	沙质和岩石海底
食性	腐食性
厣	角质，内部表面有爪

壳长范围
小于 ⅛ in
(2—3 mm)

标本壳长
⅛ in
(3 mm)

283

薄壳朱砂螺
Barleeia subtenuis
Fragile Barleysnail
(Carpenter, 1864)

类似于多样化的麂眼螺超科 Rissooidea 中的很多科物种，朱砂螺科的贝壳微型、简单、相对无特色，主要通过解剖学特征将它们与其他科区分开。大多数物种从居住地底质上刮腐烂的植物或者细菌膜，或者摄入富含有机沉积物的泥。其最大寿命为两年。

薄壳朱砂螺（小薄巴厘螺）的贝壳非常小，壳质薄，壳形为圆锥形，螺旋部高，壳口椭圆形。胚壳小并且有微小凹痕。成年螺层平凸，有非常细弱的螺旋线和纵向生长线。壳口为椭圆形，边缘前部外展，螺轴边缘加厚。脐浅而狭窄，呈新月形。贝壳颜色从深棕色到黄褐色。壳口白色。

近似种

鲍鱼朱砂螺 *Barleeia haliotiphila*（Carpenter，1864），与薄壳朱砂螺分布范围大致相同，贝壳更大、更宽，浅棕色，边缘有棱角。它们生活在较深的水域，在海带、岩石和鲍鱼壳上生活。尽管大小和形状与薄壳朱砂螺相似，滑车金环螺 *Iravadia trochlearis*（Gould，1861）却可以通过其突出的螺旋线被轻易区分。

▲ 实际大小

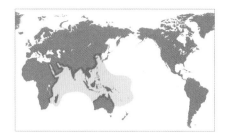

科	金环螺科（河口螺科）Iravadiidae
壳长	3—4mm
分布	印度—西太平洋
丰度	常见
深度	潮间带至潮下带
习性	细沙和泥质海底
食性	腐食性
厣	角质

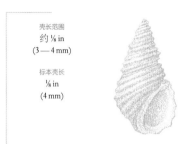

壳长范围
约 ⅛ in
(3—4 mm)

标本壳长
⅛ in
(4 mm)

滑车金环螺
Iravadia trochlearis
Pulley Iravadia
(Gould, 1861)

滑车金环螺（环肋河口螺）的贝壳壳质厚，壳形为圆锥形，螺旋部较高，前部圆。其贝壳明显的螺旋带看起来像是漩涡蛾螺（见 413 页）的微小版，然而两个种并不是近缘种。本种胚壳大、光滑。变态之后，成体具有发达的螺旋肋。成年后形成弱的扩展的纵肿肋，壳口加厚。壳面浅灰色，壳皮棕色。

世界范围内的金环螺科物种的特点是贝壳小而结实，圆锥形，螺旋部高。胚壳光滑且低矮，然而成年螺通常有明显螺旋或网状壳纹，以及标志成年的末端纵肿肋。这种贝类通常为黑色。它们生活在海湾和河口，埋在软泥或沉积物中，继而消耗有机成分。大多数物种有一个浮游幼虫期。

近似种

方格金环螺（卡德尔河口螺）*Iravadia quadrasi*（Böttger，1902），是西太平洋种，与滑车金环螺不同的是贝壳更厚，有更粗的肿肋和网状刻纹，螺肋和纵肋交叉处有珠状结构。日本金环螺（日本河口螺）*Iravadia yendoi*（Yokoyama，1927）是日本特有种。贝壳异常高、狭长，螺旋刻纹弱，纵肿肋退化，这些特征很容易被辨认。典型金环螺 *Rissopsis typica* Garrett，1873，分布于西太平洋热带海域，贝壳也极长并且近乎圆锥形，壳口大致为三角形。

实际大小

科	盲肠螺科Caecidae
壳长	2—4mm
分布	马萨诸塞州到巴西
丰度	常见
深度	0—100m
习性	沙质海底
食性	以微小生物为食
厣	角质，圆形，多环壳

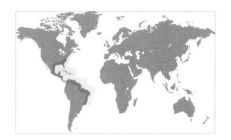

壳长范围
小于 ⅛ in
(2—4 mm)

标本壳长
小于 ⅛ in
(2 mm)

美丽盲肠螺
Caecum pulchellum
Beautiful Caecum

Stimpson, 1851

与绝大多数盲肠螺一样，美丽盲肠螺是一种微型软体动物，其成年的贝壳为略弯曲的管状。其幼体的贝壳是卷曲的，但是附着变态后，贝壳伸开。在特定时期，它在贝壳内形成一个顶塞或者隔膜，并且胚壳脱落。贝壳继续生长，出现另一个端部。在其成年的贝壳的后端，有一个尖部（尖状物）。盲肠螺通常生活在浅海岩石上的藻床中。它们是食微小生物的食草动物，以小微粒为食。世界各地分布着成百上千种盲肠螺。

美丽盲肠螺的贝壳微小，略卷曲，管状。胚壳卷曲，但是成年后丢失。其成年的贝壳为略卷曲的管状，壳口圆形、稍缩缩。后端有一个小三角形凸起（尖头）。表面刻纹由 30 根左右被相等宽度和深度的间隙分隔开的横向环纹组成。贝壳颜色从白色到浅棕色。

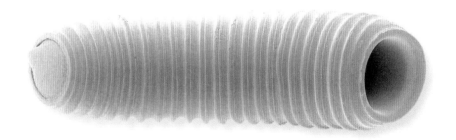

实际大小

近似种

粗肋盲肠螺 *Caecum clava* Folin，1867，分布于墨西哥湾和加勒比海海域，贝壳近似弓形，饰有纵肋。鳞片盲肠螺 *C. imbricatum* Carpenter，1858，分布于加勒比海海域，贝壳逐渐变细并且略卷曲，饰有螺旋线和纵肋，形成网状刻纹。光滑盲肠螺 *Meioceras nitidum*（Stimpson，1851），分布于佛罗里达州到乌拉圭海域，贝壳卷曲且光滑，中间部分最宽，壳口狭窄。

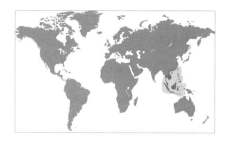

科	凤螺科（凤凰螺科）Strombidae
壳长	20—30mm
分布	中国台湾到印度尼西亚
丰度	不常见
深度	15—120m
习性	沙质海底
食性	植食性，以藻类为食
厴	角质，长，爪形

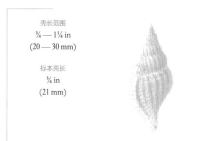

壳长范围
¾ — 1¼ in
(20 — 30 mm)

标本壳长
¾ in
(21 mm)

286

锯齿长鼻螺
Varicospira crispata
Netted Tibia
(Sowerby I, 1842)

锯齿长鼻螺是一种与笛螺属 *Tibia* 有关的小型凤螺，生活在水下深度达 120m 的软质海底。在菲律宾非常常见，在中国台湾、美拉尼西亚和印度尼西亚海域也有发现。锯齿长鼻螺被菲律宾政府列为稀有物种，并且现在不能从该国出口。目前该属已确认的物种有 4 种，全部分布于印度—西太平洋。全世界有 70 多种现存凤螺。

近似种

网纹长鼻螺 *Varicospira cancellata*（Lamarck，1816），分布于印度—西太平洋海域，是长鼻螺属 *Varicospira* 中最常见的物种。其贝壳类似于锯齿长鼻螺但是更长，网状刻纹更不规则，后沟长且弯曲。长笛螺 *Tibia fusus*（Linnaeus，1758），分布于西太平洋海域，与锯齿长鼻螺是近缘种，前水管沟相当长。

实际大小

锯齿长鼻螺的贝壳小，壳质厚，壳形为纺锤形。螺旋部高且锋利，缝合线清晰。壳面饰有均匀间隔的网状花纹，发达的细螺肋和细的纵肋。壳口狭窄，为矛尖形，后沟短而卷曲。螺轴光滑；外唇厚，有许多小齿。壳面颜色从白色到浅棕色；壳口棕色。

科	凤螺科Strombidae
壳长	19—65mm
分布	东非到太平洋中部和夏威夷
丰度	不常见
深度	潮间带至80m
习性	珊瑚礁旁的沙质海底
食性	植食性，以藻类为食
厣	角质，长，爪形

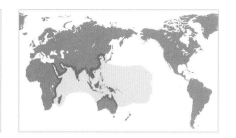

壳长范围
¾ — 2½ in
(19 — 65 mm)

标本壳长
1¾ in
(45 mm)

287

齿凤螺
Strombus dentatus
Samar Conch
Linnaeus, 1758

齿凤螺（三齿凤凰螺）分布广泛，是一种不常见的凤螺，分布于东非到太平洋中部。通常在浅水，尤其是珊瑚礁附近的沙质海底上生活。其学名源自于外唇下缘的锯齿状突起。同其他凤螺一样，齿凤螺贝壳大小、形状和颜色多变。尽管它很小，但在许多地区仍被采集作为食物。软体部为斑驳的绿色，有奶油斑点装饰的深绿色长鼻。

近似种

铁斑凤螺 *Strombus urceus* Linnaeus，1758，分布于西太平洋海区，是一种常见并且多变的物种，其贝壳类似于齿凤螺的贝壳，但是螺层上有更多的角状突起，壳口长且外唇没有齿。驼背凤螺 *Strombus gibberulus* Linnaeus，1758，分布于印度—太平洋热带水域，是另一种大小、形状、颜色多变的凤螺。其贝壳膨胀，壳口长，螺层不对称卷曲。

实际大小

齿凤螺的贝壳大小中等，壳质光滑且结实，壳形较长，螺旋部高。它的贝壳大小、形状和颜色均多变。螺层壳纹近乎光滑或者有圆滑纵肋。壳口相对较小，外唇厚，有3—4个尖齿和许多黑色螺旋条纹。壳面奶油色，有棕色点，外唇和螺轴都是白色。

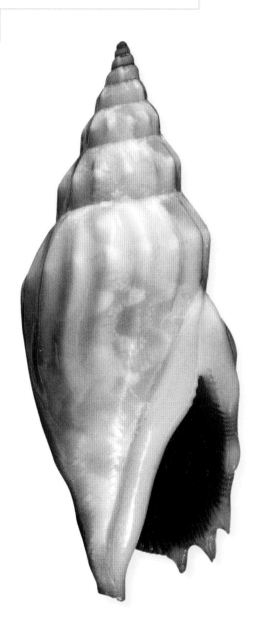

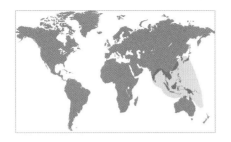

科	凤螺科Strombidae
壳长	30—115mm
分布	印度—西太平洋
丰度	丰富
深度	潮间带至55m
习性	泥沙质海底
食性	植食性，以海藻为食
厣	角质，长，爪形

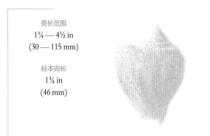

壳长范围
1¼ — 4½ in
(30 — 115 mm)

标本壳长
1¾ in
(46 mm)

288

水晶凤螺
Strombus canarium
Dog Conch
Linnaeus, 1758

水晶凤螺的贝壳为中等大小，壳质厚重，壳形为胖梭形。其螺旋部稍短而光滑，螺层高而具角，壳纹模糊，但是大的体螺层通常光滑且肩部圆润。壳口长，外唇加厚呈翼形。螺轴光滑，具光泽，前部的结节更厚。壳面白色至浅棕色，有不规则的波状纵向棕色线，壳口白色。

水晶凤螺（水晶凤凰螺）的贝壳重，呈胖梭形。其长度可达115mm，尽管大多数采集到的样品只有该长度的大约一半。其在潮间带到离岸带的泥沙海底和藻类海底上产量丰富。厣角质、爪形、边缘锯齿形。在东南亚，水晶凤螺是一种商业性渔业物种，并且在许多地方渔民利用其重重的贝壳坠网。许多凤螺动物分布范围广并且当地产量丰富。

近似种

盖凤螺 *Strombus epidromis* Linnaeus，1758，分布于日本南部到澳大利亚和新喀里多尼亚岛海域，贝壳更长，外唇呈圆形。褶凤螺 *Strombus plicatus*（Röding，1798），分布于红海到西太平洋，贝壳螺旋部更高，具纵肋和螺肋。

实际大小

科	凤螺科Strombidae
壳长	30—77mm
分布	红海到西太平洋
丰度	不常见
深度	浅潮下带至90m
习性	沙质海底
食性	植食性，以藻类和碎屑饲料为食
厣	角质，长，爪形

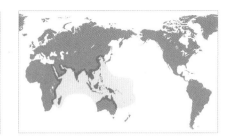

壳长范围
1¼ — 3 in
(30 — 77 mm)

标本壳长
2¼ in
(58 mm)

289

褶凤螺
Strombus plicatus
Plicate Conch
(Röding, 1798)

褶凤螺（红海弯刀凤凰螺）贝壳多变，从短而光滑到长而刻纹复杂，壳面饰有螺旋线，如图所示。名字"*plicatus*"与外唇和螺轴多褶皱的外观有关系。基于贝壳形状的差异已经有4个亚种被确认，例如阿拉伯褶凤螺 *S. plicatus sibbaldi* Sowerby I，1842，分布于亚丁湾到斯里兰卡海域，通常矮小且光滑，而花褶凤螺 *S. plicatus columba* Lamarck，1822，分布于西印度洋海域，贝壳更长且有褶皱。

近似种

可变凤螺 *Strombus variabilis* Swainson，1821，分布于印度—西太平洋海域，顾名思义，其形状和颜色也是多变的。带凤螺 *Strombus vittatus* Linnaeus，1758，分布于印度—西太平洋海域，类似于细长的褶凤螺。

褶凤螺的贝壳中等大小，壳质厚，纺锤形。螺旋部高，阶梯样，具纵肋。体螺层大且膨胀，肩部有钝结节，并且有螺旋肋。外唇厚且外扩，有些褶凤螺外观有很多褶皱，而有的标本则可能是光滑的。壳口和螺轴上的脊都为棕色。壳面白色或奶油色，有浅棕色斑点。

实际大小

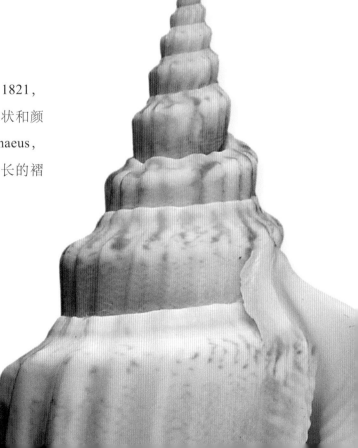

科	凤螺科Strombidae
壳长	30—75mm
分布	印度—太平洋热带海域
丰度	丰富
深度	潮间带至20m
习性	沙质海底和海草床
食性	植食性，以藻类为食
厣	角质，长，爪形

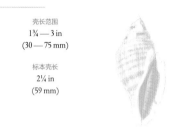

壳长范围
1¾ — 3 in
(30 — 75 mm)

标本壳长
2¼ in
(59 mm)

290

驼背凤螺
Strombus gibberulus
Humpback Conch

Linnaeus, 1758

驼背凤螺（驼背凤凰螺）是一种产量丰富且十分多变的凤螺。它生活在潮间带和潮下带浅水区的沙质海底和海草床上。通常更深的海域中的贝壳更小，并且颜色更浅。由于其多彩的贝壳而经常被采集和食用，尤其在菲律宾和斐济。驼背凤螺是一种食草动物，因此会作为保持基底和岩石的藻类清洁的优良物种被出售给水族产业。

近似种

篱凤螺（红桥凤凰螺）*Strombus luhuanus* Linnaeus，1758，分布于西太平洋，贝壳圆锥形，螺旋部低，螺轴光滑，上有深棕色带，壳口为橙色或红色。花凤螺 *Strombus mutabilis* Swainson，1821，分布于印度—太平洋热带海域，体螺层也有角，螺旋部短。

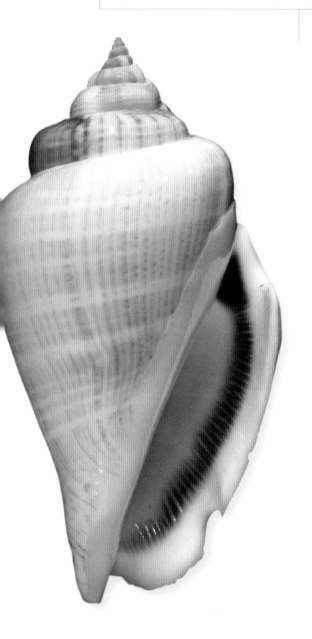

驼背凤螺的贝壳为中等大小，壳质结实，壳形为膨大的梭形。螺旋部高度适中，螺层不对称卷曲。次体螺层在背部凸起超过缝合线。壳面大多是光滑的，除了近前端和外唇边缘微微凸起的螺旋纹。壳口长，外唇厚，内面具肋纹。贝壳颜色多变，通常为白色，有黄褐色到棕色的不同宽度螺旋带；壳口为白色，螺带为棕色、橙色或者紫色。

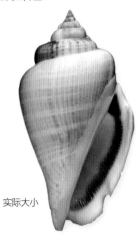

实际大小

科	凤螺科Strombidae
壳长	30—80mm
分布	太平洋西部
丰度	丰富
深度	潮间带至20m
习性	沙质海底和海草床
食性	植食性，以藻类为食
厣	角质，长，爪形

壳长范围
1¼ — 3¼ in
(30 — 80 mm)

标本壳长
2⅜ in
(59 mm)

篱凤螺
Strombus luhuanus
Strawberry Conch
Linnaeus, 1758

虽然非常多变，但通过其沿着光滑螺轴的深棕色或黑色带，篱凤螺（红桥凤凰螺）还是很容易被辨认的。它是一种在珊瑚礁附近沙质海底产量较丰富的凤螺，在珊瑚礁和海草床上也有发现。它的贝壳为锥形，并且看起来像是芋螺，但是有凤螺的缺刻，靠近唇前缘的一条 U 形深沟，证明它确实属于凤螺属。

近似种

白娇凤螺 *Strombus decorus* Röding，1798，分布于印度洋，贝壳类似于篱凤螺，但螺轴缺少深棕色带。带凤螺 *Strombus vittatus* Linnaeus，1758，分布于中国南海到斐济海域，螺旋部高，约占壳长的一半。

篱凤螺的贝壳为中等大小，壳质厚，壳形为圆锥形，螺旋部低。螺层不对称卷曲，在有些标本中螺层突出超过缝合线。壳口狭长，外唇厚。除了前缘附近的浅螺沟以及细的纵向生长线，贝壳表面接近光滑。贝壳颜色通常为白色，有黄褐色到棕色斑块，壳口为橙色，螺轴上有深棕色带线。

实际大小

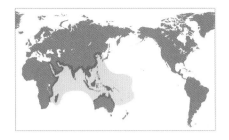

科	凤螺科Strombidae
壳长	50—105mm
分布	印度—西太平洋热带海域
丰度	常见
深度	潮间带至4m
习性	珊瑚砂地
食性	植食性，以藻类为食
厣	角质，长，爪形

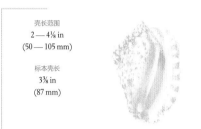

壳长范围
2 — 4⅛ in
(50 — 105 mm)

标本壳长
3⅜ in
(87 mm)

292

斑凤螺
Strombus lentiginosus
Silver Conch

Linnaeus, 1758

斑凤螺为中等大小，壳质厚重，有一个短或者中等高度的尖螺旋部。螺层有一排结节排成的螺旋肋，到体螺层变成强的结节。壳口狭长，外唇外展且加厚，前缘呈波浪样。凤螺前部的缺刻和后部的肛门沟都比较深。体螺层宽，螺轴光滑且有滑层。壳面白色，夹杂着棕灰色，壳口为粉橙色。

斑凤螺（粗瘤凤凰螺）是一种在印度—太平洋海域广泛分布的凤螺。在波利尼西亚，它只出现在几个地区，但它一旦在一个地区有分布就会成为当地的常见种。斑凤螺分布在潮间带到水下4m深的屏障、边缘和潟湖礁或者珊瑚砂海底或海草床上，尤其是清澈的水中。斑凤螺软体部绿色，身体表面有黄色边缘，眼睛呈黄色，边缘红色。它以中等或者大的群体群居生活。同其他凤螺一样，在菲律宾它被当地居民采集食用，并且卖到超市。它的贝壳通常被用作工艺品。

近似种

蟾凤螺（黑唇凤凰螺）*Strombus pipus* Röding，1798，也分布于印度—西太平洋热带海域，是与斑凤螺亲缘关系最近的物种，但贝壳更小，且外唇不发达。紫袖凤螺 *Strombus sinuatus* Humphrey，1786，分布于太平洋西南部，贝壳类似于斑凤螺，但外唇加厚呈宽的喇叭样，后缘有4根指状突起。

实际大小

科	凤螺科Strombidae
壳长	35—100mm
分布	冲绳到热带西太平洋
丰度	常见
深度	潮下带浅水至50m
习性	沙泥海底
食性	植食性，以藻类为食
厣	角质，长，爪形

带凤螺

Strombus vittatus

Striped Conch

Linnaeus, 1758

壳长范围
1⅜ — 4 in
(35 — 100 mm)

标本壳长
3⅝ in
(93 mm)

293

带凤螺（竹笋凤凰螺）是一种常见且多变的凤螺，分布于冲绳到西太平洋热带海域。基于形态和颜色，已经有 3 个亚种被确认。带凤螺生活在离岸的沙泥海底上。带凤螺成熟时外唇扩张且增厚。未成熟的带凤螺缺少扩张的唇，看起来同成体带凤螺相当不同。有些很容易被误会为芋螺。带凤螺是雌雄异体，两性异形在许多物种中已经被记录；雌性通常比雄性有更大的贝壳。

近似种

澳洲凤螺（澳洲凤凰螺）*Strombus campbelli* Griffith and Pidgeon，1834，是澳大利亚特有物种，类似于带凤螺，但螺旋部更短，最后三个螺层更光滑，体螺层更宽。金斧凤螺 *Strombus listeri* Gray，1852，分布于孟加拉湾到北印度洋西北部海区，像是个加长的带凤螺，但贝壳基本光滑。

带凤螺贝壳为中等大小，壳形为纺锤形，较长，螺旋部非常高且尖。该种形状和颜色均多变。螺旋部非常高，在许多贝壳中几乎达到其壳长的一半。螺旋部上的纵肋较发达，体螺层上纵肋的减弱；前缘附近有螺旋线。壳口狭窄，外唇厚且外展。壳面浅黄棕色，壳口为白色。

实际大小

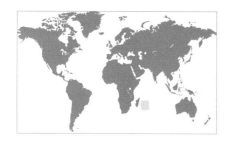

科	凤螺科Strombidae
壳长	70—145mm
分布	毛里求斯群岛（西印度洋）
丰度	稀有
深度	4—25m
习性	沙质海底
食性	植食性，以丝状藻类为食
厣	角质，长，爪形

壳长范围
2¾ — 5¼ in
(70 — 145 mm)

标本壳长
3¾ in
(95 mm)

294

紫罗兰蜘蛛螺
Lambis violacea
Violet Spider Conch
(Swainson, 1821)

紫罗兰蜘蛛螺是该属中最稀有的物种之一，并且分布有限，只在西印度洋的毛里求斯群岛被发现。通过其深的带紫色的壳口，紫罗兰蜘蛛螺很容易被认出，这也是其名字的由来。壳口颜色相当稳定，博物馆标本存放超过 100 年也只有轻微褪色。蜘蛛螺属 *Lambis* 只有大约 10 个物种，全部都生活于印度洋和太平洋的热带海域中。它们通常生活在浅水的软海底上。

近似种

千足蜘蛛螺 *Lambis millipeda*（Linnaeus，1758），是太平洋西南海域的常见物种。百指蜘蛛螺 *L. digitata*（Perry，1811），是印度—西太平洋的另一种稀有蜘蛛螺，与紫罗兰蜘蛛螺的贝壳类似，但是它们壳口内部都有棕色棘状结构。

实际大小

紫罗兰蜘蛛螺的贝壳为中等大小，壳质厚，外唇宽且向外扩张，外唇上大约有 15—17 根指状突起。这些指状突起数量和大小多变，后缘附近的指状突起比前缘或沿前缘的突起更长。螺旋部长且尖，水管沟长且后弯。贝壳的背部壳纹由许多发达且有结节的螺旋肋构成。壳面白色夹杂棕色，壳口为紫色，宽唇白色。

科	凤螺科Strombidae
壳长	80—145mm
分布	太平洋西南部
丰度	当地常见
深度	潮间带至20m
习性	珊瑚砂和藻类海底
食性	植食性，以藻类为食
厣	角质，长，爪形

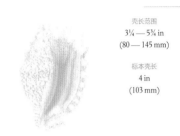

壳长范围
3¼ — 5¾ in
(80 — 145 mm)

标本壳长
4 in
(103 mm)

295

紫袖凤螺
Strombus sinuatus
Laciniate Conch

Humphrey, 1786

通过其紫棕色壳口和沿着宽阔外唇后部的 4 个波浪形叶片状突起，紫袖凤螺（紫袖凤凰螺）很容易被辨认。它生活在潮间带到近海的珊瑚砂和藻类海底。在菲律宾的波尔岛—宿务岛海区，它的丰富度变化较大，从不常见到当地丰富。同其他凤螺一样，紫袖凤螺贝壳会一直生长直到它达到性成熟；接着外唇变厚，贝壳停止生长，这可能使它变得更厚。

近似种

方唇凤螺 *Strombus thersites* Swainson，1823，分布于西太平洋，被认为是最稀有的凤螺之一。其贝壳大而宽，螺旋部高而尖。牛角凤螺 *Strombus taurus* Reeve，1857，是马绍尔群岛和密克罗尼西亚海域特有物种，是一种不常见的凤螺，贝壳坚固，外唇后部有两个脊。

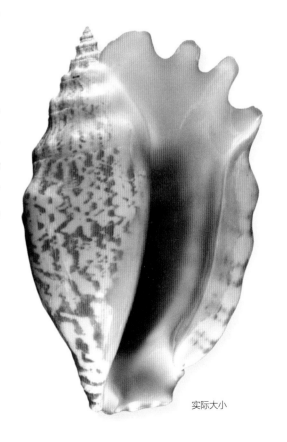

实际大小

紫袖凤螺的贝壳为中等大小，重量适中，纺锤形。外唇大喇叭样，螺旋部高。螺旋部为阶梯样且有小结节，体螺层宽且有细螺旋线，肩部有成排的发达螺旋结节。扩张的外唇后缘有 3—4 个突起。壳面白色或奶油色，背侧有黄—棕色螺旋带，基部有锯齿形直线；壳口为紫褐色。

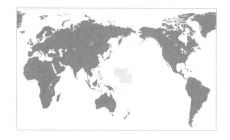

科	凤螺科Strombidae
壳长	80—130mm
分布	马歇尔群岛和马利亚纳群岛特有种
丰度	不常见
深度	15—25m
习性	沙子和珊瑚碎石底
食性	植食性，以藻类为食
厣	角质，长，爪形

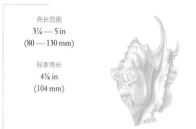

壳长范围
3¼ — 5 in
(80 — 130 mm)

标本壳长
4⅛ in
(104 mm)

296

牛角凤螺
Strombus taurus
Bull Conch
Reeve, 1857

牛角凤螺（牛角凤凰螺）一度被认为是最稀有的凤螺之一。起初，它的分布被错误地认为在印度洋。然而，随着水肺潜水的出现，它真正的栖息地在 20 世纪 50 年代末被完善。它是太平洋中部马绍尔群岛和马利亚纳群岛的特有物种。牛角凤螺生活在近海，贝壳通常被珊瑚藻包裹，与珊瑚碎石混合。通过以下特征，牛角凤螺可以轻易地同其他凤螺区别开：厚且外扩的外唇，以及外唇上的 2—3 个突起，其中一个相当长。

近似种

阿拉伯凤螺（阿拉伯凤凰螺）*Strombus oldi* Emerson，1965，分布范围有限，从索马里到阿曼海域，是最稀有的凤螺之一。体螺层有几个突起的螺旋脊，延伸到锯齿状外唇。鸡尾凤螺 *Strombus gallus* Linnaeus，1758，分布于佛罗里达州到巴西东部和西印度群岛海域，贝壳大，外唇宽且向外扩张、边缘波浪形。

实际大小

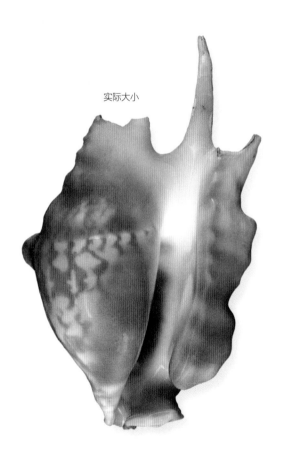

牛角凤螺的贝壳中等偏大，壳质厚重有光泽，壳形为圆锥形。**螺旋部**高，缝合线不清晰，但靠近肩部有一排螺旋结节。表面雕刻由一些低螺旋肋、肩部的一排大结节和背部倾斜的大结节构成。壳口狭窄，外唇外扩且加厚，有 2—3 根向后的指状突起。其中一个突起比螺旋部还长。壳面白色，夹杂棕橙色，壳口为白色杂有紫棕色。

科	凤螺科Strombidae
壳长	90—160mm
分布	孟加拉湾和印度洋西北部
丰度	常见
深度	50—120m
习性	沙质海底
食性	植食性，以藻类为食
厣	角质，长，爪形

壳长范围
3½ — 6¼ in
(90 — 160 mm)

标本壳长
4¼ in
(122 mm)

金斧凤螺
Strombus listeri
Lister's Conch
Gray, 1852

金斧凤螺（金斧凤凰螺）在收藏界中被认为是最稀有的贝壳之一，直到 20 世纪 60 年代才在印度洋西北部发现了它的栖息地，以前已知的标本很少。它是栖息水域最深的凤螺之一，为水下 50—120m。金斧凤螺的贝壳美丽优雅，其外扩且宽的外唇在前缘附近有一个宽且弯曲的凤螺缺刻。

近似种

带凤螺 *Strombus vittatus* Linnaeus，1758，分布于西太平洋热带海区，贝壳类似于金斧凤螺，但外唇更窄，且螺旋部有发达的纵肋。长笛螺 *Tibia fusus*（Linnaeus，1758），分布于太平洋西南部，是另一个近似种，贝壳细长梭形，螺旋部高，水管沟非常长。

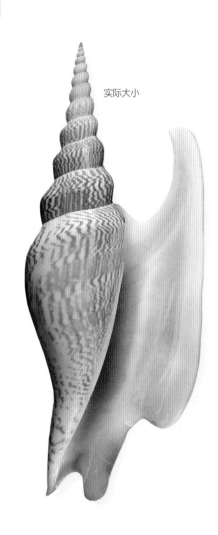

实际大小

金斧凤螺的贝壳中等大小，纺锤形，细长，重量轻但是结实，螺旋部高，外唇喇叭样。螺旋部高，阶梯样，有纵肋，纵肋在最后三个螺层开始退化。体螺层有细螺旋线并且多半是光滑的。壳口狭长，外唇外扩，有一个狭长扁平向后方的叶片状突起。壳面白色，被淡黄褐色锯齿样条纹覆盖。壳口和外唇都为白色。

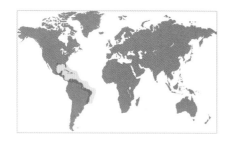

科	凤螺科Strombidae
壳长	75—192mm
分布	佛罗里达州到巴西东部；西印度群岛
丰度	不常见
深度	0.3—48m
习性	沙质海底
食性	植食性，以藻类为食
厣	角质，长，爪形

壳长范围
3 — 7½ in
(75 — 192 mm)

标本壳长
6 in
(152 mm)

298

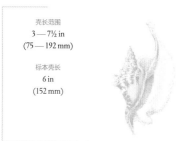

鸡尾凤螺
Strombus gallus
Rooster-tail Conch
Linnaeus, 1758

鸡尾凤螺（雄鸡凤凰螺）是一种外形独特的凤螺，外唇大而外展，后部有一个长突起，能够使人想起公鸡的尾巴。这是一种分布在佛罗里达州到巴西东部和西印度群岛海域的罕见物种。术语"conch"通常是指凤螺科腹足动物，但是也涉及很多无关的腹足动物，通常大且可食用，比如蛾螺、香螺、细带螺科的物种。为了与其他种群区分开，凤螺也被称为"True conchs"或者"Strombus"。许多凤螺较大且可食用，并且一些物种是商业渔业种，比如女王凤螺（见301页）。

近似种

秘鲁凤螺 *Strombus peruvianus* Swainson，1823，分布于秘鲁到墨西哥海域，类似于鸡尾凤螺，但是个体更大，螺旋部更短，唇呈翼状扩张，其上的突起轮廓为三角形，外唇也不是波浪形。三角凤螺 *Strombus tricornis* Humphrey，1786，分布于红海到亚丁湾，也类似于鸡尾凤螺，但是更小、更宽，并且翼状扩张的外唇更短。

实际大小

鸡尾凤螺的贝壳中等大小，相对较轻，圆锥形，外唇宽且向外扩张。螺旋部高，有一排结节排成螺旋，这排结节在体螺层的肩部上变成发达的结节；体螺层有发达的螺旋条纹。成年鸡尾凤螺的外唇外扩且加厚，边缘起伏，后部有一个长的突起延伸至超过螺旋部。壳面乳白色，杂有橙色或棕褐色斑块，壳口灰白色至金黄色。

科	凤螺科Strombidae
壳长	150—310 mm
分布	日本至印度尼西亚
丰度	常见种
深度	5—150m
习性	泥底
食性	植食性，以藻为食
厣	角质，披针状

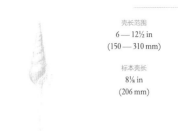

壳长范围
6 — 12½ in
(150 — 310 mm)

标本壳长
8⅛ in
(206 mm)

299

长笛螺
Tibia fusus
Shinbone Tibia
(Linnaeus, 1758)

长笛螺（长鼻螺）是一种与其他腹足类明显不同的种类，其贝壳长梭形，是所有腹足类动物中前水管沟最长的种类之一。水管沟的长度几乎与贝壳其他部分等长（通常为壳长的30%—45%）。长笛螺生长在泥底，通常生活在深水区域，通过拖网采集。奇特的是，长笛螺水管沟如此精致、细长，从深水中采集到水面后，水管沟竟无丝毫破损。长笛螺仅分布在西南太平洋，在菲律宾周边较为常见。

近似种

珍笛螺（马丁氏长鼻螺）*Tibia martinii*（Marrat，1877），分布于中国台湾海域至印度尼西亚海域，贝壳与长笛螺相似，但是更宽，水管沟稍短。壳口较长笛螺略长。珍笛螺以前为稀有物种，但如今拖网中能够频繁地被采到，笔者建议将其归为深水常见种。锯齿长鼻螺 *Varicospira crispata*（Sowerby I，1842），分布于中国台湾至印度尼西亚海区，贝壳较小，呈网状。其壳口与长笛螺相似，但水管沟较短。

长笛螺的贝壳细长，纺锤形，壳质相对较薄，壳面光滑，具光泽。螺旋部极高，多达19螺层，缝合线深沟状。螺旋部各螺层表面具微弱的纵肋，愈接近体螺层处纵肋愈微弱，而体螺层大部分光滑，仅在前部有细致的螺纹。壳口披针状，外唇有5条长指状棘，水管沟极长而直，或稍弯曲。壳面黄褐色或棕色，壳口白色。

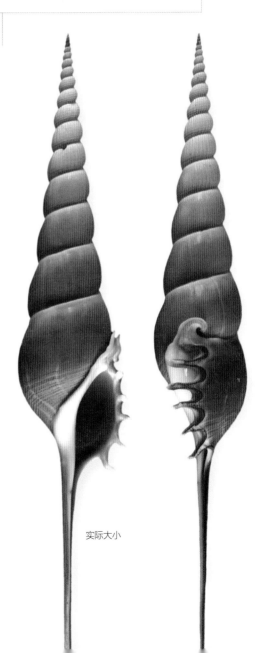

实际大小

科	凤螺科Strombidae
壳长	85—330 mm
分布	印度—太平洋热带海域
丰度	常见种
深度	潮间带至25m
习性	粗砂和珊瑚碎块
食性	植食性，以丝状藻为食
厣	角质，加长，爪状

壳长范围
3⅜ — 13 in
(85 — 330 mm)

标本壳长
10½ in
(259 mm)

水字螺
Lambis chiragra
Chiragra Spider Conch
(Linnaeus, 1758)

水字螺的贝壳非常独特，有 6 条很长的指状棘刺，包括两条自右向左侧弯曲的棘。这是一种个体较大、较为常见的种类，可作为食物。雌性个体的贝壳通常较雄性个体稍大。厣角质、爪状、用于运动。水字螺首先将厣的尖端插入底质中，长足的前部伸展，托起贝壳，然后推动贝壳前进，这是一种类似于跳跃式运动的方法。

近似种

瘤平顶蜘蛛螺 *Lambis truncata*（Humphrey，1786），分布于印度—太平洋海域，是蜘蛛螺属 *Lambis* 中个体最大的种类，其贝壳厚重，外唇宽阔。橘红蜘蛛螺 *Lambis crocata*（Link，1807），分布于印度—西太平洋海区，贝壳较小，但是更为精致。

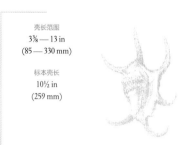

水字螺的贝壳大型，厚重，外唇扩展，宽阔，指状棘刺极大，略有弯曲。外唇有 5 条长指突，第六条在水管沟处，其弯曲方向远离外唇。水字螺的螺旋部相对较矮，从壳口一侧，即腹面，无法看到螺旋部。壳口窄长，外唇内面有细的肋纹，轴唇光滑。壳面白色，杂有不规则的棕色斑，壳口通常粉色。

实际大小

科	凤螺科Strombidae
壳长	150—350 mm
分布	佛罗里达州至委内瑞拉
丰度	地方常见种
深度	0.3—20m
习性	有海草床的沙质底
食性	植食性，以藻类为食
厣	角质，长形，爪状

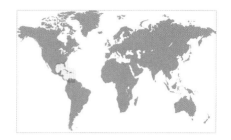

壳长范围
6 — 14 in
(150 — 350 mm)

标本壳长
10¼ in
(270 mm)

女王凤螺
Strombus gigas
Queen Conch
Linnaeus, 1758

301

女王凤螺（女王凤凰螺）是加勒比海地区个体最大、最具经济价值的重要腹足类动物之一，栖息于浅水区的海草床上和沙质底。在很多地区，由于过度捕捞，女王凤螺的种群数量正在急剧下降，甚至已经濒临灭绝。在美国和墨西哥尤卡坦半岛，已经明令禁捕采集女王凤螺。女王凤螺成体会迁徙到浅水区繁殖，雌性个体会以长形卵袋的形式产出多达 50000 枚卵。女王凤螺寿命可长达 30 年。

近似种

巨凤螺（霸王凤凰螺）*Strombus goliath* Schröter，1805，仅分布于巴西东北部海域，是凤螺属个体最大的种类。巨凤螺的贝壳厚重，外唇扩张较大，范围极广。乳白凤螺 *Strombus costatus* Gmelin，1791，分布于北卡罗来纳州至巴西东部海域，其贝壳与女王凤螺极像，但个体更小。

实际大小

女王凤螺的贝壳较大，厚重，外唇扩张而宽。其螺旋部相对较高，有大型结节突或钝棘突。幼体贝壳纺锤形，无扩张的唇。体螺层宽，肩部有发达的棘刺和螺旋纹。壳口长且宽，外唇大，波状。壳面奶油色，壳口亮粉色或灰粉色。

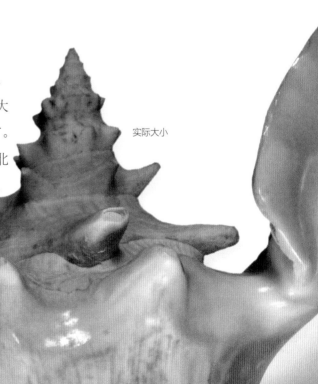

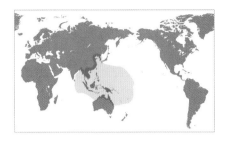

科	凤螺科Strombidae
壳长	220—360 mm
分布	西太平洋
丰度	常见种
深度	潮间带浅水区至水深30m
习性	珊瑚礁附近的沙底
食性	植食性
厣	角质，边缘锯齿状

壳长范围
8½ — 14⅛ in
(220 — 360 mm)

标本壳长
13⅜ in
(360 mm)

302

瘤平顶蜘蛛螺
Lambis truncata sebae
Seba's Spider Conch
(Kiener, 1843)

瘤平顶蜘蛛螺的贝壳大而厚重。螺旋部稍高。壳口狭窄，水管沟向壳口略弯曲。外唇极度扩张，边缘具有 6—8 条长短不等的棘。壳背面粗糙不平，覆有薄的橘色壳皮。壳口光滑，具滑层。壳面颜色变化较大，常呈橙色、紫色、粉色或黄色。

瘤平顶蜘蛛螺的贝壳在蜘蛛螺属 *Lambis* 为较大型，其广泛分布于印度—太平洋热带海区，常见于浅海，并作为当地居民的食物。蜘蛛螺属动物的显著特征为外唇扩张，末端特化成棘，且棘的数量随种类不同而有变化。有些种类的贝壳随性别不同而有区别，通常雌性贝壳的棘较长，而雄性贝壳的棘略短。和其他凤螺科动物一样，蜘蛛螺通过其长且尖锐的厣在运动过程中固定贝壳，以此将身体向前推进。其具一对发达的彩色眼睛，眼柄可从水管沟和壳前端锯齿状缺刻中伸出。蜘蛛螺属动物种类不多，分布均局限在印度—太平洋热带海区。

近似种

其亚种蜘蛛螺 *Lambis truncata truncata* Humphrey，1786，分布于东非至西太平洋海区。其螺旋部较平，贝壳比瘤平顶蜘蛛螺更大。水字螺 *Lambis chiragra* （Linnaeus，1758），分布于印度—西太平洋海区，其外唇边缘的棘突较少，但更厚而长，其中两条棘弯曲。

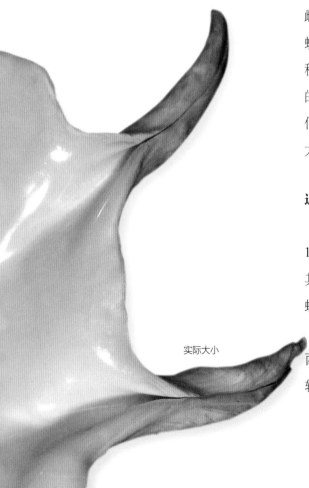

实际大小

科	凤螺科Strombidae
壳长	275—380 mm
分布	巴西东北部地方种
丰度	常见种
深度	潮间带至水深50m
习性	海草丛沙底
食性	植食性，摄食微藻
厣	角质，瘦长

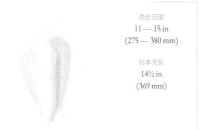

壳长范围
11 — 15 in
(275 — 380 mm)

标本壳长
14½ in
(369 mm)

303

巨凤螺
Strombus goliath
Goliath Conch
Schröter, 1805

巨凤螺（霸王凤凰螺）是凤螺科动物中贝壳最大、最重的种类，故此得名。本种是巴西东北部地方种，生活在浅水区。巨凤螺常用于食用，尽管较为常见，但其种质资源已经越来越需要保护。巨凤螺幼体与芋螺较为相似，螺旋部占据壳长的近一半。随着个体生长，其体螺层逐渐膨胀，贝壳加厚，外唇扩张，变得宽阔且厚。

巨凤螺的贝壳大型，极重，外唇平滑且圆，极其扩张。螺旋部尖，相对较矮。体螺层膨胀，周缘具发达的瘤状突起。背部雕刻有放射状皱纹，并覆盖一层浅棕色壳皮。壳口长且宽，水管沟短而弯曲。滑层厚，覆盖螺轴；像壳口一样，滑层为亮橘色至浅粉色，老化区域常褪至奶油色。

近似种

西大西洋海域还有一些凤螺属 *Strombus* 种类，其中巨凤螺的贝壳与宽凤螺 *S. latissimus* Linnaeus，1758 极其相似。宽凤螺分布于印度—太平洋海区，大小仅为巨凤螺的一半。女王凤螺 *Strombus gigas* Linnaeus，1758，分布于南卡罗来纳州至委内瑞拉海域，其螺旋部呈阶梯状，贝壳宽阔，壳口粉色，较为常见。

实际大小

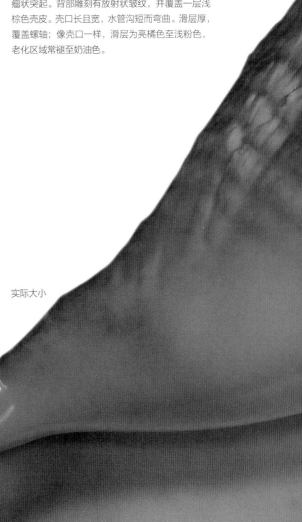

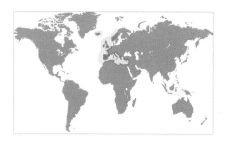

科	鹈足螺科Aporrhaidae
壳长	26—65 mm
分布	挪威和冰岛至摩洛哥和地中海
丰度	地区性丰富种
深度	10—180m
习性	泥沙底或泥底
食性	舐食性和碎屑食性
厣	角质，瘦长

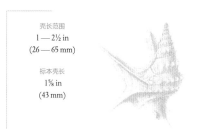

壳长范围
1—2½ in
(26—65 mm)

标本壳长
1⅝ in
(43 mm)

304

鹈足螺
Aporrhais pespelecani
Common Pelican's Foot

(Linnaeus, 1758)

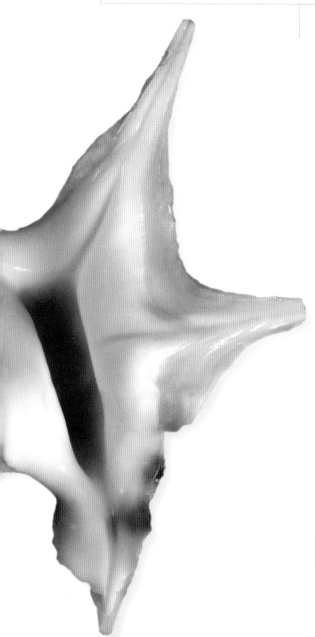

鹈足螺贝壳奇特，形似鹈鹕的脚，故此得名。鹈足螺自亚里士多德时代就已为人所知，亚里士多德首次描述鹈足螺。鹈足螺资源在地中海的亚得里亚海较为丰富，可食用。鹈足螺科仅有1个属、5个现生种，但是有很多化石种，能够追溯到侏罗纪时代。

近似种

地中海鹈足螺 *Aporrhais serresianus*（Michaud，1828）与鹈足螺形态相似，但贝壳更薄脆、指状突起更细瘦。美国鹈足螺 *Aporrhais occidentalis* Beck，1836，是唯一一种分布在西北大西洋的鹈足螺。其外唇扩张，但没有指状突起。

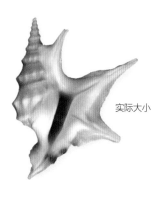

实际大小

鹈足螺的贝壳小型，外唇扩展呈扁平状，形似蹼足。螺旋部高，缝合线明显，有串珠状螺旋肋。体螺层大，有3条珠状螺带。成熟个体的外唇厚，有2条长指状突起。近螺旋部和水管处沟亦有小的指状突起。壳面奶油色至棕色，壳口白色。

科	鹈足螺科Aporrhaidae
壳长	40—75 mm
分布	格陵兰至北卡罗来纳州
丰度	常见种
深度	10—2000m
习性	泥质砂砾底
食性	舐食性和碎屑食性
厣	角质，瘦长

壳长范围
1½ — 3 in
(40 — 75 mm)

标本壳长
2⅛ in
(53 mm)

305

美国鹈足螺
Aporrhais occidentalis
American Pelican's Foot
Beck, 1836

美国鹈足螺是鹈足螺科动物中贝壳最厚重的物种，它没有鹈足螺科动物标志性的指状突起。目前公认，美国鹈足螺是鹈足螺科最原始的种。野外研究发现，美国鹈足螺在泥质碎石底质生长活跃，以硅藻和腐败的褐藻为食，但是在寒冷季节埋栖于底质中。

近似种

地中海鹈足螺 *Aporrhais serresianus*（Michaud，1828），分布于挪威和冰岛至地中海，栖息于细泥底。其贝壳更小、更轻。西非鹈足螺 *Aporrhais pesgallinae* Barnard，1963，分布于非洲西南部至安哥拉海域，其贝壳与地中海鹈足螺相似。

实际大小

美国鹈足螺的贝壳厚重，外唇宽、扩张。其缺少鹈足螺科典型的长指状突起结构。螺旋部高，缝合线明显。贝壳表面具粗壮的纵肋，螺旋线细。美国鹈足螺幼体的贝壳形似蟹守螺，但是成体具有明显扩张的外唇。壳口长，略宽。壳面奶油色或白色。

科	鹈足螺科Aporrhaidae
壳长	35—60 mm
分布	挪威和冰岛至地中海
丰度	常见种
深度	近海至1000m
习性	细泥底
食性	舐食性和碎屑食性
厣	角质，瘦长

壳长范围
1⅜ — 2½ in
(35 — 60 mm)

标本壳长
2¼ in
(57 mm)

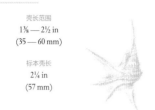

306

地中海鹈足螺
Aporrhais serresianus
Mediterranean Pelican's Foot
(Michaud, 1828)

在现生鹈足螺科动物中，地中海鹈足螺具有最长的指状突起。地中海鹈足螺指状突起的数量和长度同其他鹈足螺种类不尽相同。指状突起的形态和排列规律是分类上重要的特征。指状突起有助于地中海鹈足螺在松软底质中稳定贝壳，以便掘穴。鹈足螺指状突起越长，其生活的底质就会越松软。

近似种

鹈足螺 *Aporrhais pespelecani*（Linnaeus，1758），分布于挪威和冰岛至摩洛哥和地中海海域，是鹈足螺科最常见的种类。其贝壳具有长的指状突起。西非的塞内加尔鹈足螺 *Aporrhais senegalensis* Gray，1838，是现生鹈足螺动物中贝壳最小的种。

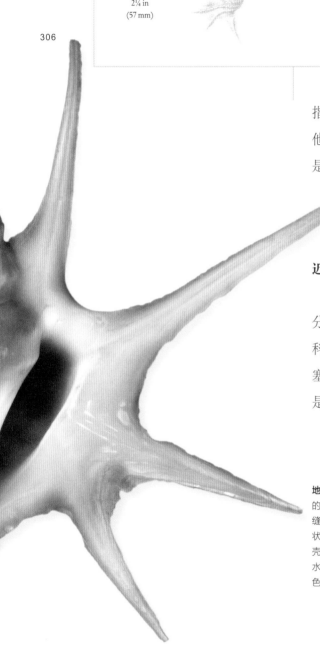

地中海鹈足螺的贝壳瘦长而轻，扩张的外唇具有长的指状突起。螺旋部高，缝合线明显。体螺层各层具有1行珠状螺旋肋，体螺层有3条。通常，贝壳有4条长的指状突起，网状分布，水管沟同样极长。壳色由白色到浅棕色不等；壳口白色。

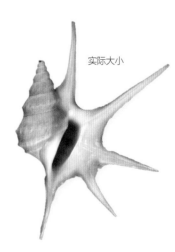

实际大小

科	钻螺科（弹头螺科）Seraphsidae
壳长	29—75 mm
分布	印度—西太平洋
丰度	常见种
深度	潮间带浅海至30m
习性	沙底
食性	植食性
厣	角质，瘦长，边缘锯齿状

壳长范围
1⅛ — 3 in
(29 — 75 mm)

标本壳长
2⅜ in
(61 mm)

钻螺

Terebellum terebellum
Terebellum Conch
(Linnaeus, 1758)

钻螺（弹头螺）是与凤螺亲缘关系较近的化石类群中唯一一个现存种。该类群在古新世首次出现，在始新世阶段开始分化。钻螺的化石记录出现在第三纪的中新世。钻螺具有鱼雷状的贝壳，以较好地适应其快速潜沙的生活习性。尽管其贝壳外形与凤螺极不相同，但同样具有一些凤螺的特征，比如眼柄长、有虹眼，厣瘦长，且边缘锯齿状。

近似种

钻螺是钻螺科仅有的现存种。由于其壳色和图案变化极大，因此被分为几个种或亚种。但最新研究发现，它们都属于同一个变化较大的种。

钻螺的贝壳中等大小，瘦长，流线形，鱼雷状。螺旋部较短，缝合线沟状，螺层微凸，壳顶尖。壳面光滑，具光泽。壳口细长，前端最宽；螺轴和外唇光滑，外唇细，前端缩短。壳色和图案多变，通常背景白色，有圆点或斑块呈 Z 字形或螺旋状分布。缝合线棕色，壳口白色。

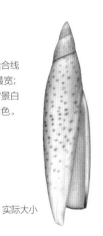

实际大小

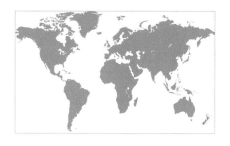

科	鸵足螺科Struthiolariidae
壳长	50—90 mm
分布	新西兰地方种
丰度	常见种
深度	潮间带至75m
习性	细沙底或泥底
食性	纤毛黏液取食
厣	几丁质，小，有尾针

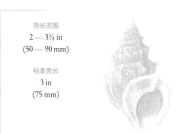

壳长范围
2 — 3½ in
(50 — 90 mm)

标本壳长
3 in
(75 mm)

308

大鸵足螺
Struthiolaria papulosa
Large Ostrich-foot
(Martyn, 1784)

大鸵足螺的贝壳小，坚固，相对厚重，角状，螺旋部高。螺旋部和体螺层均有角，肩部有一排尖的结节和细螺肋。壳口宽，唇和螺轴厚，通常滑层发达。贝壳颜色从白色到奶油色不等，具棕色不规则的纵向条带。唇和滑层均白色。厣小，尖，几丁质。

大鸵足螺是鸵足螺科中个体最大的种类。为躲避海星的捕食，大鸵足螺伸展足部，用厣针掘入底质沉积物，然后快速收缩足，此剧烈的动作使贝壳进行一系列翻筋斗运动。鸵足螺科仅有 4 个已知的现生种。

近似种

小鸵足螺 *Struthiolaria vermis*（Martyn，1784），仅分布在新西兰的北部岛屿海域，贝壳与大鸵足螺相似，但是更小更光滑。奇异奇齿螺 *Perissodonta mirabilis*（Smith，1875），分布于南乔治亚州和克尔格伦群岛海域，分布在深水，其贝壳更小，没有大鸵足螺这么厚的壳口。

实际大小

科	马掌螺科（顶盖螺科）Hipponicidae
壳长	15—40 mm
分布	西大西洋，西非；印度—太平洋
丰度	常见种
深度	潮间带至60m
习性	岩石或其他贝壳上
食性	碎屑食性
厣	缺失

壳长范围
⅝ — 1⅝ in
(15 — 40 mm)

标本壳长
1⅛ in
(30 mm)

马唇螺
Cheilea equestris
False Cup-and-saucer
(Linnaeus, 1758)

　　马唇螺（风玲顶盖螺）贝壳形似帽贝，变化极大。马唇螺是附着型贝类，其壳口形状随所附着的物体表面的形状而有区别。马唇螺贝壳有一个大的、半管状的内隔板。杯碟螺属 *Crucibulum* 外形与马唇螺相似，但其隔板呈全管状，形似杯碟，因此得名。有些马唇螺定居在其他贝壳上，有时靠近宿主的出水孔，利用伸展的吻收集宿主的球状排泄物。有些马掌螺科种类会发生性逆转，即开始阶段为雄性，后来转变为雌性。

马唇螺的贝壳中等大小，壳质轻，圆锥状，外部轮廓不规则、近圆形。螺旋部低，壳顶尖，向后弯曲，位于中央。幼体壳表有同心生长纹，成体壳表主要为放射肋。壳口宽，外周缘具齿。壳内部有一个大的、半管状隔板。贝壳内外面均是白色或泛灰色，壳皮棕色。

近似种

　　弗林德斯唇螺（弗林德顶盖螺）*Cheilea flindersi* Cotton，1935，是南澳大利亚地方种，可能是马掌螺科个体最大的种类之一，直径能够达到超过 53 mm。锥形软帽贝 *Sabia conica*（Schumacher，1817），分布在红海和印度洋到西太平洋海域，贝壳圆锥形，内部无隔板结构。

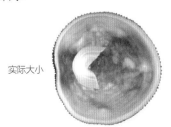

实际大小

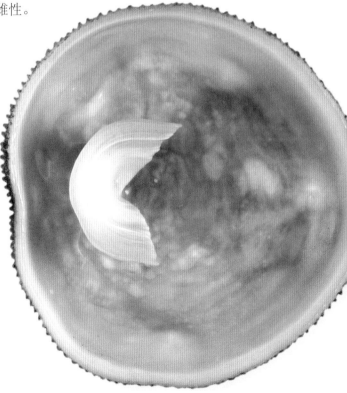

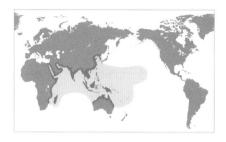

科	瓦泥沟螺科（瓦尼螺科）Vanikoridae
壳长	7—25 mm
分布	印度—太平洋，夏威夷
丰度	常见种
深度	潮间带至25m
习性	坚硬底质
食性	碎屑食性
厣	角质，瘦，卵圆形

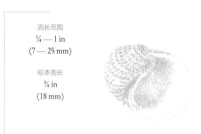

壳长范围
¼ — 1 in
(7 — 25 mm)

标本壳长
¾ in
(18 mm)

310

布纹瓦泥沟螺
Vanikoro cancellata
Cancellate Vanikoro
(Lamarck, 1822)

　　布纹瓦泥沟螺在印度—太平洋海域分布极广，达到夏威夷的近海。其生活在坚硬底质，以及珊瑚礁中。布纹瓦泥沟螺利用吸盘一样的足部吸附在坚硬物体上。一旦分离，有的瓦泥沟螺科种类便无法再重新吸附。世界范围内瓦泥沟螺科共有大约 70 个现生物种，大约 30 种仅生活于西大西洋海域。但是，本科的分类情况研究很少。

近似种

　　扩张瓦泥沟螺 *Vanikoro expansa*（Sowerby I, 1842），分布在印度—西太平洋，贝壳同布纹瓦泥沟螺相似，但是略小，成体壳面更光滑。棕榈滩长脐螺 *Macromphalina palmalitoris* Pilsbry and McGinty，1950，分布在北卡罗来纳州至得克萨斯州和哥伦比亚海域，其贝壳很小，扁平、半透明，具有螺旋壳纹。

实际大小

布纹瓦泥沟螺的贝壳小，壳质薄，球状。螺旋部很矮，壳顶小，缝合线明显。体螺层极大，成体贝壳饰有薄片状纵肋，同螺旋肋相交。纵肋在大的个体中逐渐磨损。壳口大，其直径超过贝壳的一半。外唇光滑、锋利；螺轴光滑，脐孔窄、深。贝壳内外面颜色均为白色或灰白色。

科	帆螺科（舟螺科）Calyptraeidae
壳长	17—40 mm
分布	马来西亚，中国南海和东海
丰度	常见种
深度	潮间带至30m
习性	岩石或其他贝壳上
食性	滤食性
厣	缺失

壳长范围
¼ — 1⅝ in
(17 — 40 mm)

标本壳长
1 in
(26 mm)

311

亚洲帆螺
Calyptraea extinctorium
Asian Cup-and-saucer
Lamarck, 1822

帆螺由于其贝壳内部的特殊结构而得名。其螺旋方式发生改变，仅保留一个薄的隔板作为软体部的保护工具。在很多种类中，隔板本身发生扭曲，就像边缘高的茶托里面形成的小杯子。帆螺科物种为性转变型雌雄同体，早期为雄性，后期转变为雌性。

近似种

中国帆螺（中华舟螺）*Calyptraea chinensis*（Linnaeus，1758），是帆螺科另一种个体较小的种类，直径不足25 mm，分布于欧洲暖水区，通常栖息在潮间带岩石上。中国帆螺壳面米灰色，壳顶圆。内部隔板扭曲而有褶皱，向其所连接的贝壳边缘部分倾斜。

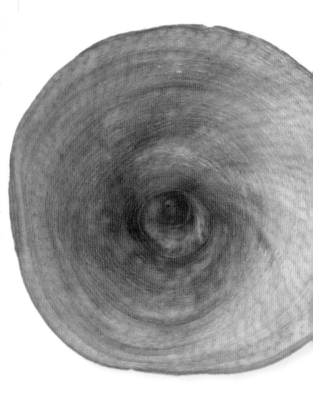

实际大小

亚洲帆螺（笠舟螺）的贝壳圆锥形，腹面凹入，缝合线细、具缺刻。贝壳形状随附着物的形状而变化。内部具一硬隔板状结构，由壳顶伸出，连接在贝壳内面，中心位置向后扭曲。壳面米黄色至灰白色，具有细弱的棕色或棕褐色纵向条纹。贝壳内面茶棕色，边缘色浅。

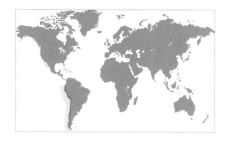

科	帆螺科Calyptraeidae
壳长	25—70 mm
分布	厄瓜多尔至智利
丰度	一般常见种
深度	离岸
习性	岩石
食性	滤食性
厣	缺失

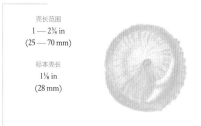

壳长范围
1 — 2¾ in
(25 — 70 mm)

标本壳长
1⅛ in
(28 mm)

312

秘鲁帽贝
Trochita trochiformis
Peruvian Hat
(Born, 1778)

帆螺科物种行动能力弱，采用滤食性方式摄食，而并不移动以寻找植物性碎屑食源。这种滤食性摄食方式在双壳类中较为常见，但腹足类中较少。秘鲁帽贝（舟行舟螺）贝壳低矮、圆锥形，宽阔的边缘扩展至贝壳基部以上和以下。贝壳表面具斜纵肋。

秘鲁帽贝的贝壳低矮，圆锥形，粉棕色，缝合线明显。螺层稍平，粗的纵肋形成螺旋刻纹结构，相邻螺层上的纵肋不平行。壳内面光滑，由壳顶向下伸出一螺旋隔板，下部连接到斜对的边缘处，几乎达到边缘。隔板覆盖贝壳的一半区域。

近似种

粗肋杯碟螺（盾牌舟螺）*Crucibulum scutellatum* （Gray，1828），分布于巴拿马至加利福尼亚海湾，超出秘鲁帽贝分布区域的北限。其贝壳大小与秘鲁帽贝近等，外部具相似的圆肋状结构，内面具光泽。然而，其隔板与贝壳边缘分离，自身弯曲，形成一个特殊的开口式、具细微条纹的白色杯状结构。

实际大小

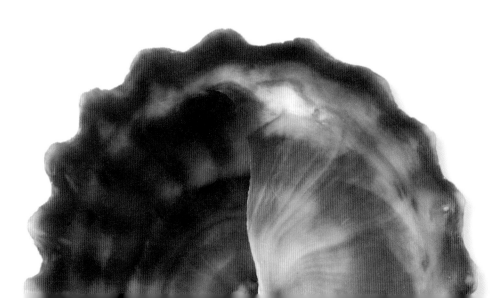

科	帆螺科Calyptraeidae
壳长	18—71 mm
分布	南加利福尼亚至智利，夏威夷，菲律宾
丰度	常见种
深度	潮间带至60m
习性	岩石或其他贝壳表面
食性	滤食性
厣	缺失

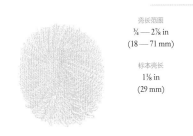

壳长范围
¾ — 2⅞ in
(18 — 71 mm)

标本壳长
1⅛ in
(29 mm)

313

刺杯碟螺
Crucibulum spinosum
Spiny Cup-and-saucer
(Sowerby I, 1824)

毫无疑问，对于沙滩栖息的刺杯碟螺（棘刺舟螺）个体而言，其独特的壳面壳纹结构常被破坏。但是，其生存范围极广，从海浪可拍打到的潮上带直到潮下带水中的岩石上，甚至栖息在安全性小的活体或死亡的贝壳表面。同帆螺科其他动物一样，刺杯碟螺贝壳形态随其附着物表面的形状而变化很大。刺杯碟螺运动能力弱，因此，会改变自身形态来加强其固着力。刺杯碟螺原为东太平洋分布种，因无意间被引入夏威夷和东南亚的菲律宾而有了更广的分布范围。

刺杯碟螺的贝壳为圆锥形，壳顶较圆，稍向后弯曲。壳面奶油色至橙黄色，常有同心形紫色条带和粗细适度的放射肋，肋上常有细刺或管状棘(壳顶除外)。壳内面白色，具光泽，通常大部分呈栗色。有规则的半圆形管状隔板，大部分与边缘分离，唇部延伸至贝壳边缘。

近似种

锯齿杯碟螺 *Crucibulum serratum*（Broderip，1834），分布区域仅限于墨西哥南部至厄瓜多尔海域，是稀有种类。其内面管状结构与边缘相比非常平。贝壳表面缺少刺状物，但是也有放射肋结构。钝齿杯碟螺 *Crucibulum serratum concameratum*（Reeve，1859），栖息于刺杯碟螺分布区域的北部，壳面亮白色，为刺杯碟螺的变种。具有放射状螺旋皱纹，并与同心生长纹相交。

实际大小

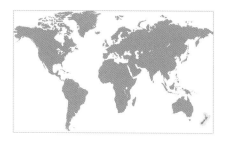

科	帆螺科Calyptraeidae
壳长	15—33 mm
分布	新西兰
丰度	常见种
深度	2—20m
习性	岩石或其他贝壳表面
食性	滤食性
厣	缺失

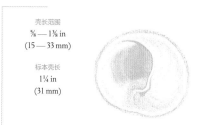

壳长范围
⅝ — 1⅜ in
(15 — 33 mm)

标本壳长
1¼ in
(31 mm)

314

圆履螺
Sigapatella novaezelandiae
Circular Slipper
(Lesson, 1830)

履螺属 *Sigapatella* 物种种类很少，大部分栖息在新西兰和澳大利亚周边热带海区。圆履螺（新西兰舟螺）贝壳扁平，纽扣状，边缘近圆形，与附着物的表面形状相一致。内隔板薄、半透明，占据贝壳宽度的 3/4，形成特殊的螺旋形脐。

近似种

灰履螺 *Sigapatella calyptraeformis*（Lamarck，1822），是澳大利亚南半部的地方性种。同圆履螺一样，其存活个体表面有粗糙的棕色壳皮。壳色变化较大，通常暗灰色或棕色，壳顶白色。与圆履螺不同，灰履螺内面为纯白色，并且隔板上生长纹褶皱较少。

实际大小

圆履螺的贝壳宽扁，壳面灰白至栗棕色。有半球形的螺层形成的特殊的短螺旋部。隔板上有明显的螺旋生长纹形成的褶，内面白色，底部有栗棕色至紫色着色。贝壳表面有粗糙且突出的螺旋纹。

科	帆螺科Calyptraeidae
壳长	12—43 mm
分布	加拿大新斯科舍至巴西，加勒比海
丰度	常见种
深度	潮间带至15m
习性	岩石或其他贝壳表面
食性	植食性
厣	缺失

壳长范围
½ — 1¼ in
(12 — 43 mm)

标本壳长
1⅝ in
(40 mm)

白履螺
Crepidula plana
Eastern White Slipper
Say, 1822

　　白履螺（东方白舟螺）拥有典型的履螺特征：贝壳加长、扁平，有一个较薄的隔板保护内部组织。白履螺经常附着在贝壳上，包括死贝壳和活贝壳，而不是附着在岩石上，并且更喜欢凹形的物体表面。白履螺常附着在浅海骨螺科或蛾螺科的大型贝壳表面，甚至是鲨的底面。同其他帆螺科物种一样，白履螺也是雌雄同体。幼体时是雄性，但是随着其生长而转变成雌性。

近似种

　　弓形履螺（大西洋舟螺）*Crepidula fornicata*（Linnaeus，1758），起源于北美洲东部海区，在19世纪后期引入英国，成为牡蛎礁的敌害生物。其内部隔板比白履螺深，覆盖身体的一半。这些贝类喜好群栖生活，常一个覆盖在另一个的表面，而最老最大的个体则位于底层。

实际大小

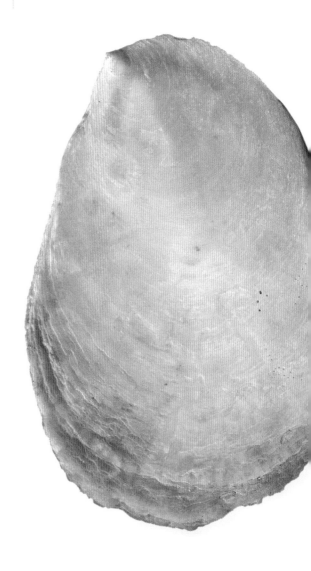

白履螺的贝壳为长卵圆形，很扁。壳顶位于一端的边缘处，略微向后弯曲。壳面白色至粉色，仅有细弱的同心生长线。内面白色，壳顶下方有隔板，延伸至贝壳长度的近一半。边缘薄而尖。

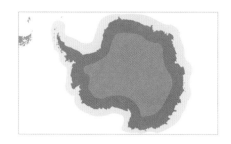

科	尖帽螺科Capulidae
壳长	25—50 mm
分布	南极洲
丰度	不常见种
深度	70—2350m
习性	软质底
食性	滤食性
厣	角质，具终核

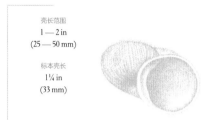

壳长范围
1 — 2 in
(25 — 50 mm)

标本壳长
1¼ in
(33 mm)

316

奇异长吻螺
Torellia mirabilis
Miraculous Torellia
(Smith, 1907)

奇异长吻螺的贝壳中等大小，薄、轻、有弹性，且近圆形。螺旋部矮小，壳顶钙质，突出，缝合线深沟状。除胚壳外，贝壳表面均覆盖厚的栗色壳皮，其上饰有生长线和微细的壳毛形成的密集的纵肋。壳口大，近圆形，螺轴稍扭曲。脐孔大而深，位于贝壳基部。

尖帽螺科动物的贝壳既非卷曲亦不似帽贝，而是有典型的"假吻"，即壳口处边缘加长延伸，背面有裂缝。奇异长吻螺（南极尖帽螺）是南极洲深水腹足类物种，贝壳几乎全部覆盖壳皮，壳皮厚而多毛。由于其贝壳几乎全部为角质，因此较灵活而结实。幼体的贝壳钙质，但是随着贝壳长大，碳酸钙的含量减少，而角质含量增加。

近似种

史氏长吻螺 *Torellia smithi* Warén，1986，生活在南极洲海域，其贝壳具有较高的螺旋部，而形似蜒螺。贝壳表面全部覆盖着厚的、松软的壳皮。另一近似种，愚尖帽螺 *Capulus ungaricus*（Linnaeus，1758），分布于冰岛至地中海以及格陵兰至得克萨斯州海域，附着在软体动物和岩石表面生活。

实际大小

科	尖帽螺科Capulidae
壳长	15—60 mm
分布	冰岛至地中海，格陵兰至得克萨斯州
丰度	常见种
深度	25—850m
习性	浅海岩石或贝壳上
食性	滤食性；能寄生在其他贝类上
厣	缺失

壳长范围
⅝ — 2½ in
(15 — 60 mm)

标本壳长
2 in
(50 mm)

317

愚尖帽螺
Capulus ungaricus
Fool's Cap
(Linnaeus, 1758)

愚尖帽螺（睡帽尖帽螺）贝壳呈贝雷帽状，形似匈牙利帽（Hungarin cap），并由此得名。愚尖帽螺是暖水区域的常见种，栖息于浅海潮间带至深水区域。其附着在岩石上或其他软体动物的贝壳上生活，特别是双壳类动物，例如扇贝。愚尖帽螺通过鳃过滤水，以获取食物，但是偶尔也会在宿主贝壳上钻一个洞，利用宿主滤食的食物为食。幼体为雄性，随着个体生长而转变为雌性。小贝壳往往比大贝壳更坚固，而大的壳会更加脆。

近似种

平尖帽螺（弯尖帽螺）*Capulus incurvatus*（Gmelin，1791），分布于北卡罗来纳州至巴西海域，其贝壳更小，有时扁平。华丽发螺 *Trichamantina nobilis*（Adams，1867），分布于日本海北部至库页岛海域，其贝壳形状、大小均与愚尖帽螺相似，但是壳皮更厚，有两个螺旋肋。

愚尖帽螺的贝壳小，薄，呈帽状，既非高凸，亦非扁平。壳顶螺旋状，朝一侧倾，向后弯曲。壳口宽圆，与所附着的物体表面形状相同。体螺层占身体大部。壳面黄白色或粉色，内面白色或粉色，具光泽。壳皮棕色、厚。

实际大小

科	衣笠螺科（光缀螺科）Xenophoridae
壳长	38—100 mm
分布	印度—西太平洋
丰度	常见种
深度	20—350m
习性	沙泥底
食性	以有孔虫为食
厣	角质，卵圆形

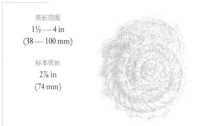

壳长范围
1½ — 4 in
(38 — 100 mm)

标本壳长
2⅞ in
(74 mm)

318

光衣笠螺
Onustus exutus
Barren Carrier Shell
(Reeve, 1842)

光衣笠螺（光缀壳螺）是一种大型的载体贝类，但是不运载任何附着物，仅在壳顶处有一些砂粒，因此称为光衣笠螺。大部分衣笠螺的贝壳表面粘附着其他物质，有一些种却没有，如光衣笠螺。这些粘附的物质可以提供伪装，加固贝壳，或者通过增加直径来帮助贝壳在细泥底质中更稳固。衣笠螺科动物很活跃，通过跳跃式行为运动速度很快，即将足深入底质中，而将贝壳向前推。

近似种

厚壳衣笠螺（美东缀壳螺）*Onustus longleyi* Bartsch，1931，分布于北卡罗来纳州至巴西海域，与衣笠螺科大部分种类不同，其贝壳较厚，粘附物很少，甚至没有，仅有的粘附物通常是双壳类或腹足类贝壳或碎片。大西洋衣笠螺（大西洋缀壳螺）*Xenophora conchyliophora*（Born，1780），分布于北卡罗来纳州至巴西和加勒比海海域，其贝壳的大部分都被粘附物覆盖。

光衣笠螺贝壳大型，壳质稍厚，有光泽，扁圆锥形，螺旋部低。贝壳表面没有粘附的贝壳或石块，但在壳顶处粘附有一些砂粒。各螺层有不规则的波状边缘和放射状扩展。贝壳表面饰有斜纵皱纹和波状肋，两者呈 90° 排列。壳面奶油色或淡棕色。

实际大小

科	衣笠螺科Xenophoridae
壳长	25—77 mm
分布	北卡罗来纳州至巴西，加勒比海
丰度	不常见种
深度	潮间带至100m
习性	沙和碎石底
食性	植食性，以丝状藻为食
厣	角质，形状多变

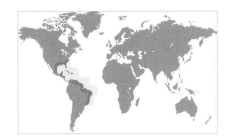

壳长范围
1 — 3 in
(25 — 77 mm)

标本壳长
3 in
(77 mm)

大西洋衣笠螺
Xenophora conchyliophora
Atlantic Carrier Shell
(Born, 1780)

大西洋衣笠螺是一种十分有趣的腹足类，可认为是最早的贝壳采集者，能够往自身贝壳上粘附贝壳、石块、砂砾和其他物质，因此有"载体贝类"这一名称。大西洋衣笠螺用吻和触手基部拾起并移动外来物体，然后清理干净自身贝壳，用软体部分泌的黏性物质将外部物体粘到自己的贝壳上。双壳类的贝壳及其碎片的外面粘附在大西洋衣笠螺上，使壳内面朝上，而粘附的腹足类的贝壳及其碎片通常壳口向上。粘附的过程需要一个半小时才能完成。粘附之后，大西洋衣笠螺会保持静止，多达10个小时，以确保新粘附的物体稳固。

大西洋衣笠螺贝壳中等大小，壳质薄，宽圆锥形，螺旋部低。螺旋部和贝壳背侧表面被贝壳、砂砾和其他碎片覆盖。有的黏着物会添加到贝壳的边缘，在边缘外进行延伸。贝壳基部没有黏着物，饰有斜形的放射状雕刻和或深或浅的棕色色带。

近似种

加勒比衣笠螺 *Onustus caribaeus*（Petit, 1857），分布于佛罗里达州至巴西南部海域，以及加勒比海，其贝壳大型，陀螺状，与大西洋衣笠螺不同的是，加勒比衣笠螺的粘附物很少。太阳衣笠螺 *Stellaria solaris*（Linnaeus，1764），分布于印度—太平洋海区，其贝壳大型，每一螺层边缘有17—19条长管状棘。外界物质只能粘附到新生螺层上。

实际大小

科	衣笠螺科Xenophoridae
壳长	44—100 mm
分布	佛罗里达州至巴西南部；加勒比海
丰度	常见种
深度	20—640m
习性	沙底和泥底
食性	碎屑食性
厣	角质，薄，卵圆形

壳长范围
1¼ — 4 in
(44 — 100 mm)

标本壳长
4 in
(100 mm)

320

加勒比衣笠螺
Onustus caribaeus
Caribbean Carrier Shell
(Petit, 1857)

实际大小

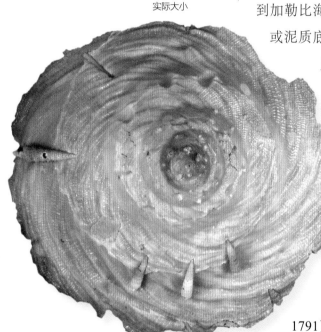

加勒比衣笠螺的纬度分布范围很广，从佛罗里达州到加勒比海，直至巴西南部，栖息于深水区域的沙质或泥质底。加勒比衣笠螺粘附的物质很少，通常是贝壳，粘到贝壳外围的宽阔裙边上。这种裙边结构能使贝壳直径增加，帮助贝类在软底质环境中稳定贝壳，同时在面对捕食者时提供保护。由于个体大的黏着物会使其贝壳更显著，通常，生活在软底质的衣笠螺动物很少会在自身贝壳上粘附物质。

近似种

印度衣笠螺 *Onustus indicus*（Gmelin，1791），分布于印度—西太平洋海区，其贝壳的大小和形状与加勒比衣笠螺相似，但是粘附物质更少，通常只粘附在早期的螺层上。它同样有裙边和脐。大西洋衣笠螺 *Xenophora conchyliophora*（Born，1820），分布于北卡罗来纳州至巴西东北部，以及加勒比海区，其贝壳较小，附着物很多，通常粘附的是完整的贝壳或石块。大西洋衣笠螺没有脐和外围的裙边。

加勒比衣笠螺贝壳中等大小，壳质薄、易碎，宽圆锥形。螺旋部相对高，约呈85°角；贝壳边缘宽的"裙边"结构覆盖其背部缝合线。壳表饰有斜的螺纹，裙边下面光滑，基部有纵向生长线，螺旋突起覆盖缝合线。外唇薄、弯曲，基部具有深的脐。壳面浅黄色，基部乳白色，裙边结构白色。

科	衣笠螺科Xenophoridae
壳长	59—135 mm
分布	印度—西太平洋热带海区
丰度	常见种
深度	潮间带浅水区至250m
习性	沙底或泥底
食性	腐食性
厣	角质，卵圆形

壳长范围
2½ — 5¼ in
(59 — 135 mm)

标本壳长
4 in
(100 mm)

321

太阳衣笠螺
Stellaria solaris
Sunburst Carrier Shell
(Linnaeus, 1764)

太阳衣笠螺（扶轮螺）各螺层边缘具有较长的放射状棘，因此是衣笠螺科最独特的种类之一。各棘突向下伸出，用于支撑贝壳。贝壳的早期螺层粘有很多小型附着物。同其他衣笠螺一样，太阳衣笠螺用发达的足举起贝壳，然后向前推动大约贝壳直径一半的距离，以此方式进行移动。太阳衣笠螺经常被虾拖网渔船捕获，其贝壳常用于贝壳加工工艺。

太阳衣笠螺贝壳大型，壳质较轻，螺旋部低，呈低圆锥形或笠形。其最大特点是，各螺层边缘具有较长而中空的棘，像车轮的辐条一样呈放射状排列。但前一螺层棘的边缘没有粘着在下一螺层。贝壳背面具有细的斜螺肋，腹面斜的螺肋明显。壳面浅褐色。

近似种

大衣笠螺 *Stellaria gigantea*（Schepman，1909），分布于印度—太平洋热带海区，是衣笠螺科个体最大的种。其螺旋部略高，通常仅在各螺层边缘可见少量黏着物。光衣笠螺 *Onustus exutus*（Reeve，1842），分布于印度—西太平洋海区，贝壳表面无黏着物，仅早期螺层有一些砂粒。

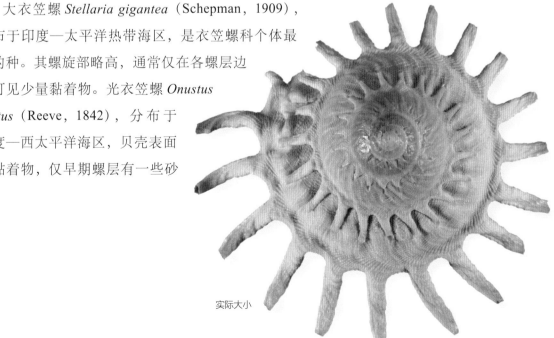

实际大小

科	蛇螺科（管螺科）Vermetidae
壳长	50—200mm
分布	佛罗里达州到巴西南部
丰度	常见
深度	潮间带至10m
习性	附着在坚硬的基质上
食性	滤食性
厣	角质

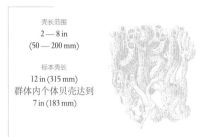

壳长范围
2 — 8 in
(50 — 200 mm)

标本壳长
12 in (315 mm)
群体内个体贝壳达到
7 in (183 mm)

322

可变管螺
Petaloconchus varians
Variable Worm Snail
(d'Orbigny, 1839)

可变管螺生活在密集的群体中，附着在坚硬的基质上。幼虫贝壳最前面的几个螺层是卷曲的，成年贝壳则是管状且伸展的。稚螺到处爬，直到找到一个合适的基质定居，并永久性固定。许多蛇螺的贝壳类似于多毛纲的龙介虫；两个种群之间有许多混淆。蛇螺的贝壳有三层，而多毛纲的龙介虫只有两层。

近似种

繁管螺 *Petaloconchus innumerabilis* Pilsbry and Olsson，1935，分布于墨西哥西部到秘鲁海域，常形成非常密集的群体，单个贝壳松散卷曲。麦金小蛇螺 *Serpulorbis oryzata*（Mörch，1862），分布于墨西哥西部海域，不像可变管螺形成群体。壳外表面有褶皱且有颗粒。

实际大小

可变管螺的贝壳小且为管状。它在一个大群体中与成百上千的个体粘结在一起，形成一个致密圆形的团块。单个贝壳很难看到，它们是管状且不规则的，壳口圆形。贝壳颜色为发白到浅棕色。

科	蛇螺科Vermetidae
壳长	50—470mm
分布	墨西哥西部特有
丰度	常见
深度	潮间带至40m
习性	附着在坚硬的基质上
食性	滤食性
厣	缺失

壳长范围
2 — 18½ in
(50 — 470 mm)

标本壳长
10¼ in
(259 mm)

323

麦金小蛇螺
Serpulorbis oryzata
Rice Worm Snail
(Mörch, 1862)

麦金小蛇螺（细管螺）是蛇螺中个体最大的物种之一。大多数蛇螺长度最大约为250mm，但麦金小蛇螺长度可达到470mm。其第一个螺层松散卷曲且附着在坚硬的基质上，成体贝壳从基质脱离，并且可能形成一条宽或者几乎直的曲线。雄性释放精包，雌性在外套腔内孵化幼虫。该种有一个颜色鲜艳可伸展的巨足。许多蛇螺科动物，比如可变管螺 *Petaloconchus varians*（d'Orbigny，1839），为集群分布，但是其他动物，如麦金小蛇螺，则独立生活。

麦金小蛇螺贝壳大，管状，有褶皱。其最开始的螺层松散卷曲，但是贝壳大部分不卷曲，呈曲线状或者几乎直立。中心螺层通常被侵蚀或者破裂。其表面有轴向折叠且有结节结构。壳口圆形，直径可以达到15mm，外唇薄。壳面奶油色或黄褐色。

实际大小

近似种

直立小蛇螺（直管螺）*Petaloconchus erectus*（Dall，1888），分布于佛罗里达州到巴西海域，贝壳较小，独立生活，最开始的螺层卷曲，附着在坚硬的基质，贝壳的后端部分不卷曲且直立。可变管螺，贝壳狭长、呈管状，分布在一个致密群体中，群体通常由成千上万个体组成。

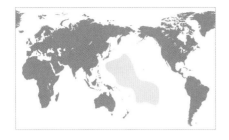

科	宝贝科（宝螺科）Cypraeidae
壳长	7—20mm
分布	马利亚纳群岛到社会群岛
丰度	不常见
深度	潮下带浅水至12m
习性	珊瑚碎石
食性	植食性，以藻类为食
厣	缺失

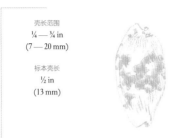

壳长范围
¼ — ¾ in
(7 — 20 mm)

标本壳长
½ in
(13 mm)

324

古德宝贝
Cypraea goodalli
Goodall's Cowrie

Sowerby I, 1832

古德宝贝是宝贝科中个体最小的物种之一。其贝壳背部具有深橙棕色斑块，与其他物种不同。本种通常分布在浅水的珊瑚碎石中。贝壳白色，具黄色斑。壳皮较薄，有许多微小且分枝的乳突。世界范围内宝贝科大约有 250 种，印度—太平洋热带海域生物多样性水平最高。

近似种

欧氏宝贝 *Cypraea owenii* Sowerby II，1837，是毛里求斯群岛特有物种，贝壳边缘有细小的斑点；块斑宝贝 *C. stolida* Linnaeus，1758，分布于印度—西太平洋，贝壳多变，背部通常有棕色矩形斑块，且与其他四个斑块相连；小熊呆足贝 *C. ursellus* Gmelin，1791，分布于西太平洋，贝壳与古德宝贝类似，但是每端有两个黑色斑块。

实际大小

古德宝贝的贝壳较小，壳质轻，长椭圆形。成体螺的贝壳上螺旋部不显露，附近区域呈扁平状。前沟和后沟均较窄。壳口狭长。壳口齿比上唇齿更长。上唇厚，且在贝壳边缘形成一条浅唇沟。壳面白色，背部有深橙棕色大斑块和微小的棕色边缘斑点。

科	宝贝科Cypraeidae
壳长	8—24mm
分布	红海到印度—太平洋
丰度	常见
深度	4—30m
习性	珊瑚礁的缝隙中
食性	植食性，以藻类为食
厣	缺失

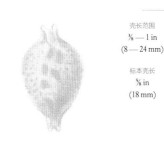

壳长范围
⅜ — 1 in
(8 — 24 mm)

标本壳长
⅝ in
(18 mm)

绣珠宝贝
Cypraea cicercula
Chickpea Cowrie

Linnaeus, 1758

绣珠宝贝是一种常见的、分布广泛的小型宝贝科种类，通常分布在浅水中。绝大多数宝贝科动物贝壳平滑，但绣珠宝贝的贝壳通常有疱状突起。目前为止，宝贝科分类学（和一般而言的软体动物分类学）主要基于其贝壳和齿舌结构特点，其分类学研究变得越来越普遍。关于宝贝科系统的分子系统发育最新研究表明，绣珠宝贝和珍珠宝贝 *C. margarita* 是姐妹种。

近似种

高桥绣珠宝贝 *Cypraea cicercula takahashii*（Moretzsohn，2007），分布于夏威夷和马绍尔群岛海域，贝壳平滑。双斑疹贝 *C. bistrinotata* Schilder and Schilder，1937，分布于太平洋西部和中部，背部和腹部有斑块，其贝壳疱状或者平滑。

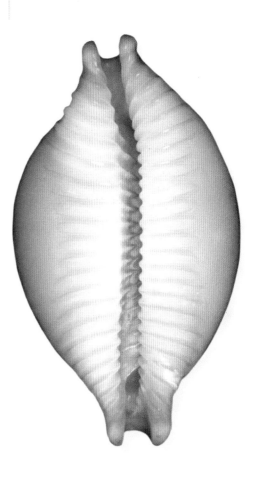

实际大小

绣珠宝贝贝壳小，壳质轻，球形。贝壳端部有喙状突起，细，且有尖头。螺旋部在成体螺的贝壳上不暴露，但是有棕色斑块标记。壳口齿长且齿的分布可达到边缘。在其大部分地理分布范围的个体中，贝壳背部为典型的疱状并且有背槽；然而在夏威夷海域，绝大多数贝壳平滑（如图所示），并且疱状贝壳稀有。壳面奶油色或者浅棕色。

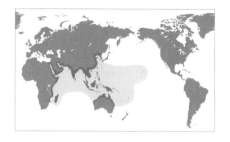

科	宝贝科Cypraeidae
壳长	11—31mm
分布	印度—太平洋
丰度	常见
深度	潮间带至25m
习性	在珊瑚和碎石下
食性	植食性，以藻类为食
厣	缺失

壳长范围
½ — 1¼ in
(11 — 31 mm)

标本壳长
⅞ in
(22 mm)

疣葡萄贝
Cypraea nucleus
Nucleus Cowrie

Linnaeus, 1758

疣葡萄贝是几个有疱状贝壳的宝贝科动物之一。大多数宝贝有平滑具光泽的贝壳，疣葡萄贝贝壳背部有几个圆形疣突，腹部有肋纹，肋纹横穿整个腹面与壳口方向垂直。在其他宝贝科动物中，背部表面有色斑沉积，而在疣葡萄贝中，组成贝壳的原料自身沉积，形成突出的立体斑点。疣葡萄贝的背部乳突在宝贝科中最长，当乳突完全伸展时，该种看起来像海胆。

近似种

粒葡萄贝 *Cypraea granulata* Pease，1862，是夏威夷特有的与疣葡萄贝亲缘关系较近的物种，贝壳宽椭圆形，端部钝。其背部也有疣突，但它是唯一纹理粗糙的宝贝。

疣葡萄贝的贝壳为中等大小，坚固而呈球状，轮廓为椭圆形。前部和后部末端延展且细。贝壳背部有许多疣突，有时被横嵴连接，基部凸起且有与基部宽度交叉的横肋。贝壳光滑，尤其是疣突之间的空间，壳面黄褐色，有白色疣突。

实际大小

科	宝贝科Cypraeidae
壳长	10—44mm
分布	东非到太平洋中部
丰度	丰富
深度	潮下带浅海
习性	潮池和珊瑚礁附近的岩石
食性	植食性，以藻类为食
厣	缺失

壳长范围
⅜ — 1¼ in
(10 — 44 mm)

标本壳长
¾ in
(20 mm)

货贝
Cypraea moneta
Money Cowrie

Linnaeus, 1758

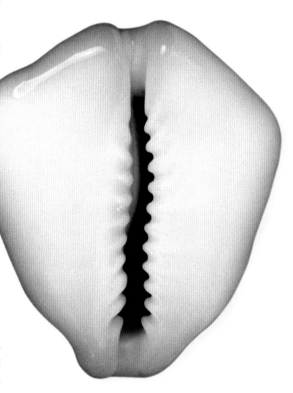

实际大小

货贝（黄宝螺）是所有宝贝科动物中数量最丰富、分布最广泛的。它分布在东非和红海，穿过热带印度洋和太平洋到巴拿马外的科科斯群岛，并遍及之间的所有主要岛屿。它曾被非洲东部沿岸和许多太平洋岛屿上的土著居民用作货币，由此得名。现在经常被用于装饰和制作珠宝首饰。货贝肉体部颜色丰富，身体表面有黑色和黄色条纹。与大多数腹足类不同，宝贝科动物一旦达到性成熟，外唇就会增厚且贝壳大小不再增大（尽管这可能会增加贝壳厚度并且有更多胼胝）。

近似种

环纹货贝（金环宝螺）*Cypraea annulus* Linnaeus，1758，分布于印度—西太平洋，背面葱黄色，有亮黄色或者橙色环。环礁宝螺 *Cypraea obvelata* Lamarck，1810，分布于法国波利尼西亚海域，贝壳小、类似环纹货贝，但是有较强的边缘胼胝，背部凹陷。

货贝的贝壳小、结实、形态多变。通常扁平，为椭圆形，但是有胼胝且有角突；一种罕见的变异类型是有喙状端部。基部扁平，壳口狭长，被厚唇包围，唇上有几颗强壮的齿。大多数贝壳背面浅黄色，有三条浅灰色色带；深黄色贝壳个体较为少见。贝壳边缘、基部和齿为白色或浅黄色，贝壳内部为紫色。

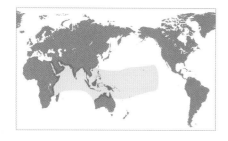

科	宝贝科Cypraeidae
壳长	10—43mm
分布	红海和印度洋到太平洋中部
丰度	常见
深度	浅潮下带至30m
习性	橘色或红色海绵上或在其附近
食性	植食性，以藻类为食，有时以海绵为食
厣	缺失

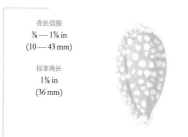

壳长范围
⅜ — 1⅝ in
(10 — 43 mm)

标本壳长
1⅜ in
(36 mm)

328

筛目贝
Cypraea cribraria
Sieve Cowrie
Linnaeus, 1758

筛目贝（花鹿宝螺）大小和颜色多变，在其复合种群中是最常见和分布最广泛的种。这个种群中的所有物种的表面都是红色或橙色，与同它们一起生活或附近的海绵颜色一致。在成体筛目贝中，除了每个背乳突下面外，整个背部表面都沉积橙色到棕色色素，因此在色素层中留下圆形洞，露出下面的白色幼壳。林奈贴切地命名这个物种为"cribraria"，拉丁文意思为筛网（sieve）。

近似种

瞿明筛目贝（美人宝螺）*Cypraea cumingii* Sowerby I，1832，分布于波利尼西亚东部海域，贝壳小且长，背斑附近有棕色细环；满天星筛目贝（满天星宝螺）*C. gaskoinii* Reeve，1846，是夏威夷特有物种，贝壳球形，背部为橙棕色，边缘有黑色斑点；格拉维达宝贝 *C. gravida*（Moretzsohn，2002），分布于澳大利亚东南部海域，背部有椭圆形斑点。

筛目贝的贝壳有光泽，椭圆形，大小、颜色和形状多变。壳顶下陷且通常被胼胝覆盖。端部稍有喙状突起，且前沟向上弯曲。上唇齿比螺轴齿更粗，壳口狭长卷曲。贝壳边缘、端部和基部为白色，背部为红棕色，有白色圆点。分布于斯里兰卡的群体边缘常有斑点，这在其他地方的群体中罕见。

实际大小

科	宝贝科Cypraeidae
壳长	15—46mm
分布	印度—西太平洋热带海域
丰度	不常见
深度	3—30m
习性	珊瑚礁，珊瑚和石头下
食性	植食性，以藻类为食
厣	缺失

壳长范围
⅝ — 1¼ in
(15 — 46 mm)

标本壳长
1⅝ in
(41 mm)

329

块斑宝贝
Cypraea stolida
Stolid Cowrie
Linnaeus, 1758

  块斑宝贝是分布广泛的 38 种宝贝科动物之一，且这些宝贝身体表面分泌大量的黑色素，使贝壳颜色比其他种颜色更深。一些宝贝种类贝壳端部到顶点的长度比其他贝类的更长，使贝壳变得有喙状凸起（鸟喙状），如图所示。这样的标本在新喀里多尼亚的一个海湾中最常见，在富含重金属（尤其是镍）的地区，它们生活在典型形态的标本周边。很少有标本既黑化又有喙状突起，这种极端的畸变非常珍贵。

近似种

  古德宝贝 *Cypraea goodalli* Sowerby I，1832，分布于马利亚纳群岛到社会群岛海域，贝壳小、长椭圆形，贝壳上有浅棕色背斑。小熊呆足贝 *Cypraea ursellus* Linnaeus，1758，分布于印度洋到太平洋中部，端部附近有四个深棕色斑块，背部有浅色斑块。

块斑宝贝贝壳中等大小、膨胀、椭圆形。其端部略微增厚，背部有一个浅棕色大方块。壳口周围的齿很长且超过基部的一半。黑化的贝壳有一个微深棕到深棕色或黑色背部；有喙状突起的个体基部扩展、增厚，在极端情况下，前沟和后沟向上弯曲，如图所示。

实际大小

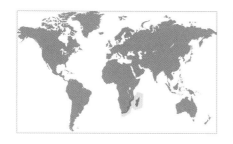

科	宝贝科Cypraeidae
壳长	50—80mm
分布	非洲东南部
丰度	曾稀有
深度	60—250m
习性	不详
食性	海绵体
厣	缺失

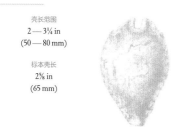

壳长范围
2 — 3¼ in
(50 — 80 mm)

标本壳长
2⅝ in
(65 mm)

330

富东尼宝贝
Cypraea fultoni
Fulton's Cowrie
Sowerby III, 1903

富东尼宝贝是一种深水宝贝，以前只有在大型鱼类如"贻贝粉碎器"musselcracher的胃中才能被采到。在过去的几十年里，商用拖网渔船开始带回活标本。所有软体动物的壳都由外套膜分泌，但是在宝贝中，外套膜覆盖了整个贝壳。在成体富东尼宝贝中，壳皮在背部持续沉积浅色素和未着色片层。在几种宝贝中，比如富东尼宝贝，部分壳层为半透明，在背部形成一个复杂的三维彩色图案。

实际大小

富东尼宝贝的贝壳中等大小，壳质重，椭圆梨形。形状和颜色多变，没有两个相似的贝壳。背部膨胀，基部平坦而微凸。壳口长且卷曲，壳口齿较粗。背部颜色为浅棕色，有深棕色不规则三维样图案；边缘有棕色点，基部为米黄色。

近似种

无齿宝贝 *Cypraea teulerei* Cazanavette，1846，分布于红海和阿曼湾海域，贝壳宽，后端张开，唇几乎无齿。它是该种群中现存种的唯一代表，该种群包含几种化石物种。另一种现存的近似种为老鼠宝贝 *C. mus* Linnaeus，1758，分布于哥伦比亚和委内瑞拉的加勒比海沿岸。它有点类似于无齿宝贝，但是其贝壳壳口有齿。

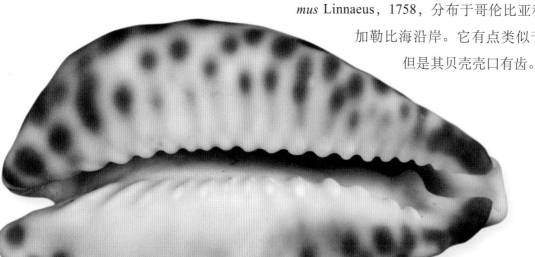

科	宝贝科Cypraeidae
壳长	46—110mm
分布	东非到太平洋中部
丰度	常见
深度	1—10m
习性	珊瑚礁附近的缝隙
食性	植食性，以藻类为食
厣	缺失

壳长范围
1¼ — 4¼ in
(46 — 110 mm)

标本壳长
2¾ in
(70 mm)

蛇目鼹贝
Cypraea argus
Eyed Cowrie
Linnaeus, 1758

蛇目鼹贝（百眼宝螺）的贝壳是宝贝中最有特色的贝壳之一，有背环或者"眼"，不会与其他物种混淆。它的贝壳尺寸和背环数量变异极大。这个物种的名字来自希腊神话中的百眼巨人——阿戈斯，据说他有100只眼睛，是女河神伊娥'Io'的"神之眼"看守。蛇目鼹贝的肉体部深棕色，外套膜薄，并不能完全掩盖整个背部。有许多长且灰棕色的分枝乳突。

近似种

天王宝贝 *Cypraea leucodon* Broderip，1828，分布于东印度洋到西太平洋，壳口齿厚，背部有大斑点。黄金宝贝 *C. aurantium* Gmelin，1791，分布于太平洋西南部和中部，贝壳大型、深棕色。波塔宝贝 *C. porteri* Cate，1966，分布于菲律宾到澳大利亚西北部，贝壳中等大小，有大的背部斑点，基部橙色。

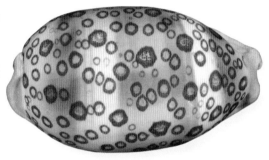

实际大小

蛇目鼹贝的贝壳大、重，壳形为长圆柱形。两边缘几乎平行。壳口狭长，壳口齿长而细。壳顶区域扁平且部分被厚胼胝覆盖。贝壳底色为米黄色，背部有3或4根深色宽带和厚度不同的褐色环。基部有4个深棕色斑块。

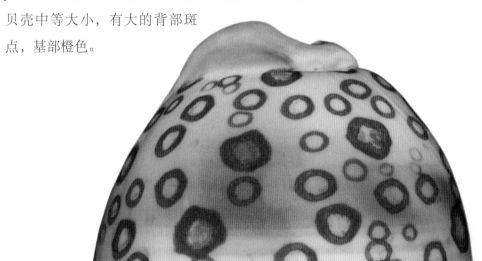

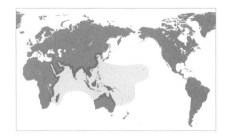

科	宝贝科Cypraeidae
壳长	50—100mm
分布	印度—西太平洋
丰度	常见
深度	5—35m
习性	珊瑚礁，珊瑚及石头下
食性	植食性，以藻类为食
厣	缺失

壳长范围
2 — 4 in
(50 — 100 mm)

标本壳长
2⅞ in
(72 mm)

332

图纹绥贝
Cypraea mappa
Map Cowrie
Linnaeus, 1758

图纹绥贝（地图宝螺）是一个恰当的名字，其背部让人想起一张磨损且烧坏的地图。因为宝贝的贝壳被外套膜覆盖，所以其贝壳是光滑的，背部区域的两片外套膜接触部分通常具有不同颜色，通常是一条细、直或略微卷曲的线。在图纹绥贝中，这种背线粗且蜿蜒，类似于蜿蜒流动的河流。

近似种

虎斑宝贝（黑星宝螺）*Cypraea tigris* Linnaeus，1758，在印度—太平洋分布广泛，是一种产量丰富且漂亮的宝贝。其大小、形状和颜色变化范围广。绥贝 *Cypraea mauritiana* Linnaeus，1758，是另一种分布于印度—太平洋宝贝，贝壳大且重，有驼状突起，背部为巧克力棕色，有浅棕色斑点。

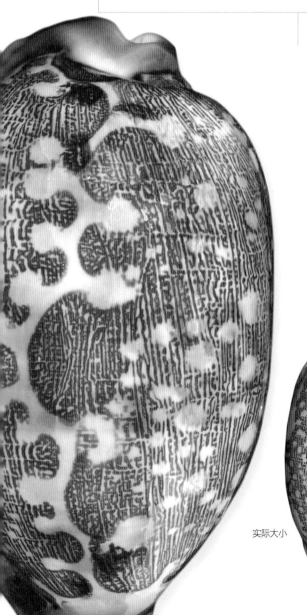

实际大小

图纹绥贝贝壳在该科中相对较大，膨胀且隆起，为椭圆形。端部厚且边缘有胼胝。壳口狭长；基部上的齿不太大，呈橙色。背部为浅棕色，有橙棕色线和网纹，有许多浅色斑点；基部和端部都为奶油色。背线黄褐色、较厚、弓形，壳为棕色。

科	宝贝科Cypraeidae
壳长	40—78mm
分布	东印度洋和西太平洋
丰度	不常见
深度	50—360m
习性	沙子及碎石
食性	植食性，以藻类为食
厣	缺失

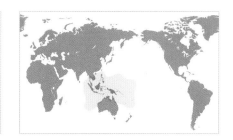

金星眼球贝
Cypraea guttata
Great Spotted Cowrie
Gmelin, 1791

壳长范围
1½ — 3 in
(40 — 78 mm)

标本壳长
3 in
(78 mm)

333

金星眼球贝（金星宝螺）虽然贝壳形状和颜色多变，但通过其背部明显的标记和有棱纹的基部可轻易辨认。当动物不受干扰时，不透明的外套膜会覆盖其贝壳，从而掩盖贝壳花纹。外套膜有两种乳突：长且分枝的，和短而疣状的。这种宝贝生活在印度—西太平洋热带海区深水中的沙质和碎石海底上。

近似种

拉马克宝贝 *Cypraea lamarckii* Gray，1825，分布于印度洋，有小背斑，基部没有肋。枣红眼球贝 *C. helvola* Linnaeus，1758，分布于印度—太平洋，有小而密集的背斑，基部深橙色或红色；红楼台宝贝 *C. acicularis* Gmelin，1791，分布于北卡罗来纳州北部到巴西海域，边缘有凹痕，基部白色。

金星眼球贝贝壳为中等大小，有胼胝、梨形。端部尖，有喙状突起。基部的强肋十分独特；肋是壳口齿的延续并且扩展到边缘和前沟（有时也到后沟）。基部和边缘有覆盖肋的胼胝。背部橙棕色，有白色的大斑点和小斑点。基部为白色，有棕色肋和胼胝。

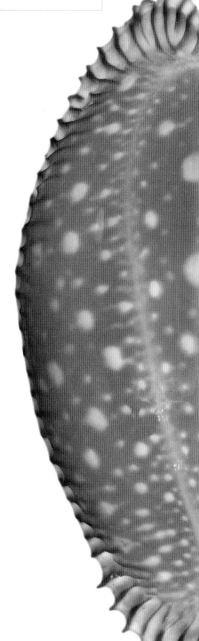

实际大小

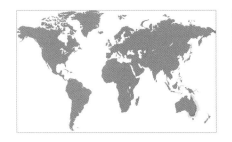

科	宝贝科Cypraeidae
壳长	42—107mm
分布	澳大利亚西部和西南部
丰度	不常见
深度	5—100m
习性	发现于巨型海绵中
食性	海绵体
厣	缺失

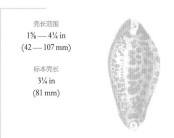

壳长范围
1⅝ — 4¼ in
(42 — 107 mm)

标本壳长
3¼ in
(81 mm)

334

福氏宝贝
Cypraea friendii
Friend's Cowrie

Gray, 1831

福氏宝贝贝壳较大，光滑，形状、齿和颜色非常多变。其贝壳为椭圆形且较长，有喙状突起，背部略微隆起，前沟和后沟为喇叭样。基部扁平，略微凸起，壳口狭长，跨越整个贝壳。上唇齿比螺轴齿更多，许多贝壳甚至没有螺轴齿。背部颜色从有棕色大斑块的浅色到深棕色。基部白色到棕色，边缘通常比背部更深。

福氏宝贝（富人帝氏宝螺）属于澳大利亚特有的一个种群，十分受贝壳收藏者欢迎。不像其他宝贝有浮游幼虫期，福氏宝贝直接发育，导致局域种群的形态变化相当大。它们生活在巨型海绵上并以其为食，出现在潮下带浅水到深水中。因为它们不躲在缝隙中，在遇到肉食性鱼类时其贝壳通常会留下伤痕或缺口。

实际大小

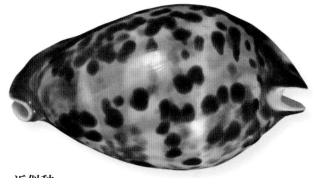

近似种

黑猎帽宝贝 *Cypraea rosselli* Cotton，1848，分布于澳大利亚西南部海域，贝壳呈三角形，背部隆起，多数为棕色到黑色。猎帽宝贝 *C. marginata* Gaskoin，1849，分布于澳大利亚西部和南部海域，贝壳类似于福氏宝贝，但是边缘扩张。黑檀宝贝 *C. thersites* Gaskoin，1849，分布于澳大利亚南部海域，背部隆起，椭圆形。

科	宝贝科Cypraeidae
壳长	70—94mm
分布	印度洋东部到太平洋西部
丰度	不常见
深度	30—300m
习性	珊瑚礁的裂隙
食性	植食性，以藻类为食
厣	缺失

壳长范围
2¼ — 3¾ in
(70 — 94 mm)

标本壳长
3¼ in
(86 mm)

天王宝贝
Cypraea leucodon
White-toothed Cowrie
Broderip, 1828

天王宝贝外观很吸引人，尽管在刚发现这个种时只有两个样品，但是也足以将其定为一个新种。"*leucodon*"指独特的白色牙齿。它生活在岩石裂隙、礁石下，或者深水岩礁的洞穴中，分布于印度洋东部到菲律宾和所罗门群岛海域。据推测它在其栖息地常见，但是因为生活在如此深的水域中，导致其很少被采集，尤其是在菲律宾。对该物种的目的性采集已经导致几个人的死亡。它的贝壳尺寸和颜色多变，只有几个亚种被描述。

近似种

黄金宝贝 *Cypraea aurantium* Gmelin，1791，分布于太平洋西南部和中部，背部厚重、深橙色。南非金子宝贝 *C. broderipii* Sowerby I，1832，分布于索马里到南非海域，背部粉色背景上有棕色网状纹理。卵黄宝贝 *C. vitellus* Linnaeus，1758，分布于非洲东南部到夏威夷海域，有些类似天王宝贝，但贝壳更加细长，贝壳背部有或小或大的斑点以及更小的齿。

天王宝贝的贝壳较大，壳质重，为膨胀的椭圆形。前端和后端都较宽且较厚。背部圆形，基部扁平且略微凸起。壳口狭长，卷曲，具很多齿，长且厚。背部颜色为浅色到巧克力棕色，背部斑点白色，大小不同，通常较大，还有一条厚且卷曲的背线。基部颜色为米黄色，齿稍白。

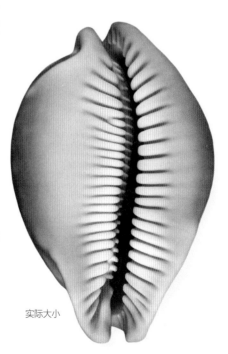

实际大小

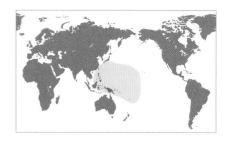

科	宝贝科Cypraeidae
壳长	58—117mm
分布	太平洋西南部和中部
丰度	不常见
深度	10—40m
习性	珊瑚礁的洞穴和缝隙
食性	植食性，以藻类为食
厣	缺失

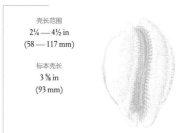

壳长范围
2¼ — 4½ in
(58 — 117 mm)

标本壳长
3⅝ in
(93 mm)

336

黄金宝贝
Cypraea aurantium
Golden Cowrie
Gmelin, 1791

黄金宝贝贝壳引人注目、大、橙色，不会被误认为其他宝贝，是该科中比较出名的物种之一。新鲜样品背部颜色为深品红色，但当其暴露在强烈阳光下时，会褪成深橙色。与大多数宝贝一样，黄金宝贝是一种夜间活动的物种，白天藏在裂隙中。宝贝的外套膜较大且有两瓣叶片覆盖整个贝壳。外套膜有突起，称为乳突，可用于呼吸和伪装。黄金宝贝的外套膜为橙棕色，有大的分枝乳突和较小无分枝的乳突。

近似种

许多近似种包括天王宝贝 *Cypraea leucodon* Broderip, 1828，分布于东印度洋到西太平洋，有粗的壳口齿和大的背部斑点。南非金子宝贝 *C. broderipii* Sowerby I, 1832，分布于索马里到南非海域，贝壳宽，具网格状背部。常见的山猫眼宝贝 *C. lynx* Linnaeus, 1758，分布于红海、印度洋到夏威夷海域，贝壳多变，有深色背部斑点。

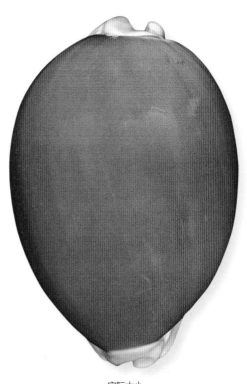

实际大小

黄金宝贝的贝壳较大，壳质厚，膨胀，深橙色的背部平滑、有光泽，常有小生长线（有完美背部的贝壳较稀有）。壳口狭长，加厚的唇上有很多齿，螺轴唇上有更多齿，外唇齿更粗、更长、间隔更大。基部、边缘和端部为白色到灰色，唇靠近壳口的地方为橙色。与绝大多数宝贝不同，黄金宝贝贝壳缺少背线，取而代之的是一个厚重的橙色背部。

科	宝贝科Cypraeidae
壳长	42—152mm
分布	印度—太平洋，含夏威夷
丰度	丰富
深度	潮下带浅水至18m
习性	潮池和珊瑚礁附近的岩石
食性	植食性，以藻类为食
厣	缺失

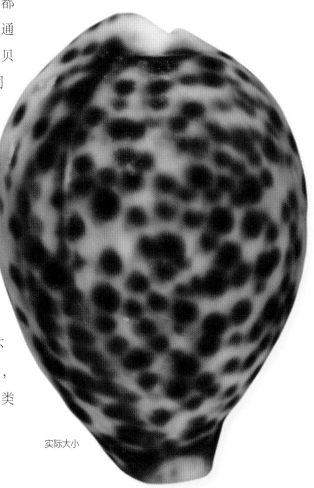

壳长范围
1⅝ — 6 in
(42 — 152 mm)

标本壳长
4¾ in
(125 mm)

虎斑宝贝
Cypraea tigris
Tiger Cowrie
Linnaeus, 1758

虎斑宝贝是最出名的宝贝之一，同时被认为是最漂亮的宝贝之一。世界各地的贝壳工艺品商店中几乎都有该种，尽管绝大多数标本可能都来自菲律宾，但通常作为"当地"贝壳销售。虎斑宝贝是宝贝科和宝贝属的典型物种。它是最多变的宝贝之一——没有相同的两个贝壳。其大小变化较大，来自夏威夷的巨大标本比最小的标本大三倍还多，两个极端都是罕见的。与大多数宝贝不同，虎斑宝贝通常不会躲在缝隙中，在珊瑚礁附近的开放区域较常见，并且在白天活动。

近似种

花豹宝贝 *Cypraea pantherina* Lightfoot，1786，分布于红海到亚丁湾，是虎斑宝贝的姐妹种，贝壳相似但是更长；其他来自印度—西太平洋亲缘关系不太近的种包括：绥贝 *C. mauritiana* Linnaeus，1758，背部疱样；图纹绥贝 *C. mappa* Linnaeus，1758，有类似于地图的明显的蜿蜒且粗的背线。

实际大小

虎斑宝贝贝壳较大，膨胀，较重，平滑且很有光泽。壳口狭长略微卷曲，被有许多发达齿的厚唇包围；螺轴上的齿延伸。贝壳颜色和形状相当多变，底色通常白色或浅蓝色，有许多不规则的深色大斑点或斑块，镶有橙黄色边。背景颜色从几乎白色（白化）到黑色（黑化）。有一条黄色或橙色的背线，通常弯曲，在背部中间附近的地方穿过贝壳。基部、壳口和齿为白色。

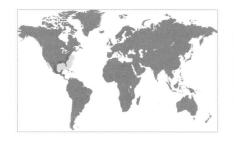

科	宝贝科Cypraeidae
壳长	42—190mm
分布	北卡罗来纳州到墨西哥湾
丰度	常见
深度	浅潮下带至35m
习性	在珊瑚礁或石板岩下
食性	植食性，以藻类为食
厣	缺失

壳长范围
1⅝ — 7½ in
(42 — 190 mm)

标本壳长
7¼ in
(185 mm)

338

鹿斑宝贝
Cypraea cervus
Deer Cowrie
(Linnaeus, 1771)

鹿斑宝贝贝壳长且膨胀，相对于宝贝科而言其贝壳非常大。贝壳为长椭圆形，背部平滑，基部略微凸起。壳口与贝壳一样长，前端附近最宽。端部细长，水管沟宽。鹿斑宝贝幼体和有些近似种中，背部的黄褐色底色上有 4 条棕色宽条纹。物种成熟后，新的壳层覆盖在条纹上，底色为棕色，有上百个跨越背部的不规则的浅黄色斑点。壳口齿为深棕色。

鹿斑宝贝是现存个体最大的宝贝（许多灭绝种长度超过 300mm）。已知的鹿斑宝贝最小和最大成体之间长度大约相差 5 倍。该种曾经在美国东南部的浅水中常见，但现在越来越稀少，被采集到的标本也变得更小。巨型贝壳通常都是以前采集的或者采自深水区。在得克萨斯州，本种出现在深水的近海珊瑚礁和珊瑚堆中。

近似种

最近似的物种为小鹿斑宝贝 *Cypraea cervinetta* Kiener，1843，分布于墨西哥西部到秘鲁海域，以及斑马宝贝 *C. zebra* Linnaeus，1758，分布于北卡罗来纳州到巴西南部海域。它们都有类似于鹿斑宝贝的贝壳，但更大并且更加膨胀，壳口更宽且周围有略微粗糙的齿，通过这些特征可以将其辨认出来。小鹿斑宝贝外形更圆，而斑马宝贝有类似单眼的边缘斑点。

实际大小

科	梭螺科（海兔螺科）Ovulidae
壳长	11—33mm
分布	南加利福尼亚州到厄瓜多尔，加拉帕戈斯群岛
丰度	常见
深度	潮间带至15m
习性	岩石下，海绵和珊瑚礁上
食性	寄生在珊瑚上
厣	缺失

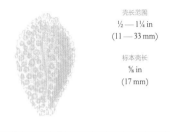

壳长范围
½ — 1¼ in
(11 — 33 mm)

标本壳长
⅝ in
(17 mm)

脓疱海兔螺

Jenneria pustulata

Jenner's False Cowrie

(Lightfoot, 1786)

脓疱海兔螺（金疙瘩帕迪螺）是最有特色的贝壳之一，它是现存梭螺中唯一贝壳上有小结节的种类。脓疱海兔螺寄生在硬珊瑚上。其外套膜叶片有长分枝突起，与宝贝科物种一样覆盖了整个贝壳。世界上梭螺科大约有250个现存物种，绝大多数在热带和亚热带水域中。已知最早的梭螺科化石可以追溯到白垩纪中期。

脓疱海兔螺贝壳较小，结实，有光泽，外形酷似真玛瑙。其螺旋部和早期的螺层内化，只可看到体螺层。壳口狭窄，被基部上齿样的白色长脊所包围。背部有许多圆形结节，一条背槽将背部分为两部分。壳面灰色或棕色，有橙红色结节，周边通常为黑色；螺轴和壳口边缘为白色。壳纹和颜色非常多变。

近似种

亚当森拟宝贝 *Pseudocypraea adamsonii*（Sowerby II，1832），分布于印度—太平洋海域，有一个小的宝贝样贝壳，但是与真正的宝贝（宝贝科 Cypraeidae）不同，它的贝壳有网格样背部壳纹。翁螺 *Calpurnus verrucosus*，Linnaeus，1758，分布于红海到印度—太平洋海域，是一种生活在肉质软珊瑚上的常见物种。其贝壳类似宝贝；贝壳白色，背部瘤样，两端均有圆形结节。

实际大小

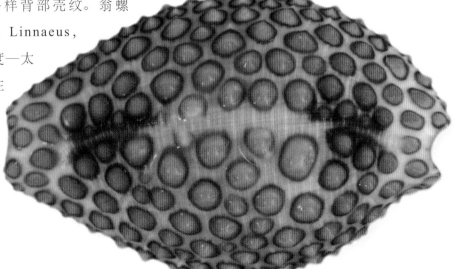

科	梭螺科Ovulidae
壳长	20—39mm
分布	北卡罗来纳州到巴西
丰度	丰富
深度	潮间带至30m
习性	柳珊瑚上
食性	寄生在柳珊瑚上
厣	缺失

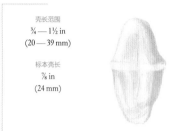

壳长范围
¾ — 1½ in
(20 — 39 mm)

标本壳长
⅞ in
(24 mm)

340

袖扣海兔螺
Cyphoma gibbosum
Flamingo Tongue
(Linnaeus, 1758)

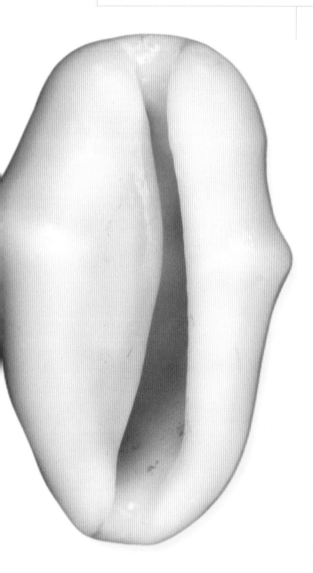

袖扣海兔螺生活在加勒比浅水水域，是产量较丰富的梭螺。它们寄生在几种柳珊瑚上，比如尖柳珊瑚属 *Muricea* 和柳珊瑚属 *Plexaurella*。袖扣海兔螺贝壳光滑有光泽，形状和颜色多变，从白色到橙色。身体表面和足颜色鲜艳夺目，底色白色，具有黑色轮廓的深黄色斑块。它是水下摄影师最喜欢的摄影对象，水下摄影师们可以根据其紫色寄主轻易地发现它。然而，袖扣海兔螺由于过度捕捞已变得稀有。

近似种

海兔螺属 *Cyphoma* 物种的贝壳都较相似，但根据身体表面着色可以轻易地分辨。指头海兔螺 *Cyphoma signata* Pilsbry and McGinty，1939，分布于佛罗里达州到巴西海域，有纵向的黄色和红—紫色带，而麦克海兔螺 *C. mcgintyi* Pilsbry，1939，分布于墨西哥湾和波多黎各海域，有棕色斑块。

实际大小

袖扣海兔螺贝壳中等大小，光滑，壳质厚重，具光泽，椭圆形到长菱形。螺旋部和螺层内化，成体贝壳只能看到体螺层。表面光滑，脊有角且宽、横穿贝壳。末端宽且圆，壳口前部最宽。壳面白色到橙色，有时具橙色斑点；壳口白色。

科	梭螺科Ovulidae
壳长	10—40mm
分布	红海到印度—太平洋
丰度	常见
深度	潮间带至20m
习性	软珊瑚上
食性	寄生在软珊瑚上
厣	缺失

翁螺
Calpurnus verrucosus
Umbilical Ovula
Linnaeus, 1758

壳长范围
⅜ — 1½ in
(10 — 40 mm)

标本壳长
1¼ in
(31 mm)

341

　　翁螺（玉兔螺）是比较有名的梭螺之一。其贝壳非常独特，每个末端附近都有一个圆形结节。贝壳白色，末端结节周围有粉色环纹。贝壳形状和颜色变化不大。寄生在软珊瑚上，如热带浅水的软珊瑚属 *Sarcophyton* 和叶软珊瑚属 *Lobophytum*，并以其为食。该种身体表面有两瓣组织，当完全伸展时可包裹整个贝壳。壳面白色，布有棕色或黑色斑点，水管沟短，缺乏头触角。

近似种

　　日皇海兔螺 *Rotaovula hirohitoi* Cate and Azuma，1973，分布于日本到菲律宾海域，贝壳虽小却不易被认错，其壳面黄色和紫色。钝梭螺 *Volva volva*（Linnaeus，1758），分布于印度—西太平洋，贝壳也较独特，较大，呈梭形，端部非常长。

翁螺贝壳中等大小，壳质厚，膨胀，有光泽，椭圆形，类似宝贝。与其他梭螺一样，螺旋部和体螺层内化，成体贝壳中则看不到。其特点为前端和后端附近有圆形结节。背部呈驼峰状，贝壳中间附近有一个具角的脊。壳口狭窄，外唇厚，其上有许多齿，螺轴平滑、前部具缺刻。贝壳颜色为白色，端部附近有粉色着色。

实际大小

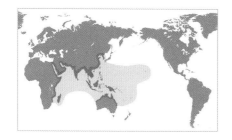

科	梭螺科Ovulidae
壳长	32—120mm
分布	红海到印度—太平洋
丰度	常见
深度	潮间带至20m
习性	在软珊瑚上（几个物种）
食性	寄生在软珊瑚上
厣	缺失

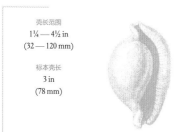

壳长范围
1¼ — 4½ in
(32 — 120 mm)

标本壳长
3 in
(78 mm)

342

卵梭螺
Ovula ovum
Common Egg Cowrie
(Linnaeus, 1758)

梭螺中的其他物种，如钝梭螺 *Volva volva*，贝壳可能较长，但卵梭螺是梭螺中最大的种。学名里的两个单词都是指"鸡蛋"，这是对其具光泽的白色卵形贝壳最合适的描述。贝壳用于装饰，在美拉尼西亚和波利尼西亚是种族的标志。壳内面深黑色，身体表面柔软，有小的白色突起。以几种软珊瑚为食。同其他梭螺一样，卵梭螺与真正的宝贝（宝贝科）相似；许多物种最初被归为宝贝科。

近似种

大灾星海兔 *Sphaerocypraea incomparabilis*（Briano，1993），分布于索马里和莫桑比克海域，是目前最稀有的梭螺，是近代贝类研究领域一个重要的发现。已知仅有几个标本。虽然外表颜色为深红棕色，但贝壳形状类似于卵梭螺，壳口宽，外唇有发达且间隔均匀的白色齿。脓疱海兔螺 *Jenneria pustulata*（Lightfoot，1786），分布于太平洋东部海域，贝壳有圆形结节。

实际大小

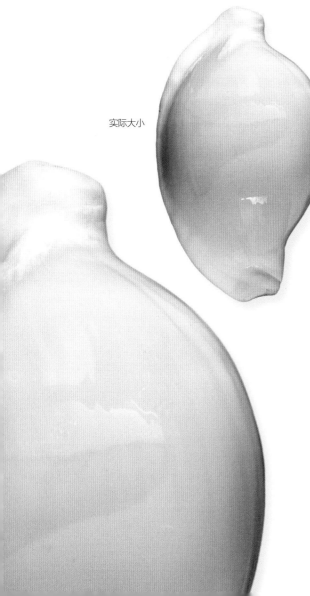

卵梭螺贝壳较大（对该科贝类而言），壳质厚且重，膨胀，卵形。端部延长，前端比后端更宽。表面平滑且有光泽。壳口狭长，前端最宽；外唇向壳口翻卷，有不规则的齿状皱襞。螺轴平滑、卷曲。壳面瓷白色，内部为红棕色。

科	梭螺科Ovulidae
壳长	45—186mm
分布	印度—太平洋
丰度	常见
深度	10—100m
习性	在沙泥底
食性	肉食性，以海鳃为食
厣	缺失

壳长范围
1¼ — 7⅜ in
(45 — 186 mm)

标本壳长
3⅝ in
(91 mm)

343

钝梭螺
Volva volva
Shuttlecock Volva
(Linnaeus, 1758)

钝梭螺（长菱角螺）是最独特的梭螺之一，体螺层呈卵球形，水管沟非常狭长。体螺层只有贝壳长度的大约 1/3 或更短。钝梭螺与绝大多数梭螺不同，在泥沙底爬行，而不是生活在其猎物上。以射带海鳃属 *Actinoptilum* 的海鳃及其他沙栖刺胞动物为食。与其他梭螺一样，钝梭螺累积了许多宿主的有毒化学物质用于防御，身体表面有深棕色斑块和短突起。

近似种

黄唇桑梭螺 *Contrasimnia xanthochila*（Kuroda，1928），分布于日本到新喀里多尼亚海域，贝壳薄、长椭圆形、半透明；外唇、端部和螺轴都为黄色。壳面壳灰白色，有白色斑点以及黑条带和斑点。卵梭螺 *Ovula ovum*（Linnaeus，1758），分布于红海和印度—太平洋，贝壳大、有光泽、呈白色、卵形，内部为红棕色。

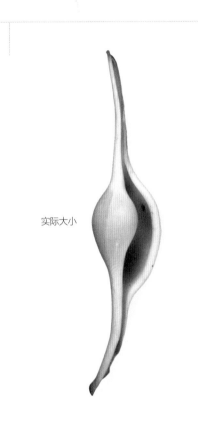

实际大小

钝梭螺 贝壳为中等到大型，有光泽，膨胀且为长卵形，前、后沟极其狭长，两者均或直或稍卷曲。体螺层为卵形且膨胀，约为壳长的 1/3。表面光滑，螺旋线具缺刻。壳口狭长，外唇厚，螺轴平滑。壳面从纯白到米黄色或粉红色，端部为橙色，内部白色。

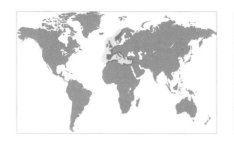

科	猎女神螺科（蛹螺科）Triviidae
壳长	3—12mm
分布	挪威到加那利群岛，地中海
丰度	常见
深度	15—150m
习性	坚硬的底部，岩石和碎石
食性	肉食性，以海鞘为食
厣	缺失

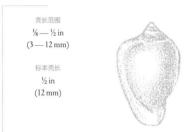

壳长范围
⅛ — ½ in
(3 — 12 mm)

标本壳长
½ in
(12 mm)

344

涡型爱神螺
Erato voluta
Volute Erato
(Montagu, 1803)

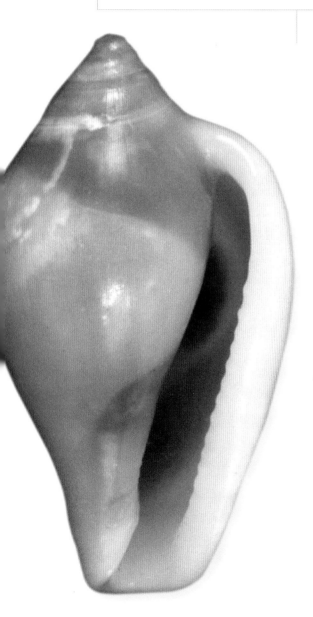

涡型爱神螺（显塔爱神螺）是一种生活在近海的常见小型猎女神螺。它是一种食肉动物，以海鞘为食。爱神螺属 *Erato* 及其相关属的物种曾经被归为不同的科，但现在认为是猎女神螺科的亚科。爱神螺属的贝壳通常表面平滑，而大多数猎女神螺贝壳有肋。爱神螺属通常与缘螺科 Marginellidae 的种类混淆，但是通过内唇上的齿可以加以区分。猎女神螺科中有大约 180 个现存物种，其中爱神螺属有 30 种。最早的化石可以追溯到始新世。

近似种

粒爱神螺（欢喜爱神螺）*Erato grata* Cossignani and Cossignani，1997，分布于菲律宾海域，贝壳外形类似涡型爱神螺，但是外表面具粒状突起。紫斑蛹螺 *Trivia pediculus*（Linnaeus，1758），分布于北卡罗来纳州到巴西东南部海域，贝壳卵形，螺旋部隐藏，有一条强肋和一条背沟。

实际大小

涡型爱神螺贝壳较小，坚固，球状梨形。螺旋部短，壳顶尖，缝合线不清晰。表面光滑有光泽，有细生长。贝壳后部更宽，前端变细。其壳口狭长，外唇厚且有 12—18 枚齿，螺轴有小褶皱。壳面为浅灰色到奶油色，外唇奶油色，内部浅灰色。

科	猎女神螺科Triviidae
壳长	7—22mm
分布	北卡罗来纳州到巴西东南部
丰度	常见
深度	潮间带至130m
习性	岩石下
食性	肉食性，以海鞘为食
厣	缺失

紫斑蛹螺
Trivia pediculus
Coffee Bean Trivia
(Linnaeus, 1758)

壳长范围
¼ — ⅞ in
(7 — 22 mm)

标本壳长
½ in
(13 mm)

345

紫斑蛹螺贝壳小型、卵形，外形和颜色类似咖啡豆，因此又被称为咖啡豆蛹螺。它是一个常见种，通常可在浅潮下带水域中的岩石下和珊瑚礁附近发现，但在近海也有发现。其长度最长可达大约 22mm，绝大多数贝壳长度为这一长度的一半。猎女神螺外套膜的两个膜瓣覆盖贝壳。紫斑蛹螺的身体可以是透明或不透明的，有不同的颜色，蓝色或灰绿色，有指状突起。

近似种

甲虫蛹螺 *Trivia monacha*（Costa，1778），分布于欧洲西部和地中海，贝壳类似于紫斑蛹螺，但是没有背沟。双排扣蛹螺 *Trivia solandri*（Sowerby II，1832），分布于南加利福尼亚到秘鲁和加拉帕戈斯群岛海域，脊更少、更明显，没有珠状修饰，沿着背沟有更大的圆形结节。

实际大小

紫斑蛹螺贝壳较小，有棱纹，呈玛瑙形。其螺旋部在成年贝壳中被较大的体螺层所包藏。壳纹由 15—18 根脊组成，从背部向壳口延伸；许多脊没有到达壳口。脊在基部延续，但是在背部有珠状修饰。有一条沟将背部分成两个部分。壳口狭长，外唇和内唇有齿。贝壳颜色通常为棕色，但是有时为黄褐色或淡粉红色，有 6 个棕色斑点，壳口白色。

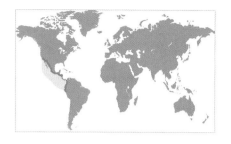

科	猎女神螺科Triviidae
壳长	10—21mm
分布	加利福尼亚到秘鲁和加拉帕戈斯群岛
丰度	常见
深度	潮间带至35m
习性	岩石底
食性	肉食性，以海鞘为食
属	缺失

壳长范围
⅜ — ⅞ in
(10 — 21 mm)

标本壳长
¾ in
(18 mm)

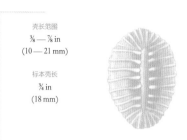

346

双排扣蛹螺
Trivia solandri
Solander's Trivia
(Sowerby II, 1832)

双排扣蛹螺贝壳在猎女神螺中相对较大，壳质坚固，有脊，轮廓为卵形。其螺旋部在成体贝壳中被大的体螺层包藏。壳纹由大约11—14条发达、连续的脊组成。脊沿着背沟有圆形结节。壳口狭窄，前部最宽，外唇和内唇都有小齿。壳面棕色到红棕色，沿着背部有两条深色带；脊和壳口均为白色。

实际大小

双排扣蛹螺是分布于太平洋东部海域个体最大的猎女神螺之一。在其分布范围的南部海域浅水中的岩石下常见，北部海域不常见。身体表面为浅褐色，夹杂着黑色和白色小斑点，并且有短指状的橙棕色乳状突起。当它聚居在群居性海鞘猎物上时，身体表面的颜色和纹理可能为其提供伪装条件。该种水管沟大，头触手短，每个触手基部的膨胀结节上都有一只眼睛。

近似种

卡尔小蛹螺 *Triviella calveriola*（Kilburn，1980），是南非特有的猎女神螺之一，也是该科最大的物种之一。与分布区内的几个物种一样，贝壳为球形、平滑，壳口有小齿。紫斑蛹螺 *Trivia pediculus*（Linnaeus，1758），分布于北卡罗来纳州到巴西东南部海域，贝壳类似双排扣蛹螺，但是沿着背沟的结节更小，背部的脊有珠状修饰。

科	鹅绒科（海菇螺科）Velutinidae
壳长	25—37mm
分布	印度—太平洋热带海域
丰度	不常见
深度	潮间带
习性	岩石和珊瑚板下
食性	肉食性，以海鞘为食
厣	缺失

壳长范围
1 — 1½ in
(25 — 37 mm)

标本壳长
1⅛ in
(30 mm)

黑海菇螺
Coriocella nigra
Black Coriocella
(Blainville, 1824)

347

　　黑海菇螺（干净薄板螺）贝壳完全被大型（100mm）鼻涕虫样的软体组织包裹，背部表面可能有多重片层或者褶皱。组织通常为黑色，但也可能是棕色、红色、黄色，甚至是蓝色，有时具斑点或网状纹理。黑海菇螺以群栖性海鞘为食。许多海菇螺会伪装成它们猎物的颜色，当海菇螺属物种的颜色变为鲜艳时，即给捕食者一个信号，警示它们含有起保护作用的有毒化学物质。

黑海菇螺的贝壳与其软体部相比较小，非常薄，较低矮，为耳形。由几个迅速扩张的螺层、小而低的螺旋部，大而呈椭圆形的壳口组成。表面有光泽但是并不光滑；其壳纹限于不均匀的生长条纹。贝壳为均匀的白色，有一个橙棕色的薄壳皮，在缝合线处产生一条橙色带。

近似种

　　透明片螺（干净薄板螺）*Lamellaria perspicua*（Linnaeus，1758），分布于地中海和大西洋东北部，贝壳类似黑海菇螺，但是更小（小于12mm），并且成比例地更高更窄。南极片螺*Marseniopsis mollis*（Smith，1902），是一个常见的南极物种，有一个退化的小型透明薄壳。身体近乎球形。

实际大小

科	玉螺科Naticidae
壳长	2—8mm
分布	缅因州到巴西，加勒比海
丰度	常见
深度	潮间带至50m
习性	沙质
食性	肉食性
厣	石灰质

壳长范围
⅛ — ⅜ in
(2 — 8 mm)

标本壳长
⅛ in
(2 mm)

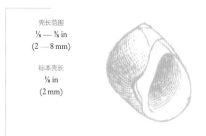

348

小玉螺
Tectonatica pusilla
Miniature Moon Snail
(Say, 1822)

玉螺科的小型玉螺用肉眼很难看到，但在外形上和习性上仍展现了该科所有的特点。所有的种类都生活在沙质底质，在表面下捕食其他软体动物，这些软体动物包裹在不成比例的巨足中。玉螺有一个附属器官，通过齿舌在猎物上钻掘非常整齐的斜孔之前，这个器官可以在它们猎物贝壳上分泌软化功能的化学物质，钻孔，然后用它们的喙吸食其软体部分。

近似种

微小玉螺 *Tectonatica micra*（Hass，1953）是巴西中部水域特有种。目前发现的最大标本不超过 5mm。螺旋部较小玉螺更略微扁平，贝壳白色，表面上的棕色斑块更少。

● 实际大小

小玉螺贝壳为球形，螺旋部短，螺层圆形，壳顶钝。缝合线深度适中，但是除了生长线没有壳纹。脐通过螺轴胼胝或多或少封闭，外唇锋利且薄，贝壳整体白色，有破碎的棕色宽螺旋带。

科	玉螺科Naticidae
壳长	20—29mm
分布	南乔治亚州，南桑威奇群岛，南奥克尼郡和南设得兰群岛，南极半岛北部
丰度	不常见
深度	25—400m
习性	沙
食性	肉食性
厣	角质

壳长范围
¼ — 1⅛ in
(20 — 29 mm)

标本壳长
¼ in
(20 mm)

黄金似暗螺

Amauropsis aureolutea
Golden Amauropsis

(Strebel, 1908)

349

似暗螺属 *Amauropsis* 是一种冷水玉螺，分布于两极地区。南极和亚南极地区多样性水平最高，该属是北大西洋以及北极深海动物区系中的代表种。黄金似暗螺（金球玉螺）同所有玉螺一样生活在泥沙底，在宽的领状卵囊中产卵。这些卵囊由沙粒和黏液组成，内部边缘与壳口曲线一致。

近似种

冰岛玉螺 *Amauropsis islandica*（Gmelin，1791）是北极地区似暗螺属中的唯一种，通常分布在北极圈附近，从阿拉斯加到欧洲北部，南部到维吉尼亚海域，为常见种。贝壳榛棕色，壳口白色，内部浅黄褐色到淡紫色。

实际大小

黄金似暗螺贝壳球形。螺旋部非常短，螺旋部上的螺层半球形，壳顶圆形、白色。壳面黄褐色到栗棕色，带线和螺层色浅，纵向和螺旋条纹颜色微深。内部白色。壳口椭圆形，螺轴相当直，延伸出胼胝滑层遮盖脐孔。

科	玉螺科Naticidae
壳长	13—35mm
分布	非洲东南部至太平洋中部
丰度	常见种
深度	25—400m
习性	潮下带浅海
食性	肉食性
厣	石灰质

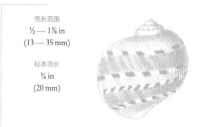

壳长范围
½ — 1⅜ in
(13 — 35 mm)

标本壳长
¾ in
(20 mm)

350

蝶翅玉螺
Glyphepithema alapapilionis
Butterfly Moon
(Röding, 1798)

蝶翅玉螺是一个不常见种，分布非常广，穿越印度—太平洋海域，从纳塔尔、南非到斐济均有分布。与其他玉螺一样，蝶翅玉螺生活在沙质底，用极大的足从表层以下挖掘并捕食双壳动物和其他玉螺。其巨足可完全缩进贝壳内，贝壳受大小合适的厣保护。

近似种

蝶翅玉螺独特的螺旋带在西非到美国西部的近似种中也有出现，不过在不同种中有所变化。土顿氏玉螺 *Natica turtoni*（Smith，1890）和卡纳罗玉螺 *Natica caneloensis*（Herlein & Strong，1955），均分布于极端环境，它们外形相似，厣螺旋纹相同。卡纳罗玉螺螺体上色带更少，脐更小。

蝶翅玉螺贝壳为球形，体螺层非常膨胀，螺旋部小。缝合线下有放射状细沟，白色和栗棕色短线形成的窄螺旋带与白色到橙棕色的纵向细条纹相交，体螺层上有 4 条窄螺旋带，螺旋部有 1 条。脐适中。壳口白色，内部为暗粉红色。

实际大小

科	玉螺科Naticidae
壳长	12—25mm
分布	菲律宾到昆士兰州
丰度	不常见
深度	潮下带至20m
习性	沙
食性	肉食性
厣	钙质

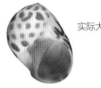

壳长范围
½ — 1 in
(12 — 25 mm)

标本壳长
⅞ in
(21 mm)

紫唇玉螺
Tectonatica violacea
Violet Moon
(Sowerby I, 1825)

玉螺科物种多样性水平极高，分布在所有海洋生境，从南极到北极，从潮间带到深海深处。虽然该种群的起源可追溯到三叠纪时期，但现存种仅约有300种。小玉螺属 *Tectonatica* 往往个体较小，栖息在相当浅的潮下带。它们在沙子中不会挖很深的洞，并且经常留下痕迹，通过这些痕迹的一端可找到埋栖的小玉螺。紫唇玉螺具独特的紫色螺轴和滑层。

实际大小

近似种

蛛 网 玉 螺 *Natica arachnoidea*（Gmelin，1791），分布于印度—太平洋海域的浅水区。其壳口不像紫唇玉螺那样向下倾斜。蛛网玉螺颜色极其多变，底色通常呈白色或黄褐色，螺旋带宽度及密度多变，其上布有深棕色帐篷样标记。

紫唇玉螺贝壳光亮，呈球形，螺旋部短，缝合线深且细。壳面灰白色，有浅栗色不均匀花纹，龙骨上的螺旋斑点通常更窄更规则。壳内面白色，外唇圆滑、精致、呈 D 形，壳口向下倾斜。螺轴紫色，脐非常窄，完全被滑层遮盖。

科	玉螺科Naticidae
壳长	15—33mm
分布	澳大利亚，塔斯马尼亚，新西兰
丰度	一般常见
深度	潮间带到潮下带
习性	沙
食性	肉食性
厣	角质

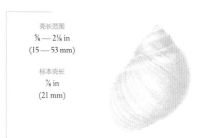

壳长范围
⅝ — 2⅛ in
(15 — 53 mm)

标本壳长
⅞ in
(21 mm)

352

锥玉螺
Conuber conicus
Conical Moon
(Lamarck, 1822)

锥玉螺分布于澳大利亚海域，在塔斯马尼亚和新西兰海域不太常见。该种栖息于河口的沙质海底，退潮时在泥沙海底上可以清晰地看到它们的踪迹。

近似种

澳大利亚东部与锥玉螺同属的三种玉螺（壳形由大到小）分别为灰玉螺 *C. sordidus*（Swainson，1821），黑口玉螺 *C. melastomus*（Swainson，1821）和深水玉螺 *C. putealis*（Garrard，1961）。深水玉螺分布于深水区，稀有且全为灰白色；另外两种分布于河口，壳面浅灰棕色到黄褐色，内部分别为红棕色和橙棕色。

实际大小

锥玉螺贝壳椭圆形，螺旋部小、螺层膨圆，壳顶尖。缝合线下方微凸，颜色多变，灰白色到黄褐色，有栗色到紫棕色的纵向条纹。壳口深，后沟和脐周围为橙色。

科	玉螺科Naticidae
壳长	20—40mm
分布	东非到澳大利亚东南部
丰度	常见
深度	离岸带，10—30m
习性	沙
食性	肉食性
厣	钙质

壳长范围
¾ — 1⅝ in
(20 — 40 mm)

标本壳长
1 in
(26 mm)

353

斑玉螺
Notocochlis tigrina
Tiger Moon
(Röding, 1798)

斑玉螺（豹斑玉螺）名字源于其贝壳表面花纹。其贝壳让人联想到猎豹布满斑点的皮毛，而不是老虎的虎皮纹。像大型猫科动物一样，斑玉螺是一种掠夺性的肉食性动物。用宽敞肥大的足引诱猎物时，斑玉螺会在猎物的贝壳上打洞并吸食其组织。打洞的过程很缓慢，每天只能穿透半毫米贝壳。

近似种

多斑玉螺 *Natica variolaria*（Récluz，1844），分布于非洲西海岸，尽管一般来说其贝壳比斑玉螺更小，但是颜色和花纹相似。其贝壳的斑点比斑玉螺的更小，斑点比短线更多；脐孔更大。

斑玉螺贝壳为球形。螺旋部低矮，螺层圆形，缝合线有角。贝壳白色到奶油色，有中到深棕色三角形短线形成的模糊螺旋花纹。脐狭窄，外唇薄。厣灰白色，外缘有3根脊。内部为白色。

实际大小

科	玉螺科 Naticidae
壳长	20—58mm
分布	菲律宾到澳大利亚
丰度	常见
深度	潮间带至20m
习性	沙
食性	肉食性
厣	角质

354

壳长范围
¾ — 2¼ in
(20 — 58 mm)

标本壳长
1⅛ in
(29 mm)

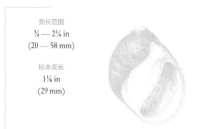

黄金玉螺
Natica aurantia
Golden Moon
(Röding, 1798)

　　产卵时，雌性玉螺将它们的卵产在沙圈中，形成一个独特的马蹄形结构，内缘凸起，外缘呈波浪形。沙圈由凝胶基质和沙子组成，单个的卵嵌在沙粒之间。其他种有时会把它们的卵囊贴在沙圈上。黄金玉螺贝壳特别，呈橙色，胚壳和早期螺层为白色。

近似种

　　星斑玉螺 *Natica stellata* Chenu，1845，与黄金玉螺生活在相同的水深处，有相同的分布范围，但其分布也会延伸到印度洋。贝壳也具光泽、浅橙色，但更小，肩部略方。壳口更加开阔，脐没有被螺轴覆盖。贝壳有深橙色的螺旋带和纵向火焰状花纹。

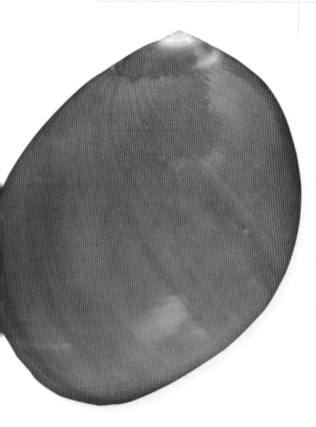

黄金玉螺贝壳色彩鲜亮，浅橙到深橙色，内部为纯白色。贝壳光滑具光泽，为球状，螺旋部尖，壳顶为白色。外唇薄且锋利，白色螺轴胼胝通常完全覆盖脐。

实际大小

科	玉螺科Naticidae
壳长	18—51mm
分布	东非到西太平洋
丰度	常见
深度	潮间带至浅潮下带
习性	沙
食性	肉食性
厣	角质

黑口乳玉螺
Mamilla melanostoma
Black Mouth Moon
(Gmelin, 1791)

壳长范围
¾ — 2 in
(18 — 51 mm)

标本壳长
1⅛ in
(29 mm)

355

黑口乳玉螺是印度洋和西太平洋海域的浅沙质海底上常见的肉食性动物，与所有玉螺一样，它用足包裹猎物，并在猎物上钻一个宽孔从而吃掉猎物。壳口宽、呈 D 形，深巧克力棕色螺轴和脐使得它容易被辨认。

近似种

波光玉螺 *Globularia fluctuata*（Sowerby I，1825）是一种分布于太平洋西部深水中不甚常见的玉螺。它与黑口乳玉螺表面上看起来相似，但螺旋带被贝壳纵向锯齿花纹打断。壳口更加开阔，螺轴滑层上深棕色条纹穿过脐部，而内唇上的白色螺轴有一条相同的条纹。内部为更深的灰棕色。

实际大小

黑口乳玉螺贝壳为球形，壳口向下延伸，螺旋部非常小。壳面珍珠白色到浅灰棕色，有不同宽度的、浅的栗棕色螺旋带，与纵向条纹交叉。表面花纹在内部可见。厣为深红棕色，螺轴胼胝为深棕色，覆盖脐。

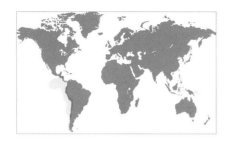

科	玉螺科Naticidae
壳长	25—70mm
分布	巴拿马到智利，加拉帕戈斯群岛
丰度	普通常见
深度	浅水，潮下带至10m
习性	沙
食性	肉食性
厣	缺失

356

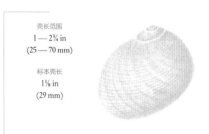

壳长范围
1 — 2¾ in
(25 — 70 mm)

标本壳长
1⅛ in
(29 mm)

宽耳窦螺
Sinum cymba
Boat Ear Moon
(Menke, 1828)

宽耳窦螺贝壳大，壳质相当厚，略显延长。壳口大且绕贝壳螺旋轴倾斜。螺轴短，形成一个狭窄的胼胝，没有覆盖脐区。雕刻仅限于粗的螺肋。靠近壳顶的颜色为栗棕色，外唇前部和接近外唇的部位发白。壳口褐色。

宽耳窦螺（舟耳玉螺）是窦螺属 *Sinum* 中贝壳最膨胀的种类之一。窦螺属中绝大部分物种贝壳扁平，壳口大且尖、具角。该属软体部太大以至于显得与贝壳不相符，并且缺少厣。它们利用其大且宽的肌肉足在沙子中挖洞，足也会包裹贝壳边缘。宽耳窦螺分布于巴拿马到智利，以及加拉帕戈斯群岛，生活在浅水的沙质海底上。

近似种

爪哇窦螺（南洋扁玉螺）*Sinum javanicum*（Griffith and Pidgeon，1834），生活在太平洋另一边的深水海域中，从日本到印度尼西亚。它比宽耳窦螺更小，壳面为浅黄色，有一条淡紫色螺旋带，靠近且覆盖胚壳处螺带变得更强。内部非常光滑，为白色。

实际大小

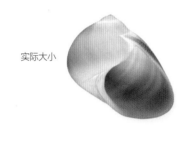

科	玉螺科Naticidae
壳长	20—51mm
分布	马里兰州到巴西，加勒比海
丰度	常见
深度	潮下带至10m
习性	沙滩
食性	肉食性
厣	缺失

壳长范围
¼ — 2 in
(20 — 51 mm)

标本壳长
1⅜ in
(35 mm)

357

大西洋窦螺
Sinum perspectivum
Baby's Ear Moon
(Say, 1831)

　　大西洋窦螺（水晶玉螺）贝壳小、扁平，奶油色。足的前方是被称为前足的宽阔的犁状盾形组织，前足通过将海水吸入组织内的一个特殊水管系统而实现自我扩张。大西洋窦螺沿着沙质海底爬行，留下宽的踪迹，低潮时可通过踪迹来追踪它的洞穴位置。

大西洋窦螺贝壳小，壳质薄，极扁平，样子很像一只耳朵。壳口所占比例非常大，并且与螺轴近乎垂直，在壳口内部可看到螺轴。螺轴极短。壳表有许多细线形成的螺旋雕刻。和不同强度的生长线。壳面为均匀的白色，壳口是白色，内部光滑。

近似种

　　似鲍窦螺（似鲍玉螺）*Sinum maculatum*（Say，1831），相较大西洋窦螺更不常见，分布范围更狭窄，从北卡罗来纳州到加勒比海区。其壳形与大西洋窦螺相似，但贝壳更高更平，螺旋刻纹更模糊。壳面棕色或黄棕色，软体部为白色，具紫色斑点。

实际大小

科	玉螺科Naticidae
壳长	28—35mm
分布	太平洋西部，中国到澳大利亚东部
丰度	不常见
深度	潮下带至离岸浅海
习性	沙
食性	肉食性
厣	缺失

壳长范围
1⅛ — 1⅜ in
(28 — 35 mm)

标本壳长
1¾ in
(44 mm)

358

雕刻窦螺
Sinum incisum
Incised Moon
(Reeve, 1864)

雕刻窦螺（扁耳玉螺），和大西洋窦螺 *Sinum perspectivum* 一样，贝壳非常扁平，螺轴在壳口内，极显著。实质上在进化过程中，其贝壳变小了，并且不再能够包含整个软体部。不过能包裹并保护脆弱的生殖腺和肝脏，它们位于螺旋部的尖端。

近似种

凹耳窦螺（凹耳玉螺）*Sinum concavum* （Lamarck，1822），是窦螺属 *Sinum* 少数物种中的一种，在大西洋东海岸仅限于非洲西部分布。它与雕刻窦螺在大小和壳纹上类似，但壳面为奶油色到淡褐色，底部和壳顶为白色。

雕刻窦螺贝壳为椭圆形且膨胀，螺层从壳顶迅速扩大，形成一个非常宽的壳口。内部具光泽、白色，外部白色、无光泽，壳纹由许多螺旋细沟形成，这些刻纹直至锋利且薄的外唇，逐渐变成波浪状。壳顶有时为紫色。

实际大小

科	玉螺科Naticidae
壳长	22—65mm
分布	北卡罗来纳州到巴西，加勒比
丰度	常见
深度	离岸带至60m
习性	沙
食性	肉食性
厣	钙质，少环壳

壳长范围
⅞ — 2½ in
(22 — 65 mm)

标本壳长
2 in
(51 mm)

359

彩带玉螺
Naticarius canrena
Colorful Atlantic Moon
(Linnaeus, 1758)

彩带玉螺是一种极受收藏家喜爱的大型彩色玉螺。其软体部大约为贝壳长度的 4 倍，边缘及足后部有明显的杂色花纹，前足有多条平行线。厣厚，白色，并且钙化，有一个由大约 10 条平行槽形成的复杂图案。

近似种

贺力玉螺 *Naticarius hebraeus*（Martyn，1786），是地中海常见的玉螺，与其他玉螺不同，已适应粗砂底质栖息地。壳面白色到奶油色，栗色小斑点和大斑点形成的螺带交替出现，近唇处斑点大。脐相当宽，胼胝很窄。

实际大小

彩带玉螺贝壳光滑，有光泽，近乎球形，螺旋部圆润，壳口大、D形。脐宽，沿着螺轴中线有宽胼胝。贝壳花纹复杂，栗棕色的背景色上有狭窄的白色色带，与波浪形的深棕色纵线交叉。

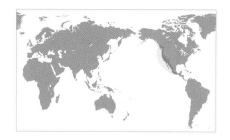

科	玉螺科Naticidae
壳长	57—166mm
分布	温哥华岛到墨西哥
丰度	常见
深度	潮间带至50m
习性	沙
食性	肉食性
厣	角质

壳长范围
2¼ — 6½ in
(57 — 166 mm)

标本壳长
5 in
(128 mm)

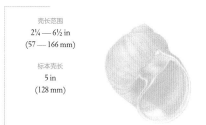

360

路易斯玉螺
Euspira lewisii
Lewis' Moon
(Gould, 1847)

路易斯玉螺（超级玉螺）是现存玉螺中个体最大的种。通常雌性比雄性个体更大且寿命更长，最长可达14年。路易斯玉螺是其栖息地沙滩上的主要捕食者，以蛤蜊和牡蛎以及其他腹足动物包括其他玉螺为食。该种贝壳在美国土著人留下的贝冢中常见。路易斯玉螺以受赤潮影响的双壳类为食时，其组织常变得有毒。

近似种

英雄玉螺 *Euspira heros*（Say，1822），与路易斯玉螺几乎一样大，且外观非常相似，但它分布在北美的大西洋海岸。壳面浅黄褐色，与路易斯玉螺有相同频率的生长线，但脐为浅色而不是深色，缺少路易斯玉螺体螺层周围的凹槽。

路易斯玉螺贝壳壳质厚且近似球形，覆以较多粗糙生长条纹。螺旋部较低，螺层圆润，脐深色，被白色螺轴胼胝部分覆盖。缝合线下部有一条宽的螺旋状浅凹沟，凹沟止于外唇上半部。壳面浅米色到栗色，内部色浅。

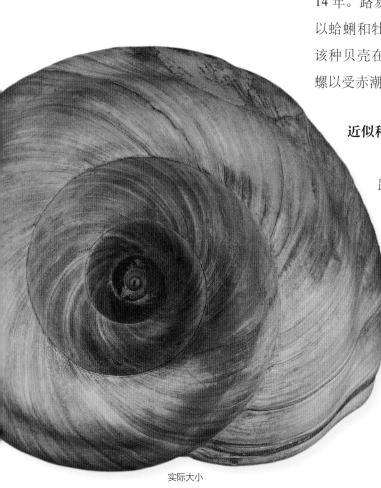

实际大小

科	蛙螺科Bursidae
壳长	35—75mm
分布	佛罗里达州到巴西，加那利群岛到南非
丰度	不常见
深度	30—275m
习性	岩石和砾石海底
食性	肉食性，以多毛类为食
厣	角质，椭圆形，核心位于中央

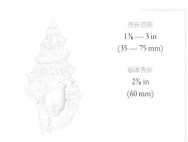

壳长范围
1⅜ — 3 in
(35 — 75 mm)

标本壳长
2⅜ in
(60 mm)

361

细页蛙螺
Bursa ranelloides tenuisculpta
Fine-sculptured Frog Shell
(Dautzenberg and Fischer, 1906)

　　细页蛙螺（细纹蛙螺）与小白蛙螺 *B. ranelloides ranelloides* 相比，贝壳更长，刻纹更轻，分布于印度—太平洋；种本名"*tenuisculpta*"与其细致的壳纹有关。贝壳奶油色，杂有橙色和白色，头触手为黄色且具黑色带。世界上蛙螺科大约有60种现存种，包括生活在热带和亚热带的物种。最古老的蛙螺化石可以追溯到白垩纪中期。

近似种

　　巴尔代蛙螺 *Tutufa bardeyi*（Jousseaume，1894），分布于亚丁湾到肯尼亚海域，是现存个体最大的蛙螺；贝壳长度可超过400mm。双锥蛙螺 *Bufonaria bufo*（Bruguière，1792），分布于北卡罗来纳州到巴西海域，贝壳稍偏平，椭圆形，具串珠状螺带。

细页蛙螺贝壳为中等大小，壳质相对较轻，椭圆锥形。螺旋部较高，缝合线清晰，壳顶平滑。每层5—7排小结节组成的螺旋肋，肩部一排较大的结节形成刻纹。壳口椭圆形，外唇厚且具小齿，螺轴有数枚褶襞。每个螺层大约2/3处会出现一条凸起肋。壳面奶油色或发红的黄褐色，壳口白色。

实际大小

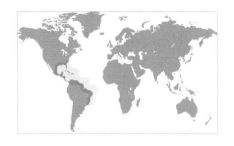

科	蛙螺科Bursidae
壳长	20—70mm
分布	北卡罗来纳州到巴西东北部
丰度	常见
深度	潮下带至100m
习性	岩石，沙质和泥质海底
食性	肉食性，以多毛类动物为食
厣	角质，椭圆形，核心位于中央

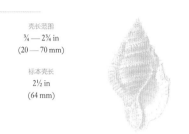

壳长范围
¾ — 2¾ in
(20 — 70 mm)

标本壳长
2½ in
(64 mm)

362

双锥蛙螺
Bufonaria bufo
Chestnut Frog Shell

Bruguière, 1792)

双锥蛙螺贝壳扁平，每半个螺层即有纵肿肋，每个纵肿肋都与前一螺层的纵肿肋基本对齐。与其他蛙螺一样，双锥蛙螺有一条前水管沟以及位于缝合线下方的壳口后缘收缩的后沟（肛门沟）。每个螺层上都可以看到肛门沟，但只有壳口上最后一个肛门沟是开放的。双锥蛙螺在佛罗里达较稀有，但在加勒比近海常见甚至丰富。蛙螺以多毛类动物和星虫、蠕虫为食，捕捉猎物后快速吞食。

近似种

长棘赤蛙螺 *Bufonaria echinata*（Link，1807），分布于印度—西太平洋，贝壳与双锥蛙螺相似，但有从纵肿肋向外生长的棘刺。这些棘刺可与螺旋部高度一样长，但有些标本的比较短。艳唇蛙螺 *Bufonaria foliata*（Broderip，1825），分布于索马里到南非海域，贝壳较双锥蛙螺更大，外唇宽、有光泽、具齿，螺轴红橙色，通过这些特征可以将其辨认出来。

双锥蛙螺贝壳中等大小，壳质厚，壳形扁平，轮廓为椭圆形。螺旋部相当高，壳顶尖，缝合线清晰，螺层边缘几乎是直的。各螺层有几条串珠螺旋肋，以及1—2排结节。壳口小且为椭圆形，外唇厚，有小齿，螺轴具小型褶襞。每螺层纵肿肋间大约相隔180°，与前面螺层的纵肿肋对齐。壳面浅棕色，有深棕色或带灰色的螺旋带，内部白色。

实际大小

科	蛙螺科Bursidae
壳长	30—115mm
分布	索马里到南非和西印度洋
丰度	不常见
深度	25—30m
习性	岩石和泥质海底
食性	肉食性，以多毛类为食
厣	角质，椭圆形

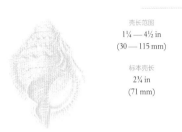

壳长范围
1¼ — 4½ in
(30 — 115 mm)

标本壳长
2¾ in
(71 mm)

363

艳唇蛙螺
Bufonaria foliata
Frilled Frog Shell
(Broderip, 1825)

艳唇蛙螺是颜色最鲜艳的蛙螺之一，外唇宽、有光泽、具齿，螺轴为红橙色，与常见的灰色贝壳较为不同。各螺层纵肿肋间大约相隔180°，与前面螺层的纵肿肋对齐。艳唇蛙螺是南非近海的稀有物种，其他地方可能较常见。许多蛙螺科物种的壳口具有两性特征，和不能繁殖的雌性蛙螺和雄性蛙螺相比，产卵的雌性蛙螺壳口更加外张。

近似种

鲍里斯蛙螺 *Bufonaria borisbeckeri* Parth，1996，分布于菲律宾海域，贝壳与艳唇蛙螺相似但更小，后水管沟长，壳口白色。该物种的命名是为了纪念德国网球选手鲍里斯·贝克尔（Boris Becker）。双锥蛙螺 *Bufonaria bufo*（Bruguière，1792），分布于北卡罗来纳州到巴西海域，贝壳横向扁平，表面覆以串珠状螺旋肋。

艳唇蛙螺贝壳中等大小，壳质薄，略扁，椭圆形。螺旋部较短，壳顶尖。各螺层有几条具有结节的螺肋，沿着肩部有强而尖的脊刺。壳口为披针状，外唇具齿，螺轴楯宽、具肋纹。壳口后部有一根长的肛门沟。壳面通常为奶油色或黄褐色，有时粉色，壳口边缘为鲜艳的橙红色。

实际大小

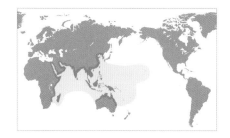

科	蛙螺科Bursidae
壳长	30—240mm
分布	红海到印度—太平洋
丰度	常见
深度	潮间带至200m
习性	岩石海底
食性	肉食性，以多毛类为食
厣	角质，椭圆形，核心偏于一端

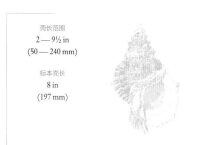

壳长范围
2 — 9½ in
(50 — 240 mm)

标本壳长
8 in
(197 mm)

364

蟾蜍土发螺
Tutufa bufo
Red-ringed Frog Shell
(Röding, 1798)

实际大小

蟾蜍土发螺（蟾蜍蛙螺）是一种大型蛙螺科代表，也被称为青蛙贝，因为其贝壳的结节雕刻让人想起青蛙的皮肤。蟾蜍土发螺分布广泛，从红海到太平洋中部，包括热带地区，比如新西兰北部，甚至到夏威夷。分布的深度也较广，出现在潮间带至大约200m。蟾蜍土发螺通常生活在珊瑚礁浅水区，是一种专门以多毛类蠕虫为食的主动性捕食者。

近似种

巴尔代蛙螺 *Tutufa bardeyi*（Jousseaume，1894），分布于亚丁湾到肯尼亚海域，是个体最大的蛙螺；有些贝壳是蟾蜍土发螺的两倍长，长度可达430mm。瘤蛙螺 *Bursa corrugata*（Perry，1811），分布于佛罗里达到巴西海域，贝壳相对较小，特征为唇橙棕色、宽、具光泽、呈波纹状，唇上有浅色齿。

蟾蜍土发螺贝壳较大，壳质结实且重，宽梭形。螺旋部高，有 2—3 条具大结节的螺旋肋，其他螺肋则有小结节。有 4 或 5 条螺旋肋膨胀形成厚脊。壳口大，椭圆形，外唇外展且有圆齿，螺轴平滑；螺轴处是一窄或宽的细带。前、后沟明显。壳面白色或浅黄褐色，外唇白色或粉色，壳口附近为锈色。

科	冠螺科Cassidae
壳长	30—100mm
分布	红海和印度—太平洋到夏威夷
丰度	常见
深度	低潮间带至100m
习性	沙质海底
食性	肉食性，以棘皮动物为食
厣	角质，小

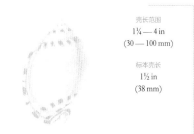

壳长范围
1¼ — 4 in
(30 — 100 mm)

标本壳长
1½ in
(38 mm)

365

笨甲胄螺
Casmaria ponderosa
Heavy Bonnet
(Gmelin, 1791)

笨甲胄螺（笨冠螺，斑点小鬈螺）名字恰当，其壳相当大、略显笨重，如图所示。笨甲胄螺贝壳形状多变，有几个亚种和不同形状的群体已被命名，有些群体贝壳则较薄。同其他冠螺一样，笨甲胄螺是专门以棘皮动物为食的肉食性动物，主要在夜间进行捕食。冠螺吻长、可伸展，伸展长度可以达到某些海胆壳的长度，甚至是长刺海胆，比如王冠海胆 *Diadema*。冠螺科有 70 个现存种，分布于热带和温带水域。

近似种

小甲胄螺（小毛冠螺）*Casmaria vibex*（Linnaeus，1758），分布于印度—西太平洋海域，与笨甲胄螺相比贝壳更小、更薄、更光滑。外唇厚，内部没有小齿。鬈螺 *Phalium glaucum*（Linnaeus，1758），分布于印度洋和西太平洋海域，贝壳更大、更薄、呈球形。壳面深灰色，外唇喇叭形，前部有 3 或 4 根棘刺。

笨甲胄螺贝壳中等大小，壳质厚重，有光泽，长椭圆形。螺旋部高度适中，壳顶尖，缝合线明显，螺层膨凸。壳面光滑有光泽，体螺层肩部常有结节（如图所示）。壳口狭窄，外唇和内唇都较厚，内部有胼胝和小齿，外唇边缘有一排尖齿。贝壳表面颜色发白或为奶油色，缝合线旁边有一排棕色斑块；壳口白色。

实际大小

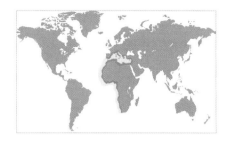

科	冠螺科Cassidae
壳长	50—110mm
分布	地中海，西非
丰度	常见
深度	30—150m
习性	泥质，沙质海底
食性	肉食性，以海胆为食
厣	角质，薄，半圆形

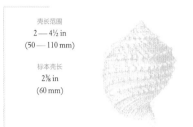

壳长范围
2 — 4½ in
(50 — 110 mm)

标本壳长
2⅜ in
(60 mm)

366

蟾蜍鼓螺
Galeodea echinophora
Spiny Bonnet
(Linnaeus, 1758)

尽管蟾蜍鼓螺很常见，尤其在亚得里亚海，但通常见到的蟾蜍鼓螺多以小规模群体出现。蟾蜍鼓螺食用海胆时首先在海胆脊柱处清理一小块面积，然后用吻钻出一个狭窄的洞，通过这个洞可将海胆的可食肉体取出。在中欧国家，比如西班牙和意大利，蟾蜍鼓螺可被食用，因贝壳形状和表面刻纹而深受贝壳收藏家喜爱。

近似种

欧洲唐冠螺 *Phalium saburon*（Bruguière，1792），也分布于地中海至西非海域，贝壳更膨胀，水管沟更短、更宽，没有蟾蜍鼓螺独特的结节结构。欧洲鼓螺 *Galeodea rugosa*（Linnaeus，1758），分布也与蟾蜍鼓螺相似，但可以出现在更北部；肩角更少，结节也更少。

实际大小

蟾蜍鼓螺贝壳螺旋部中等大小，前水管沟短而上翘。体螺层的典型特点是具有 4—6 条脊状螺肋，且后部螺肋比前方的螺肋具有更多结节。结节通常具尖角，似皇冠，因此有了冠螺这个俗名。唇部具光泽，奶油白色，略厚，具有弱齿。壳面浅棕色到深棕色。

科	冠螺科Cassidae
壳长	60—147mm
分布	东非到西太平洋
丰度	常见
深度	潮间带至60m
习性	沙质海底
食性	肉食性，以棘皮动物为食
厣	角质，扇形，细长

壳长范围
2½ — 5¾ in
(60 — 147 mm)

标本壳长
3 in
(77 mm)

367

鬈螺
Phalium glaucum
Gray Bonnet
(Linnaeus, 1758)

鬈螺（灰鬈螺）是鬈螺属 *Phalium* 中大且膨胀的种类，背部深灰色，外唇前缘有三或四个尖的棘刺，使其更易被辨认。鬈螺是以沙钱和海胆为食的肉食性动物，生活在潮间带到近海的沙质海底和沙滩上。产卵季节，许多雌性鬈螺一起产卵，产下大量不规则卵群。鬈螺常用于食用或贝壳交易。许多冠螺的厣为扇形且细长，有辐射状脊和沟槽。

近似种

沟纹鬈螺 *Phalium flammiferum*（Röding，1798），分布于日本到越南海域，贝壳非常独特而漂亮，有纵向火焰形花纹。贝壳有光泽，螺旋线具缺刻，螺层每2/3 处有一条纵肿肋。蟾蜍鼓螺 *Galeodea echinophora*（Linnaeus，1758），分布于地中海和西非海域，贝壳球形，水管沟细长。表面有几排结节形成的螺旋肋。

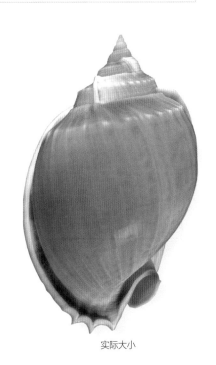

实际大小

鬈螺贝壳中等大，平滑，呈椭圆形。螺旋部短，壳顶尖，缝合线明显，螺层具肩角。表面大部分平滑，有弱的螺旋肋与纵向生长线相交。每个螺层的 2/3 处都有一条纵肿肋，最后 2 个螺层的肩部具角且有小结节。壳口半圆形且细长，外唇较厚、内部有小齿，前缘有 3—4 根突出的棘刺。壳面深灰色，壳口棕色，外唇浅橙色。

科	冠螺科Cassidae
壳长	90—135mm
分布	佛罗里达州到墨西哥湾
丰度	不常见
深度	130—900mm
习性	沙质或泥质海底
食性	肉食性
厣	角质，椭圆形

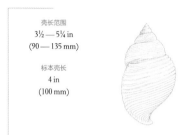

壳长范围
3½ — 5¼ in
(90 — 135 mm)

标本壳长
4 in
(100 mm)

368

巴吉氏皱螺
Oocorys bartschi
Bartsch's False Tun

Rehder, 1943

巴吉氏皱螺贝壳中等大，壁薄但结实，壳形膨胀，呈宽梭形。螺旋部短，缝合线清晰，螺层膨突，壳顶尖。体螺层上具大约40条等间隔的扁平螺旋肋。较小的贝壳缺少纵肿肋，大些的贝壳可能有少许纵肿肋。壳口大，椭圆形，外唇有光泽且具小齿，螺轴弯曲且平滑。壳面桃红色或浅橙色，内部奶油色。

巴吉氏皱螺（巴吉冠螺）是一种深水冠螺，生活在大陆架外的沙泥海底。由于不经常被采到，因此其生物学特性所知不多。厣角质，椭圆形，小，不能塞住壳口。球形的贝壳以及体螺层上40根螺旋扁肋刻纹，使其很容易被辨认。世界上的卵螺亚科Oocorythinae大约有15个现存种；与大部分冠螺相比，卵螺亚科更倾向于生活在深水中。它们一度被认为是独立科，但解剖学特征（比如齿舌）证明它们属于冠螺科。

近似种

大西洋唐冠螺（大西洋冠螺）*Oocorys sulcata* Fischer, 1883，分布于北卡罗来纳至西印度海域，在印度洋也有分布，是1000m深水处常见种。贝壳与巴吉氏皱螺相似但更小，壳口狭窄，壳上具有一些螺旋肋。宝冠螺（万宝螺）*Cypraecassis rufa*（Linnaeus，1758），分布于东非到波利尼西亚海区，贝壳大而结实，厣厚、椭圆形、橙色。是艺术家用来制作浮雕的贝壳之一。

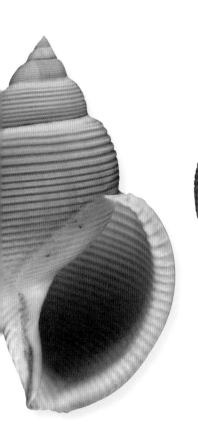

实际大小

科	冠螺科Cassidae
壳长	65—200mm
分布	印度—西太平洋
丰度	常见
深度	潮间带至12m
习性	珊瑚礁附近
食性	肉食性，以海胆为食
厣	角质，薄

壳长范围
2½ — 8 in
(65 — 200 mm)

标本壳长
6½ in
(166 mm)

369

宝冠螺
Cypraecassis rufa
Bullmouth Helmet
(Linnaeus, 1758)

同其他冠螺科的大型物种一样，宝冠螺（万宝螺）几个世纪以来都被用于制作浮雕，因此有"浮雕贝"这一俗名。贝壳主要从其原产地东非运输到雕刻浮雕的意大利。像所有冠螺一样，宝冠螺是肉食性动物，利用它的齿舌和酸性分泌物在海胆壳上打洞来获得里面的可食用肉体部分。

近似种

火焰唐冠螺 *Cassis flammea*（Linnaeus，1758)，分布于百慕大群岛和佛罗里达州到小安的烈斯群岛海域，与宝冠螺相比贝壳更小，螺轴褶襞和外唇颜色更浅，红色更少，与宝冠螺的 22—24 枚齿相比，火焰唐冠螺最多只有 10 枚齿。唐冠螺 *Cassis cornuta*（Linnaeus，1758)，分布于印度洋—西太平洋，特点为肩部结节更大（雄性螺结节可能是角状），一般为灰色至白色，外唇上也有少许齿。

宝冠螺的贝壳壳质厚重，螺旋部低。肩部具角，体螺层有 3 或 4 条具厚结节的螺旋肋，并散布着具更小结节的小螺肋。前部浅色纵肋之后为大幅上翘的红棕色水管沟。红色螺轴的特点是：白色齿上有深棕色间隙。沿着外唇有大约 22—24 枚浅色而独特的齿。

实际大小

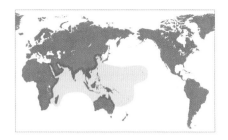

科	冠螺科Cassidae
壳长	50—390mm
分布	印度—西太平洋
丰度	常见
深度	浅水，2—30m
习性	珊瑚礁附近
食性	肉食性，以海胆为食
厣	角质，薄

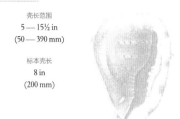

壳长范围
5 — 15½ in
(50 — 390 mm)

标本壳长
8 in
(200 mm)

370

唐冠螺
Cassis cornuta
Horned Helmet
(Linnaeus, 1758)

唐冠螺贝壳大且厚，但相比其他大的冠螺来说它不常被用于浮雕制作。唐冠螺是分布范围内最大的冠螺，分布范围内的本土居民用作盛水容器。唐冠螺生活在印度洋—西太平洋珊瑚礁旁；在砂质底分布广泛，在珊瑚碎片之间捕食海胆。与冠螺科其他种一样，雄性唐冠螺比雌性唐冠螺更小。

近似种

大帝王唐冠螺 *Cassis madagascariensis*（Lamarck，1822），分布于加勒比和佛罗里达州至小安的列斯岛海域，贝壳更小，螺轴上遍布明显的肋纹和褶皱，肋间呈黑色。火焰唐冠螺 *Cassis flammea*（Linnaeus，1758），分布于加勒比海，比唐冠螺小得多，特点为体螺层上具深色的纵向锯齿状标记。

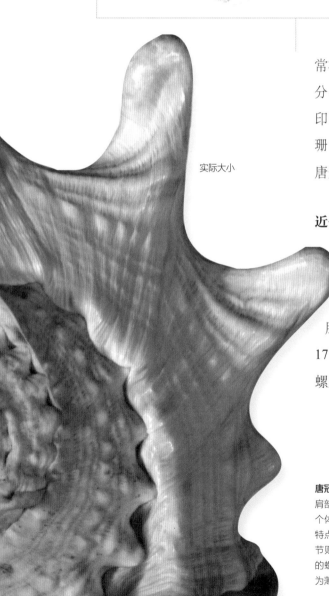

实际大小

唐冠螺贝壳螺旋部短，包括大约 7 个螺层。肩部具角，有 5—7 个明显的大结节，雄性个体的肩部可能凸起，为角状。体螺层的特点为有 3 条具钝结节的螺带，而前部结节则较小。滑层宽阔，前部 2/3 处为发达的螺轴，后部具典型的颜色和刻纹。外唇为薄带状，有 12 颗钝齿，中间的最突出。

科	冠螺科Cassidae
壳长	200—410mm
分布	美国东南部到巴巴多斯岛和墨西哥湾
丰度	常见
深度	3—27m
习性	沙和海草
食性	肉食性，以棘皮动物为食
厣	角质，极长

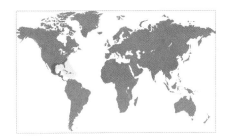

壳长范围
8 — 16¼ in
(200 — 410 mm)

标本壳长
13½ in
(337 mm)

大帝王唐冠螺
Cassis madagascariensis spinella
Clench's Helmet
Clench, 1944

大帝王唐冠螺是个体最大的冠螺。大帝王唐冠螺是相当常见的贝类，分布于美国东南部，墨西哥湾和安的烈斯群岛的浅海草床上。贝壳是制作浮雕和胸针最常用的材料。艺术家用不同颜色的贝壳层来完成复杂的设计。冠螺以棘皮动物比如海胆和沙钱为食。

近似种

黑嘴唐冠螺 *Cassis tuberosa*（Linnaeus，1758），分布于温带和热带西大西洋，滑层大且厚、近似三角形。唐冠螺 *Cassis cornuta*（Linnaeus，1758），分布于印度—太平洋，也是大型冠螺种类之一，体螺层膨胀；宝冠螺 *Cypraecassis rufa*（Linnaeus，1758），也分布于热带印度—太平洋海域，贝壳坚实、微红，外唇厚，是另一种用于传统浮雕的贝类。

大帝王唐冠螺贝壳非常大且结实。壳体膨胀，滑层厚且延伸，轮廓呈椭圆三角形。螺旋部短，纵肿肋发达，将螺层以 3/4 处相隔。贝壳表面有 3 排低的圆结节，肩部结节最突出，贝壳表面具有许多细螺旋线与生长线相交。壳口狭长，受限于具巨齿的厚的外唇。壳面白色或奶油色，壳口和滑层富有光泽，呈橙褐色，齿之间有深棕色条纹。

实际大小

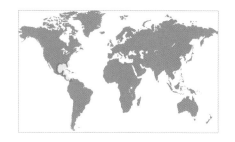

科	琵琶螺科（枇杷螺科）Ficidae
壳长	60—165mm
分布	北卡罗来纳到委内瑞拉，墨西哥湾
丰度	常见
深度	潮间带至175m
习性	沙质海底
食性	肉食性，以无脊椎动物为食
厣	缺失

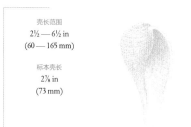

壳长范围
2½ — 6½ in
(60 — 165 mm)

标本壳长
2⅞ in
(73 mm)

372

美东琵琶螺
Ficus communis
Common Fig Shell
Röding, 1798

实际大小

美东琵琶螺（美东枇杷螺）是温水水域浅水中常见物种，分布于北卡罗来纳州到委内瑞拉和墨西哥湾海域。有时被大量冲上岸。美东琵琶螺为沙栖动物，花大量时间把自己埋在沙子中，捕食多毛类和其他蠕虫。美东琵琶螺肉体很大，外套膜裂为两瓣，覆盖贝壳的大部分。美东琵琶螺有时会与螺旋舌螺 *Busycotypus spiratus* 混淆，两者贝壳相似，而美东琵琶螺贝壳更薄、更轻，并且有扁平的螺旋线。

近似种

长琵琶螺（大枇杷螺）*Ficus gracilis* Sowerby I，1825，分布于印度—西太平洋，有与美东琵琶螺类似的贝壳，但是螺旋部更高、更长，并且个体可以长得更大。白带琵琶螺 *Ficus subintermedia* d'Orbigny，1852，分布于印度洋—太平洋，其贝壳为该科中颜色最丰富，粉棕色，有网格状刻纹。

美东琵琶螺贝壳细长，壳质极薄脆，无花果形。螺旋部非常低，缝合线清晰。体螺层大，壳口宽且长，没有厣。水管沟冗长，向前端逐渐变细。壳表饰有发达的扁平螺肋以及间隙内弱的螺肋和细纵肋。壳面为粉白色或米黄色，壳口白色，内部浅棕色。

科	琵琶螺科Ficidae
壳长	80—200mm
分布	印度—西太平洋
丰度	常见
深度	浅潮下带至200m
习性	沙质或泥质海底
食性	肉食性，以无脊椎动物为食
厣	缺失

壳长范围
3¼ — 8 in
(80 — 200 mm)

标本壳长
5½ in
(143 mm)

373

长琵琶螺
Ficus gracilis
Graceful Fig Shell
(Sowerby I, 1825)

长琵琶螺是琵琶螺科中个体最大的贝类，生活在大陆架深处热带和温暖水域的沙质或泥质海底上。长琵琶螺足大、呈箭头形，长吻用来捕食管内穴居的蠕虫。长琵琶螺舒展时组织上的两瓣组片覆盖部分贝壳。与其他琵琶螺一样，其贝壳形状、刻纹和颜色不会有太大变化，大多数琵琶螺动物有相似的贝壳。琵琶螺科是一个小科，世界上只有大约12个确定的物种。

近似种

美东琵琶螺 *Ficus communis* Röding，1798，是常见种，分布于北卡罗来纳州到委内瑞拉和墨西哥湾海区。其贝壳类似于长琵琶螺，但螺旋部近乎扁平，贝壳略宽。博努斯琵琶螺 *Thalassocyon bonus* Barnard，1960，是其属中的唯一物种，是一种分布于南非到新西兰的深海物种，贝壳小，具有明显的龙骨状凸起。与其他琵琶螺不同，博努斯琵琶螺有厣。

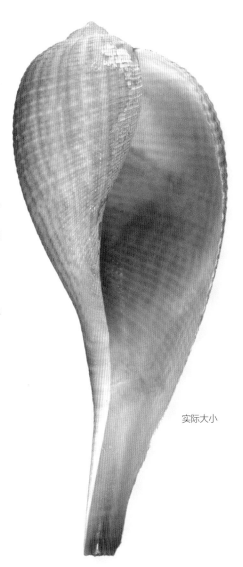

实际大小

长琵琶螺的贝壳细长，壳质薄，易碎，呈无花果形。螺旋部低，缝合线很深。体螺层大而膨胀，壳口宽且长，水管沟细长、端部尖。壳表刻纹精致，有发达的低螺旋肋与细纵线交叉。外唇顶部更厚。壳面颜色范围从橙色到浅棕色，有模糊的垂直锯齿样花纹。壳口为深棕色到橙色，边缘褪成白色。

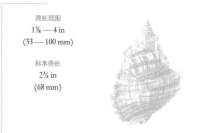

科	扭螺科Personidae
壳长	33—100mm
分布	印度—太平洋
丰度	不常见
深度	潮间带至30m
习性	珊瑚下
食性	肉食性
厣	角质，薄，小

374

壳长范围
1⅜ — 4 in
(33 — 100 mm)

标本壳长
2¾ in
(68 mm)

扭螺
Distorsio anus
Common Distorsio
(Linnaeus, 1758)

扭螺是扭螺科中贝壳最大、最扭曲、最鲜艳的物种之一。其贝壳非常鲜艳，呈红色或橙色，有不规则的白色斑块，长触手的基部有一对黑色小眼睛。它用极其长的吻伸入裂缝中来搜寻多毛类猎物。其属名"*Distorsio*"对扭螺贝壳是一个很好的描述，大多数扭螺为中度至极其扭曲。世界上的扭螺大约有 20 个现存物种。

近似种

库氏扭螺（耸肩扭螺）*Distorsio kurzi* Petuch and Harasewych，1980，分布于印度洋—西太平洋，可能是最扭曲的扭螺。螺轴的轴心看起来随着每个新螺层的增加而改变，体螺层在壳口对面处有一个大的突起。大西洋扭螺 *Distorsio clathrata*（Lamarck，1816），分布于北卡罗来纳州到巴西东北部海域，贝壳相对不太扭曲，表面具网状花纹。

实际大小

扭螺贝壳于该科而言相对较大，壳面膨凸，扭曲且为纺锤形。螺旋部高度适中，壳顶尖，缝合线波浪形。贝壳表面有螺肋和纵肋形成的粗糙结节刻纹。壳口狭窄且收缩，外唇厚，有大约 7 枚齿，螺轴有发达的齿。壳口滑层宽阔，边缘锋利而弯曲。壳面奶油色，有棕色带。

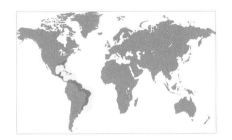

科	扭螺科Personidae
壳长	19—100mm
分布	北卡罗来纳州到得克萨斯州，巴西
丰度	常见
深度	浅潮下带至300m
习性	沙质海底和珊瑚下
食性	肉食性
厣	角质，薄，小

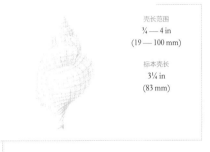

壳长范围
¼ — 4 in
(19 — 100 mm)

标本壳长
3¼ in
(83 mm)

大西洋扭螺
Distorsio clathrata
Atlantic Distorsio
(Lamarck, 1816)

大西洋扭螺是一种常见扭螺，分布于西大西洋和墨西哥湾到巴西海域。通常在潮下带浅水中分布，但在深水区也有发现。其贝壳与扭螺科的大多数物种的贝壳相比不那么扭曲，且背面呈均匀的圆形。每270°（3/4螺层）有一个纵肿肋。大西洋扭螺活体的贝壳被毛茸茸的厚壳皮所覆盖。它是新堆积的沉积物中更具代表性的物种。

大西洋扭螺的贝壳相对整个科而言略大，壳形扭曲且为纺锤形。螺旋部高度适中，壳顶尖，缝合线波浪形。表面有网状花纹，由交叉的螺肋和纵肋组成，交叉处凸起。壳口狭窄且收缩。外唇厚，内唇和外唇都有齿，螺轴上有一个凹口。滑层大且有光泽。壳面白色到浅黄色，滑层橙色，壳口白色。

近似种

扭螺 *Distorsio anus*（Linnaeus，1758），分布于印度—太平洋，与大西洋扭螺相比相当扭曲，滑层更大、贝壳更鲜艳，水管沟扭曲。棋盘扭螺 *Distorsio burgessi* Lewis，1972，是夏威夷特有的罕见扭螺。其贝壳宽，且表面有一个有点类似于大西洋扭螺的网状花纹，但是滑层具棋盘样棕色线纹，壳体非常扭曲。

实际大小

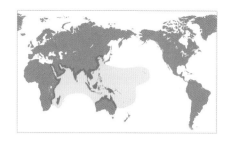

科	嵌线螺科Ranellidae
壳长	31—100mm
分布	印度—太平洋
丰度	常见
深度	深水，50—1200m
习性	软沉积物
食性	肉食性
厣	角质，同心圆状

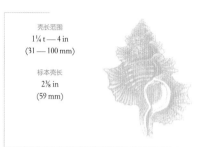

壳长范围
1¼ t — 4 in
(31 — 100 mm)

标本壳长
2⅜ in
(59 mm)

376

翼螺
Biplex perca
Maple Leaf Triton
(Perry, 1811)

翼螺（翼法螺）与一些法螺是近似种，都有一个外形独特、类似枫叶的贝壳，此特征使其较容易被辨认。纵肿肋具翼状结构，与前面螺层的纵肿肋排列整齐，与前一纵肿肋大约呈180°夹角，使它们略呈螺旋状缠绕贝壳。在中国台湾经常会捕捞到翼螺的大型标本。

但自从拖网渔船离开到别处，采集到的大型标本就变少了。现在，在菲律宾采集到的标本更多更小。翼螺是翼螺属中的典型物种，该属中有几个具有相似贝壳的物种。

近似种

小翼螺（小翼法螺）*Biplex pulchra*（Gray，1836），分布于日本到澳大利亚海域，有一个与翼螺相似的贝壳，但是更小，刻纹上有更大的颗粒。黑齿嵌线螺 *Cymatium parthenopeum*（Von Salis，1793），在世界温暖性水域中分布。壳皮厚且多毛。

实际大小

翼螺的贝壳背腹扁平，具有长翼状纵肿肋，与之前螺层纵肿肋的翼排列整齐。螺旋部高，缝合线非常明显。壳面饰有粗细不一的螺肋和纵肋，交叉处形成白色圆形串珠。螺肋延伸至每个螺层两侧扁平具翼的纵肿肋。壳口近似圆形，后部有两枚齿，水管沟弯曲。贝壳颜色变化范围从浅棕色到灰色；壳口白色。

科	嵌线螺科Ranellidae
壳长	30—80mm
分布	印度—太平洋，巴西东北部
丰度	不常见
深度	潮下带至50m
习性	岩石海底
食性	肉食性，以双壳类为食
厣	角质，薄，小

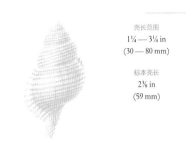

壳长范围
1¼ — 3¼ in
(30 — 80 mm)

标本壳长
2⅜ in
(59 mm)

377

灯笼嵌线螺
Cymatium succinctum
Lesser Girdled Triton
(Linnaeus, 1771)

灯笼嵌线螺（灯笼法螺）贝壳漂亮，有棕色具光泽的螺旋肋。与其他嵌线螺不同，大多数贝壳在发育时无纵肿肋，但许多样品偶尔会出现一个肿肋。贝壳被一个致密的膜样（不是壳毛）壳皮所覆盖，在活的螺体中壳皮有类似昆虫翅膀的纹理。每个螺旋肋延伸出壳皮的薄膜。壳皮干燥时，最终会从壳上脱落。在夏威夷，灯笼嵌线螺在以前产量丰富的江珧床上常见。雌性灯笼嵌线螺产下的卵块呈球形。

近似种

环沟嵌线螺 *Cymatium cingulatum* Lamarck，1822，在印度—西太平洋、西大西洋和非洲西北部海域有广泛的分布。贝壳呈宽球形，壳口宽，外唇具细齿。欧洲嵌线螺 *Ranella olearium*（Linnaeus，1758），分布也很广泛；贝壳大且厚，螺旋部高。

实际大小

灯笼嵌线螺的贝壳中等大小，壳质薄，壳形球形，轮廓呈纺锤形。螺旋部高度适中，螺层圆润，缝合线清晰。刻纹由大约**12—13**条扁平具光泽且间隔均匀的螺肋组成。大多数贝壳没有纵肿肋，但有些样品上有。壳口半圆形，外唇厚，有与螺旋肋对应的小齿。螺轴后部有发达的齿。壳面黄棕色，有棕色纵向肋，壳口白色。

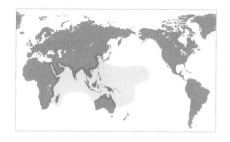

科	嵌线螺科Ranellidae
壳长	50—130mm
分布	红海，印度—太平洋
丰度	不常见
深度	潮间带至28m
习性	珊瑚和沙滩上
食性	肉食性，以无脊椎动物为食
厣	厚，角质，核心偏于一端

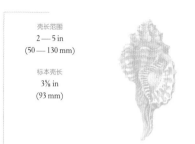

壳长范围
2 — 5 in
(50 — 130 mm)

标本壳长
3⅝ in
(93 mm)

378

梨形嵌线螺
Ranularia pyrum
Pear Triton
(Linnaeus, 1758)

梨形嵌线螺（大象法螺）贝壳壳质坚固且具小结节，水管沟长、呈不规则弯曲。每个螺层的 2/3 处都有一个发达的纵肿肋。与其他嵌线螺一样，梨形嵌线螺是一种肉食性动物，主要以其他软体动物为食，但也会以其他无脊椎动物为食，比如管虫和海参。梨形嵌线螺分布于潮间带至近岸的沙质海底和珊瑚礁旁，在夏威夷海区则大多分布在深水区。梨形嵌线螺可用于食用和贝壳贸易。它一直被认为是嵌线螺科种类，但法螺是它最早的名字。

近似种

长管嵌线螺 *Ranularia oblitum* Lewis and Beu，1976，分布于菲律宾到澳大利亚海域，与梨形嵌线螺相比贝壳更小，呈棒状，水管沟长，超过贝壳长度的一半。水管沟形态多样，或直或弯。灯笼嵌线螺 *Cymatium succinctum*（Linnaeus，1771），分布于印度—太平洋和大西洋，贝壳美丽，壳面浅黄色，饰有凸起的、具光泽的棕色细螺旋肋。

实际大小

梨形嵌线螺贝壳中等大小，壳质厚且坚固，有结节，外形呈梨形。螺旋部短，各螺层有螺旋排列的两排结节，缝合线深。刻纹由螺肋和纵肋构成，交叉处形成结节。体螺层大，具肩角，有两条发达的纵肿肋。壳口椭圆形，外唇厚，有 7 枚齿。螺轴弯曲，具小褶襞。水管沟长且弯曲，壳面橙棕色或红棕色，壳口和齿为白色。

科	嵌线螺科Ranellidae
壳长	60—240mm
分布	佛罗里达州到巴西东南部
丰度	常见
深度	0.6—150m
习性	海草附近的沙质海底
食性	肉食性，以无脊椎动物为食
厣	角质，厚，细长

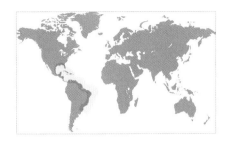

壳长范围
2½ — 9½ in
(60 — 240 mm)

标本壳长
5 in
(127 mm)

角嵌线螺
Cymatium femorale
Angular Triton
(Linnaeus, 1758)

角嵌线螺（角法螺）是一种大型嵌线螺，具独特的角状结构，轮廓近似三角形。每个螺层上有两个发达的呈翼状结构的纵肿肋；从壳顶看去，轮廓为三角形。角法螺生活在浅潮下带水域到近岸带的碎石海底和枯草床附近。幼体贝壳往往比成体贝壳更加鲜艳。与其他嵌线螺一样，角嵌线螺是肉食性动物，以其他软体动物，以及海参和管虫为食。

近似种

兰芝嵌线螺 *Cymatium ranzinii*（Bianconi，1851），分布于红海到莫桑比克海域，贝壳与角嵌线螺相似但个体更小，壳口更大，纵肿肋不上翘，通常色浅。法螺 *Charonia tritonis*（Linnaeus，1758），分布于印度—西太平洋和加拉帕戈斯群岛海域，是嵌线螺科中个体最大的物种。其体螺层膨胀，螺旋部长、具分布不均匀的纵肿肋，壳口大。

实际大小

角嵌线螺的贝壳较大，壳质厚且坚固，具角，轮廓近似三角形。螺旋部高度适中，螺层具角状突，缝合线清晰，壳顶长且狭窄，成体角嵌线螺的壳顶通常消失。刻纹由几条明显的具结节螺肋构成，两条螺肋之间有更细的螺肋。壳口长且宽，外唇厚，成体角嵌线螺的外唇上有齿；纵肿肋粗且上翘。水管沟长而内弯。壳面红棕色，纵肿肋上有白色结节，贝壳内部白色。

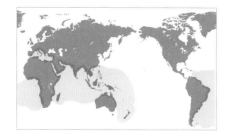

科	嵌线螺科Ranellidae
壳长	90—220mm
分布	地中海，大西洋南部和西部，印度洋，太平洋西南部
丰度	不常见
深度	40—410m
习性	沙质，泥质或贝壳混杂海底
食性	肉食性，以无脊椎动物为食
厣	角质，厚，椭圆形

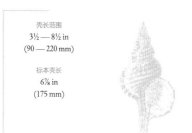

壳长范围
3½ — 8½ in
(90 — 220 mm)

标本壳长
6⅞ in
(175 mm)

380

欧洲嵌线螺
Ranella olearium
Wandering Triton
(Linnaeus, 1758)

实际大小

欧洲嵌线螺（欧洲法螺）分布广泛，覆盖了世界上绝大多数海区，因此又被称为"漫游者嵌线螺"。与其他嵌线螺一样，欧洲嵌线螺幼虫浮游期长，在此期间通过洋流进行长距离运动，因此许多嵌线螺都有极其广泛的分布。欧洲嵌线螺的大小、贝壳厚度和颜色均多变，尽管其分布范围很广，但形状相当固定。在欧洲法国北部的深水中发现的欧洲嵌线螺，其贝壳比南部浅水区的更小。

近似种

麦哲伦嵌线螺 *Fusitriton magellanicus*（Röding，1798），分布于大西洋西南部和太平洋东南部，贝壳更小，具更多的球状螺层，刻纹呈网状，被有一层具短毛的厚壳皮。梨形嵌线螺 *Ranularia pyrum*（Linnaeus，1758），分布于红海和印度—西太平洋，贝壳坚硬、橙棕色，水管沟长、呈不规则扭曲。

欧洲嵌线螺的贝壳较大，壳质厚，轮廓呈纺锤形。螺旋部高，螺层膨凸，缝合线明显。刻纹由许多螺肋与生长纹交叉构成，有些螺肋上有结节。壳口大，呈椭圆形，外唇厚且有小齿，螺轴弯曲且平滑，前部有一褶襞。水管沟长，肛门沟短。壳面颜色多变，白色至浅棕色，壳口白色。

科	嵌线螺科Ranellidae
壳长	100—490mm
分布	印度—太平洋，加拉帕戈斯群岛
丰度	局部常见
深度	潮间带至30m
习性	珊瑚礁
食性	肉食性，以棘皮动物为食
厣	角质，同心圆状，椭圆形

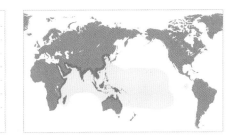

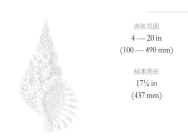

壳长范围
4 — 20 in
(100 — 490 mm)

标本壳长
17¼ in
(437 mm)

法螺
Charonia tritonis
Trumpet Triton
(Linnaeus, 1758)

实际大小

法螺（大法螺，凤尾螺）是嵌线螺科中个体最大的物种。几个世纪以来，它都被用作食物，也因为其漂亮的贝壳而被收集。在许多区域，因为其前部的螺层有洞而被用作小号。法螺在全世界几乎所有的热带浅水中的珊瑚礁附近都有分布。它是一种贪婪的肉食性动物，以棘皮动物为食。法螺是少数几个以吃珊瑚的荆棘冠海星和刺冠海星为食的动物之一，这些海星直径可达 1m。

近似种

大西洋法螺 *Charonia variegata*（Lamarck，1816），分布于北卡罗来纳州到巴西海域，贝壳与法螺相似，但更小、更矮胖。大西洋法螺的唇通常有成对的肋状齿和黑色的间隙。角嵌线螺 *Cymatium femorale*（Linnaeus，1758），分布于佛罗里达南部到巴西海域，贝壳厚，螺层独特，具角、呈翼形。

法螺贝壳非常大，螺旋部高且尖，体螺层膨凸。壳口椭圆形、很大，几乎是贝壳长度的一半，外唇扩张，上具细齿。唇部加厚形成一个纵肿肋，在每个螺层的 2/3 处都有一个重复，所以每个纵肿肋都与其他螺层的纵肿肋对齐排列。螺层膨圆，有粗螺肋，在相邻的粗螺肋之间有单一的细肋。螺轴粗且具发达的褶襞。壳面奶油色，有棕色月牙结构和斑块，壳口橙色，内唇白色、有棕色带。

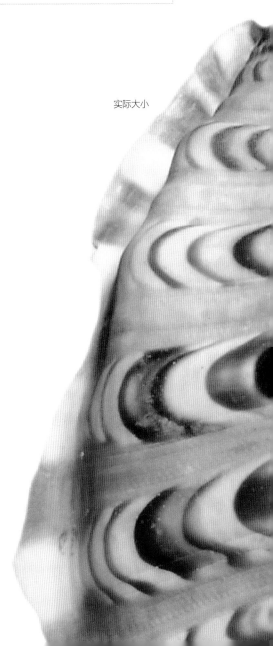

科	鹑螺科Tonnidae
壳长	50—150mm
分布	红海到印度—西太平洋
丰度	不常见
深度	水下10—70m
习性	细沙海底
食性	肉食性，以棘皮动物为食
厣	缺失

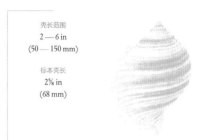

壳长范围
2—6 in
(50—150 mm)

标本壳长
2⅝ in
(68 mm)

382

沟鹑螺
Tonna sulcosa
Banded Tun
(Born, 1778)

沟鹑螺贝壳非常独特、呈球状椭圆形、奶油白色，壳面有3或4条棕色螺旋带和许多螺肋。与其他鹑螺一样，该种没有厣，生活在潮下带浅水区到近岸的细沙和泥质海底上。相比其他鹑螺，沟鹑螺贝壳更厚，其他鹑螺通常壳薄。沟鹑螺幼虫期较长，可以保持浮游生活形态长达6个月。鹑螺科在全世界大约有30个现存物种。可能因为其贝壳薄，鹑螺化石记录较少；已知的最早化石可以追溯到白垩纪。

近似种

葫鹑螺 *Tonna allium*（Dillwyn，1817），分布于印度—西太平洋，贝壳更小更圆，贝壳上有大约13条明显且圆润的螺肋。成熟个体壳口增厚。鹧鸪鹑螺 *Tonna perdix*（Linnaeus，1758），分布于印度—西太平洋和加拉帕戈斯群岛海域，贝壳大且相对更细长，黄褐色或棕色，螺肋上饰有新月形标记。外唇薄而锋利。

沟鹑螺的贝壳中等偏大，对整个科而言贝壳较厚，呈球状椭圆形。螺旋部低，壳顶尖、略带紫色，螺层略微凸起，缝合线沟状。体螺层上具大约20条扁平的螺肋。壳口宽，外唇厚且有小齿，螺轴扭曲。壳面白色，有3—4条间隔均匀的浅棕色螺带，被深棕色壳皮覆盖，壳口白色。

实际大小

科	鹑螺科Tonnidae
壳长	70—227mm
分布	红海至印度—太平洋、夏威夷
丰度	常见
深度	潮间带至20m
习性	沙质海底
食性	肉食性，以海参为食
席	缺失

壳长范围
2¾ — 9 in
(70 — 227 mm)

标本壳长
5¾ in
(132 mm)

鹧鸪鹑螺
Tonna perdix
Pacific Partridge Tun
(Linnaeus, 1758)

鹧鸪鹑螺可能是贝壳最鲜艳的鹑螺。其贝壳花纹类似于欧洲鹧鸪的羽毛，故此得名。与其他鹑螺一样，鹧鸪鹑螺分布广泛，范围从红海经过印度洋，到太平洋中部，包括夏威夷海域。在浅水的沙质海底上最常见，不活跃时在沙质海底上打洞。它是贪婪的肉食性动物，捕食海参。其足宽且薄，吻非常宽。在菲律宾用拖网和鱼陷阱捕捉鹧鸪鹑螺，有时到当地市场售卖。

近似种

沟鹑螺 *Tonna sulcosa*（Born，1778），分布于红海到印度—西太平洋，贝壳容易辨认，有美观的条带。狗牙鹑螺 *Malea ringens*（Swainson，1822），分布于墨西哥西部到秘鲁和加拉帕戈斯群岛海域，其贝壳在鹑螺科中是最厚重的。螺轴独特，螺轴中心有一个深的缺刻，齿明显。

鹧鸪鹑螺贝壳较大，壳质薄且轻，易碎，壳形为细长的球形。螺旋部相对较高，壳顶尖，缝合线具缺刻。壳面平滑；体螺层有大约20条圆润而扁平螺肋，肋间沟明显。壳口非常大，外唇薄且锋利，螺轴平滑。壳面为棕色，螺肋上有新月形斑纹，内部黄棕色。

实际大小

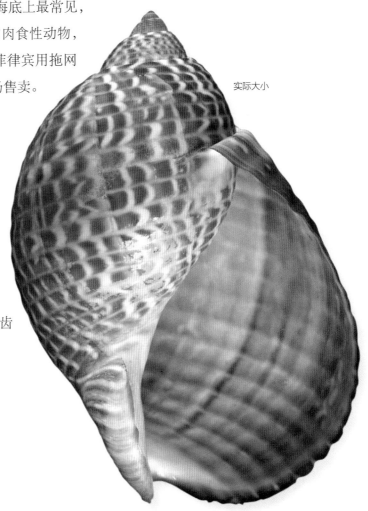

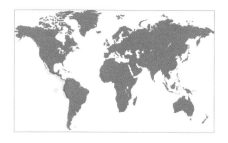

科	鹑螺科Tonnidae
壳长	60—240mm
分布	墨西哥西部到秘鲁；加拉帕戈斯群岛
丰度	常见
深度	潮间带至55m
习性	沙坝和岩石暗礁下
食性	肉食性，以棘皮动物为食
厣	缺失

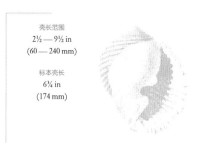

壳长范围
2½ — 9½ in
(60 — 240 mm)

标本壳长
6¾ in
(174 mm)

384

狗牙鹑螺
Malea ringens
Grinning Tun
(Swainson, 1822)

狗牙鹑螺的贝壳较大，壳质坚硬且重，壳形为球形。螺旋部低且尖，缝合线浅。体螺层大，有间隔规则的扁平且宽的螺肋。外唇较厚，具光泽，外缘具齿状缺刻，内缘齿发达。螺轴正中有深缺刻，缺刻的上面和下面有数枚褶襞。水管沟短且卷曲。壳面颜色从深米色到棕色。壳口橙色。

狗牙鹑螺贝壳在鹑螺科中最厚最重，外唇最厚。大多数鹑螺的贝壳薄，但仍被称为贪婪的棘皮动物捕食者。狗牙鹑螺用由唾液腺分泌的硫酸，在海胆的壳上腐蚀钻洞并吃掉它们，其他物种以海参为食。

近似种

苹果螺 *Malea pomum*（Linnaeus，1758），分布于印度—西太平洋，是鹑螺科中个体最小的物种。大鹑螺 *Tonna galea*（Linnaeus，1758），在大西洋有广泛的分布，是鹑螺科中个体最大的物种之一。鹧鸪鹑螺 *T. perdix*（Linnaeus，1758），分布于印度—太平洋，贝壳较大，螺旋部高，有棕色斑点组成的螺旋排列。

实际大小

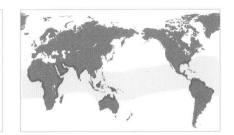

科	明螺科Atlantidae
壳长	2—11mm
分布	世界范围内的温暖水域
丰度	常见
深度	0—50m
习性	浮游
食性	肉食性，以其他浮游腹足类为食
厣	角质，薄，梯形

壳长范围
不足 ⅛—½
(2—11 mm)

标本壳长
⅜ in
(9 mm)

明螺
Atlanta peroni
Peron's Sea Butterfly
Lesueur, 1817

385

明螺是一种终生浮游的腹足类动物，一生均在海洋表面附近漂浮和游动。其在洋流的驱动下游动，分布在世界范围内的温暖水域中。明螺科种类属于异足目的浮游腹足类动物。明螺属 *Atlanta* 中的物种贝壳扁平、呈铁饼样，其龙骨有助于在洋流中稳定自身。其贝壳和软体部都是透明的，这使得它们不容易被肉食性动物发现。世界上的明螺科有 16 个现存物种。

近似种

明螺科中的物种非常相似，并且通常需要依靠幼体贝壳的微观细节特征来辨认。塔明螺 *Atlanta turriculata* d'Orbigny，1836，分布于印度—太平洋，其贝壳较小，螺旋部相当高，因此成为最容易被辨认的明螺之一。

 实际大小

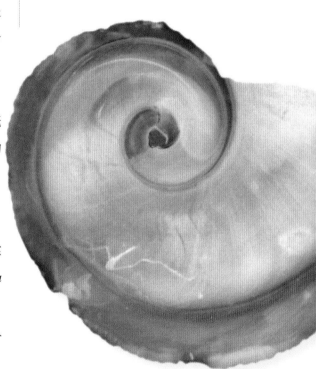

明螺贝壳较小、壳质薄且易碎、透明，壳形扁平，右螺旋。螺旋部非常短，缝合线深，壳顶尖。壳面平滑，有细生长线。体螺层边缘有一根大的龙骨。壳口长椭圆形，外唇薄，内唇具光泽。活体明螺贝壳透明，干燥时变成白色；龙骨基部有棕色条带。

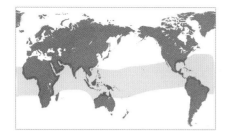

科	龙骨螺科Carinariidae
壳长	30—60mm
分布	世界范围内的温暖水域
丰度	不常见
深度	25—670m
习性	浮游
食性	肉食性，以小型浮游动物为食
厣	缺失

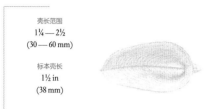

壳长范围
1¼ — 2½
(30 — 60 mm)

标本壳长
1½ in
(38 mm)

386

鸟喙龙骨螺
Carinaria lamarcki
Lamarck's Glassy Carinaria
(Péron and Lesueur, 1810)

鸟喙龙骨螺是一种具有奇特外观的浮游性腹足类动物。其帽状贝壳薄且透明，覆盖大约身体的 20%，以保护内脏。与明螺一样，尽管不接近水表面，但是龙骨螺一生都在水中游动或漂浮。龙骨螺也是贪婪的捕食者，以浮游动物为食，包括其他浮游腹足类、小型鱼类和甲壳动物。鸟喙龙骨螺很难被采集到，且由于贝壳太脆弱，在收藏品中很少能看到完好的个体。世界上的龙骨螺有 9 个现存种。最早的龙骨螺化石可追溯到侏罗纪时期。

近似种

龙 骨 螺 *Carinaria cristata*（Linnaeus，1767），分布于印度—西太平洋，是龙骨螺科中个体最大的物种。其贝壳与鸟喙龙骨螺类似，但更高，可以达到 70mm，身体全长可达 500mm。日本龙骨螺 *Carinaria japonica* Okutani，1955，分布于日本到加利福尼亚海域，贝壳呈高三角形，身体长度可以达到 150mm。

鸟喙龙骨螺贝壳中等大小，壳质薄且极易碎，两侧扁平，呈帽形，侧面为三角形。幼体贝壳为球形，后扭曲成螺旋状，较小；体螺层非常大。贝壳表面有轴向褶皱，体螺层外缘有发达的龙骨，使壳口高度增加。壳口狭长。贝壳透明。

实际大小

科	三口螺科Triphoridae
壳长	3—6mm
分布	佛罗里达州到哥伦比亚
丰度	常见
深度	1—20m
习性	海绵上或海绵附近，沙质海底
食性	肉食性，以海绵为食
厣	角质，薄，圆形

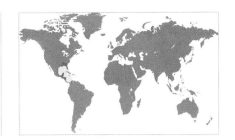

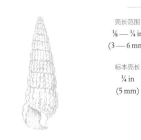

壳长范围
⅛ — ¼ in
(3 — 6 mm)

标本壳长
¼ in
(5 mm)

387

谦逊左锥螺
Marshallora modesta
Modest Triphora
(C. B. Adams, 1850)

谦逊左锥螺（温和三口螺）是佛罗里达州最常见的左锥螺。其贝壳非常小、棕色，贝壳上的复杂纹理适宜在显微镜下观察（扫描电镜下如右下图所示）。绝大多数左锥螺为左旋的（左手）微型软体动物；右旋相对较少，许多右旋个体可能长得更大。左锥螺是专以海绵为食的肉食性动物，通常在特定的海绵动物附近、上面或者内部生活。左锥螺动物在印度—太平洋海域多样性水平极高。一次采集可采到多达80个物种。世界上现存三口螺科物种超过1000个。

近似种

大三口螺 *Tetraphora princeps*（Sowerby III，1904），分布于菲律宾海域，是三口螺科个体最大的物种，世界纪录为66mm，对该科来说已非常大。大三口螺的螺旋部非常高，棕色，每个螺层有4条串珠状螺肋。艾斯伯三口螺 *Inella asperrima*（Hinds，18434），分布于印度—西太平洋海域，贝壳针形，极其狭窄且高。壳面白色，每个螺层有两条颗粒状螺肋。

谦逊左锥螺贝壳非常小，具光泽，有串珠状结构，左旋，圆锥柱形。螺旋部高，壳顶尖、极微小，缝合线明显，螺层边缘直。壳面饰有串珠样螺肋；前部螺层有2条螺肋，第6或第7螺层后，每个螺层有3条螺肋。壳口方形，外唇薄，水管沟短、末端向后折叠。壳面巧克力棕色，串珠浅棕色。

▲ 实际大小

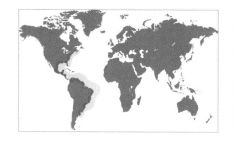

科	仿蟹守螺科（蟹寓螺科）Cerithiopsidae
壳长	4—13mm
分布	马萨诸塞州到乌拉圭
丰度	常见
深度	潮间带至80m
习性	海绵上和海绵附近以及沙质海底
食性	肉食性，以海绵为食
厣	角质，薄，圆形

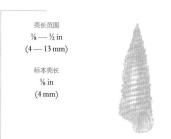

壳长范围
⅛ — ½ in
(4 — 13 mm)

标本壳长
⅛ in
(4 mm)

亚当小蟹守螺
Seila adamsii
Adams' Miniature Cerith
(Lea, 1845)

亚当小蟹守螺（阿达姆蟹寓螺）是分布较广泛的常见物种，通过其尺寸和壳纹非常容易被辨认。仿蟹守螺科与蟹守螺科的贝壳类似，因此得名。该科大多数种的贝壳都较小，长度小于10mm，因此一些学者认为它们是微型软体动物，但亚当小蟹守螺比大多数仿蟹守螺更大。与近缘的左锥螺一样，仿蟹守螺是专以海绵为食的肉食性动物。胚壳对两科的辨认非常重要，但成体螺通常胚壳丢失。

近似种

花斑小蟹守螺（石纹蟹寓螺）*Seila marmorata*（Tate，1893），分布于澳大利亚南部海区，贝壳类似于亚当小蟹守螺，但是每个螺层有5条螺肋和壳形更细长。左锥螺 *Viriola incisa*（Pease，1861），分布于印度—西太平洋，是夏威夷海区最常见的左锥螺，贝壳与亚当小蟹守螺相似，但是左旋。

实际大小

亚当小蟹守螺贝壳极小，形似小塔，螺旋部高。胚壳直立呈球状，螺旋部和体螺层有3条明显的方形螺肋，每2条螺肋之间有纵向细肋。缝合线浅，因此螺层很难区分。壳口近方形，螺轴平滑且弯曲，水管沟短。幼体贝壳白色，成体螺的贝壳为橙色到深棕色。

科	海蜗牛科（紫螺科）Janthinidae
壳长	10—40mm
分布	世界范围内的温暖水域
丰度	常见
深度	漂浮在海洋表面
习性	浮游，自由游动
食性	以其他漂浮海洋生物、浮游生物为食
厣	缺失

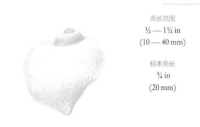

壳长范围
½ — 1½ in
(10 — 40 mm)

标本壳长
¾ in
(20 mm)

389

长海蜗牛
Janthina globosa
Elongate Janthina
Swainson, 1822

长海蜗牛（琉璃紫螺）不是海蜗牛属 *Janthina* 五个种中最接近球形的，它实际上比其他种的螺旋部更高，贝壳更长。与其他海蜗牛一样，长海蜗牛通过将空气包裹在黏液之中，用气泡混合物作为筏，在海洋表面漂移。长海蜗牛数量非常丰富，并且通常形成群体，许多群体甚至可穿越超过 370km。有时，暴风雨过后，贝壳被大量冲到岸上。世界上海蜗牛科大约有 8 个现存种，均在热带或温暖水域表面漂浮。

近似种

大多数海蜗牛动物为世界性分布。海蜗牛 *Janthina janthina* (Linnaeus，1758)，贝壳略大且更宽，有两种颜色——浅紫和亮紫色。罗兰海蜗牛 *Recluzia rollandiana* Petit, 1853，贝壳更小，形状类似长海蜗牛，但为棕色。看起来像一种淡水腹足类，即微型的苹果螺。

实际大小

长海蜗牛贝壳小到中等大小，壳质薄且易碎，球状。螺旋部适度高，缝合线深。螺层和体螺层圆形，体螺层上的斜行细线形成一个人字形图案。壳口宽且略长，外唇薄而平滑。螺轴直，与外唇接触的底部尖。壳面呈浅到亮紫罗兰色，仅缝合线下为白色。

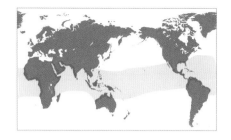

科	海蜗牛科Janthinidae
壳长	25—40mm
分布	世界范围内的温暖水域
丰度	常见
深度	漂浮在海洋表面
习性	浮游
食性	以浮游水母为食
厣	缺失

壳长范围
1 — 1½ in
(25 — 40 mm)

标本壳长
1⅜ in
(34 mm)

海蜗牛
Janthina janthina
Common Janthina
(Linnaeus, 1758)

海蜗牛（真宗紫螺）是几种浮游的掠食性腹足类动物之一。海蜗牛用黏液将气泡固定以制作筏——筏可像塑料一样硬，并依附于筏的底部进行漂浮。捕食浮游腔肠动物比如帆水母属 *Vellela* 和僧帽水母属 *Physalia*。海蜗牛没有眼睛，不能控制漂浮方向；它在海中漂荡，只以偶遇的食物为食。浮游的裸鳃类海蛞蝓 *Glaucus* 以海蜗牛属 *Janthina* 和腔肠动物为食。

近似种

海蜗牛科中绝大多数物种环热带分布，包括长海蜗牛 *Janthina globosa* Swainson，1822。长海蜗牛与海蜗牛相比贝壳更长。壳面浅到亮紫色或蓝色。淡白紫螺 *Janthina pallida*（Thompson，1840），如其名字所示，贝壳为淡紫色。

实际大小

海蜗牛贝壳小到中等大小，壳质薄且易碎，球形。螺旋部下凹且缝合线清晰。螺层圆，壳面饰有细螺肋和生长纹。壳口宽且圆，外唇薄而锋利，螺轴长且扭曲。既没有脐也没有厣。贝壳上部为浅罗兰色，底部为深紫色。

科	梯螺科（海蛳螺科）Epitoniidae
壳长	20—61mm
分布	环北方
丰度	常见
深度	16—300m
习性	沙泥海底
食性	寄生在海葵上
厣	角质，椭圆形，多螺旋

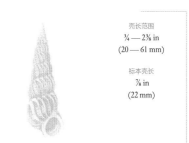

壳长范围
¾ — 2⅜ in
(20 — 61 mm)

标本壳长
⅞ in
(22 mm)

391

格陵兰梯螺
Epitonium greenlandicum
Greenland Wentletrap
(Perry, 1811)

格陵兰梯螺（格陵兰海蛳螺）环北方分布，是个体相对大的常见梯螺。在西大西洋海域，其分布的最南端可到纽约。梯螺通常贝壳白色、螺旋部高、外唇前部具有许多纵肋，生活在潮下带至深海中。不活动时，将自己埋在软泥中。全世界梯螺科有至少250个现存种。

近似种

优优梯螺（优优海蛳螺）*Epitonium ulu* Pilsbry，1921，分布于夏威夷岛海域，是一个与硬珊瑚共栖的物种。贝壳小而易碎，有细纵肋。花格梯螺 *Epitonium clathrum*（Linnaeus，1758），分布于欧洲西部和地中海，浅水中常见。贝壳鲜艳、栗色，具厚的轴向片层。

实际大小

格陵兰梯螺贝壳相对该科而言较大，壳质厚，壳形细长近锥形。螺旋部高，缝合线明显，螺层膨凸。壳面饰有大约 12—14 条粗纵肋和 7 条被片状纵肋隔开的宽而扁平的螺肋。壳口椭圆形、外唇加厚、没有脐。壳面白垩色至米黄色，壳口白色，厣黑色。

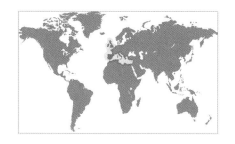

科	梯螺科Epitoniidae
壳长	13—40mm
分布	欧洲西部，地中海
丰度	常见
深度	1—70m
习性	沙质和泥质海底
食性	寄生在海葵上
厣	角质，椭圆形，多螺旋

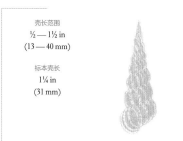

壳长范围
½ — 1½ in
(13 — 40 mm)

标本壳长
1¼ in
(31 mm)

392

花格梯螺
Epitonium clathrum
Common Wentletrap
(Linnaeus, 1758)

花格梯螺（花格海蛳螺）贝壳鲜艳，有许多发达的纵肿肋和黄棕色螺旋带或斑点。本种通常生活在浅水的沙质或泥质海底，但春季在岸边产卵。花格梯螺雌雄同体，随季节变化在雄性和雌性之间性转换。与绝大多数梯螺一样，其寄生在大型海葵上，宿主为苏卡达海葵 *Anemonia sulcata*。花格梯螺是欧洲最常见的梯螺之一。

近似种

科莱布梯螺（科莱布海蛳螺）*Epitonium krebsii*（Mörch，1875），分布于北卡罗来纳州至圣保罗、巴西海域，贝壳短而坚硬，没有螺旋刻纹。图腾梯螺 *Epitonium turtonis*（Turton，1919），分布于欧洲北部至加那利群岛海域，贝壳更细长。

花格梯螺贝壳中等大小、细长、塔形。螺旋部高，有大约15个螺层，壳顶尖（尽管经常消失），螺层膨凸。各螺层具有9条发达的纵肿肋，纵肿肋之间光滑。壳口椭圆形，外唇增厚且向后翻折，没有脐。壳面颜色多变，呈白色（通常为在大西洋岸边群体）至黄棕色，螺旋带或斑点为棕色（深水或地中海群体）。壳口颜色与贝壳相似。

实际大小

科	梯螺科Epitoniidae
壳长	21—44mm
分布	欧洲北部到加那利群岛，地中海
丰度	常见
深度	5—60m
习性	沙质和泥质海底
食性	寄生在海葵上
厣	角质，椭圆形，多螺旋

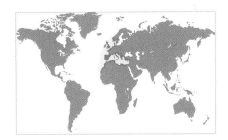

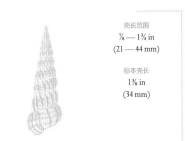

壳长范围
⅞ — 1¼ in
(21 — 44 mm)

标本壳长
1⅜ in
(34 mm)

393

图腾梯螺
Epitonium turtonis
Turton's Wentletrap
(Turton, 1819)

图腾梯螺（图腾海蛳螺）贝壳壳形细长。许多标本（如图所示），壳面紫褐色，而纵肿肋为奶油色，两者颜色差别较大。图腾梯螺寄生在海葵上，生活在潮下带浅水域。它是地中海最常见种，与大西洋种相比，通常栖息于更深的海域。地中海群体的贝壳通常比大西洋的更大。

近似种

花格梯螺 *Epitonium clathrum*（Linnaeus，1758），分布于欧洲西部和地中海，大小、颜色和壳纹与图腾梯螺相似，但壳形更细，每个螺层的纵肿肋更少。纵肿肋直立。帝王梯螺 *Epitonium imperialis*（Sowerby II，1844），分布于太平洋西南部，贝壳宽、球形，壳质薄，体螺层上有大约 30 条排列紧密的纵肿肋。

图腾梯螺贝壳中等大小、厚度适中、细长、塔形。螺旋部高，有大约 12—15 个螺层，缝合线深，壳顶尖。体螺层具有 12 条纵肿肋，肋间光滑。纵肿肋后弯且靠近螺层表面。许多纵肿肋更宽。壳口椭圆形，外唇加厚。壳面浅棕色到紫棕色，有 2 条红色螺旋色带，纵肿肋浅色至奶油色，壳口棕色。

实际大小

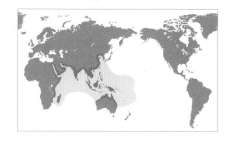

科	梯螺科Epitoniidae
壳长	30—70mm
分布	印度—西太平洋
丰度	不常见
深度	潮间带至160m
习性	沙质海底
食性	寄生在海葵
厣	角质，椭圆形，多螺旋

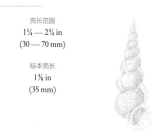

壳长范围
1¼ — 2¾ in
(30 — 70 mm)

标本壳长
1⅜ in
(35 mm)

纱布环肋螺
Cirsotrema varicosum
Varicose Wentletrap
(Lamarck, 1822)

纱布环肋螺（纱布海蛳螺）是一种分布于印度—西太平洋的著名梯螺。在大多数地方，其贝壳可长到大约35mm，在日本地区大小则可达此规格的两倍。本种分布于潮间带至深水区，但通常生活在潮下带的沙质海底。通过其贝壳网格纹理可轻易辨认，由紧密的缺刻状纵肋构成。日本附近海域的梯螺数量非常丰富，记录有120多个种。

近似种

锉头环肋螺（糙海蛳螺）*Cirsotrema rugosa* Kuroda and Ito，1961，分布于西太平洋海区，是环肋螺属*Cirsotrema*中个体最大的物种。螺旋部高，纵肿肋锋利且直立，肩部具角，缝合线清晰。长阿蚂螺*Amaea magnifica*（Sowerby II，1844），分布于日本到澳大利亚海域，是现存个体最大的梯螺。其贝壳相对较薄，具有螺肋及纵肋。

纱布环肋螺贝壳中等大小，壳质厚而坚硬，粗糙，壳形细长，塔形。螺旋部高，螺层膨圆，壳顶尖，缝合线明显。壳面各螺层有 25 条倾斜、具小齿的纵肋，形成网格状纹理；每个螺层有 2 条纵肿肋，清晰、间隔不规则。壳口圆，外唇厚，无脐。壳面深白色或浅灰色，壳口白色，厣红棕色。

实际大小

科	梯螺科Epitoniidae
壳长	25—46mm
分布	北卡罗来纳州到巴巴多斯岛
丰度	稀有
深度	90—1480m
习性	沙质和岩石海底
食性	寄生在海葵上
厣	角质，圆形，多螺旋

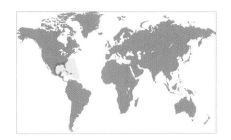

壳长范围
1 — 1¾ in
(25 — 46 mm)

标本壳长
1¾ in
(46 mm)

高贵梯螺
Sthenorytis pernobilis
Noble Wentletrap
(Fischer and Bernardi, 1857)

高贵梯螺（高贵海蛳螺）是一种稀有的深水梯螺，因此其生活史并不是很清楚。通常寄生在大海葵上的梯螺贝壳薄、纵肋短，隐藏在寄主下并利用寄主来保护自己。而通常在岩石海底的小海葵上搜寻猎物和捕食的梯螺则壳更厚、纵肋大，比如高贵梯螺。大型梯螺甚至能吞下小海葵。

高贵梯螺贝壳中等大小，壳质结实，壳形膨胀且宽，锥形。螺旋部较高，有大约6—7个螺层，缝合线明显，壳顶尖。螺旋部大约呈50°夹角。壳面每个螺层上大约有12—15条直立片状纵肋。壳口近乎圆形且倾斜，外唇增厚，边缘具角；无脐。壳面白色到灰色，厣黑色。

近似种

克莱布梯螺 *Epitonium krebsii*（Mörch，1875），分布于北卡罗来纳州到圣保罗、巴西海域，贝壳与高贵梯螺相似，但更小，角状纵肋更少，略微细长。陀螺梯螺 *Sthenorytis turbinum* Dall，1908，是一种加拉帕戈斯群岛特有的物种，与高贵梯螺非常相似，不同的是，其壳稍大、稍宽，且纵肋更长、更尖。

实际大小

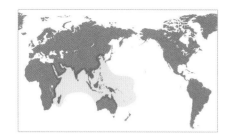

科	梯螺科Epitoniidae
壳长	25—72mm
分布	印度—西太平洋
丰度	常见
深度	20—120m
习性	沙质泥底部
食性	寄生在海葵上
厣	角质，椭圆形，多螺旋

壳长范围
1 — 2⅞ in
(25 — 72 mm)

标本壳长
2¼ in
(57 mm)

396

梯螺
Epitonium scalare
Precious Wentletrap
(Linnaeus, 1758)

梯螺（琦蛳螺）是最出名的梯螺动物，是收藏家所珍视的种类。其贝壳精美、较为稀少，螺层松散盘绕互不接触，只有片状纵肋会与相邻螺层接触。纵肋对齐，每个螺层的肋数量相同。学者认为，每个螺层纵肋数量越少的物种，比如梯螺，生命相对越短。

近似种

美洲白梯螺 *Epitonium albidum*（d'Orbigny，1824），分布于北卡罗来纳州至乌拉圭海域，壳相对更脆弱，每个螺层有 12—14 条纵肋。同梯螺一样，贝壳螺层之间彼此不接触。花格梯螺 *Epitonium clathrum*（Linnaeus，1758），分布于欧洲西部和地中海，纵肋较粗，与之前螺层的纵肋排列不整齐。

梯螺贝壳中等大小，壳质薄且轻，壳形宽、呈锥形。螺旋部高，螺层圆形，缝合线非常深，相邻螺层不接触，仅通过纵肋相连。每个螺层具有大约 10—11 条间隔均匀的纵肋，纵肋之间光滑。壳口椭圆形，外唇厚，脐深且宽。壳面白色至米黄色，纵肋白色，壳口白色，厣白色。

实际大小

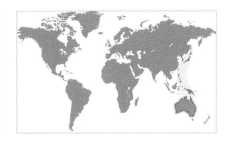

科	梯螺科Epitoniidae
壳长	60—130mm
分布	日本到澳大利亚
丰度	不常见
深度	30—200m
习性	沙质或泥质底
食性	寄生在海葵上
厣	角质，椭圆形，多螺旋

壳长范围
2½ — 5 in
(60 — 130 mm)

标本壳长
3⅜ in
(85 mm)

397

长阿蚂螺
Amaea magnifica
Magnificent Wentletrap
(Sowerby II, 1844)

长阿蚂螺（长海蛳螺）是个体最大的梯螺。通常生活在深水区，虽然在其栖息地数量很多，但在收藏的标本中（如图所示）完整的个体很少，绝大多数标本壳顶破碎或具有愈合的伤痕。在中国台湾海域曾经捕获到长阿蚂螺，但自从拖网渔船移动到其他地方以后，便很少见到。长阿蚂螺贝壳相对薄，寄生在海葵上，隐藏于其宿主下的沙中。

近似种

褐带阿蚂螺（褐带海蛳螺）*Amaea mitchelli*（Dall，1896），分布于得克萨斯到苏里南海域，是大西洋中个体最大的梯螺之一，像更鲜艳的微型长阿蚂螺。纱布环肋螺 *Cirsotrema varicosum*（Lamarck，1822），分布于印度—西太平洋，纵肋直立、具齿，形成网格或蜂窝状纹理，每个螺层大约有两条发达的纵肋。

长阿蚂螺贝壳于整个科而言相对较大，壳质相对较薄且易碎，壳形细长，锥形。螺旋部高，有大约 10—12 个凸起的螺层，缝合线深。壳面饰有间隔均匀的螺旋肋和细纵肋，也有许多零散的发达纵肋，形成网状纹理的外形。前部螺层相当平滑，有一条浅棕色螺旋带。壳口椭圆形，外唇和螺轴平滑；无脐。壳面白垩色，壳口白色具浅棕色着色，脐部米黄色。

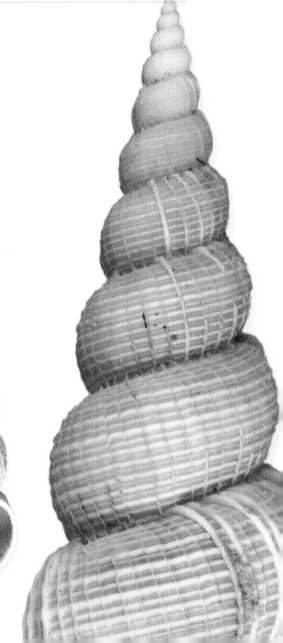

实际大小

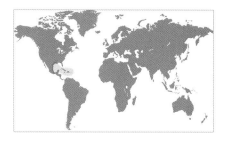

科	光螺科（瓷螺科）Eulimidae
壳长	8—22mm
分布	得克萨斯州到加勒比
丰度	不常见
深度	潮间带至90m
习性	珊瑚礁旁
食性	寄生在棘皮动物上
厣	角质，薄，椭圆形

壳长范围
⅜ — ⅞ in
(8 — 22 mm)

标本壳长
⅜ in
(10 mm)

扭曲光螺
Scalenostoma subulata
Distorted Eulima
(Broderip, 1832)

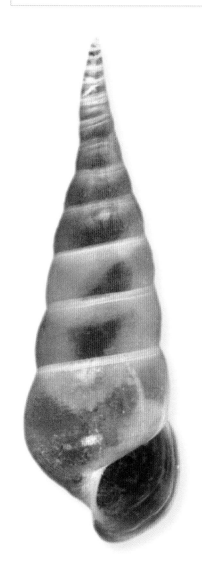

扭曲光螺（扭瓷螺）贝壳扭曲，螺旋部通常弯曲，螺层高度不等。与许多光螺一样，扭曲光螺贝壳形状有两性差异，相比雄性光螺，雌性光螺贝壳更宽、更大。光螺专寄生在棘皮动物上，有些自由生活的光螺，可从一个宿主迁移到另一个宿主，但其他的种是体内寄生，深埋在宿主内生活。在有些极端情况下，贝壳会丢失。全世界光螺科大约有几千个现存物种，包括一些未描述的物种。

近似种

龙骨光螺（龙骨瓷螺）*Scalenostoma carinata* Deshayes，1863，分布于留尼汪岛（印度洋）至法属波利尼西亚和夏威夷海域，贝壳大且扭曲，前部略宽。蓝晶笠瓷螺 *Thyca crystallina*（Gould，1846），分布于太平洋西部，与大多数光螺相比，贝壳非常特殊，更像一个喇叭形的马掌螺。其个体非常小，贝壳白色、宽，螺旋部短、螺旋肋短，寄生于海星上。

实际大小

扭曲光螺贝壳小，壳质薄且易碎，半透明、锥形。螺旋部高而扭曲，幼体贝壳狭长，幼贝和成贝螺层膨凸。表面光滑有光泽，体螺层膨胀，缝合线非常清晰。壳口椭圆形，外唇薄，螺轴平滑。壳面呈半透明白色，缝合线白色。

科	光螺科Eulimidae
壳长	4—14mm
分布	西太平洋
丰度	常见
深度	潮间带至浅潮下带
习性	珊瑚礁
食性	寄生于棘皮动物上
厣	角质，薄

蓝晶笠瓷螺
Thyca crystallina
Crystalline Thyca
(Gould, 1846)

壳长范围
⅛ — ⅝ in
(4 — 14 mm)

标本壳长
⅝ in
(14 mm)

399

蓝晶笠瓷螺贝壳呈球形帽状，在光螺中不常见，但与其他光螺一样，寄生于棘皮动物上，特别是寄生在美丽、呈亮蓝色的蓝指海星 *Linckia laevigata* 上，这种海星栖息在印度—太平洋海域的热带浅水中。蓝晶笠瓷螺也寄生于线海星属 *Linckia* 中的其他物种上。蓝晶笠瓷螺穿透海星的皮肤并永久地嵌入寄主的身体。就像一只有壳的蚊子，吸食海星的血淋巴。它们以相对大的数量出现，几个个体可以同时寄生在同一个海星中。

近似种

粉色笠瓷螺 *Thyca nardoafrianti*（Yamamoto and Hebe，1976），分布于日本海区，贝壳更小，螺部更高。螺旋肋具结节。三色奋斗螺 *Niso tricolor* Dall，1889，分布于美国北卡罗来纳州海区，贝壳为更大而光滑的锥形。其壳面米黄色，缝合线上有一条焦糖色螺旋色带，有几条焦糖色的弱纵肋。

蓝晶笠瓷螺贝壳小且结实，表面颗粒状，呈球形帽状。螺旋部短、壳顶盘曲。壳面具有发达的、具结节的螺肋和生长线。幼体时贝壳具光泽且半透明，随着其长大而变得更加不显眼且不透明。壳口大、圆形，外唇略厚，螺轴中央具缺刻。壳面为自幼体时的半透明白色到成体后的灰白色。

实际大小

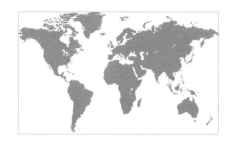

科	光螺科Eulimidae
壳长	18—24mm
分布	美国北卡罗来纳州
丰度	不常见
深度	27—196m
习性	近海，岩石底
食性	寄生于棘皮动物
厣	角质，薄

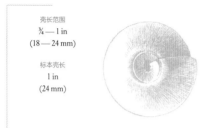

壳长范围
¾ — 1 in
(18 — 24 mm)

标本壳长
1 in
(24 mm)

400

三色奋斗螺
Niso tricolor
Tricolor Niso

Dall，1889

三色奋斗螺（三色瓷螺）的贝壳在光螺科动物中相对较大。其在北卡罗来纳州浅水区域及稍深处岩石底与其他大型光螺一起被捕获。多数光螺动物具有锥形、平滑的白色贝壳，但也有一些具有彩色的贝壳，三色奋斗螺即如此。其名中"三色"指的是贝壳上的三种颜色：壳面的浅米黄色，螺旋带的棕色，以及脐部的白色。

近似种

华丽奋斗螺（华丽瓷螺）*Niso splendidula*（Sowerby，1834），分布于加利福尼亚湾到厄瓜多尔海域，是瓷螺科中个体最大、颜色最鲜艳的物种之一。其贝壳形状类似于三色奋斗螺，但是颜色、花纹更加复杂。扭曲光螺 *Scalenostoma subulata*（Broderip，1832），分布于得克萨斯州到加勒比海域，贝壳较小，螺旋部高而扭曲。

实际大小

三色奋斗螺的贝壳在该科中相对较大，其贝壳锥形，壳质薄，壳面光滑，具光泽。贝壳螺旋部高，螺层约12—14个，缝合线深，壳顶尖（图中所示贝壳壳顶已被腐蚀）。贝壳表面平滑，有细密的纵向生长线，偶见细弱的纵肿肋。壳口树叶形，外唇薄，轴唇平滑，内唇弯曲。脐孔深，光滑。壳表浅米黄色，沿着缝合线有一条棕色螺旋带，脐部白色。

科	蛾螺科（峨螺科）Buccinidae
壳长	10—20mm
分布	印度—西太平洋
丰度	常见种
深度	潮间带
习性	岩石底部
食性	食腐肉型肉食性
厣	角质，卵形

壳长范围
⅜ — ¼ in
(10 — 20 mm)

标本壳长
¾ in
(18 mm)

条纹唇齿螺
Engina mendicaria
Striped Engina
(Linnaeus, 1758)

401

蛾螺科是非常庞大的一个科，是极地海洋和热带海洋中的代表性物种。该科中很多种都具有显著的螺旋雕刻，在温暖环境中的个体常具有五彩斑斓的贝壳。蛾螺动物都是食肉动物，其中有一些食双壳类，但是包括条纹唇齿螺（斑马峨螺）在内的大多数种以腐败的死鱼为食。蛾螺科动物没有被广泛采集，冷水性物种的壳色为黄褐色，其栖息地相对较为偏远，不易采集。

近似种

纵带唇齿螺（正斑马蛾螺）*Engina zonalis*（Lamarck，1822），同样分布在热带水域，具有相似的螺旋状条带，但是本种条带通常为黑色和白色。纵带唇齿螺贝壳更加细长，其螺旋部更陡峭，外唇顶部不太突出。壳口边缘呈红宝石至橙色。

实际大小

条纹唇齿螺的贝壳小，纺锤形，壳表光滑，螺旋部黑色与乳白色相间。壳表具有灰白色到黄色的螺旋条带，通常体螺层 3 条，螺旋部各螺层肩部 1 条。壳面具螺旋排列的大结节，而肩部的结节则更为突出。外唇厚，内具齿。壳口内面黄橙色。

科	蛾螺科Buccinidae
壳长	20—45mm
分布	西太平洋
丰度	丰富
深度	潮间带
习性	岩石及珊瑚礁底部
食性	食腐肉型肉食性
厣	角质，卵形

壳长范围
¾ — 1¼ in
(20 — 45 mm)

标本壳长
1¼ in
(33 mm)

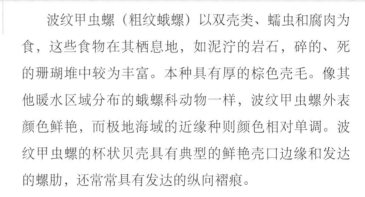

波纹甲虫螺
Cantharus undosus
Waved Goblet
(Linnaeus, 1758)

波纹甲虫螺（粗纹蛾螺）以双壳类、蠕虫和腐肉为食，这些食物在其栖息地，如泥泞的岩石，碎的、死的珊瑚堆中较为丰富。本种具有厚的棕色壳毛。像其他暖水区域分布的蛾螺科动物一样，波纹甲虫螺外表颜色鲜艳，而极地海域的近缘种则颜色相对单调。波纹甲虫螺的杯状贝壳具有典型的鲜艳壳口边缘和发达的螺肋，还常常具有发达的纵向褶痕。

近似种

瓦格纳氏甲虫螺（华格纳氏蛾螺）*Cantharus wagneri*（Anton，1839），是热带太平洋非常稀有的杯状贝类。具有与波纹甲虫螺同样高的螺旋部，但缝合线极深，以此可将它们区别开。贝壳乳白色，具有棕色、宽的螺带，纵向褶痕的颜色较深。褶痕比波纹甲虫螺更加明显，波状表面具有典型的杯状螺肋。

波纹甲虫螺贝壳壳质结实，纺锤形，壳体稍膨圆。壳面白色到米黄色，纵向褶痕色浅而清晰，螺肋栗色至深棕色。壳顶磨损。螺旋部高，缝合线明显。外唇及螺轴上具有肋状齿，边缘橙色，壳口白色。前水管沟短而宽。

实际大小

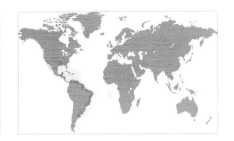

科	蛾螺科Buccinidae
壳长	19—51mm
分布	佛罗里达至巴西，阿森松岛
丰度	较常见
深度	潮间带
习性	珊瑚及岩石
食性	食腐肉型肉食性
厣	角质，卵形

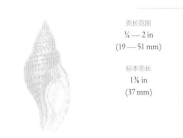

壳长范围
¾ — 2 in
(19 — 51 mm)

标本壳长
1⅜ in
(37 mm)

403

小土产螺
Pisania pusio
Miniature Triton Trumpet
(Linnaeus, 1758)

小土产螺（巴西小蛾螺）通常成对存在，每对之间的距离很少会超过 30cm。它们以岩石和珊瑚间的碎片腐肉为食，极少主动觅食。相反，它们会被一些食肉动物捕食。特别是巴西地区新发现的岛蛸 *Octopus insularis*，对小土产螺具有高度的选择性和高效的近岸捕食能力，小土产螺是其食物重要的组成部分。

近似种

火红土产螺 *Pisania ignea*（Gmelin，1791），是日本和西太平洋浅海中比较常见的种。与小土产螺形状相似，螺旋部微膨凸，但其贝壳小、轻且薄。唇部更薄，褶襞不明显。壳面光滑，呈亮黄橙色，具轴向分布的浅橙色条带。

实际大小

小土产螺贝壳壳质结实、圆纺锤形。螺旋部近乎平坦，次体螺层稍凸。壳口卵圆形，前水管沟长，螺轴和唇上均有螺旋褶襞，在近后水管沟处成为明显的齿。贝壳乳白色到暗粉色，具细致的螺肋和小三角形栗色斑点组成的螺带。肩部具窄的白色条带。

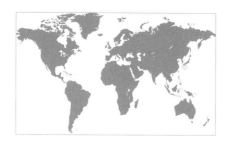

科	蛾螺科Buccinidae
壳长	35—50mm
分布	日本南部
丰度	常见
深度	10—60m
习性	岩石
食性	食腐肉型肉食性
厣	角质，卵形

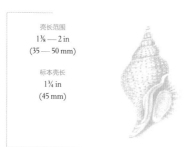

壳长范围
1⅜ — 2 in
(35 — 50 mm)

标本壳长
1¾ in
(45 mm)

404

普氏管蛾螺
Siphonalia pfefferi
Pfeffer's Whelk

Sowerby III, 1900

普氏管蛾螺（虚线蛾螺）壳色鲜亮，呈膨圆的纺锤形，壳表具栗棕色斑点组成的凸出的螺肋。贝壳形状多变，有些个体（如图所示个体）具有长的、弯曲的前水管沟。普氏管蛾螺生活在近海的沙质底。与管蛾螺属的其他一些物种一样，普氏管蛾螺是日本的地方性种，但在日本南部分布比较少。日本及其周边水域中蛾螺种类很多，目前已报道的超过 200 个种。

近似种

大瘤管蛾螺 *Siphonalia callizona*（Kuroda and Habe, 1961）也是日本地方性种。其唇部较普氏管蛾螺更薄，体螺层微膨胀，螺旋部极高，饰有细螺旋肋，肩部具有深而钝的结节。壳面乳黄色，橙色的螺带穿过结节呈环状分布。

实际大小

普氏管蛾螺贝壳圆纺锤形，壳口大，呈卵圆形，螺旋部高大，螺层膨凸，缝合线深。唇部加厚，近唇处有纵肿肋，前水管沟较长。壳面白色，螺肋稍平、宽度不一，布有栗褐色斑点。壳口粉色，唇部有螺旋肋，轴唇上半部具螺肋痕迹。

科	蛾螺科Buccinidae
壳长	50—80mm
分布	墨西哥西部至厄瓜多尔
丰度	常见
深度	7—35m
习性	泥底
食性	食腐肉型肉食性
厣	角质，爪形

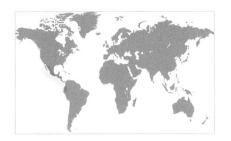

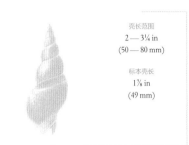

壳长范围
2 — 3¼ in
(50 — 80 mm)

标本壳长
1⅞ in
(49 mm)

405

诺氏长蛾螺

Northia pristis

North's Long Whelk

(Deshayes in Lamarck, 1844)

诺氏长蛾螺（秋香蛾螺）体螺层光滑，外唇上具有尖刺。它是近岸浅水区软泥质海底常见种。虽然其外形与织纹螺科动物相似，但其齿舌结构表明其应归于蛾螺科。蛾螺科动物雌雄异体，体内受精。性成熟的雌螺个体每次产几十个卵袋，每个卵袋内有数十个卵。每个卵袋都有一个早期形成的出口，当幼体准备孵化时，出口的塞子会发生溶解。

实际大小

近似种

北方长蛾螺（诺螈蛾螺）*Northia northia*（Griffith and Pidgeon，1834），分布于墨西哥南部至巴拿马海域，与诺氏长蛾螺贝壳相似但整体稍宽，外唇光滑。棋盘唇齿螺 *Engina alveolata*（Kiener，1836），分布于印度洋—太平洋海区，贝壳小，壳面白色，饰有黑色、橙色或黄色的环珠结构。

诺氏长蛾螺贝壳纺锤形，壳质坚厚，壳表光滑，具光泽。螺旋部高，壳顶尖。缝合线明显。各螺层具螺肋和纵肋，纵肋在近体螺层处逐渐消失，体螺层光滑。壳口披针形，比螺旋部短，外唇厚，具齿，螺轴光滑。壳面灰褐色到棕色，壳口白色。

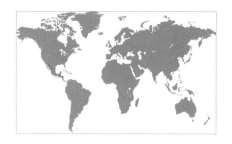

科	蛾螺科Buccinidae
壳长	35—87mm
分布	加利福尼亚湾至墨西哥南部
丰度	常见
深度	潮间带
习性	岩石
食性	食腐肉型肉食性
厣	角质，卵形

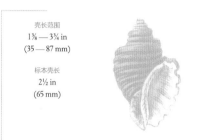

壳长范围
1⅜ — 3¾ in
(35 — 87 mm)

标本壳长
2½ in
(65 mm)

406

污黑厚蛾螺
Macron aethiops
Ribbed Macron
(Reeve, 1847)

污黑厚蛾螺贝壳重，纺锤形，可通过其深而明显的缝合线和宽而平坦的螺肋进行辨别，靠近绷带的螺肋极其突出。螺肋被深的肋间沟隔开，止于具有圆齿结构的外唇处，外唇内部具有弱的螺旋状肋纹。壳面瓷白色，但标本通常仍保留黄褐色或棕黑色壳皮。

厚蛾螺属 *Macron* 是美国西部地方性种，大多数分布于加利福尼亚湾附近。污黑厚蛾螺（英文名也作"Ethiopian Macron"）的学名来自于其角质壳皮的颜色，显著性不仅在于棕黑色的壳皮，还在于其特殊的厚度。壳皮附在白色的贝壳外，是该属一个典型的特征，前水管具宽而深的缺刻。

近似种

很多厚蛾螺属种类以前被认为是不同的种，现在认为是污黑厚蛾螺的不同程度的变种。黄厚蛾螺 *Macron lividus*（Adams，1855）比较特殊——大小只有污黑厚蛾螺的一半，壳内部橙色，外部无雕刻，绷带上具有结节。

实际大小

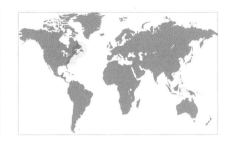

科	蛾螺科Buccinidae
壳长	50—115mm
分布	纽芬兰，加拿大至北卡罗来纳州
丰度	常见
深度	4—660m
习性	软质底
食性	肉食性
厣	角质，爪形，核心偏于一端

新英格兰香螺
Neptunea lyrata decemcostata
New England Neptune
(Say, 1826)

壳长范围
2 — 4½ in
(50 — 115 mm)

标本壳长
3 in
(76 mm)

新英格兰香螺（新英格兰蛾螺）贝壳亮丽，可通过浅灰色贝壳上突出的红棕色螺肋轻易地辨别。新英格兰香螺是一种常见的冷水性蛾螺，通常栖息在近海水域，亦可进入深水区域。偶尔的，在大的暴风雨后一些个体会被冲到岸上。1987年，新英格兰蛾螺被选定成为马萨诸塞州的州贝。

近似种

华丽香螺（华丽蛾螺）*Neptunea elegantula* Ito and Habe，1965，分布于日本和韩国海域，外形与新英格兰香螺相似，但有大约14条明显的螺肋，且贝壳更长一些，螺肋乳白色。欧洲蛾螺 *Buccinum undatum* Linnaeus，1758，分布于美国东北部和欧洲西部海域，在其分布区域内是最丰富的蛾螺种类，支撑着当地渔业经济。

新英格兰香螺贝壳中等大小，壳质坚厚，纺锤形。其螺旋部高，常呈阶梯式，缝合线深。本种的典型特征是壳面具有10条（通常是7—10条）发达的螺肋。除螺肋外，其贝壳大部分是光滑的。壳口大、披针状，外唇薄，前水管沟相对短壮。壳面白色或灰色，螺肋红棕色，壳口白色。

实际大小

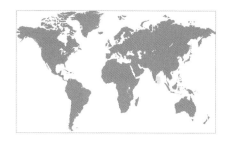

科	蛾螺科Buccinidae
壳长	50—83mm
分布	印度的东南部
丰度	不常见
深度	潮间带至20m
习性	沙质底
食性	肉食性
厣	角质，卵圆形，核心偏于一端

壳长范围
2 — 3¼ in
(50 — 83 mm)

标本壳长
3¼ in
(83 mm)

408

鹬头锤螺
Tudicla spirillus
Spiral Tudicla
(Linnaeus, 1767)

鹬头锤螺贝壳极其独特，其体螺层较宽，呈球形，螺旋部矮，壳顶大而圆。鹬头锤螺不甚常见，是斯里兰卡和印度东南部地方性种，受 1972 年《印度野生动物法》的保护。其生物学研究较少，且其属中只有鹬头锤螺一种。化石记录的拳螺群体较多，最早的记录可追溯至白垩纪。

近似种

无棘拳螺 *Tudivasum inermis*（Angas，1878）分布于澳大利亚西部和北部海域，与鹬头锤螺非常像，曾一度被认为是近缘种，实际上它属于拳螺科 Turbinellidae。古氏非螺 *Afer cumingii*（Reeve，1844）分布于日本和中国台湾海域，贝壳表面粗糙，螺旋部高，前水管沟长。

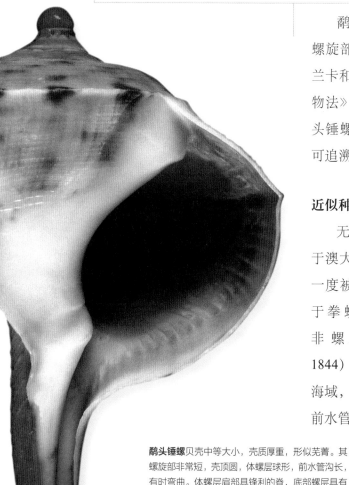

鹬头锤螺贝壳中等大小，壳质厚重，形似芜菁。其螺旋部非常短，壳顶圆，体螺层球形，前水管沟长，有时弯曲。体螺层肩部具锋利的脊，底部螺层具有大而钝的螺旋排列的结节。壳口大、卵圆形，外唇内部具脊，螺轴光滑。壳面淡橘色至灰色，壳口白色。

实际大小

科	蛾螺科Buccinidae
壳长	50—90mm
分布	日本至中国台湾
丰度	常见
深度	潮间带至50m
习性	沙泥底
食性	肉食性
厣	角质，卵圆形，核心偏于一端

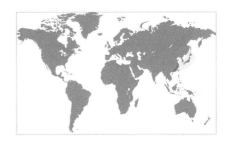

壳长范围
2 — 3½ in
(50 — 90 mm)

标本壳长
3⅜ in
(87 mm)

409

古氏非螺
Afer cumingii
Cuming's Afer
(Reeve, 1844)

古氏非螺（古氏蛾螺）体螺层大而膨圆，前水管沟长，以此与日本附近海域其他种区分开来。古氏非螺是一种较为常见的蛾螺，栖息在浅海细沙底或泥底。古氏非螺是以19世纪英国贝壳收藏家休卡明（Hugh Cuming）的名字来命名的。休卡明是英国最早的贝壳收藏家，被称为"收藏王子"（Prince of Collectors），以他的名字命名了多种贝类。休卡明游遍天下去收集、购买以及交换贝壳（以及其他自然历史对象，如兰花草），积攒世界上最好的收藏品，大约有83000个样品。在他1865年去世时，他所有的收藏品都售给了大英博物馆。

近似种

紫口非螺（紫长蛾螺）*Afer porphyrostoma*（Adams and Reeve, 1847）分布于加那利群岛至毛里塔尼亚海域，其贝壳相对略小，前水管沟短，壳口紫色。鹬头锤螺 *Tudicla spirillus*（Linnaeus，1758）分布于印度东南部和斯里兰卡海域，体螺层平坦，螺旋部短，壳顶圆钝，前水管沟长。

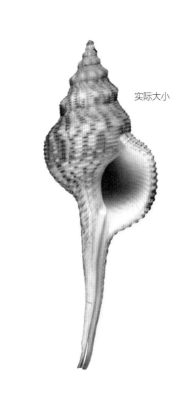

实际大小

古氏非螺贝壳中等大小，壳质厚重，近菱形。螺旋部高，阶梯状，缝合线明显。壳面具有发达的螺肋和位于每一螺层肩部钝的螺旋排列的结节。壳口卵圆形，外唇内面具肋状齿，螺轴光滑。前水管沟长，几乎成闭合状。贝壳表面土黄色，具暗棕色和白色的斑点，壳口白色。

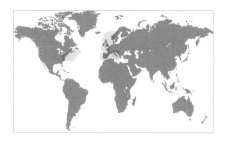

科	蛾螺科Buccinidae
壳长	30—130mm
分布	美国东北部及欧洲西部
丰度	丰富
深度	潮间带至1200m
习性	沙底，泥底及岩石底
食性	肉食性
厣	角质

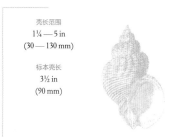

壳长范围
1¼ — 5 in
(30 — 130 mm)

标本壳长
3½ in
(90 mm)

410

欧洲蛾螺
Buccinum undatum
Common Northern Buccinum

Linnaeus, 1758

欧洲蛾螺（欧洲蛾螺）是北大西洋两岸冷水区域极为丰富的腹足类动物，也是沿岸浅水区优势种之一。欧洲蛾螺在欧洲是经济物种，在欧洲西北部自史前时期以来就被采捕用作食物。欧洲蛾螺是一种摄食广泛的肉食性动物，主要以蠕虫和双壳类动物为食。雌性以群栖的形式产卵，卵子以簇状聚集附着在坚硬底质上。在一些地方（如比利时和荷兰），卵群可以覆盖数英里的沙滩。

近似种

红香螺（古董蛾螺）*Neptunea antiqua*（Linnaeus，1758）分布于斯堪的纳维亚半岛至法国海域，其贝类与欧洲蛾螺相似，但缺乏纵向肋纹。左旋香螺 *Neptunea contraria*（Linnaeus，1771）分布于西班牙北部至摩洛哥以及地中海海域，其贝壳与欧洲蛾螺有些相似，但它是左旋的（逆时针方向旋转）。

实际大小

欧洲蛾螺贝壳中等大小，壳质厚重，膨胀，呈梨形。螺旋部高，壳顶尖，缝合线明显。壳口卵形，外唇和螺轴光滑，前水管沟短。壳面密布螺肋，螺肋与生长线相交，有时形成褶痕。欧洲蛾螺贝壳大小、重量、雕刻以及颜色均多变。壳面通常是污白色、灰色或者乳白色，内面白色或者乳白色。

科	蛾螺科Buccinidae
壳长	75—114mm
分布	不列颠哥伦比亚至加利福利亚南部
丰度	一般常见
深度	40—400m
习性	泥和沙
食性	腐食性肉食性动物
厣	角质，卵形

壳长范围
3 — 4½ in
(75 — 114 mm)

标本壳长
3¾ in
(95 mm)

411

桌形香螺
Neptunea tabulata
Tabled Neptune
(Baird, 1863)

香螺属 *Neptunea* 仅分布于北半球的冷水和温水区域。其贝壳非常厚重，螺层膨圆，与同域分布的其他蛾螺科动物相比，它们的颜色通常比较单调。很多香螺属具有螺肋，而所有的香螺属都具宽而开放的前水管沟，桌形香螺（桌形峨螺）的前水管沟尤其长。香螺属动物，尤其是桌形香螺，一直是收藏家的最爱。

近似种

左旋香螺（反旋蛾螺）*Neptunea contraria*（Linnaeus，1771）分布于西班牙北部至摩洛哥以及地中海海域，具有香螺属典型种的所有特征：壳面土黄白色到乳白色，螺层膨圆，螺肋窄，前水管沟短而广，略弯曲。但是，左旋香螺是左旋的，逆时针方向旋转，是该属中唯一具有此特征的种。

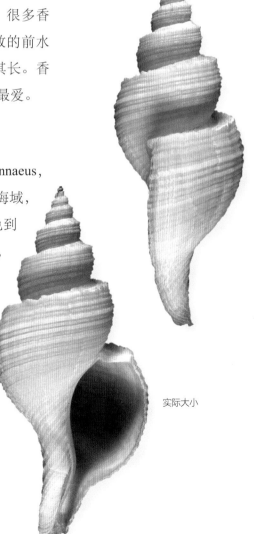

实际大小

桌形香螺壳面白色到乳白色，壳形瘦长，螺旋部高，前水管沟中等长。缝合线非常明显，螺层膨圆，各螺层上部有一个平坦的肩部，肩部边缘具粗糙的龙骨状突起，内侧边缘形成小的斜坡。螺肋规则，半圆形，一些种的螺肋相对较高。

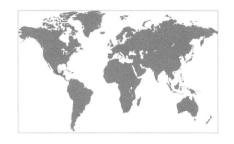

科	蛾螺科Buccinidae
壳长	70—195mm
分布	坎佩切湾，墨西哥东部
丰度	不常见
深度	45—90m
习性	近海
食性	肉食性，以双壳类动物为食
厣	角质，大型，核心偏于一端

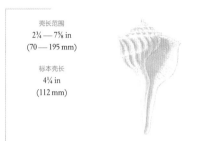

壳长范围
2¾ — 7⅞ in
(70 — 195 mm)

标本壳长
4¼ in
(112 mm)

412

火焰角香螺
Busycon coarctatum
Turnip Whelk
(Sowerby I, 1825)

火焰角香螺（火焰反蛾螺）的典型特征是具有芜菁状或棒状的贝壳，体螺层肩部有一环列小的棘刺。火焰角香螺生活在近海水域，以前曾被认为非常罕见，直到1950年在墨西哥湾进行虾拖网时采到很多样品。火焰角香螺是食肉动物，以双壳类动物为食，也食腐肉。它使用嗅觉器官和长的前水管沟探测双壳类食物的气味。一旦找到猎物，即用大而强健的腹足控制住双壳类动物，用自身贝壳的边缘充当铁锹，用力将蛤打开。

近似种

左旋角香螺 *Busycon perversum*（Linnaeus，1758）分布于新泽西州至墨西哥湾海域，以及尤卡坦半岛，贝壳非常大，左旋，是得克萨斯州的州贝。其稚贝贝壳上具闪电样螺旋图案，因此具有一个通俗的名字——闪电螺。螺旋香螺 *Busycotypus spiratum*（Lamarck，1816）分布于卡罗来纳州北部至尤卡坦州及墨西哥东部海域，其贝壳大小和形状与火焰角香螺比较相似，但壳口更大，缝合线深沟状。

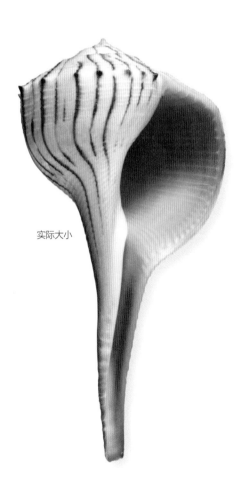

实际大小

火焰角香螺贝壳中等大小，壳质厚而坚硬，棒状。螺旋部短或扁平，壳顶尖，螺层有棱角，缝合线无深沟。壳面雕刻有细密的螺肋，与弱的生长纹相交，壳口内部具肋状齿。壳口大，前水管沟长而窄。壳面乳白色或灰白色，具棕色的纵纹，壳口黄色。

科	蛾螺科Buccinidae
壳长	95—120mm
分布	日本
丰度	稀有
深度	450—800m
习性	泥
食性	肉食性
厣	角质，卵形

壳长范围
3¾ — 4¾ in
(95 — 120 mm)

标本壳长
4¼ in
(120 mm)

413

漩涡钩刺螺
Ancistrolepis grammatus
Grammatus Whelk
(Dall, 1907)

漩涡钩刺螺（漩涡蛾螺）较为稀有，是日本北海道深水区的地方性种。像钩刺螺属 *Ancistrolepis* 所有种一样，被有极厚的棕色壳皮，将瓷白色的贝壳完全遮蔽在下面。该属典型特征是贝壳饰有十分显著的螺肋，缝合线粗，壳口扩张，厣厚。该属所有种都是稀有种，且分布仅限于北太平洋水域。

近似种

单一钩刺螺（单轨蛾螺）*Ancistrolepis unicum*（Pilsbry，1905）也不是常见种，是日本地方性种，具典型的深缝合线，缝合线形成一个平面，通过一个斜面与其下的螺层垂直相连。斜面下部边缘有一突出的螺肋，螺体上还有一些更小的螺肋。越南钩刺螺 *Ancistrolepis vietnamensis* Sirenko and Goryachev，1990，分布于中国南海，个体更小，螺层更圆，螺肋较多。

实际大小

漩涡钩刺螺贝壳大型，稍膨圆，纺锤形，螺旋部极高。缝合线非常明显，尤其是螺旋部底部数螺层，螺肋非常突出，呈扁平或圆形，被扁而宽的肋间沟相隔。壳口深而光滑，具深且宽的水管沟，外唇内部具细的肋纹。贝壳表面纯白色，但在清洗之前具有厚的黄褐色壳皮。

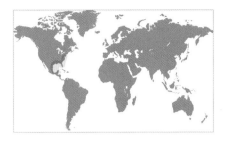

科	蛾螺科Buccinidae
壳长	60—400mm
分布	新泽西州至墨西哥湾和尤卡坦半岛
丰度	常见种
深度	潮间带至20m
习性	河口，海湾及牡蛎礁
食性	肉食性，以双壳动物为食
厣	角质，巨大并且有爪，同心状

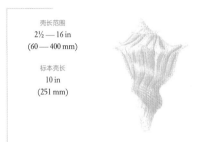

壳长范围
2½ — 16 in
(60 — 400 mm)

标本壳长
10 in
(251 mm)

414

左旋角香螺
Busycon perversum
Lightning Whelk
(Linnaeus, 1758)

左旋角香螺壳质重，左旋。贝壳极大，梨形，整体轮廓呈近三角形，其螺旋部较短，肩部宽，具有大小不一的棘刺突起或低矮的结节。壳口长，螺轴光滑，位于壳口右侧。厣较大，角质，当软体部退缩到贝壳后，起到保护作用。前水管沟长，呈锥形。稚贝期和成贝壳色有所不同，稚贝橙褐色，光亮，具暗棕色条带，成贝驼色或灰色。

左旋角香螺（左旋角蛾螺）是得克萨斯州的州贝，是美国东部和南部沿岸常见的一种大型可食用的腹足类动物，被美国土著居民作为食物已经有数千年历史。左旋角香螺俗称闪电螺，源于其稚贝上闪电状的螺旋图案，但是这些图案在成体贝中会褪去。角香螺属 *Busycon* 在传统分类上被归于盔螺科 Melongenidae，近期研究表明应归于蛾螺科。虽然角香螺属具有历史悠久且多样化的化石记录，但现在只有 10 个现生种。

近似种

刺角香螺（刺肩蛾螺）*Busycon carica* Gmelin，1791 分布于马萨诸塞州至佛罗里达东北部海域，是与左旋角香螺最相似的种，只是像左旋角香螺的镜像（右旋）。华丽角香螺 *Busycon candelabrum*（Lamarck，1816）和火焰角香螺 *Busycon coarctatum*（Sowerby I，1825）均分布在墨西哥湾的深水区，且均为左旋。

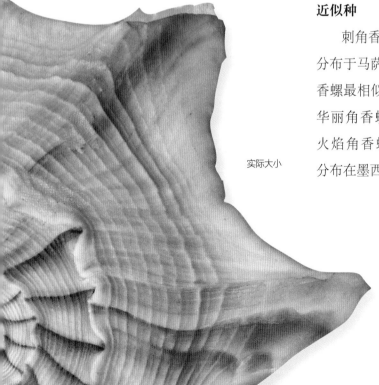

实际大小

科	蛇首螺科（布纹螺科）Colubrariidae
壳长	35—79mm
分布	日本至澳大利亚
丰度	不常见种
深度	15m至深水区
习性	岩石底
食性	鱼类寄生虫
厣	角质

壳长范围
1⅜ — 3⅛ in
(35 — 79 mm)

标本壳长
2¼ in
(55 mm)

415

褐蛇首螺
Colubraria castanea
Chestnut Dwarf Triton
Kuroda and Habe, 1952

　　蛇首螺科动物贝壳壳质厚，表面雕刻错综复杂，尤其是螺层上有发达的纵肿肋。其具有内唇延伸出的滑层，前水管沟短而弯曲，壳口较窄。螺旋部尖、极长，由大约 10 个螺层组成。这使得其贝壳在其生活区以及收藏者的壁橱内都具有迷人的外观。蛇首螺科动物都不甚常见。

褐蛇首螺（酱色布纹螺） 贝壳纺锤形，螺旋部很高，通常呈灰白色至浅栗色，具浅色和深色的斑点。壳口卵圆形、灰白色、非常窄。螺肋和纵肋细密，交织成网状，相交处形成密集而不规则的细珠状结构，并在外唇处形成细齿状缺刻。纵肿肋在各螺层均有出现，从壳顶至体螺层，起保护作用。螺轴光滑，仅在后水管沟附近有一枚齿。

近似种

　　隐蔽蛇首螺（模糊布纹螺）*Colubraria obscura*（Reeve，1844）不甚常见，栖息于佛罗里达至巴西的浅滩礁石上。外观与褐蛇首螺相似，但整体呈灰白色：白色至灰棕色，具颜色较深的斑点，斑点多分布于壳面上不明显的螺带处。壳口窄，唇略厚，螺轴上滑层更多。

实际大小

科	蛇首螺科Colubrariidae
壳长	45—112mm
分布	印度—太平洋
丰度	不常见种
深度	潮间带
习性	岩石及珊瑚礁
食性	寄生，以鱼的血液为食
厣	角质

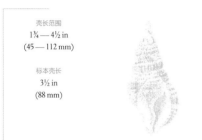

壳长范围
1¾ — 4½ in
(45 — 112 mm)

标本壳长
3½ in
(88 mm)

416

花斑蛇首螺
Colubraria muricata
Maculated Dwarf Triton
(Lightfoot, 1786)

蛇首螺科动物的饮食习性近乎残忍：它们吸食睡眠中鱼类的血液。这些动物将非常长的吻伸到鱼类软组织内，然后分泌唾液腺产物和抗凝剂，防止在它们吸取血液时发生凝血。由于以吸血为生，蛇首螺科动物也被称为"吸血鬼贝"。鱼类本身并未被注入镇静剂，它们醒来时就会逃跑。花斑蛇首螺（花斑布纹螺）在印度洋—太平洋浅水区的礁石间来回移动时会随意地寻找猎物。

近似种

扭蛇首螺（扭弯布纹螺）*Colubraria tortuosa*（Reeve，1844）栖息于西太平洋的礁石上。其螺旋部倾斜，螺轴稍微扭曲，外观因螺层的膨胀而显大。其乳白色至米色的贝壳外具有带棕色斑点的螺带，壳面密布方形的小螺旋颗粒。

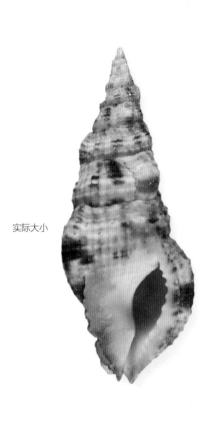

实际大小

花斑蛇首螺贝壳纺锤形，壳面白色至乳白色，中部具碎小的深栗色斑点，有时具有规则的色带或短的火苗状斑纹。其螺旋部高，具若干不规则间隔排列的纵肿肋。另一个大的纵肿肋坐落在较厚的外唇上，外唇具齿约10枚。壳口窄、白色，具较宽的滑层，前水管沟深，开口大，略内折。

科	核螺科（麦螺科）Columbellidae
壳长	11—16mm
分布	佛罗里达东南部及西印度群岛至巴西
丰度	常见种
深度	潮间带至2m
习性	岩石底
食性	植食性
厣	角质，圆形，瘦长

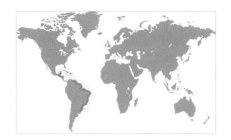

壳长范围
⅜ — ⅝ in
(9 — 16 mm)

标本壳长
½ in
(13 mm)

417

亮核螺

Nitidella nitida

Glossy Dove Shell

(Lamarck, 1822)

　　亮核螺（光亮麦螺）通常在暖水区浅海的砂床岩石下以极密集的方式群居生活。大多数核螺科动物是营肉食性的，但从胃含物来看，一些动物却是草食性的，如亮核螺。核螺科动物有 400—500 种，分布于全世界，尤其是热带海区。大多数长度小于 12mm，少数种会大于 5cm。

近似种

　　光滑亮核螺（光滑麦螺）*Nitidella laevigata*（Linnaeus，1758）与亮核螺的分布区域相同，但其生物量更为丰富。光滑亮核螺壳口更宽，外唇更薄，螺层上有明显的图案，白色壳面上具有纵走的棕色锯齿状条带。光滑亮核螺同亮核螺一样，螺轴上具两枚褶襞，但光滑亮核螺的褶襞距离前水管沟更近。

实际大小

亮核螺贝壳同核螺科其他动物一样，表面非常光滑。壳面颜色微红色至紫棕色，具白色斑点，斑点在螺旋部下部和体螺层上形成浅色的螺带。螺旋部近似等边三角形，缝合线浅。壳口长而薄，外唇加厚，螺轴的中心以下有 2 个小褶襞。

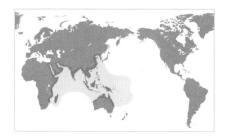

科	核螺科Columbellidae
壳长	14—26mm
分布	红海，印度—西太平洋
丰度	一般常见
深度	潮间带至5m
习性	在珊瑚及岩石底下的沙里
食性	肉食性
厣	角质，窄

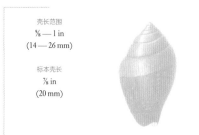

壳长范围
⅝ — 1 in
(14 — 26 mm)

标本壳长
⅞ in
(20 mm)

418

斑核螺
Pyrene punctata
Telescoped Dove Shell
(Bruguière, 1789)

斑核螺贝壳浅棕褐色至深棕褐色，最常见的是红棕色，表面光滑。螺旋部各螺层膨凸，缝合线很明显，近岸样品壳顶通常破损。螺旋部颜色不规则，具大的白色斑点，在螺层上呈现出明显的白色三角标记。绷带和螺轴的底部均有褶皱。

斑核螺（红麦螺）又名望远核螺，名字源于其呈显著阶梯状的缝合线，给人的印象是由"望远镜"的一部分组成。斑核螺在分布范围内的热带地区生物量比较丰富，而南至新南威尔士州以及澳大利亚东南部海域很少发现。核螺科的核螺属 *Pyrene* 和麦螺属 *Columbella* 极其相似，保留两个属名，是为了体现该科在西太平洋和印度—太平洋两个区域的不同分布。

近似种

黄核螺（黄麦螺）*Pyrene flava*（Bruguière，1789）与斑核螺分布区域一致，但黄核螺更为常见。其大小与斑核螺相近，螺旋部亦具有白色的斑点（同样出现在螺层上），但壳色通常呈灰褐色。黄核螺的缝合线不甚明显，外唇更厚。

实际大小

科	核螺科Columbellidae
壳长	14—25mm
分布	鄂霍次克海至厄瓜多尔海域，以及加拉帕戈斯群岛
丰度	一般常见
深度	潮间带
习性	岩石底
食性	植食性
厣	角质，狭窄

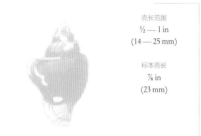

壳长范围
½ — 1 in
(14 — 25 mm)

标本壳长
⅞ in
(23 mm)

419

红口麦螺

Columbella haemastoma
Bloodstained Dove Shell

Sowerby I, 1832

大多数核螺科动物是肉食性的，而红口麦螺和同属其他种却都是草食性的。尤其在晚上，其活动更为活跃，经常可以看到它们在泥泞或者砂质潮池中觅食。红口麦螺为雌雄异体，雌性将半圆形的卵子排放在硬基质或者藻类上。

红口麦螺贝壳呈深红棕色至巧克力色，缝合线下面具有大的白色斑点，胚壳部分全为白色。体螺层圆形，外唇加厚，中部略凹陷。壳口窄，围有螺轴、外唇和绷带，通常着以苍白色至橙色。

近似种

陀螺麦螺 *Columbella strombiformis*（Lamarck，1822）与红口麦螺一样，外唇内凹，但个体稍大且更为常见。体螺层更加膨胀，具独特的白色纵走的折形条纹图案。其前水管沟比红口麦螺更长，虽然壳口具有相同的橙色斑点，但在唇上和绷带上的分布没有那么广。

实际大小

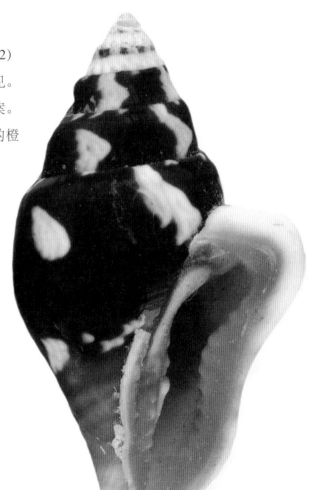

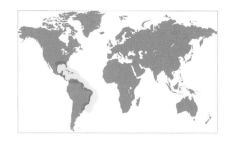

科	核螺科Columbellidae
壳长	10—24mm
分布	佛罗里达至巴西和西印度群岛
丰度	丰富
深度	潮间带至80m
习性	在岩石上和岩石底
食性	植食性
厣	角质，略小于壳口

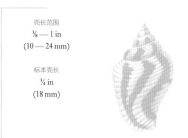

壳长范围
⅜ — 1 in
(10 — 24 mm)

标本壳长
¾ in
(18 mm)

420

巴西麦螺
Columbella mercatoria
Common Dove Shell
(Linnaeus, 1758)

巴西麦螺是核螺科最常见种类之一，尤其是在加勒比海海草的叶片上常大量发现。其贝壳通常覆满海藻，活体具薄的壳皮。由于颜色和图案多变，导致存在很多同物异名现象。不像多数夜间食腐肉的核螺科动物，巴西麦螺为食草动物，且以藻类为食。

近似种

西非麦螺 *Columbella rustica*（Linnaeus，1758）在非洲西北部和地中海均有发现，与巴西麦螺外观非常相似。其花纹和颜色也同样多变，壳口也窄，外唇具齿，螺轴具褶皱。然而其螺旋部稍高，体螺层的螺肋更细。

巴西麦螺可通过细的螺肋和极细的纵肋进行辨别。螺旋部中等稍短。壳口窄，外唇加厚，和螺轴均具明显的齿。尽管壳色和花纹变化大，但巴西麦螺的典型特色为壳面白色，具有棕色或者暗棕色的纵走或 Z 字形的条纹。

实际大小

科	核螺科Columbellidae
壳长	20—27mm
分布	加利福尼亚湾至巴拿马
丰度	不常见
深度	潮下带至100m
习性	泥底
食性	肉食性，腐食性
厣	角质，卵形

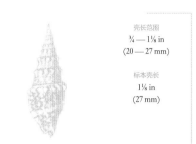

壳长范围
¾ — 1⅛ in
(20 — 27 mm)

标本壳长
1⅛ in
(27 mm)

斑点长麦螺

Strombina maculosa
Blotchy Strombina
(Sowerby I, 1832)

长麦螺属 *Strombina* 为适应美国西部热带海岸深泥底环境已经发生了进化，该属除一种以外的其他种都局限于此区域。它们生活在 100m 深的水域，以栖息地内的微小生物为食。典型特征是高大而细长的螺旋部，以及多变的壳面雕刻——有些螺层光滑，缝合线相对细。而与斑点长麦螺相似的其他种肩部具结节。

近似种

瘤肩长麦螺 *Strombina angularis*（Sowerby I，1832）的分布区域与生活习性与斑点长麦螺相同，但其更为稀少且贝壳略大。螺旋部相对较短、更钝，螺旋部上的结点相连形成粗糙的纵肋。尽管棕色的网状图案比较相似，但瘤肩长麦螺的壳面呈灰白色至淡黄色。

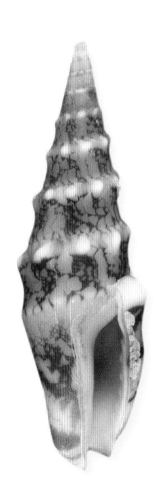

斑点长麦螺贝壳细长，具长而近锥形的螺旋部。体螺层肩部具一行明显的节点或结节。壳口延伸出一个中等长而深的水管沟，壳口加厚，外唇具齿。壳面白色，布满橙棕色的斑点。

实际大小

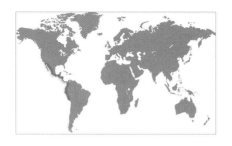

科	核螺科Columbellidae
壳长	20—30mm
分布	加利福尼亚湾至秘鲁
丰度	一般常见
深度	潮下带至128m
习性	泥滩
食性	肉食性
厣	角质，卵形

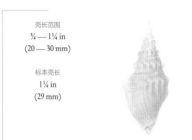

壳长范围
¾ — 1¼ in
(20 — 30 mm)

标本壳长
1¼ in
(29 mm)

422

结瘤长麦螺
Strombina recurva
Recurved Strombina
(Sowerby I, 1832)

结瘤长麦螺是长麦螺属 *Strombina* 中壳表雕刻较多的一种，也是分布范围最为广泛的种类之一，尤其是在其分布范围的南部资源居多。它也是核螺科中个体相对较大的种类，其他种类通常很少大于 25mm。结瘤长麦螺生活在温暖的深达 128m 的近海及滩涂，这些地方的中小型无脊椎动物生物量比较丰富，结瘤长麦螺以这些小型动物为食。

近似种

纺锤长麦螺 *Strombina fusinoidea*（Dall，1916）壳形和壳色与结瘤长麦螺相近，但其在分布区域两端的分布更有局限性。贝壳显著大于结瘤长麦螺，壳长达 50mm。另外，纺锤长麦螺贝壳表面更加光滑，肩部更圆，没有结瘤长麦螺壳面的结节结构。

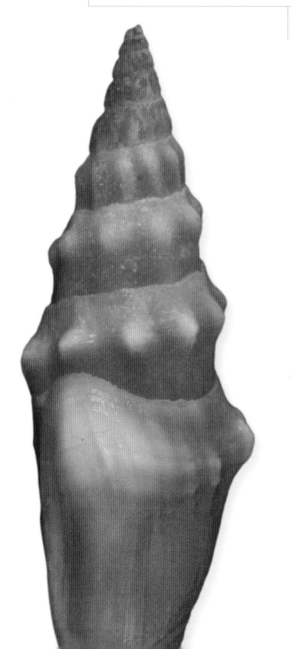

实际大小

结瘤长麦螺贝壳壳形细长，螺旋部高，尖锥形。颜色淡黄色至偏棕色，壳口内部白色，外唇后部膨胀。前水管沟长而弯曲。螺轴处伸出 8—10 条横穿体螺层至外唇的肋纹。螺旋部各螺层肩部具有显著的结节，结节一直延伸至壳顶，形成连续的纵肋。

科	织纹螺科Nassariidae
壳长	5—25mm
分布	欧洲西南部，地中海，黑海
丰度	常见
深度	潮下带
习性	泥和沙质底
食性	肉食性
厣	角质，淡黄色

壳长范围
¼ — 1 in
(5 — 25 mm)

标本壳长
½ in
(13 mm)

423

芝麻扁织纹螺
Cyclope neritea
Nerite Mud Snail
(Linnaeus, 1758)

织纹螺科是较大的一个科，织纹螺也被称为荔枝螺（dog whelks）、筐贝（basket shells），或者泥织纹螺（nassa mud snails）。织纹螺科中数以百计的种分布在世界各个温带和热带海域中。虽然有少数种分布在深海，但大多数种更喜温暖浅水区的潮间带泥滩。芝麻扁织纹螺的分布区域从地中海向西进行了扩张，自20世纪70年代以来，在大西洋的葡萄牙和法国沿岸均发现了该种。

近似种

透明扁织纹螺*Cyclope pelucida*（Risso，1826）是芝麻扁织纹螺在地中海地区的近缘种，其个体较小，只有5—12mm。贝壳淡棕褐色，密布无规则的大小不一的白斑。大的白斑周围有深棕色轮廓，尤其是在左侧边缘区域更明显。壳口内部也可见白斑图案。外唇加厚，螺轴纯白色。

芝麻扁织纹螺贝壳呈低圆锥形，壳面光滑，白色至浅黄色，带有栗色或深棕色斑点。螺旋部低矮，体螺层几乎占据贝壳全部。壳口圆形，滑层扩张、几乎遍布贝壳的整个底部。外唇内部具很小的褶襞。

实际大小

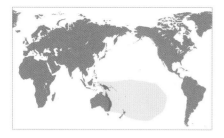

科	织纹螺科Nassariidae
壳长	9—28mm
分布	西南太平洋
丰度	丰富
深度	潮间带
习性	泥滩
食性	肉食性，腐食性
厣	角质，薄

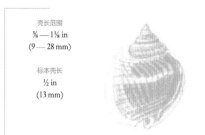

壳长范围
⅜ — 1⅛ in
(9 — 28 mm)

标本壳长
½ in
(13 mm)

424

球形织纹螺
Nassarius globosus
Globose Nassa
(Quoy and Gaimard, 1833)

球形织纹螺贝壳栗棕色。螺旋部中等偏短，缝合线非常明显，体螺层近乎半球状。整个背部具纵肋和螺肋交错的肋纹，整体网状。壳口卵圆形，被白色的滑层包围，外唇完全覆盖贝壳底部。

织纹螺是摄食能力极强的肉食性动物。多栖息于泥滩表面以下，它们趴在栖息地等待食物，用虹吸管作为扩张性的感受器，是泥滩上面唯一明显可见的织纹螺标记。利用感受器，织纹螺能够察觉30m内的食物。在温暖的浅滩及潮间带丰富的西南太平洋岛屿上，球形织纹螺常大规模群居生活，生物量十分丰富。

近似种

胆形织纹螺 *Nassarius pullus*（Linnaeus，1758）是另一种分布区域更广的织纹螺种类，其在印度—西太平洋水域均有分布。与球形织纹螺不同，胆形织纹螺纵肋没有被螺肋隔断，滑层也没有明显的延伸。其滑层更似乳白色，体螺层上具乳白色和暗棕色的螺带。

实际大小

科	织纹螺科Nassariidae
壳长	15—20mm
分布	地中海东部
丰度	常见种
深度	潮间带
习性	沙子
食性	肉食性，腐食性
厣	角质，薄，卵圆形，小于壳口

膨圆织纹螺
Nassarius gibbosulus
Swollen Nassa
(Linnaeus, 1758)

壳长范围
⅝ — ¼ in
(15 — 20 mm)

标本壳长
⅝ in
(15 mm)

425

膨圆织纹螺展示了织纹螺属的分类特征：贝壳底部周围具深的凹陷，这些凹陷由向后弯曲折叠的外唇以及大的滑层形成。另一个特征是该属特有的深的前水管沟。织纹螺属喜欢温暖的浅海区。在摄食方面，织纹螺属不仅在食腐肉和其他腐质时效率颇高，在袭击双壳类和其他螺类时也很灵活。

近似种

多变织纹螺 *Nassarius mutabilis*（Linnaeus，1758）在地中海地区的分布范围与膨圆织纹螺相同，但非洲西部和黑海也有发现。多变织纹螺更喜深水，螺旋部和体螺层同样膨胀。贝壳底部凹陷稍浅，滑层也较小。

实际大小

膨圆织纹螺贝壳通常为淡棕色，具有白色、延伸较多的滑层，螺轴和外唇向后弯曲，在贝壳底部周围形成明显的暗棕色凹陷。螺旋部非常小，缝合线中度深，体螺层膨圆，除生长线外非常光滑。

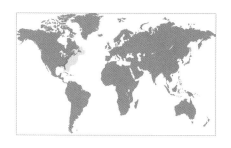

科	织纹螺科Nassariidae
壳长	14—29mm
分布	纽芬兰至佛罗里达东部
丰度	常见种
深度	近海50m
习性	沙子
食性	肉食性，腐食性
厣	角质

壳长范围
½ — 1⅛ in
(14 — 29 mm)

标本壳长
1⅛ in
(28 mm)

426

三带织纹螺
Nassarius trivittatus
New England Nassa
(Say, 1822)

三带织纹螺是大西洋西海岸常见种，喜浅水区清洁的沙质底。贝壳颜色多变；一些个体具有三条螺带，故此得名。虽然它是常见的沙滩型贝类，但在纽约市海域很少能采到活体。多数沙滩上贝壳在最后螺层具有一个洞，这是由于其被其他腹足类捕食，例如玉螺（moon snails）或者骨螺（muricids）。螃蟹和鸭子也喜捕食三带织纹螺。

近似种

方格织纹螺 *Nassarius clathratus*（Born，1778）与三带织纹螺大小相似，壳色稍微暗些，雕刻相似。由于纵肋数量少，肋间距更宽，使得纵肋更明显，螺肋则更细。另外，方格织纹螺的分布局限于大西洋东岸，即非洲西北部至地中海海域。

三带织纹螺壳表雕刻显著，纵肋和螺肋宽度相等，两者相交，在体螺层和高的螺旋部均形成规则的结节状突起。壳面白色，末端呈淡橙色。壳口近圆形，外唇和螺轴薄，前水管沟深。

实际大小

科	织纹螺科Nassariidae
壳长	18—40mm
分布	印度—西太平洋
丰度	极常见种
深度	潮间带至2m
习性	沙质海湾和泥滩
食性	肉食性，腐食性
厣	角质

曲面织纹螺
Nassarius arcularius
Cake Nassa
(Linnaeus, 1758)

壳长范围
¾ — 1⅝ in
(18 — 40 mm)

标本壳长
1⅝ in
(33 mm)

427

曲面织纹螺的分布习性代表了在温暖的浅水区的大多数织纹螺动物。对于这些肉食性动物来说，西太平洋岛屿受保护的沙质海湾是理想的生存环境。它们利用分裂的腹足在砂床内开路，进而寻找腐质或小的生物，并将自己隐藏在砂床表面以下，潜伏以等待食物经过。浅海湾使得其受海浪波动和暴晒等因素干扰的可能性减小。

近似种

毛织纹螺 *Nassarius hirtus*（Kiener，1834）分布于东太平洋的波利尼西亚和夏威夷海区水深达 20m 深的水域，波浪织纹螺 *Nassarius distortus*（Adams，1852），分布于太平洋西部的印度—太平洋海域浅水区，它们具有相同的壳色和显著的纵肋。贝壳的螺旋部都高于曲面织纹螺，且都不具有曲面织纹螺如此明显的滑层。

实际大小

曲面织纹螺贝壳可通过整个螺体和螺旋部的发达纵肋进行辨别。其缝合线明显，表面白色、光滑，看上去犹如一块冰，又形似一个多层蛋糕或者果冻模型。滑层覆盖贝壳的整个底部。内唇具发达的肋纹，内部条纹呈棕色。

科	织纹螺科Nassariidae
壳长	15—50mm
分布	印度—太平洋，火成岛
丰度	常见种
深度	潮间带
习性	沙和滩涂
食性	肉食性，腐食性
厣	角质

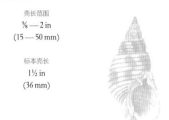

壳长范围
⅝ — 2 in
(15 — 50 mm)

标本壳长
1½ in
(36 mm)

428

橡子织纹螺
Nassarius glans
Glans Nassa
(Linnaeus, 1758)

橡子织纹螺是织纹螺属个体较大的种类之一，也是图案最绚丽的种类之一。壳面具光泽，螺旋部高，螺旋线粗且呈与众不同的红色，这是其最易辨别的特征。像所有的织纹螺属动物一样，橡子织纹螺既是食肉动物，也是食腐动物，以其他的螺类、双壳类、后鳃类和海藻类的受精卵以及腐肉（它们对这些具有特别敏锐的嗅觉）为食。

近似种

墨西哥湾北部深水区发现的几个细带螺属 *Fasciolaria* 的种类，与橡子织纹螺具有相似的螺旋图案。然而，贝壳形状相差较大，其壳口多呈叶状，前沟更加延长。另外，细带螺属动物在螺旋线的末端没有唇齿。

橡子织纹螺贝壳光滑、乳白色，具有一些棕色色斑。体螺层球形，螺旋层较高，缝合线非常明显。近壳顶的数螺层具窄的纵肋，壳顶深红色。壳面具深红棕色斑纹，螺旋线从小的唇齿部位发出。绷带上大约有6条细肋。

实际大小

科	织纹螺科Nassariidae
壳长	27—50mm
分布	非洲南部，印度洋，西澳大利亚
丰度	常见种
深度	潮间带
习性	泥滩
食性	肉食性
厣	角质

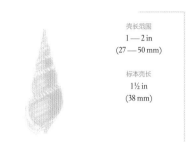

壳长范围
1 — 2 in
(27 — 50 mm)

标本壳长
1½ in
(38 mm)

429

带长织纹螺
Bullia livida
Ribbon Bullia

Reeve, 1846

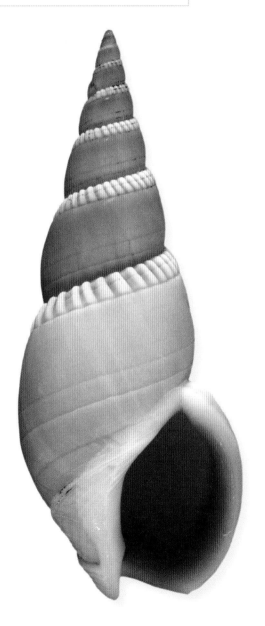

带长织纹螺分布很广，自南非至印度洋边缘的澳大利亚西部海域均有分布。广泛的分布导致其存在很多同物异名，该种也被称为 *B. plicata*，*B. vittata*，*Ancilla alba*，*Eburna monilis*，*Terebra buccinoidea* 及其他通用名。带长织纹螺螺旋部高，沿缝合线下方有一条特殊的螺旋带，由短小而发达的纵肋环绕而成。螺旋带中部常与一条凹入的螺沟相交。

近似种

很多长织纹螺属 *Bullia* 种类在带长织纹螺的分布范围内都是常见种。光滑长织纹螺 *Bullia tenuis*（Reeve，1846），环瘤长织纹螺 *B. annulata*（Lamarck，1816）和南非长织纹螺 *B. callosa*（Wood，1828）在南非海域深水区均有发现。喀拉黄长织纹螺 *Bullia kurrachensis*（Angas，1877），是巴基斯坦海域附近浅水区显著分布的种。长织纹螺属另一个群体则分布在南美海域东海岸。

带长织纹螺贝壳颜色多变，淡黄色至灰紫色。各螺层呈阶梯状，缝合线十分明显，紧接缝合线的肩部具一排连续的短纵肋，这些纵肋像一个穗状边缘。纵肋以一个细的螺沟在底部终结。外唇加厚，在底部形成一个稍深的凹陷，绷带具肋状褶皱。

实际大小

科	织纹螺科Nassarridae
壳长	30—52mm
分布	印度—西太平洋
丰度	一般常见种
深度	潮间带至10m
习性	泥滩
食性	肉食性，腐食性
厣	角质

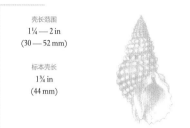

壳长范围
1¼ — 2 in
(30 — 52 mm)

标本壳长
1¾ in
(44 mm)

430

疣织纹螺
Nassarius papillosus
Pimpled Nassa
(Linnaeus, 1758)

疣织纹螺是一种常见的织纹螺科动物，在印度—太平洋区域分布较广，栖息于潮间带至离岸浅海区。在亚洲东南部地区，人们常将织纹螺科的一些种作为食物。然而，中国台湾最近发生的一起贝类中毒事件表明疣织纹螺有时包含强大的神经毒素——河豚毒素，具有潜在的危险性。

近似种

花冠织纹螺 *Nassarius coronatus*（Bruguière，1789）只在疣织纹螺分布范围的西半部分分布，同样具有与疣织纹螺相似的突起雕刻。其贝壳更小、更低矮，滑层严重扩张，镶有螺轴褶皱，与唇部褶皱相对应。

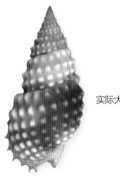

实际大小

疣织纹螺贝壳表面具有发达的纵肋，纵肋被自唇齿发出的等深的螺沟切断，进而形成带有白色突起的、排列规则的网状雕刻。壳面光滑，呈浅棕或栗棕色，突起为白色。螺旋部很高；螺层被比螺沟稍深的缝合线界定。壳口近圆形。

科	盔螺科（香螺科）Melongenidae
壳长	25—70mm
分布	印度洋
丰度	丰富种
深度	潮间带至2m
习性	沙和泥滩
食性	肉食性
厣	角质，卵形，大

壳长范围
1 — 2¾ in
(25 — 70 mm)

标本壳长
1⅞ in
(47 mm)

431

梨形黑香螺
Volema paradisiaca
Pear Melongena
Röding, 1798

梨形黑香螺（梨形香螺）隶属于相对小的科——盔螺科，该科以"瓜海螺"著称。全世界大约有 30 个种，虽然有些在温带分布，但大都分布在热带海域。梨形黑香螺是非洲东部非常常见的种，与同属其他种类一样，偏好泥泞或半咸环境，通常在红树林里或者红树林附近生活。像所有盔螺科种一样，梨形黑香螺是贪婪的肉食性动物，但也有一些盔螺科种类以腐肉为食。

近似种

玉果黑香螺（粗梨香螺）*Volema myristica*（Röding，1798）贝壳稍大，但与梨形香螺形状相似。螺旋部略高，肩部突起更凸出，形成小的棘刺。螺旋沟更深，唇部波浪状的边缘也更清晰。玉果黑香螺比梨形黑香螺在西南太平洋的分布更靠东。

梨形黑香螺贝壳梨形，螺旋部稍低。体螺层具有浅的螺旋沟，肩部具有或多或少的弱结节。外唇薄，边缘波纹状。壳口大、卵圆形、橙色，具有明显的窄前水管沟和光滑的螺轴。贝壳整体的颜色多变，浅黄色至红棕色，有时具有模糊的螺带。

实际大小

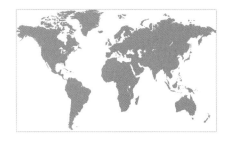

科	盔螺科Melongenidae
壳长	25—205mm
分布	阿拉巴马州至佛罗里达东北部
丰度	产地非常常见
深度	潮间带
习性	红树林
食性	肉食性
厣	角质，卵形，大

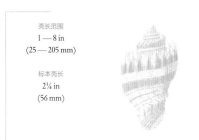

壳长范围
1 — 8 in
(25 — 205 mm)

标本壳长
2¼ in
(56 mm)

432

皇冠盔螺
Melongena corona
Common Crown Conch
(Gmelin, 1791)

皇冠盔螺贝壳球根状，螺旋部中等大小。缝合线明显，螺层有结节，体螺层具有两条具半管状棘刺的螺旋带。体螺层的下半部分也有一排棘刺。贝壳具微弱的纵脊，通常饰有宽窄不一、颜色多变的螺带，颜色常呈浅色至紫棕色（也有的个体呈全乳白色）。

皇冠盔螺的贝壳形状惊人，其分布范围相对较窄，自佛罗里达东北海区，即佛罗里达半岛周围，至阿拉巴马州的莫比尔湾，但在红树林微咸水地区较为常见。皇冠盔螺是积极的主动捕食者，会攻击蛤蜊、牡蛎以及其他的双壳类。虽然盔螺科动物种数少，但其中大约 30 个种的分布都非常广，在印度洋、太平洋和大西洋海域两边的热带和亚热带均有发现。

近似种

加勒比盔螺 *Melongena melongena*（Linnaeus, 1758）是分布于西印度群岛的个体较大的盔螺科种类。其螺旋部非常小，完全没有棘刺，体螺层具多达 4 条螺旋带。滑层较皇冠盔螺延伸更多。加勒比盔螺也是食肉动物，其食物包括腹足类。

实际大小

科	盔螺科Melongenidae
壳长	75—270mm
分布	特立尼达拉岛至巴西；毛里塔尼亚至安哥拉
丰度	常见种
深度	潮间带至潮下带浅海
习性	红树林
食性	肉食性
厣	角质，卵形，大

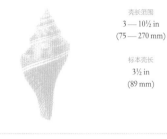

壳长范围
3 — 10½ in
(75 — 270 mm)

标本壳长
3½ in
(89 mm)

433

大西洋棕螺
Pugilina morio
Giant Hairy Melongena
(Linnaeus, 1758)

大西洋棕螺（大西洋黑香螺）的地理分布不寻常，在大西洋两岸均有分布。在浅水区、红树林的泥泞区生物量丰富，以双壳类和腐肉为食。雌性个体通常具有较宽、更多结节的贝壳（如下面所述），而雄性的贝壳相对较光滑。其英文名（译：多毛棕螺 Giant Hairy Melongena）源于其具厚壳毛的角质壳皮，活体种的表面都附有壳皮。

近似种

刺香螺 *Busycon carica*（Gmelin，1791）与大西洋棕螺形状相似。刺香螺个体更大，壳面乳白色或橙白色，前水管沟更长，但是壳口和结节的分布与大西洋棕螺是一样的。刺香螺在佛罗里达州到马萨诸塞州都有发现，该种螺轴上的螺珠曾被美国当地居民当作货币使用。

大西洋棕螺贝壳深棕色至绿黑色，纺锤状。螺旋部中度高，螺层阶梯状，肩部具大结节，结节在幼体样品中更明显。整个贝壳覆以粗糙的细螺肋，并且具一些淡棕色至中棕色的条带。壳口较宽，卵圆形，内具有螺旋状肋纹。前水管沟稍长。

实际大小

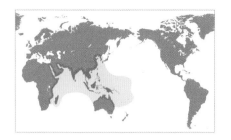

科	盔螺科Melongenidae
壳长	60—150mm
分布	印度—西太平洋
丰度	常见
深度	潮间带至2m
习性	泥水
食性	肉食性
厣	角质

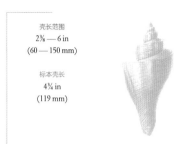

壳长范围
2⅜ — 6 in
(60 — 150 mm)

标本壳长
4¾ in
(119 mm)

434

旋棕螺
Pugilina cochlidium
Spiral Melongena
(Linnaeus, 1758)

像盔螺科其他种一样，活体的旋棕螺表面覆以厚的角质壳皮。浅的浑水对于双壳贝类来说营养丰富，而双壳贝类恰恰是极具攻击性的肉食性盔螺动物的猎物。旋棕螺（印度洋黑香螺）名字源于其各螺层肩部上结节的排列顺序，排列不是明显的阶梯状，但结节的间距更像一个窄的、紧缩的螺旋式阶梯。

近似种

玉果黑香螺 *Volema myristica*（Röding，1798）
贝壳相对小，但形状与旋棕螺相似。其肩部结节没有旋棕螺的明显，唇部没有脊，而具有波浪状的边缘，引出体螺层上的螺肋。

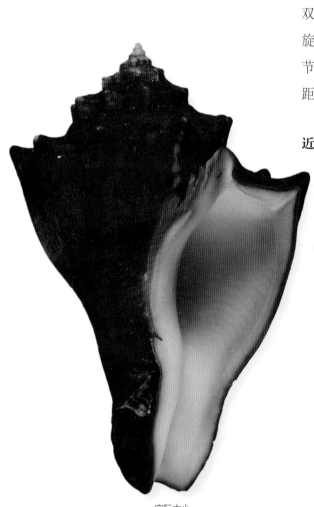

旋棕螺壳质厚重，棕色至栗棕色，有时带有深色纵行生长线。贝壳纺锤状，球根状的体螺层上具有模糊的螺肋，前水管沟长，末端变细。螺旋部中等高，所有螺层的肩部具有等间距的肋和结节，结节止于外唇顶部。壳口光滑，内部具模糊的肋纹；绷带具褶襞。

实际大小

科	盔螺科Melongenidae
壳长	70—250mm
分布	印度—西太平洋
丰度	常见
深度	浅潮间带至40m
习性	沙质底
食性	肉食性
厣	角质，较长，弯曲

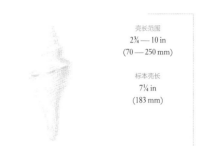

壳长范围
2¾ — 10 in
(70 — 250 mm)

标本壳长
7¼ in
(183 mm)

435

厚角螺
Hemifusus crassicaudus
Thick-tail False Fusus
(Philippi, 1848)

厚角螺（角香螺）是盔螺科中个体最大的物种之一。大多数个体长度可达250mm，世界范围内记录的最大厚角螺贝壳长于410mm。厚角螺是印度—太平洋常见种。该种以双壳类为食，通常可以在双壳类生活区找到。

近似种

角螺（长香螺）*Hemifusus colosseus*（Lamarck，1822）分布在日本至中国东海，贝壳大且细长，螺旋部高，壳口较厚角螺更长。旋棕螺 *Pugilina cochlidium*（Linnaeus，1758）分布于印度洋、澳大利亚北部以及菲律宾海域，比厚角螺贝壳厚重、坚硬，但相对更小、更宽，前水管沟更宽。

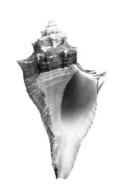

厚角螺贝壳大、厚重，壳面粗糙，呈长纺锤形。螺旋部高，缝合线明显，壳顶尖，各螺层有结节，肩部结节突出。壳面饰有宽的纵肋，与生长线相交。壳口大而长，向长的前水管沟略卷入。外唇薄，具细的肋状齿，螺轴光滑，前水管沟具小的褶襞。壳表淡粉色，覆盖着厚的棕色角质壳皮。壳口粉红色。

实际大小

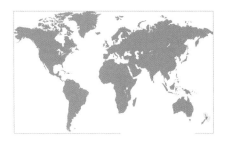

科	细带螺科（旋螺科）Fasciolariidae
壳长	12—19mm
分布	新西兰北部岛地方种
丰度	非常常见
深度	潮间带
习性	岩石上或在岩石底下
食性	肉食性
厣	角质，叶状

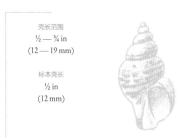

壳长范围
½ — ¾ in
(12 — 19 mm)

标本壳长
½ in
(12 mm)

436

杜比纺锤螺
Taron dubius
Dubius Spindle Shell
(Hutton, 1878)

细带螺科包含多种类型的肉食性种类，它们的贝壳呈纺锤形，前水管沟与螺轴相齐，大多数分布在热带和温带的潮间带至次深海水域。小型种多以多毛类为食，个体较大的种类以双壳类和其他腹足类为食。杜比纺锤螺（疑问旋螺）是细带螺科中个体最小的种类之一，是其属内较为典型的种，也是新西兰岛北部的地方性种。

近似种

大口纺锤螺（眸黛旋螺）*Taron mouatae* Powell，1968 贝壳更大、更薄、更长，螺旋部更高，螺肋和纵肋更细且数量更多。其贝壳深棕色。白花纺锤螺 *Taron albocastus* Ponder，1968 是该属中个体最小的种，其贝壳比杜比纺锤螺的略窄，壳面黄白色，具深棕色的螺肋。

实际大小

杜比纺锤螺贝壳小，呈宽的纺锤形，螺旋部圆锥形，占整个贝壳长度的一半。壳口呈简单的卵圆形，具宽短的前水管沟。胚壳光滑。成体贝的早期螺层具弱的螺肋，随着个体生长，螺肋逐渐变强，与日益增多的显著的纵肋相交。壳口的外唇薄、棕色，螺轴光滑、白色，前水管沟橙色。像多数细带螺科动物一样，杜比纺锤螺壳面为鲜红色。

科	细带螺科Fasciolariidae
壳长	25—37mm
分布	印度—西太平洋的热带海区
丰度	常见种
深度	潮间带至潮下带
习性	在珊瑚礁的表面
食性	肉食性
厣	角质，叶状

壳长范围
1 — 1½ in
(25 — 37 mm)

标本壳长
1¼ in
(32 mm)

鸽螺
Peristernia nassatula
Netted Peristernia
(Lamarck, 1822)

437

鸽螺属*Peristernia*种类贝壳壳质重，壳面颜色多样，螺肋明显，具结节，通常具假脐。螺轴通常除水管沟褶襞外，还具有2或3条反向的褶痕。本种在潮下带底的岩石和礁石上固着生活，主要以管栖多毛类动物和星虫为食。大多数鸽螺（紫口旋螺）样品壳外被礁石上的其他生物所覆盖。

近似种

澳洲鸽螺（澳洲旋螺）*Peristernia australiensis*（Reeve，1847）主要分布于澳大利亚州的昆士兰海区，其贝壳稍小，纵肋更少、更大、更圆，壳口更显方形。斜肩鸽螺*Peristernia fastigium*（Reeve，1847）分布于印度—太平洋海区，其贝壳加长，前水管沟延长。黄口鸽螺*Peristernia chlorostoma*（Sowerby I，1825）分布于印度—太平洋海区，贝壳小很多，螺旋部短，贝壳更圆。

鸽螺贝壳呈明显的双锥形，肩部尖锐，螺旋部高、平坦，壳口弯曲，前水管沟短，偏向左侧。贝壳表面有数条宽的、密集的纵肋，纵肋由缝合线延伸至前水管沟。螺肋尖而窄，与纵肋相交。螺肋间亦有更细的螺肋。外唇前端外翻，后端具缺刻，内唇具两枚齿，与水管沟褶襞相对。贝壳颜色多变，常为白色到黄色、紫色或棕色，也可能形成螺旋色带。

实际大小

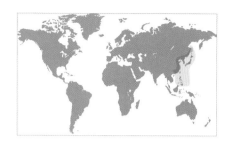

科	细带螺科Fasciolariidae
壳长	25—37mm
分布	日本至菲律宾
丰度	不常见种
深度	50—300m
习性	沙质底
食性	肉食性
厣	角质，小，圆形

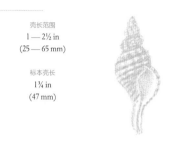

壳长范围
1 — 2½ in
(25 — 65 mm)

标本壳长
1¾ in
(47 mm)

438

日本颗粒纺锤螺
Granulifusus niponicus
Granular Spindle
(Smith, 1879)

日本颗粒纺锤螺（日本长旋螺） 贝壳壳质薄，中等大小，呈宽的纺锤形，螺旋部高，壳口卵圆形，前水管沟纵向，长且窄。各螺层膨圆，无突出的肩部。纵肋宽，肋间距稍宽。螺肋发达，与纵肋相交，形成白色结节，在外唇处形成具褶皱的边缘。壳面黄褐色，偶尔具有棕色的螺带。

现存的 21 个颗粒纺锤螺属种类均分布在整个印度—西太平洋热带地区，通常在半深海海区。它们栖息于砂质底，以多种类型的无脊椎动物为食，包括蠕虫和软体动物。颗粒纺锤螺属 *Granulifusus* 动物与纺锤螺属 *Fusinus* 动物不同，其表面常具颗粒状的雕刻，并有小的圆形的厣。与多数细带螺科动物不同的是，颗粒纺锤螺属动物贝壳不是红色，而是呈白色或者淡黄色。圆形的厣常退化。

近似种

红纹颗粒纺锤螺 *Granulifusus rubrolineatus*（Sowerby II，1870）分布于非洲西部海域，形状与日本颗粒纺锤螺相似，但个体偏小，螺肋更窄细。林氏颗粒纺锤螺 *Granulifusus hayashii* Habe，1961 贝壳更窄，前水管沟成比例地增长，末端偏向左侧。

实际大小

科	细带螺科Fasciolariidae
壳长	37—50mm
分布	印度—西太平洋的热带海区
丰度	一般常见种
深度	潮下带至20m
习性	岩石底
食性	肉食性
厣	角质，叶状

壳长范围
1½ — 2 in
(37 — 50 mm)

标本壳长
1¾ in
(47 mm)

439

塔山螺豆螺

Turrilatirus turritus

Tower Latirus

(Gmelin, 1791)

塔山螺豆螺属 *Turrilatirus* 由一个小的有特色的种群组成，这些动物贝壳壳质厚，螺旋部高，前水管沟短。自非洲东部至波利尼西亚的整个印度—太平洋热带海区均有分布。该属的最早记录化石始于上新世时期。塔山螺豆螺属动物腹足宽短，多呈亮红色，具厚的角质化的厣，生活在浅水区的岩石底部。

近似种

长崎塔山螺豆螺（长崎旋螺）*Turrilatirus nagasakiensis*（Smith，1880）分布于日本南部海域，与塔山螺豆螺大小相似，但壳口更加延长，纵行的前水管沟更长。贝氏山螺豆螺 *Latirus belcheri*（Reeve，1847）为塔山螺豆螺两倍大小，典型特征为长方形的壳口、尖的肩部以及与圆的纵肋相连接而成的基角，以及短而清晰的分界线和纵行的前水管沟。

塔山螺豆螺（黑线塔旋螺）贝壳壳质结实，壳形稍长，中等大小。螺旋部高、圆锥形，占整个贝壳的一半以上。壳口椭圆形，近前水管处缩窄，前水管沟短，偏向左侧。外唇内侧具多条成对排列的齿肋，前水管上方具两枚弱的褶襞。绷带短。壳面雕刻有宽而低平的纵肋和宽而突出的螺旋肋。壳面黄橙色；螺肋深棕色。

实际大小

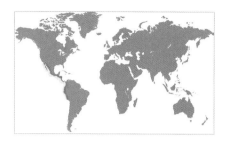

科	细带螺科Fasciolariidae
壳长	25—75mm
分布	加利福尼亚半岛至秘鲁
丰度	常见种
深度	潮下带至潮下带
习性	岩岸
食性	肉食性，以藤壶和双壳类动物为食
厣	厚，角质

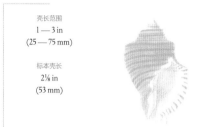

壳长范围
1 — 3 in
(25 — 75 mm)

标本壳长
2⅛ in
(53 mm)

440

拟刺山鳌豆螺
Opeatostoma pseudodon
Thorn Latirus
(Burrow, 1815)

实际大小

虽然大多数细带螺科种类具长纺锤状的贝壳，但拟刺山鳌豆螺（沟刺旋螺）贝壳宽而结实，棕色和白色的螺带交替出现。此特征在细带螺科中是极为独特的，且外唇前端具一长而弯曲的棘突，该特征使其较易被辨别。拟刺山鳌豆螺捕食蛤蜊和藤壶，可在潮间带及近海的岩石上被找到。在全世界热带和亚热带区域，细带螺科现存种超过 200 个。该科最早的化石记录始于白垩纪。

近似种

拟刺山鳌豆螺是所在属唯一的种。其他近似种包括分布于加拉帕戈斯群岛和中美洲西部海域的裸鳃银山鳌豆螺（蜡泪旋螺）*Leucozonia cerata* Wood，1828，该种贝壳纺锤形，具结节。白塔旋螺 *Cyrtulus serotinus* Hinds，1844 是马克萨斯岛的地方性种，贝壳形状很独特，螺旋部窄而高，体螺层厚。

拟刺山鳌豆螺贝壳中等大小，壳质坚硬、厚重，壳形膨胀，呈宽的纺锤形。螺旋部相对短，缝合线愈合。各螺层具角状肩部，白色贝壳上饰有微高、深棕色的螺肋。壳口宽，外唇具细齿，螺轴具 2—3 枚褶襞。外唇底部有一个长的弯曲棘刺突。壳皮黄褐色，壳口白色。

科	细带螺科Fasciolariidae
壳长	30—90mm
分布	印度—西太平洋
丰度	常见种
深度	潮间带至18m
习性	岩石和珊瑚
食性	肉食性，以其他无脊椎动物为食
厣	角质，厚

壳长范围
1¼ — 3½ in
(30 — 90 mm)

标本壳长
2¼ in
(56 mm)

贝氏山鳖豆螺
Latirus belcheri
Belcher's Latirus
(Reeve, 1847)

贝氏山鳖豆螺（贝奇氏旋螺）为澳大利亚潮间带常见种，生活在岩石和珊瑚间，在印度—西太平洋深达18m的水域亦有发现。它是以英国海军上将、狂热的贝壳收藏者爱德华·贝尔彻（Edward Belcher）名字命名的物种之一。细带螺科种类是肉食性动物，以其他的无脊椎动物为食；个体小些的物种以多毛类为食，个体较大的则以双壳类和腹足类为食。某些种类甚至有食人行为。雌性产带茎的卵囊，每个卵囊中含有多枚卵子。

近似种

漏斗山鳖豆螺（棕线旋螺）*Latirus infundibulum*（Gmelin，1791）自佛罗里达至巴西海域均有分布，螺旋部高，贝壳壳质厚。壳面金黄色，凸出的纵向结节与棕色的螺肋相交。拟刺山鳖豆螺 *Opeatostoma pseudodon*（Burrow，1815）分布于加利福尼亚半岛至秘鲁海域，其从外唇底部延伸出一条长棘突。白色贝壳上布满凸出的深棕色螺肋。

贝氏山鳖豆螺贝壳中等大小，壳质厚而硬，外形呈宽的纺锤形。螺旋部高，缝合线不明显。螺旋部各螺层具1行大的结节，体螺层具2行大的结节和若干条螺肋。壳口大而方，具两个锐利的角，螺轴具3或4枚小的褶襞。前水管沟宽，向后微弯。壳面白色或乳白色，密布棕色的斑点，壳口白色而边缘呈深色。

实际大小

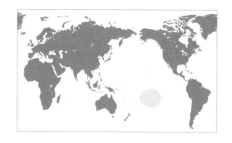

科	细带螺科Fasciolariidae
壳长	50—94mm
分布	波利尼西亚
丰度	不常见种
深度	18—30m
习性	细沙及淤泥底部
食性	肉食性，以其他软体动物为食
厣	角质，同心状，椭圆形

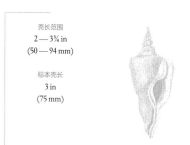

壳长范围
2 — 3¾ in
(50 — 94 mm)

标本壳长
3 in
(75 mm)

442

白塔旋螺
Cyrtulus serotinus
Cyrtulus Spindle
Hinds, 1844

白塔旋螺贝壳外形奇怪、不常见。稚贝从外形和雕刻来看像纺锤形的柱形纺锤螺 *Fusinus colus*，但在形成 7 或者 8 螺层后，壳质加厚，变得不规则，改变了稚贝的原始特征，而成体贝更像拳螺科种类，类似于具纺锤螺属 *Fusinus* 高螺旋部特征的瘦小版的印度花圣螺（Indian Chank）。白塔旋螺栖息于波利尼西亚近海的细砂或者淤泥底部，是其属内的唯一种。

近似种

其他近似种均具有很典型的纺锤状外形，如分布于印度—西太平洋海域的柱形纺锤螺 *Fusinus colus*（Linnaeus，1758）。极长纺锤螺 *Fusinus longissimus*（Gmelin，1791）分布于日本和西太平洋海域，是该属中个体最大的种，肩部具一行圆形结节。锡拉纺锤螺 *Fusinus syracusanus*（Linnaeus，1758）自地中海至加那利群岛海区均有分布，贝壳颜色丰富，是该科中的一个例外，该科中大多数种贝壳为白色。

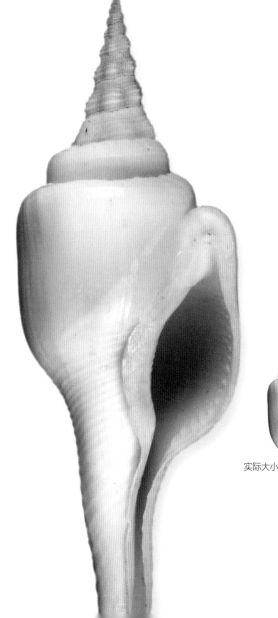

实际大小

白塔旋螺贝壳近棒状，壳质厚重、结实，但螺旋部高，此为纺锤螺属的典型特征。在 7 或 8 个螺层之后，壳质加厚，螺旋部刻纹消失，贝壳形状变得不规则。成体贝体螺层圆柱形，具肩角，贝壳中间 1/3 处的两边缘几乎平行，至长而厚的前水管沟逐渐变细。壳口延长，椭圆形，唇加厚。螺轴光滑且厚，内唇具光泽。壳面乳白色，壳口白色。

科	细带螺科Fasciolariidae
壳长	75—180mm
分布	印度—西太平洋
丰度	常见种
深度	潮下带浅海至40m
习性	沙质底
食性	肉食性，以其他软体动物为食
厣	角质

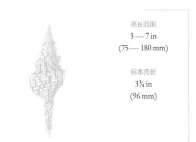

壳长范围
3 — 7 in
(75 — 180 mm)

标本壳长
3¾ in
(96 mm)

花斑纺锤螺
Fusinus nicobaricus
Nicobar Spindle
(Röding, 1798)

443

花斑纺锤螺（花斑长旋螺）是纺锤螺属 *Fusinus* 颜色较丰富的种类之一，具纵向棕色条纹。壳面条纹较长，形状奇特，这使花斑纺锤螺极受贝类收藏家钟爱。作为一种肉食性动物，花斑纺锤螺以小型软体动物为食，这些食物通常可在岩石和珊瑚碎片间的砂质底找到。花斑纺锤螺通常成对存在。

近似种

柱形纺锤螺（纺锤长旋螺）*Fusinus colus*（Linnaeus，1758）的分布范围与花斑纺锤螺相似，但其贝壳通常更长、壳质更薄，壳面条纹也相对较少。前水管沟更细，多呈棕色，颜色向唇部逐渐加深。云斑纺锤螺 *Fusinus marmoratus*（Philippi，1851）分布于巴西西部、地中海以及红海海域，贝壳整体上更短、颜色更暗。其纵肋明显，一直延伸至体螺层后。

花斑纺锤螺贝壳螺旋部较长，前水管沟比螺旋部稍短。壳顶数螺层具粗的纵肋，使螺层略显圆润；下部数螺层纵肋不明显，在肩部形成结节，而使其螺层具角。壳口白色，轴唇薄，螺轴处有肋纹。外唇具细齿。

实际大小

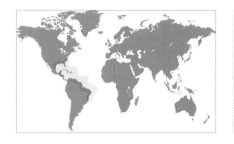

科	细带螺科Fasciolariidae
壳长	60—250mm
分布	北卡罗来纳州至巴西
丰度	常见种
深度	潮间带至75m
习性	沙质底及海草床
食性	肉食性，以其他软体动物为食
厣	角质，厚

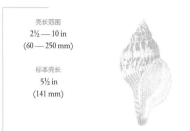

壳长范围
2½ — 10 in
(60 — 250 mm)

标本壳长
5½ in
(141 mm)

444

郁金香细带螺
Fasciolaria tulipa
True Tulip
(Linnaeus, 1758)

郁金香细带螺（郁金香旋螺）是细带螺科中个体较大的种类，通常栖息于海湾和河口的海草床上。它是一种贪婪的肉食性动物，以其他软体动物为食，包括细带螺属 *Fasiolaria* 中的其他种，如百合细带螺 *Fasiolaria lillium*，甚至还包括女王凤螺 *Strombus gigas* 幼体。郁金香细带螺壳面颜色自浅橙色至红色。其肉可食，在当地常被捕获来食用。冬季，雌性产出成群的壶形卵囊。厣角质、厚，大小正好嵌在壳口内部。郁金香细带螺的贝壳最易被寄居蟹所寄居。

近似种

百合细带螺 *Fasciolaria lillium* Fischer，1807 分布于得克萨斯州至金塔纳罗奥州、墨西哥海域，其贝壳与郁金香细带螺相似，但相对偏小，壳面乳白色，饰有黑棕色细线纹，以及粉红或者淡褐色的斑点。天王赤旋螺 *Triplofusus giganteus*（Kiener，1840）在卡罗来纳州北部至金塔纳罗奥州、墨西哥海域均有分布，是细带螺科中个体最大的种，也是大西洋中最大的腹足类动物，是佛罗里达州的州贝。

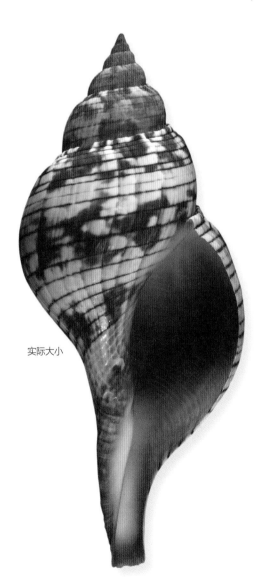

实际大小

郁金香细带螺贝壳中等大，微膨胀，轮廓呈纺锤形。螺旋部高，螺层凸出，缝合线明显。壳口椭圆形，外唇具齿，螺轴具 2 条脊凸。前水管沟相对宽短。壳面光滑，生长线很细，贝壳底部具低矮的肋纹。贝壳颜色多变，常乳白色，具浅棕色至红橙色的斑点，以及黑色的细螺纹。壳口白色或者橙色。

科	细带螺科Fasciolariidae
壳长	95—220mm
分布	印度—西太平洋热带海区
丰度	不常见种
深度	50—120m
习性	沙质底
食性	肉食性
厣	角质，叶状

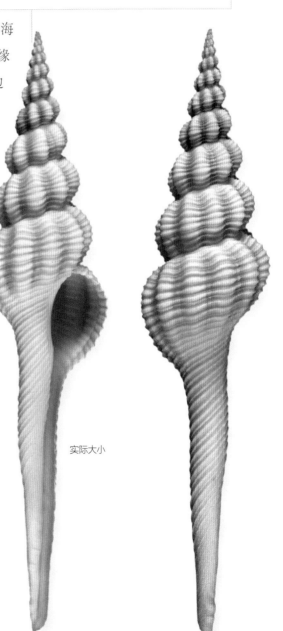

壳长范围
3¼ — 8⅝ in
(95 — 220 mm)

标本壳长
6⅜ in
(161 mm)

445

纵肋纺锤螺
Fusinus crassiplicatus
Ribbed Spindle
Kira, 1959

　　纺锤螺属 *Fusinus* 动物分布在世界的温带和热带海域。很多种类的分布局限于深水区，沿着大陆架外缘或者大陆坡分布，栖息在砂质底。其腹足呈红色，边缘通常具有红色的点。雌性将卵产在坚韧的壶形卵囊内，卵囊则附着在坚硬底质上，如岩石或者贝壳碎片。

近似种

　　长纺锤螺 *Fusinus salisburyi* Fulton，1930也分布于西太平洋海区，为该科内个体相对较大的种，其肩部明显，螺肋突出。铁锈纺锤螺 *Fusinus perplexus*（A. Adams，1864）分布于日本和中国台湾海域，壳形稍小，前水管沟适当缩短，壳口则适当变大。底部数螺层缺少突出的纵肋，肩部也较弱。

纵肋纺锤螺（纵肋长旋螺）贝壳很大，壳形细长，呈纺锤形。螺旋部高，前水管沟极长，占整个贝壳长度的一半。壳口小、卵圆形。螺轴光滑，有些样品中具有凸出的褶皱。贝壳表面雕刻有明显的纵肋，纵肋没有延伸至前水管沟。螺肋较细，与螺层上纵肋相交，同时螺肋也是前水管沟上唯一的雕刻。壳面白色，相邻的纵肋间或有棕褐色的条带。

实际大小

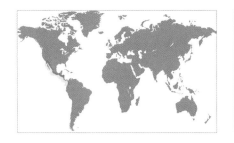

科	细带螺科Fasciolariidae
壳长	100—250mm
分布	加利福尼亚半岛至厄瓜多尔
丰度	一般常见种
深度	潮间带至100m
习性	沙质底或黏土的底部
食性	肉食性，以其他软体动物为食
厣	角质，厚，卵形

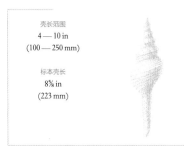

壳长范围
4 — 10 in
(100 — 250 mm)

标本壳长
8⅞ in
(223 mm)

446

杜氏纺锤螺
Fusinus dupetitthouarsi
Du Petit's Spindle

Kiener, 1840

实际大小

杜氏纺锤螺（杜氏长旋螺）的贝壳是纺锤螺属 *Fusinus* 中个体最大者之一。在某些分布区域，尤其是墨西哥，杜氏纺锤螺常被用作钓鱼的诱饵，但很少作为食物食用。新鲜个体呈明显的青褐色，贝壳外面具有一层薄的角质壳皮。杜氏纺锤螺是肉食性动物，以小的软体动物为食，栖息于砂质或者黏性基质中。

近似种

巴拿马纺锤螺 *Fusinus panamensis*（Dall，1908）分布于墨西哥至秘鲁海域，贝壳壳质结实，纵肋的凸出部位具有规律分布的棕色条纹。墨西哥湾纺锤螺 *Fusinus stegeri* Lyons，1978 分布于墨西哥湾和佛罗里达群岛，螺旋部较高，各螺层更膨圆。

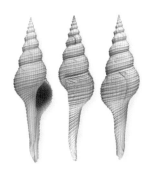

杜氏纺锤螺贝壳螺旋部和前水管沟均较长。前水管沟和所有的螺层具有明显的螺肋，前端大螺层上的螺肋最明显，而后端小螺层上螺肋形成结节突起。壳口白色，内部肋纹不明显，螺轴光滑。壳面白色，偶尔有淡棕色条纹，螺旋部尖端条纹颜色更深。

科	细带螺科Fasciolariidae
壳长	400—609mm
分布	北卡罗来纳州至墨西哥湾
丰度	常见种
深度	潮间带至30m
习性	海草床、滩涂及沙质底
食性	肉食性，以其他软体动物为食
厣	角质，同心状，核心偏于一端

壳长范围
16 — 24 in
(400 — 609 mm)

标本壳长
18¾ in
(474 mm)

447

天王赤旋螺
Triplofusus giganteus
Florida Horse Conch
(Kiener, 1840)

天王赤旋螺是大西洋中贝壳最大的种，也是世界腹足类中个体第二大的种类。它是一种贪婪的、肉食性的动物，以其他软体动物为食，如蛤蜊、小型螺，甚至捕食同种中的其他个体较小的成员。天王赤旋螺是浅水区域海草、泥滩以及砂质底中常见的种，亦是佛罗里达州的州贝。其腹足宽大而发达，呈红色，在墨西哥被当作食物。其贝壳被美国土著居民用作喇叭。

近似种

王子细肋螺（巴拿马赤旋螺）*Pleuroploca princeps*（Sowerby I，1825）分布于墨西哥西部至厄瓜多尔海域，贝壳很大，与天王赤旋螺相似。另一个近似种郁金香细带螺 *Fasciolaria tulipa*（Linnaeus，1758）分布于卡罗来纳州北部至巴西海域，贝壳也呈纺锤形，但其贝壳表面光滑，颜色丰富。

实际大小

天王赤旋螺贝壳大，壳质厚重，壳形延长、纺锤形。螺旋部高，螺层具角。发达的螺肋和弱的纵肋相交，在肩部形成大而钝的结节。体螺层大，壳口宽、披针状，前水管沟长，末端逐渐变细。螺轴具3条倾斜的褶襞。天王赤旋螺幼贝为橙色，随着个体生长，颜色逐渐变浅，成体贝多呈浅棕色或者浅灰色。壳口内部则为橙色。贝壳外覆有易脱落的褐色角质壳皮。

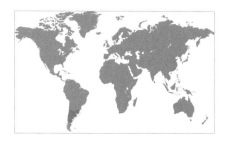

科	骨螺科Muricidae
壳长	25—100mm
分布	巴塔哥尼亚
丰度	常见种
深度	潮间带和潮下带
习性	岩石底部，河蚌
食性	肉食性
厣	有

壳长范围
1 — 4 in
(25 — 100 mm)

标本壳长
1½ in
(36 mm)

448

格氏凯旋骨螺
Trophon geversianus
Gevers's Trophon
(Pallas, 1774)

格氏凯旋骨螺贝壳宽，螺旋部高，壳口大而圆，肩部发达，脐窄，前水管沟短而窄。壳面螺肋间距相近，螺肋或粗或细，具很多纵向的薄片镶边，镶边或短而不显著，或宽而锋利。螺肋和纵向薄片镶边相交，形成格氏凯旋骨螺独特的网状外形。贝壳颜色多为白色至栗棕色。

格氏凯旋骨螺是巴塔哥尼亚海岸潮间带和潮下带多岩石区大型贻贝群落中的常见种。像大多数骨螺科种类一样，格氏凯旋骨螺是肉食性动物，通过腹足底的特殊器官分泌物质溶解贻贝的贝壳，在贝壳表面形成小洞，然后将吻伸进洞内食用贻贝软体部。格氏凯旋骨螺个体小时，壳面光滑；随着个体变大，壳面出现多种精细刻纹，通常具有宽的薄片状镶边。个体越大、镶边越多的个体越偏重于潮下带分布。

近似种

格氏凯旋骨螺与南极水域的若干骨螺科种类在大小、颜色和显著的纵向薄片状镶边方面都极像。然而，实际上，格氏凯旋骨螺与分布于加利福尼亚地区的皇冠骨螺*Forreria belcheri*（Hinds，1843）亲缘关系更近，而皇冠骨螺贝壳壳形更大、壳质更厚，肩部有棘刺。

实际大小

科	骨螺科Muricidae
壳长	25—50mm
分布	佛罗里达至洪都拉斯
丰度	不常见种
深度	205—618m
习性	沙和细碎石底
食性	肉食性
厣	角质，卵形

壳长范围
1 — 2 in
(25 — 50 mm)

标本壳长
1½ in
(39 mm)

449

帕斯骨螺
Paziella pazi
Paz's Murex
(Crosse, 1869)

帕斯骨螺的贝壳具有很多刺，肩部棘刺较长、近平直、中空。体螺层下部和前水管沟上的一些棘刺呈弯曲状。螺旋部每个螺层上具6—8个棘刺。帕斯骨螺是骨螺科中不常见的种，多栖息在佛罗里达州和洪都拉斯海岸的深水区。帕斯骨螺和一些近缘种被认为是骨螺科中最原始的种类，它们与6000万年前的贝壳极相似。其贝壳上的棘刺表明它并非在沙子内穴居生活。帕斯骨螺是帕斯骨螺属 *Paziella* 的代表种。

实际大小

近似种

新西兰骨螺 *Poirieria zelandica*（Quoy and Gaimard，1833）分布于新西兰海域，其贝壳与帕斯骨螺相似。但与帕斯骨螺不同的是，新西兰骨螺贝壳个体更大，螺旋部更短，棘刺也稍厚。环带骨螺 *Hexaplex trunculus*（Linnaeus，1758）分布于地中海和非洲东北部，贝壳呈宽纺锤形，具若干发达的纵肿肋，以及棕色和白色相间的螺带。

帕斯骨螺贝壳中等大小，相对瘦长，表面具棘刺，壳形纺锤形。螺旋部高。缝合线明显，壳顶尖。早期螺层具肩角，随着个体生长螺层逐渐变圆。各螺层肩部具大小不等的空心棘刺；前水管沟长而宽，其和体螺层上具有更多的棘刺。壳口卵圆形，外唇薄，内唇光滑。贝壳颜色是统一的白色或者灰色。

科	骨螺科Muricidae
壳长	25—40mm
分布	加利佛尼亚湾至巴拿马
丰度	不常见种
深度	6—100m
习性	泥底和岩石底
食性	肉食性，以无脊椎动物为食
厣	角质，薄，卵圆形

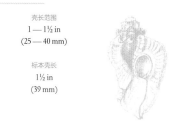

壳长范围
1 — 1½ in
(25 — 40 mm)

标本壳长
1½ in
(39 mm)

450

大管骨螺
Typhisala grandis
Grand Typhis
(Adams, 1855)

　　大管骨螺是管骨螺亚科 Typhinae 中贝壳最大的种类之一。外唇外翻，在壳口外形成盾状结构，使其非常容易被辨认。螺层肩部具有几个肛门沟，但仅仅最新的一个，即在壳口盾面后的一个可以使用。大管骨螺多在近岸分布，常可通过泥石底质拖网获得。

近似种

　　巴夫管骨螺 *Trubatsa pavlova*（Iredale，1936）分布于新喀里多尼亚和澳大利亚深水区，其贝壳非常独特，具有两条极长的沟状结构（常破损）：前水管沟和肩部的肛门沟。海豹骨螺 *Vitularia salebrosa*（King and Broderip，1832）分布于加利福尼亚到秘鲁，以及加拉帕戈斯群岛，其贝壳呈梨形，螺层具龙骨突，前水管沟长而不闭合。

对于管骨螺亚科动物来说，大管骨螺的个体相对较大，壳质厚实、宽大，近梭形。螺旋部较高，螺层龙骨状，其上有管状开口；缝合线较明显，但部分被遮盖。壳面雕刻有规则的螺肋，每螺层 4 条。壳口椭圆形，外唇严重外翻，形成宽大的蹼状盾面。水管沟愈合。壳面颜色为橙色或深棕色，肛门沟开口处近紫褐色。壳口白色。

实际大小

科	骨螺科Muricidae
壳长	16—65mm
分布	墨西哥西部至秘鲁
丰度	常见种
深度	潮间带及潮下带浅海
习性	红树林和牡蛎礁
食性	肉食性，以牡蛎为食
厣	角质，核心偏于一端

壳长范围
⅝ — 2½ in
(16 — 65 mm)

标本壳长
1⅝ in
(40 mm)

451

亭荔枝螺

Stramonita kiosquiformis
Kiosk Rock-shell

(Duclos, 1832)

亭荔枝螺缝合线处具褶边，贝壳外形棱角状，因此可轻易被辨认。它是红树林和牡蛎礁中的常见种，是牡蛎主要的捕食者。与骨螺科其他种动物相同，亭荔枝螺用齿舌在牡蛎壳上钻洞，注入分泌物麻醉牡蛎，使其两壳张开，以便摄食。这种分泌物呈乳状，暴露在空气中后变为紫色。亭荔枝螺厣角质，内侧边缘加厚。

亭荔枝螺贝壳中等大小，壳质较厚，坚硬，壳形呈纺锤状，螺旋部高。螺旋部有几个螺层，壳顶突出，缝合线处具褶状镶边。壳表螺肋细弱，仅有一行发达的结节突，或螺层外周的刺状突起。壳口半圆形，外唇具齿，螺轴光滑。壳面巧克力色或棕色，具有白色螺带；壳口白色或棕色。

近似种

武装荔枝螺 *Thais armigera*（Link，1807）分布于西太平洋海区，壳质厚重，棘刺钝而发达，形成一些刺状螺旋带。似鲍罗螺 *Concholepas concholepas*（Bruguière，1792），分布于秘鲁到智利、阿根廷海域，贝壳壳质厚，帽贝状。常被作为食物，肉味鲜美。

实际大小

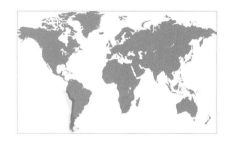

科	骨螺科Muricidae
壳长	50—130mm
分布	秘鲁至智利和马尔维纳斯群岛，阿根廷
丰度	常见种
深度	潮间带至40m
习性	岩石海岸
食性	肉食性，以双壳类和藤壶为食
厣	角质

壳长范围
2—5 in
(50—130 mm)

标本壳长
2⅛ in
(53 mm)

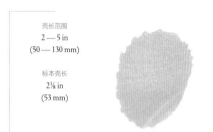

452

似鲍罗螺
Concholepas concholepas
Barnacle Rock Shell
(Bruguière, 1792)

似鲍罗螺虽然是一种骨螺科腹足类动物，但贝壳聚缩成帽贝状。同帽贝或鲍鱼相似，似鲍罗螺具有发达的肌肉质腹足附着在岩石上，以贻贝和藤壶为食。其作为栖息地的顶级捕食者具有重要的生态意义。尽管具有帽贝的外形，该物种仍保留着厣。经常被作为食物，肉味鲜美，借以"智利鲍鱼"的误导性名字销往世界各地。似鲍罗螺是智利重要的渔业资源之一，在当地以"loco"（疯草）之名著称。由于过度捕捞，现在其渔获受到控制。

实际大小

近似种

射带厚紫螺 *Plicopurpura patula*（Linnaeus，1758）分布于西印度群岛海域，贝壳与似鲍罗螺有点相似，但其螺旋部更高，贝壳更加膨胀，具有结节组成的螺旋带。射带厚紫螺一直被美国中部当地人用来提取可用于染布的紫色燃料。脉红螺 *Rapana venosa*（Valenciennes，1846）是原产自中国和日本的大型物种，目前被引到其他一些地区，包括美国的切萨皮克湾。

似鲍罗螺贝壳厚重，与帽贝形状相似。壳口宽大，体螺层极度扩张。螺旋部矮小，仅在螺轴绷带上方露出一点。螺轴厚且光滑，前水管沟短。壳面雕刻有发达的螺肋，与同心生长线相交；有些个体边缘具有褶皱。贝壳背部颜色由棕色到白色，但大型的贝壳常被藤壶覆盖。壳口前部具有两枚齿，内部奶油色，边缘有棕色条带。

科	骨螺科Muricidae
壳长	25—107mm
分布	加利福尼亚半岛至秘鲁，加拉帕戈斯岛
丰度	常见种
深度	潮间带至潮下带浅海
习性	潮间带岩石，石块底
食性	寄生在其他的软体动物上
厣	角质，延长，多旋

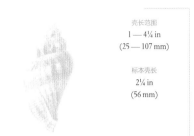

壳长范围
1 — 4¼ in
(25 — 107 mm)

标本壳长
2¼ in
(56 mm)

453

海豹骨螺
Vitularia salebrosa
Rugged Vitularia
(King and Broderip, 1832)

　　海豹骨螺是骨螺科所记载的进食最慢的物种之一。与其他骨螺相同，海豹骨螺通过捕食器在猎物壳上钻孔，以其组织为食，但捕食攻击行为异常缓慢。近来研究发现，海豹骨螺的这一捕食行为会持续90—230天。它的取食目标是可再生的身体资源，例如血液和消化腺，因而延缓寄主的死亡。因此，海豹骨螺应被认为是一种体外寄生者，而不是捕食者。其营体外寄生的适应性特征包括一个细长的吻和埋于寄主贝壳里面的摄食管构造。

近似种

　　百万骨螺 *Vitularia miliaris*（Gmelin，1791）分布于红海和印度—西太平洋，也寄生在其他软体上生活。其壳形较小，螺旋部短。格氏凯旋骨螺 *Trophon geversianus*（Pallas，1774）分布于阿根廷到麦哲伦海峡，贝壳呈膨大的纺锤形，壳形和壳面刻纹多变。

海豹骨螺贝壳中等大小，壳质厚，近梨形。螺旋部稍高，螺层龙骨突锋利，缝合线深入。壳表形态变化多样，或几近光滑，或由纵肿肋形成锋利的皱纹。后期数螺层的龙骨突在肩部成结节。螺口近卵圆形，外唇加厚，有12—16枚齿，螺轴光滑。前水管沟长而开放。壳面白色到棕色，壳口橙色，内部白色。

实际大小

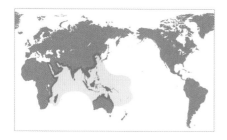

科	骨螺科Muricidae
壳长	30—65mm
分布	红海至印度—西太平洋
丰度	常见种
深度	潮间带至90m
习性	岩质底部
食性	肉食性，以软体动物和藤壶为食
厣	角质，核心近中央

壳长范围
1¼ — 2½ in
(30 — 65 mm)

标本壳长
2¼ in
(57 mm)

454

黑银杏骨螺
Homalocantha scorpio
Scorpion Murex
(Linnaeus, 1758)

黑银杏骨螺是以软体动物和藤壶为食的食肉性软体动物，常栖息于浅水中。其贝壳表面常嵌满石灰和其他海洋植物。陈旧的收藏标本的体螺层上通常有四个棘刺突起，而近年来收集的标本，其体螺层上有五个棘刺。大多数贝壳的壳面呈棕色或有棕色的棘刺，白化的贝壳不常见。银杏骨螺属有的物种具有掌指状突起，如黑银杏骨螺，有的无掌状棘刺，如非洲西部的瘤银杏骨螺 *Homalocantha melanomathos*。该属最早出现在白垩纪早期。

近似种

银杏骨螺 *Homalocantha anatomica*（Perry，1811）分布范围较黑银杏骨螺小且壳形亦较小，叶状棘刺数量略少但个体更大。贝利骨螺 *Murex pele* Pilsbry，1920 被收集者认为是夏威夷特有的种，实际应为同物异名种。帕斯骨螺 *Paziella pazi*（Crosse，1869）分布于佛罗里达到洪都拉斯海域，贝壳纺锤形，具有长而硬的棘刺。

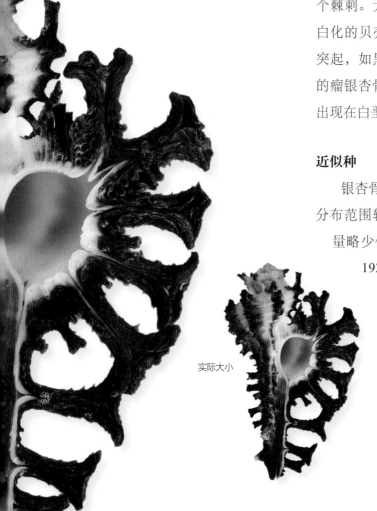

实际大小

黑银杏骨螺在该属中贝壳相对较大，壳质厚，梭形。螺旋部钝，相对较高，缝合线宽而深。壳口半圆形，前水管长直。每螺层具6—7条纵肿肋，以及4—5个大而扁平的叶状棘刺。前水管有2—3个大型棘刺。壳面颜色从白色到棕色不等，棘刺色更深，内部浅灰色或略带紫色。

科	骨螺科Muricidae
壳长	20—60mm
分布	印度—西太平洋
丰度	不常见种
深度	潮间带至25m
习性	珊瑚礁
食性	肉食性，以多毛类和甲壳类动物为食
厣	角质，具侧核

壳长范围
¼ — 2½ in
(20 — 60 mm)

标本壳长
2¼ in
(58 mm)

455

球核果螺
Drupa rubusidaeus
Strawberry Drupe
Röding, 1798

球核果螺（玫瑰岩螺）又称草莓核果螺、玫瑰核果螺，以及较不出名的糙莙麻，是一种珊瑚礁栖息的贝类。在其整个分布区内，以多毛类、小型甲壳动物和小型鱼类为食，但是在马尔代夫附近，该种亦以海绵动物为食。本种幼体的刺尖并多为黑色，随着个体生长，尖刺的颜色逐渐变淡，成为灰白色，壳面黄棕色。壳口附近的棘刺最长，通常为亮粉色。

近似种

窗格核果螺（广口岩螺）*Drupa clathrata*（Lamarck，1816）的贝壳同样矮，具棘刺突起，尺寸也同球核果螺相似。其唇部亦具齿，但齿间的棕色色彩更为显著。黄斑核果螺 *Drupa ricinus*（Linnaeus，1758）贝壳更小，棘刺突起为紫黑色，壳口白色，壳口外通常具有一个破损的黄白色骨环。

实际大小

球核果螺的贝壳为黄棕色或灰白色，壳形膨圆，螺旋部低矮，在有些成熟个体中，螺旋部甚至较为平坦。纵肋低矮，体螺层背部有五行间距排列的矮棘刺突起，突起饰有鳞片状皱纹。壳口粉色，外唇内侧具 10—12 枚白色齿，螺轴上有 3 条褶襞。

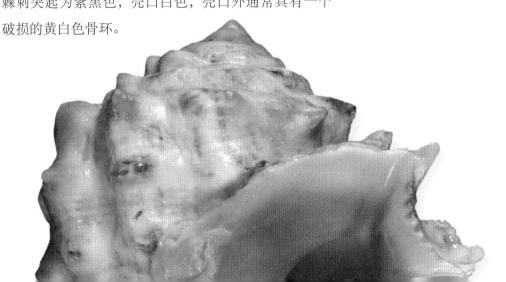

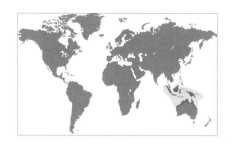

科	骨螺科Muricidae
壳长	40—75mm
分布	北部澳大利亚，印度尼西亚，巴布亚新几内亚
丰度	常见种
深度	潮间带至180m
习性	岩石底部
食性	肉食性
厣	角质，卵圆形

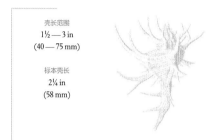

壳长范围
1½ — 3 in
(40 — 75 mm)

标本壳长
2¼ in
(58 mm)

456

鹿角棘螺
Chicoreus cervicornis
Deer Antler Murex
(Lamarck, 1822)

鹿角棘螺贝壳中等大小，梭形，略显瘦长。螺旋部高，缝合线明显，壳顶突出，各螺层膨圆。每螺层具有数条细螺肋和3条纵肿肋，肋上各棘刺突中部分化成2条发达的长形、弯曲而分叉的棘刺。壳口卵圆形，外唇具薄片状细齿，内唇光滑而略弯曲。前水管沟长，闭合状。壳面白色或淡橙色。壳口白色。

　　鹿角棘螺（鹿角千手螺）具有极长而弯曲的棘刺，棘刺常有分枝，如同鹿角，故此得名。最长的棘刺能够达到水管沟的长度。其分布区域局限于澳大利亚海岸的北部，以及印度尼西亚和巴布亚新几内亚地区。棘螺属是骨螺科最多样化的属之一，仅热带海域就有多达30种常见的种类，而其中，约一半的种类在澳大利亚有分布。其典型特征为每螺层有3个叶状或棘刺状的突出结构。

近似种

　　长角棘螺(长刺千手螺)*Chicoreus longicornis*(Dunker，1864)，分布于印度洋中部至西太平洋，其贝壳尺寸、形状与鹿角棘螺相似，但其棘刺突起未形成分枝。大棘螺 *Chicoreus ramosus*（Linnaeus，1758），分布于红海至印度—西太平洋，其贝壳为骨螺科最大。各螺层具数条叶片状棘刺，而位于肩部者最大。

实际大小

科	骨螺科Muricidae
壳长	35—108mm
分布	地中海和非洲的东北部
丰度	常见种
深度	浅海的潮下带
习性	岩石，沙和泥底
食性	肉食性，以双壳类动物为食
厣	角质，同心状

壳长范围
1½ — 4¼ in
(35 — 108 mm)

标本壳长
2¾ in
(68 mm)

457

环带骨螺
Hexaplex trunculus
Trunculus Murex
(Linnaeus, 1758)

环带骨螺是地中海地区常见的螺类，也是腓尼基人从其黏液中提取名为提尔紫的一种紫—蓝色染料的两种骨螺之一。由于提取这种染料需要贝壳甚多，仅一件长袍就需多达 12000 个贝壳，代价极高，因此仅用于贵族的衣物。这种提尔紫染料耐晒，不易褪色，比植物性染料优越。现如今，环带骨螺不再用于染料，但是在很多地区，它仍是一种极其流行的海鲜食物。

环带骨螺的贝壳中等大小，壳质坚厚，体螺层较大，螺旋部高塔状。壳面粗糙，具有细致的螺肋和发达的结节突起，并在肩部形成强壮的棘刺。前水管沟短而宽，略弯曲；脐孔深。壳口卵圆形，外唇厚、波状，内唇光滑，有绷带。壳色多变，常淡黄色或浅棕色，具有棕色、白色交替的螺旋色带。

近似种

刺球骨螺 *Hexaplex radix*（Gmelin，1791）分布于巴拿马至厄瓜多尔海区，其贝壳膨胀，大而厚重，具有很多短的黑色棘刺。染料泵骨螺 *Haustellum brandaris*（Linnaeus，1758）分布于地中海地区，同样是腓尼基人提取提尔紫染料的原料之一。

实际大小

科	骨螺科Muricidae
壳长	50—155mm
分布	巴拿马至厄尔多瓦的南部
丰度	常见种
深度	潮间带
习性	岩石底部
食性	肉食性，以软体动物为食
厣	角质，厚

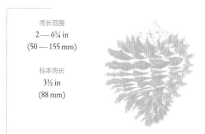

壳长范围
2 — 6¼ in
(50 — 155 mm)

标本壳长
3½ in
(88 mm)

458

刺球骨螺
Hexaplex radix
Radish Murex
(Gmelin, 1791)

　　刺球骨螺是骨螺科中棘刺最多、最浓密的种类之一。其棘刺常向上弯曲，呈叶片状，此特征可用来区分其与个体更大的刺猬骨螺 *Hexaplex nigritus*（Phillipi, 1845）。刺球骨螺体螺层白色，膨胀，覆盖有起保护作用的紫黑色棘刺，使得贝壳外形奇特，深受贝壳收藏家喜爱。刺球骨螺为肉食性，以岩石下的小型软体动物为食。

近似种

　　刺猬骨螺贝壳与棘刺骨螺极相似，有些分类学家认为其为棘刺骨螺的另一群体。但是，刺猬骨螺通常更大、更长。另外，刺猬骨螺黑色的肩部更大，黑色的螺带宽，这使得刺猬骨螺整体颜色更深。

刺球骨螺贝壳球根状，螺旋部低矮，灰白色。体螺层白色，具有 6—10 条纵肿肋，肋上有具褶边的紫黑色棘刺突起。壳口白色，后部具一齿。内唇光滑，近白色，外唇锯齿状。

实际大小

科	骨螺科Muricidae
壳长	65—130mm
分布	斯里兰卡至太平洋的西南部
丰度	不常见种
深度	潮间带至90m
习性	岩石底部
食性	肉食性，以双壳类和腹足类动物为食
厣	角质，核心近中央

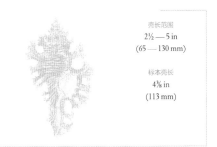

壳长范围
2½ — 5 in
(65 — 130 mm)

标本壳长
4⅜ in
(113 mm)

459

玫瑰棘螺
Chicoreus palmarosae
Rose-branch Murex
(Lamarck, 1822)

玫瑰棘螺（玫瑰千手螺）是一种十分漂亮的贝类，有着独特的叶状棘刺。通常在近海的岩石底质生活。同其他骨螺科动物一样，玫瑰棘螺也是一种摄食能力强的肉食动物，以其他软体动物为食，包括碎礁。不同地区的玫瑰棘螺，壳形常多变：斯里兰卡地区的个体具有紫色或桃色倾斜的叶状棘刺，而菲律宾个体的叶状棘刺深棕色，棘刺更短。一些贝壳商人将其浸泡在粉色或紫罗兰色染料中以加深其色彩，提高贝壳价值。玫瑰棘螺的贝壳表面常有其他海洋生物碎屑形成的厚重的外壳，并且难以清理。

近似种

鹿角棘螺 *Chicoreus cervicornis*（Lamarck，1822）分布于巴布亚新几内亚西部至澳大利亚北部海域，前水管沟长，其棘刺突起较为独特，长而分枝，形似鹿角。白棘螺 *Chicoreus cnissodus*（Euthyme，1889）分布于印度至新加勒多尼亚和日本，具有长度多变的叶状棘刺，壳面灰白色。

实际大小

玫瑰棘螺的贝壳较大，梭形，前水管沟长，相对宽阔。其螺旋部高，约9个螺层；缝合线较深；每螺层具3条纵肿肋。体螺层和螺旋部具有长而中空的叶状棘刺，肩部的棘刺最长。壳口小，卵圆形，外唇内缘具钝齿。壳面棕红色，边缘棕色，壳口白色。斯里兰卡群体的贝壳具有桃色的叶状棘刺。

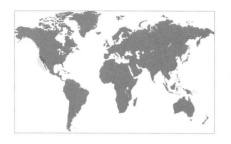

科	骨螺科Muricidae
壳长	64—187mm
分布	加利福尼亚至下加利福尼亚
丰度	常见种
深度	潮间带至27m
习性	牡蛎养殖场和沙质底
食性	肉食性，以牡蛎为食
厣	角质，D字形

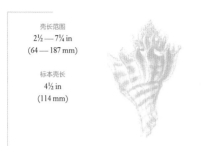

壳长范围
2½ — 7¼ in
(64 — 187 mm)

标本壳长
4½ in
(114 mm)

460

皇冠骨螺
Forreria belcheri
Giant Forreria
(Hinds, 1843)

皇冠骨螺是加利福尼亚地区个体最大的骨螺科动物，以牡蛎为食，栖息于牡蛎礁附近或者沙质底部，自潮间带至近海均有分布。像大多数骨螺科动物一样，其腹足上具有可以钻透牡蛎壳的结构。这个结构自18世纪以来就被熟知。起初认为它是用于控制住猎物的壳，后来经过研究，专家发现它能产生泌酸将贝壳溶解。当然，在钻洞的过程中也会用到齿舌结构。

近似种

圣卡丽娜骨螺*Austrotrophon catalinensis* Oldroyd，1927的分布范围与皇冠骨螺相似，贝壳更小，前水管沟长，肩部周围具有向上的大型薄板状棘刺。毕比氏骨螺*Zacotrophon beebei* Hertlein and Strong，1948分布于加利福尼亚州和墨西哥南部海湾深水水域，贝壳较皇冠骨螺小，壳质较薄，螺层稀疏，螺旋部高，肩部周围具有一排短棘。

实际大小

皇冠骨螺贝壳大、壳质厚重，呈长纺锤形。螺旋部比体螺层短；缝合线明显，壳顶尖，螺层具角。壳面雕刻有纵向生长线以及肩部周围一排大的、开口的棘刺。壳口大、椭圆形，外唇尖，螺轴光滑，前水管沟长、开口。厣大、呈D形。壳面乳白色至浅棕色。壳口白色或者灰白色。

科	骨螺科Muricidae
壳长	75—190mm
分布	印度—太平洋
丰度	常见种
深度	水深10—50m
习性	沙和泥底
食性	肉食性
厣	角质，同心圆状

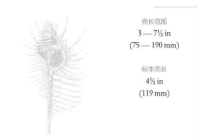

壳长范围
3 — 7½ in
(75 — 190 mm)

标本壳长
4½ in
(119 mm)

461

栉棘骨螺

Murex pecten
Venus Comb Murex
Lightfoot, 1786

栉棘骨螺，又称骨螺，或维纳斯骨螺，具有细长的棘刺，是最美丽壮观的骨螺动物，深受收藏者的喜爱。栉棘骨螺是广布种，常见于浅水的软质底。然而，想要得到具有完整棘刺的样品是很不容易的。栉棘骨螺是骨螺中具有最多棘刺的种类，其贝壳有超过 100 根长的、易碎的棘刺，这些棘刺起到保护作用，同时可防止壳体陷入软沉积质。随着动物的生长，为防棘刺阻塞壳口，机体将棘刺消融，并分泌新的棘刺以适应贝壳的生长。

近似种

三棘骨螺（女巫骨螺）*Murex troschelli* Lischke，1868，分布于印度—西太平洋海域，与栉棘骨螺贝壳相似，具有棕色螺线，但其棘刺相对较少，且能比栉棘骨螺长得更大。鹬头骨螺 *Haustellum haustellum* （Linnaeus，1758），分布于红海和印度—太平洋海域，贝壳球形，前水管沟长而直，螺旋部低，无明显棘刺。

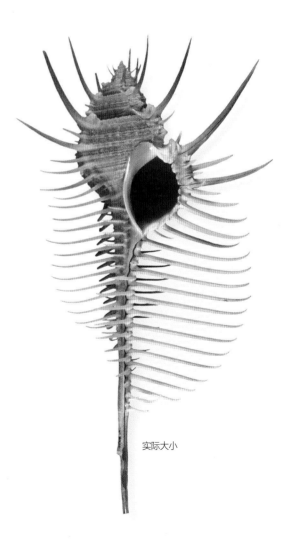

实际大小

栉棘骨螺贝壳较大，壳质薄，前水管沟长而直，具有很多长而易碎、分布均匀的棘刺，棘刺略弯曲。每个螺层具有 3 条纵肿肋，肋上棘刺分布密集。前水管沟上的棘刺与螺轴呈 90° 夹角。前水管沟极长，几乎完全闭合。壳面白色至浅棕色，壳口白色。

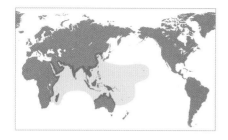

科	骨螺科Muricidae
壳长	65—185mm
分布	红海至印度—太平洋
丰度	常见种
深度	3—100m
习性	沙和珊瑚碎石
食性	肉食性，亦可腐食性
厣	角质，核心偏于一端

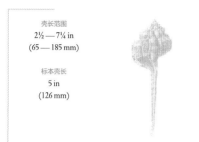

壳长范围
2½ — 7¼ in
(65 — 185 mm)

标本壳长
5 in
(126 mm)

462

鹬头骨螺
Haustellum haustellum
Snipe's Bill
(Linnaeus, 1758)

鹬头骨螺又称泵骨螺，贝壳呈个性化的杯状，前水管沟很长，使贝壳整体与鹬的头部很像，故此得名。鹬头骨螺为常见种，通常栖息于潮下带浅水至水深100m处的软沉积物中。鹬头骨螺是肉食性动物，其捕食无选择性，有时以腐肉为食。本种在当地为可食用的经济种，贝壳亦用于交易。其贝壳壳形多变，根据贝壳不同特征，如具有更加突出的雕刻或者前水管沟的长度，已经命名了几个亚种。

近似种

平濑泵骨螺 *Haustellum hirasei*（Shikama，1973）分布于日本至新喀里多尼亚海域，贝壳也呈杯状，螺旋部比鹬头骨螺高，螺肋更发达。栉棘骨螺 *Murex pecten* Lightfoot，1786，前水管沟长，棘刺长短不一，略有弯曲。

实际大小

鹬头骨螺 贝壳中等大，壳质坚实，壳形紧凑、杯状，前水管沟极长。螺旋部低，近球形，缝合线很明显，壳口宽、椭圆形。纵肋上具有 3 或 4 行钝刺。螺带栗色，在螺体上间隔分布。壳面乳白色或粉色，具有深棕色的色带或斑点，壳口桃粉色。

科	骨螺科Muricidae
壳长	45—153mm
分布	加利福尼亚湾至秘鲁
丰度	丰富
深度	潮间带至300m
习性	浅水的岩石中
食性	肉食性，以双壳类和腹足类动物为食
厣	角质，卵圆形，多螺旋

壳长范围
1¼ — 6 in
(45 — 153 mm)

标本壳长
5⅜ in
(136 mm)

463

粉红骨螺
Phyllonotus erythrostomus
Pink-mouth Murex
(Swainson, 1831)

粉红骨螺（红口骨螺）是一种大型、球状的骨螺，曾是加利福尼亚湾中最丰富的大型腹足类。然而，由于过度捕捞，现在已很少见，其分布局限于潮下带水域。通常可通过拖虾网获得。粉红骨螺每个螺层上具有 4 或 5 条纵肿肋，而其近缘属巨骨螺属 *Hexaplex* 内的种每个螺层上有 5—7 条纵肿肋。

近似种

苹果骨螺 *Phyllonotus pomum* （Gmelin，1791）分布自卡罗来纳州北部至巴西海域，贝壳相对较小，但贝壳壳质厚、坚实，壳形呈球状纺锤形，每螺层具有 3 或者 4 条明显的纵肿肋。美东大骨螺 *Hexaplex fulvescens* （Sowerby II，1834），分布自卡罗来纳州北部至墨西哥海域，贝壳与粉红骨螺相似，但壳形更大，具有数量更多、更长的棘刺。

粉红骨螺贝壳在其属内相对较大，卵球形，壳质厚重、坚实。螺旋部低，壳顶尖，缝合线被紧接的下一螺层覆盖。贝壳表面粗糙，纵肿肋具有或开口或闭合的棘刺。壳口大、椭圆形，内部光滑、具光泽，外唇具齿。螺轴光滑，前水管沟大，呈闭合状。壳面白色或淡粉色，内部深粉色。

实际大小

科	骨螺科Muricidae
壳长	100—220mm
分布	日本至菲律宾
丰度	不常见
深度	深水，从50—250m
习性	砂砾石底部
食性	肉食性
厣	角质，同心圆状

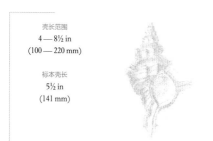

壳长范围
4 — 8½ in
(100 — 220 mm)

标本壳长
5½ in
(141 mm)

464

岩石芭蕉螺
Siratus alabaster
Alabaster Murex
(Reeve, 1845)

　　岩石芭蕉螺可以说是骨螺中贝壳最好看的种类之一，也是贝壳收藏者最为钟爱的种类之一。本种曾经极为罕见，直到几十年以前，具有精致的蹼状纵肿肋的标本还没被采到（如前所示19世纪的雕刻品）。最初，中国台湾渔船捕获到很大的样品。随后，个体更小、更为精美的样品在菲律宾深海区被发现。岩石芭蕉螺是个体最大的蹼状骨螺动物。在软沉积环境中，蹼状纵肿肋支撑壳体，并防止软体部分被捕食者捕食。

近似种

　　细肿肋芭蕉螺（巴西岩石蕉螺）*Siratus tenuivaricosus*（Dautzenberg，1927）分布于巴西海域，贝壳与岩石芭蕉螺相似，但壳形相对短小，具有后弯的棘刺，纵肿肋更窄、呈蹼状。**玫瑰棘螺** *Chicoreus palmarosae*（Lamarck，1822）分布于斯里兰卡至西南太平洋，贝壳棕色，叶状突起粉红色，形状精致，具棘刺。斯里兰卡的样品通常具有更多的叶状突起，比其他地方产出的贝壳褶皱更多。

实际大小

岩石芭蕉螺贝壳较大，壳质薄而轻。螺旋部高，壳顶尖，具有7—9个螺层。每个螺层有3条纵肿肋、6个结节，棘刺长而直、略向上弯曲。螺肋细致，扩张形成长而精致的蹼状纵肿肋，使贝壳外观惊人。壳口大而圆，侧面具角。螺轴光滑，螺轴和唇具光泽。前水管沟长、微弯曲。壳面纯白色至乳白色。

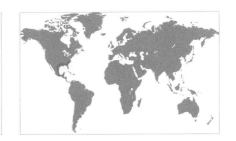

科	骨螺科Muricidae
壳长	60—213mm
分布	北卡罗来纳州至墨西哥东部
丰度	常见
深度	潮间带至80m
习性	岩石和珊瑚礁
食性	肉食性
厣	角质，褐色

壳长范围
2⅜ — 8¼ in
(60 — 213 mm)

标本壳长
7 in
(173 mm)

465

美东大骨螺
Hexaplex fulvescens
Giant Eastern Murex
(Sowerby II, 1834)

美东大骨螺是大西洋海域巨骨螺属 *Hexplex* 个体最大的种。本种贝壳巨大，具有很多相对短、无分支的棘刺。巨骨螺属贝壳表面每个螺层上具有 6 条纵肿肋。美东大骨螺是常见种，既发现于更新世化石，也有现存种分布自北卡罗来纳北至得克萨斯州以及墨西哥海域。美东大骨螺是贪婪的肉食性种，可捕食牡蛎。

近似种

西非大骨螺 *Hexaplex duplex*（Röding, 1798），与美东大骨螺贝壳大小和栖息习性相似，分布于非洲西部水域。每个螺层上有 8 条纵肿肋，其上具短的开口状棘刺。开口的前水管沟，螺轴以及唇刺（肩部最长）的边缘都是肉粉色至棕褐色；贝壳其余部分灰白色至乳白色。

美东大骨螺贝壳白色、球状，螺旋部短，前水管沟中等长、弯曲、几乎闭合。螺肋突出，红棕色，肋间距宽。每螺层具 6—10 条纵肿肋，肋上有相对短、钝，呈开口式的管状棘刺，棘刺在肩部最长。前水管沟和唇也具有棘刺，这些棘刺最大，多数开口指向肩部。壳口圆形，灰白色。

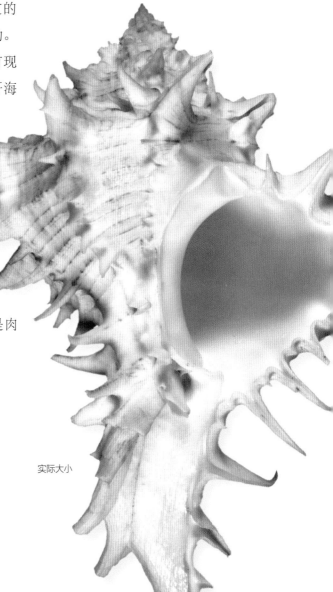

实际大小

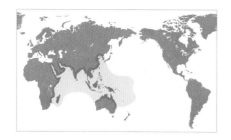

科	骨螺科Muricidae
壳长	45—327mm
分布	红海至印度—西太平洋
丰度	常见
深度	浅海岸
习性	珊瑚礁
食性	肉食性
厣	角质

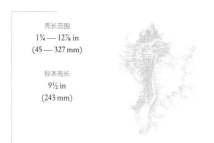

壳长范围
1¾ — 12⅞ in
(45 — 327 mm)

标本壳长
9½ in
(243 mm)

466

大棘螺
Chicoreus ramosus
Ramose Murex
(Linnaeus, 1758)

大棘螺（大千手螺）是棘螺属 *Chicoreus* 中个体最大的种，其贝壳规格惊人、壳质坚厚，具有极佳的装饰效果。大棘螺是极贪婪的肉食性动物，通过在其他软体动物贝壳上钻洞而将其捕食。有些骨螺科种类会自相残杀。在晚石器时代该种被人类捕获以食用。

近似种

少女棘螺（少女千手螺）*Chicoreus virgineus*（Röding，1798）具有与大棘螺相似的雕刻，但它不具叶状突起，棘刺较少，短而钝。前水管沟完全开放，螺旋部略高，具有稀少的粉棕色螺带。少女棘螺是红海的地方性种。

实际大小

大棘螺贝壳壳质厚，球形，螺旋部短，前水管沟长而宽，向后弯曲。壳面白色，在一些部位具有栗棕色细螺肋。每个螺层上有 3 条纵肿肋，肋间有结节状纵肋。自体螺层肩部至水管沟末端具有 10 个大的叶状棘突；叶状突起在肩部以及外唇上部周围延长。壳口圆形且大。

科	珊瑚螺科Coralliophilidae
壳长	20—42mm
分布	日本的南部至中国南部海域再到斐济
丰度	不常见
深度	70—580m
习性	岩石底部
食性	寄生在珊瑚上
厣	角质，卵圆形

壳长范围
¾ — 1⅝ in
(20 — 42 mm)

标本壳长
1⅝ in
(42 mm)

467

冠塔肩棘螺

Babelomurex diadema
Diadem Latiaxis
(Adams, 1854)

　　冠塔肩棘螺（戴狄玛珊瑚螺）分布于日本南部、中国南海至斐济，生活在深水区的岩石底部。成体贝壳多变，因而幼体贝壳在鉴定时很重要。冠塔肩棘螺可能包含一组贝壳很像的亚种。塔肩棘螺属 *Babelomurex* 的种类多样性源于对珊瑚宿主较高水平的选择特异性，其幼虫只有在找到正确的珊瑚后才会定居。

近似种

　　前塔肩棘螺（王子珊瑚螺）*Babelomurex princeps*（Melvill，1912）分布自阿拉伯湾至菲律宾海域，贝壳与冠塔肩棘螺相似，但棘刺更长、螺肋更多。刺玫塔肩棘螺 *Babelomurex spinaerosae*（Shikama，1970）分布自日本至菲律宾海域，贝壳小型，棘刺细长。有些贝壳几乎整体都是粉色，而其他的为白色，棘刺粉色或者紫色。

冠塔肩棘螺贝壳中等大小，壳面粗糙、多刺，呈纺锤形。螺旋部高，螺层具角，缝合线明显，壳顶尖。壳表雕刻包括纵向脊和 2—3 条突出的尖锐螺肋，具棘刺；肩部棘刺大，向后弯曲。壳口宽，外唇具有大棘刺和若干个小棘刺。前水管沟短、扭曲，螺轴光滑。壳面白色至粉色，螺肋附近通常具有粉色或棕色的斑点。

实际大小

科	珊瑚螺科Coralliophilidae
壳长	10—64mm
分布	佛罗里达至巴西
丰度	常见
深度	潮间带至23m
习性	岩石底部
食性	寄生在珊瑚上
厣	角质，卵圆形

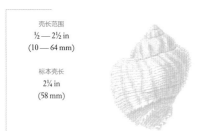

壳长范围
½ — 2½ in
(10 — 64 mm)

标本壳长
2¼ in
(58 mm)

468

短珊瑚螺
Coralliophila abbreviata
Short Coral Shell
(Lamarck, 1816)

短珊瑚螺是一种较为常见的浅水珊瑚螺，可在 8 种以上珊瑚内寄生。与其他珊瑚螺科动物一样，短珊瑚螺是定栖生物，在宿主体内可生活数个月。虽然多数情况下每个珊瑚群体中腹足类很少，但有的群体可发现多达 20 种腹足类动物，而与珊瑚同居的腹足类则会影响珊瑚的种群结构。

近似种

紫栖珊瑚螺 *Coralliophila violacea* Kiener，1836，分布于印度—太平洋海区，与短珊瑚螺有些相似，但壳面由更小的螺肋组成，这些螺肋通常被大量珊瑚腐蚀。壳口深紫色。冠塔肩棘螺 *Babelomurex diadema*（Adams，1854），分布自日本南部至中国南海至斐济海域，螺旋部高，棘刺稍内弯。

在加勒比海，短珊瑚螺的贝壳比其他多数珊瑚螺都大。其壳质厚，壳面粗糙，形状多变。螺旋部短，肩部圆或具肩角；缝合线或明显。壳面具密集的细螺肋，具小的结节和圆的纵脊，但多数贝壳（如图所示）覆盖有珊瑚。壳口椭圆形，外唇厚、内部具细齿，螺轴光滑。贝壳通常呈白色，但也可能呈粉红色或淡黄色。壳口白色。

实际大小

科	珊瑚螺科Coralliophilidae
壳长	19—70mm
分布	日本至澳大利亚的东北部
丰度	产地常见
深度	50—200m
习性	珊瑚礁和泥沙质底部
食性	寄生，以硬珊瑚为食
厣	角质，同心圆状

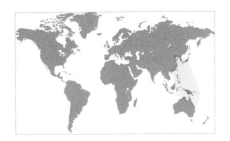

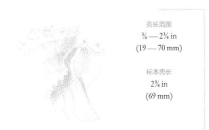

壳长范围
¾ — 2¾ in
(19 — 70 mm)

标本壳长
2¾ in
(69 mm)

肩棘螺

Latiaxis mawae
Mawe's Latiaxis
(Griffith and Pidgeon, 1834)

肩棘螺（玛娃花仙螺）贝壳极为独特，其壳顶较平，体螺层向外舒展。肩棘螺在其产地的深水区域较为常见，通常生活在沙泥底质。同珊瑚螺科其他动物一样，肩棘螺没有齿舌，寄居在坚硬的珊瑚中，从珊瑚虫中吸取液体食物。珊瑚中的贝壳极受贝壳收藏者喜爱，而肩棘螺，由于其特殊的壳形，更是格外受欢迎。世界范围内现存有200多种珊瑚螺，在赤道水域多样性水平最高。

近似种

皮氏肩棘螺（皮氏花仙螺）*Latiaxis pilsbryi* Hirase，1908 分布在日本至越南海域，其贝壳同肩棘螺幼体十分相似，均为螺旋部平，但是肩部棘刺更长，体螺层未与次体螺层分离。刺猬塔肩棘螺 *Babelomurex echinatus*（Azuma，1960）分布于日本至菲律宾海域，是珊瑚螺种类中棘刺最发达的物种之一，在体螺层上有多达70根的棘刺。

实际大小

肩棘螺的贝壳壳质很厚，壳顶低平，壳形特殊，体螺层部分外展。早期螺层均平坦，而后期螺层逐渐凸出。肩部具有一环列发达的三角形棘刺突起，突起朝向螺旋部弯曲。底层的螺层圆，水管沟弯曲，一环列水管沟形成宽阔的脐部和深入的脐孔。壳面颜色多变，常白色或奶油色，亦会出现粉色、橙色甚至紫色。壳口白色。

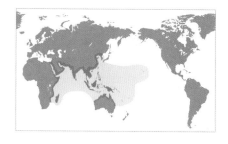

科	珊瑚螺科Coralliophilidae
壳长	40—90mm
分布	印度—太平洋
丰度	常见种
深度	潮间带至300m
习性	埋在软珊瑚里
食性	寄生，以软珊瑚为食
厣	角质，薄

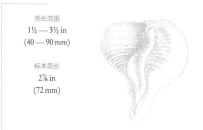

壳长范围
1½ — 3½ in
(40 — 90 mm)

标本壳长
2⅞ in
(72 mm)

470

芜菁螺
Rapa rapa
Rapa Snail
(Linnaeus, 1758)

在珊瑚螺科，除了具有石灰质长管的延管螺 *Magilus antiquatus*，芜菁螺（洋葱螺）可谓是贝壳最大的种类。芜菁螺贝壳薄而易碎，外形为球状。芜菁螺特异性地寄生于软珊瑚（软珊瑚目 Alcyonacea）中，如肉质软珊瑚属 *Sarcophyton* 和短指软珊瑚属 *Sinularia*。其通过珊瑚茎部进入珊瑚，留下一个小孔作为唯一的外部标志，然后在珊瑚内部进食和生长。芜菁螺没有齿舌，但有长吻，可以产生酶溶解宿主的组织，获得可供其消化的食物。

近似种

曲芜菁螺（小洋葱螺）*Rapa incurva*（Dunker，1853）分布在印度—西太平洋海区，贝壳与芜菁螺相似，但更小，螺旋部短，同样寄生于软珊瑚中。延管螺 *Magilus antiquatus* Montfort，1810 分布在印度—西太平洋海区，生活在巨大的硬珊瑚中，其壳相对较小，但是随着个体生长，会产生较长的钙质管。

实际大小

芜菁螺贝壳在珊瑚螺科相对较大，壳质薄脆，半透明，球状，形似萝卜。螺旋部短，缝合线明显。体螺层大，球形，壳口长而宽阔。外唇薄，螺肋发达，在外唇处形成锯齿状边缘。轴唇光滑，有绷带和长的水管沟。壳面为均匀的白色或乳白色。

科	拳螺科（圣螺科）Turbinellidae
壳长	25—50mm
分布	澳大利亚的西部和昆士兰
丰度	不常见种
深度	20—200m
习性	细沙底
食性	肉食性，以多毛类为食
厣	角质，薄

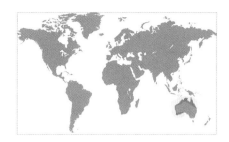

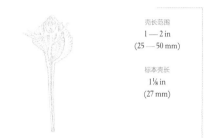

壳长范围
1 — 2 in
(25 — 50 mm)

标本壳长
1⅛ in
(27 mm)

471

棘刺拳螺
Tudivasum spinosum
Spiny Hammer Vase
(H. and A. Adams, 1863)

　　虽然和犬齿螺属 *Vasum* 是近缘属，但拳螺属 *Tudivasum* 的分布受更多限制，局限于澳大利亚沿海，除此以外，仅在坦桑尼亚桑给巴尔岛发现一种。其贝壳常较小、较圆，有独特的长水管沟。棘刺拳螺（小刺圣螺）为不常见种，捕食多毛类动物。

近似种

　　无棘拳螺（鹬头圣螺）*Tudivasum inermis*（Angas，1878）的壳形和大小与棘刺拳螺最为相似，但其壳表光滑，无棘刺，且壳色更深，此特征可与棘刺拳螺进行明显区分。装甲拳螺 *Tudivasum armigera* 壳形较大，螺旋部高，肩部棘刺呈放射状，较棘刺拳螺的更长。短棘拳螺 *Tudivasum kurzi*（Macpherson，1963）贝壳与棘刺拳螺相似，但在大棘刺中间，沿螺肋分布有大量短棘。

实际大小

棘刺拳螺贝壳较小，螺旋部矮，三角形。壳体近球形，前水管沟长、弯曲，轴向延伸。胚壳较大。壳面具低矮纵肋，沿螺肋分布排列形成褶皱。肩部沿纵肋分布有一环列矮棘。壳口卵圆形，轴唇有 3 个褶皱。壳面乳白色，条带或斑点为红棕色或深红棕色。壳顶与前水管沟的尖端近白色。

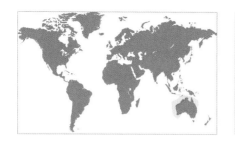

科	拳螺科Turbinellidae
壳长	50—75mm
分布	澳大利亚西、北部，昆士兰
丰度	一般常见种
深度	潮下带至40m
习性	沙质底
食性	肉食性，以多毛类为食
厣	角质，厚

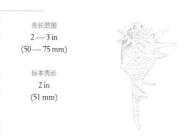

壳长范围
2—3 in
(50—75 mm)

标本壳长
2 in
(51 mm)

472

装甲拳螺
Tudivasum armigera
Armored Hammer Vase
(A. Adams, 1855)

装甲拳螺在澳大利亚和昆士兰州北部和西部的热带沿海较为常见，栖息在潮下带的沙滩和碎石底。其壳形多样，特别是壳色和棘刺的长短和数量变化极大。纵向分布的长棘刺表明此物种为底栖爬行而非掘穴生活。

近似种

6种已知的拳螺有5种分布于澳大利亚的热带海域。棘刺拳螺 *Tudivasum spinosum*（H. and A. Adams, 1863）和无棘拳螺 *T. inermis*（Angas, 1878）贝壳比装甲拳螺小。无棘拳螺壳面光滑，圆形，缺少棘刺，而棘刺拳螺只有一环列沿肩部排列的棘刺，棘刺短而尖。拉西拳螺 *Tudivasum rasilistoma*（Abbott, 1959）分布于澳大利亚东部沿海，壳更大更重，边缘具突出的结节。

实际大小

装甲拳螺壳质厚实，壳体梨形，前水管沟长。胚壳大，螺旋部各螺层分层不明显。壳口卵圆形，在外唇和轴唇上有小齿分布。贝壳外缘和前水管沟基部有开口的放射状分布的长棘刺。此外，壳基部龙骨突和前水管沟也有较小的棘刺分布。壳面白色至紫棕色，饰有不规则的深褐色纵向细纹，沿前部龙骨突亦有浅色螺旋带。

科	拳螺科Turbinellidae
壳长	50—75mm
分布	日本至中国南海
丰度	不常见种
深度	潮下带至200m
习性	沙质底
食性	肉食性，以多毛类为食
厣	角质，薄

壳长范围
2 — 3 in
(50 — 75 mm)

标本壳长
2½ in
(62 mm)

473

宝塔类鸠螺
Columbarium pagoda
First Pagoda Shell
(Lesson, 1831)

像其他的深海类鸠螺亚科 Columbariinae 物种一样，宝塔类鸠螺（扶手旋梯螺）栖息于沿外大陆架和大陆坡的泥沙质底。本种用极长的吻来捕食管居的多毛类动物。在有些地区，几种类鸠螺近似种有相似的地理分布范围，但是生存于不同的深度。

近似种

塔形类鸠螺 *Columbarium pagodoides*（Watson，1882）分布于澳大利亚东部海域，与宝塔类鸠螺相似，但是肩部龙骨突更显著。哈氏类鸠螺 *Columbarium harrisae* Harasewych，1983 同样分布于澳大利亚东部海域，具有较大的白色贝壳和壳缘处较短的棘刺。朱丽叶塔鸠螺 *Coluzea juliae* Harasewych，1989 分布于非洲东南部海域，具较大的白色贝壳，具纵肋和螺旋肋，棘刺始于肩部以下部位。

宝塔类鸠螺贝壳细长，螺旋部高、阶梯状，前水管沟轴向，微卷曲。胚壳大，球状，具光泽。壳口小，近圆形。肩部具有大量具开口棘刺，角度尖锐。肩部下面的螺旋状龙骨突，角度稍钝，使体螺层呈矩形。螺肋局限于前水管沟的上部区域，粗糙，肋间距较大。壳面颜色为不均一的褐色，覆以深棕色的角质壳皮。

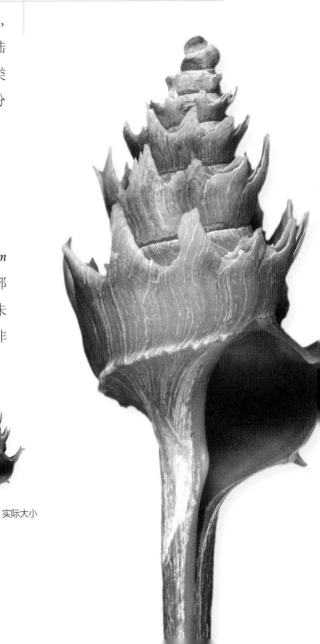

实际大小

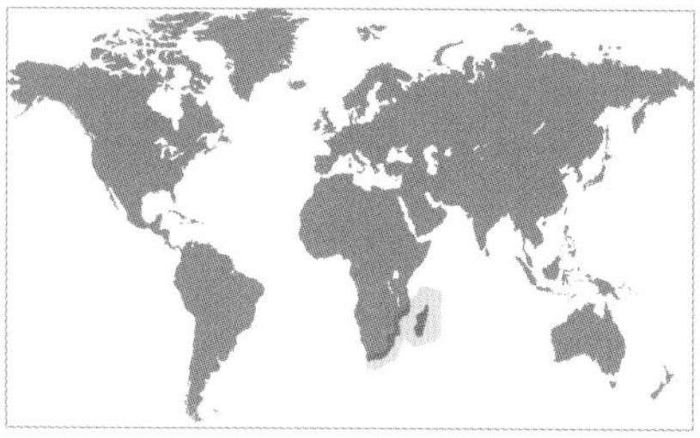

科	拳螺科Turbinellidae
壳长	70—100mm
分布	非洲的东南部
丰度	稀有种
深度	深水
习性	沙和碎石底部
食性	肉食性，以多毛类为食
厣	角质，同心圆状，核心偏于一端

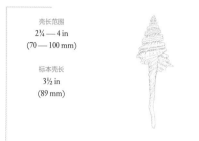

壳长范围
2¾ — 4 in
(70 — 100 mm)

标本壳长
3½ in
(89 mm)

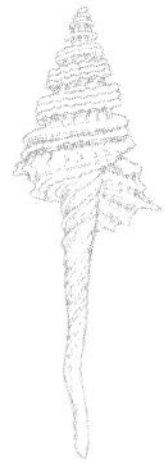

朱丽叶塔鸠螺
Coluzea juliae
Julia's Pagoda Shell
Harasewych, 1989

朱丽叶塔鸠螺（朱丽叶圣螺）属于被称为塔鸠螺的深海物种。通常栖息于热带海域泥沙底层，但也可扩展到极地海域。朱丽叶塔鸠螺非沉积物中掘穴生物，而以管状器官取食管栖多毛动物。

近似种

奥普塔鸠螺（阿普塔圣螺）*Coluzea aapta* Harasewych，1986 分布于澳大利亚西部海域，肩部具有一排棘刺。宝塔类鸠螺 *Columbarium pagoda*（Lesson，1831）分布于日本到中国台湾一带海域，具球形体螺层，螺肩具尖而宽的三角形棘刺。

朱丽叶塔鸠螺贝壳呈长纺锤形，前水管沟长。螺旋部高，约为壳长的 1/4，缝合线深入，相邻螺层之间由一条宽的螺旋沟分隔。各螺层有三条螺肋，最低的一条形成发达的龙骨突，其上具鳞片状棘刺，棘刺在体螺层更为突出。壳口卵圆形，轴唇光滑无褶皱。前水管沟长，约为体长的一半，具螺旋肋。壳面白色或灰色，壳口白色。

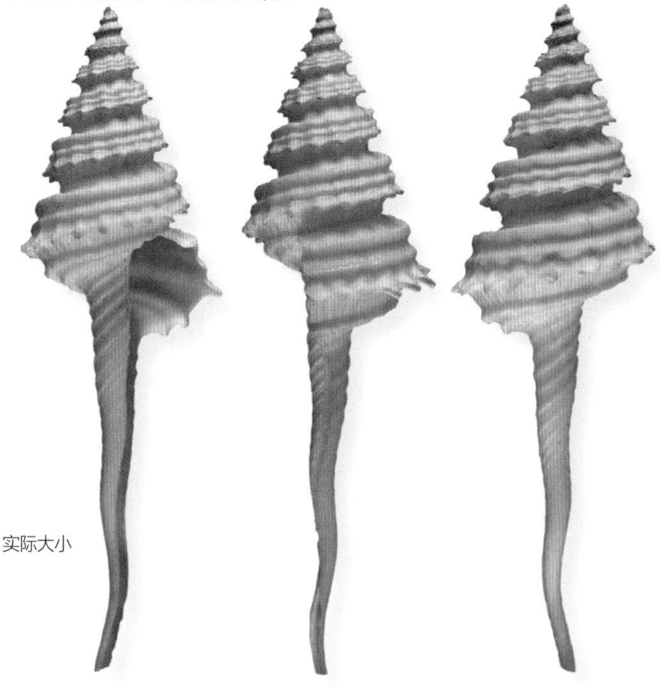

实际大小

科	拳螺科Turbinellidae
壳长	50—113mm
分布	巴西特有种
丰度	不常见
深度	潮间带至60m
习性	泥底
食性	肉食性，以多毛类和双壳类为食
厣	角质，厚，爪形

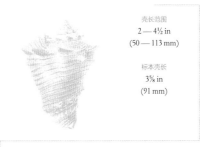

壳长范围
2 — 4½ in
(50 — 113 mm)

标本壳长
3⅝ in
(91 mm)

冠犬齿螺
Vasum cassiforme
Helmet Vase
Kiener, 1840

冠犬齿螺（皇冠拳螺）为巴西特有物种，分布范围从北里奥格兰德到圣埃斯皮里图州。本种通常发现于浅水区，从潮间带至离岸区域的泥质底生境区。生活环境对冠犬齿螺的形态影响很大，生活于平静海域的群体常具有较长的棘刺，而生长于较深海域的群体比浅海群体壳形更长。冠犬齿螺和晚渐犬齿螺 *Vasum chipolense* 外形相似，后者为产自佛罗里达西北部的现已灭绝的中新世化石种。

冠犬齿螺贝壳中等大小，圆锥形，壳质极厚重，表面多棘。螺旋部矮，壳顶突出，螺层微凹，缝合线明显。体螺层有 12 条叶片片状突出的螺肋，肋上有一排结节或棘刺，其中最大的棘刺分布于肩部，另有一排大棘刺分布于近前端处。壳口狭长，外唇厚，具光泽，多齿，轴唇具两褶襞。壳色从白色至奶油色。厣厚而光滑，通常为紫棕色。

近似种

加勒比海犬齿螺（加勒比海拳螺）*Vasum muricatum*（Born，1778）分布于佛罗里达至委内瑞拉海区。壳形与冠犬齿螺相似但更大，棘刺较少。角犬齿螺 *Vasum turbinellum*（Linnaeus，1758）分布于非洲东部到波利尼西亚海域，与冠犬齿螺形状大小相似，大棘刺具少量开口。有些标本具有极厚重的棘刺。壳面饰有黑白交替的螺旋带。

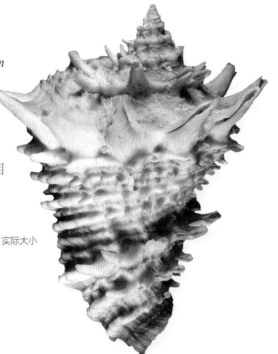

实际大小

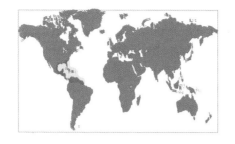

科	拳螺科Turbinellidae
壳长	64—125mm
分布	佛罗里达至委内瑞拉及墨西哥湾
丰度	常见种
深度	潮间带至15m
习性	沙质底生境区
食性	肉食性，以多毛类和双壳类为食
厣	角质，同心圆状，爪形

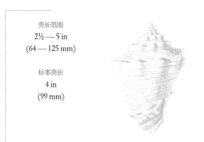

壳长范围
2½ — 5 in
(64 — 125 mm)

标本壳长
4 in
(99 mm)

476

加勒比海犬齿螺
Vasum muricatum
Caribbean Vase
(Born, 1778)

加勒比海犬齿螺贝壳壳质厚重，圆锥形。螺旋部短而尖，缝合线明显。体螺层大，壳面具有粗细不等的螺肋，在肩部和近底部形成钝的结节。壳口宽而长，至前部末端逐渐变细。螺轴厚、具滑层，具有4—5个褶襞。壳面乳白色至亮白色，被有厚的棕色角质壳皮。壳口白色，有时带有紫色。

加勒比海犬齿螺为常见种，通常生活在海草床附近的浅水区，埋栖于沙子和珊瑚碎石内。其幼体穴居在沙子内，但成体多生活在沉积物的表面。分布范围为自佛罗里达至委内瑞拉和墨西哥湾海域。加勒比海犬齿螺是肉食性动物，用其长的吻部主要捕食多毛类和双壳类动物。它晚上行为比较活跃，白天会躲起来。有时成群发现。厣角质、爪形，核心偏于一端。

近似种

冠犬齿螺 *Vasum cassiforme*，Kiener，1840，是巴西北部和东北部的地方性种，螺轴上具厚的滑层和绷带。

平静水域的个体比高能环境栖息的个体往往具有更多发达的棘刺。弗氏犬齿螺 *Altivasum flindersi*（Verco，1914）分布于澳大利亚西部和南部，是犬齿螺中个体最大的种；螺旋部高，长于贝壳长度的一半。

实际大小

科	拳螺科Turbinellidae
壳长	100—220mm
分布	印度的东南部及斯里兰卡
丰度	近海丰富
深度	浅海潮下带至近海
习性	沙质底生境区
食性	肉食性，以蠕虫为食
厣	缺失

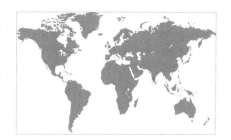

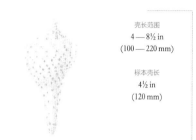

壳长范围
4 — 8½ in
(100 — 220 mm)

标本壳长
4½ in
(120 mm)

477

印度花圣螺
Turbinella pyrum
Indian Chank
(Linnaeus, 1758)

　　印度花圣螺（印度圣螺）被认为是少数神圣的贝壳之一，其英文名"chank"一词在梵文中被译为"神圣的海螺"。根据印度神话，克利须那神（Krishna）携带着由印度花圣螺制作的喇叭作为其战胜恶魔Panchajana的象征。喇叭常用于战前仪式和荣誉庆典等印度仪式中。印度花圣螺罕见的左旋标本被大量收集，因为其有更高的宗教价值。印度花圣螺是高度变化的物种，一些亚种已被定名。

近似种

　　巴西圣螺 *Turbinella laevigata*（Anton，1839）是巴西东北部特有种，贝壳较小，壳体更细长，螺旋部较印度花圣螺更高。西印度圣螺 *Turbinella angulata*（Lightfoot，1786）分布于西印度海区，贝壳更大，具角，肩部带有发达而尖锐的结节。

印度花圣螺壳体大，壳质厚重，呈棒状。螺旋部低，在有些贝壳中呈塔楼状。螺层膨凸，底部螺肋最发达（该图片未显示）。肩部有结节，由弱变光滑。壳口长，针状，唇厚且光滑。螺轴具 3—4 个发达的褶襞，后部滑层发达。前水管沟长。壳面白色或杏黄色，被有厚的深棕色角质壳皮，壳口周围淡黄色。

实际大小

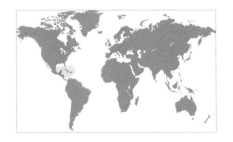

科	拳螺科Turbinellidae
壳长	127—365mm
分布	墨西哥东部至巴拿马，巴哈马群岛
丰度	常见种
深度	潮下带至45m
习性	沙质底生境区
食性	肉食性
厣	角质，卵圆形

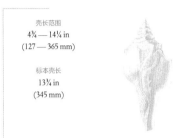

壳长范围
4¾ — 14¼ in
(127 — 365 mm)

标本壳长
13¾ in
(345 mm)

478

西印度圣螺
Turbinella angulata
West Indian Chank
(Lightfoot, 1786)

西印度圣螺贝壳密度极大，螺旋部由 7 个螺层围绕，每层都有指向后方的突出的结节。螺层被清晰的缝合线分开，缝合线下方螺纹向肩部延伸。螺纹在各螺层结节边缘处减弱，在体螺层中部消失。壳口大，卵圆形，螺轴具 3 个特殊的褶襞，外唇后部锯齿状。壳面苍白色至浅橙色，被有棕色壳皮。

　　圣螺是与其同等大小的贝壳中壳体质量最大的种类，西印度圣螺则是圣螺中个体最大的，也是大西洋中发现的最大的腹足类动物之一。其在巴哈马地区是重要的食物来源，在当地被称为辣螺。许多圣螺被用来制作特定工具或号角，例如西印度圣螺在传统玛雅文明中即被利用。

近似种

　　巨细肋螺 *Pleuroploca gigantea* （Kiener，1840）分布于北卡罗来纳和墨西哥湾海区，虽与西印度圣螺不是近缘种，但在鉴定中常被误认为是西印度圣螺。巨细肋螺通常个体更大，整个体螺层布有清晰的规则排列的螺肋（西印度圣螺体螺层中部螺肋常消失）。巨细肋螺螺轴光滑，而西印度圣螺螺轴有褶皱。印度花圣螺 *Turbinella pyrum* （Linnaeus，1758）分布于印度到斯里兰卡海域，螺旋部较为低矮，肩部结节少，以上特征都使印度花圣螺贝壳外观显膨圆。

实际大小

科	拳螺科 Turbinellidae
壳长	300—1000mm
分布	澳大利亚的北部和巴布亚新几内亚
丰度	常见种
深度	潮下带至40m
习性	潮间带的沙滩
食性	肉食性，以大型多毛类为食
厣	角质，核心偏于一端

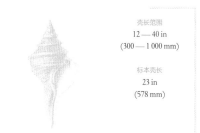

壳长范围
12 — 40 in
(300 — 1 000 mm)

标本壳长
23 in
(578 mm)

479

澳大利亚喇叭螺

Syrinx aruanus

Australian Trumpet

(Linnaeus, 1758)

澳大利亚喇叭螺（澳大利亚圣螺）是目前已知世界上个体最大的腹足类动物，在浅滩较为常见，在澳大利亚北部和巴布亚新几内亚水深40m的海域也有出现。像其他拳螺科动物一样，澳大利亚喇叭螺以管栖多毛类动物为食。贝壳壳质重，壳形丰满。壳表覆以厚的棕色角质壳皮，在空的贝壳上常脱落。本种为经济种，肉和贝壳均有较大经济价值，其中，肌肉可供食用，贝壳用于盛水或作喇叭。由于该种易采集，导致当地资源量减少，从而引发对该种的关注和保护。

近似种

澳大利亚喇叭螺所在喇叭属 *Syrinx* 中只有一个种。拳螺科中其他种类的贝壳形状多变，如犬齿螺，例如加勒比海犬齿螺 *Vasum muricatum*（Born，1778）分布自佛罗里达南部至加勒比海海域，或者圣螺，如印度花圣螺 *Turbinella pyrum*（Linnaeus，1758）分布于印度洋海域，与澳大利亚喇叭螺亲缘关系最近。

澳大利亚喇叭螺贝壳极大、纺锤形，前水管沟长直。壳口和螺轴光滑，脐孔深而长，部分被螺轴滑层覆盖。澳大利亚北部的群体，贝壳通常具有发达的龙骨突，而澳大利亚西部的群体贝壳具有圆的肩部。澳大利亚喇叭螺在幼虫期贝壳较长，幼虫期和稚贝期螺层数量多，在大型样品中常被腐蚀掉。壳面杏色或乳白色，壳口淡黄色至橙色。

实际大小

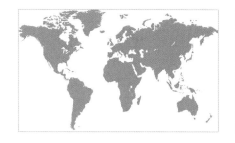

科	深塔螺科（龙王螺科）Ptychatractidae
壳长	27—38mm
分布	哥斯达黎加近海
丰度	稀有种
深度	2000m
习性	软泥底
食性	肉食性
厣	缺失

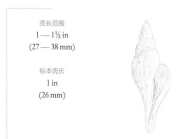

壳长范围
1 — 1½ in
(27 — 38 mm)

标本壳长
1 in
(26 mm)

480

光滑深塔螺
Exilia blanda
Smooth Exilia
(Dall, 1908)

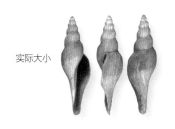

实际大小

光滑深塔螺贝壳小型，壳质薄碎，壳形窄、纺锤形，螺旋部高，具长而宽的纵向前水管沟。螺旋部的前几个螺层具有纵肋，后面的螺层具有显著的细螺肋。壳口卵圆形，具有薄的滑层。螺轴上无褶襞。贝壳黄棕褐色。

光滑深塔螺（平滑龙王螺）极为罕见，目前仅有一个样品，该样品在超过一个世纪以前的一次考察中被采到。该种生活在哥斯达黎加—太平洋海岸的深海平原边缘的泥泞软泥上。极可能是肉食性动物，但也可能以腐肉为食。与深塔螺属 *Exilia* 其他种类相比，本种贝壳略大。

近似种

奇异深塔螺（基围龙王螺）*Exilia kiwi*（Kantor and Bouchet，2001）分布于新西兰水深 1386—1676m 的水域，其分布区较光滑深塔螺微浅。奇异深塔螺贝壳稍大而宽，最后一个螺层上螺肋弱或者丢失。希氏深塔螺（希氏龙王螺）*Exilia hilgendorfi*（Martens，1897）分布于日本和菲律宾海域，壳长可达 76mm，壳质较厚。螺旋部具有纵肋，体螺层具螺旋沟纹，螺轴上具有 3 个褶襞。

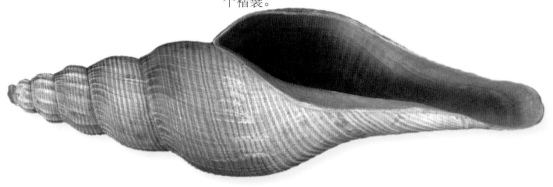

科	深塔螺科Ptychatractidae
壳长	30—52mm
分布	中国台湾、菲律宾和印度尼西亚
丰度	稀有种
深度	250—1000m
习性	沙质底生境区
食性	肉食性
厣	角质，薄，退化

壳长范围
1¼ — 2 in
(30 — 52 mm)

标本壳长
1⅝ in
(40 mm)

481

巴氏宽笔螺
Latiromitra barthelowi
Barthelow's Latiromitra
(Bartsch, 1942)

像深塔螺科所有种一样，巴氏宽笔螺（拜氏龙王螺）是深海种，很少能够被采集到。本种具有广泛的地理分布，其分布被局限于沿大陆坡的砂质底内。贝壳长而窄，因此该种可能藏于沙内。

近似种

米氏宽笔螺（米奇亚龙王螺）
Latiromitra meekiana（Dall，1889）分布于古巴沿海相对深的水域，贝壳相对较小且宽，螺旋部纵肋相对较弱，螺轴褶襞更明显。隐蔽宽笔螺 *Latiromitra cryptodon*（Fischer，1882）分布于加勒比海、亚速尔群岛和摩洛哥深水区，贝壳更宽、更重，纵肋更明显，而前水管沟更短。

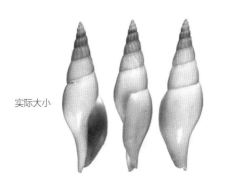

实际大小

巴氏宽笔螺贝壳在其属内相对较大，壳质薄，狭纺锤形。螺旋部高，壳口窄，前水管沟比壳口短，向左倾斜。螺旋部具明显的纵肋，但后面数螺层光滑，有时具有细螺肋。螺轴具有 3 个弱的褶襞。壳面白色，被有橄榄褐色的角质壳皮。

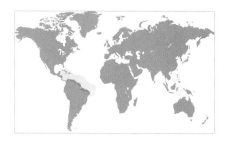

科	涡螺科Volutidae
壳长	11—19mm
分布	加勒比海至巴西北部
丰度	稀有种
深度	近海至30m
习性	沙质底生境区
食性	肉食性
厣	角质，加长

壳长范围
½ — ¾ in
(11 — 19 mm)

标本壳长
½ in
(14 mm)

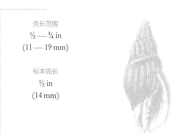

482

吉氏涡螺
Enaeta guildingii
Guilding's Lyria
(Sowerby I, 1844)

吉氏涡螺是涡螺中个体最小的种类之一，与涡螺科其他种相比更像核螺或蛾螺。本种是加勒比海和巴西北部海域罕见种，目前对它的生物学特性了解甚少。小涡螺属 *Enaeta* 中只有大约 7 个现生种，大多数种均为不常见种或者稀有种，所有种的贝壳都较小。世界涡螺科种大约有 250 个，其中在澳大利亚海域丰度最高。

近似种

芮氏涡螺 *Enaeta reevei*（Dall，1907）分布自洪都拉斯至巴西海域，贝壳大小和形状与吉氏涡螺相似，但螺旋部上的纵肋在体螺层上丢失。厚壳涡螺 *Enaeta cumingii*（Broderip，1832）分布自加利福尼亚半岛至秘鲁海域，是小涡螺属 *Enaeta* 中唯一常见的种，比吉氏涡螺贝壳更大、更宽。

实际大小

吉氏涡螺贝壳在涡螺科中相对较小，壳质硬，近长椭圆形，螺旋部高，壳顶钝。胚壳光滑，成体贝壳具纵肋与螺肋交叉形成的雕刻。螺层膨凸，缝合线明显。壳口窄、披针形。外唇加厚，后部末端具有钝齿。螺轴微凹，具有 5 条或 6 条褶襞。壳面橙色至棕色，具白色线纹。

科	涡螺科Volutidae
壳长	25—70mm
分布	澳大利亚昆士兰至新南威尔士州
丰度	常见种
深度	潮间带至55m
习性	沙质底生境区
食性	肉食性
厣	缺失

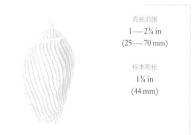

壳长范围
1 — 2¾ in
(25 — 70 mm)

标本壳长
1¾ in
(44 mm)

483

斑马涡螺
Amoria zebra
Zebra Volute
(Leach, 1814)

正如该属中的所有种一样，斑马涡螺为澳大利亚地方性种，分布自昆士兰至新南威尔士州，生活在潮间带至近海的砂质底。像其他涡螺科种一样，斑马涡螺是以其他软体动物为食的肉食性动物，可在大的软体动物聚居地中找到。斑马涡螺和该属其他种被认为是常见种，能够轻易地被采到大量的样品，所以它们被列为澳大利亚用于贸易的贝壳。

近似种

丹皮尔涡螺 *Amoria dampieria* Weaver，1960 分布于澳大利亚西部和北部海区，形状和颜色图案都与斑马涡螺相似，但纵肋条纹更厚。达蒙涡螺 *Amoria damonii* Gray，1864 分布自澳大利亚西北部至昆士兰海域，贝壳更大、近长卵形，颜色多变，与框螺属 *Oliva* 贝壳形状相似。

实际大小

斑马涡螺贝壳较小、具光泽，狭卵形，螺旋部短。胚壳钝而圆，螺旋部螺层微凹，缝合线具齿突。螺旋部各螺层具微弱的纵肋，体螺层光滑、具光泽。体螺层极大，肩部略膨胀。外唇加厚，螺轴具有 4 条发达的褶襞。壳面白色至亮棕色，有时呈金色，具有棕色的纵向条纹。壳口和螺轴白色。

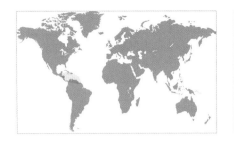

科	涡螺科Volutidae
壳长	28—111mm
分布	多米尼加到委内瑞拉
丰度	常见种
深度	潮下带浅海至10m
习性	沙质底生境区
食性	肉食性，以其他软体动物为食
厣	角质，同心圆状，加长

壳长范围
1⅛ — 4⅜ in
(28 — 111 mm)

标本壳长
2 in
(52 mm)

484

乐谱涡螺
Voluta musica
Common Music Volute
Linnaeus, 1758

乐谱涡螺贝壳壳质厚重，形状和颜色变化很大。螺旋部呈三角形，体螺层近卵圆形。胚壳钝而光滑，缝合线不平整。各螺层肩部具或钝或尖的结节。壳口长、较宽，外唇光滑。螺轴光滑，具大约10条褶襞。壳面乳白色至粉白色，具有红棕色的螺线、斑纹和斑点，图案像乐谱。

对于本种的贝壳来说，乐谱涡螺是一个很恰当的名字，因其表面饰有数条螺纹，以及竖线和斑点，恰似五线谱。乐谱涡螺是加勒比海地区常见种，形状多变，栖息于浅水区的砂质底。一些研究认为本种贝壳的大小与性别相关，雄性个体通常贝壳偏小、结节更少，而雌性个体贝壳较大、结节更发达。乐谱涡螺贝壳的形状和颜色多变，一些群体被错误地命名为独立的种。厣角质，细长，相对较小。

近似种

希伯来涡螺 *Voluta ebraea* Linnaeus，1758 分布于巴西东北部海区，贝壳更大，壳形长，壳质厚重，肩部具有尖棘，与乐谱涡螺的一些贝壳相似。绿音涡螺 *Voluta virescens* Lightfoot，1786 分布自伯利兹城至哥伦比亚海域，贝壳比乐谱涡螺的小，壳形更长，结节突起通常更少。

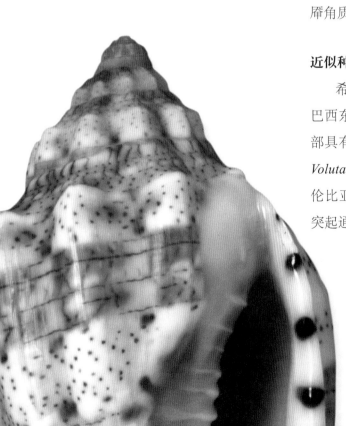

实际大小

科	涡螺科Volutidae
壳长	60—105mm
分布	南印度和斯里兰卡
丰度	不常见种
深度	潮间带至25m
习性	沙质底
食性	肉食性，以其他软体动物为食
厣	角质，加长，核心偏于一端

壳长范围
2½ — 4 in
(60 — 105 mm)

标本壳长
2¼ in
(70 mm)

485

赤金涡螺
Harpulina arausiaca
Vexillate Volute
(Lightfoot, 1786)

赤金涡螺贝壳极其美观，分布范围有限，局限于印度和斯里兰卡南部海域。赤金涡螺是浅水种，偶尔在潮间带也有发现，贝壳稀有，极受收集者喜爱。目前有关其生物学的研究较少。条纹涡螺属 *Harpulina* 内有4个种，分布范围均局限于相同水域。

赤金涡螺贝壳中等大小，壳质坚硬且重，外形卵形—纺锤形。螺旋部相对较高，胚壳突出。前部数螺层具纵肋，后部数螺层表面光滑。肩部具成行的钝结节。壳口半卵圆形，较长，外唇光滑，边缘尖，螺轴具有 6—8 个褶襞。壳面白色至浅粉色，具有亮红棕色纵向色带；壳口白色。

近似种

印度涡螺 *Harpulina loroisi*（Valenciennes，1863）也是印度和斯里兰卡南部海域的地方性种，与赤金涡螺相似，但纵带深棕色。虽生活在深水区，但更易被采集。玄琴涡螺 *Lyria lyraeformis*（Swainson，1821）分布自肯尼亚至莫桑比克海域，贝壳美丽，壳形呈长纺锤形，螺旋部高，纵肋多。

实际大小

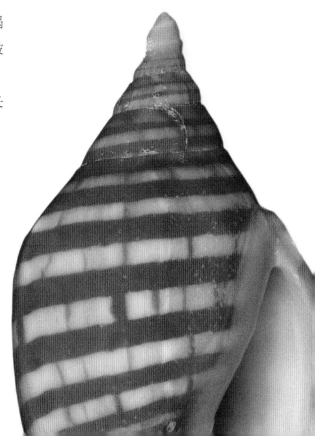

科	涡螺科Volutidae
壳长	45—160mm
分布	西太平洋热带海区，菲律宾至澳大利亚北部
丰度	常见种
深度	1—20m
习性	沙质和泥底
食性	肉食性，以其他软体动物为食
厣	缺失

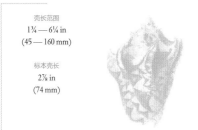

壳长范围
1¾ — 6¼ in
(45 — 160 mm)

标本壳长
2⅞ in
(74 mm)

486

蝙蝠舟涡螺
Cymbiola vespertilio
Bat Volute
(Linnaeus, 1758)

蝙蝠舟涡螺（蝙蝠涡螺）是常见的浅水栖息的腹足类，分布有限，局限于菲律宾至印度尼西亚和巴布亚新几内亚海域（该区域被称为"珊瑚三角区"），以及澳大利亚北部区域。本种贝壳颜色和形状均多变，因此，具有很多亚种和群体。蝙蝠舟涡螺作为食物在当地被采集和销售，但不是重要的经济种。本种标本的图片为左旋，该结果由遗传突变导致；此类左旋螺在自然环境中不常见，极少被采集到。正常贝壳为右旋，即壳口位于螺轴的右侧。

近似种

舟涡螺属 *Cymbiola* 有很多已定名的种，包括王子舟涡螺（王子涡螺）*Cymbiola aulica*（Sowerby I，1825），分布于菲律宾海域，与蝙蝠舟涡螺贝壳形状相似，但具有更多微红色的着色。优美舟涡螺 *Cymbiola pulchra*（Sowerby I，1825）分布于昆士兰、澳大利亚海域，是另一个壳形多变的种，贝壳具有漂亮的着色，通常具有宽的螺带和白色及棕色的斑点。

实际大小

蝙蝠舟涡螺贝壳重，壳形通常为长卵形，形状和颜色多变。螺旋部短，肩部具钝尖不一的棘刺。壳面光滑、具光泽，有细的纵向生长线。壳口宽长，螺轴具 4 条斜的褶襞。外唇光滑、加厚，前水管沟宽，末端具深的凹痕。贝壳颜色多变，通常为乳白色至橄榄色，具网纹状棕色线或斑点；内部灰色至乳白色，螺轴和唇的边缘淡橙色。

科	涡螺科Volutidae
壳长	35—81mm
分布	阿根廷最南端至南极洲
丰度	稀有种
深度	深海，约3000m
习性	泥底
食性	肉食性，以其他软体动物为食
厣	缺失

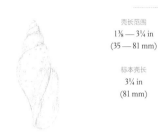

壳长范围
1⅜ — 3¼ in
(35 — 81 mm)

标本壳长
3¼ in
(81 mm)

487

格氏涡螺

Tractolira germonae
Germon's Volute

Harasewych, 1987

格氏涡螺是一种深海腹足类，分布于南极附近极深的冷水海域，栖息于碳酸钙补偿深度（由于低温、高压和溶解的二氧化碳聚集，贝壳中的碳酸钙易被溶解）以下。格氏涡螺具有厚的、深色蛋白角质壳皮，可保护贝壳免于被溶解。如角质壳皮磨损或损坏，则贝壳被溶解，因此，格氏涡螺必须在壳内备存额外的贝壳材料。其壳顶通常损坏。

近似种

引涡螺属 *Tractolira* 目前仅发现 4 个种，均分布于深海。斯巴达涡螺 *Tractolira Sparta* Dall，1896 分布自巴拿马湾至墨西哥湾西部海域，贝壳壳形长，壳口比格氏涡螺小。暗色涡螺 *Tractolira tenebrosa* Leal and Bouchet，1989 分布于巴西沿海，壳皮光滑，螺层肩部具小的突起。德利涡螺 *Tractolira delli* Leal and Harasewych，2005 分布于罗斯海、南极洲，其壳口大，螺肋和生长线细致，相交形成网状雕刻。

实际大小

格氏涡螺贝壳壳质极薄，半透明，呈长纺锤形。壳顶通常磨损，但是有些贝壳壳顶仍具有钙质迹象，即在胚壳上形成一个突起。螺层稍膨胀，缝合线明显。壳面饰有细致的螺肋和生长纹。壳口卵圆形，外唇光滑、具光泽，螺轴光滑。壳面白色，棕色角质壳皮极厚。

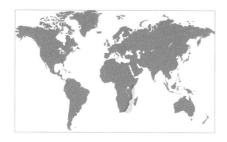

科	涡螺科Volutidae
壳长	74—145mm
分布	东非，从肯尼亚到莫桑比克北部
丰度	不常见种
深度	离岸至250m
习性	砂质底生境区
食性	肉食性，以其他软体动物为食
厣	如有，角质，加长

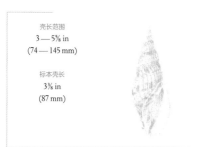

壳长范围
3 — 5⅝ in
(74 — 145 mm)

标本壳长
3⅜ in
(87 mm)

488

玄琴涡螺
Lyria lyraeformis
Lyre-formed Lyria
(Swainson, 1821)

玄琴涡螺贝壳结实，呈长纺锤形，螺旋部高。胚壳球形、光滑，螺旋部高，螺层突出，每螺层约有 18 条纵肋。壳口较小，椭圆形，前部宽；外唇光滑、加厚。螺轴中心具有 2—3 个褶襞和刻纹，前水管口小。壳面乳白色至粉色，螺肋间具不连续的红棕色螺带。

玄琴涡螺分布于非洲东部的深水区，不甚常见，极少被采到活体，因此人们对其包括摄食喜好等在内的生物特性了解甚少。所有涡螺种都被认为是在卵囊内直接发育，没有经过自由游动的幼虫阶段，这导致许多物种的分布范围较窄。如很多涡螺动物，直接发育的种类通常具有大型幼虫贝壳，而具有长期游动幼虫阶段的腹足类通常具有小型幼虫贝壳，如嵌线螺属 *Cymatium*。

近似种

英雄涡螺 *Lyria doutei* Bouchet and Bail，1991 分布于非洲东部的印度洋撒雅德玛哈浅滩，其贝壳与玄琴涡螺相似，但具有更多的纵肋和白色斑点。比优氏涡螺 *Lyria beauii*（Fischer and Bernardi，1857）分布于小安的列斯群岛海域，其贝壳比玄琴涡螺小，螺旋部短，内唇具有棕色斑点。

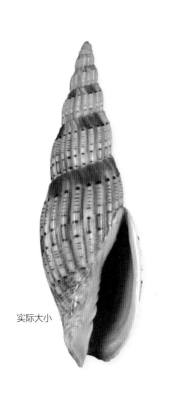

实际大小

科	涡螺科Volutidae
壳长	45—112mm
分布	东非地方性种
丰度	不常见种
深度	110—550m
习性	铁矿石上和贝壳空壳堆底部
食性	肉食性，以其他软体动物为食
厣	缺失

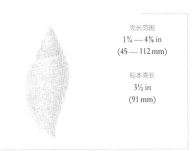

壳长范围
1¼ — 4⅜ in
(45 — 112 mm)

标本壳长
3½ in
(91 mm)

489

深海涡螺
Volutocorbis abyssicola
Deepsea Volute
(Adams and Reeve, 1848)

　　深海涡螺被认为是"活化石"，因为它与已经灭绝的石旋螺属 *Volutilithes* 很像，石旋螺属繁盛于白垩纪到中新世。深海涡螺在 1848 年的发现令人兴奋，因为它是这个古老家系中发现的第一个现存种。自此以后，又陆续发现了另外 9 个现存种，所有这些种都是深水种，大多数来自非洲南部。深海涡螺是涡卷螺属 *Volutocorbis* 中个体最大的现存种。深海涡螺在其深水栖息环境中相对常见，具有长的水管沟，眼睛沿着头部触手加厚的外部边缘分布。

深海涡螺贝壳壳形从中等大小到大型都有，壳质轻，呈长梨状。螺旋部矮，螺层微凸，壳顶通常破损，缝合线明显。壳面雕刻有规则的纵肋和螺肋，交织成网状；内部光滑。壳口相对窄长，外唇加厚，边缘具齿；螺轴具有若干个发达的白色褶襞。壳面米黄色或棕色，壳口米黄色。

近似种

　　土黄涡螺 *Volutocorbis lutosa* Koch，1948 分布于安哥拉至南非海域，贝壳相对于深海涡螺小、宽，螺轴褶襞少，没有深海涡螺的明显。土黄涡螺栖息深度比深海涡螺浅，在分布区域内是常见种。吉尔氏涡螺 *Neptuneopsis gilchristi*（Sowerby III，1898）也是南非地方性种，其贝壳大、延长，呈细长的纺锤形，壳顶大、呈球形。

实际大小

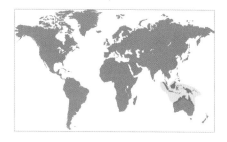

科	涡螺科Volutidae
壳长	70—160mm
分布	澳大利亚北部至巴布亚新几内亚和印度尼西亚
丰度	一般稀有种；现在不常见
深度	潮间带至100m
习性	沙质底和海草
食性	肉食性，以其他软体动物为食物
厣	缺失

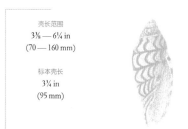

壳长范围
3⅜ — 6¼ in
(70 — 160 mm)

标本壳长
3¾ in
(95 mm)

490

白兰地涡螺
Volutoconus bednalli
Bednall's Volute
(Brazier, 1878)

白兰地涡螺贝壳颜色鲜艳，白色背景上饰有巧克力色—褐色线纹构成的网状图案。它曾经被认为是极为罕见的一种涡螺动物，但现在潜水采珠人可采集到很多样品。白兰地涡螺生活在砂质底和海草床上，通常在浅的潮下带至近岸水域，但有时在潮间带也有发现。澳大利亚北部涡芋螺属 *Volutoconus* 至少有 4 个种，并且这 4 种都不是常见种。幼体贝壳具有针状的突起，后期由软膜胼胝不断添加而变大。

近似种

流苏涡螺 *Volutoconus hargreavesi*（Angas，1872）分布于澳大利亚西部海域，贝壳相对较小，形态多变；分布于西部沿岸的一个群体的贝壳具棱纹。蝙蝠舟涡螺 *Cymbiola vespertilio*（Linnaeus，1758）分布于菲律宾至澳大利亚北部海域，是浅水区常见的涡螺，并且常被捕来食用。

实际大小

白兰地涡螺贝壳在其属内为个体较大者，壳质结实，壳面光滑，呈纺锤形。螺旋部较高，幼体贝壳大而圆，壳顶矮而突出。壳口窄长，外唇光滑；螺轴具 3—4 条发达的褶襞。壳面通常光滑，饰有纵向生长纹。壳面乳白色或者粉色，由巧克力色—棕色"之"字形的条纹与相同颜色的螺纹相交形成网状图案。

科	涡螺科Volutidae
壳长	76—146mm
分布	西部太平洋
丰度	不常见
深度	30—300m
习性	不详
食性	肉食性，以其他软体动物为食物
厣	缺失

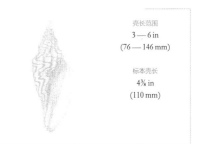

壳长范围
3—6 in
(76—146 mm)

标本壳长
4⅜ in
(110 mm)

491

电光螺
Fulgoraria rupestris
Asian Flame Volute
(Gmelin, 1791)

电光螺（闪电涡螺）是深海种，曾在中国台湾海域拖网时被采到过。捕捞船队自从转移到不同的海区，就很少能够采到这些螺。由于拖网的渔民没有保留详细的数据，电光螺的栖息地至今仍不清楚。像其他涡螺一样，该种也是肉食性动物，并且可能以其他软体动物为食，但是对其生物学特性所知甚少。电光螺属 *Fulgoraria* 中大约有 25 个已知种，大多数种分布在日本和中国沿海。

近似种

哈密电光螺（哈密涡螺）*Fulgoraria hamillei*（Crosse，1869）分布于日本和中国台湾海域，形状和大小与电光螺相似，但缝合线更明显；外唇上缺少细褶皱。平濑电光螺（平濑涡螺）*Fulgoraria hirasei*（Sowerby III，1912）分布于日本海域，贝壳更大，纺锤形，纵肋发达，螺肋细而明显，壳口大，大约占整个贝壳的一半。

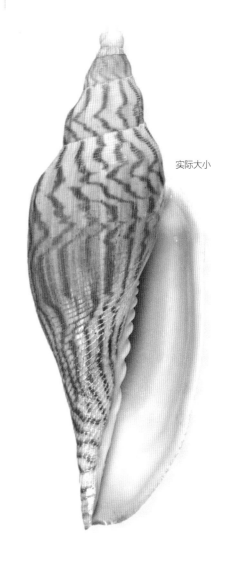

实际大小

电光螺贝壳壳质坚厚，纺锤形。螺旋部较高，胚壳较大、乳头状，螺层具角。次体螺层约有 14 条纵肋，这些纵肋在体螺层上不明显，体螺层上饰有明显的螺肋。壳口长，外唇加厚，边缘较直，具褶皱。螺轴具有大约 7—9 条褶襞。壳面乳白色至黄褐色，具宽的棕色的"之"字形火焰状图案，壳口白色至粉色。

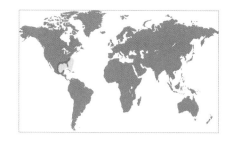

科	涡螺科Volutidae
壳长	64—155mm
分布	北卡罗来纳州至佛罗里达群岛，墨西哥湾
丰度	不常见，完整的贝壳比较稀有
深度	20—90m
习性	沙质底生境区
食性	肉食性，以其他软体动物为食物
属	缺失

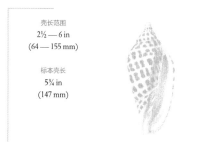

壳长范围
2½ — 6 in
(64 — 155 mm)

标本壳长
5¾ in
(147 mm)

492

女神涡螺
Scaphella junonia
Junonia
(Lamarck, 1804)

19世纪，女神涡螺被认为是最罕见的涡螺之一。现在该种被捕虾船捕获，从而使其成为彩涡螺属 *Scaphella* 最常见种。多数贝壳具有生长疤痕，完美的样品还是很少见的。这种软体动物生活在从北卡罗来纳州至佛罗里达和墨西哥湾近海的沙地上。像所有涡螺一样，女神涡螺是肉食性动物，以其他软体动物为食。

近似种

彩涡螺属中目前已有大约10个种和若干亚种被确定，尽管有一些可能为广布的多恩涡螺 *Scaphella dohrni*（Sowerby III，1903）的变种。其他分布于美国东南部和墨西哥湾的种包括金迷人涡螺 *Scaphella dubia*（Broderip，1827），其贝壳延长；古德氏涡螺 *Scaphella gouldiana*（Dall，1887），其贝壳更瘦长，呈金色或粉色，具浅色的螺带和暗色的斑点。

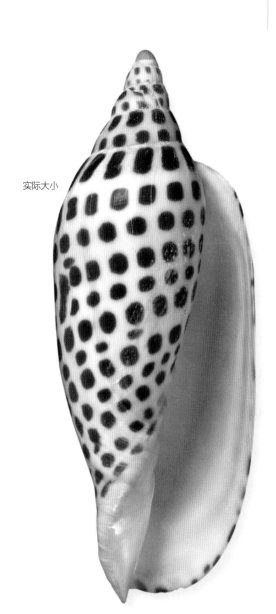

实际大小

女神涡螺贝壳较大，纺锤形，壳质坚固。螺旋部高，缝合线明显，胚壳光滑，约为1.5—2个螺层。成贝壳体具5个螺层，饰有细密的纵肋，最后两个螺层接近光滑。壳面乳白色至淡黄色，具棕色长形的斑点。壳口长，粉色，螺轴具4枚褶襞；螺轴和壳口乳白色。

科	涡螺科Volutidae
壳长	100—360mm
分布	塞内加尔至几内亚湾，非洲的西部
丰度	常见种
深度	潮下带浅海
习性	沙质底生境区
食性	肉食性，以其他软体动物为食物
厣	缺失

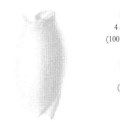

壳长范围
4 — 14¼ in
(100 — 360 mm)

标本壳长
8⅜ in
(215 mm)

493

大象宽口涡螺
Cymbium glans
Elephant's Snout Volute
(Gmelin, 1791)

分布于非洲西部的宽口涡螺属 *Cymbium* 动物大约为 12 种，其中大象宽口涡螺个体最大。该属所有种都具有圆柱形的贝壳和圆形壳顶，有些种的贝壳比其他种更膨胀或更近球状。涡螺科动物均为直接发育，即幼体孵出卵囊时即具贝壳。像其他的涡螺动物一样，宽口涡螺属均为肉食性动物，以其他软体动物为食，它们用大而发达的腹足将软体动物捕获和固定。其栖息于浅水区的砂质或者泥滩底质中。

实际大小

近似种

黄瓜宽口涡螺 *Cymbium cucumis* Röding，1798 和非洲宽口涡螺 *Cymbium pepo*（Lightfoot，1786）均栖息在非洲中西部海域。黄瓜宽口涡螺贝壳与大象宽口涡螺相似，但相对偏小，壳形更延长，贝壳圆柱形。非洲宽口涡螺贝壳大而短，壳面极膨胀，并且壳口很宽。欧拉宽口涡螺 *Cymbium olla*（Linnaeus，1758）分布于地中海和非洲西北部，贝壳比非洲宽口涡螺的小、微膨胀，螺旋部短，壳顶光滑。

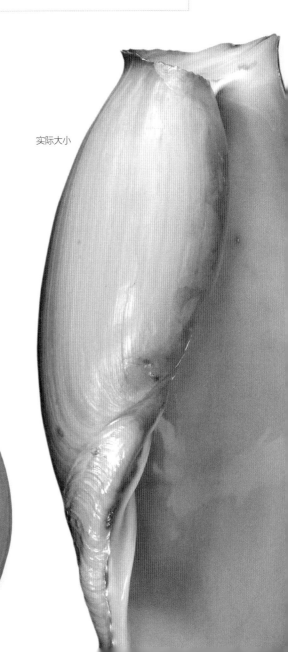

大象宽口涡螺贝壳壳质轻薄，但坚硬、大型、卵圆柱形。螺旋部凹陷，壳顶圆。体螺层极大；壳口中部最宽，与壳长近等。壳表光滑，具细弱的纵向生长纹，偶尔一些样品上具疣状突。外唇薄而光滑；螺轴具有 4 条轴向褶襞。壳面乳白色至橙棕色，壳口橙色。

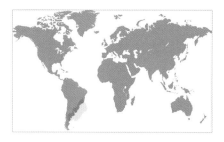

科	涡螺科Volutidae
壳长	100—270mm
分布	里约热内卢，巴西至阿根廷中部
丰度	常见种
深度	15—200m
习性	泥沙底质
食性	肉食性，以软体动物为食物
厣	缺失

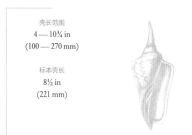

壳长范围
4 — 10¾ in
(100 — 270 mm)

标本壳长
8½ in
(221 mm)

尖头涡螺
Zidona dufresnei
Angular Volute
(Donovan, 1823)

尖头涡螺是一种壳形独特的涡螺，肩部具角，在一些样品中，壳顶上具一长管状突出。贝壳大小和形状均多变，有些群体被描述为亚种。壳表覆有软膜，覆盖整个贝壳，使其表面光滑。尖头涡螺以双壳类为食，通常可在近海德卫尔彻扇贝 *Chlamys tehuelchus* (d'Orbigny，1846) 的扇贝床上找到。本种是一种可食用的经济贝类，在分布区内形成尖头涡螺的养殖业。

近似种

疣涡螺 *Zidona palliata* Kaiser，1977 分布于巴西南部至南极洲海域，贝壳偏小、延长、更薄。乐谱涡螺 *Voluta musica* Linnaeus，1758 分布于多米尼加至委内瑞拉海域，贝壳壳质厚重，表面饰以螺纹和竖线，形似乐谱。

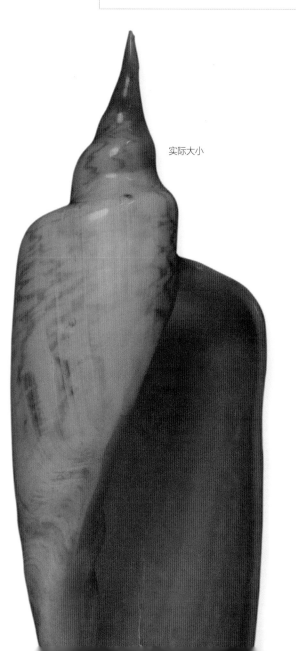

实际大小

尖头涡螺贝壳大，壳质厚，壳面光滑，近纺锤形。螺旋部高。壳顶被胼胝覆盖，可能为长而尖，或直或弯曲，很少情况下呈现"Y"字形。螺层具角，边缘几乎直立。壳口长，近正方形。壳表光滑，覆以瓷质膜。壳面淡黄橙色，具红棕色之字形条纹；壳口亮橙色或淡橙色。

科	涡螺科Volutidae
壳长	100—228mm
分布	南非
丰度	常见种
深度	60—450m
习性	泥质生境区
食性	肉食性，以其他软体动物为食物
厣	角质，椭圆形，核心偏于一端

壳长范围
4 — 9 in
(100 — 229 mm)

标本壳长
9 in
(229 mm)

吉尔氏涡螺
Neptuneopsis gilchristi
Gilchrist's Volute
(Sowerby III, 1898)

吉尔氏涡螺是一种大型、常见的深海种，深受收藏者的喜爱。南非有涡螺、宝贝和锥螺等众多地方性软体动物，吉尔氏涡螺是其中一种。由于南非地处非洲南部尖端的特殊地理位置，以及受当地海洋上升流的影响，很多软体动物和其他海洋动植物均只分布于南非海域，特别是深海种。

实际大小

近似种

仿香螺属 *Neptuneopsis* 只有一个种。其他近似种包括分布于菲律宾的史密斯涡螺 *Calliotectum smithi*（Bartsch，1942），其贝壳大，壳形较长、纺锤形，螺旋层上具纵肋。尖头涡螺 *Zidona dufresnei*（Donovan，1823）分布于巴西至阿根廷海域，贝壳大而光滑，体螺层具角，胚壳突出。

吉尔氏涡螺贝壳较大，壳质轻，近纺锤形。螺旋部高，胚壳大、圆球状，具 2 个螺层。成体贝壳具 6—7 个光滑、膨凸的螺层，缝合线锯齿状。壳口宽、半圆形，螺轴光滑，前水管沟短。壳面粉色，壳口粉色至黄褐色。角质壳皮薄，橄榄褐色。

科	涡螺科Volutidae
壳长	150—505mm
分布	巴西南部至阿根廷
丰度	不常见种
深度	40—75m
习性	泥沙基质
食性	肉食性，以其他腹足类动物为食物
厣	角质，加长

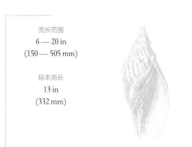

壳长范围
6 — 20 in
(150 — 505 mm)

标本壳长
13 in
(332 mm)

496

贝氏涡螺
Adelomelon beckii
Beck's Volute
(Broderip, 1836)

贝氏涡螺是南大西洋个体最大的腹足类动物，也是世界上个体最大的腹足类之一。渔民在浅水区沙泥底拖网可以捕获该种。贝氏涡螺贝壳壳形多变，已经有若干种形态的标本被描述和记载。像所有涡螺一样，贝氏涡螺是肉食性动物，以其他无脊椎动物（包括其他的软体动物）为食。对胃含量的研究表明，其他涡螺具有齿舌状齿，如尖头涡螺 *Zidona dufresnei*（Donovan，1823）。贝氏涡螺足部大，可以完全收缩至壳内。

近似种

里欧氏涡螺 *Adelomelon riosi* Clench and Turner，1964 也分布于巴西南部至阿根廷南部海域，贝壳与贝氏涡螺相似，但壳形偏小，螺旋层更膨胀、光滑。尖头涡螺 *Zidona dufresnei*（Donovan，1823）分布于巴西至阿根廷海域，贝壳纺锤形，壳面光滑，肩部具角，胚壳尖、钙化（钙化部分从胚壳突出）。

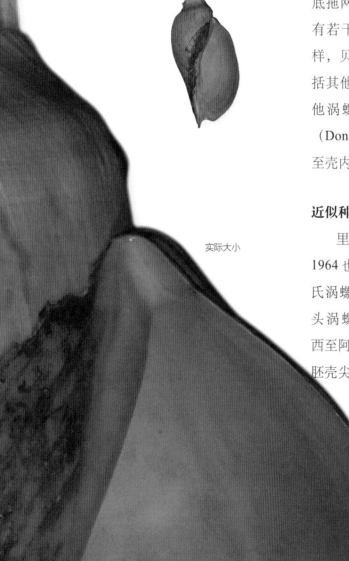

实际大小

贝氏涡螺贝壳极大，纺锤形，由螺旋部到体螺层呈现纤细到膨胀的变化。螺旋部高而尖。肩部具结节，其幼贝体螺层通常很明显，而其成贝体螺层不明显。胚壳乳头状。壳口大，披针形，大约占整个贝壳长度的一半。壳面橙色至粉色，具棕色"之"字形的纵向条纹，覆以厚的、易脱落的棕色角质壳皮。壳口和滑层浅橙色至粉色，陈旧的贝壳标本则褪色至乳白色。

科	涡螺科Volutidae
壳长	125—515mm
分布	澳大利亚北部至巴布亚新几内亚和印度尼西亚
丰度	常见种
深度	从潮下带浅海至10m
习性	沙或泥底
食性	肉食性，以其他软体动物为食物
厣	缺失

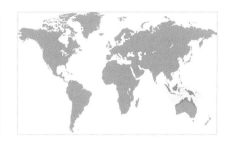

壳长范围
5 — 20¼ in
(125 — 515 mm)

标本壳长
20¼ in
(514 mm)

497

巨瓜螺
Melo amphora
Giant Baler
(Lightfoot, 1786)

巨瓜螺（椰子涡螺）是世界上个体最大的腹足类动物之一，贝壳膨圆。基于这个特征，巨瓜螺常被当地居民用于装水、制作划艇和装饰品。另外，其肌肉量大质佳，可以作为食物而使其增值。巨瓜螺腹足庞大、肌肉发达，若腹足完全伸张，其长度可达整个贝壳的两倍。腹足深棕色，杂有乳白色斑点。它在捕食软体动物时，用腹足将其固定住。巨瓜螺是一种贪婪的肉食性动物，有时会捕食同种的小型个体。

近似种

瓜螺属 *Melo* 种类很少，如瓜螺 *Melo melo*（Lightfoot，1786），分布于印度洋至中国南海，贝壳比巨瓜螺小，但更接近于球形。瓜螺属的近缘属舟涡螺属 *Cymbiola* 种数很多，包括分布于西太平洋热带水域的蝙蝠舟涡螺 *Cymbiola vespertilio*（Linnaeus，1758）和菲律宾常见的、肩部多刺的帝王秀舟涡螺 *Cymbiola imperialis*（Lightfoot，1786）。

巨瓜螺贝壳很大，球状，近卵圆形。螺旋部矮，圆形，肩部绕有尖棘刺。体螺层膨胀，外表面具纵向生长线；壳口披针形，宽广，其宽度几乎与贝壳长度相等。螺轴具 3 条斜行褶襞。壳面橙色至白色，饰以厚的、不规则的棕色至橙色的纵纹，通常具有 2 条带棕色斑点的螺带。壳口光滑，乳白色至粉橙色。

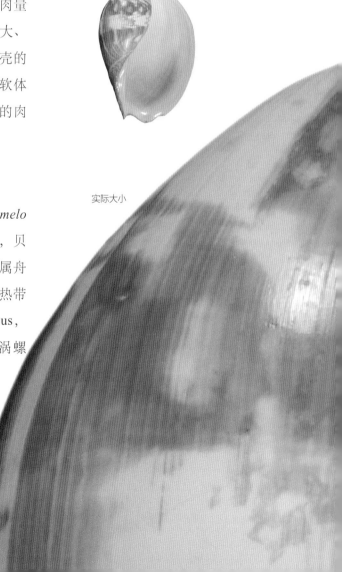

实际大小

科	榧螺科Olividae
壳长	10—30mm
分布	热带的西部太平洋
丰度	常见种
深度	潮间带至20m
习性	沙质底
食性	捕食性
厣	缺失

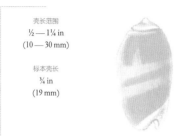

壳长范围
½ — 1¼ in
(10 — 30 mm)

标本壳长
¾ in
(19 mm)

498

少女榧螺
Oliva carneola
Carnelian Olive
(Gmelin, 1791)

少女榧螺是西太平洋热带水域常见的小型榧螺科动物，分布自日本至印度尼西亚和地中海、玻利尼西亚海域。该种在潮间带至潮下带浅海均能找到，埋栖于砂质底内。其贝壳形状和颜色多变，但通常壳质结实，外唇很厚，具橙色螺旋色带。与其他榧螺一样，少女榧螺为肉食性动物，在夜间行为活跃，捕捉无脊椎动物作为食物。

近似种

棋盘榧螺 *Oliva tessellata* Lamarck，1811 分布自印度洋东部至新喀里多尼亚海域，贝壳大小和形状与少女榧螺相似，但多呈乳白色或者淡黄褐色，具紫棕色斑点，壳口紫色。球形榧螺 *Oliva bulbosa* (Röding, 1798)分布自红海至西太平洋，贝壳也与少女榧螺相似，但壳形稍大，壳面颜色变化很大。

实际大小

少女榧螺贝壳较小，壳质较厚、结实，表面光滑，外形呈长卵形。螺旋部低而尖，滑层厚，缝合线缺刻状。壳表光滑、有光泽。壳口窄长，外唇厚，螺轴上具有若干白色褶襞。壳面颜色多变，通常为乳白色，具有橙色或者棕色的螺带，或者棕色的"Z"字形的线纹，壳口白色。

科	榧螺科Olividae
壳长	20—32mm
分布	印度—西太平洋
丰度	不常见种
深度	潮间带至20m
习性	珊瑚礁附近沙质底
食性	肉食性
厣	缺失

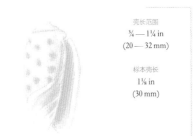

壳长范围
¾ — 1¼ in
(20 — 32 mm)

标本壳长
1⅛ in
(30 mm)

499

棋盘榧螺
Oliva tessellata
Tessellate Olive
Lamarck, 1811

　　棋盘榧螺个体较小，但贝壳独特，是少数具斑点榧螺科动物的一种。本种贝壳具有非常一致的颜色与图案（极少数样品具有与斑点相连接的线），形状多变：有些贝壳纤细，而大多数种贝壳宽厚。本种分布于潮间带至近海的珊瑚礁附近的软质底部内。棋盘榧螺贝壳白色，腹足大、肌肉发达，具有棕色斑点。

近似种

　　斑榧螺 *Oliva maculata* Duclos，1840 分布自非洲东部至塞舌尔群岛海域，其贝壳同样布满斑点，但壳形更大，外形细长，斑点数更多、呈灰色。厚唇榧螺 *Oliva incrassata*（Lightfoot，1786）分布自加利福尼亚半岛至秘鲁海域，贝壳壳质厚重，肩部和具角的外唇均加厚。

实际大小

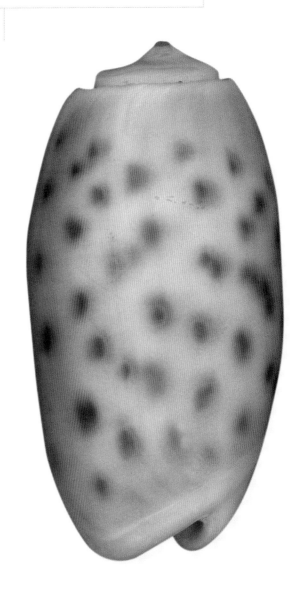

棋盘榧螺贝壳小，壳质厚而坚实，具光泽，壳表微膨胀，呈椭圆圆柱形。螺旋部矮，螺旋部螺层微凹，壳顶突出，具有厚滑层和深入的凹沟。壳面光滑、具光泽。体螺层表面微凸，贝壳宽度大约为长度的一半。壳口窄，外唇厚而光滑，螺轴具有若干个小的褶襞。壳面米黄色至淡黄色，具有间隔排列的紫棕色斑点，壳口紫色。

科	榧螺科Olividae
壳长	25—40mm
分布	菲律宾至美拉尼西亚（西南太平洋群岛）
丰度	常见种
深度	25—45m
习性	沙质底
食性	肉食性
厣	缺失

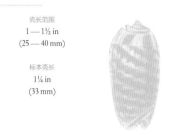

壳长范围
1 — 1½ in
(25 — 40 mm)

标本壳长
1¼ in
(33 mm)

500

斑马榧螺
Oliva rufula
Rufula Olive

Duclos, 1835

斑马榧螺贝壳中等偏小，壳质厚，具光泽，椭圆柱形。螺旋部低矮，螺层间具凹槽，壳顶突出。壳表稍凸，至前部末端逐渐收窄。壳面光滑、具光泽，螺轴附近具有与壳口平行的浅色条纹。壳口窄，外唇厚、光滑，螺轴具有很多小的褶襞。贝壳浅黄褐色，具有深棕色或灰色的 V 形条带；壳口白色。

斑马榧螺是一种小型榧螺，贝壳椭圆柱形，是榧螺科中图案和颜色最独特的种类之一，这使得本种很容易被辨别。寡妇榧螺 *Oliva vidua* 形状多变，其中某些样品与斑马榧螺相似，但寡妇榧螺通常个体更大，壳面颜色较一致，具深色线纹。与寡妇榧螺一样，斑马榧螺具有与壳口平行的浅色线纹。榧螺为沙质埋栖种，在近沙表层移动，仅将水管伸出，用以觅食。多数榧螺种是肉食性的，但也以腐肉为食。

近似种

鲁福榧螺 *Oliva rufofulgorata* Schepman，1904 与斑马榧螺具有相似的分布范围，局限在西北太平洋，其贝壳稍小，呈椭圆柱形，图案颜色与斑马榧螺略有相似，但其壳面呈乳白色，浅棕色的 V 形线纹更细。

豪华榧螺 *Oliva splendidula* Sowerby I，1825 分布于墨西哥西部至秘鲁海域，贝壳椭圆柱形，饰有螺旋色带和帐篷状斑纹。

实际大小

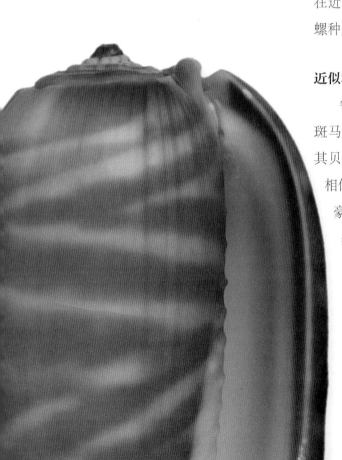

科	榧螺科Olividae
壳长	27—58mm
分布	秘鲁到智利
丰度	常见
深度	浅潮下带
习性	沙质海底
食性	肉食性
厣	缺失

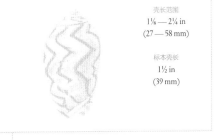

壳长范围
1⅛ — 2¼ in
(27 — 58 mm)

标本壳长
1½ in
(39 mm)

秘鲁榧螺
Oliva peruviana
Peruvian Olive

Lamarck, 1811

秘鲁榧螺是一种知名物种，分布在秘鲁到智利南部海域。壳体宽大、外唇具角，因此易于辨认。它的贝壳形状和颜色变化非常大，许多亚种都是以这些贝壳特点为依据命名的，比如锥榧螺 *Oliva peruviana coniformis* 的贝壳具明显的角。秘鲁榧螺生活在浅水中；其化石种出现在更新世的岩层中。在英国舰队贝格尔号的航程中，达尔文在智利收集了许多这种榧螺的化石标本。

秘鲁榧螺贝壳中等大小，壳质厚重，壳体膨大，椭圆柱形。其螺旋部短，缝合线呈沟状，壳顶较尖。贝壳两侧膨凸，形状从椭圆柱到圆锥形，肩部具角。壳口相对较宽，有一个厚且光滑的外唇，轴唇具有许多小褶皱。壳面颜色多变，通常在浅奶油色或蓝灰色的底色上有红棕色的斑点或短线；壳口内面为白色。

近似种

三明治榧螺 *Oliva nitidula sandwicensis*（Pease，1860），分布于夏威夷群岛，与秘鲁榧螺在壳形上较为相似，但壳体较小。不同之处在于，其壳体通常较小、螺旋部较高、不具锯齿状花纹。少女榧螺 *Oliva carneola*（Gmelin，1791）分布于西太平洋热带海域，贝壳小而结实，外唇厚。壳表色浅，具螺旋带。

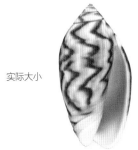

实际大小

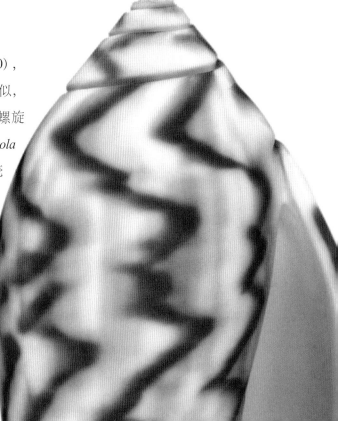

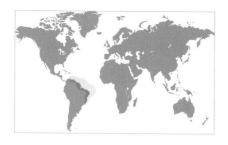

科	榧螺科Olividae
壳长	25—55mm
分布	委内瑞拉到巴西东北部
丰度	不常见
深度	6—65m
习性	沙质海底
食性	肉食性
厣	角质，薄

壳长范围
1 — 2¼ in
(25 — 55 mm)

标本壳长
1⅝ in
(42 mm)

502

林纳侍女螺
Ancilla lienardi
Lienard's Ancilla
(Bernardi, 1858)

林纳侍女螺（连氏榧螺）具有一个非常独特的贝壳，颜色为金橙色，缝合线沟状。它在很长一段时间内被认为是巴西东北部海区的特有种，但该种在委内瑞拉也有发现，虽然并不常见。在巴西，捕食软体动物的鱼类的胃中经常发现林纳侍女螺。许多软体动物在其栖息地被发现之前，仅发现于鱼类的胃中，例如林纳侍女螺，而现在我们已经知道它生活在近岸的砂质或钙质藻海底。

近似种

金带白侍女螺（金带榧螺）*Ancillista cingulata* (Sowerby I, 1830) 为澳大利亚特有种，可能是侍女螺中个体最大的种类，长度可达 100mm。大口侍女螺 *Ancilla aperta* Sowerby I, 1825, 分布于索马里和坦桑尼亚海域，有一个更薄更轻的贝壳，螺旋部短。

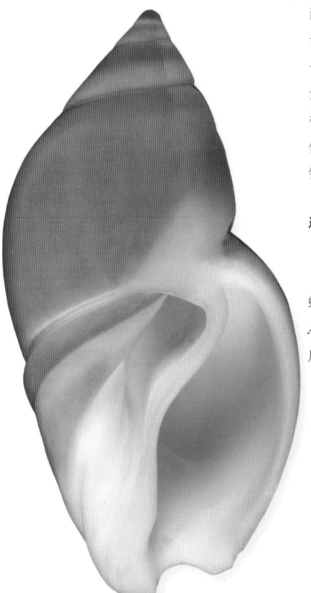

林纳侍女螺贝壳中等大小，壳质厚重，有光泽，椭圆纺锤形。螺旋部中等高，缝合线沟状，壳顶圆。壳表光滑，体螺层前半部分具白色的螺沟，脐孔深。壳口宽，外唇厚且光滑，轴唇凹陷且平滑。壳面通常为明亮的金橙色，有时为浅黄色或偶尔白色；壳口为白色。

实际大小

科	榧螺科Olividae
壳长	30—70mm
分布	巴西中部至阿根廷
丰度	常见
深度	5—50m
习性	沙质海底
食性	肉食性，以其他软体动物为食
厣	缺失

壳长范围
1¼ — 2¾ in
(30 — 70 mm)

标本壳长
1¾ in
(44 mm)

503

巴西榧侍女螺

Olivancillaria urceus

Bear Ancilla

(Röding, 1798)

巴西榧侍女螺（水壶榧螺）是榧侍女螺属 *Olivancillaria* 中贝壳最大最重的种类。该属各种类全部都是南美特有物种，通常分布于巴西至阿根廷海域。巴西榧侍女螺生活在潮下带或稍深的浅水区，栖息于砂质底。它的肉富含蛋白质，因此常成为商业捕捞的对象。与其他榧螺一样，巴西榧侍女螺以其他软体动物为食。

近似种

耳朵榧侍女螺 *Olivancillaria vesica auricularia*（Lamarck，1810）贝壳中等大小，分布于巴西南部到阿根廷海域，其贝壳宽而结实。壳口非常宽，外唇为耳状。林纳侍女螺 *Ancilla lienardi*（Bernardi，1858），分布于委内瑞拉到巴西东部海区，贝壳颜色为灰棕色，壳口内面颜色多变（白色到橙色）。

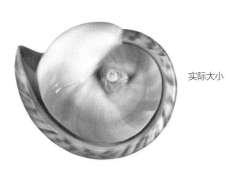

实际大小

巴西榧侍女螺贝壳中等大小，壳质厚重有光泽，轮廓为三角状椭圆形。螺旋部非常短、宽且扁平，壳表被厚的胼胝覆盖，有一个小而尖的壳顶。缝合线沟状。体螺层两侧膨凸，壳面光滑具精细的纵线，从螺轴到外唇角处具一条斜的螺旋线。壳口宽，外唇厚，轴唇具小褶皱，轴唇后缘有时具一个非常大的胼胝结构。壳面灰棕色，壳口内面为白色到橙色。

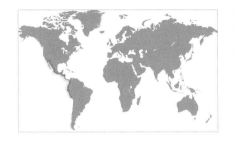

科	榧螺科Olividae
壳长	28—55mm
分布	墨西哥西部到秘鲁
丰度	常见
深度	低潮带至27m
习性	沙质海底
食性	肉食性
厣	缺失

壳长范围
1⅛ — 2¼ in
(28 — 55 mm)

标本壳长
1¾ in
(44 mm)

504

豪华榧螺
Oliva splendidula
Splendid Olive

Sowerby I, 1825

实际大小

豪华榧螺分布在墨西哥西部到秘鲁海区，并且生活在浅水中。榧螺由于腹足侧面扩张时覆盖在壳表上，因此壳表光滑。榧螺科和宝贝科一样，碳酸钙的半透明层分泌色素并添加到壳背面，形成了一个三维色彩模式（大多数软体动物壳只有二维模式）。其他所有榧螺具有三个棱柱层，所不同的是，豪华榧螺有四个棱柱层。这额外的一层某种程度上解释了其复杂的颜色模式。

近似种

锦绸榧螺 *Oliva sericea*（Röding, 1798），分布于印度洋东部到波利尼西亚海区，壳形多变。许多标本类似于豪华榧螺，具有螺旋带和帐篷样斑纹，但是锦绸榧螺的贝壳更大，螺旋部更短。风景榧螺 *Oliva porphyria*（Linnaeus, 1758），分布于加利福尼亚湾到巴拿马海域，有榧螺科中最大的贝壳。壳上有大的帐篷样花纹。

豪华榧螺贝壳中等大小，壳质厚，有光泽，轮廓为椭圆柱。其螺旋部中等高度，缝合线凹陷，壳顶尖且为暗粉色。贝壳边缘微凸且前端变细。对该属来说，豪华榧螺壳口相对较宽，外唇厚且光滑，并且轴唇上有许多小褶皱。壳面颜色复杂，奶白色底色上有两条宽的棕色螺带，布满了浅黄褐色或奶白色的细点或三角状斑点。唇白色，壳口内面为黄色。

科	榧螺科Olividae
壳长	21—60mm
分布	红海到南非和西太平洋
丰度	常见
深度	潮间带至浅潮下带
习性	沙质海底
食性	肉食性
厣	缺失

壳长范围
⅞ — 2½ in
(21 — 60 mm)

标本壳长
1⅞ in
(49 mm)

505

球形榧螺
Oliva bulbosa
Inflated Olive
Röding, 1798

球形榧螺如它的名字一样，贝壳通常极度膨胀为球状。该种贝壳形状和颜色多变，并且一些亚种是根据其贝壳花纹图案命名的，不同的种群具不同的花纹。球形榧螺的贝壳容易与其他榧螺区分，通过其厚度、轴唇褶襞的存在与否以及靠近后水管沟的胼胝组织可将两者区分开来。榧螺属 *Oliva* 中有大约 150 个物种。

近似种

泡状榧螺 *Oliva bulbiformis* Duclos，1840，分布于印度洋东部到太平洋西部，虽然其贝壳较小且膨胀不明显，但是许多标本类似球形榧螺。泡状榧螺在其轴唇上不具冠状褶襞，后水管沟附近具胼胝结构。秘鲁榧螺 *Oliva peruviana* Lamarck，1811，虽然同样具有一个圆柱形、膨胀的贝壳，但是其最宽处在壳的后 1/3，且螺旋部略高。

球形榧螺贝壳中等大小，壳质厚重，中部膨胀。螺旋部短，有时比壳口后部的胼胝结构还短；缝合线凹陷。该种壳表平滑，但是壳口内部、螺轴基部具一冠状突起。壳口中等宽，长，外唇厚或非常厚。壳色变化大，从纯白色到橙色，从棕色小斑点到不规则的斑块或条带。壳口内面为白色。

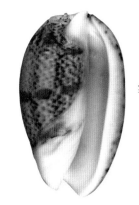

实际大小

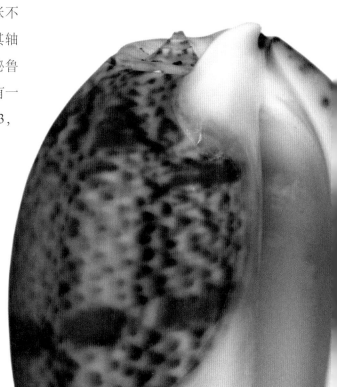

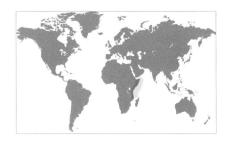

科	榧螺科Olividae
壳长	30—50mm
分布	索马里到坦桑尼亚
丰度	不常见
深度	离岸带
习性	沙质海底
食性	肉食性
厣	角质，薄

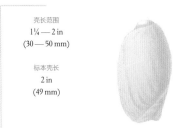

壳长范围
1¼ — 2 in
(30 — 50 mm)

标本壳长
2 in
(49 mm)

506

大口侍女螺
Ancilla aperta
Gaping Ancilla

Sowerby I, 1825

大口侍女螺具非常薄的贝壳和大壳口，故此得名。它生活在近海的沙质海底上，在索马里和坦桑尼亚之间很少能被拖网渔船所捕获。这个物种一度被认为是毛里侍女螺 *Ancilla mauritiana* 的幼体，但是现在被认为是一个独立的有效种。目前，侍女螺属 *Ancilla* 及其近缘属（白侍女螺属 *Eburnea* 和 异侍女螺属 *Anolacia*）大约包括 40 种现存种，大多生活在印度洋。

近似种

毛里侍女螺 *Ancilla mauritiana* Sowerby I，1830，分布于索马里到坦桑尼亚和马达加斯加海区，有一个略大的贝壳，螺旋部更高且具精细的纵向生长线。林纳侍女螺 *Ancilla lienardi*（Bernardi，1858），分布于委内瑞拉到巴西东北部海区，具有漂亮且坚实的贝壳。

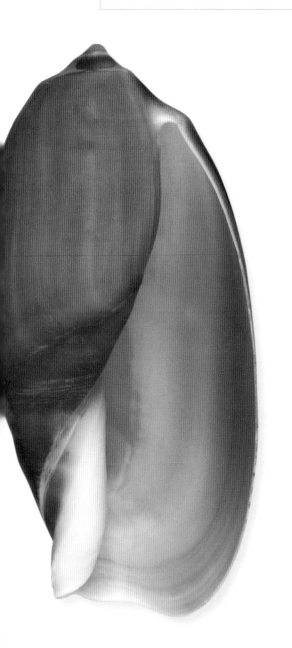

大口侍女螺贝壳中等大小，壳质薄而轻，球形，壳体轮廓为椭圆纺锤形。螺旋部短，螺旋部螺层凹，壳顶尖；缝合线并不明显。壳表平滑，从轴唇的中部到外唇前边缘具一条斜的螺线。壳口宽且长，外唇薄，轴唇平滑，稍扭曲。壳面红棕色，壳口内缘为浅橙色，轴唇前部为白色。

实际大小

科	榧螺科Olividae
壳长	30—90mm
分布	北卡罗来纳州到墨西哥的尤卡坦半岛
丰度	丰富
深度	潮间带至130m
习性	沙质海底
食性	肉食性
厣	缺失

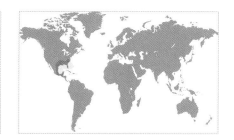

壳长范围
1¼ — 3½ in
(30 — 90 mm)

标本壳长
2⅝ in
(68 mm)

字码榧螺
Oliva sayana
Lettered Olive
Ravenel, 1834

字码榧螺为南卡罗来纳州的州贝，在该州分布丰富。该种分布在北卡罗来纳州到墨西哥尤卡坦半岛海区。字码榧螺栖息在从潮间带到近海的沙质海底上。白天它埋在沙子里，夜间出来活动。它的名字来自于壳表花纹，有些花纹可能让人联想到字母。字码榧螺的化石种至少可追溯到上新世时期。

近似种

环带榧螺 *Oliva circinata* Marrat，1871，分布于墨西哥东部到巴西海区，有一个与字码榧螺形状和颜色花样相似的贝壳，但是比字码榧螺的贝壳更小并且略宽。棋盘榧螺 *Oliva tessellata* Lamarck，1811，分布于印度—西太平洋，有一个小的椭圆柱形贝壳，贝壳底色为奶油色，上具紫褐色斑点。

字码榧螺贝壳在榧螺科中为中等偏大，壳质厚而结实，壳形细长，贝壳轮廓为圆柱形。螺旋部中等高，壳顶尖，缝合线凹陷、边缘具一尖锐的脊。壳表平滑且有光泽，从轴唇的前 1/3 处到外唇的前端具一条斜的螺线。壳口狭窄，外唇厚并且轴唇上具小褶皱。壳面颜色多变，通常底色为灰色到奶白色不等，有时具红棕色的锯齿形图案，壳口内缘为浅紫色。

实际大小

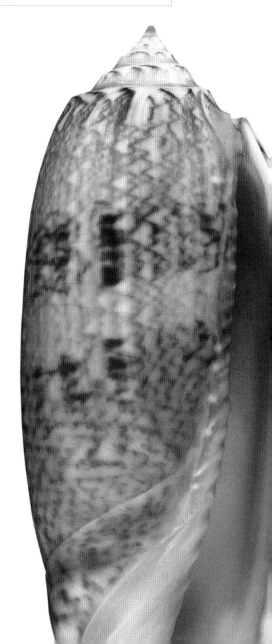

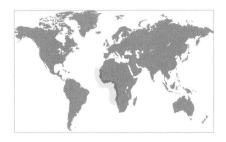

科	榧螺科Olividae
壳长	30—80mm
分布	西非，从毛里塔尼亚到安哥拉
丰度	常见
深度	2—10m
习性	沙质海底
食性	肉食性
厣	缺失

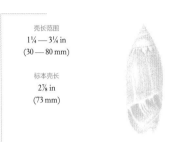

壳长范围
1¼ — 3¼ in
(30 — 80 mm)

标本壳长
2⅞ in
(73 mm)

508

尖头假榧螺
Agaronia acuminata
Pointed Ancilla
(Lamarck, 1811)

尖头假榧螺（大口榧螺）是假榧螺属 *Agaronia* 中个体最大的物种。得名于其尖尖的壳顶。它在西非为常见浅水种类，分布范围为毛里塔尼亚到安哥拉海域。贝壳看起来像是细长的榧螺，有一个高螺旋部。该种动物浅埋于沙中，依靠伸在外部的水管来捕获猎物，常在沙子上留下一条明显的痕迹。世界上假榧螺现存有大约 17 种物种，在西非的多样性水平最高。

近似种

顶尖假榧螺（毛里榧螺）*Agaronia travassosi* Morretes，1938，为巴西特有种，分布于圣埃斯皮里图到圣卡塔琳娜海域，贝壳尺寸和形状类似于尖头假榧螺。顶尖假榧螺贝壳略小，壳体较宽，壳口更大。金带白侍女螺 *Ancillista cingulata*（Sowerby I，1830），分布于澳大利亚西部和北部海域，贝壳大且薄，椭圆柱形。螺旋部高，壳顶相对大且圆。

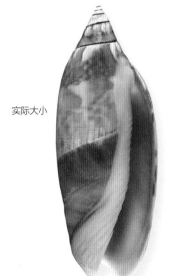

实际大小

尖头假榧螺贝壳在该科中为中等偏大，表面光滑，壳质轻，轮廓为椭圆的纺锤形。螺旋部中等高，壳顶尖，螺层边缘扁平，缝合线沟状。壳表平滑且有光泽，从轴唇的中部到外唇的前部具一斜的螺线。壳口狭窄，外唇锋利且外凸，轴唇具白色胼胝及许多小褶皱。壳面灰色到浅黄褐色，有两条宽的、不规则的螺带，壳口内面为白色或米黄色。

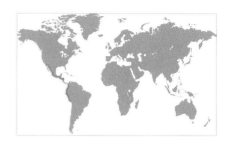

科	榧螺科Olividae
壳长	32—95mm
分布	加利福尼亚湾到秘鲁
丰度	常见
深度	潮间带至10m
习性	沙质海底
食性	肉食性
厣	缺失

壳长范围
1¼ — 3¾ in
(32 — 95 mm)

标本壳长
3⅛ in
(79 mm)

厚唇榧螺
Oliva incrassata
Angled Olive
(Lightfoot, 1786)

509

厚唇榧螺是贝壳最大最重的榧螺之一。成体螺层上通常有一个加厚的肩部，使它在贝壳中部以上有一个独特的角状轮廓。厚唇榧螺幼壳不具角状的胼胝。壳表颜色通常为灰色到棕色，夹杂着褐色斑纹或锯齿状细线，但是偶尔为纯黄色或深色。厚唇榧螺生活于极低潮或低潮下带的沙洲边缘。它的化石种在许多地方，比如玛格达莱纳岛、下加利福尼亚的岩层中均有发现。

近似种

绛斑榧螺 *Oliva polpasta* Duclos，1833，从下加利福尼亚州到秘鲁海域均有分布，具一个小型到中等大小的贝壳，壳质厚重，体螺层略微带角。体螺层在缝合线下方通常有黄色小三角花纹，这是一个被学者称为"齿轮"的纹样。秘鲁榧螺 *Oliva peruviana* Lamarck，1811，分布于秘鲁到智利海区，也有一个具角状突起的贝壳，但是相比厚唇榧螺壳体更小且壳质更厚。

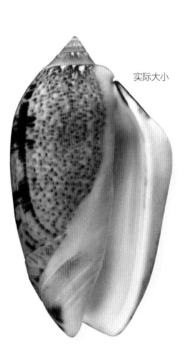

实际大小

厚唇榧螺贝壳为中等到大型，极厚重，壳层中部以上具角状膨突。螺旋部短而尖，缝合线沟状。壳表光滑、有光泽，从轴唇到外唇前缘有一条斜的、凸起的螺肋。壳口中等宽，外唇非常厚，肩部具胼胝结构。轴唇上具有几个小褶襞和一个白色胼胝结构。壳面灰色或棕色，偶尔黄色，有细锯齿样花纹，壳口内面为白色。

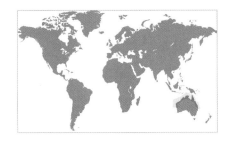

科	榧螺科Olividae
壳长	55—100mm
分布	澳大利亚北半部的特有种
丰度	常见
深度	潮间带至80m
习性	沙滩
食性	肉食性
厣	角质，薄，小，椭圆形

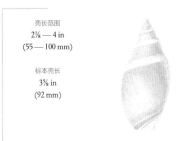

壳长范围
2⅛ — 4 in
(55 — 100 mm)

标本壳长
3⅝ in
(92 mm)

510

金带白侍女螺
Ancillista cingulata
Cingulate Ancilla
(Sowerby I, 1830)

金带白侍女螺贝壳大，壳质非常厚，重量轻，壳形长、膨胀，轮廓为椭圆梭形。螺旋部高，有一个相对较大且圆的白色壳顶，螺层略微凸起，缝合线浅。壳表面光滑，缝合线下有螺旋带。壳口大，约为壳长的一半，外唇薄，螺轴平滑且弯曲。贝壳颜色范围从奶油灰色到浅黄褐色，前部有棕色螺旋带，缝合线下有白色螺旋带；壳口颜色与外部颜色一致。

金带白侍女螺是一个贝壳较薄的大型榧螺，是澳大利亚的特有物种，分布于澳大利亚西部到北部和昆士兰州。曾有报道称该种也分布于印度尼西亚的深水中，但该记录还需要进一步的确认。金带白侍女螺生活在潮间带的沙滩上或近海的浅水区。与其他榧螺一样，金带白侍女螺有一个大而宽的肌肉足，包括盾形的前部（前足）和两个侧叶（后足），两个侧叶可覆盖整个贝壳。当受到干扰时，金带白侍女螺可通过拍打前足来游泳。足的后部分叉。足的颜色是斑驳的棕色、淡黄褐色和白色。

近似种

大白侍女螺 *Ancillista velesiana* Iredale，1930，从昆士兰南部到澳大利亚南威尔士海域均有分布，在尺寸和颜色方面与金带白侍女螺的贝壳非常相似，曾被学者认为是金带白侍女螺的亚种。尖头假榧螺 *Agaronia acuminata*（Lamarck，1811），分布于西非毛里塔尼亚到安哥拉海区，贝壳细长、结实，有壳顶尖，颜色多变，通常有两条宽的螺带和不规则的棕色花纹。

实际大小

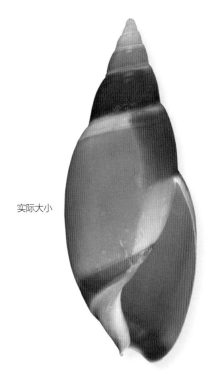

科	榧螺科Olividae
壳长	50—130mm
分布	下加利福尼亚，墨西哥到秘鲁
丰度	不常见
深度	潮间带至25m
习性	沙质海底
食性	肉食性，以其他软体动物为食
厣	缺失

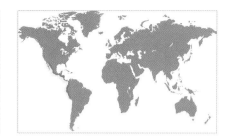

壳长范围
2 — 5 in
(50 — 130 mm)

标本壳长
4⅛ in
(106 mm)

风景榧螺

Oliva porphyria
Tent Olive
(Linnaeus, 1758)

　　风景榧螺有榧螺科中最大的贝壳，并且是特征最为明显的榧螺之一。该种不常见，生活在西美热带海域，在潮间带至浅潮下带沙质海底均有分布。风景榧螺的贝壳因常被它的大型足侧叶覆盖而显得光亮，当它埋在沙子里活动的时候，足将它的整个贝壳包裹起来。该种常夜间活跃，以其他贝类（通常是双壳类或腹足类）为捕食对象，白天则埋在沙子中。它用大型肌肉足来抓住猎物。目前世界范围内有上百种榧螺。

近似种

　　厚唇榧螺 *Oliva incrassata*（Lightfoot，1786），分布于加利福尼亚到秘鲁海区，有榧螺属中最厚和最重但并不是最大的贝壳。巴西榧侍女螺 *Olivancillaria urceus*（Röding，1798），分布于巴西到阿根廷海区，有一个独特的三角形贝壳，壳口宽。通常在壳口后部有一个大的胼胝结构。

风景榧螺贝壳较重，结实，圆柱形且膨胀。螺旋部短，有一个尖锐的胚壳和一条狭窄深沟状的缝合线。体螺层大而膨胀，壳口狭长。表面光滑且有光泽。唇厚，中间略微凸起，光滑。螺轴上具厚胼胝。壳底色为紫红色，有许多棕色帐篷样花纹；壳口颜色为橙色到浅黄色。

实际大小

科	小榧螺科Olivellidae
壳长	12—28mm
分布	巴拿马到秘鲁北部
丰度	常用
深度	潮间带
习性	沙滩和泥滩
食性	肉食性
厣	角质，薄

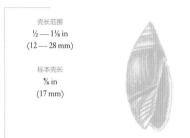

壳长范围
½ — 1⅛ in
(12 — 28 mm)

标本壳长
⅝ in
(17 mm)

512

涡小榧螺
Olivella volutella
Volute-shaped Dwarf Olive
(Lamarck, 1811)

小榧螺属 *Olivella* 种类在美洲西海岸的热带海域共发现约 20 种，涡小榧螺是其中一种，该物种在巴拿马的泥滩上尤其常见。移动速度较快，利用前足作为犁钻入泥沙。在它掩埋自己的地方有一个小沙堆痕迹。在沙体里可通过通气管样的水管感知水中出现的猎物。涡小榧螺在夜间捕食小型双壳类、甲壳类和其他无脊椎动物。

近似种

笔尖小榧螺 *Olivella gracilis*（Broderip and Sowerby I，1829）贝壳白色、易碎，与涡小榧螺有相同的分布范围。墨西哥小榧螺 *Olivella dama*（Wood，1828）分布在稍远的北部，生活在加利福尼亚湾的沙质海底上，有一个浅灰棕色贝壳，绷带为乳白色，缝合线上具黑色条纹。

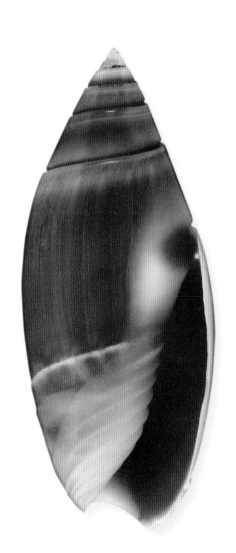

实际大小

涡小榧螺贝壳中等厚，相当硬，极光滑。它有一个相当高的螺旋部，缝合线细。壳口狭窄并且略微呈三角形。该种区分于其他种的特征在于：螺轴上具细沟、带线并没有延伸至体螺层上。壳表颜色通常为紫棕色，有时具白色或奶白色的带状花纹。绷带颜色为白色。

科	小榧螺科Olivellidae
壳长	13—28mm
分布	温哥华岛到下加利福尼亚州
丰度	常见
深度	低潮带至50m
习性	沙质海底，环礁湖和海湾
食性	角质
腭	缺失

壳长范围
½ — 1⅛ in
(13 — 28 mm)

标本壳长
⅞ in
(22 mm)

513

铁小榧螺
Olivella biplicata
Purple Dwarf Olive
(Sowerby I, 1825)

铁小榧螺是小榧螺属 *Olivella* 中个体最大的物种之一。它在环礁湖和受保护的海湾中常见，栖息于潮下带到近海的沙质海底。主要在夜间活动，相比较小的个体，较大的个体出现在沙滩上更高的地方，因而通常被大量发现。雄性铁小榧螺通过跟随雌性个体行动轨迹来定位，并且暂时性吸附在雌性贝壳上；交配可以持续三天之久。雌性铁小榧螺产下小卵囊，每个小卵囊可单独产在硬物比如石头或者贝壳上。

近似种

涡小榧螺 *Olivella volutella*（Lamarck，1811），分布于巴拿马到秘鲁北部海域，与铁小榧螺相比其贝壳更小更窄。壳薄，螺轴近直，但前部弯曲且具数个褶襞状突起。西印度小榧螺 *Olivella nivea*（Gmelin，1791），分布于北卡罗来纳州到巴西中部海域，有一个与铁小榧螺相似的狭窄贝壳，但是不同之处在于具有更宽的壳口和更平滑的螺轴。西印度小榧螺的颜色和壳形相当多变。

实际大小

铁小榧螺贝壳小，坚固，光滑，轮廓为卵形。螺旋部短，壳顶尖，缝合线细而清晰，螺层略膨凸。壳表光滑，从螺轴中部到外唇的前缘有一条白色和紫色的斜线。壳口较宽，外唇薄，螺轴前部有2—3个褶襞。壳表颜色通常为灰色，但有时为白色或棕色，轴唇上具白色的胼胝，贝壳内部为紫色。

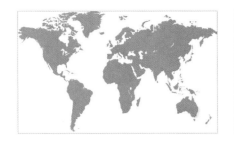

科	拟榧螺科 Pseudolividae
壳长	19—25mm
分布	澳大利亚东部
丰度	不常见
深度	80—150m
习性	细沙和泥质海底
食性	肉食性
厣	大，椭圆形

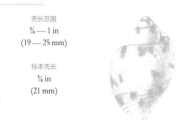

壳长范围
¾ — 1 in
(19 — 25 mm)

标本壳长
¾ in
(21 mm)

514

澳洲泽米拉螺
Zemira australis
Southern Zemira
(Sowerby I, 1833)

泽米拉螺属 *Zemira* 是拟榧螺科中的 14 个属之一，该科的其他属现在已经灭绝。拟榧螺科种类外唇上具一枚齿，该齿在外唇的前部形成一个螺沟，从而区别于其他科。自早第三纪以来，拟榧螺科动物的多样性和地理分布范围逐步减少，现存种不足 20 种。多数生活在深水，其中一些沿着外陆架分布，一些则分布在半深海或深海中。

近似种

昆士兰泽米拉螺（美艳假榧螺）*Zemira bodalla* Garrard，1966，是泽米拉属中仅存的另一物种，栖息在昆士兰州的外大陆架。其贝壳略大，壳质更厚，壳形更宽，有更粗糙更均匀的螺旋线，唇齿后面有一条不太明显的沟，还有更宽的、均匀分布的深褐色斑点。

澳洲泽米拉螺（澳洲假榧螺） 贝壳小，椭圆形，壳质较厚，在缝合线和肩部之间具一条独特的沟。螺旋部高，呈阶梯状，顶部圆。壳口为椭圆形，具厚的、光滑的轴唇，一颗沿外唇的短唇齿，以及一条具缺刻的水管沟。贝壳表面平滑，有浅螺旋沟。唇齿部位的壳表面凹陷，形成一个更深的沟。壳面白色到黄褐色，有不规则的深褐色斑点和斑块，这些斑纹在肩部尤为明显。

实际大小

科	拟榧螺科 Pseudolividae
壳长	35—52mm
分布	萨尔瓦多到厄瓜多尔
丰度	常见
深度	潮间带至5m
习性	泥滩中的岩石
食性	广义的肉食性和腐食性
螺	角质，爪形

壳长范围
1⅜ — 2 in
(35 — 52 mm)

标本壳长
1½ in
(39 mm)

515

扭曲凯旋螺
Triumphis distorta
Distorted Triumphis
(Wood, 1828)

扭曲凯旋螺具一个形状奇特的壳口，壳口后水管沟发达，形成一耳状突起，从而使整个壳口显得扭曲。加厚的外唇和狭窄的壳口是为了对抗捕食者。许多软体动物通过使贝壳增厚、加强贝壳的某些部分，如壳表具刺或其他结构，来对抗捕食者。扭曲凯旋螺是一种常见的拟榧螺科种类，生活在潮间带和潮下带浅水区泥滩中的岩石上。

近似种

拟喙凯旋螺 *Triumphis subrostrata*（Wood，1828），分布于墨西哥西部到哥伦比亚海域，有一个小但是结实且厚的纺锤形贝壳。其螺层后部有一排短刺，贝壳其他地方光滑。波纹甲虫螺 *Cantharus undosus*（Linnaeus，1758），分布于印度—西太平洋，有一个小但是漂亮的白色或浅棕色贝壳，壳表具棕色螺旋肋。

扭曲凯旋螺贝壳对整个科而言大小中等，壳质厚重，桶状。螺旋部短，有网状雕刻，雕刻会随着贝壳的成长而逐渐变得不明显；缝合线明显。壳口狭窄，为梭形，后水管沟具一耳状延伸结构。外唇厚，内部具肋状齿。前水管沟短，螺轴光滑。壳面白色夹杂棕色，壳口白色。

实际大小

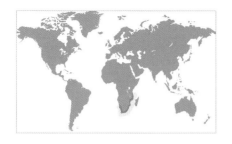

科	扭轴螺科（檀木螺科）Strepsiduridae
壳长	20—73mm
分布	南非到莫桑比克
丰度	不常见
深度	20—150m
习性	沙泥海底
食性	肉食性
厣	缺失

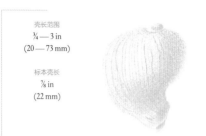

壳长范围
¾ — 3 in
(20 — 73 mm)

标本壳长
⅞ in
(22 mm)

516

紫唇梨形螺
Melapium elatum
Elated Onion Shell
(Schubert and Wagner, 1829)

梨形螺（紫口檀木螺）*Melapium* 地理分布范围非常窄。它被归为扭轴螺科，因其贝壳类似于扭轴螺属 *Strepsidura* 化石，扭轴螺具广泛的分布区域，从白垩纪到始新世时期的岩层中均有发现。梨形螺属的动物用宽而圆的足在底质上爬行，靠近足边有鲜艳的彩色（蓝色，黄—红，蓝和红）同心带。雌性紫唇梨形螺将坚韧的卵囊直接产在前水管沟的螺轴部。

近似种

细线梨形螺（细线檀木螺）*Melapium lineatum*（Lamarck，1822）与紫唇梨形螺有相同的地理分布，但是有一个更均匀的圆形贝壳，螺旋部更短且更不明显，前水管沟不具明显的绷带。细线梨形螺的螺轴上缺乏紫色色素，并且具颜色更浅的纵带，纵带更为弯曲和扩散。许多标本沿着贝壳边缘有一系列黑褐色斑点。

实际大小

紫唇梨形螺贝壳近乎球形，壳表具瓷质光泽，螺旋部矮小，前水管沟特征明显，具一发达的、尖的斜绷带。壳口宽，有不明显的肩部和圆而平滑的外唇。螺轴被锋利褶襞中断，通常着有暗紫色。壳面奶油色到橙褐色，有许多不规则的深棕色纵线。

科	东风螺科（风螺科）Babyloniidae
壳长	33—50mm
分布	南非特有
丰度	不常见
深度	25—100m
习性	沙质和泥质海底
食性	腐食性
厣	角质，薄而柔韧，有终核

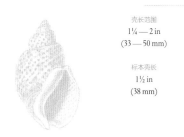

壳长范围
1¼ — 2 in
(33 — 50 mm)

标本壳长
1½ in
(38 mm)

517

南非东风螺
Babylonia papillaris
Spotted Babylon
(Sowerby I, 1825)

　　南非东风螺（南非风螺）是南非特有的一种迷人的贝壳，壳表具精细的斑点，从而可以与其他物种区分开来。该种生活在浅水或较深的近海水域中，底质为沙质和泥质。它可同其他贝类一起在以软体动物为食的鱼类的胃中被发现，比如眶鳞鲷。新鲜标本会有一个明亮的橘红色的壳体，布满了白色斑点。

近似种

　　锡兰东风螺（锡兰风螺）*Babylonia zeylanica* (Bruguière，1789)，分布于印度和斯里兰卡海域，贝壳有不规则的大斑点和紫色脐。云斑东风螺 *Babylonia lani* Gittenberger and Gould，2003，分布于中国南海和泰国湾，贝壳类似南非东风螺，但是有三排呈螺旋排列的大斑点。

实际大小

南非东风螺贝壳小，薄而细长，螺旋部高，缝合线明显。南非东风螺幼壳为圆形，白色。壳表光滑、有光泽，同螺轴、壳口和外唇一样。壳口为矛尖形，螺轴上方有一个宽厚的白色肶胝壁。成体南非东风螺无脐。壳面白色，有呈螺旋排列的棕色圆点。

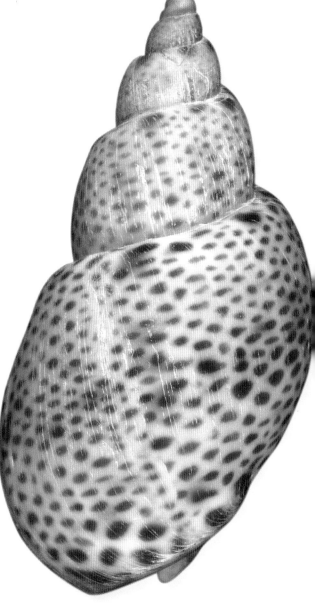

科	东风螺科Babyloniidae
壳长	40—75mm
分布	印度洋
丰度	当地丰富
深度	5—60m
习性	沙质和泥质海底
食性	腐食性
厣	角质，薄且柔韧，有终核

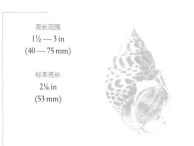

壳长范围
1½ — 3 in
(40 — 75 mm)

标本壳长
2⅛ in
(53 mm)

518

深沟东风螺
Babylonia spirata
Spiral Babylon
(Linnaeus, 1758)

深沟东风螺贝壳壳质重而坚实，壳形为宽椭圆形，有一个高的螺旋部。螺层被一个有锋利边缘的沟状缝合线分开。贝壳、外唇和螺轴都比较光滑，螺轴上有一块厚重的胼胝结构。成体深沟东风螺的脐是开放的。壳面白色，有不规则的浅棕色斑块和斑点；壳口白色，壳顶紫色。

深沟东风螺（深沟凤螺）是最常见的东风螺，其螺层之间有深沟，是生活在印度洋中数量丰富的一类腹足动物。通常生活在浅潮下带水域，但是也在深水中被发现，栖息于沙质和泥质海底。在印度，深沟东风螺主要被拖网或推网所捕获，也会被潜水采集。深沟东风螺的养殖业有良好的潜力，因为它可以被人工养殖，且肉和贝壳均有市场。

近似种

福寿东风螺 *Babylonia canaliculata* Schumacher，1817，分布于阿拉伯海，类似深沟东风螺，但是有一个更短且更宽的贝壳。华丽东风螺 *Babylonia magnifica* Fraussen and Stratmann，2005，分布于日本到泰国海域，体螺层上有三条宽的深棕色色带。

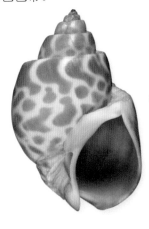

实际大小

科	东风螺科 Babyloniidae
壳长	50—85mm
分布	印度到斯里兰卡
丰度	丰富
深度	潮间带至20m
习性	沙质和泥质海底
食性	腐食性
厣	角质，薄且柔韧，有终核

壳长范围
2 — 3½ in
(50 — 85 mm)

标本壳长
2¼ in
(56 mm)

519

锡兰东风螺
Babylonia zeylanica
Indian Babylon
(Bruguière, 1789)

锡兰东风螺在印度南部和斯里兰卡海域数量丰富，栖息于在潮间带到浅水的沙质和泥质海底中。锡兰东风螺是食腐动物，主要以动物尸体为食。同东风螺科的其他物种一样，该种类可以食用并在亚洲区域作为食物进行销售。锡兰东风螺也可用于水族馆贸易，它的壳常作为寄居蟹的寄居场所。东风螺属 *Babylonia* 中有大约 15 个种，仅分布于印度洋或太平洋海域。

近似种

深沟东风螺 *Babylonia spirata*（Linnaeus，1758），分布于印度洋到西太平洋，有一条深缝合线。云斑东风螺 *Babylonia arelata*（Link，1807），分布于中国台湾到斯里兰卡海域，有一条沟状缝合线。日本东风螺 *Babylonia japonica*（Reeve，1842），分布于日本到中国台湾海域，缺少紫色带线。

锡兰东风螺贝壳细长而光滑，有一条清晰的缝合线和一个高高的螺旋部。体螺层大，有纵行细生长线，并且有一个矛尖形壳口，壳口上有短水管沟。螺轴光滑，壳口顶端附近有一个褶襞，螺轴上有白色胼胝，脐孔深。壳面白色，有螺旋排列的棕色或浅棕色斑块，脐和壳顶均为浅紫罗兰色。

实际大小

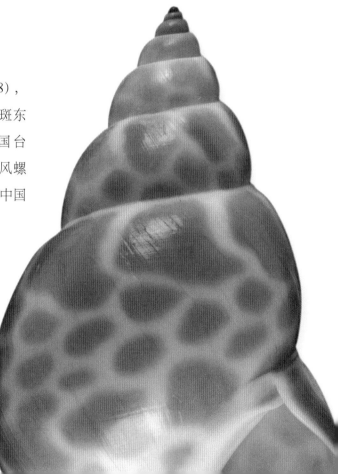

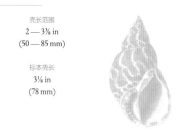

科	东风螺科Babyloniidae
壳长	50—85mm
分布	中国台湾到泰国
丰度	稀有
深度	离岸带至30m
习性	沙质和泥质海底
食性	腐食性
厣	角质，薄且柔韧，有终核

壳长范围
2 — 3⅛ in
(50 — 85 mm)

标本壳长
3⅛ in
(78 mm)

520

粗齿东风螺
Babylonia perforata
Perforate Babylon
(Sowerby II, 1870)

粗齿东风螺(具齿凤螺)是东风螺科很稀有的代表种。有一个相对细长的贝壳，贝壳有一条宽的沟状缝合线。脐被齿状突起包围。本种在中国台湾周围最常被发现。东风螺雌雄异体，在许多种中，比如粗齿东风螺，雌螺相比雄螺有一个略大且更重的贝壳。它们聚集在一起交配和产卵，大约 15—20 个雌螺聚集在同一区域产卵。

近似种

日本东风螺（日本凤螺）*Babylonia japonica*（Reeve，1842），分布于日本海区，是东风螺科中个体最大的物种之一。有一个细长的贝壳，螺旋部高且尖。吉良东风螺 *Babylonia kirana* Habe，1959，分布于日本冲绳海区，是东风螺科中唯一缺少彩色花纹的现存种；贝壳为清晰的栗色。

实际大小

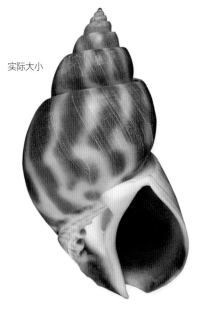

粗齿东风螺贝壳相对于东风螺科来说坚实且较大，壳形细长，有一个高且尖的螺旋部。它有一个沟状缝合线。螺轴和外唇都是光滑的，螺轴后部有发达的胼胝。成体粗齿东风螺的脐是开放的，并被齿状突起包围。壳表光滑，除了脐周围。脐周围有一根发达的螺旋脊。壳面奶油色，有模糊的浅棕色斑块。

科	竖琴螺科（杨桃螺科）Harpidae
壳长	12—43mm
分布	下加利福尼亚湾到秘鲁，加拉帕戈斯群岛
丰度	不常见
深度	潮间带
习性	岩石下
食性	肉食性
厣	角质，薄

壳长范围
½ — 1¾ in
(12 — 43 mm)

标本壳长
1⅛ in
(27 mm)

521

绣枕桑椹螺

Morum tuberculosum

Lumpy Morum

(Reeve, 1842)

已知桑椹螺属 *Morum* 中现存物种超过 24 种。基于解剖学研究，桑椹螺属最近被重新归入竖琴螺科，而在此之前被归入冠螺科Cassidae。如同其他竖琴螺一样，绣枕桑椹螺（绣枕皱螺）有自切能力，如果受到干扰，足的一部分会脱落（就像有些蜥蜴的尾巴）。尽管为肉食性动物，但桑椹螺亚科 Moruminae 成员的齿舌齿很少，并且被认为吸食甲壳类猎物体液。

近似种

大西洋桑椹螺(大西洋皱螺)*Morum oniscus*（Linnaeus，1767），生活在加勒比海，与绣枕桑椹螺类似，并且两个物种可能有一个共同的祖先。具有三排结节突起而不是五排，轴唇腔壁上具凸出的滑层结构；贝壳白色，有棕色斑块，亦可能是贝壳为棕色、具白色斑块。

实际大小

绣枕桑椹螺贝壳为圆锥形，前部逐渐变细。螺旋部除了壳顶都是平的。狭窄的壳口长度与整个贝壳的长度相当，壳面深棕色，具 3 条宽的螺带（由不规则的白色斑点组成）和 5 排钝圆的结节状突起。外唇具很多齿，内部和螺轴都是浅色到橙黄色。轴唇滑层光滑、不发达、相当透明。

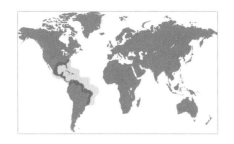

科	竖琴螺科Harpidae
壳长	30—66mm
分布	北卡罗来纳州到巴西
丰度	不常见
深度	30—90m
习性	岩石上或下
食性	肉食性
厣	角质，薄

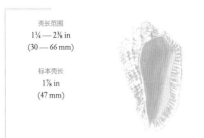

壳长范围
1¼ — 2⅜ in
(30 — 66 mm)

标本壳长
1⅞ in
(47 mm)

522

黛尼森桑椹螺
Morum dennisoni
Dennison's Morum
(Reeve, 1842)

黛尼森桑椹螺贝壳通过其扩张的滑层区别于其他种，滑层是橙色的，有密集的白色疱状小结节。橙色唇也具有发达的白色褶皱。螺旋部短，体螺层具发达的雕刻，壳表具狭窄的网状纵肋。壳面白色，上具模糊的橙色螺带。

与其他桑椹螺一样，黛尼森桑椹螺（黛尼粉皱螺）以甲壳动物为食，它通过巨大的足来捕食和包裹甲壳动物。可用具微型齿舌的齿在蟹壳关节之间打孔，通过孔来注射消化酶，并吸食液化组织。直到20世纪80年代对巴巴多斯岛附近海域进行了拖网，才采集到了更多的标本，这个深水物种已知标本少于40个。它在收藏中仍不常见并且被收藏家高度珍视。

近似种

蓓蕾桑椹螺（蓓蕾皱螺）*Morum veleroae*（Emerson，1968），分布于太平洋东部海区，与黛尼森桑椹螺是同源物种，但形态特征有所区别。蓓蕾桑椹螺的体螺层上具不明显的雕刻和螺带。大约300万年前，巴拿马大陆从太平洋分隔出加勒比海时，两个物种从共同祖先分离出来并开始了独立进化。

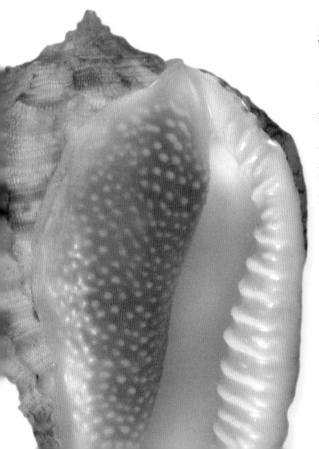

实际大小

科	竖琴螺科Harpidae
壳长	20—65mm
分布	红海到印度—太平洋海域
丰度	常见
深度	潮间带至30m
习性	沙质海底
食性	肉食性，以小型蟹类为食
厣	缺失

壳长范围
¾ — 2½ in
(20 — 65 mm)

标本壳长
1⅞ in
(47 mm)

523

玲珑竖琴螺
Harpa amouretta
Minor Harp
(Röding, 1798)

　　玲珑竖琴螺（小杨桃螺）很容易被辨认，因其壳形细长且具一个可能在所有竖琴螺中最高的螺旋部（尽管竖琴螺的贝壳形状多变）。它也是竖琴螺属 *Harpa* 中分布最广泛的物种之一，分布于红海、南非南部并且穿过印度洋到夏威夷群岛和马克萨斯群岛海域。分布在红海和西印度洋的个体贝壳厚重，颜色浅，另一些种类更为常见，分布在印度洋东部和西太平洋，具更长且更细的外形，壳表颜色更深。

玲珑竖琴螺贝壳为小型到中等，壳形略窄，圆柱形，细长，壳体边缘直。螺旋部相对较高（对整个科而言），缝合线明显。体螺层大，有大约 12—14 条不发达的纵肋。壳口长，有一个加厚的外唇，外唇在肩部形成一个尖角。前水管沟短，螺轴光滑。壳面奶油色，有浅棕色螺带和螺线，壳口为白色或奶油色。

近似种

　　姬竖琴螺（娇小杨桃螺）*Harpa gracilis*（Röding，1798），分布于南非到印度—西太平洋海域，有一个与玲珑竖琴螺相似但是更小的贝壳，每层有更多的纵肋。红海竖琴螺 *Harpa ventricosa* Lamarck，1801，分布于红海、阿拉伯湾和印度洋，有一个更大更宽的贝壳，每层有大约 15 条纵肋。

实际大小

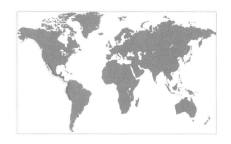

科	竖琴螺科Harpidae
壳长	50—100mm
分布	下加利福尼亚州到秘鲁
丰度	不常见
深度	潮间带至60m
习性	沙质和泥质海底
食性	肉食性，以甲壳动物为食
厣	缺失

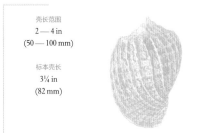

壳长范围
2 — 4 in
(50 — 100 mm)

标本壳长
3¼ in
(82 mm)

524

巴拿马竖琴螺
Harpa crenata
Panama Harp

Swainson, 1822

巴拿马竖琴螺（巴拿巴杨桃螺）是巴拿马地区唯一的竖琴螺。它不常见，出现在从潮间带至60m深度的海底，通常生活在泥质海底上。巴拿马竖琴螺是一种食肉动物，以螃蟹及其他甲壳纲动物为食，用其巨大且发达的足捕获猎物，它的足可以产生大量的黏液。竖琴螺的微小齿舌可以刺透螃蟹的节片之间的薄膜，并通过孔口注入含有消化液的唾液，接着竖琴螺以其液化的组织为食。它们在夜间更活跃，在白天蛰伏起来。竖琴螺科大约有40个现存种，大多生活在印度—太平洋热带海域。

近似种

玲珑竖琴螺 *Harpa amouretta* （Röding，1798）是一种分布于印度—西太平洋的常见物种。其贝壳小而细长，每个螺层上大约有13条纵肋，螺旋部相对较高。古氏竖琴螺 *Harpa goodwini* Rehder，1993，一种夏威夷特有物种，体螺层上大约有14—16条纵肋以及与之相交的4条宽的橙色或粉色螺带。

实际大小

巴拿马竖琴螺贝壳中等大小，膨胀且一侧凸出。螺旋部短而尖，有一个光滑且有光泽的胚壳，缝合线明显。螺层具角，在肩部具锋利的龙骨突，每条纵肋上都有尖刺。体螺层上具 12—15 条窄且低平、向后翻转的纵肋。螺轴光滑，近前端处弯曲。壳表黄褐色到粉色，肋间有不规则棕色细线，螺轴上有棕色斑块。

科	竖琴螺科Harpidae
壳长	50—133mm
分布	红海和阿拉伯湾，印度洋
丰度	常见
深度	潮间带
习性	沙质海底
食性	肉食性，以甲壳纲动物为食
厣	缺失

壳长范围
2 — 5¼ in
(50 — 133 mm)

标本壳长
3⅜ in
(86 mm)

红海竖琴螺
Harpa ventricosa
Ventral Harp
Lamarck, 1801

红海竖琴螺（红梅杨桃螺）是个体最大的竖琴螺之一，是红海、阿拉伯湾和印度洋的潮间带沙质海底上的常见物种。这是一种食肉腹足动物，以小螃蟹和虾为食，用其巨大的足来捕捉猎物。竖琴螺受到干扰时，可舍弃足后部，逃跑时，其舍弃的部分仍能移动。同许多沙栖型螺类一样，竖琴螺缺少厣。它们的齿舌太小以至于很长一段时间科学家认为它们没有齿舌。

近似种

大竖琴螺（大杨桃螺）*Harpa major*（Röding，1798），分布于印度—太平洋海域，包括夏威夷群岛，有一个更大且更长的贝壳，纵肋间距更大。多肋竖琴螺 *Harpa costata*（Linnaeus，1758），是东非的马斯克林群岛的特有物种，是最稀有的竖琴螺。具一个大的贝壳，每层有 30—40 条纵肋。

实际大小

红海竖琴螺贝壳质厚重，球状卵形。螺旋部短，有一个光滑且有光泽的紫罗兰色胚壳和明显的缝合线。螺层有角，在肩部具锋利的龙骨突，每条纵肋上有尖刺。体螺层膨大，有大约 15 条发达的向后翻转的纵肋。螺轴光滑。壳面黄褐色到粉色，纵肋之间有新月形棕色细线、3 条宽的深色螺带，螺轴上有 2 个大的棕色斑块。

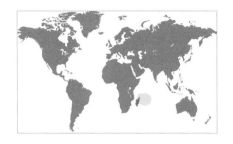

科	竖琴螺科Harpidae
壳长	60—110mm
分布	马斯卡瑞恩群岛到马达加斯加东北部
丰度	稀有
深度	浅潮下带至12m
习性	沙质海底
食性	肉食性，以甲壳动物为食
厣	缺失

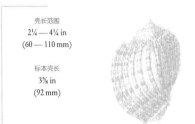

壳长范围
2¼ — 4¼ in
(60 — 110 mm)

标本壳长
3⅝ in
(92 mm)

526

多肋竖琴螺
Harpa costata
Imperial Harp
(Linnaeus, 1758)

有一个漂亮贝壳的多肋竖琴螺（百肋杨桃螺），是竖琴螺属 *Harpa* 中最稀有的物种，并且被收藏家高度珍视。它是马斯克林群岛（毛里求斯和留尼汪岛）和马达加斯加东北部的特有物种。螺层上具很多纵肋，每个螺层上约具 30—40 条纵肋，因此极易与其他种区分。这种动物软体部分展开时是其贝壳的两倍大。它生活在浅水沙质底上。同其他竖琴螺一样，多肋竖琴螺是一种食肉动物，以甲壳纲动物尤其是螃蟹为食。

多肋竖琴螺贝壳中等大小，螺层膨胀且一侧膨凸。螺旋部短而尖，有光滑且有光泽的玫瑰色胚壳，有明显的缝合线。螺层有角，肩部具锋利的龙骨突。它的体螺层膨胀且非常大；有 30—40 条间隔紧密的向后翻转的螺肋。壳口大，壳口内具肋纹。外唇和螺轴光滑。壳面奶黄色，有浅棕色和粉色螺带，与纵肋交叉，螺轴上有棕色斑块。

近似种

巴拿马竖琴螺 *Harpa crenata* Swainson，1822，分布于下加利福尼亚到秘鲁海域，有一个膨胀的贝壳，贝壳上的纵肋间隔比多肋竖琴螺的更宽，每螺层具 12—15 条纵肋。西非竖琴螺 *Harpa doris* Röding，1798，分布于佛得角到安哥拉海域，与大部分竖琴螺相比有一个更长更不膨胀的贝壳。具有两条或三条宽的淡红色螺带，上面有白色和棕色斑纹。

实际大小

科	包囊螺科Cystiscidae
壳长	1—4mm
分布	佛罗里达州到巴西北部
丰度	常见
深度	潮间带至75m
习性	泥质和珊瑚沙质海底
食性	肉食性
厣	缺失

壳长范围
小于⅛ in
(1—4 mm)

标本壳长
小于⅛ in
(2 mm)

527

拉瓦驼峰缘螺
Gibberula lavalleana
Snowflake Marginella
(d'Orbigny, 1842)

　　拉瓦驼峰缘螺是一种微型腹足动物，其贝壳球形、具光泽，通常生活在浅水的泥质底上或者与海藻有关的区域。但是在得克萨斯，它被发现在近海珊瑚礁附近的含钙沉积物中。拉瓦驼峰缘螺幼体的贝壳是透明的，随着壳的变厚会变得越来越不透明。但即便如此，在成体拉瓦驼峰缘螺中，其彩色内部器官和动物的外套膜仍可以透过贝壳被看到。包囊螺科有许多现存物种，仅大西洋西部就有100多种物种。

近似种

　　莫氏谷米螺 *Persicula moscatellii*（Boyer，2004）分布于巴西东北部海域，有一个小而细长、淡棕色的贝壳，饰以棕色细线，这些细线让人联想到鲨鱼的牙齿。线条谷米螺 *Persicula cingulata*（Dillwyn，1817），分布于非洲西北部海域，有一个与拉瓦驼峰缘螺类似的、但更大的贝壳。贝壳不透明，浅黄色，有略带红色的螺线。

实际大小

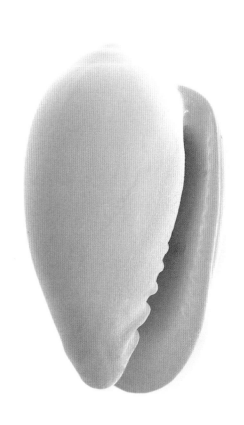

拉瓦驼峰缘螺贝壳极小，具光泽，透明，球形，壳顶圆，向前逐步变细。螺旋部非常短，有略膨凸的螺层，缝合线紧缩，从后面（顶面）可以很清楚地观察到。壳表平滑有光泽，具弱纵纹。壳口狭长，成体螺外唇加厚并且有齿。螺轴有3—4个褶襞，前水管沟具缺刻。幼壳透明，成体变成白色。内部颜色同外部一样。

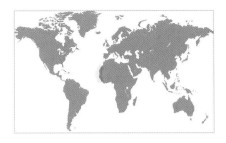

科	包囊螺科Cystiscidae
壳长	14—28mm
分布	西撒哈拉到塞内加尔，加那利群岛
丰度	常见
深度	离岸带
习性	泥质海底
食性	肉食性
厣	缺失

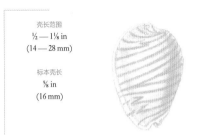

壳长范围
½ — 1⅛ in
(14 — 28 mm)

标本壳长
⅝ in
(16 mm)

528

线条谷米螺
Persicula cingulata
Girdled Marginella
(Dillwyn, 1817)

　　线条谷米螺是分布于非洲西北部的一个常见物种，生活在近海沙质和泥质海底。有一个漂亮的贝壳，有光泽，有红色螺线。同其他包囊螺一样，人们对线条谷米螺的生物学习性知之甚少。包囊螺曾被归为缘螺科，但是某些特征，比如齿舌和内螺层的形态学表明它们确实是一个独立的科，相比缘螺科 Marginellidae，其与榧螺科 Olividae 的亲缘关系更近。需要在分子和解剖学研究上更好地阐述这个群体的关系。

近似种

　　加那利谷米螺 *Persicula canariensis* Clover，1972，分布于加那利群岛，有一个细长的贝壳，其螺旋部低，壳表颜色为浅棕色到灰色。浮雕驼峰缘螺 *Gibberula caelata*（Monterosato，1877）分布于西班牙到阿尔及利亚海域，有一个小的椭圆形贝壳，壳口狭窄。壳面常为粉红色到浅黄色。

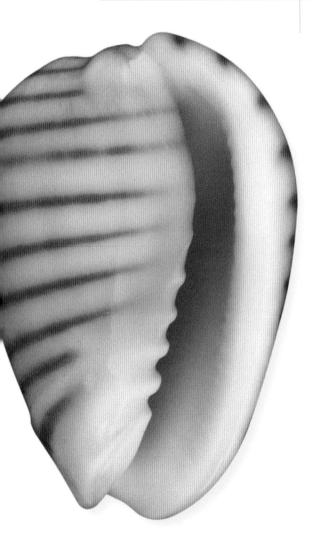

实际大小

线条谷米螺贝壳小，有光泽，呈膨胀的椭圆形，有一个被胼胝结构覆盖的下陷螺旋部。壳表光滑、有光泽。体螺层边缘凸出，向前端逐渐变细。壳口狭长，略微弯曲；外唇凸起加厚，有细微的齿状凸起。螺轴有 7 个褶襞，后端具有胼胝结构，前水管沟具一缺刻。壳面浅黄色到白色，有略带红色的螺线，壳口白色。

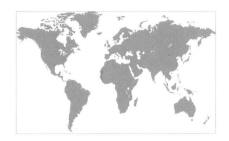

科	包囊螺科Cystiscidae
壳长	13—25mm
分布	毛里塔尼亚到几内亚
丰度	不常见
深度	离岸带
习性	沙质海底
食性	肉食性
厣	缺失

斑点谷米螺
Persicula persicula
Spotted Marginella
(Linnaeus, 1758)

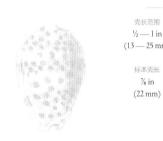

壳长范围
½ — 1 in
(13 — 25 mm)

标本壳长
⅞ in
(22 mm)

529

斑点包囊螺通过宽椭圆形和布满斑点的贝壳可以与其他包囊螺区分开来。这是一种分布于西非的较为罕见的物种，生活在近海的沙质海底。同其他沙栖腹足动物一样，也缺少厣。斑点谷米螺是食肉动物，以其他软体动物为食。包囊螺通常色彩鲜艳，宽的外套膜可以包裹住整个贝壳，导致其贝壳有光泽。该科的许多物种都很小，它们出现在世界各地，但包囊螺在热带更常见，在非洲西部和南部尤其多样化。

近似种

线条谷米螺 *Persicula cingulata*（Dillwyn，1817），分布于非洲西北部海域，贝壳膨胀，呈椭圆形，有略带红色的螺线。拉瓦驼峰缘螺 *Gibberula lavalleana*（d'Orbigny，1842），分布于佛罗里达州北部到巴西北部海域，有一个白色透明贝壳，看起来像一个微型白色谷米螺属 *Persicula* 种类。

实际大小

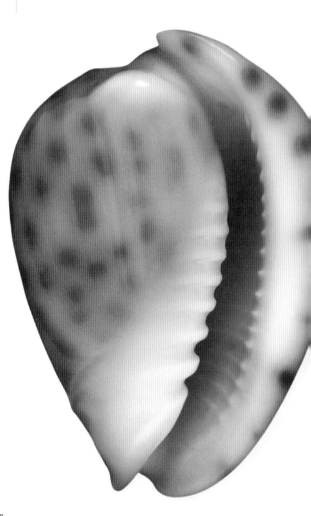

斑点谷米螺贝壳小，壳质厚，有光泽，壳形为椭圆形，有一个被胼胝覆盖的下凹的螺旋部。它看起来像一个宝贝科贝壳，但是它的外唇光滑且厚、螺轴上具 6—9 个褶襞状突起，因此容易与宝贝科区分开。壳表光滑、有光泽。壳口与贝壳一样长。壳表颜色从白色或浅黄色到棕色变化，夹杂着棕色斑点，斑点有时螺旋排列，壳口为白色。

科	缘螺科（谷米螺科）Marginellidae
壳长	9—16mm
分布	卡罗来纳北部到巴西东部
丰度	丰富
深度	潮间带至5m
习性	岩石下沙底
食性	肉食性
厣	缺失

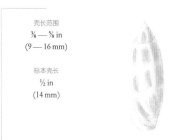

壳长范围
⅜ — ⅝ in
(9 — 16 mm)

标本壳长
½ in
(14 mm)

530

燕麦类卷螺
Volvarina avena
Orange-banded Marginella
(Kiener, 1834)

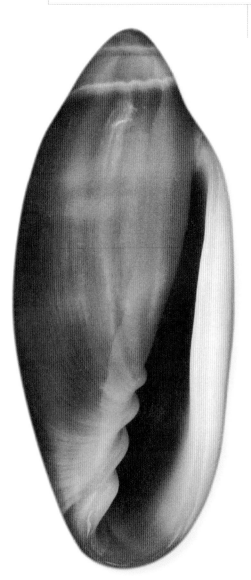

与大多数缘螺一样，燕麦类卷螺（拜伊谷米螺）更喜欢温暖的浅海，在那里它们埋藏在沙子下捕食其他软体动物。在其分布范围内的很大一部分，从佛罗里达到巴西，这种小贝壳通常同具白色斑点的白斑李缘螺 *Prunum guttatum* 一起被发现。

近似种

菲律宾缘螺（菲律宾谷米螺）*Marginella philippinarum*（Redfield，1848）形态稳定，形状、颜色几乎没有大的变化，其分布区域仅局限在在菲律宾和澳大利亚西部海域。它比燕麦类卷螺略大一些，其他方面几乎没有区别，甚至螺旋部上白色不明显的缝合线以及外唇的轻微凹陷都一样。

实际大小

燕麦类卷螺贝壳狭窄，螺旋部短。螺旋部各螺层仅由白色、无锯齿边缘的缝合线隔开，外唇前端加厚，将螺旋部和体螺层分开。壳面极光滑，为奶油色到深粉色，有 3 条不明显的通常为橙色的宽螺带。螺轴具典型的缘螺科特征，前部具 4 个褶襞突。

科	缘螺科Marginellidae
壳长	10—16mm
分布	澳大利亚东南部和塔斯马尼亚
丰度	常见
深度	潮下带至10m
习性	沙
食性	肉食性
厣	缺失

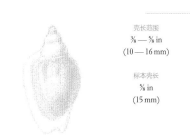

壳长范围
⅜ — ⅝ in
(10 — 16 mm)

标本壳长
⅝ in
(15 mm)

531

白蝇澳缘螺
Austroginella muscaria
Fly Marginella
(Lamarck, 1822)

　　白蝇澳缘螺（白蝇谷米螺）的分布范围相对狭窄，也是分布最靠南端的一种缘螺，同其他种不同，该物种的分布范围远离热带和亚热带水域。缘螺科是一个大科，种类遍布全球，有 600 多个物种，西非热带海域多样性水平最高。美国东部热带地区多样性水平也较高。

近似种

　　菲查氏缘螺（菲查氏谷米螺）*Marginella fischeri* Bavay，1902 是另一种小型灰白色缘螺，其分布范围有限，此标本采自菲律宾海域。螺旋部矮，壳顶略扁平。螺层上具不明显的螺沟，唇更厚且有胼胝。整个螺轴上约具 6 个褶襞，而白蝇澳缘螺的褶襞仅出现在螺轴前半部分。

实际大小

白蝇澳缘螺贝壳灰白色，球状，两端逐步变细。螺旋部中等高，具凹陷，缝合线紧缩。唇和螺轴都有胼胝，在贝壳基部周围增厚。螺轴上具 4 个褶襞，这是绝大多数缘螺的典型特征。

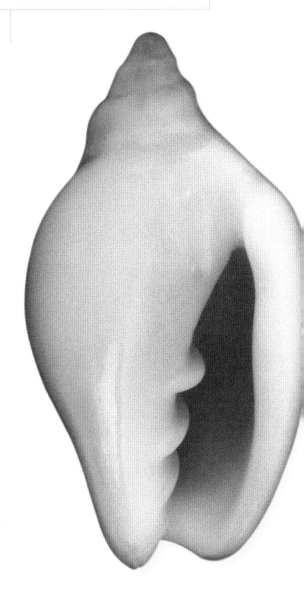

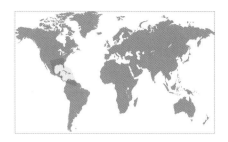

科	缘螺科Marginellidae
壳长	10—20mm
分布	佛罗里达州，墨西哥湾到委内瑞拉
丰度	一般常见
深度	离岸带至20m
习性	草
食性	肉食性
厣	缺失

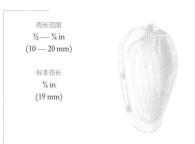

壳长范围
½ — ¾ in
(10 — 20 mm)

标本壳长
¾ in
(19 mm)

532

肉红李缘螺
Prunum carneum
Orange Marginella
(Storer, 1837)

许多缘螺经历了快速的进化和多样化进程，发展成适应当地特定条件的小种群。这样就形成了许多种群，每种都有相对受限的分布范围。肉红李缘螺（肉红谷米螺）就是这样的一个例子，在加勒比西部海区，它们的分布从浅水区的沙质海底转移至近海较深水域中以捕食海草，而浅水沙质海底是许多其他缘螺的栖息地。

实际大小

近似种

李子缘螺（李子谷米螺）*Marginella prunum* (Gmelin, 1791)（Plum Marginella），比肉红李缘螺分布更东，从下加勒比海到巴西海域。其形状和尺寸与肉红李缘螺类似，但是有一个更宽的壳口，特别是在接近前水管沟的部分。缝合线具白色细带；螺轴同体螺层一样颜色为白色；有白色细纵线形成的条纹。

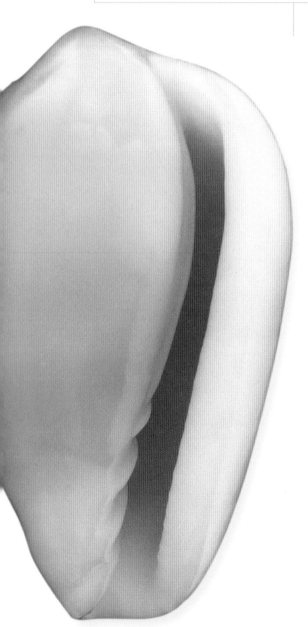

红肉李缘螺贝壳厚且极光滑，有一个非常狭窄的壳口。唇白色。螺轴在前半部分有4个褶襞，胼胝为浅橙色。壳表其余部分为橙色，螺旋部短，其肩部以及体螺层下部具弱的浅色螺带。

科	缘螺科Marginellidae
壳长	20—44mm
分布	西非，从毛里塔尼亚到几内亚
丰度	不常见
深度	离岸带
习性	沙质海底
食性	肉食性
厣	缺失

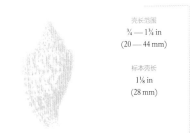

壳长范围
¾ — 1¼ in
(20 — 44 mm)

标本壳长
1⅛ in
(28 mm)

533

雀斑光缘螺
Glabella pseudofaba
Queen Marginella
(Sowerby II, 1846)

雀斑光缘螺（雀斑谷米螺）较为稀有，有一个漂亮的布满斑点的贝壳。它生活在西非近海的沙质海底上。世界范围内有几百种缘螺，尽管该科在热带水域更常见，人们对其生活史知道的并不多。许多物种被报道是食肉动物，捕食有孔虫类、其他软体动物，有时也以腐肉为食。

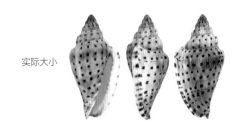

实际大小

近似种

豆光缘螺（黑石谷米螺）*Glabella faba*（Linnaeus，1758），分布于塞内加尔海域，与雀斑光缘螺具非常相似的斑点花纹，但是贝壳更结实且更小。奇异光缘螺 *Glabella mirabilis*（H.Adams，1869），分布于红海和亚丁湾，壳表具很多纵肋、壳体更宽，唇厚且布满红色或棕色的斑点。

雀斑光缘螺贝壳为中等大小，有光泽并且结实，有一个中等高的螺旋部和尖的壳顶。螺层光滑，并且有一个有角的轮廓，肩部大约有 15 个圆结节。贝壳大约在中间部分最宽，前端变细。壳口狭长。外唇厚且有小齿，螺轴上有 4 个发达的褶襞。壳面呈斑驳的白色和棕色，有棕色斑点或黑色方块排成的螺带，壳口为白色。

科	缘螺科Marginellidae
壳长	19—35mm
分布	毛里塔尼亚到塞拉利昂
丰度	不常见
深度	离岸带，深度适中
习性	沙
食性	肉食性
厣	缺失

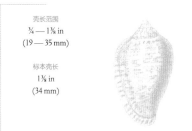

壳长范围
¾ — 1⅜ in
(19 — 35 mm)

标本壳长
1⅜ in
(34 mm)

534

别帝氏缘螺
Marginella petitii
Petit's Marginella
Duval, 1841

别帝氏缘螺（别帝氏谷米螺）的分布范围较窄，分布于毛里塔尼亚到塞拉利昂海域。其生活在近海，栖息在沙质海底上。缘螺出现在所有海域的所有深度中，甚至在淡水中（泰国有一例）。西非的缘螺密度最大，可能是由于缘螺有各种各样的栖息地，其在西非的栖息地从沙质到泥到珊瑚，分布于所有各种深度的水域中。

近似种

别帝氏缘螺与其他几种有黑色斑点和螺旋状彩色花纹的物种有共同的地理分布。豆缘螺 *Marginella faba*（Linnaeus，1758）具小到中等的斑点，绝大多数分布在成对分布的竖直螺线上。光缘螺属 *Glabella*（有明显的纵肋）的物种中，竖琴光缘螺 *G. harpaeformis*（Sowerby II，1846）有稀疏的微小斑点，雀斑光缘螺 *G. pseudofaba*（Sowerby II，1846）的微小斑点同样少，但是具有较多的、略大一些的斑点。

别帝氏缘螺贝壳光滑、有光泽。壳面白色，壳表具三角形、网状、橙色到栗棕色的花纹。体螺层上有深棕色小点排成的规则螺带，以及深色斑块形成的3排宽带。它的螺旋部短，螺层膨凸，缝合线浅。唇非常厚；螺轴有 4 个褶襞。

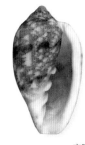

实际大小

科	缘螺科Marginellidae
壳长	22—53mm
分布	马来半岛，缅甸到泰国
丰度	不常见
深度	潮底，浅
习性	沙
食性	肉食性
厣	缺失

壳长范围
⅞ — 2⅛ in
(22 — 53 mm)

标本壳长
1⅜ in
(34 mm)

535

朱唇隐旋螺
Cryptospira elegans
Elegant Marginella
(Gmelin, 1791)

缘螺的科名来自其独有的特征：口缘或唇加厚。世界范围内，有许多标本的壳口极度增厚，尤其是非洲西部的种类。然而，没有比朱唇隐旋螺（朱唇谷米螺）这个亚洲品种的唇看起来更优雅的了，其唇色彩鲜艳，或者具浅灰色、粗花边的橙色唇边。

近似种

金唇隐旋螺 *Cryptospira strigata*（Dillwyn，1817）与朱唇隐旋螺的分布范围、形状、尺寸和颜色完全相同，但是壳面有暗色的纵纹，这些纵纹被断续的浅灰色螺带隔断。两个物种都有一个具细齿的唇和缘螺典型的具褶襞的螺轴（通常有 4 个以上的褶襞）。

实际大小

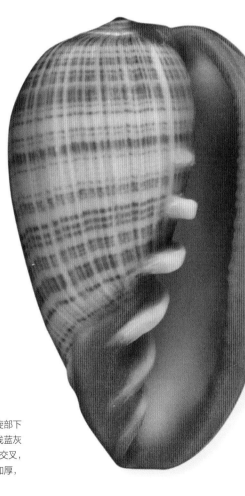

朱唇隐旋螺贝壳椭圆形，非常有光泽。其螺旋部下凹并有肼胝组织覆盖。体螺层后部膨胀，为浅蓝灰色，螺带宽窄不一，与排列紧密的浅灰色纵纹交叉，使壳表呈现编织布状外观。螺轴前缘和外唇加厚，均为亮橙色，完全包围狭窄的壳口。

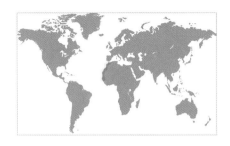

科	缘螺科Marginellidae
壳长	18—56mm
分布	摩洛哥到塞内加尔，佛得角和加那利群岛
丰度	一般常见
深度	离岸带至80m
习性	沙
食性	肉食性
厣	缺失

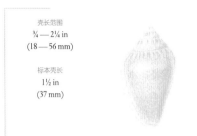

壳长范围
¾ — 2¼ in
(18 — 56 mm)

标本壳长
1½ in
(37 mm)

536

艳红缘螺
Marginella glabella
Shiny Marginella

(Linnaeus, 1758)

　　艳红缘螺（艳红谷米螺）是在非洲西海岸发现的许多缘螺之一，而非洲西海岸是一个缘螺多样性水平特别高的地区。斑点图案通常是不同物种之间的一个鉴别特征。例如，就艳红缘螺而言，与该地区其他几种贝壳具有相同的形状和颜色，不同之处主要在于其斑点、贝壳或螺旋部的大小。

近似种

　　光辉缘螺（光辉谷米螺）*Marginella irrorata*（Menke，1828）比艳红缘螺贝壳更小但是图案非常类似。其螺旋部和下弯的唇为灰白色，粉色体螺层上的浅色斑点非常精细以至于它很像是奶油里的一颗草莓。

实际大小

艳红缘螺贝壳椭圆形，有一个略微膨凸的前部。颜色多变，通常为奶油色，覆盖有浅棕色或草莓粉色，螺层上有3条略微深色的螺带，因此使得壳面密布小到中等的斑点。外唇加厚，内缘具细齿，前部弯曲形成橘红色凹陷。螺轴上具4枚褶襞。

科	缘螺科Marginellidae
壳长	34—101mm
分布	巴西特有
丰度	不常见
深度	3—25m
习性	沙
食性	肉食性
厣	缺失

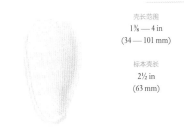

壳长范围
1⅜ — 4 in
(34 — 101 mm)

标本壳长
2½ in
(63 mm)

537

水泡缘螺
Bullata bullata
Bubble Marginella
(Born, 1778)

　　缘螺科的几百个物种中，很少有种类的长度可以远超过25mm，而水泡缘螺（水泡谷米螺）是现存个体最大的缘螺动物。它是巴西北部的特有种，分布于巴伊亚到圣埃斯皮里图海域。与科中其他种类一样，水泡缘螺是食肉动物，以双壳纲和甲壳纲动物为食，当它埋在沙子中时通过敏感的水管来定位猎物。

水泡缘螺贝壳长且为椭圆形。壳面为浅棕色到桃粉色，有白色到粉色生长线和颜色略深的模糊螺带。螺旋部完全凹陷。唇在顶部膨胀，其高度超过螺旋部的缝合线。壳口在近水管沟处扩展。螺轴和唇内部都是白色的。外唇内弯并且为杏色到橙色；螺轴前部具4个褶襞。

近似种

　　马修水泡缘螺（马修水泡谷米螺）*Bullata matthewsi*（Van Mol and Tursch，1967）是一种贝壳更小、更短的缘螺。同样出现在巴西海岸。其外唇呈更浅的黄色，并且总体颜色为浅橙色到橙色。

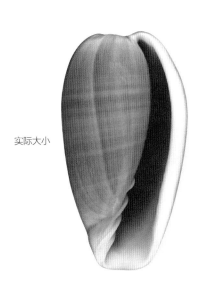

实际大小

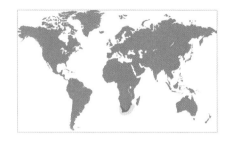

科	缘螺科Marginellidae
壳长	70—125mm
分布	南非特有
丰度	不常见
深度	70—500m
习性	离岸带软底
食性	肉食性
厣	缺失

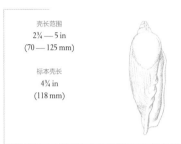

壳长范围
2¾ — 5 in
(70 — 125 mm)

标本壳长
4¾ in
(118 mm)

538

南非缘螺
Afrivoluta pringlei
Pringle's Marginella
Tomlin, 1947

南非缘螺贝壳壳质轻且易碎，其螺旋部和壳口之间有奶白色圆形滑层，螺轴上具 4 个橙色的大褶襞，这些明显特点使南非缘螺与其他种类区分开来。该种螺旋部短，有一个圆形钝壳顶和一个中等紧缩的缝合线。体螺层高、呈浅粉棕色，其上饰有许多白色生长线和一条从外唇下部上升的浅色螺带。

尽管南非缘螺（南非谷米螺）有缘螺科特有的典型的叶状螺轴褶襞，但被发现以后多年仍然被归为涡螺。现在解剖学研究已经确认南非缘螺是个体最大的缘螺之一，尽管在该科内它的外形相当独特。与该科中的绝大部分物种一样，该种有一个特定且地区性的分布，是南非深水海域所特有的。

近似种

大缘螺（东沙谷米螺）*Marginellona gigas*（Martens，1904），是一个个体非常大的物种，分布于东印度洋到中国南海。其贝壳颜色均匀、有光泽，但是与南非缘螺不同，其螺旋部下方没有滑层也没有螺轴褶襞。一些标本被混淆为涡螺，直到其解剖学特征得到更好的研究。

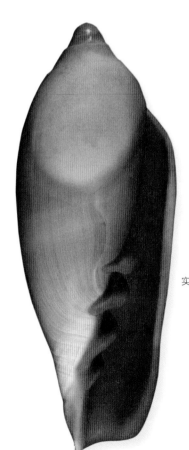

实际大小

科	笔螺科Mitridae
壳长	11—25mm
分布	印度—太平洋
丰度	不常见
深度	离岸带
习性	沙
食性	肉食性，腐食性
厣	缺失

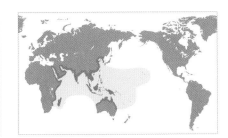

壳长范围
⅜ — 1 in
(11 — 25 mm)

标本壳长
¾ in
(19 mm)

小芋笔螺
Imbricaria punctata
Bonelike Miter
(Swainson, 1821)

539

笔螺大约有 500 个物种，其中笔螺科 Mitridae 和肋脊笔螺科 Costellariidae 各占一半。有一条经验法则可用于区分二者，笔螺种类具明显的螺旋雕刻，而肋脊笔螺种类具明显的纵向刻纹。此外，肋脊笔螺壳口内有螺线，而笔螺没有。二者多样性水平最高的区域均在印度—太平洋海域，尽管它们在全世界的热带和温带海洋中均被发现过。

小芋笔螺贝壳为锥形，肩部圆，前缘凸起且尖端细。螺旋部短至非常短，缝合线略呈锯齿状。壳表具螺沟。壳面为非常浅的橙色，唇和螺旋部为灰白色。唇有细齿，螺轴上有 6 个小褶襞。带线被滑层遮盖。

近似种

焦芋笔螺 *Imbricaria carbonacea*（Hinds，1844），是一种相当常见的笔螺，其贝壳与小芋笔螺形状相似但更小，在非洲西部和西北部的潮下带沙底中被发现。它有一个更开放的壳口，壳内部呈奶油白色。壳表颜色多变，但通常为果酱橙色。

实际大小

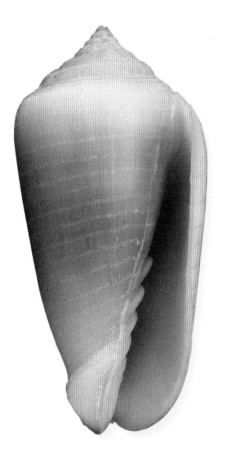

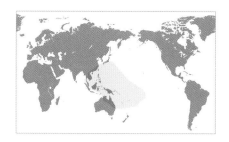

科	笔螺科Mitridae
壳长	13—26mm
分布	太平洋西部和中部
丰度	一般常见
深度	潮下带
习性	珊瑚砂
食性	肉食性，腐食性
厣	缺失

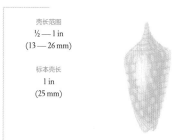

壳长范围
½ — 1 in
(13 — 26 mm)

标本壳长
1 in
(25 mm)

540

金丝笔螺
Imbricaria conularis
Cone Miter
(Lamarck, 1811)

复瓦笔螺属 *Imbricaria* 是笔螺科中的一个属，仅分布于热带水域中，在珊瑚砂中被发现。与所有的笔螺一样，它们是腐食性食肉动物，捕食浅水或低潮线下的星虫动物。金丝笔螺贝壳的形状和颜色都很独特，这使它很容易被辨认。其贝壳锥形，类似于锥螺，但是螺轴褶襞证实它属于笔螺。

近似种

榧形笔螺 *Imbricaria olivaeformis*（Swainson，1821），也分布于太平洋热带海域，壳面浅绿黄色，壳形为长椭圆形而非锥形，螺旋部圆且凸起而不是尖且凸起。壳顶和前缘都是紫色，使其外观上更像水果。

实际大小

金丝笔螺贝壳锥形，螺旋部稍短而略凹。壳顶紫色，外唇白色，贝壳其余部分为浅牛奶色和紫色，中褐色波浪样螺旋线之间有不规则的白色斑块。壳口狭窄，内部为深橙棕色。肩部有弱纵肋，螺轴有褶襞。

科	笔螺科Mitridae
壳长	19—35mm
分布	红海到印度—太平洋
丰度	不常见
深度	潮间带至80m
习性	沙质海底和海草床
食性	肉食性
厣	缺失

粗环肋笔螺
Ziba annulata
Ringed Miter
(Reeve, 1844)

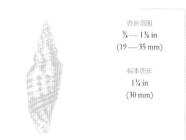

壳长范围
¾ — 1⅜ in
(19 — 35 mm)

标本壳长
1¼ in
(30 mm)

541

粗环肋笔螺的分布范围较广，分布于红海、莫桑比克，到马克萨斯群岛海域，从潮间带到近海的沙质海底上或海草床上被发现。与许多沙栖腹足动物一样，笔螺缺少厣，但是壳口通常狭窄，螺轴褶襞的出现可能是为了防御捕食者。许多笔螺将卵产在花瓶状的卵囊内。每个卵囊内的卵从 100 个到 500 个不等。

近似种

毛伊笔螺 *Ziba maui*（Kay，1979），分布于夏威夷到菲律宾海域，有一个形状和颜色花样类似于粗环肋笔螺的贝壳，但是其尺寸有时略大。网纹笔螺 *Scabricola fissurata*（Lamarck，1811），分布于红海和印度洋，有一个狭窄的鱼雷形贝壳，壳表具浅棕色螺带和白色网纹。

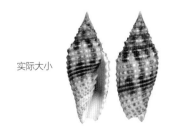

实际大小

粗环肋笔螺贝壳中等大小，壳质结实，有刻纹，纺锤形。螺旋部高，壳顶尖，缝合线明显，螺层膨凸。壳表饰有圆的、有时具龙骨突的螺肋以及两排分布于螺肋间的小斑点。壳口狭长，外唇具齿，螺轴有 4—6 个褶襞。壳面白色或略带粉色，螺肋上具棕色斑点。壳口为棕色。

科	笔螺科Mitridae
壳长	21—65mm
分布	红海到印度—西太平洋
丰度	不常见
深度	潮下带
习性	珊瑚砂和碎石
食性	肉食性，腐食性
厣	缺失

壳长范围
¾ — 2⅝ in
(21 — 65 mm)

标本壳长
1½ in
(37 mm)

542

网纹笔螺
Scabricola fissurata
Reticulate Miter
(Lamarck, 1811)

粗糙笔螺属 *Scabricola* 中的物种较不常见，甚至稀有，绝大多数在印度洋和太平洋西部和中部海域被发现。其特点为具有逐渐尖细的平滑优美线条。网纹笔螺在粗糙笔螺属分布范围的西部边缘被发现，但是其他物种在更远的东部比如夏威夷和马克萨斯群岛中被发现。最新研究发现所有笔螺专门以星虫动物为食，而星虫动物也栖息在珊瑚碎石和沙质海底。

近似种

艳美笔螺 *Scabricola variegata*（Gmelin, 1791），分布于太平洋西部和中部海区，不常见。其螺旋部长，白色和橙棕色色带中有鳞片样刻纹，因此又被称为"蛇笔螺"（Snake Miter）。缝合线更深，唇的边缘具圆形缺刻，并且有不发达的螺轴褶襞。

实际大小

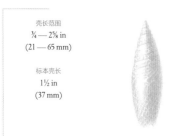

网纹笔螺贝壳纺锤形，螺旋部高，各螺层只有一条细缝合线界定。壳顶非常尖，螺旋部饰有断续的细螺旋线，体螺层的螺线已经退化。壳面灰白色到浅栗色，肩部下有深灰棕色色带，全部都有白色网状三角细花纹。

科	笔螺科Mitridae
壳长	25—50mm
分布	加利福尼亚湾到厄瓜多尔
丰度	不常见
深度	9—90m
习性	沙滩和泥滩
食性	肉食性，腐食性
厣	缺失

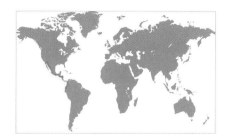

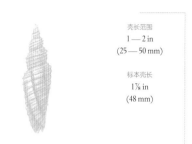

壳长范围
1 — 2 in
(25 — 50 mm)

标本壳长
1⅞ in
(48 mm)

细长笔螺
Subcancilla attenuata
Slender Miter
(Broderip, 1836)

543

该物种是早期分类地位混乱的一个例子，至今至少已经有了 6 个名字，绝大部分来自 19 世纪初期。这些年它被归为至少三个不同的属，但是现在被分为次格纹笔螺属 *Subcancilla*。优雅的子弹形状、深度适中的缝合线，以及体螺层和螺旋部上规则的螺肋，都是它们的特征。

近似种

墨西哥笔螺 *Subcancilla hindsli*（Reeve，1844）与细长笔螺有同样的尺寸、分布范围和栖息地，但是生活在更远的近海深水中。颜色从亮棕色到浅紫色变化，肩部有白色螺带，螺肋为醒目的黑色到红棕色。壳口边缘为淡橙色。

细长笔螺贝壳为细长的子弹形，有一个高高的螺旋部和一条略呈锯齿状的缝合线。壳表为统一的白色，有锋利的凸出螺线，肩部略圆，其上具更为显著的细螺线。壳口外缘具非常细的橙色线。螺轴上有2—3 个小褶襞。

实际大小

科	笔螺科Mitridae
壳长	19—65mm
分布	红海到西太平洋
丰度	不常见
深度	浅潮下带至30m
习性	沙
食性	肉食性
厣	缺失

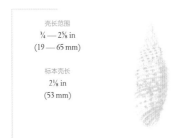

壳长范围
¾ — 2⅝ in
(19 — 65 mm)

标本壳长
2⅛ in
(53 mm)

544

蝶笔螺
Neocancilla papilio
Butterfly Miter
(Link, 1807)

　　蝶笔螺贝壳优美，螺肋和纵肋形成网格状纹理。它生活在沙质和碎石海底，分布在红海到印度—西太平洋潮间带到近海，有一个浅橙色具白色斑点的足。另一个稍小的类群则生活在夏威夷。

近似种

　　细格笔螺 *Neocancilla clathrus*（Gmelin，1791），也分布于印度—太平洋海域，比蝶笔螺略小且螺层更圆。壳表为奶白色到淡棕橙色，有深棕色螺带和普通大小的白色斑块。壳口内部为浅粉色。

实际大小

蝶笔螺贝壳呈子弹形，具相对较圆的螺层。壳表密布螺肋，后缘的螺肋更突出，被1—2条非常细的螺线分割。螺肋被紧密排列的纵沟隔断。螺肋上偶尔有紫色斑点，体螺层上的2条棕色宽螺带上的紫色斑点更为细长。壳口为橙色到中褐色。

科	笔螺科Mitridae
壳长	40—74mm
分布	佛罗里达东部到尤卡坦半岛和洪都拉斯
丰度	罕见
深度	2—30m
习性	沙
食性	肉食性，腐食性
厣	缺失

壳长范围
1⅝ — 3 in
(40 — 74 mm)

标本壳长
2⅛ in
(54 mm)

545

佛罗里达笔螺
Mitra florida
Florida Miter
Gould, 1856

佛罗里达笔螺是生活在大西洋西部热带海域个体最大且最稀有的笔螺之一。它生活在珊瑚基部碎石上或碎石下，特别是在夜间，偶尔被潜水员收集。本种螺轴上具9个褶襞，其中最后两个发达而其他几个较弱。

近似种

奥罗拉笔螺 *Mitra floridula* Sowerby II，1874，分布于印度—太平洋海域，其外观让人想到佛罗里达笔螺。螺旋部的斑点是白色的，更少，贝壳整体颜色为中褐色，沿着肩部有奶油色色带，与不规则白色大斑块交叉。

佛罗里达笔螺贝壳纺锤形，有膨圆的螺层，体螺层为球形，螺旋部中等高。近壳顶处具非常细的螺沟。壳口为白色到浅棕色。外唇薄，螺轴有多达9个紧密排列的褶襞，除了最后一个，褶襞都在壳口凹陷处。壳表从白色到浅粉色变化，有少许浅到中褐色的大斑块和略长的栗色斑点形成的稀疏的螺旋花样。

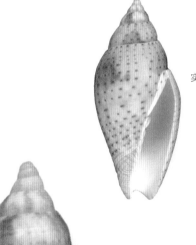

实际大小

科	笔螺科Mitridae
壳长	44—160mm
分布	红海到印度—太平洋
丰度	稀有
深度	浅水至40m
习性	礁滩
食性	肉食性，腐食性
厣	缺失

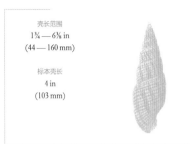

壳长范围
1¾ — 6⅜ in
(44 — 160 mm)

标本壳长
4 in
(103 mm)

546

糙笔螺
Mitra incompta
Tessellate Miter
(Lightfoot, 1786)

笔螺的多样性水平在印度—太平洋热带海域的浅水中最高，在那里多种共生物种通过底栖生物类型来划分栖息地。许多笔螺栖息在沙质海底，而其他笔螺仅栖息在不同深度的岩石碎石上。同许多更大的物种一样，糙笔螺（竹笋笔螺）栖息在潮下带礁滩。

近似种

细孔笔螺*Mitra puncticulata*（Lamarck，1811）是另一种栖息在印度—太平洋碎石中的笔螺。在长度为大约55mm时，该物种看起来像是糙笔螺的加强版——它有同样的点状螺沟、冠状缝合线和具齿外唇。壳表为深橙色，缝合线下有一条奶黄色细螺带，体螺层上有一条更宽的螺带。

糙笔螺贝壳细长，螺旋部比体螺层长，缝合线冠状。浅纵肋与锯齿状的螺沟交叉，螺沟于齿状外唇处结束。壳口黄褐色，有5或6个明显的螺轴褶襞和一条模糊窄色带。壳面奶黄色到浅橙色，有浅色和深棕色纵纹，下半部分有模糊的浅色螺带。

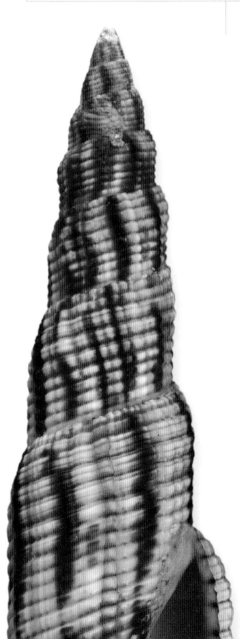

实际大小

科	笔螺科Mitridae
壳长	40—180mm
分布	红海到印度—太平洋，加拉帕戈斯群岛
丰度	常见
深度	潮间带至80m
习性	沙质海底
食性	肉食性，以星虫动物为食
厣	缺失

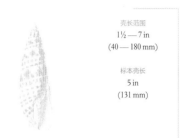

壳长范围
1½ — 7 in
(40 — 180 mm)

标本壳长
5 in
(131 mm)

547

笔螺
Mitra mitra
Episcopal Miter
(Linnaeus, 1758)

笔螺（锦鲤笔螺）是笔螺科中个体最大的物种，并且是分布最广泛的物种之一，分布范围从红海穿过印度—太平洋海域到加拉帕戈斯群岛。白天它会埋在沙子中，夜间变得活跃，从沙子中爬出来寻找食物。同其他笔螺一样，它们被认为专以星虫动物（花生蠕虫）为食。笔螺有非常长且苗条的吻。个体较大的笔螺被太平洋岛民用作凿刀。

近似种

笔螺之后，第二大的笔螺是肩棘笔螺（大红牙笔螺）*Mitra papalis*（Linnaeus，1758），分布于印度—西太平洋，以及黑美人笔螺 *Mitra swainsoni* Broderip，1836，分布于下加利福尼亚到秘鲁海区。前者有带短刺的缝合线，和一个布满红棕色斑块的白色贝壳。后者有一个平滑的贝壳，螺旋部高且为阶梯状，壳面为均匀的奶黄色。

实际大小

笔螺贝壳大，壳质结实且重，表面平滑，长椭圆形。螺旋部高，有一条浅缝合线；体螺层上半部分具螺沟，下半部分螺沟消失。壳口长度与螺旋部高度大致相当。外唇厚，底部边缘有一个细的锯齿状边缘；螺轴有 4—5 个褶襞。壳面白色，有近似方形的橙色或带红色的斑块的螺带，壳口为白色或浅黄色。

科	普雷螺科Pleioptygmatidae
壳长	69—125mm
分布	洪都拉斯特有
丰度	不常见
深度	35—150m
习性	岩石海底
食性	肉食性
厣	缺失

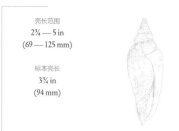

壳长范围
2¾ — 5 in
(69 — 125 mm)

标本壳长
3¾ in
(94 mm)

548

海伦普雷螺
Pleioptygma helenae
Helen's Miter
(Radwin and Bibbey, 1972)

海伦普雷螺是一种困惑了软体动物学家很多年的奇特物种，因为其贝壳的很多特点类似于几个不相关的腹足类动物。基于这些贝壳特点，它被不同学者归类于涡螺科、笔螺科和肋脊笔螺科。本种是洪都拉斯特有的一种不常见的深水腹足动物。直到1989年，才得到第一个现场收集到的可用于研究的标本，它的解剖结构证明，该物种与所有已归于普雷螺科的腹足动物有明显的不同。从其解剖结构可以判断，它可能捕食柔软的猎物比如多毛类和星虫动物。

近似种

海伦普雷螺是普雷螺科中唯一已知的现存种。该科中有三个已知的化石种（可能是两个未命名的），发现于加利福尼亚和佛罗里达的中新世和上新世的岩层中。这个科可能与笔螺科的关系最密切。

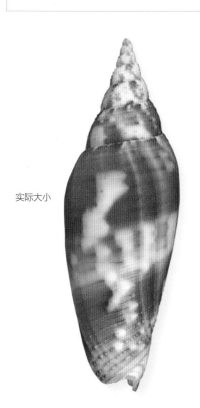

实际大小

海伦普雷螺贝壳为中等到大型，坚硬，重量适中，壳形长，纺锤形。螺旋部高，有略微凸起的螺层，壳顶尖、缝合线呈锯齿状。壳表前部具中等至非常锋利的螺肋，后端的螺肋逐渐消失。壳口长且中等宽，外唇薄、光滑，螺轴有6—9个褶襞。壳表为橙棕色和白色，有大约20条螺旋虚线，壳口为白色。

科	涡笔螺科 Volutomitridae
壳长	28mm
分布	贝林豪森深海平原
丰度	稀有
深度	4419—4808m
习性	深海平原
食性	肉食性
厣	缺失

琳达涡笔螺
Daffymitra lindae
Linda's Miter-volute
Harasewych and Kantor, 2005

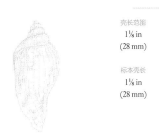

壳长范围
1⅛ in
(28 mm)

标本壳长
1⅛ in
(28 mm)

549

琳达涡笔螺生活在大约 4600m 深处的南极洲深海平原上，是涡笔螺科唯一栖息在深海的成员。目前，这个物种仅发现一个标本。它是一种爬行在泥质和沙质海底上的捕食者。与所有生活在碳酸钙补偿深度以下的深海腹足动物一样，其贝壳非常薄，被外蛋白层和角质壳皮所覆盖，壳皮可以保护它免溶于周围的海水中。

近似种

琳达涡笔螺通过其更大更薄更膨胀的贝壳以及更短的螺旋部和更长的水管沟，与来自南极洲浅水的近亲脆弱涡笔螺 *Paradmete fragillima*（Watson，1882）区分开来。北极阿拉斯加涡笔螺 *Volutomitra alaskana*，以及分布于热带海域的该科其他成员都有更厚的贝壳，壳表没有明显的刻纹，螺旋部更高且螺轴褶襞更为发达。

琳达涡笔螺 贝壳小，壳质非常薄、易碎。螺旋部中等高，螺层膨凸，壳口大、呈椭圆形，前水管沟长且宽。壳表有许多尖锐弯曲的细纵肋和较弱的螺肋。螺轴有三个排列紧密的螺旋褶皱。壳面白色，被以橄榄棕色壳皮。

实际大小

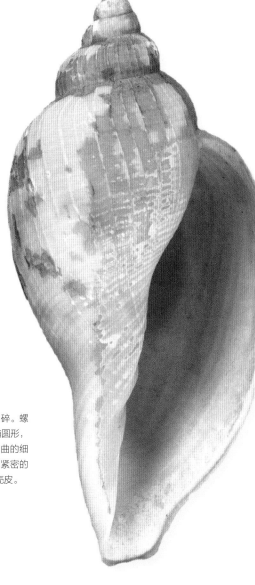

科	涡笔螺科Volutomitridae
壳长	25—50mm
分布	北太平洋海域，日本到阿拉斯加州和加利福尼亚州沿海
丰度	不常见
深度	离岸150m
习性	砂质和泥砂质海底
食性	肉食性
厣	成体后消失

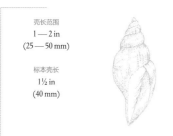

壳长范围
1 — 2 in
(25 — 50 mm)

标本壳长
1½ in
(40 mm)

550

阿拉斯加涡笔螺
Volutomitra alaskana
Alaska Miter-volute

Dall, 1902

阿拉斯加涡笔螺是一种不常见的贝类，生活在日本北部、西伯利亚、阿拉斯加和加利福尼亚北部的海岸线，北太平洋外大陆架的沙质海底。人们关于阿拉斯加涡笔螺的个体生态学知之甚少，但是其颚和齿舌的解剖结构表明，它会吸食猎物的体液。阿拉斯加涡笔螺的仔螺和幼螺有厣，但成体后厣会消失。

近似种

阿拉斯加涡笔螺的贝壳比其他大多数贝类的贝壳更大更厚，并且与该科其他生活在热带的种类一样，没有明显的纵肋和界限清晰的肩部。它类似于脆弱涡笔螺 *Paradmete fragillima*（Waston，1882），但这种螺更小、更薄，并且壳口相当大。

实际大小

阿拉斯加涡笔螺 贝壳很窄长，近梭形，螺旋部很高，呈锥形，壳口长椭圆形。表面光滑，有很多很细并且距离很近的螺线。螺轴长且直，有 3—4 个明显的圆形螺旋褶襞。壳面白色至微黄的象牙色，壳皮为深栗色。

科	肋脊笔螺科Costellariidae
壳长	20—35mm
分布	日本到印度尼西亚和汤加沿海
丰度	常见
深度	潮间带至浅潮下带
习性	碎石和卵石海底
食性	肉食性
厣	缺失

壳长范围
¾ — 1⅜ in
(20 — 35 mm)

标本壳长
1 in
(26 mm)

铁齿菖蒲螺
Zierliana ziervogeli
Ziervogel's Miter
(Gmelin, 1791)

铁齿菖蒲螺是肋脊笔螺科中壳质最厚、最结实的种类之一。齿菖蒲螺属 *Zierliana* 的种类很少，它们是肋脊笔螺科中唯一在外唇和螺轴上都有齿状结构的种类。贝壳变厚和壳口具齿是腹足类动物为应对蟹类和其他捕食者所做出的适应性进化。

近似种

小粗齿菖蒲螺 *Zierliana woldemarii*（Kiener，1838）分布在安达曼海到所罗门群岛沿岸，贝壳类似铁齿菖蒲螺，但是更长并且螺旋部更高。番红菖蒲螺 *Vexillum crocatum*（Lamarck，1812）分布在红海和印度—西太平洋海域，贝壳纺锤形，壳表具网状雕刻、螺层具角。

实际大小

铁齿菖蒲螺贝壳较小，壳质坚厚，表面光滑，梨形。螺旋部在肋脊笔螺科中相对较短，缝合线明显，螺层略微下凹。壳表光滑，具几条圆形的螺肋。壳口狭长，外唇厚并且有齿，螺轴有 3 到 4 个褶襞。壳面深棕色或者黑色，壳顶为白色，壳顶以下部分为浅棕色。壳口和齿为白色。

科	肋脊笔螺科Costellariidae
壳长	13—28mm
分布	印度—西太平洋海域
丰度	不常见
深度	潮间带至9m
习性	珊瑚礁旁的沙质底
食性	肉食性
厣	缺失

壳长范围
1½ — 1⅛ in
(13 — 28 mm)

标本壳长
1⅛ in
(28 mm)

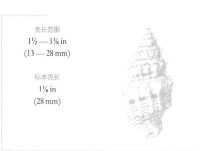

552

苍白菖蒲螺
Vexillum cadaverosum
Ghastly Miter
(Reeve, 1844)

苍白菖蒲螺（阶梯蛹笔螺）是一种小型菖蒲螺。其学名的意思是"惨白的"，意指它几乎全白的贝壳。苍白菖蒲螺是肉食性动物，捕食其他的软体动物，当然有些种类还会捕食海鞘。它们由唾液腺分泌杀死猎物的毒液，而其他远缘芋螺的毒液是由毒液腺分泌。苍白菖蒲螺的形状多样，但通常壳表具非常明显的纵向雕刻。

近似种

塔形菖蒲螺（胖头蛹笔螺）*Vexillum pagodula*（Hervier，1898），分布于马里亚纳群岛到巴布新几内亚和斐济沿岸，贝壳类似于苍白菖蒲螺，但是相对来说壳体更小，并且有更少的纵肋和一条较宽的橄榄棕色螺带。粗糙菖蒲螺 *Vexillum rugosum*（Gmelin，1792）分布于印度—太平洋海域，贝壳比苍白菖蒲螺略大，壳形为较宽的纺锤形。

实际大小

苍白菖蒲螺贝壳较小，厚且结实，呈长卵形。螺旋部高，缝合线紧缩，螺层具角。壳面具 10—12 条龙骨状的纵肋，它们在肩部尖锐地鼓起，与几条螺沟交叉，形成网状雕刻。壳口狭窄，外唇内面有螺线，螺轴有 4 个褶襞。壳面为近全白或者白色，仅仅在缝合线以上有很窄的浅棕色螺带。壳口白色。

科	肋脊笔螺科Costellariidae
壳长	17—36mm
分布	红海到印度—西太平洋海域
丰度	不常见
深度	浅潮下带
习性	珊瑚砂和碎石海底
食性	肉食性
厣	缺失

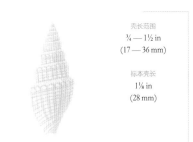

壳长范围
¾ — 1½ in
(17 — 36 mm)

标本壳长
1⅛ in
(28 mm)

553

番红菖蒲螺
Vexillum crocatum
Saffron Miter
(Lamarck, 1811)

在番红菖蒲螺（番红蛹笔螺）的分类特征中，其漂亮的贝壳比起纵向雕刻显得更为明显。壳表具明显的螺线，但是跟所有的肋脊笔螺一样，纵肋是壳表主要的雕刻。它栖息在珊瑚礁的沙质或碎石海底来寻找活着或者死去的食物。搁浅的标本中，壳顶常有损坏或者丢失。

近似种

绳纹菖蒲螺（绳纹蛹笔螺）*Vexillum plicarium*（Linnaeus，1758），是另一种分布于印度—太平洋海域沙质海底的种类，其壳体橙色，比番红菖蒲螺稍微大一些。其彩色螺带更宽，螺肋更细，肩部呈不明显的阶梯状。绳纹菖蒲螺的贝壳本身较大，有更明显的色带，壳口为深棕色。

实际大小

番红菖蒲螺贝壳为浅橙色至橙色，螺旋部中等高。螺层具角，整个贝壳被较高的纵肋和较低的螺肋所覆盖，肩部螺肋稍高。在螺线中间有细的栗棕色螺带，并且其中一条螺线是白色的。壳口为浅黄褐色，螺轴上有 4 个褶襞。

科	肋脊笔螺科Costellariidae
壳长	30—63mm
分布	东非到新喀里多尼亚
丰度	不常见
深度	潮间带至50m
习性	珊瑚礁附近的沙质海底
食性	肉食性
厣	缺失

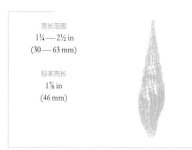

壳长范围
1¼ — 2½ in
(30 — 63 mm)

标本壳长
1⅞ in
(46 mm)

554

白云菖蒲螺
Vexillum costatum
Costate Miter
(Gmelin, 1791)

白云菖蒲螺（美肋蛹笔螺）贝壳优雅而苗条，表面光滑，具锯齿状纵线和螺线，两者相交使整个壳面呈网状。白云菖蒲螺的吻和足均为紫红色，夹杂着白色的斑点。它的头触角小而细长，眼位于触角基部附近的膨大处。许多腹足纲动物成体没有厣，但是幼体时通常会有一个，而肋脊笔螺科动物甚至在幼体时也没有厣。

近似种

光滑菖蒲螺（光滑蛹笔螺）*Vexillum politum* Reeve，1844，分布于菲律宾沿海，贝壳与白云菖蒲螺类似，但个体更小并且表面几乎是光滑的。光滑菖蒲螺的贝壳颜色多样，从黄褐色到亮橙色，缝合线上方有浅米黄色的螺线。女皇菖蒲螺 *Vexillum citrinum*（Gmelin，1791），分布于印度—西太平洋海域，贝壳细长，螺旋部高，锋利的纵肋和浅螺线构成了其独特的壳表雕刻。

实际大小

白云菖蒲螺贝壳中等大小，较结实，表面光滑，外形细长呈纺锤形。螺旋部非常高，占据了大约整个贝壳长度的一半；缝合线深，边缘轻微凸出，壳顶尖（需说明的是，部分贝壳壳顶被侵蚀）。壳面饰有等间距排列的螺线和纵线，两者相交使壳面呈格子样。壳口狭长，外唇厚、内部具螺线，螺轴有 4—5 个褶襞。壳表白色，上面有斑驳的橙色斑点。壳口为橙色。

科	肋脊笔螺科Costellariidae
壳长	24—64mm
分布	印度—太平洋海域
丰度	一般常见
深度	潮间带至20m
习性	砂泥
食性	肉食性，腐食性
厣	缺失

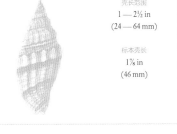

壳长范围
1 — 2½ in
(24 — 64 mm)

标本壳长
1⅞ in
(46 mm)

555

粗糙菖蒲螺
Vexillum rugosum
Rugose Miter
(Gmelin, 1791)

尽管许多肋脊笔螺的螺旋部上有引人注目的颜色，但是它们与笔螺科最主要的区别是壳表具明显的纵肋。当然也有其他细节的区别，比如肋脊笔螺科的壳口是有螺线的，并且齿舌弯曲仅具一个齿尖。笔螺科的吻也可以伸长和收缩，然而肋脊笔螺的吻相对较短，通常情况下伸长时也不会超过触角。对笔螺科和肋脊笔螺的研究均比较成功，现在每科均发现约250个种，遍布地球上的热带和温带海域。

粗糙菖蒲螺（黑带蛹笔螺）贝壳表面比较粗糙，体螺层和螺旋部均有较低的螺线和较发达的纵肋。壳面白色至奶油色，在缝合线周围和体螺层的黑色或黄色的细带中间有明显的深色螺带。壳口非常狭窄，外唇前部凹，螺轴上具4个褶襞。

近似种

小狐菖蒲螺（小狐狸蛹笔螺）*Vexillum vulpecula*（Linnaeus，1758），分布在印度—太平洋海域，其在澳大利亚的变种朱氏菖蒲螺 *V. v. jukesii* 与粗糙菖蒲螺在贝壳色彩上相似。前者在白色或偶尔为黄色的贝壳上有橙色或者棕色条带。后者的条带更宽、颜色更深，白色更少，其壳口为深棕色。

实际大小

科	肋脊笔螺科Costellariidae
壳长	50—86mm
分布	印度—西太平洋海域
丰度	不常见
深度	浅潮下带至50m
习性	珊瑚礁旁的沙质海底
食性	肉食性
厣	缺失

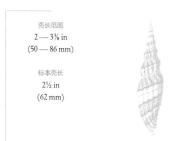

壳长范围
2 — 3⅜ in
(50 — 86 mm)

标本壳长
2½ in
(62 mm)

556

女皇菖蒲螺
Vexillum citrinum
Queen Vexillum
(Gmelin, 1791)

女皇菖蒲螺（白发带蛹笔螺）是肋脊笔螺科中颜色最鲜艳的种类之一。肋脊笔螺是一个多变的种群，许多个体是根据贝壳色彩进行描述的。它生活在沙质海底，以其他腹足类动物为食，通常生活在热带海域的浅潮下带。肋脊笔螺科最初被归为笔螺科，因为二者整体外形相似。然而，肋脊笔螺具有笔螺科所没有的特征，比如外唇内部不具螺线，因此将肋脊笔螺科从笔螺科中分离出来作为单独的科。

近似种

带菖蒲螺（细带蛹笔螺）*Vexillum taeniatum*（Lamarck，1811），分布于印度—西太平洋海域，相比于女皇菖蒲螺壳形更短并且更宽，壳口更大。艳红菖蒲螺 *Vexillum stainforthii*（Reeve，1844）分布于日本至澳大利亚沿海，壳表有 10—11 条纵肋，每层有 6 条绯红色螺带，且只出现在纵带上。

女皇菖蒲螺贝壳较细长、壳质较厚、壳形呈纺锤形，螺旋部高。螺层有角，缝合线紧缩。壳表具许多尖锐的宽纵肋和细螺肋。壳口狭长，外唇边缘较直，螺轴上具 5 个褶襞。水管沟向背侧弯曲。贝壳颜色变化范围较广，但一般是棕色、橙色、黄色或者白色螺带的组合，壳口为白色或微黄色。

实际大小

科	衲螺科（核螺科）Cancellariidae
壳长	9—27mm
分布	环北极带
丰度	不常见
深度	4-1400m
习性	沙质和泥质海底
食性	吸管亚纲捕食者
厣	缺失

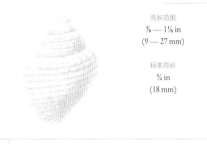

壳长范围
⅜ — 1⅛ in
(9 — 27 mm)

标本壳长
¾ in
(18 mm)

557

青阿德螺
Admete viridula
Greenish Admete
(Fabricius, 1780)

青阿德螺（黄绿核螺）是一种广泛分布在环北极带的衲螺科种类，其壳体较小，分布于北欧、俄罗斯和格陵兰沿海。壳表有大量的螺肋。衲螺科现存种有几百种，在印度—太平洋海域和东太平洋海域的生物多样性程度最高。最古老的衲螺科化石可以追溯到白垩纪时期。大多数衲螺科动物栖息在热带海域和亚热带海域，但是阿德螺亚科动物大多仅存于极地和深海中。

青阿德螺贝壳较小，壳面粗糙，壳形呈球纺锤形。螺旋部较低，螺层较圆，缝合线非常紧缩。早期螺层上主要具纵肋；后期螺层上的纵肋逐渐变弱而螺肋逐渐变强。有些贝壳的体螺层上仍有纵肋。体螺层大，几乎只有螺肋。壳口椭圆形，外唇薄，螺轴上只有一个小的褶襞。壳面奶油色，上面覆盖着薄的棕色壳皮。壳口为白色。

近似种

白令阿德螺（冰海核螺）*Admete unalashkensis*（Dall, 1873）分布于俄罗斯东部、日本北部到阿拉斯加州和俄勒冈州沿海，贝壳小且长，螺旋部高，呈阶梯状。壳表有明显的螺肋和相对较弱的纵肋，构成网状的雕刻。笔形衲螺 *Cancellaria mitriformis* Sowerby I, 1832, 分布于尼加瓜拉到秘鲁沿海，贝壳呈较长的纺锤形，表面有细微的网格雕刻。

实际大小

科	衲螺科Cancellariidae
壳长	19—27mm
分布	哥斯达黎加到厄瓜多尔，加拉帕戈斯群岛沿海
丰度	不常见
深度	离岸带至30m
习性	沙质海底
食性	吸管亚纲捕食者
厣	缺失

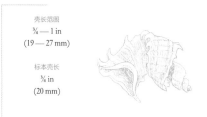

壳长范围
¼ — 1 in
(19 — 27 mm)

标本壳长
¼ in
(20 mm)

558

米勒三角口螺
Trigonostoma milleri
Miller's Nutmeg
Burch, 1949

米勒三角口螺贝壳较小，壳形呈阶梯状，螺层和壳口均为三角形。螺层在肩部和下半部具锋利的龙骨突，其上具弯向螺轴的短刺。较低和靠近壳口的刺比肩部的刺更大。螺层呈松散卷曲状，使得后期螺层接触不到另外的螺层。贝壳颜色从奶油色到亮棕色。

米勒三角口螺（扭曲角帽核螺）贝壳奇特，螺层呈解螺旋形，整个壳体呈螺丝锥状，这使得它成为衲螺中最受欢迎的物种之一。顾名思义，它的壳口为三角形。衲螺科中大多数种类的贝壳都较小，成体贝壳长度大约为 1 in（25mm）或者更小。正如其科名所示，贝壳上螺带和纵肋交叉形成的网格雕刻是该科种类特有的特征。与许多沙栖软体动物一样，衲螺没有厣。世界范围内有超过 150 种衲螺科动物，东太平洋海区种类异常丰富。

近似种

精致三角口螺 *Trigonostoma elegantulum* Smith，1947，同样分布在东太平洋海域和加拉帕戈斯群岛沿海，螺旋部较矮，螺层有角。卷尾三角口螺 *Trigonostoma thysthlon* Petit and Harasewych，1987，分布于日本到澳大利亚沿海，是一种小型衲螺，其螺层肩部具龙骨突，龙骨突上具短刺，脐孔宽大。

实际大小

科	衲螺科Cancellariidae
壳长	19—35mm
分布	尼加拉瓜到秘鲁沿海
丰度	不常见
深度	潮间带至35m
习性	泥质海底
食性	吸管亚纲捕食者
厣	缺失

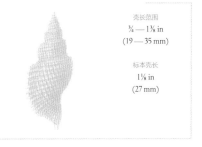

壳长范围
¾ — 1⅛ in
(19 — 35 mm)

标本壳长
1⅛ in
(27 mm)

笔形衲螺
Cancellaria mitriformis
Miter-shaped Nutmeg
Sowerby I, 1832

559

笔形衲螺（笔形核螺）有一个小但是精致的纺锤形贝壳，跟笔螺较为相似，故此得名。长纺锤形的形状、紫褐色的网格雕刻，使得该贝壳十分容易被辨认。该物种常在潮间带被发现，但是活体生活在近海泥质海底中。衲螺科的食性并不明确，解剖学研究发现在其胃中除了沉积物外并没有食物残留。许多专家认为这个种群可能是寄生在大型腹足类或鱼类中，至少现在已经知道有些衲螺会吸食睡眠中的鱼类的血。

笔形衲螺贝壳中等大小，细长，纺锤形。其螺旋部高，阶梯样，缝合线明显。壳面具纵肋和螺肋，随着螺肋逐渐变强，壳表呈现格子状。壳口是长椭圆形，外唇厚并且有细圆齿样的螺线，螺轴有一个发达的和几个较弱的褶襞。壳面紫褐色，内部颜色稍微浅一些。

近似种

纵瘤衲螺（纵瘤核螺）*Cancellaria nodulifera* Sowerby I，1825，分布于日本区域，贝壳相比笔形衲螺更大更宽，壳口较宽，较强的纵肋和螺脊组成壳表雕刻，并且螺层上有小肩角。集市衲螺 *Scalptia mercadoi* Old，1968，分布于菲律宾海域，有一个引人注目的贝壳，壳上有非常发达的倾斜的纵肿肋，与细螺线和棕色螺带交叉。纵肿肋使壳看起来有点类似于梯螺（eptioniid），但是有水管沟的壳口可以将它与梯螺明显区分开来。

实际大小

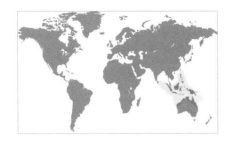

科	衲螺科Cancellariidae
壳长	23—40mm
分布	斯里兰卡到菲律宾和澳大利亚沿海
丰度	不常见
深度	离岸带至100m
习性	砂砾海底
食性	吸管亚纲捕食者
厣	缺失

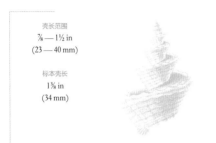

壳长范围
⅞ — 1½ in
(23 — 40 mm)

标本壳长
1⅜ in
(34 mm)

560

旋梯三角口螺
Trigonostoma scalare
Triangular Nutmeg
(Gmelin, 1791)

旋梯三角口螺（灯口核螺）贝壳在该属中最大。其独特的外形区别于该科中的大多数物种：贝壳宝塔形，螺层有锋利的龙骨突，螺层上部平。旋梯三角口螺是一种在近海发现的稀有物种，同衲螺科其他动物一样，旋梯三角口螺栖息于沙质海底。其食性尚未明确，因为目前没有可以容易辨认的肠道内容物。消化系统的适应性表明它们是吸管亚纲捕食者。许多衲螺都有失去齿舌的进化趋势。

近似种

米勒三角口螺 *Trigonostoma milleri* Burch，1949，分布于巴拿马地区，贝壳较小，呈几乎解螺旋形的阶梯状。其肩部锋利，有短脊。史密斯轴螺 *Axelella smithii* (Dall，1888)，分布于卡罗来纳州北部到哥伦比亚沿海，贝壳小，卵形，是少数几个经过详细解剖研究的物种之一。

旋梯三角口螺贝壳在整个属中较大，多刺，轮廓呈宝塔形。螺旋部高，为阶梯样，螺层与前一层螺层几乎不接触。壳口为三角形，这是该属的特征，此外其唇较厚。脐深且宽，周围有锋利的龙骨。壳表由纵肋和螺沟组成，纵肩部具刺。壳面白色或黄色，壳口内部为浅棕色。

实际大小

科	衲螺科Cancellariidae
壳长	22—50mm
分布	菲律宾和印度尼西亚沿海
丰度	罕见
深度	240—335m
习性	软质底
食性	吸管亚纲捕食者
厣	缺失

壳长范围
⅞ — 2 in
(22 — 50 mm)

标本壳长
1⅝ in
(42 mm)

561

黄衲螺

Plesiotriton vivus

Plesiotriton Vivus

(Habe and Okutani, 1981)

黄衲螺（黄核螺）是一种珍稀的深海衲螺，仅分布在菲律宾和印度尼西亚沿海。其螺旋部较高，螺层突出，有时会超过缝合线。其贝壳与无亲缘关系的蛇首螺属 *Colubraria* 有些种的贝壳类似，但是齿舌特征显示它明显属于衲螺科。衲螺科种类的每排齿舌上具一个很长的齿，且齿前端的齿尖呈连锁状排列。据报道，齿舌和其他的消化系统解剖特征，比如长吻，是为它的吮吸捕食所特化的。

近似种

管形衲螺（水管核螺）*Tritonoharpa siphonata*（Reeve，1844），分布在下加利福尼亚到巴拿马沿海，在整个属中有一个相对较长的贝壳。它看起来像是一个加长的黄衲螺，并且有网格状纹理和一个光滑的外唇。苗条衲螺 *Cancellaria cooperi* Gabb，1865，贝壳纺锤形，肩部有角，螺旋部高。壳面黄棕色或橙棕色。

实际大小

黄衲螺贝壳在衲螺科中为中等大小，粗糙，细长，纺锤形。螺旋部高，壳顶尖，螺层突出，缝合线明显并且不平坦。壳面具圆形纵肋，与螺肋交叉成结节状突起。贝壳表面有不规则分布的纵肿肋，但是每螺层少于 2 个。壳口呈矛形，外唇厚并且有齿，螺轴有 2—3 个小褶襞。壳表奶油色并有一个浅棕色纵带，壳口白色。

科	衲螺科Cancellariidae
壳长	40—60mm
分布	日本沿海到中国东海
丰度	不常见
深度	5—50m
习性	沙质和泥质海底
食性	吸管亚纲捕食者
厣	缺失

壳长范围
1½ — 2½ in
(40 — 60 mm)

标本壳长
1¼ in
(43 mm)

562

纵瘤衲螺
Cancellaria nodulifera
Knobbed Nutmeg
Sowerby I, 1825

纵瘤衲螺在日本海域的潮下带浅水中被发现，分布于日本北部沿海到中国南海。其贝壳较宽，外形为水桶状，壳口呈宽椭圆形，壳表具明显的螺肋和纵肋，两者相交处呈结节状，结节在螺层肩部尤为尖锐，这些特征使得该种易于被辨认。纵瘤衲螺的化石种在东京或日本其他地区的更新世岩层中被发现过。衲螺分布在世界各地，然而大多数衲螺生活在热带和亚热带，部分衲螺生活在温带。

近似种

格斗衲螺 *Sveltia gladiator* Petit，1976，是加拉帕戈斯群岛特有的物种。其贝壳精致，螺旋部较高，在螺肋和纵肿肋交叉的位置形成脊。它是衲螺中少数贝壳带刺的种类之一。克劳福氏衲螺 *Cancellaria crawfordiana* (Dall, 1892)，分布于加利福尼亚州沿海，贝壳呈纺锤形，螺旋部较高。壳表具有衲螺科中常见的典型雕刻。

实际大小

纵瘤衲螺贝壳为中等大小，较厚而宽，桶状。螺旋部略短，螺层肩部有角，缝合线明显。壳表有发达的、相互交叉的纵肋和螺肋，交叉处形成结节状突起。壳口大而宽，外唇薄、具圆齿，圆齿与螺肋相对应。螺轴上有三个小褶襞，绷带被螺轴上的胼胝所覆盖。壳面杏黄色，内部颜色为奶油色。

科	衲螺科Cancellariidae
壳长	20—50mm
分布	西班牙到安哥拉沿海，地中海海域
丰度	常见
深度	10—40m
习性	泥质和贝壳混合海底
食性	吸管亚纲捕食者
厣	缺失

壳长范围
¼ — 2 in
(20 — 50 mm)

标本壳长
1¼ in
(44 mm)

563

格子衲螺
Cancellaria cancellata
Cancellate Nutmeg
(Linnaeus, 1767)

格子衲螺（格子核螺）为衲螺属 *Cancellaria* 的模式种。它是分布于浅潮下带到近海的常见物种，通常生活在泥质海底。格子衲螺的分布中心大概是在非洲西部海岸；地中海中少见。据研究，格子衲螺主要寄生于动物比如鱼类中，吸食其血液或其他体液。格子衲螺的化石种存在于中新世、上新世和更新世时期的岩层中。

近似种

网纹衲螺(网纹核螺)*Cancellaria reticulata*(Linnaeus，1767)，分布于卡罗来纳州北部到巴西沿海，这是一种在浅水中生活的常见物种。壳质厚，卵形，壳顶尖，表面有网状雕刻。苗条衲螺 *Cancellaria cooperi* Gabb，1865，壳较大而长，肩部有角，螺旋部高。壳表具细的棕色螺带，雕刻以纵肋为主，纵肋在肩部形成结节。

格子衲螺贝壳大小中等，较厚，椭圆形球状。螺旋部中等高，壳顶尖，缝合线明显，螺层肩部具肩角。壳面具发达的纵肋和螺肋，两者相交形成格子状。壳口小，椭圆形，外唇厚且具小齿，螺轴上具发达的褶襞。壳面白色或黄褐色，有棕色螺带，壳口为白色。

实际大小

科	衲螺科Cancellariidae
壳长	40—50mm
分布	加拉帕戈斯群岛
丰度	珍稀
深度	深海，200m
习性	硬质底
食性	吸管亚纲捕食者
厣	缺失

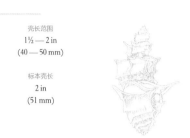

壳长范围
1½ — 2 in
(40 — 50 mm)

标本壳长
2 in
(51 mm)

564

格斗衲螺
Sveltia gladiator
Gladiator Nutmeg

Petit, 1976

　　格斗衲螺（皇冠核螺）是贝壳带刺的几种衲螺之一。衲螺分布在世界各地，但是大多数生活在热带，在东太平洋海域的种类尤其多。目前对衲螺的生活史和生态习性知之甚少。大多数衲螺，包括格斗衲螺，齿舌具一列很长、易于弯曲的齿。一些衲螺被认为是吸管亚纲动物的捕食者，吸食活的猎物比如鱼或其他软体动物的血液或其他体液。

近似种

　　中心衲螺（中心核螺）*Sveltia centrota*（Dall，1896），分布于加利福尼亚州到秘鲁沿海，贝壳类似于格斗衲螺，但是螺旋部更短。珠宝衲螺 *Cancellaria gemmulata*（Sowerby I，1832）分布于东太平洋海域到加拉帕戈斯群岛沿海，有一个更加典型的壳，但是壳形较短，壳表有网格雕刻。

格斗衲螺贝壳中等大小，螺旋部高，螺层具肩角，壳表多刺。螺旋部占据整个贝壳长度的一半。缝合线深。长刺出现在每个纵肿肋和肩部交叉的地方。螺层有7—8条发达的螺肋，与8—10条纵肿肋相交。壳口宽大，呈较宽的卵形，外唇外翻，其小刺。螺轴上有3个褶襞。壳面奶油色。

实际大小

科	衲螺科Cancellariidae
壳长	50—69mm
分布	华盛顿到加利福尼亚州
丰度	不常见
深度	离岸带至600m
习性	沙质和泥质海底
食性	吸管亚纲捕食者
厣	缺失

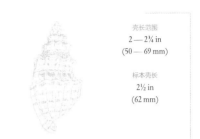

壳长范围
2 — 2¾ in
(50 — 69 mm)

标本壳长
2½ in
(62 mm)

565

苗条衲螺
Cancellaria cooperi
Cooper's Nutmeg
Gabb, 1865

苗条衲螺（库珀核螺）是一种大型衲螺，生活在近海软质海底。雌性苗条衲螺产下长柄卵囊；幼体有厣，但是所有的成体衲螺都没有厣。对苗条衲螺的生态学研究显示，这种动物寄生于鱼。它们在夜间活动，通过感应化学信号发现猎物。当它们发现沉睡的电鳐后，就会伸长吻并用齿舌穿透其柔软的组织，比如鳃，来吸食宿主的血液。

近似种

纵瘤衲螺 *Cancellaria nodulifera* Sowerby I，1825，贝壳宽，壳口宽，螺旋部短。壳表具发达的纵肋和螺肋。黄衲螺 *Plesiotriton vivus*（Habe and Okutani，1981），分布于菲律宾和印度尼西亚沿海，有一个较长的纺锤形贝壳，螺旋部不规则，纵肿肋分布不均匀。

苗条衲螺贝壳在衲螺科中相对较大，壳质厚重，长纺锤形。螺旋部高，壳顶尖，螺旋部各螺层肩部具角。壳表具发达的纵肋，纵肋在肩部呈瘤状突起。体螺层较大，前水管沟粗短。壳口为茅尖形，外唇厚且内部有细线装饰，螺轴上有 2 个褶襞。壳面黄棕色或橙棕色，上面常有螺线。壳口为白色。

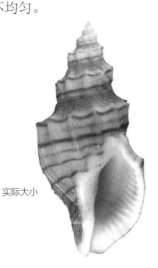

实际大小

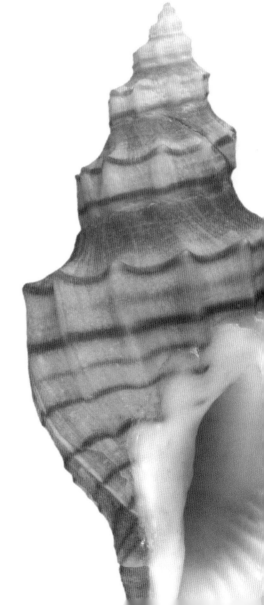

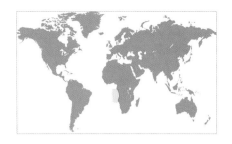

科	卷管螺科Clavatulidae
壳长	38—58mm
分布	非洲西部
丰度	常见
深度	潮下带至30m
习性	沙质海底
食性	肉食性
厣	角质，薄

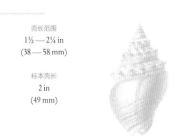

壳长范围
1½ — 2¼ in
(38 — 58 mm)

标本壳长
2 in
(49 mm)

566

帝王卷管螺
Clavatula imperialis
Imperial Turrid
(Lamarck, 1816)

帝王卷管螺属于芋螺超科，该超科动物已经进化出毒液器官来捕食猎物。芋螺超科中有几千个物种，这些科之间以及科内物种的关系现在尚未明确。大部分与毒液器官相关的适应性进化都是生化和解剖学上的，包括大型毒液腺和毒液肿块，它们产生毒液"鸡尾酒"并注射给猎物。

近似种

克氏卷管螺 *Clavatula kraepelini*（Strebel，1912），分布于塞内加尔到安哥拉沿海，为个体相对较小的螺，它表面光滑且有光泽，呈长纺锤形的贝壳使得它十分容易被辨认。双缘卷管螺 *Clavatula bimarginata*（Lamarck，1822），分布于毛里塔尼亚到南非沿海，有一个发达的双锥形贝壳，前水管沟和壳口等长。

实际大小

帝王卷管螺贝壳中等大小，宽纺锤形，螺旋部为圆锥形阶梯状，壳口为宽椭圆形，螺层肩部具刺。肩部下方有后部凹槽。凹槽狭窄，较深，狭缝样，形成在刺基部下方环绕的裂隙带（裂带）。前水管沟短而宽，轻微向右弯曲。与肩部的刺不同，贝壳仅具不发达的螺肋和偶尔明显的生长线。壳面白色，有被白色中断的褐色裂隙带。壳口白色。

科	卷管螺科Clavatulidae
壳长	32—83mm
分布	毛里塔尼亚到塞内加尔，加那利群岛沿海
丰度	一般常见
深度	离岸带至75m
习性	沙质海底
食性	肉食性
厣	角质，薄

壳长范围
1¼ — 3¼ in
(32 — 83 mm)

标本壳长
2¼ in
(56 mm)

567

黑星卷管螺
Pusionella nifat
Nifat Turrid
(Bruguière, 1789)

与芋螺超科 Conoidea 的大多数成员一样，黑星卷管螺栖息在近海沙质海底捕食多毛类动物。光滑呈流线形的贝壳表明这种动物会钻入沙子中。卷管螺科成员的齿舌带每行有3枚齿，其中中央齿退化，侧齿长、尖、有沟，沟可能有引导毒液的作用。其他的芋螺超科动物不具中央齿，侧齿进化为末端有尖锐倒刺的空管状。

近似种

狐狸卷管螺 *Pusionella vulpina*（Born，1780），分布范围窄，仅限于塞内加尔沿海，有一个较小的象牙色锥形贝壳。谷卷管螺 *Pusionella milleti*（Petit，1851），也分布于塞内加尔海域，贝壳略小，纺锤形，壳面白色至栗褐色。

黑星卷管螺的贝壳较大，光滑，为圆纺锤形。螺旋部高，为圆锥形，有均匀的圆形螺层。壳口为椭圆形，没有明显的后沟，有一根穿过卷向轴的前水管沟，前水管沟短而宽。壳表光滑或仅具非常细的螺线和纵线。壳面为白色或象牙色，有5排黄褐色到深棕色的矩形斑点。其中两行在缝合线的白色条带之间，有时在贝壳边缘融合产生纵向斑点。壳口内面白色。

实际大小

科	卷管螺科Clavatulidae
壳长	50—75mm
分布	红海到印度—西太平洋海域
丰度	不常见
深度	离岸带至35m
习性	泥质海底
食性	肉食性
厣	角质，薄

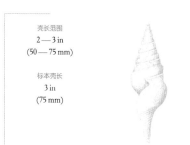

壳长范围
2—3 in
(50—75 mm)

标本壳长
3 in
(75 mm)

568

束腰拟塔螺
Turricula tornata
Turned Turrid

(Dillwyn, 1817)

束腰拟塔螺贝壳相当大而光滑，说明它是掘穴动物，与同科的其他物种共同生活在潮下带的沙质海底。当大量的物种与相应的捕食行为相适应时，每个物种可能会专注于不同的猎物。相比之下，许多卷管螺有广泛的食性，捕食超过 12 种不同的多毛类动物。

近似种

爪哇拟塔螺 *Turricula javana*（Linnaeus，1767），是另一种广泛分布于印度—西太平洋海域的物种，在尺寸和外形上与束腰拟塔螺相似，但是壳表颜色为均匀的黄褐色。假奈拟塔螺 *Turricula nelliae*（Smith，1877），分布于印度尼西亚海域，贝壳较小，螺旋部较高，壳面由棕色和白色纵带构成。

束腰拟塔螺贝壳较大，纺锤形，螺旋部高，较小，壳口椭圆形，纵向前水管沟长而狭窄。螺旋部几乎是整个贝壳长度的一半。圆形的肩部沿螺层中间形成一个钝角。壳口是窄椭圆形，壳口后端具一个三角缺刻，从缝合线延伸到肩部。外唇薄，螺轴光滑，前水管沟上具一个明显的褶襞。壳表光滑，具极细的生长线和偶尔出现的螺线。壳面象牙色，肩部有褐色斑块和平行的棕色细线，细线斜向外唇延伸。

实际大小

科	卷管螺科Clavatulidae
壳长	50—77mm
分布	印度—西太平洋海域；日本
丰度	常见
深度	10—80m
习性	离岸泥质海底
食性	肉食性
厣	角质，树叶形

壳长范围
2 — 3 in
(50 — 77 mm)

标本壳长
3 in
(76 mm)

569

爪哇拟塔螺
Turricula javana
Java Turrid
(Linnaeus, 1767)

作为常见的卷管螺中个体最大的种类，爪哇拟塔螺的栖息深度极广，最大深度约达 260 英尺（80m）。该物种利用其有毒的箭形齿舌来捕食底泥中的多毛类动物。这种螺通常也会被渔船的拖网捕获，但不是重要的渔业物种。

近似种

束腰拟塔螺 *Turricula tornata*（Dillwyn，1817），在红海、泰国和太平洋西部海域被发现，壳体细，螺旋部高，有前水管沟，螺层外围不具结节。美髯卷管螺 *Toxiclionella haliplex*（Bartsch，1915）为南非特有物种，贝壳较小，螺旋部高，壳顶圆，在壳表有交替出现的奶油色和棕色色带。

爪哇拟塔螺螺旋部相对较高。螺层外围具斜的、浅色的结节。缝合线深。缝合线和肩部之间有两条螺肋。螺肋显著，覆盖整个体螺层和前水管，前水管偶尔会有扭曲。螺轴弯曲，外唇后端具缺刻。壳表的总体颜色范围为苍白色到深棕色。

实际大小

科	棒塔螺科Drilliidae
壳长	13—17mm
分布	日本到印度尼西亚，新几内亚和菲律宾
丰度	稀有
深度	60—150m
习性	沙质海底
食性	肉食性
厣	角质，薄

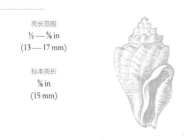

壳长范围
½ — ⅝ in
(13 — 17 mm)

标本壳长
⅝ in
(15 mm)

570

沟肩锥塔螺
Conopleura striata
Striated Turrid
(Hinds, 1844)

沟肩锥塔螺贝壳较小，双锥形，螺旋部宽，壳口为窄椭圆形。在壳前端有一个短的前水管沟，位于绷带侧面。壳口后缘形成一个深而狭窄的缺刻。外缘连续的缺刻连接在一起形成凸出的外壁，使贝壳呈现出一个锥形的外观。壳面为白色到金褐色。

沟肩锥塔螺贝壳小而易碎，壳上很少出现被修复的裂痕，表明该种很少遇到捕食者。像其他芋螺超科动物一样，沟肩锥塔螺主要或者专门捕食多毛类动物。为棒塔螺科的一员，这是一个独特的种群，其特征为每排齿舌具 5 个齿，包括退化的中央齿、耙状的侧齿和尖形缘齿。耙状侧齿可帮助吞咽多毛类动物。

近似种

花棒螺 *Clavus canacularis*（Röding，1798），与沟肩锥塔螺有相似的分布范围，贝壳约为沟肩锥塔螺的两倍且更加厚重；壳口后端缺刻的边缘形成不连续的尖状突起。镰仓求拉立螺 *Guraleus kamakuranus*（Pilsbry，1904），分布于日本和韩国海域，是一种微型贝类，尽管贝壳与沟肩锥塔螺类似，但是壳体只有其 1/3 大。

实际大小

科	棒塔螺科Drilliidae
壳长	25—32mm
分布	热带西太平洋
丰度	不常见
深度	浅水至20 m
习性	砂砾
食性	肉食性
厣	角质，薄

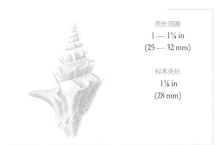

花棒螺

Clavus canalicularis

Little Dog Turrid

(Röding, 1798)

壳长范围
1 — 1¼ in
(25 — 32 mm)

标本壳长
1⅛ in
(28 mm)

571

花棒螺生活在潮下带砾石海底。贝壳宽，具向外的长刺，因此该种动物是爬行而不是钻入海底生活。大多数腹足类是具长水管的活跃捕食者，而花棒螺伸出的水管远远超出了宽短的前水管沟。捕猎时，花棒螺左右摆动水管，通过"闻"水管吸进的水来确定猎物位置。

花棒螺贝壳轮廓为菱形，较小，螺旋部较高，为圆锥形，壳口长。壳口后沟缺刻与短的前水管沟一样宽。壳表具8—10条突出的纵肋，在大多数标本中，螺层肩部有一根扁平向外延伸的刺。螺旋雕刻仅为精细的螺线。壳面白色，壳体中间或基部有棕黑色、黄褐色或棕色带穿过。壳口白色。

近似种

印度洋棒螺 *Clavus exasperatus*（Reeve，1843），分布于太平洋中部海域，在尺寸、总体比例和颜色上与花棒螺类似，但是缺少壳口后部边缘缺刻扩大形成的宽的、弯曲的刺。九肋棒螺 *Clavus enna*（Dall，1918），分布于太平洋西南部海域，壳体是花棒螺的两倍大。壳体更小的拉伯棒螺 *Clavus lamberti*（Montouzier，1860）分布于西太平洋海域，贝壳彩色、有光泽，有突出的纵肋和白色、黄色、棕色的螺带。

实际大小

科	棒塔螺科Drilliidae
壳长	25—52mm
分布	印度—西太平洋
丰度	不常见
深度	潮下带至20m
习性	沙质和碎石海底
食性	肉食性
厣	角质，薄

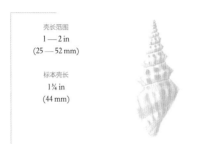

壳长范围
1—2 in
(25—52 mm)

标本壳长
1¾ in
(44 mm)

572

火焰棒螺
Clavus flammulatus
Flaming Turrid
(Montfort, 1810)

　　火焰棒螺是一种不常见的棒塔螺，分布范围较广，遍及印度洋和太平洋热带海域。通过对图中贝壳的仔细观察可以发现，该标本曾受到捕食者（可能是蟹类）的破坏性攻击且幸存了下来。当受到攻击时，其软体部分会退至壳内，并用厣封住壳口。但是螃蟹会抓住贝壳，并试图用钳掰碎外唇以便于剥落厣。

近似种

　　双线棒螺 *Clavus bilineatus*（Reeve，1845）分布于印度—太平洋海域，是一种小型棒塔螺，具两条窄色带，一条白色、另一条深棕色，沿着肩部贯穿整个红棕色的壳表。宝石棒螺 *Clavus opalus*（Reeve，1845），分布于菲律宾和斐济海区，壳体为火焰棒螺的 1/2 大小，壳面白色至浅黄褐色，具突起的纵肋。

火焰棒螺贝壳中等大小，锥形，螺旋部高，长度超过贝壳总长度的一半，壳口长，其边缘近乎直。前水管沟宽短，不明显。壳口后部缺刻宽，边缘外翻。肩部具肩角，上有 10—12 个纵结节，每个结节上有一个短刺。仅贝壳前端具细线。壳面白色，有 5—6 排大小形状不规则的深棕色斑点。肩部以上或以下相邻行的斑点通常会融合。壳口内部白色，但常显示出外唇外部的颜色。

实际大小

科	棒塔螺科Drilliidae
壳长	30—52mm
分布	美国南部北海岸
丰度	不常见
深度	6—20m
习性	沙质海底
食性	肉食性
厣	角质，薄

壳长范围
1¼ — 2 in
(30 — 52 mm)

标本壳长
1¼ in
(46 mm)

573

驼背棒塔螺
Drillia gibbosa
Humped Turrid
(Born, 1778)

驼背棒塔螺沿哥伦比亚和委内瑞拉海岸有十分狭窄的分布范围。这一地理分布为其生物学进化的结果。同棒塔螺科的其他物种一样，雌性驼背棒塔螺把卵产在扁圆、坚硬的小卵囊内，卵囊附着在石头、贝壳碎片或其他坚硬物体上。每个卵囊内的卵不足 12 个。其幼虫在卵囊中经历所有发育阶段，孵化时，小的稚贝已能爬行。这种螺的分布范围取决于它们在孵化后能爬多远。

近似种

棒塔螺 *Drillia clavata*（Sowerby I，1834），分布于哥斯达黎加到厄瓜多尔海域，与驼背棒塔螺外形类似，但是其贝壳表面光滑且有光泽。白肋棒塔螺 *Drillia albicostata*（Sowerby I，1834），是加拉帕戈斯群岛的特有物种，也与驼背棒塔螺相似，但具有光滑且弯曲的纵肋。

驼背棒塔螺贝壳中等大小，螺旋部非常高，呈略微阶梯样的圆锥形。壳口长，椭圆形，有一条明显长的前水管沟和一个狭窄的后部缺刻。壳层具明显的肩角，其在缝合线和肩部之间具褶皱。壳面具有许多排列紧密的纵肋（稍斜向于螺轴），它们同螺肋交叉使壳面呈网状结构。壳面白色或象牙色，棕色螺旋带在螺层中部被白色带中断。壳口内部白色，半透明，可显示壳表面的颜色。

实际大小

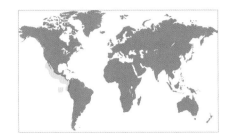

科	西美螺科Pseudomelatomidae
壳长	32—50mm
分布	科尔特斯海到厄瓜多尔，加拉帕戈斯群岛
丰度	常见
深度	潮间带至30m
习性	沙质海底
食性	肉食性
厣	角质，树叶形，退化

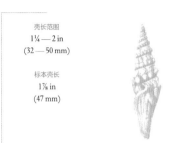

壳长范围
1¼ — 2 in
(32 — 50 mm)

标本壳长
1⅞ in
(47 mm)

574

黑斑索塔螺
Hormospira maculosa
Blotchy Turrid
(Sowerby I, 1834)

同西美螺科的其他物种一样，索塔螺属 *Hormospira* 中的物种有独特的齿舌，齿舌有三排齿，每个齿上具一个齿尖和一个毒腺。它们生活在美国中部和南部海岸的内大陆架上相对较浅的海域中，栖息在沙质海底，并以小型无脊椎动物为食，比如多毛类动物。

近似种

索塔螺属 *Hormospira* 中只有一个物种。近缘种鼓瘤卷管螺 *Tiariturris libya*（Dall，1919）和光谱卷管螺 *T. spectrabilis* Berry，1958 与黑斑索塔螺较为相似，不同的是它们的贝壳更大，沿着肩部在结节以下有细螺肋，壳皮较厚，颜色深。细毛西美螺 *Pseudomelatoma penicillata*（Carpernter，1864）因其较小的贝壳和短的水管沟、不具明显的肩角，具纵肋，很容易与黑斑索塔螺区分开来。

黑斑索塔螺贝壳大而厚，壳形较细，纺锤形。螺旋部高，圆锥形。沿着肩部具凸起的结节和螺带。壳口为窄椭圆形，后部缺刻中等深，前水管沟长度与壳口一致。壳面仅具细螺线。壳面白色，有深棕色的不规则斑点，这些斑点可连起来组成纵带。壳皮薄且为浅棕色。

实际大小

科	塔螺科Turridae
壳长	7—13mm
分布	加勒比，洪都拉斯到巴西
丰度	常见
深度	潮下带
习性	石头
食性	肉食性
厣	角质

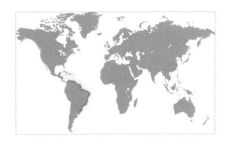

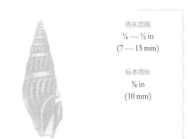

壳长范围
¼ — ½ in
(7 — 13 mm)

标本壳长
⅜ in
(10 mm)

四带莫塔螺
Monilispira quadrifasciata
Four-banded Turrid

Reeve, 1845

莫塔螺属 *Monilispira* 从前被认为是非常多样的厚肋塔螺属 *Crassispira* 的亚属。四带莫塔螺有一个呈巧克力棕色的贝壳以及一条明显的白色螺带和纵向雕刻，这些特征使它成为塔螺科的厚肋塔螺亚科 Crassispirinae 中最容易被辨认的物种之一。

近似种

厚肋塔螺亚科在巴拿马地峡的周围特别集中，在一份名录上列举了超过 60 种仅分布在西海岸的物种，包括引人注目的奥克斯纳塔螺 *Monilispira ochsneri* (Hertlein and Strong, 1949)。它有一个浅黄色的螺旋部，体螺层深棕色，肩部具一条黄色宽螺带，螺带被两条细的红棕色带分成三部分。

实际大小

四带莫塔螺贝壳为纺锤形，螺旋部高，有 7 个螺层。除胚壳外，其他螺层上具明显紧密的纵肋，这些纵肋在底色为深棕色的壳表上有时呈白色。螺层上有一条浅的白色宽螺带，旁边有两条更细的螺带。壳口前部有一条短的前水管沟，后部有一条深的狭窄的裂缝。

科	塔螺科Turridae
壳长	11—25mm
分布	东非到夏威夷州
丰度	不常见
深度	潮间带至50m
习性	岩石海底
食性	肉食性
厣	角质

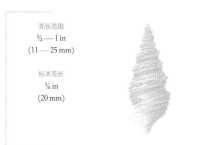

壳长范围
½ — 1 in
(11 — 25 mm)

标本壳长
¾ in
(20 mm)

576

波核塔螺
Turridrupa bijubata
Crested Turrid
(Reeve, 1843)

波核塔螺贝壳小，壳质坚固、结实，纺锤形，有一个高螺旋部和短的前水管沟。螺旋部有许多螺层，早期螺层中的缝合线不明显，壳顶小而圆（图示壳顶已被侵蚀）。壳表具许多凸起的尖螺肋，其中缝合线下的第二条螺肋最为发达。壳口较长，外唇内部具螺线，壳口后部具一个深U形缺刻，前部具截形的前管水沟。壳面深棕色，有白色至浅黄色的螺带。

波核塔螺是分布于印度—太平洋海区的许多小型塔螺中的一种。塔螺科是软体动物中最多变的科，其成员遍布世界各地，在所有的纬度和深度中均有分布。对印度—太平洋海域几个地点的实地深入考察显示，尽管其物种丰富度非常高，但是物种密度很低，对其绝大多数的认知仅来源于少数标本。波核塔螺在博物馆收藏中并不常见。最近的分子研究表明，许多塔螺个体形状看起来相似但实际上代表了许多不同的物种。由于绝大多数塔螺都是小型或微型的，毫无疑问有上千种新物种等待被发现。

近似种

编织核塔螺 *Turridrupa weaveri* Powell，1967 与波核塔螺贝壳形状和大小相似，但是具圆形螺线，绝大多数贝壳为红棕色，上面有白色斑点。四带莫塔螺 *Monilispira quadrifasciata*（Reeve，1845），分布于洪都拉斯和巴西海区，与波核塔螺有相似的形状，但是壳表雕刻不同：螺旋部有纵肋，缝合线下有一条螺肋，体螺层下部具螺线。

实际大小

科	塔螺科Turridae
壳长	45—60mm
分布	佛罗里达州到哥伦比亚
丰度	非常稀有
深度	55—1480m
习性	沙质和泥质海底
食性	肉食性
厣	角质，长

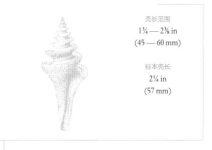

壳长范围
1¼ — 2⅜ in
(45 — 60 mm)

标本壳长
2¼ in
(57 mm)

577

优雅旋塔螺
Cochlespira elegans
Elegant Star Turrid
(Dall, 1881)

优雅旋塔螺有一个精致的宝塔形的贝壳。螺层具明显的棱角，肩部有锋利的龙骨状突起，其上有两排指向后方的、呈螺旋排列的短刺。它生活在深水中的沙泥底，很少被采集到。旋塔螺亚科 Cochlespirinae 的物种有宝塔形的贝壳和一条长的前水管沟，壳口后部的缺刻为圆三角形。绝大多数种类生活在深水并且稀少。旋塔螺属动物是最古老的塔螺，其化石种可以追溯到白垩纪时期。

优雅旋塔螺贝壳为中等大小，壳质薄，壳形长，塔形。螺旋部高，缝合线很明显，壳顶尖，各螺层在肩部具锋利的龙骨突。壳面许多串珠样螺线和短刺排成2排螺肋；肩部以上的区域光滑。壳口为长三角形，延伸至长的前水管沟；后部缺刻位于肩部上方。外唇薄，螺轴光滑。壳面白色，壳口内部也是白色的。

近似种

旋塔螺 *Cochlespira pulchella*（Schepman，1913），分布于菲律宾和印度尼西亚海区，贝壳较小，肩部有大棘刺。棘刺和缝合线之间的斜坡是下凹的。苍白多旋螺 *Polystira albida*（Perry，1811）分布于佛罗里达州到巴西北部海域，是大西洋个体最大的塔螺。其贝壳长纺锤形，有一个高螺旋部、长水管沟和许多锋利的螺肋。

实际大小

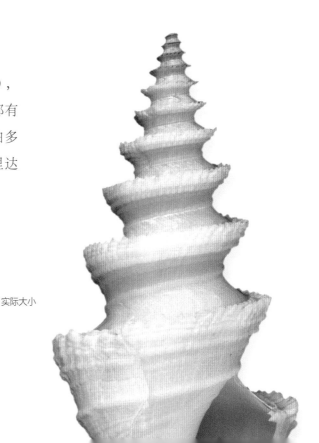

科	塔螺科Turridae
壳长	10—71mm
分布	温哥华岛到美国加利福尼亚
丰度	常见
深度	80—600m
习性	泥
食性	肉食性
厣	角质

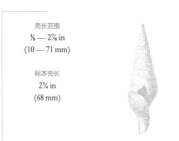

壳长范围
⅜ — 2⅞ in
(10 — 71 mm)

标本壳长
2¾ in
(68 mm)

578

左旋旋卷螺
Antiplanes perversa
Large Perverse Turrid
(Gabb, 1865)

旋卷螺属 *Antiplanes* 包括左旋和右旋两种。旋卷螺属的典型物种左旋旋卷螺是左旋的。该属中的大多数物种生活在深水中，通常有一个相对短并且圆的后部缺刻和一个光滑的表面。前水管沟长度多变。左旋旋卷螺的化石在北太平洋环带上新世沉积中被发现。其分布范围从美国的阿拉斯加州到下加利福尼亚州。

近似种

圣洁旋卷螺 *Antiplanes sanctiioannis*（Smith，1875），是一个分布于俄罗斯东部到日本北部深水中的右旋物种。它同许多旋卷螺一样起源于白垩纪，贝壳白色为主，有时在壳表留有棕色壳皮的痕迹。

左旋旋卷螺贝壳光滑，螺旋状，有一个螺层凸出的高螺旋部。壳面以白色为主，缝合线深，其下方紧接着有一条粉褐色的螺带，粉色蔓延在体螺层和壳口内，但是壳顶和前部螺轴仍然为白色。前水管沟短到中等长；后部缺刻短且圆。

实际大小

科	塔螺科Turridae
壳长	40—85mm
分布	白令海，日本到阿拉斯加
丰度	不常见
深度	深水
习性	沙
食性	肉食性
厣	角质

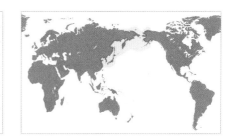

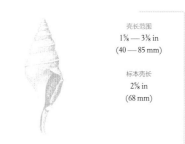

壳长范围
1⅝ — 3⅜ in
(40 — 85 mm)

标本壳长
2⅝ in
(68 mm)

579

北海脊塔螺
Aforia circinata
Ridged Turrid
(Dall, 1873)

脊塔螺属 *Aforia* 中的物种主要发现于深水中，在南极洲和白令海有特殊的多样性。北海脊塔螺分布在日本，北至白令海及阿拉斯加海域。成熟的雌性北海脊塔螺具有一种不常见但并不唯一的特征：壳口具三个缺刻，第三个缺刻与繁殖活动有关，可能用于交配或者产卵。

近似种

华丽脊塔螺 *Aforia magnifica*（Strebel，1908）外形与北海脊塔螺十分相似，但是分布在地球的另一端——南极洲群岛和半岛附近的深海中。同北海脊塔螺类似，壳面哑光白，具细螺线和肩部的脊。

北海脊塔螺贝壳哑光白色，纺锤形，具细且低的螺肋。螺层肩部具一条锋利的脊，其轮廓可由薄外唇上的缺刻形状显示出来。螺轴腔壁上具一个白色的胼胝。前水管沟非常长、较浅、开放，稍后折且略扭曲。

实际大小

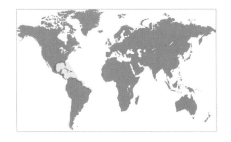

科	塔螺科Turridae
壳长	40—127mm
分布	佛罗里达州到墨西哥湾和巴西
丰度	常见
深度	15—230m
习性	沙质和泥质海底
食性	肉食性
厣	角质，长

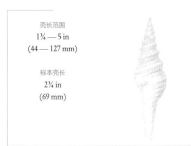

壳长范围
1¾ — 5 in
(44 — 127 mm)

标本壳长
2¾ in
(69 mm)

580

苍白多旋螺
Polystira albida
White Giant Turrid
(Perry, 1811)

苍白多旋螺在塔螺科中是一个真正的白色"巨人"：它是个体最大的塔螺之一，是西大西洋中最大的塔螺。它是分布在佛罗里达州到墨西哥湾和巴西北部海区的常见物种，生活在近海的沙质和泥质海底。贝壳往往会有愈合的疤痕，这代表其曾遭受过天敌比如螃蟹的攻击并且幸存了下来。虽然贝壳收藏者不喜欢有伤痕的贝壳，但这对生物学家来说是非常重要的信息。对疤痕的研究为物种及其天敌的生态学研究提供了深入了解的机会。

近似种

重玉多旋螺 *Polystira coltrorum* Petch，1993，分布于巴西东北部海区，贝壳类似于苍白多旋螺但是更小，螺肋更平滑。一些贝壳表面具淡褐色。波纹塔螺 *Turris crispa* (Lamarck，1816)，分布于印度—太平洋海域，是塔螺中个体最大的物种。其贝壳也是纺锤形，螺旋部高，尽管前水管沟可能比苍白多旋螺的短。壳面白色，螺肋上布满了棕色的短线或者斑点。

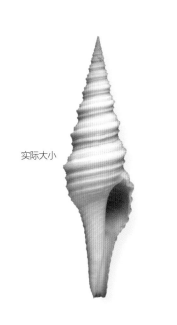

实际大小

苍白多旋螺贝壳在多旋螺属中相对较大，厚，坚固，长纺锤形，有一个高螺旋部和长前水管沟。螺旋部有一个尖壳顶，缝合线明显，螺层具角。壳表具许多发达的螺肋，螺肋在肩部最为发达，紧邻后沟缺刻。壳口狭长，外唇具缺刻，内面有肋纹，螺轴光滑。壳面纯白，偶尔为奶油色，早期螺层颜色淡，为黄褐色或棕色。厣为长形，棕色。

科	塔螺科Turridae
壳长	35—90mm
分布	印度到日本和澳大利亚
丰度	不常见
深度	浅潮下带至15—230m
习性	沙质海底
食性	肉食性
厣	角质，长

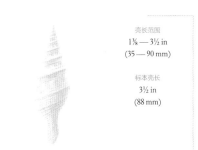

壳长范围
1⅜ — 3½ in
(35 — 90 mm)

标本壳长
3½ in
(88 mm)

581

印度乐飞螺
Lophiotoma indica
Indian Turrid
(Röding, 1798)

印度乐飞螺是乐飞螺属 *Lophiotoma* 中个体最大的浅水螺，但它在近海中也有分布。贝壳外形随水深变化而变化；浅水贝壳通常比深水贝壳更大。虽然名字指出其生活在印度，但印度乐飞螺在菲律宾和澳大利亚周围更常见。许多亚种是根据贝壳特点描述的。这些特点曾用于识别塔螺，包括形状、大小、雕刻、幼壳的螺层数量、齿的数量和类型，以及后缺刻的位置。然而，壳顶通常被侵蚀或消失，使得这个大科中种类的识别更加困难。

近似种

雪 点 乐 飞 螺 *Lophiotoma millepunctata*（Sowerby III，1908），分布于日本到新西兰海区，有一个更小的贝壳和一个高螺旋部，但是水管沟更短。贝壳如其名所示：壳表似乎具上千个斑点。东风塔螺 *Turris babylonia*（Linnaeus，1758），分布于菲律宾到印度尼西亚和所罗门群岛海域，是一种常见的大型螺，其贝壳与印度乐飞螺的贝壳类似，但是前水管沟稍短。壳面白色，有排列成螺线的方形黑点。

实际大小

印度乐飞螺贝壳为中等大小，结实，长纺锤形，有一个高螺旋部和长前水管沟。螺层有角，缝合线明显，壳顶尖。壳表各螺层具一条发达的肩部螺肋和下方较细的螺肋（螺旋部螺层上为 2 条）。壳口为椭圆形，与开放的前水管沟贯通；后缺刻在体螺层肩部。壳面白色，具棕色斑点。

科	塔螺科Turridae
壳长	60—160mm
分布	印度—西太平洋
丰度	不常见
深度	10—30m
习性	离岸带沙质海底
食性	肉食性
厣	角质

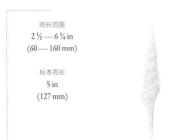

壳长范围
2 ½ — 6 ¼ in
(60 — 160 mm)

标本壳长
5 in
(127 mm)

582

波纹塔螺
Turris crispa
Supreme Turrid
(Lamarck, 1816)

波纹塔螺是个体最大的塔螺。贝壳壳形狭长，其尺寸、粗细不均的螺肋和呈规则排列的棕色的斑块使得该物种极受收藏家的青睐。贝壳变化相当大，这导致了许多亚种的产生，包括多变塔螺 *Turris crispa variegata*、耶氏塔螺 *T. c. yeddoensia* 和夏威夷塔螺 *T. c. intricata*。

近似种

尖乐飞螺 *Lophiotoma acuta*（Perry，1817），分布于印度—西太平洋海域，比波纹塔螺短，缝合线更深。其特征为每个螺层上具两条明显的脊。壳表通常有斑点，尖乐飞螺的图案较波纹塔螺不明显。东风塔螺 *Turris babylonia*（Linnaeus，1758）分布于菲律宾、印度尼西亚和所罗门群岛海域，壳体同样较短。它的深缝合线特征与相对较厚的螺肋有关，上具规则的深棕色方形斑点，比其他螺的斑点大很多。

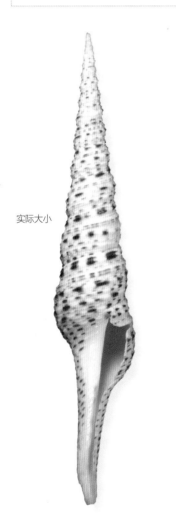

实际大小

波纹塔螺贝壳高，螺旋部尖锐，前水管沟基本是直的，较螺旋部短。扁平的螺层上具高低不平且粗细不均的螺肋，螺肋上均具棕色斑块，其常在前水管和体螺层上整齐排列。壳口是白色的，螺轴光滑，外唇后端有一个缺刻。

科	芋螺科Conidae
壳长	12—23mm
分布	荷属安的列斯群岛，西印度群岛
丰度	不常见
深度	浅潮下带至6m
习性	岩石海底
食性	肉食性，捕食多毛类动物
厣	角质，长

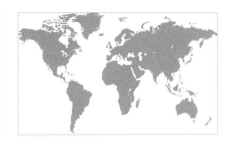

象形芋螺
Conus hieroglyphus
Hieroglyphic Cone
Duclos, 1833

壳长范围
½ — ⅞ in
(12 — 23 mm)

标本壳长
⅝ in
(16 mm)

583

象形芋螺是一种分布范围较窄的小型芋螺，是阿鲁巴岛、博内尔岛、库拉索岛、荷属安的列斯群岛特有的物种。阿鲁巴西海岸的象形芋螺标本通常最大，贝壳壳表有红棕色斑点，而来自东海岸的贝壳更小并且颜色更深。象形芋螺生活在浅水岩石上或岩石下。

近似种

喜蕾芋螺 *Conus selenae* Van Mol，Tursch and Kempf，1967，分布于巴西北部和西北部海域，贝壳与象形芋螺类似但是更小。喜蕾芋螺壳面光滑，壳表具锯齿状的螺旋线或者稍呈网格状的雕刻。贝壳颜色范围为白色、橙色或浅棕色。勋章芋螺 *Conus genuanus* Linnaeus，1758，分布于非洲东部海域，壳表具方形黑点或短线排成的螺带，螺带被白色条纹中断，与浅棕色条带交替出现。

实际大小

象形芋螺贝壳小，壳质轻，有光泽，圆锥形，螺旋部中等高。螺层为阶梯状，有明显的缝合线，壳顶突出而圆。体螺层略凸，肩部圆。壳表具螺旋排列的念珠状突起以及前部的螺肋。壳口宽，外唇薄。壳面通常为深红棕色，具三条白色不规则斑点构成的螺带。壳口内部为浅紫罗兰色。

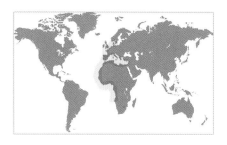

科	芋螺科Conidae
壳长	10—23mm
分布	欧洲北部至安哥拉；地中海
丰度	不常见种
深度	10—100m
习性	沙，碎石，岩石，海草附近
食性	肉食性
厣	角质

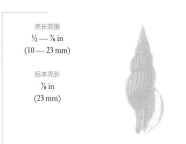

壳长范围
½ — ⅞ in
(10 — 23 mm)

标本壳长
⅞ in
(23 mm)

584

紫色披脊螺
Raphitoma purpurea
Purple Raphitoma
(Montagu, 1803)

紫色披脊螺是欧洲海域披脊螺属 *Raphitoma* 中个体最大的物种。它不如该属中的其他物种常见，在英国南部比在英国北部更常见。瘦长的贝壳、网状雕刻以及独特加厚且内缘具齿的外唇都使其十分容易被辨认。紫色披脊螺在近海的蔓草、大叶藻、昆布、海带或石头下以及石缝中被发现。

近似种

美线披脊螺 *Raphitoma linearis*（Montagu，1803），分布于挪威到加那利群岛和地中海海域，与紫色披脊螺相似，不同的是其贝壳更小更坚固，有更发达的纵肋以及更少的螺肋。埃氏深海芋螺 *Gymnobela edgariana*（Dall，1889），是分布于路易斯安那州和库拉索群岛的深海物种，有一个纺锤形的光滑贝壳，螺层有角，壳口大约为贝壳的一半长。

实际大小

紫色披脊螺的贝壳小且轻，壳质坚固，壳形细长，且螺旋部高。缝合线很明显，壳顶窄；螺层大约有 8—12 层。螺旋部各螺层上具大约 7 条螺肋，体螺层上大约有 25 条螺肋，与 8—20 条纵肋相交，交叉处呈珠状。外唇厚且内缘有小齿，壳口为矛尖形。壳面通常为红棕色，唇白色。

科	芋螺科Conidae
壳长	20—69mm
分布	印度—西太平洋
丰度	不常见种
深度	潮间带至120m
习性	沙质底及岩石底下
食性	肉食性，以其他软体动物为食
厣	角质，加长

壳长范围
¾ — 2¼ in
(20 — 69 mm)

标本壳长
1⅝ in
(43 mm)

585

点芋螺
Conus pertusus
Pertusus Cone
Hwass *in* Bruguière, 1792

贝壳橙色或粉色，壳表上具 3 条由白色斑块组成的螺带，螺旋部膨凸，壳顶小而尖，这些特征使得点芋螺非常容易被辨认。然而，其颜色多变，许多点芋螺的底色为白色或浅黄色，有浅棕色的斑点。它广泛分布于整个太平洋海域，从东非到夏威夷。点芋螺生活在浅水和近海，栖息于沙质海底以及珊瑚下。在大多数地区不常见。

近似种

菖蒲芋螺 *Conus vexillum* Gmelin，1791，分布于印度—太平洋海区，贝壳比点芋螺的更大，但是小个体的贝壳可能与点芋螺类似；大个体贝壳的颜色从浅黄色到深棕色不等。无敌芋螺 *Conus cedonulli* Linnaeus，1767，分布于小安的列斯群岛海域，有一个漂亮的橙棕色贝壳，有白色不规则斑块和斑点形成的螺带。

点芋螺贝壳中等大小，重量适中，略光滑，圆锥形。螺旋部短，膨凸，有一条浅缝合线和一个小而尖的壳顶。体螺层边缘直或略膨凸。壳面光滑，具发达的螺旋肋纹。壳口狭窄，前部宽，外唇薄。壳面颜色范围从浅橘红色到深粉色甚至白色，壳表通常有3 条由不规则白色斑块形成的螺带。

实际大小

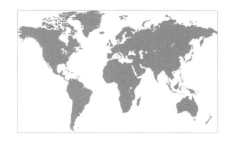

科	芋螺科Conidae
壳长	40—78mm
分布	小安的列斯群岛（拉丁美洲群岛，南北美大陆间的安的列斯群岛的一部分）
丰度	不常见种
深度	2—50m
习性	岩石底下
食性	肉食性，以多毛类动物为食
厣	角质，加长，具终核，非常小

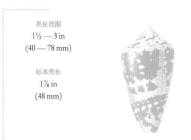

壳长范围
1½ — 3 in
(40 — 78 mm)

标本壳长
1⅞ in
(48 mm)

586

无敌芋螺
Conus cedonulli
Matchless Cone
Linnaeus, 1767

无敌芋螺是 18 世纪最稀有的贝壳。在 1796 年，同一场拍卖中，一个无敌芋螺标本的价格是弗米尔（Vermeer）作品的六倍还多。如今，该物种仍被认为是稀有的螺类，因其漂亮的图案颜色赢得收藏家的青睐。然而，随着潜水的兴起，越来越多的无敌芋螺个体被发现。所有的芋螺都有毒，因此在其活着的时候应该小心处理。无敌芋螺的毒素对人类来说并不致命，但是它的叮咬仍会导致疼痛。芋螺属 *Conus* 现存种超过 500 种。

近似种

无敌芋螺的近似种较多，包括地图芋螺 *Conus mappa* Lighfoot，1786、黄金芋螺 *Conus aurantius* Hwass，1792、伪厚缘芋螺 *Conus Pseudaurantius* Vink and Cosel，1985，全部分布于加勒比海南部海域，还有分布范围更广的王冠芋螺 *Conus regius* Gmelin，1791，分布在美国乔治亚州到巴西南部海域。所有的种类都有形态多变的贝壳。

无敌芋螺的贝壳壳质厚，圆锥形，壳口狭长，壳口与螺轴接近平行。螺旋部短、呈阶梯状，体螺层边缘直，壳表雕刻有细螺线，其中，靠近贝壳基部的螺线最为发达。壳面白色，饰以不规则的螺线、念珠状突起以及斑块，其颜色从黄色到橙色变化。该种贝壳样式极其多变，许多亚种因此命名。

实际大小

科	芋螺科Conidae
壳长	35—64mm
分布	墨西哥湾及加勒比海
丰度	稀有种
深度	深水至500m
习性	沙和泥
食性	肉食性
厣	角质

壳长范围
1⅜ — 2½ in
(35 — 64 mm)

标本壳长
1⅞ in
(48 mm)

587

埃氏深海芋螺
Pleurotomella edgariana
Edgar's Pleurotomella
(Dall, 1889)

深海芋螺属 *Pleurotomella* 是芋螺科中一个深海属。其特征为：螺旋部高、具发达的雕刻，前水管沟长。该属的绝大多数种类分布在温带和寒带水域，而有些种类也分布在芋螺科典型的热带海域生境中。同芋螺科中的其他类群一样，该属动物可通过连接毒液腺的中空齿舌有力地刺穿猎物。埃氏深海芋螺有一个厚且坚固的壳皮以及爪状厣。

近似种

帕氏深海芋螺 *Pleurotomella packardi*（Verrill, 1872）是该属中壳表粗糙的代表性种。其壳面白色，有宽间距的细螺线和凸起的螺旋纵肋在膨圆的螺层上交叉排列。螺旋部高，壳口卵形，前水管沟短且开放。该种大约为 18mm 长，分布在北海和西北大西洋海域，范围从挪威到直布罗陀。

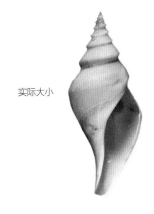

实际大小

埃氏深海芋螺贝壳具光泽，纺锤形。壳体白色或浅黄褐色、锥形，螺旋部高，肩部低斜，早期螺层上具结节，缝合线深凹。壳表具细弱的螺线，尤其是在壳体的下部。壳口细椭圆形，外唇薄，前水管沟开放、中等长。壳口内部为白色，有光泽。

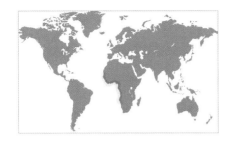

科	芋螺科Conidae
壳长	33—75mm
分布	塞内加尔至安哥拉，佛得角
丰度	不常见种
深度	潮下带浅海至100m
习性	岩石底部
食性	肉食性，以多毛类动物为食
厣	角质，加长

壳长范围
1¼ — 3 in
(33 — 75 mm)

标本壳长
2 in
(52 mm)

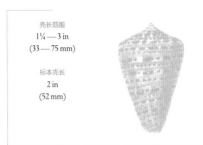

588

勋章芋螺
Conus genuanus
Garter Cone
Linnaeus, 1758

勋章芋螺是一种不会被认错的、漂亮的芋螺，壳表具亮或暗棕色螺带以及交替出现的螺旋状方形斑块和斑点。由于壳表具斑块和斑点样的图案，它又被称为摩尔斯电码芋螺。勋章芋螺通常生活在浅水，但有时也会出现在深海中。它捕食多毛类动物，尤其是隐毛虫 *Hermodice carunculata*。水族馆中养殖的勋章芋螺只吃隐毛虫，不吃其他任何食物。在加那利群岛曾发现其半化石。收藏的旧标本往往褪色，失去原有颜色和花纹。

实际大小

近似种

桶形芋螺 *Conus betulinus* Linnaeus，1758，分布于非洲东南部到波利尼西亚群岛海域，与勋章芋螺的颜色花样类似，但是其贝壳一般更大。壳面橙色，具螺旋花纹和大小均匀的斑点。蝴蝶芋螺 *Conus pulcher* Lightfoot，1786，分布于西撒哈拉到安哥拉海区，是该科中个体最大的物种。大芋螺幼体有鲜艳的花纹，成体壳面颜色变淡。

勋章芋螺贝壳为中等大小，锥形，壳质坚固，重，有光泽，螺层外缘平。螺旋部短而尖，几乎看不到缝合线。壳口狭长，与体螺层近乎平行；外唇薄且锋利。体螺层光滑，仅具生长线。壳面奶油白色，有浅粉色或橙色螺带，与深色螺带交替出现，螺带上面有成排的深棕色、黑色和白色斑块，有时斑块中间会有斑点。壳口白色。

科	芋螺科Conidae
壳长	30—135mm
分布	印度—西太平洋
丰度	常见种
深度	潮间带至70m
习性	沙质底
食性	肉食性，以多毛类动物为食
厣	角质，加长

壳长范围
1¼ — 5¼ in
(30 — 135 mm)

标本壳长
2¼ in
(57 mm)

589

陶芋螺
Conus figulinus
Fig Cone
Linnaeus, 1758

陶芋螺有一个厚重的贝壳，螺旋部短，壳表具有许多棕色螺线。它是分布于浅水的常见芋螺，半埋在沙质海底。雌性陶芋螺在夏季产下粉色大卵囊。与大多数芋螺不同，陶芋螺通常在沙子上产卵囊，最开始的四或五个卵囊没有卵，在沙子上起固定作用。卵发育成浮游面盘幼虫。

近似种

桶形芋螺 *Conus betulinus* Linnaeus，1758，分布于东非到波利尼西亚群岛海域，贝壳与陶芋螺类似但更大、更重，有呈螺旋排列的点或斑块，而不是连续的螺线。地纹芋螺 *Conus geographus* Linnaeus，1758，分布于印度—西太平洋海域，有一个中等到较大的贝壳，壳质相对轻薄。壳口前部宽，螺体肩部有结节。地纹芋螺是一种食鱼螺类，也是毒性最强的芋螺之一。

陶芋螺的贝壳中等大小，三角圆锥形，壳质极重，壳表略有光泽。螺旋部中等高或非常短，缝合线锯齿状、不明显，壳顶尖。体螺层大，肩部圆，表面光滑，上部有许多螺线，偶具生长线。壳口长，相对宽，宽度均匀，外唇发达并且锋利。壳面灰色到深褐色，有许多深棕色螺线。壳口内部为白色。

实际大小

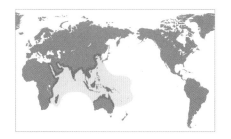

科	芋螺科Conidae
壳长	42—109mm
分布	印度—西太平洋
丰度	常见种
深度	潮间带至250m
习性	沙质底和砂泥的底部
食性	肉食性，以其他软体动物为食
厣	角质，加长

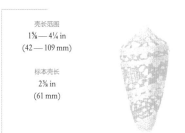

壳长范围
1⅝ — 4¼ in
(42 — 109 mm)

标本壳长
2⅜ in
(61 mm)

590

优美芋螺
Conus ammiralis
Admiral Cone
Linnaeus, 1758

棕色螺带和焦糖色细螺带交替出现，间或有不规则的白色三角状斑点装饰，这是优美芋螺独有的图案花纹。其许多亚种都是根据颜色花样及壳表雕刻命名的。优美芋螺生活在潮间带至深海的沙质、泥质海底和珊瑚礁碎石上。通过鱼叉状齿舌注射毒素来麻痹和捕食其他腹足纲软体动物。

近似种

印度之光芋螺 *Conus milneedwardsii* Jousseaume，1894，分布在红海、印度洋至中国南海，壳较大，灰白色，有三角形斑点，是本属中螺旋部最高的种之一。陶芋螺 *Conus figulinus* Linnaeus，1758，分布在印度—西太平洋海域，贝壳重且宽，螺旋部短。

优美芋螺的贝壳为中等大小，壳面光滑，锥形。螺旋部中等高，缝合线不明显，边缘凹陷，壳顶较尖。体螺层边缘近直，肩部具角，表面近光滑。壳口相对较宽，前部较后部宽，外唇薄且锋利。贝壳颜色花样多变，通常具有两条棕色螺带、三条焦糖色螺带和大小不等的白色帐篷样斑点。壳口白色。

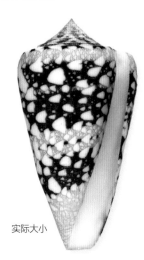

实际大小

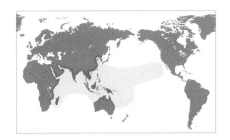

科	芋螺科Conidae
壳长	32—87mm
分布	印度—太平洋
丰度	常见种
深度	50—425m
习性	岩石底下
食性	肉食性，以多毛类动物为食
厣	角质，加长

梭形芋螺
Conus orbignyi
Orbigny's Cone
Audouin, 1831

壳长范围
1¼ — 3⅜ in
(32 — 87 mm)

标本壳长
2½ in
(63 mm)

591

梭形芋螺是一种深海芋螺，有一个非常容易辨认的细长贝壳，螺旋部较高。其分布范围非常广泛：从东非沿海开始，跨越整个印度—太平洋海域。尽管梭形芋螺并没有在以上海域的所有地方都被发现，但是通常情况下，它在每个被发现的地方都比较常见。芋螺的齿舌经过进化，每颗都变得像小鱼叉一样，以便储存强效的毒液。

近似种

龙皱芋螺 *Conus sauros* García，2006，分布在得克萨斯州和路易斯安那州海域，具有一个相似但是明显更薄的贝壳，同样是一种深海贝类。点芋螺 *Conus pertusus* Hwass *in* Bruguière，1792，分布于印度—西太平洋海域，螺旋部圆且凸起，壳顶小而尖，壳面通常是明亮的橘红色或者深粉红色。

梭形芋螺的贝壳为中等大小，壳质轻，长圆锥形。其螺旋部高度适中，肩部有一排圆形结节，壳顶尖而锋利。体螺层长且略凹，有一条长的前水管沟。壳口狭长，外唇薄且易碎。壳表具许多低平的螺肋和具有纵向细纹的浅沟。壳面白色或奶油色，有棕色的螺带，有时还有斑点。

实际大小

科	芋螺科Conidae
壳长	42—110mm
分布	印度—太平洋
丰度	常见种
深度	潮间带至80m
习性	在岩石和珊瑚间的沙质底
食性	肉食性，以多毛类动物为食
厣	角质，加长

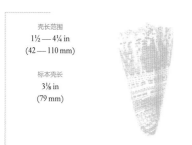

壳长范围
1½ — 4¼ in
(42 — 110 mm)

标本壳长
3⅛ in
(79 mm)

592

堂皇芋螺
Conus imperialis
Imperial Cone
Linnaeus, 1758

堂皇芋螺是最容易辨认的芋螺之一。尽管贝壳在形状和颜色方面有变化，但是其凸起的肩部、短的螺旋部以及呈螺旋排列的黑点和短线使该种类辨识度非常高。堂皇芋螺是潮间带到近海海域珊瑚沙底上较常见的贝类，是一种专一捕食多毛类扁犹帝虫 *Eurythoe complanata* 的肉食动物。壳表具生长纹或捕食者在捕食过程留下的疤痕，这些痕迹或疤痕可被珊瑚藻沉积所覆盖。

近似种

主教芋螺 *Conus dorreensis* Péron，1807 为西澳大利亚海域的特有种类，有一个独特的壳皮，上具黄褐色宽螺带，螺带上具黑线。优美芋螺 *Conus ammiralis* Linnaeus，1758，分布于印度—西太平洋海域，贝壳图案很漂亮：具两条宽的棕色螺带、三条焦糖色螺带以及三角形的白色斑点。

实际大小

堂皇芋螺的贝壳为中等大小，壳质厚重，外形锥形。螺旋部极低平，肩部有尖锐的结节。体螺层前部可能会有螺肋，但基本上光滑，偶尔会有生长痕。壳口狭长，前部较宽，外唇锋利。壳面奶油色，上面有两条浅棕色或者绿褐色的宽螺带，以及由黑色短线和点组成的波浪状螺带。壳口紫色，褪色后为白色。

科	芋螺科Conidae
壳长	70—120mm
分布	日本至澳大利亚的西北部
丰度	不常见种
深度	60—600m
习性	泥底
食性	肉食性，以多毛类的蠕虫为食
厣	缺失

壳长范围
2¾ — 4½ in
(70 — 120 mm)

标本壳长
3¼ in
(83 mm)

593

旋梯螺
Thatcheria mirabilis
Japanese Wonder Shell
Angas, 1877

旋梯螺是世界上最好辨认的贝壳之一。它是如此与众不同以至于当单个旋梯螺标本被发现并描述为新种时，许多科学家都认为那是一个畸形的标本。半个多世纪后，该种的其他标本才被采集到。据说旋梯螺的形状启发了弗兰克·劳埃德·莱特（Frank Lloyd Wright）的灵感，由此设计了纽约的古根海姆博物馆（Guggenheim Museum）。旋梯螺是该属唯一种。

近似种

紫色披脊螺 *Raphitoma purpurea*（Montagu，1803），分布于北欧沿海到安哥拉沿海和地中海，贝壳长纺锤形，表面有网格状刻纹。朴裴肋桂螺 *Tritonoturris poppei* Vera-Peláez and Vega-Luz，1999，分布于菲律宾沿海，贝壳纺锤形，螺旋部高，表面光滑。这两种贝类以前都被归为塔螺科，但是现在被认为是针凸塔螺科 Raphitomidae 的成员。

实际大小

旋梯螺的贝壳壳质轻薄，具棱角。螺旋部很高且呈阶梯状。胚壳表面有交错的对角线形成的钻石样雕刻。螺旋部各螺层近平，缝合线很深且肩部边缘锋利。体螺层较大，向前水管沟处突然收窄，前水管沟较宽。塔螺缺刻为一条长度大约为螺层1/4的宽沟。壳口很大，大约为整个贝壳的一半长，壳口轮廓棱角分明，螺轴光滑。贝壳呈暗黄色，壳口和螺轴成白色且有光泽。

科	芋螺科Conidae
壳长	44—129mm
分布	红海至印度—西太平洋
丰度	常见种
深度	潮下带浅海
习性	珊瑚礁附近的沙质底
食性	肉食性，以鱼为食
厣	角质，同心状，加长

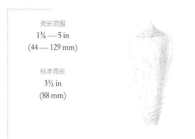

壳长范围
1¼ — 5 in
(44 — 129 mm)

标本壳长
3½ in
(88 mm)

594

线纹芋螺
Conus striatus
Striate Cone
Linnaeus, 1758

线纹芋螺的贝壳为中等大小，壳质坚固，外形呈圆柱状。螺旋部较低，胚壳较尖，螺层稍内凹，肩部边缘锋利。体螺层略凸，最宽处位于肩部以下。壳口非常狭长，后部到前部逐渐变宽。壳面具有交叉排列的细螺肋和纵向生长线纹。线纹芋螺的贝壳颜色多种多样，白色到浅粉色的底色上，分布有不规则的宽螺带和浅棕色至黑色"之"字形纵向斑点。壳口白色。

线纹芋螺是一种常见的捕食鱼类的芋螺，有广泛的地理分布。它栖息于浅沙质海底，尤其是靠近珊瑚礁的海底，分布于红海到南太平洋海域。由于它具有强效毒液，因此处理时要更加小心。这种漂亮的贝壳有各种各样的颜色和形状。尽管其壳质厚而且结实，但是软体部分几乎重吸收了壳内早期螺层的内部壳层，使得它们像纸一样薄并且近乎透明。

近似种

与线纹芋螺密切相关的一种螺是分布于印度—西太平洋海域的相称芋螺 *Conus consors* Sowerby I，1833，这种螺的贝壳壳形细瘦，螺旋部短而尖。另一种螺是幻芋螺 *Conus magus* Linnaeus，1758，具彩色的贝壳，螺旋部通常会有黑色斑点。以及飞弹芋螺 *C. stercumuscarum*（Linnaeus，1758），壳面白色，壳表具小的棕色斑点形成的不规则纵带。

实际大小

科	芋螺科Conidae
壳长	31—150mm
分布	印度—西太平洋
丰度	常见种
深度	潮间带至50m
习性	岩石底下
食性	肉食性，以其他软体动物为食
厣	角质，加长

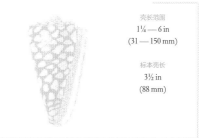

壳长范围
1¼ — 6 in
(31 — 150 mm)

标本壳长
3½ in
(88 mm)

黑芋螺
Conus marmoreus
Marble Cone
Linnaeus, 1758

595

黑芋螺是芋螺属的典型种。这是一种为人熟知的物种，引人注目的黑白色壳面使得它非常容易被辨认。其花样多变，壳表具排成斜螺旋行的大三角斑点到小而密集的三角斑点。一种分布于新喀里多尼亚岛的黑芋螺有焦糖色甚至是纯白色的贝壳。黑芋螺生活在潮间带到近海处的碎石海底和珊瑚下面。它以其他软体动物为食，与其他螺不同，黑芋螺一整天都很活跃。

黑芋螺的贝壳中到大型，壳质较重，略有光泽，圆锥形。其螺旋部较短，有明显的缝合线，肩部有大的圆形结节。体螺层边缘近乎直线，只有后部略凸。壳口较长，前部最宽，外唇厚或者薄。壳表通常光滑，但是前部可能会有螺线。壳面黑色，上面有排列成螺旋斜行的白色三角斑点，壳口为白色。

近似种

胜利芋螺 *Conus nobilis victor* Broderip，1842，是印度尼西亚巴厘岛和弗洛雷斯岛特有贝类，贝壳有类似于黑芋螺的三角花纹。壳面焦糖色，有一些棕色宽螺带和白色三角斑点。梭形芋螺 *Conus orbignyi* Audouin，1831，分布跨越整个印度—太平洋海域。贝壳细长，螺旋部高。

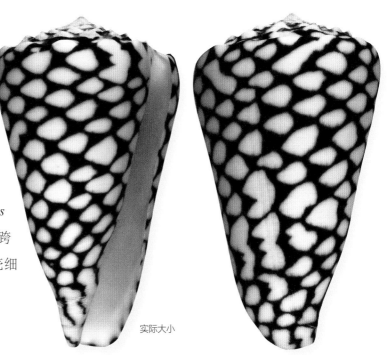

实际大小

科	芋螺科Conidae
壳长	70—162mm
分布	西太平洋的热带海区
丰度	不常见种
深度	潮间带至80m
习性	细沙底
食性	肉食性，以其他腹足类动物为食
厣	角质，同心心的，加长，小

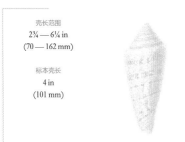

壳长范围
2¾ — 6¼ in
(70 — 162 mm)

标本壳长
4 in
(101 mm)

596

大海荣光芋螺
Conus gloriamaris
Glory-of-the-sea Cone
Cheminitz, 1777

大海荣光芋螺一度被认为是世界上最稀有的贝类，直到 1900 年有大约 12 只大海荣光芋螺被发现。然而，自从几十年前水肺潜水出现后，这种芋螺就被发现栖息在巴布新几内亚和菲律宾海域。现在它们经常被收藏，尽管大部分标本是利用拖网在深海收集的。大海荣光芋螺是捕食其他软体动物尤其是腹足类的芋螺之一，捕食方式为利用特化齿舌注射肽类混合毒素。

近似种

具帐篷样图案的芋螺的种类很多，包括印度之光芋螺 *Conus milneedwardsi* Jousseaume，1854，分布在印度洋海域和中国南海，螺旋部较高，呈阶梯状；织锦芋螺 *Conus textile* Linnaeus，1758，分布于印度—太平洋海域，螺旋部较矮，贝壳为卵形；黑芋螺 *Conus marmoreus* Linnaeus，1758，分布于印度—西太平洋海域，螺旋部中间下凹，肩部有结节，通常壳面为黑色或白色。

实际大小

大海荣光芋螺贝壳相对较大，螺旋部较高、较细，壳质坚固。螺旋部尖锐，略微阶梯状，约占整个贝壳长度的 1/4。体螺层边缘近乎直线，表面光滑并且有光泽。壳口长，前部稍宽。唇薄而锋利，螺轴光滑。壳面通常为奶油色至青白色，有五条宽的深色螺带，上面布满了小的白色帐篷样或三角形斑点，螺旋部螺层有一条棕色带。壳口白色。

科	芋螺科Conidae
壳长	43—166mm
分布	印度—西太平洋
丰度	常见种
深度	潮下带浅海
习性	珊瑚礁附近的沙质底
食性	肉食性，以鱼类动物为食
厣	角质，同心状，加长

壳长范围
1¾ — 6½ in
(43 — 166 mm)

标本壳长
4¼ in
(106 mm)

地纹芋螺
Conus geographus
Geography Cone
Linnaeus, 1758

地纹芋螺是软体动物中毒性最强的种类。大多数芋螺都捕食多毛类动物，它们的毒液都是针对多毛类动物的，对人类并没有特别的危害。许多其他种类的芋螺是软体动物捕食者，以其他软体动物为食，它们的毒液对人类的伤害更大。一个相对较小的芋螺种群，包括地纹芋螺在内，是捕食鱼类的，其毒液针对脊椎动物，因此可造成人类死亡。至少30起人类死亡归因于被芋螺刺伤，其中被地纹芋螺刺伤致死的人数最多。

近似种

最近的分子学研究指出芋螺科的食鱼种类至少独立进化了三次。因此，并不是所有的食鱼芋螺都有紧密的亲缘关系。光环芋螺 *Conus radiatus* Gmelin，1791 同样分布在印度—西太平洋海域，与地纹芋螺来源于不同的家系，与分布于东太平洋热带海区的紫金芋螺 *Conus purpurascens* Sowerby，1833 一样。乌龟芋螺 *Conus ermineus* Born，1778，现在已知的唯一一种分布在西亚特兰大海域的食鱼芋螺，与紫金芋螺的亲缘关系紧密。

实际大小

地纹芋螺的贝壳相对较大，膨胀，壳质轻薄，表面有光泽。螺旋部非常低，肩部有小结节。体螺层的雕刻明显，有细纵线。壳皮是棕色的，很薄，有时具凸起的脊。壳口前部很宽，螺轴光滑、前端为截形。壳面白色、奶油色或者淡粉红色，有两条或者更多的栗褐色螺带，螺带旁边有很多小的帐篷样斑点。壳口白色。

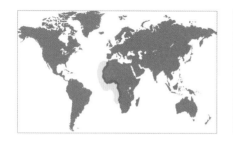

科	芋螺科Conidae
壳长	50—226mm
分布	西非，从西撒哈拉至安哥拉
丰度	常见种；非常大的贝壳比较稀有
深度	潮下带浅海
习性	沙质底
食性	肉食性，以其他软体动物为食
厣	角质，同心状，加长

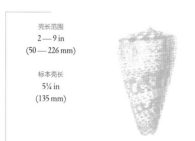

壳长范围
2—9 in
(50—226 mm)

标本壳长
5¼ in
(135 mm)

598

蝴蝶芋螺
Conus pulcher
Butterfly Cone
Lightfoot, 1786

蝴蝶芋螺是现存个体最大的芋螺，长度可达226mm，然而大多数收藏的标本都没有这个尺寸的一半大。其贝壳上经常能看到来自捕食者攻击所留下的疤痕。蝴蝶芋螺的贝壳在形状和颜色上多种多样。如同其他芋螺一样，这是一种食肉螺类，通常在夜间活动。其特别大的个头和特异的颜色花样使得蝴蝶芋螺能从其他东非海区芋螺中轻易地被辨认出来。

近似种

大多数的芋螺，比如竹雕芋螺 *Conus mercator* Linnaeus，1758 和勋章芋螺 *Conus genuanus* Linnaeus，1758，与蝴蝶芋螺相比要更小一些。印度—太平洋海域的某些贝类，比如豹芋螺 *Conus leopardus*（Röding，1798），在大小上与蝴蝶芋螺接近，但是豹芋螺的贝壳更重一些，并且只有单一的螺旋排列的斑点。

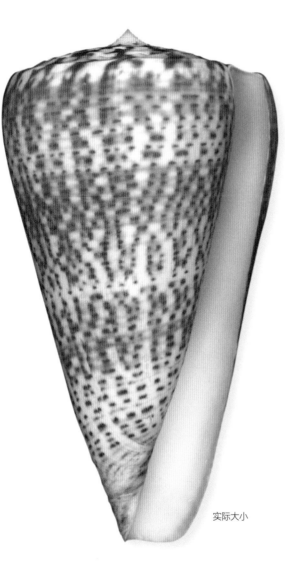

实际大小

蝴蝶芋螺的贝壳非常大，但是考虑到其个头，其壳质还是相对较轻薄的。螺旋部低，肩部有一定的棱角，轻微下凹的螺层形成了一条清晰的缝合线。壳口长且宽，前部更宽一点。唇薄且直，螺轴光滑。在新鲜标本中，体螺层底部附近的低螺肋更加明显。蝴蝶芋螺壳面为白色或奶油色，上面有由大小深浅不同的褐色方块和斑点组合成的螺带。在大型个体中颜色的花样不那么明显。

科	笋螺科Terebridae
壳长	13—40mm
分布	佛罗里达至巴西中部
丰度	常见种
深度	潮间带
习性	沙滩
食性	肉食性，以多毛类动物为食
厣	角质，小，卵圆形

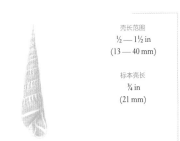

壳长范围
½ — 1½ in
(13 — 40 mm)

标本壳长
¾ in
(21 mm)

599

塞纳矛螺
Hastula salleana
Sallé's Auger
(Deshayes, 1859)

塞纳矛螺（塞纳笋螺）是一种在沙滩碎浪带常见的笋螺。它是一个极快的掘土者，可以在被滞留出水面的时候快速地将自己埋在沙子里。也可以把足当作帆一样随着海浪退回。塞纳矛螺是生活在沙滩上的专以多毛类动物为食的捕食者。世界范围内的笋螺科现存大概270种，印度—太平洋海域具有最高的多样性水平。笋螺科的化石记录可以追溯到白垩纪晚期。

近似种

矛螺（花笋螺）*Hastula strigilata*（Linnaeus，1758）分布范围从红海开始，穿越印度—太平洋海域，至夏威夷和法属波利尼西亚沿海，贝壳与塞纳矛螺相似但是更大并且颜色更多。螺旋部上螺旋排列的棕色圆点或者斑点使矛螺非常容易被辨认。黑白矛螺*Impages hectica*（Linnaeus，1758）同样分布在红海和印度—太平洋海域，相比塞纳矛螺，其贝壳更大、更宽。

实际大小

塞纳矛螺的贝壳为中等大小，壳薄但是结实，表面光滑，呈长锥形。螺旋部非常高，螺层超过12层，壳顶尖，螺旋部边缘平坦，向上逐渐变细。各螺层缝合线下方的短纵肋组成一条螺带；壳面其余部分光滑。壳口矩形，外唇薄，螺轴光滑。壳面颜色从浅蓝色至棕灰色，缝合线下有一条棕色螺带，前部有一条白色细带。壳口黄褐色。

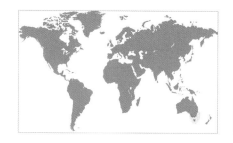

科	笋螺科Terebridae
壳长	19—37mm
分布	澳大利亚东南部
丰度	不常见
深度	潮下带至150m
习性	沙底
食性	肉食性
厣	角质，卵圆形

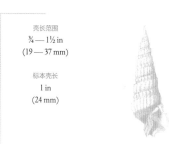

壳长范围
¾ — 1½ in
(19 — 37 mm)

标本壳长
1 in
(24 mm)

600

焦黄双层螺
Duplicaria ustulata
Scorched Auger
(Deshayes, 1857)

焦黄双层螺（大肚笋螺）贝壳独特，或许在双层螺属 *Duplicaria* 中是壳体最宽的。此种易被分辨，各螺层缝合线以下有一条深螺沟，螺沟以下至下一条缝合线的螺体上有发达的纵肋。该种为澳大利亚特有种，在新南威尔士、维多利亚、塔斯马尼亚岛都有分布，而在塔斯马尼亚岛更为常见。本种通常栖息在近海，偶尔在低潮带出现。一些研究人员将其分在桃笋螺属 *Pervicacia*，因为它的螺轴比双层螺属代表性的扭曲螺轴（例如双层螺 *Duplicaria duplicata*）要光滑。

近似种

细网双层螺（珠宝笋螺）*Duplicaria gemmulata*（Kiener，1839），分布在从巴西东南部到智利海区，贝壳更大、更细长，纵肋更长，每个螺层上有两条白色的螺带和两条珠状螺带。双层螺 *Duplicaria duplicata*（Linnaeus，1758），分布范围从红海到南非一直延伸到西太平洋，壳大且简洁雅致，各螺层缝合线以下有一条深螺沟，纵肋扁平、较宽。

实际大小

焦黄双层螺贝壳中等大小，光滑，圆锥形。螺旋部高，壳顶尖，缝合线明显，缝合线下面有螺沟。壳表雕刻明显，每螺层上有发达的纵肋，有的在上部，有的在下部，在倒数第二个螺层上大约有 **20—25** 条纵肋。壳口宽，外唇薄，螺轴光滑弯曲。壳面茶黄色或米褐色，壳口与贝壳颜色相近。

科	笋螺科Terebridae
壳长	30—80mm
分布	红海到印度—西太平洋
丰度	常见
深度	潮间带
习性	沙底
食性	肉食性
厣	角质，卵圆形

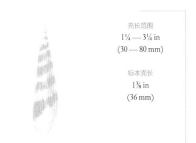

壳长范围
1¼ — 3¼ in
(30 — 80 mm)

标本壳长
1⅜ in
(36 mm)

601

黑白矛螺
Impages hectica
Sandbeach Auger
(Linnaeus, 1758)

黑白矛螺（黑白笋螺）常见于开阔、有海浪席卷的沙滩上，分布在从红海到印度—西太平洋海域。虽然笋螺科动物有三种摄食方式，但所有的笋螺都是肉食性的。黑白矛螺属于一种特殊的类群，它们利用齿舌专门捕猎多毛类动物，并能分泌一种强力的毒液麻痹猎物，最后将猎物吞食下去。然而，许多笋螺毒液腺已退化，只能将猎物整个吞下。笋螺的第三种类群有一种特殊的器官，可以抓住并摄食丝鳃虫等多毛类的触手。

近似种

坚实矛螺（坚固笋螺）*Hastula solida*（Deshayes，1857），分布在印度—西太平洋热带海区，壳更小，壳体圆润，近卵形，壳表有网状花纹。尽管其贝壳看起来不同于黑白矛螺，但分子生物学研究显示它们的关系密切。彩纹笋螺 *Terebra maculata* Linnaeus，1758，从红海到东太平洋均有分布，是世界上最大的笋螺。它看起来像一个巨大的黑白矛螺，但壳体更宽也更重，壳口更细长。

实际大小

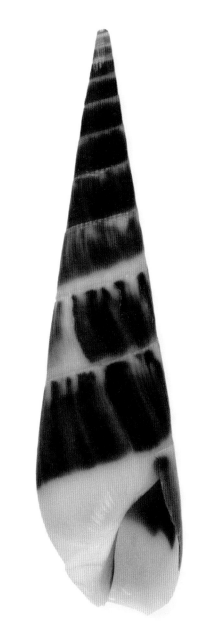

黑白矛螺贝壳中等大小，光滑，圆锥形。螺旋部高，缝合线明显，壳顶尖，螺层的边缘几乎是连续而笔直的。表面平滑，生长纹细。壳口叶状，外唇薄，螺轴光滑弯曲。壳面奶油色，具宽到窄的黑色螺带。壳口为白色。

科	笋螺科Terebridae
壳长	20—70mm
分布	南加州到秘鲁和加拉帕戈斯群岛
丰度	丰富
深度	潮间带至110m
习性	沙底和泥底
食性	肉食性
厣	角质，卵圆形

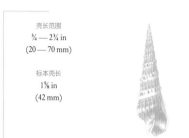

壳长范围
¾ — 2¾ in
(20 — 70 mm)

标本壳长
1⅝ in
(42 mm)

602

环领笋螺
Terebra armillata
Collar Auger
Hinds, 1844

　　环领笋螺的贝壳独特，缝合线下有一条发达的珠状螺带，让人想到人的颈圈或手镯。每个螺层上都有螺线构成的雕刻，但在体螺层上主要具内陷的螺线和与之交叉的纵肋。贝壳的形状和颜色多变。环领笋螺在自然界中产量丰富，从潮间带到近海都有分布，生活的底质为沙底和泥底。在加利福尼亚州的马格达莱纳湾（墨西哥西北部海湾），它也在更新世化石中被发现。

近似种

　　美国笋螺 *Terebra dislocata*（Say，1822），分布于马里兰到巴西海域，东太平洋区域则为加利福尼亚到巴拿马海域，壳在大小和雕刻上与环领笋螺都很相似。三列笋螺 *Terebra triseriata* Gray，1834，分布在印度—太平洋海区，包括夏威夷。其贝壳在笋螺科中最为狭长，较大者可能有 40 多个螺层。

环领笋螺贝壳中等大小，壳表具雕刻，壳形呈圆锥形。螺旋部高，缝合线明显，壳顶尖。雕刻多变。在一些贝壳上，早期形成的螺层上有螺线，而其他贝壳则有纵肋；在形成较晚的螺层上，纵肋占主导，其他的贝壳则有珠状螺带。珠状螺带的发达程度也各不相同。壳口伸长，外唇薄，螺轴扭曲。壳表颜色多变，常为奶油色到棕色变化，具灰色、白色或棕色的螺带。

实际大小

科	笋螺科Terebridae
壳长	25—76mm
分布	印度—西太平洋
丰度	常见
深度	潮间带至120m
习性	沙底
食性	肉食性
厣	角质，卵圆形

壳长范围
1 — 3 in
(25 — 76 mm)

标本壳长
2¼ in
(56 mm)

603

条纹矛螺
Hastula lanceata
Lance Auger
(Linnaeus, 1767)

条纹矛螺（长矛笋螺）的贝壳狭长，壳表具优雅的条纹，在贝壳收藏者中广受欢迎。其形态和条纹在不同个体间变化小，这使得人们能轻松鉴别出这一物种。正如所有其他笋螺一样，条纹矛螺为肉食性，主要吃多毛类动物。笋螺属 *Terebra* 和矛螺属 *Hastula* 的物种都有有毒的口器。它们在摄食猎物之前，通过鱼叉状的中空齿舌向猎物注入能使其麻痹的毒素。

近似种

画笔矛螺（铅笔笋螺）*Hastula penicillata*（Hinds，1844），与条纹矛螺分布范围相同，但螺旋部较短，壳顶较圆润，缝合线流畅光滑。尽管个别特征偶尔与条纹矛螺很相似，但画笔矛螺壳形变化很大。褐斑笋螺 *Terebra areolata*（Link，1807），同样分布在印度—西太平洋海域，壳形通常更长一些，且壳表花纹是斑点而不是纵线，位于缝合线以上的斑点最大。

条纹矛螺的贝壳螺旋部高，每个螺层以很陡的坡度急剧上升到达壳顶，但顶端通常缺失。纵肋多在小螺层上可见，在大螺层上逐渐消失。每个螺层上都饰有间隔均匀的红褐色纵行线纹，线纹始于较浅但很独特的缝合线上。体螺层上的纵肋不太规律，且被白色的螺线中断。壳口窄而小，螺轴下半部向后弯曲呈凹形。

实际大小

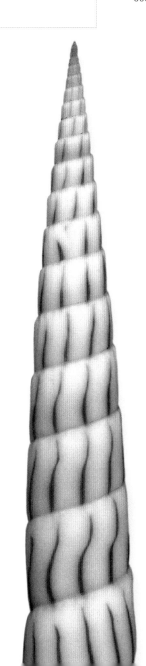

科	笋螺科Terebridae
壳长	20—93mm
分布	红海到印度—西太平洋
丰度	常见
深度	潮间带至60m
习性	沙底
食性	肉食性
厣	角质，卵圆形

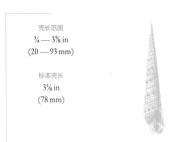

壳长范围
¾ — 3⅝ in
(20 — 93 mm)

标本壳长
3⅛ in
(78 mm)

604

双层螺
Duplicaria duplicata
Duplicate Auger
(Linnaeus, 1758)

双层螺（双层笋螺）贝壳精致，每个螺层有许多宽纵肋和一条螺沟，把每个螺层都分成了上下两个区域，且这两个区域常常是不同颜色的。其贝壳在雕刻和颜色上多变，多生活在干净的沙底，不靠近海草，在近岸更常见。虽然笋螺科动物有三种猎食方式，但最近的分子生物学研究表明，笋螺科的起源是单源性的，这意味着该科所有物种都有一个共同祖先。

近似种

极光笋螺 *Duplicaria australis*（Smith，1873），分布在从澳大利亚北部以及西部和斐济海区，有一个类似于双层螺的贝壳，但更纤细，纵肋凸出，相比其他贝壳，它的螺层上有着不同的雕刻。分层笋螺 *Terebra dimidiata* Linnaeus，1758，分布范围从红海到夏威夷海域，贝壳大型、光滑，有一条光滑的螺带。壳面橙色，有一条白色的细螺带和一些不规则的纵行白线。

实际大小

双层螺贝壳中等大小，坚硬，有光泽，呈长圆锥形。螺旋部高，壳顶尖，缝合线呈沟状，螺旋部边缘几乎平直。壳面具许多粗的（有时细）纵肋和与之交叉的位于缝合线下方的螺沟。早期螺层上纵肋突出，但越接近体螺层纵肋越低平。壳口伸长，外唇薄，螺轴上有一个斜褶襞。贝壳颜色多样，有白色、米色、橙色、灰色或褐色，纯色或有斑点。

科	笋螺科Terebridae
壳长	50—136mm
分布	印度—西太平洋到夏威夷
丰度	不常见
深度	潮下带至150m
习性	沙底和泥底
食性	肉食性
厣	角质，卵圆形

三列笋螺
Terebra triseriata
Triseriate Auger
Gray, 1834

壳长范围
2 — 5⅜ in
(50 — 136 mm)

标本壳长
3¼ in
(84 mm)

605

三列笋螺（钻笋螺）在所有螺旋型腹足类中是壳形最为细长的。其壳极细长，较大的个体可以有 40 多个螺层。作为软体动物，拥有这样狭长的壳是对其自身的一种挑战。其壳口相对较小，贝壳重量与足部肌肉质量之间的比例可能非常接近运动极限，因此限制了它的移动范围。三列笋螺分布范围为日本到菲律宾群岛海域，但在日本更常见。多生活在沙底和泥底，浅潮下带到近海海域。

实际大小

近似种

珍笋螺（旗杆笋螺）*Terebra pretiosa* Reeve，1842，分布在从日本到菲律宾海域，也有一个相当长的贝壳，但稍宽一些，每螺层有许多波形纵肋和一条褐色螺带。环领笋螺 *Terebra armillata* Hinds，1844，分布在从加州到秘鲁和加拉帕戈斯群岛海域，贝壳更短小，有一条珠状螺带和许多弯曲的纵肋。

在笋螺科中，**三列笋螺**贝壳相对较大，壳质偏薄，表面饰有珠状雕刻，壳形极其狭长，呈长圆锥形。螺旋部高，壳顶尖，缝合线明显，螺旋部边缘几乎平直。缝合线下面有 2 条珠状螺带，其下有 3—4 条更细的螺肋，与纵肋交叉，形成网状的雕刻。壳口近矩形，外唇薄，螺轴光滑。壳面奶油色或淡橙色，有时具 2 条发达的颜色较浅的珠状螺带。

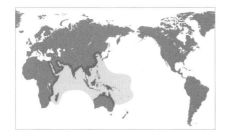

科	笋螺科Terebridae
壳长	55—166mm
分布	印度—西太平洋
丰度	常见
深度	浅海
习性	沙底
食性	肉食性
厣	角质

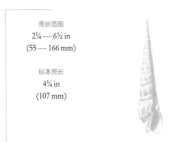

壳长范围
2¼ — 6½ in
(55 — 166 mm)

标本壳长
4¼ in
(107 mm)

606

分层笋螺
Terebra dimidiata
Divided Auger
Linnaeus, 1758

分层笋螺（红笋螺），又名橘红笋螺或二分螺，是笋螺属中一种有毒的类群。其在沙里掘穴而居，留下了一个特殊的痕迹。二分螺这个俗名来源于每个螺层后部浅色细条状的螺带，给人以每个螺层都是一分为二的印象。分层笋螺的壳很薄，阳光可以轻易透穿。

近似种

锯齿笋螺（花芽笋螺）*Terebra crenulata*（Linnaeus，1758），分布于印度—西太平洋海域，壳更坚固，肩角有结节，饰有红褐色的短线，在一些个体上结节可以凸出壳面。颜色比分层笋螺更淡。巴比伦笋螺 *Terebra babylonia*（Lamarck，1822），贝壳更短，壳面上有独特的波浪状起伏的纵脊，且互相分隔开。纵肋与螺肋相互交错，形成了壳上布满结节的外观。

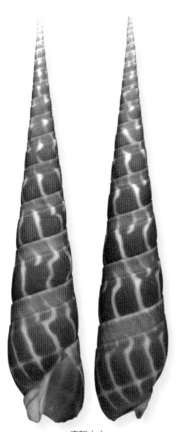

实际大小

分层笋螺贝壳很精致，螺旋部高，壳顶尖。成熟的个体可有多达 20 个稍平的螺层，每个螺层看起来都是被缝合线下的细螺沟分割成两半。每螺层下部 2/3 的部分有独特的白色波状纵条纹，上 1/3 部分不明显。壳口不像其他螺一样伸长，螺轴具弱褶皱。贝壳通体橙红色，有白色波状的纵向条纹。

科	笋螺科Terebridae
壳长	150—250mm
分布	红海到印度—太平洋
丰度	产地常见
深度	潮下带至200m
习性	沙底
食性	肉食性，以多毛类动物为食
厣	角质，薄

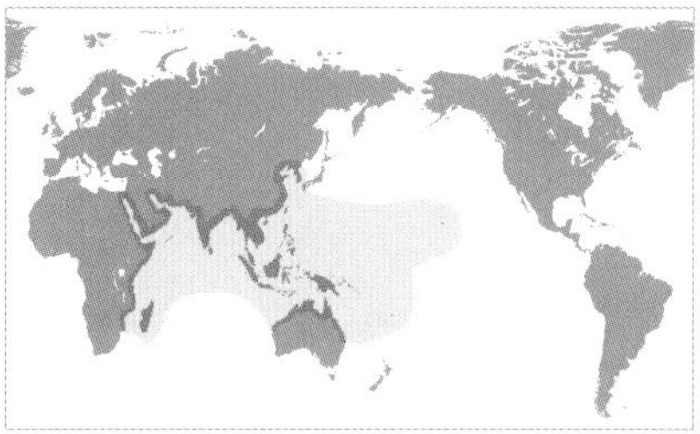

壳长范围
6 — 10 in
(150 — 250 mm)

标本壳长
7⅛ in
(184 mm)

罫纹笋螺
Terebra maculata
Marlinspike Auger
Linnaeus, 1758

罫纹笋螺（大笋螺）贝壳坚硬沉重，在笋螺属中个体最大。它在沙表层以下爬行，这使得它经过的地方留下了一条痕迹，罫纹笋螺就在这条痕迹上设置有毒的倒刺，以猎食蠕虫。这时人们如果堵在痕迹尽头，小心地挖出一勺左右的沙子，就往往会发现一个大笋螺个体。笋螺科 Terebridae 与蟹守螺科 Cerithiidae 很相似，但前者更小，壳口更不平整，螺轴有一到两个褶襞，且螺层通常较平。

近似种

褐斑笋螺 *Terebra areolata*（Link 1807），同样分布在印度—太平洋海区，体螺层有四条褐色斑点状的螺带，而罫纹笋螺的体螺层上有两条排列不规则的紫褐色斑点状的螺带。锯齿笋螺 *Terebra crenulata*（Linnaeus, 1758），肩角上有明显的结节，且没有像罫纹笋螺那样的紫褐色斑点。

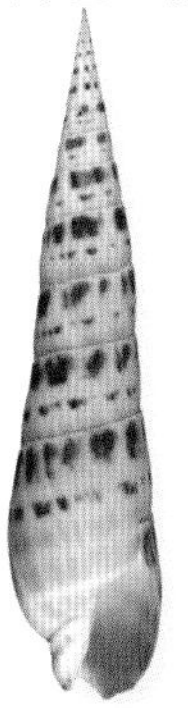

罫纹笋螺的贝壳狭长，螺旋部高。壳口相对较宽，内唇腔壁与螺轴呈 120° 夹角。带线虽然细，却界限明显，由发达的中央沟分隔。每个螺层的上部有独特的紫褐色斑点，排列不规则；每个螺层的下部也有一行更小但颜色相同的斑点。壳面通常呈灰白色到浅棕色。

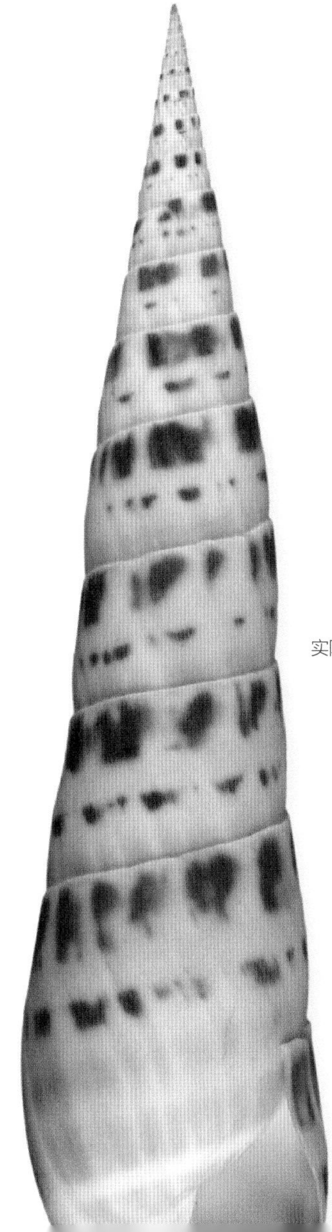

实际大小

科	轮螺科（车轮螺科）Architectonicidae
壳长	8—18mm
分布	红海到印度—西太平洋
丰度	常见
深度	潮间带至20m
习性	沙底
食性	肉食性
厣	角质，螺旋形

壳长范围
⅜ — ¾ in
(8 — 18 mm)

标本壳长
⅝ in
(15 mm)

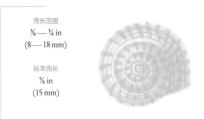

608

高腰太阳螺
Heliacus areola
Variegated Sundial
(Gmelin, 1791)

轮螺科的物种都分布在热带和亚热带海域，栖息于不同深度。大多数分布在印度—太平洋海域，其他的则分布在西大西洋和东太平洋。轮螺科是一个相对较小的科，现存约有130个物种，分别归于几个属，如车轮螺属 *Discotectonica*、轮螺属 *Architectonica* 和刻纹较多的太阳螺属 *Heliacus*。高腰太阳螺（高腰车轮螺）是太阳螺属中个体最小、刻纹最发达的物种之一。它分布在东非到太平洋中部的海域，生活在潮间带到近海。螺旋部从矮到高多变。

近似种

配景轮螺（黑线车轮螺）*Architectonica perspectiva* （Linnaeus，1758），贝壳更大，更为常见，分布在与高腰太阳螺相同海域的深水区，表面有相似的珠状刻纹。其螺旋花纹具明显的排列顺序：缝合线上方有一条奶油色、饰有栗褐色斑点的珠状螺带，上面有一条奶油色的宽螺带，与纵向螺沟交织，再上面是两条栗褐色的细螺线，顶端有一条白色螺带。

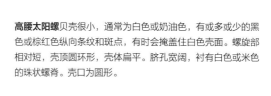

实际大小

高腰太阳螺贝壳很小，通常为白色或奶油色，有或多或少的黑色或棕红色纵向条纹和斑点，有时会掩盖住白色壳面。螺旋部相对短，壳顶圆环形，壳体扁平。脐孔宽阔，衬有白色或米色的珠状螺脊。壳口为圆形。

科	轮螺科Architectonicidae
壳长	24—50mm
分布	日本到澳大利亚北部
丰度	稀有
深度	50—200m
习性	沙底
食性	肉食性
厣	角质

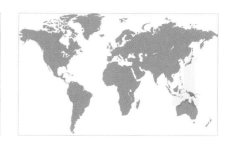

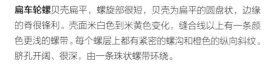

壳长范围
1 — 2 in
(24 — 50 mm)

标本壳长
2 in
(50 mm)

609

扁车轮螺
Discotectonica acutissima
Sharp-edged Sundial
(Sowerby III, 1914)

壳圆形、螺旋部压低，使扁车轮螺（扁车轮螺）呈现圆盘的形状。不像普通的轮螺分布在常见的低纬度地区，扁车轮螺生活在包括温带和热带海域的一条狭窄的经向海区中，广温性。轮螺科的幼虫花很长一段时间进行浮游生活并各自分散到很远的地方。幼体贝壳左旋，但成体贝壳经过逆转后变为右旋。

近似种

放射轮螺（放射车轮螺）*Philippia radiata*（Röding，1798），贝壳呈放射状，生活在印度—太平洋的浅海中，与扁车轮螺整体颜色相近，相对来说壳更小、更高。橙色的条纹相连接，形成火焰状线纹，在缝合线以下发达的橙色螺带上斜行排列。

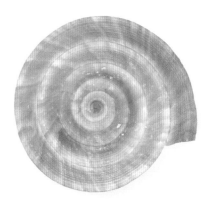

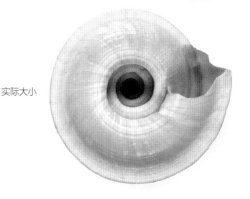

扁车轮螺贝壳扁平，螺旋部很短，贝壳为扁平的圆盘状，边缘的脊很锋利。壳面米白色到米黄色变化，缝合线以上有一条颜色更浅的螺带。每个螺层上都有紧密的螺沟和橙色的纵向斜纹。脐孔开阔、很深，由一条珠状螺带环绕。

实际大小

科	轮螺科Architectonicidae
壳长	19—82mm
分布	印度—太平洋，包括夏威夷
丰度	常见
深度	10—50m
习性	沙底
食性	肉食性
厣	角质

壳长范围
¾ — 3¼ in
(19 — 82 mm)

标本壳长
2½ in
(62 mm)

610

大轮螺
Architectonica maxima
Giant Sundial
(Philippi, 1849)

作为个体最大的轮螺，大轮螺分布范围广，从新西兰到夏威夷、从南非到波利尼西亚海域都有分布。像许多轮螺一样，它生活在珊瑚礁附近的沙底，以海葵和珊瑚虫为食。贝壳易碎如瓷质，标本经常被损坏，特别是在壳口的位置。

近似种

幼轮螺（淡雅车轮螺）*Architectonica laevigata*（Lamarck，1816），与其他的珠状轮螺相比，壳面相当平滑、有光泽。缝合线明显，螺旋部高，每个螺层上有四条螺沟。壳面奶油色到淡紫色，有淡茶色的斑点。幼轮螺在印度洋的浅海相当常见。

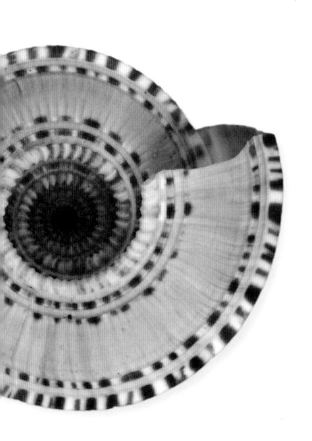

实际大小

大轮螺（巨车轮螺）贝壳基部略凸，螺旋部矮而宽。每个螺层中的螺肋很有特点：缝合线上方有两条白褐相间的斑点螺脊，中间以一条宽沟分隔开；再往上是一条很宽的米色或粉色的螺沟；然后是另两条螺脊，上有纵沟，中间以一条细沟分隔。底部有两条白褐斑点相间的螺脊，被一条有着浅纵纹的宽螺带分隔开。基部中间有开阔的脐孔，由齿状的螺脊环绕。

科	里索螺科（里斯螺科）Rissoellidae
壳长	小于1—2mm
分布	佛罗里达到巴西北部
丰度	常见
深度	潮间带至25m
习性	珊瑚礁附近的藻类上
食性	植食性
厣	石灰质，半圆形，有一个钩

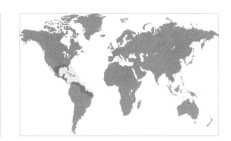

壳长范围
小于⅛in
(1—2 mm)

标本壳长
小于⅛in
(1 mm)

加勒比里索螺
Rissoella caribaea
Caribbean Risso

Rehder, 1943

611

加勒比里索螺是一种热带大西洋西部海区常见的微型螺。它在珊瑚礁附近的大型藻类上爬行，以碎屑、藻丝和硅藻为食。此科贝类的贝壳通常壳面光滑、干净，活体壳半透明，空壳在干燥环境下为白色。透过壳可以看到这种生物的体色，便于物种的识别，特别是识别那些在形状和大小相似的物种时。例如，加勒比里索螺体色为黑色，而加尔巴里索螺 *Rissoella galba* 体色为黄色。全球里索螺科现存约 40 种，全都分布在热带和温带海域。

近似种

加尔巴里索螺 *Rissoella galba* Robertson，1961，分布在墨西哥湾到巴哈马群岛，贝壳在形状和颜色上与加勒比里索螺类似，但只有其大约一半大小，壳顶更矮。长旋里索螺 *Rissoela longispira* Kay，1979，分布在夏威夷海区，与加勒比里索螺相比，壳形类似，但螺旋部更长。软体部为玫瑰色，带灰色斑点。

实际大小

加勒比里索螺的贝壳非常小，壳质薄脆、半透明，呈圆润的锥形。体螺层大且膨胀，壳口半圆形，外唇薄且简单。螺轴光滑，脐孔狭窄，裂口状。厣半圆形，不呈螺旋状。厣的内部有一个短钩，使厣靠在螺轴上。空壳常为半透明和白色。

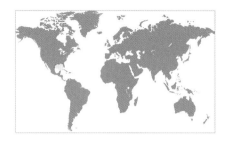

科	凹马螺科Omalogyridae
壳长	0.7mm
分布	古巴北部到美国得克萨斯州
丰度	不常见
深度	4—50m
习性	珊瑚礁附近的藻类上
食性	植食性，以大型藻类为食
厣	角质，有中央核

壳长范围
小于 ⅛ in
(0.7 mm)

标本壳长
小于 ⅛ in
(0.7 mm)

612

斑凹马螺
Omalogyra zebrina
Zebrina Omalogyra

Rolán, 1992

斑凹马螺是世界上最小的贝壳之一，成体只能长到直径0.7mm。它在产地很常见，但因为尺寸太微小，很少有人收集到。它通常在浅海的大型藻类上生活，通过用齿舌刺穿藻细胞吸食内容物。厣角质、有中央核。凹马螺科的动物雌雄同体，雄性先熟。此科在世界范围内都有分布，都有小的平旋壳，壳通常是半透明的。

近似种

褐线凹马螺 *Ammonicera lineofuscata* Rolán，1992和小凹马螺 *A. minortalis* Rolán，1992，都分布在从墨西哥湾到加那利群岛海区，前一种有微小、白色的壳，壳两侧有红褐色的螺带；后者更小，几乎只有斑凹马螺一半大小，贝壳棕色、半透明。

实际大小

斑凹马螺贝壳微型、平旋，螺旋部凹陷。贝壳呈扁平的圆盘状，两侧几乎对称。胚壳上有非常细小的纵线。壳口为圆形，螺层边缘是圆的。壳上饰有无数细小的纵线。壳面白色、半透明，壳的两边有红棕色斑点，轴向排列。

科	凹马螺科Omalogyridae
壳长	0.5—0.7mm
分布	古巴到美国得克萨斯州，加那利群岛
丰度	常见
深度	3—24m
习性	珊瑚礁附近的藻类上
食性	植食性，以大型藻类为食
厣	角质，有中央核

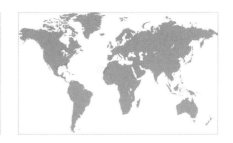

壳长范围
小于 ⅛ in
(0.5 — 0.7 mm)

标本壳长
小于 ⅛ in
(0.7 mm)

613

褐线凹马螺
Ammonicera lineofuscata
Brown-lined Ammonicera
Rolán, 1992

像凹马螺科中大多数物种一样，褐线凹马螺是已知腹足类中个体最小的螺之一。软体部几乎透明，在爬行时其贝壳几乎直立。它以大型藻类为食，生活在潮下带的浅海。尽管有一些物种似乎在同一时段保持雌雄同体，但许多凹马螺是按雌雄体先后顺序出现的。目前全世界凹马螺科只有不到 40 种。

近似种

分布于墨西哥湾到加那利群岛海区的小凹马螺 *Ammonicera minortalis Rolán*，1992，和分布于西太平洋海区的日本凹马螺 *Omalogyra japonica*（Habe，1972），都被认为是世界上最小的腹足类。其只有褐线凹马螺一半大小，都有一个棕色的壳，上有 18 条纵肋。

实际大小

褐线凹马螺贝壳微小、平旋，螺旋部凹陷。壳呈扁平的圆盘状，两侧几乎对称。胚壳上有非常细小的的纵线。壳口为圆形，螺层边缘圆。壳面饰有无数细小的纵线。壳面白色、半透明，壳的两边都有一条红棕色的细螺带。

科	小塔螺科（塔螺科）Pyramidellidae
壳长	10—30mm
分布	印度—西太平洋
丰度	不常见
深度	潮间带至20m
习性	沙底
食性	寄生性，肉食性
厣	角质，卵圆形，少环壳

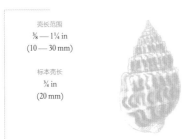

壳长范围
⅜ — 1¼ in
(10 — 30 mm)

标本壳长
¾ in
(20 mm)

614

猫耳螺
Otopleura auriscati
Cat's Ear Pyram
(Holten, 1802)

小塔螺科有 6000 多种生物，在地球上的每个海区的各种深度都有分布。它们中的大多数都小于 13mm，许多种类极其微小。尽管一些种类主动捕食双壳类或多毛类动物，但大多数种类在其他动物体外寄生生活，每个物种都有特定的宿主。它们没有齿舌，但可以用像匕首一样的长喙刺穿宿主并吸收其体液和组织。

近似种

头巾猫耳螺（神秘塔螺）*Otopleura mitralis*（Adams，1855），是一种肉食性小塔螺，有着类似猫耳螺的细小纵肋。壳面白色，从内到外有或多或少的褐色到紫色的色斑，有时在螺线上也有。壳口稍开阔，延伸到前水管沟，螺轴上有三个褶襞。

实际大小

猫耳螺（猫耳塔螺）贝壳的形状类似球根，壳口长度占壳长的一半。缝合线深，使每个螺层的顶端呈一定的坡度。壳面米白色，纵肋狭窄且紧密，饰有茶色到深褐色的不连续螺带。外唇薄，螺柱上有三个齿状褶襞。

科	小塔螺科Pyramidellidae
壳长	14—50mm
分布	印度—西太平洋
丰度	不常见
深度	潮间带至潮下带浅水
习性	沙底海湾
食性	寄生性，肉食性
厣	角质，卵圆形，少环壳

壳长范围
½ — 2 in
(14 — 50 mm)

标本壳长
1 in
(27 mm)

飞弹小塔螺
Pyramidella terebellum
Terebra Pyram
(Müller, 1774)

　　小塔螺科的所有物种都是雌雄同体的，有的产生包裹住精子的精囊，从一个个体传递到另一个个体。大多数寄生，将卵包在一大团胶质物中，悬系于宿主壳外。幼体贝壳左旋，但成体右旋，这导致了壳的异旋，幼体壳的螺轴与成体壳的螺轴之间构成一个相当大的角。

近似种

　　彩环小塔螺（彩环塔螺）*Pyramidella dolabrata*（Linnaeus，1758），在印度—太平洋和加勒比海海区都有分布，飞弹小塔螺一度被认为只分布在太平洋海区，且颜色更为多变。彩环小塔螺有更少的、颜色更浅的螺带，螺带一般为茶色到米栗色；螺轴上的褶襞比飞弹小塔螺更深。

实际大小

飞弹小塔螺的贝壳光滑，形状像螺丝钻一样，体螺层圆，螺旋部高。缝合线比较深，壳顶略凸，3 条深棕色的螺旋带衬于白色或奶油色的壳面上。体螺层上有 4 条棕色螺带，透过狭窄的壳口清晰可见。螺轴有较弱的褶襞。

科	小塔螺科Pyramidellidae
壳长	20—40mm
分布	印度—太平洋
丰度	常见
深度	潮间带至潮下带浅水
习性	沙底
食性	寄生性，肉食性
厣	角质，卵圆形，少环壳

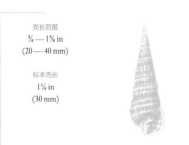

壳长范围
¾ — 1⅝ in
(20 — 40 mm)

标本壳长
1¼ in
(30 mm)

616

雕花小塔螺
Pyramidella tessellata
Tessellate Pyram
(Adams, 1854)

小塔螺是一种肉食性的寄生生物——它不杀死宿主，只是将锋利的吻刺入猎物，吸取其组织和体液。大多数小塔螺非常小，很少超过 13mm，雕花小塔螺是小塔螺科中个体最大的物种之一。它曾被认为是沟小塔螺 *P. sulcata* 的一个变种，与其分布在相同的栖息地和分布范围；后者壳上的花纹更少且颜色更浅，缝合线处有一宽沟，但在外形和大小上非常相似。

近似种

针叶小塔螺（竹笋塔螺）*Pyramidella acus*（Gmelin，1791），贝壳较大，通常能长到 50mm。壳面奶油色，缝合线深，表面饰有带深褐色斑点的大型螺带，每个螺层上有两或三条，体螺层上有五条螺带。螺轴上的褶襞形式相同，但外唇较薄。

雕花小塔螺的壳形类似螺丝钻。壳面白色到淡棕色，螺带宽，与或多或少的纵线相结合，形成轴向断断续续火焰般的颜色。外唇比较薄，螺轴有 3 个褶襞，最大褶襞朝后扭曲。在海滩上拾获的标本壳顶通常不完整。

实际大小

科	捻螺科Acteonidae
壳长	10—25mm
分布	印度—西太平洋
丰度	稀有
深度	潮间带至100m
习性	沙底
食性	肉食性，以多毛类动物为食
厣	角质，伸长

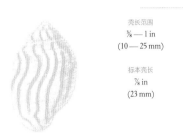

壳长范围
⅜ — 1 in
(10 — 25 mm)

标本壳长
⅞ in
(23 mm)

617

肥胖捻螺
Acteon virgatus
Striped Acteon
(Reeve, 1842)

捻螺科被认为是后鳃亚纲头楯目 Cephalaspidea 当中最原始的种类。在其他科中，贝壳倾向于变薄、变小或完全退化消失，然而捻螺却有一个厚重的贝壳。肥胖捻螺（柳条捻螺）的软体部可以完全缩回到其贝壳中，并有一个厣保护。在世界范围内大约有 50 种现存的捻螺，从潮间带到深海都有分布。最古老的捻螺可以追溯到白垩纪。

近似种

艾氏捻螺（三彩捻螺）*Acteon eloisae*（Abbott，1973），是阿曼（西南亚国家）特有的物种，稀有，因为其螺旋显著、深棕色螺线上有橙色的轴向大斑点而在贝壳收藏者中很受欢迎。体螺层中部有更宽而平的螺肋。

肥胖捻螺贝壳为卵圆形。螺旋部矮，缝合线比较深。壳口前部广阔。螺轴上有 1 个扭曲的褶襞。每个螺层中间有精致的螺肋，螺肋较宽，在螺层中部接近光滑。壳面白色，有不规则的深棕色细小的纵向螺线。

实际大小

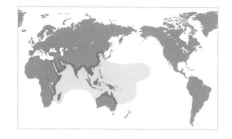

科	捻螺科Acteonidae
壳长	12—27mm
分布	印度—太平洋
丰度	常见
深度	潮间带至30m
习性	沙底
食性	肉食性，以多毛类动物为食
厣	角质，伸长

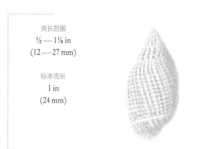

壳长范围
½ — 1⅛ in
(12 — 27 mm)

标本壳长
1 in
(24 mm)

618

坚固蛹螺
Pupa solidula
Solid Pupa
(Linnaeus, 1758)

坚固蛹螺的贝壳卵圆形、螺旋部稍短，壳上有相当狭窄的螺肋环绕。壳面白色，螺肋上饰有黑色、茶色或更常见的红色长条形斑点；可能有一条或两条螺肋缺乏斑点。壳顶和壳口均为白色。螺轴上有一对较低的褶襞，稍高的地方有一条褶襞。

蛹螺属 *Pupa* 是捻螺科几个相近属中分类次序最靠前的属。大多数捻螺都相似，但坚固蛹螺（斑点硬捻螺）与它们不同的是，有一个更小的次生螺轴，褶襞更高，看起来更宽大，螺肋更圆润。坚固蛹螺分布范围广泛，它有一个更稀有的变种烟色蛹螺 *P. s. fumata*，具浅灰色或米色的花纹，分布在菲律宾和澳大利亚西部之间。

近似种

棕色蛹螺（涂沟捻螺）*Pupa sulcata*（Gmelin，1791），在分布地不太常见，螺体比坚固蛹螺稍膨胀。螺肋更平，其上饰有黑色或茶色的斑点。螺旋部和贝壳前缘常呈茶色。

实际大小

科	饰纹螺科Aplustridae
壳长	12—30mm
分布	印度—西太平洋
丰度	一般常见
深度	潮间带至2m
习性	沙底和泥底
食性	肉食性，以多毛类动物为食
厣	缺失

壳长范围
½ — 1¼ in
(12 — 30 mm)

标本壳长
½ in
(12 mm)

宽带饰纹螺
Hydatina amplustre
Royal Paper Bubble
Linnaeus, 1758

在饰纹螺科中，宽带饰纹螺的贝壳几乎是最小的，且更为钙化。饰纹螺通常软体部比贝壳更加丰富多彩，但是宽带饰纹螺拥有一个漂亮的彩色贝壳，灰色半透明的身体藏于壳中。其头上有两对触须，依靠皮肤上的产酸腺体产生一种难闻的的化学物质，用于防御。它还可以钻进沙中来寻求庇护所。在世界范围内饰纹螺科大约有 12 个现存物种，分布在热带和亚热带海域，在印度—太平洋海区多样性水平最高。

宽带饰纹螺的贝壳小、薄、半透明且有光泽，卵圆形，较伸长。螺旋部低平，缝合线非常明显。壳面光滑，生长纹很细弱。壳口伸长，略狭窄，外唇和螺轴光滑。壳面白色，有两条边缘为黑色，里面玫瑰红色的宽螺带环绕。在壳口里面可以清晰地看到螺带的颜色。

近似种

泡螺 *Hydatina physis* (Linnaeus，1758)，分布在红海到印度—太平洋海区，贝壳大，球形，有褐色的窄螺带。波纹艳泡螺 *Micromelo undata* (Bruguière，1792)，环热带分布，壳小，白色，上有深红色的网格状窄螺线。软体部灰色半透明，上有不透明的白色斑点，边缘有五彩带点蓝色的镶边，身体上有鲜艳的嫩黄色带和一条红的细线。

 实际大小

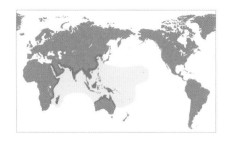

科	泡螺科Hydatinidae
壳长	15—65mm
分布	红海到印度—西太平洋
丰度	常见
深度	潮间带至28m
习性	沙底和泥底
食性	肉食性，以多毛类动物为食
厣	缺失

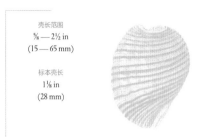

壳长范围
⅝ — 2½ in
(15 — 65 mm)

标本壳长
1⅛ in
(28 mm)

620

泡螺
Hydatina physis
Green-lined Paperbubble
(Linnaeus, 1758)

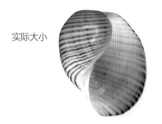

实际大小

泡螺（密纹泡螺）是一种彩色的、具壳的海蛞蝓，在印度—太平洋海区分布较广，从红海到南非都有分布，遍及整个印度—太平洋海区。它有一个极薄易碎的贝壳，很难抵御捕食者的入侵。其软体部庞大，粉色的身体饰有白色的镶边，像玫瑰花瓣一样，不能完全缩回壳中。和其他泡螺动物一样，泡螺缺乏厣，眼睛是直接长在身体上的两个小黑点，而并不在头触角的基部，因为它没有头触角，以四个扁平、宽阔的触角替代。泡螺是多毛类动物的专职猎手。

近似种

香草泡螺 *Hydatina vesicaria*（Lightfoot，1786），分布在佛罗里达到巴西海域，与泡螺非常相似，不同之处在于它的壳更小更细，螺旋部矮。宽带饰纹螺 *Hydatina amplustre*（Linnaeus，1758），分布在印度—太平洋海区，贝壳小，独特，有两条玫瑰红色的宽螺带和三条白色螺带，以黑色的窄线隔开。

泡螺的贝壳在此科中属于较大者，其贝壳极薄而轻、光滑，球形。螺旋部凹陷，体螺层大。壳口宽，外唇至整个贝壳都是薄而光滑的，生长纹纤弱。壳面奶油白色，上有许多精致、细密的，不同宽度的棕色波状线。螺轴和壳口是白色的；外唇的内缘为暗黑色。

科	三叉螺科Cylichnidae
壳长	32—75mm
分布	冰岛到加那利群岛和地中海
丰度	产地常见
深度	潮下带浅水至700m
习性	沙底
食性	肉食性，以双壳贝类和蠕虫为食
厣	缺失

壳长范围
1¼ — 3 in
(32 — 75 mm)

标本壳长
2⅛ in
(56 mm)

木纹泊螺
Scaphander lignarius
Woody Canoebubble
(Linnaeus, 1767)

621

木纹泊螺（美纹粗米螺）是三叉螺科中个体最大的物种代表之一。它能在沙里掘出深达 50mm 的洞穴，以寻找猎物——双壳类、多毛类、有孔虫和小型甲壳类动物。像其他三叉螺科贝类一样，木纹泊螺软体部太大，以至于不能完全缩回壳中。头部扁平、没有触角、有头楯。足大、叶状，用于游泳。它有三个大的钙化胃或肫板用来磨碎食物，这得益于其强劲的喉部肌肉。像许多其他"沙中居民"一样，木纹泊螺没有厣。三叉螺科动物在世界范围内大约有 50 种。

实际大小

近似种

沃森泊螺 *Scaphander watsoni* Dall，1869，分布在北卡罗来纳州到委内瑞拉海区，壳的形状与木纹泊螺相似，但更小，有更宽的相互间隔的螺线，壳面白色或奶油色。泡无角螺 *Akera bullata*（Müller，1776），分布在地中海和大西洋东北部，壳半透明，更接近圆柱状，壳质更脆。

木纹泊螺贝壳薄而结实、卵圆形，螺旋部凹陷。体螺层前端充分扩张，在壳顶处变窄。壳口跟壳一样长，前端广阔。外唇薄，延伸到螺旋部上方。螺轴光滑、弯曲，有白色的头楯。壳纹包括精细的螺线，与细密的生长纹交织。壳面茶色，有暗褐色壳皮，壳内面白色。

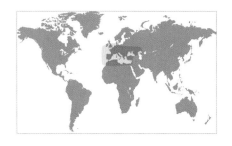

科	长葡萄螺科Haminoeidae
壳长	15—32mm
分布	爱尔兰到地中海
丰度	常见
深度	潮下带浅水至5m
习性	沙底和泥底
食性	植食性，以硅藻为食
厣	缺失

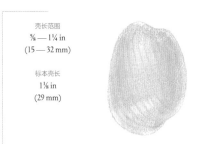

壳长范围
⅝ — 1¼ in
(15 — 32 mm)

标本壳长
1⅛ in
(29 mm)

622

舟形长葡萄螺
Haminoea navicula
Navicula Paperbubble
(da Costa, 1778)

舟形长葡萄螺的贝壳很小，壳质薄脆，球形、内卷。螺旋部凹陷，大而膨胀的体螺层盘旋围绕整个贝壳。壳表具交织的细螺纹和生长线。壳口大，外唇薄、超出螺旋部。螺轴光滑，呈 S 形弯曲，有头楯。壳面白色到淡黄色，具薄的壳皮。

舟形长葡萄螺是欧洲浅水区个体最大的长葡萄螺，也是本科最大的物种之一。舟形长葡萄螺生活在沙底和泥底，植食性，主要以硅藻为食，也吃植物碎屑。长葡萄螺的内部螺层被重吸收，这使得其大于壳两倍多的肉体可以完全脱离壳。它有一个大的头楯和叶状侧足。头上没有触角，足部缺乏厣。一些长葡萄螺白天钻进沉积物中，晚上出来活动。

近似种

安地列长葡萄螺 *Haminoea antillarum*（d'Orbigny，1841），常见种，分布在佛罗里达到巴西海区。其壳形与舟形长葡萄螺类似，但外形更圆，贝壳更小，壳前端更宽。阿地螺 *Atys naucum*（Linnaeus，1758），分布在西太平洋到夏威夷海区，有一个质厚、内卷的圆形壳。

实际大小

科	长葡萄螺科Haminoeidae
壳长	15—50mm
分布	印度—太平洋，直到夏威夷
丰度	常见
深度	潮间带至27m
习性	沙底
食性	植食性
厣	缺失

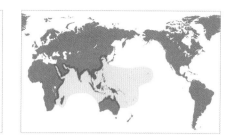

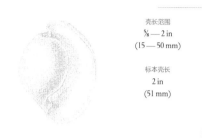

壳长范围
⅝ — 2 in
(15 — 50 mm)

标本壳长
2 in
(51 mm)

623

阿地螺

Atys naucum

White Pacific Atys

(Linnaeus, 1758)

阿地螺是长葡萄螺科个体最大的物种之一，这一科动物为植食性，有着薄而半透明、膨胀的贝壳。阿地螺贝壳中间最宽，内卷，螺旋部完全笼罩在壳后部的螺层下。软体部有一个宽阔的横向扩展的足，称为侧足，可以保护贝壳。一些物种可以通过拍打侧足进行短距离游泳。长葡萄螺科贝类通常在浅水中松软的沉积物里生活，在世界范围内的热带和温带海域都有分布。

阿地螺的贝壳壳质轻、球状、相当坚实，在此科中属于个体较大者。壳内卷，壳后部凹陷的螺旋部上有小缺刻。体螺层大而膨胀，有细密的螺沟，螺沟在壳边缘更深，与浅的生长纹交织。壳口宽且长，超出壳长。螺轴光滑、前部弯曲。壳面纯白色，通常覆盖着一层可脱落的橙棕色壳皮。

近似种

柱形阿地螺 *Atys cylindricum*（Helbling，1779），分布在印度—西太平洋海域，有一个细长的圆柱形贝壳。壳面白色到奶油色，接近边缘处具细密螺线。舟形长葡萄螺 *Haminoea navicula*（da Costa，1778），分布在爱尔兰到地中海，有一个小而膨胀、壳质薄脆的贝壳。

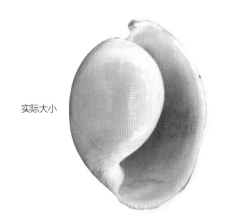

实际大小

科	翡翠螺科Smaragdinellidae
壳长	8—15mm
分布	印度—太平洋到夏威夷
丰度	丰富
深度	潮间带区
习性	多岩石的海岸或藻类植物之中
食性	植食性
厣	缺失

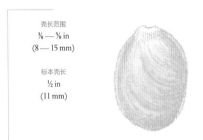

壳长范围
⅜ — ⅝ in
(8 — 15 mm)

标本壳长
½ in
(11 mm)

624

翡翠螺
Smaragdinella calyculata
Smaragdinella Calyculata
(Broderip & Sowerby I, 1829)

翡翠螺是一种个体很小的海蛞蝓，是被统称为泡螺的贝类的一种。其贝壳退化到基本只有体螺层，壳口宽。软体部深绿色，远远大于贝壳，而贝壳保护内部重要器官。翡翠螺相当于泡螺中的帽贝，生活在潮间带，附着在光秃秃的岩石或藻类上。

近似种

西宝翡翠螺 *Smaragdinella sieboldi* Adams，1864，分布在印度—西太平洋海域，贝壳更小，有一个半透明的白色壳，外形勺状。它与翡翠螺相似，但颜色浅绿色，点缀着白色斑点。隐肺螺 *Phanerophthalmus smaragdinus*（Rüpell and Leuckart，1828），同样分布在印度—西太平洋海域，软体部更伸长、更绿。壳退化、白色。

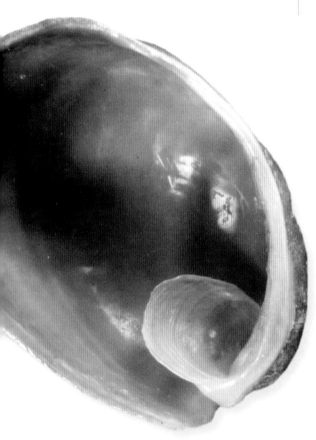

 实际大小

翡翠螺的贝壳很小、退化、坚实、杯状。螺旋部隐藏在体螺层中；前面的螺层退化为内唇上的勺状突出。壳表面光滑，有生长纹。壳口宽，外唇薄，螺轴光滑。壳面橄榄绿色（活体为黄色），内唇白色。

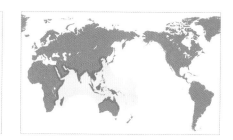

科	枣螺科Bullidae
壳长	20—65mm
分布	印度—西太平洋
丰度	很常见
深度	潮间带至潮下带浅水
习性	海草床
食性	植食性
厣	缺失

壳长范围
¾ — 2½ in
(20 — 65 mm)

标本壳长
2⅛ in
(54 mm)

625

壶腹枣螺
Bulla ampulla
Ampulle Bubble
Linnaeus, 1758

　　枣螺属 *Bulla* 物种的壳顶通常深凹陷，这给人以此物种有很长的狭窄的脐的印象。虽然没有厣，但所有枣螺属动物能够完全缩回到它们的贝壳中。枣螺科动物生活在世界上所有海洋的浅水区。壶腹枣螺是夜间食草动物。它白天埋栖在沙质底里，晚上出来摄食海藻和海草（但很容易被手电筒照到）。

近似种

　　大西洋枣螺 *Bulla striata*（Bruguière，1792），是分布于大西洋和地中海海区的壶腹枣螺的缩小版。壳形较窄，前端稍微宽阔，外形呈卵圆形。在两端附近有细螺纹。与壶腹枣螺颜色类似。

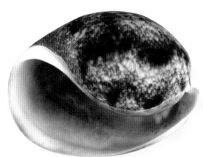

实际大小

壶腹枣螺的贝壳卵形，螺旋部凹陷。除生长线以外的部分很光滑，壳面奶油粉色到茶灰色，褐色斑点遍及全身。壳口白色，两端长于体螺层，前端明显变宽。外唇延伸，超过凹陷的螺旋部。

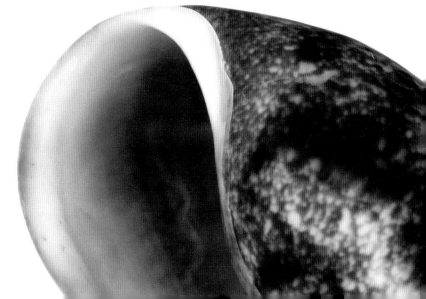

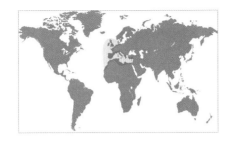

科	无角螺科Akeridae
壳长	25—40mm
分布	地中海，大西洋东北部
丰度	不常见
深度	潮间带至潮下带浅水
习性	柔软的底质，特别是泥底
食性	植食性，啃食藻类
厣	缺失

壳长范围
1 — 1½ in
(25 — 40 mm)

标本壳长
⅝ in
(16 mm)

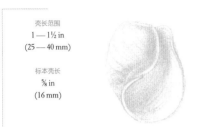

626

泡无角螺
Akera bullata
Bubble Akera
(Müller, 1776)

泡无角螺是无角螺科中的一员，一个较原始的海兔类小科，有薄而膨胀的贝壳，头—颈部伸长。足上有疣足，在体侧折叠。如果被惊扰，它可以通过拍打疣足游泳，这种不平稳的运动可以持续半个小时之久。软体部不能完全收回到壳中，缺乏厣。大部分时间埋在泥泞的底质中，只有头部露在外面，有时候出现在游泳区。无角螺科只有四个物种，贝壳都与泡无角螺类似。

近似种

索氏无角螺 *Akera soluta* Gmelin，1791，分布在东非到太平洋中部海区。无角螺科的物种与一些海兔具有亲缘关系，如莫氏海兔 *Aplysia morio*（Verrill，1901），分布在罗德岛到得克萨斯州和百慕大海域。这是一种很大的海兔，能长到400mm，其退化的内部壳可以达到60mm。

实际大小

泡无角螺的贝壳壳质薄脆、半透明，内卷，呈卵圆形。螺旋部平坦或者极低，具有明显的沟状缝合线。贝壳上有许多细螺线和轴向生长线，但通常光滑。壳口大而长，几乎与贝壳等长，前端最宽，螺轴光滑。壳后部棕褐色，前部灰色。

科	海兔科（海鹿科）Aplysiidae
壳长	25—67mm
分布	印度—西太平洋
丰度	常见
深度	潮下带浅水至12m
习性	草床或柔软的底质
食性	植食性，以大型藻类为食
厣	缺失

壳长范围
1 — 2⅝ in
(25 — 67 mm)

标本壳长
1¾ in
(44 mm)

627

短头截尾海兔
Dolabella auricularia
Shoulderblade Sea Cat
(Lightfoot, 1786)

短头截尾海兔（龙骨海鹿螺）是一种大型的海兔，属于海兔科——一群有着退化了的内壳的腹足类动物。海兔的头有两个突起，称为嗅角，使其头部像野兔或家兔，因此得名。短头截尾海兔是食草动物，以褐藻和绿藻为食。这种动物一般在海湾和潟湖中生活，通常分布在海草床或者潮间带潮池中。像其他海兔一样，受干扰后它会喷出一种紫色的墨，作为防御的手段，类似于头足类动物的墨汁。其内壳是有壳腹足类的外壳残余部分，位于背部，在外套膜下并包裹住鳃和内脏。

近似种

大截尾海兔 *Dolabella gigas*（Rang，1828），分布在印度洋，壳略大，壳顶比短头截尾海兔更为扩展，呈碟形。加州黑海兔 *Aplysia vaccaria* Winkler，1955，分布在加利福尼亚州海区，是海兔科中个体最大的物种，也是"世界上最大的腹足类动物"这一称号的竞争者，因为尽管它有一个退化的内壳，但是可以长到约 1m。

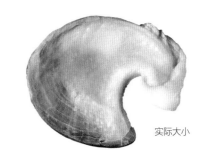

实际大小

短头截尾海兔的贝壳退化、平坦、呈层层板状。此科贝类的贝壳高度钙化；干燥之后幼壳变得脆弱且易变形。贝壳耳状，壳顶上有碟形的扩展。壳面平坦，贝壳生长迅速，有轴向的生长线。壳面为白色，背面覆盖有浅棕色的壳皮，但容易在幼体时就脱落。

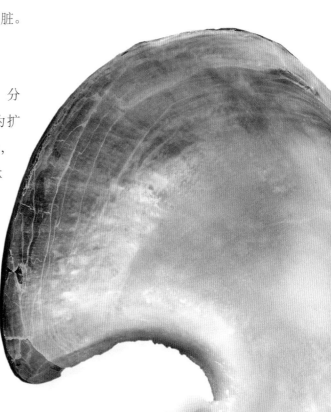

科	伞螺科Umbraculidae
壳长	75—100mm，软体部长达280mm
分布	世界范围内的暖水区
丰度	不常见
深度	潮间带至275m
习性	靠近珊瑚礁的软底质
食性	肉食性，以海绵动物为食
厣	缺失

壳长范围
3 — 4 in
(75 — 100 mm)

标本壳长
2⅜ in
(60 mm)

628

中华伞螺
Umbraculum umbraculum
Umbrella Shell
(Lightfoot, 1786)

中华伞螺是一种个体很大的后鳃目腹足类动物，壳扁平，似帽贝的贝壳覆盖不到一半的身体。软体部的外壳就像背上有一把小伞一样，因此得名。它通常分布在浅水区和潮间带的潮池中，但有时在深水中也可被采集到。黄色或橙色的身体覆盖着大脓疱，这是在模仿其猎物——海绵的颜色和纹理。具侧腮，眼睛位于触角基部，齿舌又宽又长，据估计有80万颗齿。伞螺科只有这一个种，全球性分布。

近似种

与伞螺科亲缘关系最近的是拟帽螺科 Tylonidae，包括分布在澳大利亚海域的皮拟帽螺 *Tylodina corticalis*（Tate，1889）和分布在墨西哥湾与加勒比海海域的美国拟帽螺 *T. americana* Dall，1890。都有与中华伞螺相似的黄色贝壳，但前者一般长到25mm，而后者有轴向射线，并能达到大约中华伞螺一半大小。

实际大小

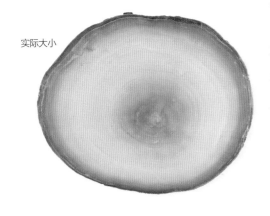

中华伞螺的贝壳平扁、碟形、锥状、椭圆。唯一的螺旋只有在胚壳上才可见，上有一个螺层，但在较大的贝壳上往往被侵蚀。壳面具细的同心生长线纹理，有时在壳内面有细辐射线或波状线。壳外部覆盖着棕色的壳皮。贝壳为白色到黄色，壳顶偏离中心，为黄色、白色或棕色。

科	龟螺科Cavolinidae
壳长	5—20mm
分布	世界范围内
丰度	常见
深度	0—30m
习性	游泳生活
食性	杂食性
厣	缺失

壳长范围
¼ — ¾ in
(5 — 20 mm)

标本壳长
¾ in
(18 mm)

629

三齿龟螺
Cavolinia tridentata
Three-toothed Cavoline
Niebuhr, 1775

三齿龟螺是一种大型的、常见的龟螺。龟螺是一群浮游的腹足类动物，因为其大的足叶瓣像蝴蝶的翅膀，所以也称为海蝴蝶。它能以每秒140mm的速度游泳。像所有龟螺一样，三齿龟螺有一个像玻璃一样的壳，薄、半透明，两侧对称。此科中物种有不同形状的贝壳，为杂食性贝类，能分泌黏液困住浮游生物。龟螺科大约有30种，分布在世界各地，所有种类都是浮游生活的。最早的龟螺化石可以追溯到始新世。

近似种

下面是世界性分布的龟螺科物种的代表，它们代表着几个不同壳形的种类。长角螺 *Clio pyramidata* Linnaeus，1758，有一个非常脆弱的锥形壳，很少能采集到完整的标本。尖笔帽螺 *Creseis acicula*（Rang，1828），有一个长直而狭窄的锥形壳，有一个开口。厚唇螺 *Diacria trispinosa*（Lesueur，1821），具一个宽阔平扁的壳，三根棘刺，中间的棘刺长。蛆状螺 *Cuvierina columnella*（Rang，1827），贝壳小型。

实际大小

三齿龟螺的贝壳小，壳质脆弱，壳轻而透明，球状。壳上没有螺旋盘绕的痕迹；相反，它的壳是两侧对称的。壳表面光滑、有光泽，具细小的生长线。壳口狭窄并弯曲，外唇厚。壳口对面有3根棘刺，中间一个最长。壳面金褐色。

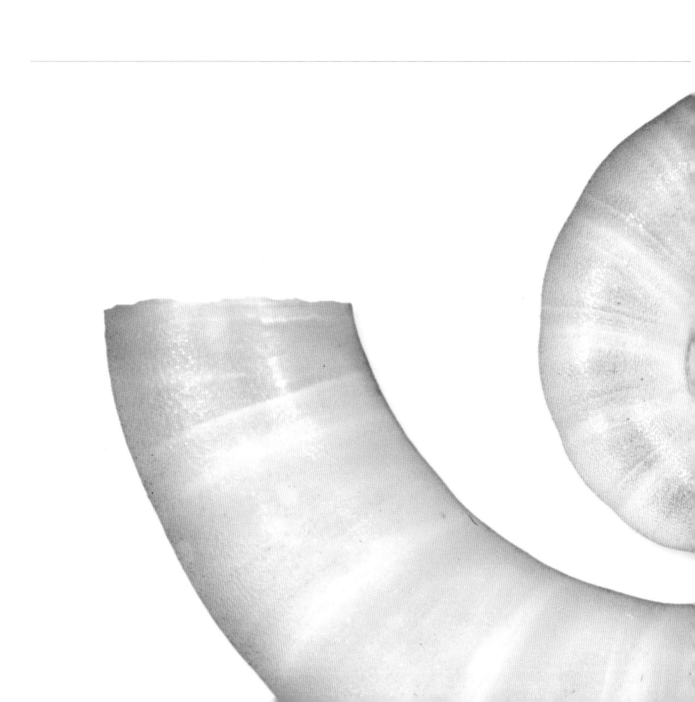

头足纲

Cephalopods

现存的大约900种头足类动物中，只有原始的鹦鹉螺属的6种还保有外壳。鹦鹉螺动物的软体部只位于其两侧对称壳的最后一个腔室，另外的腔室则充满了气体，用于控制浮力。鹦鹉螺属的物种白天生活在靠近珊瑚礁的相对较深的水域，晚上就上升到较浅的水域，用环绕在头部的80—90条触手捕食。乌贼、章鱼和鱿鱼都有严重退化的内壳。它们游泳迅速，用八条腕和两只长触腕捕捉猎物。章鱼没有壳，仅有八条腕。

雌性船蛸能产生卵囊，看起来就像一个壳。像鹦鹉螺的壳一样，它两侧对称，但壳质薄，不分壳室，排空后也不上浮。

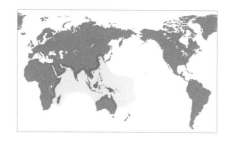

科	鹦鹉螺科Nautilidae
壳长	150—268mm
分布	印度—西太平洋
丰度	常见
深度	200—450m，夜晚更浅
习性	珊瑚礁下降至深海的水层
食性	肉食性，以寄居蟹和鱼为食
厣	缺失，但其革质罩有类似的功能

壳长范围
6 — 10½ in
(150 — 268 mm)

标本壳长
6⅜ in
(166 mm)

632

鹦鹉螺
Nautilus pompilius
Chambered Nautilus
Linnaeus, 1758

鹦鹉螺的贝壳很大、内卷、平旋、轻薄，壳口宽。外壳两侧对称。不像其他鹦鹉螺属物种，鹦鹉螺的脐孔是封闭的。壳面奶油色或白色，上有生长纹，并饰有褐色到红色的不规则条纹，到壳口逐渐消失。靠近壳口的壳色是棕色或黑色，这代表了一部分软体部接触的壳。壳口和腔室为珍珠白色。

鹦鹉螺科动物是现存头足类动物中唯一一类有真正外壳的类群。它们被视为活化石，从延续4亿多年的化石记录来看，它是唯一具外壳的头足类动物的幸存者。鹦鹉螺白天生活在深海，栖息水深达450m，晚上上升到水深约100m处。贝壳划分为不同的腔室，软体部占据最后一室（住室），其他腔室（气室）则充满了气体和液体。所有腔室由一个空心管相连，称为体管，鹦鹉螺用它来调节浮力。

近似种

大脐鹦鹉螺 *Nautilus macromphalus* Sowerby II，1849，分布在新喀里多尼亚和澳大利亚东北部海区，壳两侧都有一个很大的脐孔。帕劳鹦鹉螺 *Nautilus belauensis* Saunders，1981，分布在帕劳群岛，壳与鹦鹉螺相似，而白斑鹦鹉螺 *Nautilus stenomphalus* Sowerby II，1849分布在澳大利亚大堡礁，脐孔上有胼胝。

实际大小

科	鹦鹉螺科Nautilidae
壳长	180—215mm
分布	新几内亚到所罗门半岛
丰度	不常见
深度	100—300m
习性	珊瑚礁下降至深海的水层
食性	肉食性，以虾、蟹和鱼为食
厣	缺失，但其革质罩有类似的功能

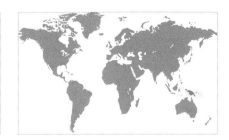

壳长范围
6 — 8½ in
(180 — 215 mm)

标本壳长
6½ in
(168 mm)

633

异鹦鹉螺
Nautilus scrobiculatus
Crusty Nautilus
Lightfoot, 1786

　　异鹦鹉螺是鹦鹉螺属中分布范围较窄的一类生物，生活在巴布亚新几内亚到所罗门群岛的深海海域。像其他头足类动物一样，鹦鹉螺属物种呈喷气式推进游泳，通过肌肉漏斗（水囊）抽水，漏斗会推动它向后运动。异鹦鹉螺约有 90 根触手，它用这些触手寻找化学线索引导自己来捕食猎物。就像其他种类的鹦鹉螺，它的壳内有多达 30 个中空的腔室。

异鹦鹉螺的贝壳很大，平旋，并在壳两侧都有一个很大的脐孔。体螺部有正弦型放射状生长纹。壳的外表面为淡奶油色，饰以细直、放射状的褐色到红色条纹，跨越体螺层的四分之一到一半。邻近壳口的部分有黑色的色斑。壳口和腔室为珍珠白色。

近似种

　　穿孔异鹦鹉螺 *Nautilus perforatus* Conrad，1849，分布在巴厘岛、印度尼西亚海区，是异鹦鹉螺亲缘关系最近的物种，也有脐孔。这两个物种数量上一般远远少于分布最广泛的物种——鹦鹉螺 *Nautilus pompilius* Linnaeus，1758。帕劳鹦鹉螺 *Nautilus belauensis* Saunders，1981，在该属中贝壳是第二大的。大脐鹦鹉螺 *Nautilus macromphalus* Sowerby II，1849，分布在新喀里多尼亚和澳大利亚东北部海域。贝壳为该属中最小。

实际大小

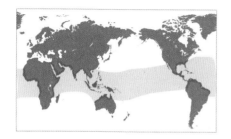

科	旋壳乌贼科Spirulidae
壳长	20—30mm
分布	世界范围内的暖水区
丰度	常见
深度	100—1000m
习性	浮游生活
食性	肉食性
层	缺失

壳长范围
¾ — 1¼ in
(20 — 30 mm)

标本壳长
⅞ in
(23 mm)

634

旋壳乌贼
Spirula spirula
Spirula
Linnaeus, 1758

旋壳乌贼是一种小型、深水头足类动物，很少见到活体，所以对其生物学特征了解甚少。它生活在全球温暖的水域，每天都垂直迁移，白天生活在深度500—1000m的深水区，晚上再上浮到浅水区。像鹦鹉螺属的其他物种一样，它用有内部腔室的贝壳控制浮力。空壳可以漂浮在海洋表面，能随着水流漂泊很远。旋壳乌贼是旋壳乌贼科旋壳乌贼属中唯一的现存物种。

近似种

其近亲物种都为旋壳乌贼的化石种以及一群灭绝的头足类动物——箭石，有一个内部直的、分小室的壳，就像现代的鱿鱼。现代旋壳乌贼的近亲包括乌贼和鱿鱼。

实际大小

旋壳乌贼的贝壳很小，看起来像是在一个平面上形成的具开口的环圈。壳内部被分为很多腔室，由狭窄的弯管——体管相连。壳口圆，其凹陷的内表面，或称气室壁，为珍珠层。壳表面为白垩色，但可以清楚地看到每个气室壁上都有奶油色的色带。壳虽然很硬，但在气室壁处能更容易被打破，从而暴露出里面的气室和体管。

科	乌贼科Sepiidae
壳长	300—400mm
分布	热带的印度—西太平洋
丰度	常见
深度	10—100m
习性	浅海和水底
食性	肉食性，以鱼类和甲壳类动物为食
帘	缺失

壳长范围
12 — 16 in
(300 — 400 mm)

标本壳长
10½ in
(261 mm)

635

虎斑乌贼
Sepia pharaonis
Pharaoh Cuttlefish
Ehrenberg, 1831

乌贼是具石灰质内壳的头足类动物。像鹦鹉螺属的物种一样，它们通过抽水进而将水和气吸入或排出气室来控制浮力。乌贼是贪婪的捕食者，能用十根带吸盘的触手捕食甲壳类动物和鱼类。它们能够迅速改变身体颜色，通过鲜艳的体色以及身体语言与其他乌贼交流。世界上有 100 多种乌贼，都生活在热带、亚热带和除美洲海岸外的温带海域。

近似种

乌贼科中更常见的物种为欧洲横纹乌贼 *Sepia officinalis* Linnaeus，1758，是分布在地中海和大西洋东部的一个大型种。伞膜乌贼 *Sepia apama* Gray，1849，分布在澳大利亚南部，是个体最大的乌贼，身体能达到 50cm。

实际大小

虎斑乌贼的贝壳被称为乌贼骨或海螵鞘，是一个大型石灰质的壳，壳质较厚，有几十个小室，这使它很轻。壳大体上呈尖矛状，几乎平坦，有宽的角质边缘，后端有一个短尖刺。背面颗粒状；腹侧表面有一个浅的纵向沟槽和许多对应于小室的浅肋。壳白垩色，相当脆弱；它能漂浮，经常在岸边被发现。

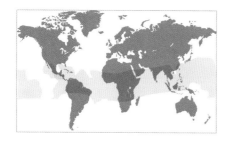

科	船蛸科Argonautidae
壳长	80—98mm
分布	加利福尼亚半岛到巴拿马
丰度	不常见
深度	从接近表层到深水
习性	海洋游泳生活
食性	肉食性，以甲壳类和其他软体动物为食
厣	缺失

壳长范围
3¼ — 4 in
(80 — 98 mm)

标本壳长
3¾ in
(95 mm)

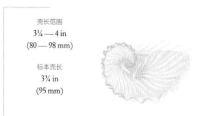

636

偏口船蛸
Argonauta cornuta
Horned Paper Nautilus

Conrad, 1854

偏口船蛸（角船蛸）也许是船蛸科中最稀有的物种。虽然它让人联想起鹦鹉螺属物种，但其"壳"与鹦鹉螺或任何其他软体动物的壳都不同，这种壳是只在船蛸科中进化形成的新形式——卵囊。卵囊是由雌性个体的两个网状背部触手分泌而来的。像所有的章鱼一样，偏口船蛸有 8 个触手。卵囊侧面具有两排锋利而长的结节和角状横向突起。

偏口船蛸的卵囊中等大小，轻而薄脆，侧扁，铁饼状。每个侧面都很锐利并有长突起。壳纹由凸起的放射肋组成，每隔一个肋在壳的边缘形成大结节。壳内部对应放射肋位置显示为凹槽。壳口长且宽，外唇薄。壳白色，边缘的结节为褐色，但接近体螺层就逐渐褪为白色；壳内面白色。

实际大小

近似种

诺氏船蛸 *Argonauta nouryi* Larois，1852，生活在西南太平洋，在加利福尼亚半岛到巴拿马海区也有分布，卵囊是此科中最细长的，壳口长。船蛸 *Argonauta argo* Linnaeus，1758，是一个世界性温水区分布的物种，也是最常见的和个体最大的船蛸。这一物种有时在南澳大利亚和南非发生大规模搁浅事件。

科	船蛸科Argonautidae
壳长	250—300mm
分布	世界范围内的暖水区
丰度	可能产地常见
深度	1—150m
习性	海洋游泳生活
食性	肉食性，以小型甲壳类、软体动物和水母为食
厣	缺失

壳长范围
10 — 12 in
(250 — 300 mm)

标本壳长
9¾ in
(245 mm)

船蛸
Argonauta argo
Paper Nautilus
Linnaeus, 1758

637

船蛸（扁船蛸）是船蛸科个体最大的和最常见的物种，是游泳性章鱼之一。"壳"是由雌性个体分泌出来保护卵的。此种有极端的两性异形现象，雄性身体只能长到15mm，雌性则可达100mm。保护身体的壳直径可以达到300mm。现存船蛸科有6种，大多数生活在全球范围内。

近似种

瘤船蛸 *Argonauta nodosa* Lightfoot，1786，分布在印度—太平洋，也有一个大卵囊，类似于船蛸；锦葵船蛸 *A. hians* Lightfoot，1786，分布在世界各地的热带水域，不常见，相比船蛸，卵囊更小、颜色更暗；波氏船蛸 *A. bottgeri* Maltzan，1881，分布在印度—太平洋，在船蛸科中是个体最小的，卵囊类似于锦葵船蛸。

实际大小

船蛸的卵囊像纸一样薄，白色，缺乏鹦鹉螺壳中那样的腔室。它完全由方解石（没有霰石）组成，有些有韧性但脆弱。圆盘状、侧向扁平，边缘有2列按钮状圆形硬块，形成一个锋利的龙骨。这些圆形硬块在螺旋部边缘为黑色或深棕色，但接近体螺层就逐渐褪为白色。卵囊上有多达50个不规则、光滑的放射肋，内表面有对应的凹槽。

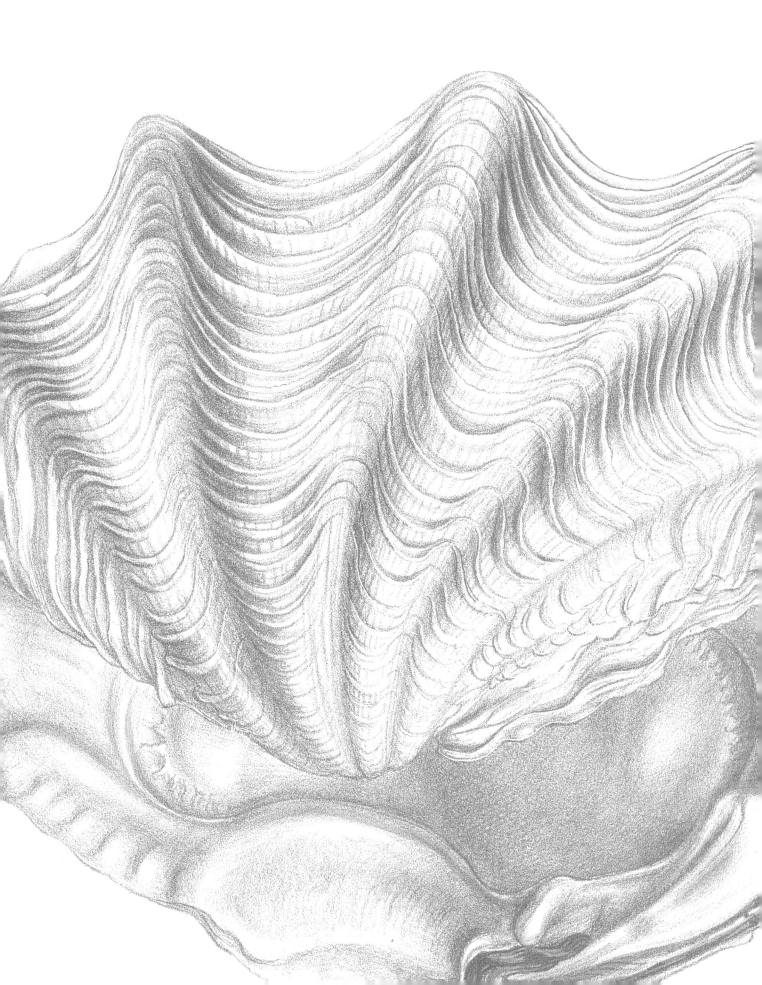

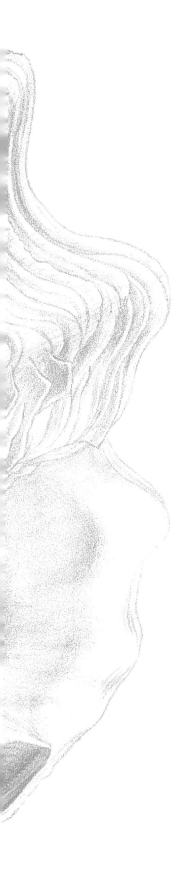

附 录

Appendices

分类术语

Abyssal 深海：水深在4000—6000米的水域。

Adductor muscle 闭壳肌：闭壳肌连接双壳类的两壳，其收缩时，使贝壳闭合。

Anoxic 缺氧的：没有氧或氧含量极低。

Anterior 前端：指动物身体的前部，头部附近。

Aperture 壳口：软体动物通过壳口孔隙使身体从壳中伸展出来，目前大多数贝壳均有此结构。

Apex 壳顶：壳形成过程中首先形成的部分，位于螺旋部的顶端。

Apophysis 骨突：用于肌肉附着的突起结构。

Aragonite 霰石：一种碳酸钙晶体结构，是珍珠层的组成成分。

Autotomize 自切：动物体遭受攻击时，抛弃身体的一部分（腹足类通常弃掉足部的末端）逃生。

Axial 轴向：与螺轴平行。

Axis 轴线：穿过壳顶的一条轴向线，且被螺层环绕。

Author 命名人：第一次提出某物种分类学名称的人，命名人的名字和命名年份标注在分类学名的后面。如果命名人和日期不在括号内，说明该物种所在的属是近期才设立和引用。如果命名人和日期写在括号内，就表明最初该物种所归于的属与目前分类的属不同，即属名发生变化。

Basalt 玄武岩：火山岩的一种。

Bathyal 次深海：指水深1000—4000米的水域，与大陆坡和大陆隆起相对应。

Bathymetric 深测术：与测量水体深度相关的一门科学。

Bead 串珠状突起：一种圆形突起，大小比瘤状突起小，在壳表面重复排列成线性，与项链类似。

Benthic 底栖生物：生活在水域环境底部的生物的统称。

Biconic 双锥形：具有相同底的两个圆锥体组成的形状，两个圆锥体的方向相反。

Bifurcate 二分枝：从某端点一分为二。

Boreal 北方生物带：北方高纬度地区。

Bilateral symmetry 左右对称、两侧对称：一种对称方式，动物体可以分成互成镜像的两部分。

Body whorl 体螺层：指腹足类贝壳的最底部螺层。

Byssus 足丝：由双壳类的足部分泌的蛋白质纤维，当其附着于坚硬的底质时，形成临时的丝状结合结构。

Calcarella 次生壳：胎壳或幼壳。

Calcareous 石灰质、钙质：由碳酸钙组成的结构或该结构包含碳酸钙。

Calcite 方解石：一种碳酸钙的晶体结构。

Callus 滑层、胼胝：沿贝壳螺轴或腔壁区域的加厚结构。

Canal 沟：软体动物某些器官占据贝壳形成的通道，比如水管沟。

Cancellate 网状雕刻：壳面纵肋和螺肋交叉形成的纹饰。

Carina 龙骨突：一种锋利的龙骨状的脊。

Carinate 龙骨状：具有龙骨突起，尤其是沿着前耳或贝壳边缘。

Cephalic 头部的：与头部相关的。

Channel 肋间沟：一种螺肋间深的凹槽结构，通常沿着螺旋分布，形成贝壳内部或外部的表面纹饰。

Chemoautotroph 化能自养生物：指能以无机化合物的氧化反应而不是太阳光来获得能量的一种微生物。

Chitinous 角质、几丁质：由几丁质组成，在一些软体动物壳中发现的半透明的角质物质。

Cilia 纤毛：在一些细胞表面微观的毛发状突起。

Clade 进化树：相关的有机体组成的集合，包含祖先和其所有后代。

Collar 环突：外表面薄的带状、肋状突起，在其外部边缘具有褶，或多或少与壳垂直。

Columella 螺轴：贝壳中央的柱状物，由螺旋轴周围壳口的内侧齿唇分泌形成的。

Conchologist 贝壳学：一种研究软体动物贝壳的学科。

Congener 同属：一种有机体与其他的有机体属于同一个属。

Coralline 珊瑚状：类似珊瑚的。

Cord 带：一种圆形、厚的、连续分布的纹饰结构。

Corneous 角质：由角质物质组成，比如贝壳硬蛋白或硬蛋白质而不是碳酸钙。

Coronate 冠状：皇冠状的；腹足类贝壳前角上具有的

棘状突起、球状突或结节。

Costa 肋：轴向壳纹的基本要素；圆的、肋状或类似凸缘状的结构。

Crenulate 锯齿状：凹槽和脊状突起交替排列，呈扇形的和褶皱状结构。

Denticle 栉齿：一个单独的齿状突起，具有这些突起的壳不是永久性的齿。

Dentition 齿式：软体动物中牙齿的排列方式。

Deposit feeder 食碎屑动物：某些软体动物以其栖息环境中底层的分解的有机物质为食，或在底层表面觅食或在底层挖掘取食。

Dextral 右旋：当从壳顶向下看时是顺时针方向的螺旋，贝壳的壳口在螺旋轴的右侧。

Diatom 硅藻：浮游植物中一种常见的海藻，包围其细胞的细胞壁是由二氧化硅构成的。

Digitation 指状突起：一种手指形状的突起。

Dissoconch 双壳贝：双壳类幼虫经过变态后形成的壳，即成体壳。

Distal 末端：距离基部或附着点最远的部分，即远端。

Dorsum 背面：软体动物的上部，或任何水平移动的动物的上部。

Epibenthic 浅水底：在水生环境中沉积物的表层。

Epifaunal 底上动物：在水生环境中底质（比如：岩石、腐木或动物残体）上层生活的动物。

Family 科：某些物种组成的集合，该集合中物种间基因的相近程度与集合内的物种与集合外的物种相比更高。

Fasciole 带线：在通道（管）的周围由生长纹构成的隆起的螺旋形带。

Filter feed 滤食性：通过过滤水体中的颗粒和有机物微粒为食。

Flame/flammule 火焰花纹：壳面上不规则但重复排列的有色斑纹或条纹。

Fold 褶襞：腹足类螺轴上的螺旋形肋状隆起。

Foliated 片状：薄的，叶状的壳层或壳片。

Foliose 叶状：形状类似叶子。

Foramen 孔：一种孔、洞或者贯穿贝壳的通路。

Foraminifera 有孔虫：单细胞微生物的一种门类，其壳

由碳酸钙形成。

Fossa 凹；窝：壳表面狭长的浅凹陷。

Frondose 叶状体：类似植物体或叶子，分枝出许多结构。

Fusiform 纺锤状；梭形：形状像纺锤；中部膨大，两端逐渐变细。

Gamete 配子（卵子或精子）：一种生殖细胞细胞；在受精过程中，该细胞与另一种此类细胞融合产生受精卵。

641

Genus 属：一些相关的物种和亚种构成的集合，该集合内物种之间的相关程度比该集合内物种与集合外物种之间的相关程度更高。

Gill 鳃：水生生物的呼吸器官。

Girdle 环带：一种革质或肌肉质组织的带状结构，在多板纲中用来固定壳板。

Globose 球形：球状的。

Gorgonian 柳珊瑚：一种质地较软的珊瑚。

Granulose 颗粒状：表面上布满颗粒。

Growth line 生长纹：贝壳表面上的一种纹理，表示在更早的生长阶段中贝壳的大小程度，描绘了贝壳的生长量。

Hadal 深海：在大洋沟中深度超过6000米的栖息环境。

High-energy beach/shore 高能岸滩：被海浪冲击的海岸。

Hinge 铰合部：在双壳类贝壳背侧的一种结构，将两瓣贝壳连接在一起。

Holdfast 固着器：一种用来固着在固生型植物或动物上的结构，常见于双壳类。

Imbricate 覆瓦状：瓦片状重叠排列的壳片。

Intertidal 潮间带：在低潮时露出，在高潮时被海水浸没的区域。

Interstice 间沟，间隙：邻近结构（肋状突起）之间的空隙。

Involute 内旋壳：壳的一种螺旋方式，最后一层螺旋包裹之前的螺旋层。

Inductura 瓣壳质：沿腹足类内唇（滑层区域或螺轴）的一层壳质。

Keel 龙骨突：一种尖锐的、隆起的片状饰纹，通常存

在于贝壳的边缘或前角。

Labrum 外唇：螺旋形贝壳的外侧唇。

Lamella 薄片：薄板状结构，通常以多层的形式出现。

Lanceolate 披针形：叶状的；狭长的；向顶端逐渐变细。

Lenticular 透镜状：两面凸的晶体状结构。

Ligament 韧带：一种弹性结构，由贝壳硬蛋白构成，用来连接双壳类的两瓣贝壳并且当闭壳肌兴奋时提供拉力。

Lip 唇：位于壳口的边缘，内唇从与螺轴基部相接并且包括腔壁，外唇是壳口的部分结构，其距离螺轴最远，同时外唇也和螺轴基部相接。

Lira 肋纹：沿贝壳或外唇分布的狭长的线型隆起。

Lunule 小月面：形状呈心形，大多数双壳类壳顶前端的凹陷结构。

Maculation 斑序：一种斑点的排列形式。

Malacologist 贝类学家：研究软体动物的专家，不仅研究软体动物还研究软体动物的贝壳。

Mammillate 乳突：圆顶状或乳头状凸起。

Mantle 外套膜：软体动物身体的外层结构，该结构分泌形成贝壳。

Margin 壳缘：贝壳的边缘。

Monocuspid 单尖：只有单独一个尖端，通常指齿。

Multispiral 多螺旋：围绕中心点有多层螺旋。

Muscle scar 肌痕：贝壳内表面肌肉附着的部位。

Nacre 珍珠层：彩虹光泽的壳内层，由一层薄的霰石构成，通常也叫珠母层。

Nodulose 小结节：小的球状结构或细小的分节。

Notch 凹槽：贝壳边缘的凹痕，其形状通常呈V形或U形。

Ocelli 单眼：一种复合的感光眼，位于扇贝外套膜边缘。

Operculum 厣：腹足类的一种圆形或细长的结构，当动物软体部退缩时，用来堵塞或封住壳口，该结构为角质或钙质。

Opistobranch 后鳃类：鳃位于心脏后方的腹足类的集合。

Ovate 卵圆形：类似于卵的形状。

Pallial 外套膜的：与外套膜相关的结构。

Pallial line 外套痕：双壳类贝壳内面由于外套膜结合产生的细痕或肌痕。

Pallia sinus 外套窦：由于肌肉附着在外套痕上产生的凹痕，该肌肉为双壳类用于虹吸管的收缩。

Palp 触须：双壳类口附近的一种宽而扁平的须状附属物。

Parapodia 侧足：足的侧面延伸形成的结构。

Parietal 滑层：腹足类内唇的后端部分，介于螺轴和缝合线之间。

Paucispiral 少旋壳：具有较少螺层数的贝壳。

Peg 厣突：从厣的内表面传出的一个短的圆柱状突起。

Pelagic 浮游性：生活在开阔水面，自由游动或漂浮。

Periostracum 壳皮：一层薄的贝壳硬蛋白，在软体动物生活史的某些阶段，贝壳表面被纤维壳皮包被。

Phylum 门：比界低比纲高的物种分类单位。

Plait 褶皱：壳轴上隆起的褶状结构。

Plica 皱襞：隆起的褶皱或突起。

Planispiral 平旋壳：所有螺旋层位于同一个平面上。

Plankton 浮游生物：在靠近海洋表面区域漂浮生活的生物。

Polychaete 多毛类环虫：蠕虫的一种。

Polymorphic 多态性：具有多种形式。

Porcelaneous 瓷状：像优质的瓷器一样具有光滑的，洁白的表面。

Posterior 后端：动物体的部位，沿体轴方向离头最远。

Protoconch 胎壳：腹足类幼体的保护壳，在幼虫变态期之前的贝壳，位于壳顶的尖部。

Prodisoconch 初生壳：双壳类幼虫的壳，在幼虫变态期之前的贝壳，位于壳顶的尖部。

Punctate 点状凹：细小的、针状凹痕。

Pustulose 脓包型：具有脓包的。

Pyriform 梨形：形状像梨的。

Quadrate 正方形：正方形。

Radial 放射状：从中心向外延伸。

Radula 齿舌：一条柔软的带状物，其上具有多排几丁质的牙齿，软体动物特有的结构，但在双壳类中不存在。

Ramp 坡面：螺层顶部、缝合线下部的平台状结构。

Ray 放射肋：贝壳表面辐射状的纹理，就像从中心点（壳顶）向外发射的光。

Recurved 后弯；内弯：向后或向内弯折。

Resilifier 铰合部：双壳类壳上的缺口，是韧带的连接处。

Reticulated 网状：像渔网状的结构。

Rib 肋：贝壳表面隆起的环绕结构。

Rostrum 喙状突：一种尖细的结构，类似于鸟喙。

Rugose 多皱：表面具多褶皱或凸起。

Sagittal 矢状：与两面对称的对称面或任何与该平面平行的平面有关。

Scalariform 梯形：类似于梯子的形状。

Scar 疤痕：贝壳上已修复的损伤。

Seep 热泉：大洋底部的一种区域，冷气或温泉从地表岩石层中渗出，使得该环境中的生物的食物和能量来源不依赖于光合作用。

Selenizone 裂带：在壳面明显的、狭长的、两边平行的条带，其从裂缝背部开始延伸并且沿着贝壳螺旋的裂缝分布，同时宽度不变。

Septum 隔板：将腔体或结构分成更小的腔或结构的壳壁。

Shell hash 碎壳堆：破损贝壳形成的底质。

Shoulder 肩部：螺层弯曲处的角状结构，通常紧邻缝合线。

Sigmoid S形：S形的。

Siphon 水管：水进入外套腔所经过的肉质管道。

Siphonal canal 水管沟、前沟：壳口延伸形成细长的半管结构，保护螺类的水管。

Siphonal notch 水管缺刻：壳口前终端的圆形缺刻,水管由此伸缩。

Sipunculan 星虫：两侧对称的、不分节的海洋蠕虫。

Slit 缝、孔：某些腹足类贝壳边缘的长而狭窄的开口。

Species 种：可交配并产生可育后代的所有生物集合。

Spicule 骨针：小的刺突或针状结构。

Spinose 刺状：有刺的、有棘的。

Spire 螺旋部：贝壳顶端和体螺层之间的部分。

Stria 条纹：贝壳表面的浅沟或凹槽。

Stromboid notch 凤螺凹痕：贝类外唇上波状凹痕，接近前沟。普遍存在于凤螺科，其他腹足类也有。

Subovate 亚卵形：近似卵圆形。

Substrate 底质：在下面的一层。

Subtidal 潮下带：潮汐线以下区域。

Sulcus 沟槽：贝壳表面凹槽或凹陷。

Superfamily 总科：在总科中所有生物之间的亲缘关系近于与总科之外的所有科的亲缘关系。

Supralittoral 岸上带：满潮线以上的区域，定期被海浪冲击，但通常不在水下。

Supratidal 潮上带：毗邻满潮线的区域。

Suspension feeder 滤食性动物：以水中悬浮物质为食的动物，通常从水中滤取食物。

Suture 缝合线：贝壳表面螺层相连的线。

Symbiont 共生体：共生关系中受益的有机体。

Teleoconch 成年壳体：幼虫变态之后产生的贝壳部分。

Tenting mark 隆起纹：贝壳表面的三角形有色图案。

Terminal 末端：特定机体或纹饰终端标志。

Tooth 齿：位于腹足类贝壳内唇上或双壳类贝壳铰合部上的结节。

Trema 泄殖孔：贝壳上排泄物排出的口。

Truncate 平截：截断顶端。

Tubercle 结节：疣状突出。

Tubinate 倒圆锥形：形状像倒圆锥体。

Turriculate 塔形：像塔形一样的。

Type species 模式生物：区别属或亚属的基础的种。

Unguicullate 爪形：像爪子一样。

Umbilicus 脐：贝壳底部的锥形开口。存在于壳口（包括其内缘）完全在螺轴之外的贝类。

Umbo 壳顶：双壳贝类最先形成的部分，即每一片壳的顶端。

Valve 壳：明显的钙化结构，组成全部或部分贝壳。

Varix 肿肋：贝壳边缘加厚的部分，通常指示生长中断和贝壳边缘加厚。

Veliger 面盘幼虫：软体动物的一个幼虫阶段，典型特征为具有面盘结构。

Velum 面盘：某些软体动物幼虫的膜状构造，覆有细小纤毛，纤毛摆动辅助幼虫运动。

Ventrum 腹面：软体动物或其他任何水平移动的动物较低的一侧。

Ventricose 一侧突出：一侧膨大的。

Water column 水柱：从海水表面到海底的垂直水域，是包含化学、物理、生物因素等多种因素的生物栖息地。

Whorl 螺层：贝壳围绕螺轴生长一周为一个螺层。

Wing 耳突：某些双壳贝类壳顶一侧的耳状突起结构。

643

参考文献

书 籍

为方便对软体动物和贝壳感兴趣的人查阅，以下列举了一部分参考图书和其他可用的资源。

综合文献

Abbott, R. Tucker, *Kingdom of the Seashell* (Crescent Books, 1988)

Abbott, R. Tucker, *Seashells of the World: a guide to the better known species* (St. Martin's Press, 2002)

Abbott, R. T. and S. P. Dance, *Compendium of Seashells* (E. P. Dutton, Inc., New York, 1982)

Dance, S. P., *Shells* (DK Publishing, Inc., New York, 2002)

Harasewych, M. G., *Shells, Jewels from the Sea* (Courage Books, Philadelphia, 1989)

Robin, A., *Encyclopedia of Marine Gastropods* (ConchBooks, Wiesbaden, 2008)

Rosenberg, G., *The Encyclopedia of Seashells* (Dorset Press, New York, 1992)

Stix, H., M. Stix, R. T. Abbott, and H. Landshoff, *The Shell* (Abrams, 1978)

地域性文献

Abbott, R. T., *American Seashells*, 2nd edition (Van Nostrand Reinhold Company, New York, 1974)

Dance, S. P. (ed.) *Seashells of Eastern Arabia* (Motivate Publishing, Dubai, 1998)

Kay, E. A., *Hawaiian Marine Shells* (Bishop Museum Press, Honolulu, 1979)

Keen, A. M., *Sea Shells of Tropical West America*, 2nd edition (Stanford University Press, Stanford, 1971)

Lamprell, K. and T. Whitehead, *Bivalves of Australia. Volume 1* (Crawford House Press Pty Ltd., Bathurst, 1992)

Lamprell, K. and J. Healy, *Bivalves of Australia.*

Volume 2 (Backhuys Publishers, Leiden, 1998)

Mikkelsen, P. M. and R. Bieler, *Seashells of Southern Florida. Living Marine Mollusks of the Florida Keys and Adjacent Regions. Bivalves* (Princeton University Press, Princeton, 2008)

Okutani, T. (ed.) *Marine Mollusks in Japan* (Tokai University Press, Tokyo, 2000)

Poppe, G. T., *Philippine Marine Mollusks* (ConchBooks, Hackenheim, 2008)

Poppe, G. T. and Y. Goto, *European Seashells* (Verlag Christa Hemmen, Wiesbaden, 1991–1993)

Rios, E. C., *Compendium of Brazilian Sea Shells* (Universidade Federal do Rio Grande and Museu Oceanográfico Prof. Eliézer de Carvalho Rios, Rio Grande, 2009)

Thach, N. N., *Shells of Vietnam* (ConchBooks, Hackenheim, 2005)

Tunnell, J. W., Andrews, J., Barrera, N., and F. Moretzsohn, *Encyclopedia of Texas Seashells* (Texas A&M University Press, Texas, 2010)

Wilson, B., *Australian Marine Shells* (Odyssey Publishing, Kallaroo, 1993–1994)

Zhongyan, Q. (ed.) *Seashells of China* (China Ocean Press, Beijing, 2004)

技术和方法

Jacobson, M. K. (ed.), "How to study and collect shells: A symposium." 4th edition (American Malacological Union, Inc. Wrightsville Beach, NC, 1974)

Pisor, D. L., *Pisor's Registry of World Record Size Shells*, 5th edition (ConchBooks, Hackenheim, 2008)

Sturm, C. F., T. A. Pearce, and A. Valdés. *The Mollusks: A Guide to their study, collection, and preservation* (Universal Publishers, 2006)

鉴定指导书籍

Houart, R., *The genus* Chicoreus *and related genera: Gastropoda (Muricidae) in the Indo-West Pacific* (Editions du Muséum, Paris,1992)

Lorenz, F. and A. Hubert, *A Guide to Worldwide Cowries*, 2nd edition (Conchbooks, Hackenheim, 2000)

Lorenz, F. and D. Fehse, *The Living Ovulidae. A Manual of the Families of Allied Cowries: Ovulidae, Pediculariidae and Eocypraeidae* (ConchBooks, Hackenheim, 2009)

Radwin, G. E. and A. D'Attillio, *Murex Shells of the World* (Stanford University Press, Stanford, 1976)

Röckel, D, W. Korn, and A. J. Kohn, *Manual of the living Conidae. Volume 1. Indo-Pacific Region* (Wiesbaden, 1995)

Rombouts, A., *Guidebook to Pecten Shells. Recent Pectinidae and Propeamussiidae of the World* (Universal Book Services/Dr. W. Backhuys, Leiden, 1991)

Slieker F. J. A. *Chitons of the World, An Illustrated Synopsis of Recent Polyplacophora* (L'Informatore Piceno, 2000)

Weaver, C. S. and J. E. du Pont, *The Living Volutes* (Delaware Museum of Natural History, Greenville, 1970)

国家和国际组织

美国贝类学会
American Malacological Society
http://www.malacological.org/index.php

美国贝类学家组织
Conchologists of America,Inc.
http//:www.conchologistsofameria.org/home/

澳大拉西亚贝类学会
Malacological Society of Australasia
www.malsocaus.org/

伦敦贝类学会
Malacological Society of London
http//:www.malacsoc.org.uk/

国际贝类学会
Unitas Malacologica
http://www.unitasmalacologica.org

参考网址

以下是一些提供相关信息的网站。网站上提供贝壳和活体动物特征清晰的照片，可能对分类有所帮助。通过在搜索引擎中输入分类或相关主题的词条，将会得到许多其他用以咨询的网站。

贝利·马修斯贝壳博物馆
The Bailey-Matthews Shell Museum
http://www.shellmuseum.org/
一个拥有优质资源的博物馆网站

贝类公司
Conchology,Inc.
http://www.conchology.be/
一个商业价格清单，但其上面有许多相关信息的链接

芋螺多样性
The Conus Biodiversity Web Site
http://biology.burke.washington.edu/conus/
一个只关于芋螺属基因的综合信息网站，包括物种名录和许多典型的物种

西大西洋海洋软体动物数据库
A Database of Western Atlantic Marine Mollusca
http://www.malacolog.org/
一个关于分类学、生物地理学和软体动物多样性研究的数据库

海洋腹足类网络指导
Hardy's Internet Guide to Marine Gastropods
http://www.gastropods.com/
一个包含近年来部分海洋腹足类动物名录的网站

杰克逊维尔海贝
Jacksonville Shells
http://www.jaxshells.org/
一个关于软体动物各种层次信息的网站，其中关于佛罗里达州东北部的动物群的信息最为丰富

大话海贝
Let's Talk Seashells
http://www.letstalkseashells.com/
关于海洋贝类相关信息的链接和研讨会

印度-太平洋区软体动物数据库信息系统
OBIS Indo-Pacific Molluscan Database
http://clade.ansp.org/obis/find_mollusk.html
一个关于印度尼西亚西太平洋地区热带海洋软体动物数据库

后鳃类论坛
Sea Slug Forum
http://www.seaslugforum.net
该网站主要是关于腹足纲中无壳的种类，但是还有一些关于海兔和泡壳这些具有内壳的动物的信息

软体动物的系统发育

系统发育（进化）次序中的软体动物。加粗科为本书中的示例。

♦只生活在淡水中的种群

■只生活在陆地上的种群

○没有钙化外壳的种群

- ○无板纲 CLASS APLACOPHORA
  - ○毛皮贝亚纲 Subclass Chaetodermomorpha
    - ○毛皮贝科 Family Chaetodermatidae
    - ○前毛皮贝科 Family Prochaetodermatidae
  - ○新月贝亚纲 Subclass Neomeniomorpha
    - ○Family Dondersiidae
    - ○Family Lepidomeniidae
    - ○新月贝科 Family Neomeniidae
    - ○Family Phyllomeniidae
    - ○Family Pruvotinidae
    - ○龙女簪科 Family Proneomeniidae
    - ○上月贝科 Family Epimeniidae

- 单板纲 CLASS MONOPLACOPHORA
  - 罩螺目 Order Tryblidiida
    - Family Laevipilinidae
    - Family Micropilinidae
    - Family Monoplacophoridae
    - Family Neopilinidae

- 多板纲 **CLASS POLYPLACOPHORA**
  - 新有甲目 Order Neoloricata
    - 鳞侧石鳖亚目 Suborder Lepidopleurina
      - 鳞侧石鳖科 Family Lepidopleuridae
      - 汉利石鳖科 Family Hanleyidae
      - 木石鳖科 Family Xylochitonidae
      - 深海石鳖科 Family Abyssochitonidae
    - 单型石鳖亚目 Suborder Choriplacina
      - 单型石鳖科 Family Choriplacidae
    - 锉石鳖亚目 Suborder Ischnochitonina
      - 锉石鳖科 **Family Ischnochitonidae**
      - 尾裂石鳖科 Family Schizochitonidae
      - 鬃毛石鳖科 **Family Mopaliidae**
      - 石鳖科 **Family Chitonidae**
    - 毛肤石鳖亚目 Suborder Achantochitonina
      - 毛肤石鳖科 **Family Achantochitonidae**
      - 隐板石鳖科 Family Cryptoplacidae

- 双壳纲 **CLASS BIVALVIA**
  - 原鳃亚纲 Subclass Protobranchia
    - 胡桃蛤目 Order Nuculoida
      - 胡桃蛤超科 Superfamily Nuculoidea
        - 胡桃蛤科 **Family Nuculidae**
      - Superfamily Pristiglomoidea
        - Family Pristiglomidae
    - 蛏螂目 Order Solemyoida
      - 蛏螂超科 Superfamily Solemyoidea
        - 蛏螂科 **Family Solemyidae**
      - Superfamily Manzanelloidea
        - Family Manzanellidae
    - 吻状蛤目 Order Nuculanoida
      - 吻状蛤超科 Superfamily Nuculanoidea
        - 吻状蛤科 **Family Nuculanidae**
        - 马雷蛤科 Family Malletiidae
        - 小尼罗蛤科 Family Neilonellidae
        - 云母蛤科 **Family Yoldiidae**
        - Family Siliculidae
        - Family Phaseolidae
        - 延达蛤科 Family Tindariidae
  - 翼形亚纲 Subclass Pteriomorphia
    - 蚶目 Order Arcoida
      - 蚶超科 Superfamily Arcoidea
        - 蚶科 **Family Arcidae**
        - 帽蚶科 **Family Cucullaeidae**
        - 细纹蚶科 Family Noetiidae
        - 蚶蜊科 **Family Glycymerididae**
      - 拟锉蛤超科 Superfamily Limopsoidea
        - 拟锉蛤科 **Family Limopsidae**
        - 费萝蛤科 Family Philobryidae
    - 贻贝目 Order Mytiloida
      - 贻贝超科 Superfamily Mytiloidea
        - 贻贝科 **Family Mytilidae**
    - 珍珠贝目 Order Pterioida
      - 珍珠贝超科 Superfamily Pterioidea
        - 珍珠贝科 **Family Pteriidae**
        - 钳蛤科 **Family Isognomonidae**
        - 丁蛎科 **Family Malleidae**
        - Family Pulvinitidae
      - 牡蛎超科 Superfamily Ostreoidea
        - 牡蛎科 **Family Ostreidae**
        - 缘曲牡蛎科 **Family Gryphaeidae**
      - 江珧超科 Superfamily Pinnoidea
        - 江珧科 **Family Pinnidae**
    - 锉蛤目 Order Limoida
      - 锉蛤超科 Superfamily Limoidea
        - 锉蛤科 **Family Limidae**
    - 扇贝目 Order Pectinoida
      - 扇贝超科 Superfamily Pectinoidea
        - 扇贝科 **Family Pectinidae**
        - 光扇贝科 Family Entoliidae
        - 拟日月贝科 **Family Propeamussidae**
        - 海菊蛤科 **Family Spondylidae**
      - 襞蛤超科 Superfamily Plicatuloidea
        - 襞蛤科 **Family Plicatulidae**
      - 不等蛤超科 Superfamily Anomioidea
        - 不等蛤科 **Family Anomiidae**
        - 海月蛤科 **Family Placunidae**
      - 双肌蛤超科 Superfamily Dimyoidea
        - 双肌蛤科 Family Dimyidae
  - 古异齿亚纲 Subclass Paleoheterodonta
    - 三角蛤目 Order Trigonioida
      - 三角蛤超科 Superfamily Trigonioidea
        - 三角蛤科 **Family Trigoniidae**
    - ♦蚌目 Order Unionoida
      - ♦蚌目 Superfamily Unionoidea
        - ♦蚌科 Family Unionidae
        - ♦珍珠蚌科 Family Margaritiferidae
      - ♦爱瑟贝超科 Superfamily Etherioidea
        - ♦爱瑟贝科 Family Etheriidae
        - ♦海丽贝科 Family Hyriidae
        - ♦海丽贝科 Family Mycetopodidae
        - ♦衣丽蚌科 Family Iridinidae
  - 异齿亚纲 Subclass Heterodonta
    - 心蛤目 Order Carditoida
      - 厚壳蛤超科 Superfamily Crassatelloidea
        - 厚壳蛤科 **Family Crassatellidae**
        - 心蛤科 Family Cardiniidae
        - 爱神蛤科 **Family Astartidae**
        - 心蛤科 **Family Carditidae**
        - 骨节心蛤科 Family Condylocardiidae
    - 异韧带目 Order Anomalodesmata
      - 笋螂科 **Family Pholadomyidae**
      - 明螂科 Family Parilimyidae
      - 帮斗蛤科 **Family Pandoridae**
      - 里昂斯蛤科 **Family Lyonsiidae**
      - 简蛎科 **Family Clavagellidae**
      - 鸭嘴蛤科 **Family Laternulidae**
      - 短吻蛤科 **Family Periplomatidae**
      - Family Spheniopsidae
      - 色雷西蛤科 **Family Thraciidae**
      - 螂猿头蛤科 **Family Myochamidae**
      - 似偏口蛤科 Family Cleidothaeridae
    - 隔鳃目 Order Septibranchia
      - 旋心蛤科 **Family Verticordiidae**
      - 孔螂科 **Family Poromyidae**
      - 杓蛤科 **Family Cuspidariidae**
    - 帘蛤目 Order Veneroida
      - 满月蛤总科 Superfamily Lucinoidea
        - 满月蛤科 **Family Lucinidae**
        - 蹄蛤科 **Family Ungulinidae**
        - 索足蛤科 Family Thyasiridae
        - ♦Family Cyrenoididae
      - 猿头蛤超科 Superfamily Chamoidea
        - 猿头蛤科 **Family Chamidae**
      - 鼬眼蛤超科 Superfamily Galeommatoidea
        - 拉沙蛤科 Family Lasaeidae
        - 鼬眼蛤科 Family Galeommatidae
        - 孟达蛤科 Family Montacutidae
      - 缝栖蛤超科 Superfamily Hiatelloidea

缝栖蛤科 **Family Hiatellidae**
开腹蛤超科 Superfamily Gastrochaenoidea
开腹蛤科 **Family Gastrochaenidae**
北极蛤超科 Superfamily Arcticoidea
北极蛤科 **Family Arcticidae**
棱蛤科 Family Trapezidae
同心蛤超科 Superfamily Glossoidea
同心蛤科 **Family Glossidae**
小凯利蛤科 Family Kelliellidae
囊螂科 **Family Vesicomyidae**
嵌线蛤超科 Superfamily Cyamioidea
嵌线蛤科 Family Cyamiidae
小篮科 Family Sportellidae
♠球蚬超科 Superfamily Sphaerioidea
♠蚬科 Family Corbiculidae
♠球蚬科 **Family Sphaeriidae**
鸟蛤超科 Superfamily Cardioidea
鸟蛤科 **Family Cardiidae**
半斧蛤科 Family Hemidonacidae
帘蛤超科 Superfamily Veneroidea
帘蛤科 **Family Veneridae**
绿螂科 Family Glauconomidae
新薄蛤科 Family Neoleptonidae
樱蛤超科 Superfamily Tellinoidea
樱蛤科 **Family Tellinidae**
斧蛤科 **Family Donacidae**
紫云蛤科 Family Psammobiidae
双带蛤科 **Family Semelidae**
截蛏科 **Family Solecurtidae**
竹蛏超科 Superfamily Solenoidea
竹蛏科 **Family Solenidae**
灯塔蛤科 **Family Pharidae**
蛤蜊总科 Superfamily Mactroidea
蛤蜊科 **Family Mactridae**
小鸭嘴蛤科 Family Anatinellidae
拟心蛤科 Family Cardiliidae
中带蛤科 **Family Mesodesmatidae**
饰贝超科 Superfamily Dreissenoidea
饰贝科 Family Dreissenidae
海螂目 Order Myoida
海螂超科 Superfamily Myoidea
海螂科 **Family Myidae**
篮蛤科 **Family Corbulidae**
抱蛤科 Family Erodonidae
海笋超科 Superfamily Pholadoidea
海笋科 **Family Pholadidae**
船蛆科 **Family Teredinidae**

掘足纲 **CLASS SCAPHOPODA**
梭角贝目 Order Gadilida
内角贝亚目 Suborder Entalimorpha
内角贝科 Family Entalinidae
梭角贝亚目 Suborder Gadilimorpha
珠光牙贝科 Family Pulsellidae
Family Wemersoniellidae
梭角贝科 **Family Gadilidae**
角贝目 Order Dentaliida
角贝科 **Family Dentaliidae**
狭缝角贝科 Family Fustiariidae
拉比牙贝科 Family Rhabdidae
光角贝科 Family Laevidentaliidae
滑角贝科 Family Gadilinidae

金雕角贝科 Family Omniglyptidae

腹足纲 **CLASS GASTROPODA**
Subclass Eogastropoda
Order Patellogastropoda
帽贝亚目 Suborder Patellina
帽贝超科 Superfamily Patelloidea
帽贝科 **Family Patellidae**
花帽贝亚目 Suborder Nacellina
花帽贝超科 Superfamily Nacelloidea
花帽贝科 **Family Nacellidae**
笠贝超科 Superfamily Acmaeoidea
笠贝科 **Family Acmaeidae**
无鳃笠贝科 **Family Lepetidae**
笠帽贝科 **Family Lottiidae**
Subclass Orthogastropoda
Superorder Cocculiniformia
Superfamily Cocculinoidea
科库螺科 **Family Cocculinidae**
深渊螺科 Family Bathysciadiidae
Superfamily Lepetelloidea
Family Lepetellidae
爱迪森螺科 **Family Addisoniidae**
Family Bathyphytophilidae
开曼深渊螺科 **Family Caymanabyssiidae**
拟帽贝科 **Family Pseudococculinidae**
鲸螺科 Family Osteopeltidae
食骨螺科 Family Cocculinellidae
科里螺科 Family Choristellidae
鳞足螺科 **Family Peltospiridae**
翁戎螺超科 Superfamily Pleurotomarioidea
翁戎螺科 **Family Pleurotomariidae**
缝螺科 **Family Scissurellidae**
鲍科 **Family Haliotidae**
钥孔蝛超科 Superfamily Fissurelloidea
钥孔蝛科 **Family Fissurellidae**
蝾螺超科 Superfamily Turbinoidea
蝾螺科 **Family Turbinidae**
圆孔螺科 Family Liotiidae
雉螺科 **Family Phasianellidae**
马蹄螺超科 Superfamily Trochoidea
马蹄螺科 **Family Trochidae**
丽口螺科 **Family Calliostomatidae**
蓬螺科 Family Skeneidae
Family Pendromidae
陀螺超科 Superfamily Seguenzioidea
陀螺科 **Family Seguenziidae**
Superorder Neritopsina
蜑螺超科 Superfamily Neritoidea
拟蜑螺科 **Family Neritopsidae**
蜑螺科 **Family Neritidae**
扁帽螺科 **Family Phenacolepadidae**
Family Titiscaniidae
潮地螺科 Family Hydrocenidae
■树蜗牛科 Family Helicinidae
正腹足超目 Superorder Caenogastropoda

■Order Architaenioglossa
■Superfamily Cyclophoroidea
■Family Cyclophoridae
豆蜗牛科 Family Pupinidae
■芝麻蜗牛科 Family Diplommatinidae
♠瓶螺超科 Superfamily Ampullarioidea
♠田螺科 Family Viviparidae
♠瓶螺科 Family Ampullariidae
Order Sorbeoconcha
深海黄金螺科 **Family Abyssochrysidae**
蟹守螺超科 Superfamily Cerithioidea
蟹守螺科 **Family Cerithiidae**
天螺科 **Family Dialidae**
滑螺科 Family Litiopidae
锥螺科 **Family Turritellidae**
壳螺科 **Family Siliquariidae**
平轴螺科 **Family Planaxidae**
汇螺科 **Family Potamididae**
♠跑螺科 Family Thiaridae
方口螺科 **Family Diastomatidae**
独齿螺科 **Family Modulidae**
Family Scaliolidae
Superfamily Campaniloidea
坎帕螺科 **Family Campanilidae**
Family Plesiotrochidae
Suborder Hypsogastropoda
滨螺亚目 Infraorder Littorinimorpha
滨螺超科 Superfamily Littorinoidea
滨螺科 **Family Littorinidae**
皮克螺科 **Family Pickworthiidae**
似篷螺科 **Family Skeneopsidae**
小米螺超科 Superfamily Cingulopsoidea
小米螺科 Family Cingulopsidae
衣铜螺科 **Family Eatoniellidae**
Family Rastodentidae
鹿眼螺超科 Superfamily Rissooidea
朱砂螺科 **Family Barleeiidae**
Family Anabathridae
Family Emblandidae
鹿眼螺科 Family Rissoidae
Family Epigridae
金环螺科 **Family Iravadiidae**
钉螺科 Family Hydrobiidae
盖螺科 Family Pomatiopsidae
拟沼螺科 Family Assimineidae
截尾螺科 Family Truncatellidae
小菜籽螺科 Family Elachisinidae
豆螺科 Family Bithyniidae
盲肠螺科 **Family Caecidae**
Family Hydrococcidae
齿轮螺科 Family Tornidae
狭口螺科 Family Stenothyridae
凤螺超科 Superfamily Stromboidea
凤螺科 **Family Strombidae**
鹬足螺科 **Family Aporrhaidae**
钻螺科 **Family Seraphsidae**
鸵足螺科 **Family Struthiolariidae**
瓦尼螺超科 Superfamily Vanikoroidea
马掌螺科 **Family Hipponicidae**

647

瓦尼沟螺科 **Family Vanikoridae**
Family Haloceratidae
帆螺超科 Superfamily Calyptraeoidea
帆螺科 **Family Calyptraeidae**
尖帽螺超科 Superfamily Capuloidea
尖帽螺科 **Family Capulidae**
衣笠螺超科 Superfamily Xenophoroidea
衣笠螺科 **Family Xenophoridae**
蛇螺超科 Superfamily Vermetoidea
蛇螺科 **Family Vermetidae**
宝贝超科 Superfamily Cypraeoidea
宝贝科 **Family Cypraeidae**
梭螺科 **Family Ovulidae**
鹅绒螺超科 Superfamily Vellutinoidea
猎女神螺科 **Family Triviidae**
鹅绒螺科 **Family Velutinidae**
玉螺超科 Superfamily Naticoidea
玉螺科 **Family Naticidae**
鹑螺超科 Superfamily Tonnoidea
蛙螺科 **Family Bursidae**
冠螺科 **Family Cassidae**
琵琶螺科 **Family Ficidae**
Family Laubierinidae
扭螺科 **Family Personidae**
纺锤毛螺科 Family Pisanianuridae
嵌线螺科 **Family Ranellidae**
鹑螺科 **Family Tonnidae**
Superfamily Carinoidea
明螺科 **Family Atlantidae**
龙骨螺科 **Family Carinariidae**
翼管螺科 Family Pterotracheidae
Infraorder Ptenoglossa
三口螺超科 Superfamily Triphoroidea
三口螺科 **Family Triphoridae**
仿蟹守螺科 **Family Cerithiopsidae**
海蜗牛超科 Superfamily Janthinoidea
海蜗牛科 **Family Janthinidae**
梯螺科 **Family Epitoniidae**
玉簪螺科 Family Aclididae
光螺超科 Superfamily Eulimidae
光螺科 **Family Eulimidae**
新腹足亚目 Infraorder Neogastropoda
骨螺超科 Superfamily Muricoidea
蛾螺科 **Family Buccinidae**
蛇首螺科 **Family Colubrariidae**
核螺科 **Family Columbellidae**
织纹螺科 **Family Nassariidae**
盔螺科 **Family Melongenidae**
细带螺科 **Family Fasciolariidae**
骨螺科 **Family Muricidae**
珊瑚螺科 **Family Coralliophilidae**
拳螺科 **Family Turbinellidae**
深塔螺科 **Family Ptychatractidae**
涡螺科 **Family Volutidae**
榧螺科 **Family Olividae**
小榧螺科 **Family Olivellidae**
拟榧螺科 **Family Pseudolividae**
扭轴螺科 **Family Strepsiduridae**
东风螺科 **Family Babyloniidae**
竖琴螺科 **Family Harpidae**
包囊螺科 **Family Cystiscidae**
缘螺科 **Family Marginellidae**

笔螺科 **Family Mitridae**
普雷螺科 **Family Pleioptygmatidae**
涡笔螺科 **Family Volutomitridae**
肋脊笔螺科 **Family Costellariidae**
衲螺超科 Superfamily Cancellarioidea
衲螺科 **Family Cancellariidae**
芋螺超科 Superfamily Conoidea
卷管螺科 **Family Clavatulidae**
棒塔螺科 **Family Drilliidae**
西美螺科 **Family Pseudomelatomidae**
塔螺科 **Family Turridae**
芋螺科 **Family Conidae**
笋螺科 **Family Terebridae**
Superorder Heterobranchia
盘螺超科 Superfamily Valvatoidea
Family Cornirostridae
Family Orbitestellidae
Family Xylodisculidae
轮螺超科 Superfamily Architectonicoidea
Family Mathildidae
轮螺科 **Family Architectonicidae**
里索螺超科 Superfamily Rissoelloidea
里索螺科 **Family Rissoellidae**
凹马螺超科 Superfamily Omalogyroidea
凹马螺科 **Family Omalogyridae**
小塔螺超科 Superfamily Pyramidelloidea
小塔螺科 **Family Pyramidellidae**
愚螺科 Family Amathinidae
Family Cimidae
Family Donaldinidae
Family Ebalidae
Opistobranchia
头楯目 Order Cephalaspidea
头楯目 Superfamily Acteonoidea
捻螺科 **Family Acteonidae**
Family Bullinidae
饰纹螺科 **Family Aplustridae**
露齿螺超科 Superfamily Ringiculoidea
露齿螺科 **Family Ringiculidae**
筒柱螺超科 Superfamily Cylindrobulloidea
筒柱螺科 Family Cylindrobullidae
Superfamily Diaphanoidea
Family Notodiaphanidae
菱泡螺科 Family Diaphanidae
壳蛞蝓超科 Superfamily Philinoidea
三叉螺科 **Family Cylichnidae**
囊螺科 Family Retusidae
壳蛞蝓科 Family Philinidae
Family Philinoglossidae
拟海牛科 Family Aglajidae
腹翼螺科 Family Gastropteridae
长葡萄螺超科 Superfamily Haminoeoidea
长葡萄螺科 **Family Haminoeidae**
Family Bullactidae
翡翠螺科 **Family Smaragdinellidae**
Superfamily Bulloidea
枣螺科 **Family Bullidae**

羽叶鳃超科 Superfamily Runcinoidea
羽叶鳃科 Family Runcinidae
Family Ilbiidae
Order Acochlidea
Superfamily Achochlidioidea
Family Acochlidiidae
Family Hedylopsidae
Superfamily Microhedyloidea
Family Asperspinidae
Family Microhedylidae
Family Ganitidae
Order Rhodopemorpha
Family Rhodopidae
囊舌目 Order Sacoglossa
长足螺超科 Superfamily Oxynooidea
圆卷螺科 Family Volvatellidae
长足螺科 Family Oxynoidae
朱丽螺科 Family Juliidae
海天牛超科 Superfamily Elysioidea
Family Placobranchidae
海天牛科 Family Elysiidae
Family Boselliidae
加斯鳃科 Family Gascoignellidae
Family Platyhedylidae
海蛞蝓超科 Superfamily Limapontioidea
Family Caliphyllidae
Family Costasiellidae
棍螺科 Family Hermaeidae
海蛞蝓科 Family Limapontiidae
无楯目 Order Anaspidea
无角螺超科 Superfamily Akeroidea
无角螺科 **Family Akeridae**
海兔超科 Superfamily Aplysioidea
海兔科 **Family Aplysiidae**
背楯目 Order Notaspidea
拟帽螺超科 Superfamily Tylodinoidea
拟帽螺科 Family Tylodinidae
伞螺科 **Family Umbraculidae**
Superfamily Pleurobranchoidea
Family Pleurobranchidae
被壳目 Order Thecosomata
蠕螺科 Family Limacinidae
龟螺科 **Family Cavoliniidae**
长轴螺科 Family Peraclidae
舴艋螺科 Family Cymbuliidae
蝴蝶螺科 Family Desmopteridae
裸体目 Order Gymnosomata
裸体亚目 Suborder Gymnosomata
皮鳃科 Family Pneumodermatidae
Family Notobranchaeidae
Family Cliopsidae
Family Clionidae
Order Gymnoptera
Family Hydromylidae
◉裸鳃目 Order Nudibranchia
◉Suborder Doridina
◉Superfamily Anadoridoidea
◉Family Corambidae
◉隅海牛科 Family Goniodorididae
◉棘海牛科 Family Onchidoridae
◉多角海牛科 Family Polyceridae
◉裸海牛科 Family Gymnodorididae

背叶鳃科 Family Aegiretidae
瓦西海牛科 Family Vayssiereidae
Superfamily Eudoridoidea
六鳃科 Family Hexabranchidae
仿海牛科 Family Dorididae
多彩海牛科 Family Chromodorididae
枝鳃海牛科 Family Dendrodorididae
叶海牛科 Family Phyllidiidae
枝背海牛亚科 Suborder Dendronotina
Family Tritoniidae
二列鳃科 Family Bornellidae
Family Marianinidae
Family Hancockiidae
斗斗鳃科 Family Dotidae
四枝海牛科 Family Scyllaeidae
Family Phylliroidae
Family Lomanotidae
Suborder Arminina
片鳃科 Family Arminidae
Family Doridomorphidae
Family Charcotiidae
Family Madrellidae
Family Zephyrinidae
Family Pinufiidae
Suborder Aeolidina
扇羽鳃科 Family Flabellinidae
真鳃科 Family Eubranchidae
蓑海牛科 Family Aeolidiidae
海神鳃科 Family Glaucidae
突翼鳃科 Family Embletoniidae
马蹄鳃科 Family Tergipedidae
菲纳鳃科 Family Fionidae
Pulmonata
Order Systellommatophora
Superfamily Otinoidea
Family Smeagolidae
Superfamily Onchidioidea
石磺科 Family Onchidiidae
Superfamily Rathousioidea
Family Rathousiidae
皱足蛞蝓科 Family Veronicellidae
基眼目 Order Basommatophora
Superfamily Amphiboloidea
网纹螺科 Family Amphibolidae
Superfamily Siphonarioidea
菊花螺科 Family Siphonariidae
Superfamily Lymnaeoidea
椎实螺科 Family Lymnaeidae
楯螺科 Family Ancylidae
扁卷螺科 Family Planorbidae
膀胱螺科 Family Physidae
Superfamily Glaucidorboidea
Family Glacidorbidae
Order Eupulmonata
Suborder Actophila
Superfamily Ellobioidea
耳螺科 Family Ellobiidae
Suborder Trimusculiformes
Superfamily Trimusculoidea
拟松螺科 Family Trimusculidae

柄眼亚目 Suborder Stylommatophora
Infraorder Orthurethra
Superfamily Achatinelloidea
小玛瑙螺科 Family Achatinellidae
Superfamily Cionelloidea
槲果螺科 Family Cionellidae
Superfamily Pupilloidea
虹蛹螺科 Family Pupillidae
Family Pleurodiscidae
Family Vallonidae
Superfamily Partuloidea
Family Enidae
帕图螺科 Family Partulidae
Infraorder Sigmurethra
Superfamily Achatinoidea
费鲁萨螺科 Family Ferussaciidae
钻头螺科 Family Subulinidae
Family Megaspiridae
玛瑙螺科 Family Achatinidae
Superfamily Streptaxoidea
扭蜗牛科 Family Streptaxidae
Superfamily Rhytidoidea
皱纹螺科 Family Rhytididae
Superfamily Acavoidea
颖果蜗牛科 Family Caryodidae
Superfamily Bulimuloidea
泥蜗牛科 Family Bulimulidae
Superfamily Arionoidea
Family Punctidae
南瓜螺科 Family Charopidae
Family Helicodiscidae
阿勇蛞蝓科 Family Arionidae
Superfamily Limacoidea
蛞蝓科 Family Limacidae
Family Milacidae
琥珀蜗牛科 Family Zonitidae
笠蜗牛科 Family Trochomorphidae
薄甲蜗牛科 Family Helicarionidae
Family Cystopeltidae
Family Testacellidae
Superfamily Succineoidea
琥珀螺科 Family Succineidae
Family Athoracophoridae
Superfamily Polygyroidea
Family Coriidae
Superfamily Camaenoidea
坚螺科 Family Camaenidae
Superfamily Helicoidea
大蜗牛科 Family Helicidae
巴蜗牛科 Family Bradybaenidae

头足纲 CLASS CEPHALOPODA
鹦鹉螺亚纲 Subclass Nautiloidea
鹦鹉螺超科 Superfamily Nautiloidea
鹦鹉螺科 Family Nautilidae
鞘亚纲 Subclass Coleoidea
乌贼目 Order Sepioidea
旋壳乌贼科 Family Spirulidae
乌贼科 Family Sepiidae
合耳乌贼科 Family Sepiadariidae
耳乌贼科 Family Sepiolidae
微鳍乌贼科 Family Idiosepiidae

枪形目 Order Teuthoidea
闭眼亚目 Suborder Myopsida
Family Pickfordiateuthidae
枪乌贼科 Family Loliginidae
开眼亚目 Suborder Oegopsida
Family Lycoteuthidae
武装乌贼科 Family Enoploteuthidae
蛸乌贼科 Family Octopoteuthidae
爪乌贼科 Family Onychoteuthidae
Family Walvisteuthidae
盘乌贼科 Family Cycloteuthidae
节乌贼科 Family Gonatidae
Family Psychoteuthidae
Family Lepidoteuthidae
大王乌贼科 Family Architeuthidae
帆乌贼科 Family Histioteuthidae
Family Neoteuthidae
栉鳍乌贼科 Family Ctenopterygidae
臂乌贼科 Family Brachioteuthidae
Family Batoteuthidae
柔鱼科 Family Ommastrephidae
菱鳍乌贼科 Family Thysanoteuthidae
手乌贼科 Family Chiroteuthidae
Family Promachoteuthidae
Family Grimalditeuthidae
Family Joubiniteuthidae
小头乌贼科 Family Cranchiidae
幽灵蛸目 Order Vampyromorpha
幽灵蛸科 Family Vampyroteuthidae
八腕目 Order Octopoda
有须亚目 Suborder Cirrata
须蛸科 Family Cirroteuthidae
十字蛸科 Family Stauroteuthidae
面蛸科 Family Opisthoteuthidae
无须亚目 Suborder Incirrata
单盘蛸科 Family Bolitaenidae
水母蛸科 Family Amphitretidae
Family Idioctopodidae
玻璃蛸科 Family Vitreledonellidae
蛸科 Family Octopodidae
水孔蛸科 Family Tremoctopodidae
快蛸科 Family Ocythoidae
船蛸科 Family Argonautidae
异夫蛸科 Family Alloposidae

649

俗名检索表

650

学名检索表

653

致　谢

M. G. 哈拉塞维奇（M. G. Harasewych）

我要感谢许多贝壳收藏家和商人们，这么多年来他们引起我的关注并允许我拍摄了大量独特的软体动物标本。佛罗里达州萨尼伯尔的Al and Bev Deynzer贝壳博物馆和新泽西州开普梅的苏霍布斯贝壳博物馆提供了贝壳标本，从而为本书的标本摄影提供了特别大的帮助。许多插图中的贝壳，包括来自William D. Bledsoe, Roberta Cramner和Richard M. Kurz的标本，都在史密森学会国家自然历史博物馆收藏。Yolanda Villacampa女士对制作微型贝壳的扫描电镜图片提供了宝贵的帮助。特别感谢常春藤出版社的Kate Shanahan, Jason Hook, Caroline Earle, Michael Whitehead和Kim Davis，以及审稿人和读者对《贝壳博物馆》的概念、设计、组织和内容安排的诸多贡献。我非常感谢我的妻子和女儿在这本书编写过程中的耐心支持。

法比奥·莫尔兹索恩（Fabio Moretzsohn）

我非常感谢得克萨斯州科珀斯克里斯蒂的Colin Slater和Steve Luck，以及Allison和Justin Knight在研究中给予的帮助。一些人提供了某些有疑问物种的有用信息。我尤其感谢巴西Femorale.com的Marcus Coltro；夏威夷希洛州立大学的Marta deMaintenon；北卡罗来纳州罗利市阿尔戈阿湾贝壳标本馆的Brian Hayes；南卡罗来纳州北默特尔海滩的Richard Petit；以及巴西弗洛里亚波诺里斯的Fabio Wiggers。佛罗里达州威灵顿MdM Shell Books的Robert和Juying Janowsky，德国哈肯海姆Groh of ConckBooks的Klaus和Christina提供了本项目使用的大部分书，对许多很难找的书也提供了帮助。我感谢常春藤出版社的所有工作人员，尤其是Caroline Earle和Kate Shanahan的帮助和指导，以及审稿人和读者的建设性建议。最后，但同样重要的是，感谢我的妻子和女儿的不断支持和鼓励。

译后记

　　《贝壳博物馆》是一本极具科学性和欣赏性的贝类科普读物。作者哈拉塞维奇博士为国际史密森学会海洋贝类项目负责人，收藏有丰富的软体动物标本，同时担任多家杂志的特约撰稿人，而法比奥·莫尔兹索恩博士为得克萨斯州哈特研究所研究员。两位作者在贝类分类和系统发育学等方面均取得许多重要成果，已出版多本著作。

　　应北京大学出版社的邀请，译者看到原著的第一眼就深深被这本书所吸引，折服于其内容的专业性、丰富性及图片的极具观赏性，欣然应允进行翻译工作。

　　本书向读者展示了贝类采集、收藏和鉴定的基本方法，并详细介绍了600多种美丽的贝壳，配有1800余幅高清原色彩图，使其特征、特性跃然纸上。

　　在种类的选定方面，本书独具特色，尽可能涵盖更多科的种类，分布范围遍及全球，栖息环境从潮间带延伸至深海，极大地开阔了读者视野。

　　在内容设计方面，与国际上很多单纯展示照片的贝类分类书籍不同，本书并不一味追求种数，而是重点对所选600种贝类的特征进行了详细介绍，展示分类依据，以便广大读者更好地认识陌生种，体现了作者在贝类分类方面的深厚功底。

　　此次译成中文版本，将具有极高的研究和收藏价值，对于国内贝类研究工作者和贝壳收藏爱好者可谓福音。

　　在翻译过程中，为满足国内读者的科研和学习需要，本书所用物种名称及科、属名主要以刘瑞玉先生编著的《中国海洋生物名录》（北京：科学出版社，2008）为准。对于分类地位或种名与国内现有资料有异的物种，未加修改，以充分尊重原著。另外，本书中涉及的很多物种，在国内尚未有明确的中文名，译者综合拉丁名、物种起源、种类特征及网络通用名等多方面因素定名，力求准确。当然，由于译者学识有限，个中纰漏在所难免，望广大读者和同行朋友及时指出，以臻完善。

由于中文名的拟订既无成文规则，也无专门的负责机构，所以，名称呈现出多元化现象，既有一物多名，也有一名多物的现象。本书翻译成稿后又请何径（@冈瓦纳）补充其他译名，在正文中放在主译之后的括号里。何径老师补充的译名著与原译者给出的译名不同，不表示原译者的译名是错误的，而是说又一个中文名也有人在使用，编辑在出版时同时列出这些名称。

当前，国内关于贝类方面的英文著作较为罕见，以齐钟彦先生编著的 *SEASHELLS OF CHINA*（Beijing: China Ocean Press, 2004）为代表，国外著作的中文译本同样极少。希望该书的出版能够丰富我国贝类学专著的类别，以期对我国的贝类分类学、生物资源调查及生物多样性保护等工作有所借鉴。本书也将是青少年读者进行贝类学学习的重要参考书。希望日后能够有机会多多同国外专家合作，将国外优秀作品引入国内，同样将中国独特的贝类资源情况展示给国外同行。

译者

译校者介绍

译者

王海艳 中国科学院海洋研究所研究员，曾在美国罗格斯大学从事博士后研究。主要研究方向为海洋贝类分类及系统演化，尤其擅长利用形态学和分子生物学技术对海洋贝类进行分类工作。先后主持承担了国家自然科学基金等10余项课题，发表论文25篇（SCI/EI论文14篇），以第一作者出版专著2部，以第四作者出版专著2部、参与出版专著1部。

马培振 中国海洋大学博士，主要研究方向为海洋贝类分类与遗传育种。曾参与编著多部图书。

张　振 中国科学院海洋研究所副研究员，主要从事海洋贝类分类与系统演化研究，主持国家自然科学基金等多项课题，发表SCI论文十余篇，出版专著2部，授权专利2项。

张　涛 中国科学院海洋研究所研究员，主要从事贝类繁殖发育生物学和苗种繁育新技术及海洋牧场构建技术研究。获得包括山东省科学技术进步奖一等奖在内的各级奖励11项，发表论文80余篇（SCI/EI论文39篇），出版专著9部，授权专利22项（其中第一发明人16项），制定行业和地方标准7项。

审校

张国范 中国科学院海洋研究所研究员，中国科学院大学教授，国家贝类产业技术体系首席科学家，中国贝类学会理事长，中国鲍鱼协会会长，APEC扇贝贸易质量控制和溯源标准专家，中国科学院海洋研究所学术委员会主任，海洋生态养殖技术国家地方联合工程实验室主任。

何　径 独立贝壳学家。微博科普达人@冈瓦纳。创办冈瓦纳自然网，主编 *Shell Discoveries* 杂志。出版贝类著作4部，发表贝类新物种20余种。1991年毕业于上海交大生物科学与技术系，1994年清华大学获硕士学位。

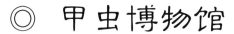